内容全面　技巧丰富　方法实用　道理深刻

揭露成功真相　　讲透人生规则

人生成功潜规则大全集

刘　水　主编

一本助你成就完美、走向成功的人生指南

一部成就事业、提升智慧、启迪心灵的经典作品

外文出版社
FOREIGN LANGUAGES PRESS

图书在版编目（CIP）数据

人生成功潜规则大全集 / 刘水主编 .— 北京：外文出版社，2012
ISBN 978-7-119-07488-7

Ⅰ.①人… Ⅱ.①刘… Ⅲ.①成功心理－通俗读物 Ⅳ.① B848.4-49

中国版本图书馆 CIP 数据核字 (2012) 第 034701 号

总 策 划：杨建峰
责任编辑：王 蕊
装帧设计：松雪图文
印刷监制：高 峰 + 苏画眉

敬启

本书在编写过程中，参阅和使用了一些报刊、著述和图片。由于联系上的困难，我们未能和部分作品的作者(或译者)取得联系，对此谨致深深的歉意。敬请原作者(或译者)见到本书后，及时与本书编者联系，以便我们按照国家有关规定支付稿酬并赠送样书。联系电话：010－84853028 联系人：松雪

人生成功潜规则大全集

主　　编：刘 水
出版发行：外文出版社有限责任公司
地　　址：北京市西城区百万庄大街 24 号　　邮政编码：100037
网　　址：http://www.flp.com.cn
电　　话：008610-68320579（总编室） 008610-68990283（编辑部）
　　　　　008610-68995852（发行部） 008610-68996183（投稿电话）
印　　刷：北京鹏润伟业印刷有限公司
经　　销：新华书店 / 外文书店
开　　本：889mm × 1194mm 1/16
装　　别：平
印　　张：27.5
字　　数：700 千
版　　次：2012 年 4 月第 1 版第 1 次印刷
书　　号：ISBN 978-7-119-07488-7
定　　价：59.00 元

前　　言

人人都渴望成功，都愿意成为社会上的成功人士，特别是刚刚走向社会的年轻人，更是满怀着热情和憧憬，这是很自然的，也是很美好的。成功，它那耀眼的光环，使多少人梦寐以求。但是，谁都知道，成功从来不会自己来敲我们的家门。在很多人看来，通往成功就像通往一个遥远的圣地，道路崎岖而漫长，遥不可及。如何捕获成功？又如何走上通往成功的大道呢？

我们常常感叹：面对相同的境遇，拥有相近的身世背景，持有相同的学历文凭，付出同等程度的努力，为什么有的人能脱颖而出，而有的人只能流于平庸？为什么有的人能飞黄腾达、演绎完美人生，而有的人只能一败涂地？区别在哪里？差距又在哪里？

答案就是：潜规则！潜规则一词，最早是由历史学者吴思先生提出来的。吴思先生认为，在规则生成的过程中，由于人与人之间的某些关系带有隐蔽的特性，渐渐地就会演变出一个与正式制度和规则相对的“联盟”。也就是说，历史中上演的许多潜规则，和正史中宣扬的“显规则”有着很大的区别。既然是一个潜在的利益分配规则，那么隐蔽本身就是一种策略，也正是因为这种隐蔽性，使潜规则甚至比光明正大的“显规则”具有更强的支配力。当然，这是上升到理论层面来谈的，浅显地去理解，潜规则是一种重要的生存策略，是一种用晦如明的智慧，是一种主动掌握的手段，是一种灵活变通的处世之道，是一种进退自如的保身之法，是一种危急关头迅速应变的机变之道，是一种获得梦想中的成就的成功心法……

生活中，我们常常遇到这样的问题：平时待你如亲友的人，在发生利益突然时与你形同水火；好不容易熬到升迁的机会，却被别人捷足先登；平日里待人真诚、老实做事，却还是被小人暗算，等等。面对种种困境，你必须参透一些潜规则。要知道，在险象环生的人性丛林中，为了保全自己，为了有一番作为，就必须深谙潜规则，并熟练运用。对潜规则采取漠视态度的人，注定要被复杂的生存环境所淘汰。唯有真正知晓潜规则的智者，才能从容面对人生的风雨和挑战，无论在何种境遇中都能做到轻松自如，且将胜券牢牢握在自己手中！

本书从一些实例出发，深入进行分析，从他人的经验或教训中概括这些成功因素，供读者尤其是年轻人参考。这些因素虽然很多，概括起来，除了要有积极的心态、明确的目标、坚强的意志、良好的作风、正确的方法、注意搞好人际关系和不断地自我完善外，还要熟悉潜规则。当然，成功是不可复制的。每个人都有自己的成功方式，别人的成功经验只能让你得到启发，关键是要认识自己，认识外界的环境，不断探索适合自己的方法，才能开拓出自己的成功道路来！

值得一提的是，《人生成功潜规则大全集》并非刻意彰显社会中黑暗的一面。恰恰相反，这会让读者更加清楚自己的使命，懂得回避一些不良的人与事。正如美籍华人刘墉所说，了解人性中较为黑暗的一面，正是为了让我们学会如何克服自己的弱点。同样，了解一些潜在的规则，有利于读者在工作中克服自身弱点的侵袭及外在环境的负面影响，将工作做得更好。因此，我们在尽力演绎潜规则的同时，极力规避了一些会引起负面思考的实例，适当地加进了一些较为贴切的显规则内容，为每位读者提供更完备、更丰满的智慧盛宴！

目　　录

一、成功战略篇

二、个人修养篇

三、韬晦之道篇

四、懂得变通篇

五、驾驭进退篇

六、善于思考篇

七、情绪管理篇

八、权谋之道篇

九、终身学习篇

十、踏实努力篇

十一、坚定信念篇

十二、语言沟通篇

十三、人际关系篇

十四、抓住机遇篇

十五、调整心态篇

十六、自我激励篇

十七、职场生存篇

十八、婚恋密码篇

1 成功战略篇

第一章　成功是一种态度

人生的高度由自信的态度决定

有些人总喜欢说，他们现在的境况是别人造成的，地位是受环境影响的，实则不然。说到底，对待人生的态度取决于自己。

> 一次，英国首相皮特在任命沃尔夫将军统领驻守加拿大的英军后，正巧见识到了沃尔夫将军的自我吹嘘。这个年轻的军官挥舞着佩剑，不停地敲着桌面，得意忘形地吹嘘着自己将要建立的功勋。皮特不禁嫌恶地对坦普尔勋爵说道："上帝啊，我居然把整个国家和政府的命运都托付给这样的人了！"
>
> 然而，出乎首相意料的是，就是这么一个喜欢自我夸耀的年轻人，会坚持带病指挥部队，最终取得了亚伯拉罕之役的胜利。其实，他的自夸恰恰表现了他对未来所能达到的高度的一种自信。

纳粹德国某集中营的一位幸存者维克托·弗兰克尔说过："无论在何种环境中，选择自己的态度是人们始终都拥有的自由。"

在科罗纳·斯蒂芬将军被俘后，敌人嘲讽他道："现在你在哪里还有要塞？""这里。"将军用手指着自己的心口，凛然作答。

"天生我材必有用，"美国作家华盛顿·欧文告诉人们，"但是，我们不能坐等别人为自己创造机会。人们常说，一些人凭着胆大便取得成功，而真正的人才却总是被遗忘，这当然未必完全符合事实。不过，有时候胆子较大的人确实拥有一些优秀的品质，他们做事果断、不犹豫。相反，如果遇事优柔寡断、畏畏缩缩，那所能做的就只是纸上谈兵而已。会叫唤的狗比一只总打瞌睡的狮子更有用。"

约翰·弗里蒙特曾经在美国政坛上叱咤风云，他的得意之作是让加利福尼亚成了美国的领土，而之后就逐渐被人们淡忘了，最后他仅仅靠着自己在科学方面的成就，在欧洲的一些大学担任了由于洪堡去世而空出的教职。他的一位政治对手在评价他时说:“他为什么会被人遗忘?原因很简单,就是因为他缺乏一种强有力的个人意志。他最大的本事就是让人忘记他。”

马尔比·巴布科克说:“人们常犯的一个最致命的错误就是认为成功有赖于某种天才,某种魔力,某些我们不具备的东西。”实际上,成功是可以由我们自己掌控的,它是正确思维的结果。一个人能飞多高,是由他自己的态度决定的。一个人的态度在很大程度上决定了其人生的成败:

第一点,我们对待生活的态度决定了生活对待我们的态度;

第二点,我们对待别人的态度决定了别人对待我们的态度;

第三点,我们在一项任务刚开始时的态度决定了最后能有多大的成功,这是最重要的因素;

第四点,人们在组织中的地位越高,就会越自信。人的地位有多高,成就有多大,取决于支配他的思想。消极思维的结果,最容易形成被消极环境束缚的人。

最后,记住托马斯·卡莱尔的一句话:“人的信念不是来自于铁链或其他任何外在的压力,而是来自于我们自身。”

一点通

一个人能否成功,就看他的态度了!成功者和失败者的不同之处在于:成功者能够以积极的思考、乐观的精神以及丰富的经验来指导和控制自己的人生;失败者则刚好相反,他们的人生是受过去的种种失败与疑虑所引导和支配的。

信念与行动是成功的前提

如何培养信心?方法之一,就是阅读大量相关的书籍。然后,利用从实践中得来的能力,使事情变成可能。方法之二,使自己产生欲望。借提高自己的欲望来培养自己的信心,即心怀渴望、挑战未来、吸取经验、增强信心。这时候,如果能配合着读一点好书,效果会更好。

在你的意识中播下“可能”的种子,然后,注意培养、管理,这个种子就会慢慢地生根发芽。如果能热心又忠实地继续培养信念,那么你的恐惧感不久就会消失殆尽,不会再像过去一样出现在软弱的心中,你就不可能成为环境的奴隶。但是,你必须站在高塔上面对环境,并且发现自己能够对环境指挥若定。

培养“可能”这种信念,也是在最大限度地提高力量。

只要有强烈的意志和努力,很多障碍就会不攻自破,尤其是如果能和实际连在一起,你就可以得到非常大的力量。

我们都很容易认为“我没有升级的希望了”,或“我想我的能力只能到达这里”。理性所画的界线可能很难突破,但其实那条线是可以突破的。只因为自己在无意识中画了那条线,所以,才会把自己的能力压得很低。

信念和想象力是阻止人们内心无限发展的唯一限定。也就是说,设立自己能力的界限的,就是自己此时的信念和意志。

不过,对于想做就做的人来说,这种界限是不存在的。因为他所前进的地方,社会的意识是无法限制的。如果总是被社会意识过分限制,终将一无所成。

一点通

一般人都认为不可能的事,你却敢于向它挑战,这就是成功之路。但是,只有拥有足够的信心,才能有敢于挑战的决心,而信心并非是一朝一夕产生的。因此,想要成功的人,注重信心的培养是关键。

人生的成败取决于精神强弱

现代,许多人已经充分了解了“外界包围着自己”的道理。然而,很多时候是他们理解得太过而忘了“物质决定意识”这一面,因此,失去了对外界精神的主体性,毫无选择地被外界牵着鼻子走。虽然人与人之间存在差异,但是,很多人现在正在过着这种生活。尽管他们感觉自己快被外界压垮了,却依然要艰苦地坚持下去。这样的人着实不少,对他们除了感觉悲哀之外,实在难于形容。

有人时时感到外界给予自己痛苦和压迫,这种情形是根本不可能的。虽然如此,但这两者却不可调和,世上哪有比这更奇怪的事呢?说得坦率些,这是一种精神的错乱。当一个人丧失了主体意识时,就会发生这种不可能的事。

这里也不是要求你要学会包容,因为人本来就是能包容外界的人。

如果外界的实况正在压迫你,使你忍饥挨冻,那就另当别论,因为这是肉体上的痛苦,你必须去抵抗。可是,只要你今天有了食物和住处,你就应该去包容外界,因为这是人类与生俱来的自然态度。如果还会对外界感觉痛苦,那就是你个人的问题了。

“明眼人”也一样,在睁着眼睛的同时保持瞎眼的精神状态,这种人就叫做精神健康的人。因为“明眼人”所看到的外界较广,所以,一旦丧失了主体性就会迷惑,受外界的影响而随波逐流,尤其是这个信息时代,大众传播媒介发达、迅速,使得外界的范围亦随之扩大,所以,才产生了大量的精神虚弱者。

一点通

假定你是一个盲人,并且一生都会是盲人,你能对外界产生抵抗感吗?你会和外界产生摩擦吗?相信你就是再怎么努力也做不到,唯一可行的就是调和。不管愿意与否,你都必须坚持自我主体性,这才是人的自然面目。

不要让“我不能”成为退却的借口

能力的母胎在于宇宙的能源,人与自然相比只是沧海一粟,岂有能够计量自己能力的,而且计量这个意图本身就很不逊,也很滑稽。简而言之,一个人是不可能知道自己的能力的。

无论一个人的年纪有多大,个人经验都是渺小的,若欲以此为资料构成其能力意识,本身就很滑稽。人必须遭遇未知的体验才能引发出其潜能,所以,发现新力量才是生存真正的喜悦,并惊讶地说出“原来我竟具有这种力量”,这才是人生最大的欣喜。这种情形并不限于工作上的能力,例如爱、被依赖、统帅部下的能力等,举凡人类的能力都不出此范畴。难得生而为人,最少也要有一次惊讶地说出“原来我竟然有这种爱一个人的力量”,否则不是虚度此生了吗?

那些所谓的能力意识者,其实都该发觉他们是限制了自己的能力,一个人夸耀自己“能做什么什么事”,其实,他是在说“我只能怎么怎么做”,这就是忽视自己潜能的表现,亦是冒犯自然的言辞。说这种话的人,其实是自我作践。其他如“不能”“不会”之类的话,就算是有人威胁你也不可说。因为这些字眼都是不想做的人,也就是精神虚弱者偷懒的借口。

一点通

在人的一生中,任何事都是有经验的活动,既然如此,任何事情都“非做做看不可,不能说不能”。换句话说,除了“做”之外,也无其他方法。如果不做就推脱,那就是一个人精神虚弱的表现。

自信能助你通往成功之路

“能说能行”的人，有的是一颗“坚决的心”。

说到“坚决”，那是一种接近“真理”的“美德”，如果人们能够好好地应用它，它便可以成为“生命”表现的指导力。

当年某位皇帝问一个哲学家：“谁是最快乐、最幸福的人呢？”

哲学家的回答让皇帝大为惊叹，他说：“如此想而又做到，是最快乐、最幸福的。”

爱默生教授说：“这世界只为两种人开辟大路：一种是有坚定意志的人；另一种是不畏艰险的人。”

他又说：“那些‘紧驱他的四轮车玄星球上’的人，倒比在泥巴路上寻找蜗牛行踪的人，更容易达到目的。”

的确，一个意志坚定的人，是不畏艰险的。尽管前方障碍重重，也是不可阻挡的。意志坚定的人会排除这些障碍物，然后继续前进。尽管路上有使人跌倒的滑石，但它只能使他人跌倒，意志坚定的人依然会踏石前行。

自信是成功之祖，也是才能和精力之源。

你应该训练你的思想，使自己意志坚定，变得自信而又果断。如果你变得软弱，那么，你的思想和工作也将因此变得脆弱。

许多人不能具有坚强而深刻的信念，他们往往注重表面而忽略了实际，所以，他们思想空乏，不论谁的意志都可以使他们转变态度。其中，“骑墙派”的思想是最危险不过的。他们是墙头草，看准了风力的大小而左右摇摆——你以为这是最圆滑的手段吗？可惜，你已成了一个没有主见、没有思想的人，也是最可怜的人。

所以，你不可“骑墙”观望，必须确定自己的立场。不过，决定以后就得坚决地维护你的主张，无论如何艰险，都要坚定不移。只要具有这种善始善终的思想，才有可能成就伟大的事业。

反之，如果你在决定后，一遇到阻碍就动摇决心，或者游离不定，那肯定会受反对方面的支配，以及被不赞同你意见的人所操纵。不用说，你必定是事业上的失败者。

因此，凡是浮躁、寡断、摇摆的人，往往失败的时候多，成功的时候少。

一个人，要是没有力量与决心，那他还能干什么？如果他只有表面的自信，却一点主见也没有，那还有谁能信任他呢？即使真是好人，别人也无法信任。这样，每当有重大事情发生，或者正当危急的时候，就没人会请他帮忙。因此，我们应该像丘吉尔先生所说的那样，“宁肯孑然而自豪地独守信念，也不可人云亦云”。

一个人的自信力如果不能控制自己，那他最多只有微小的成功。

一个人的自信力只有能够控制自己生命的血液，并能将他的“决定”坚强地运行着，才是一个有能力的人、能够肩负重任的人。

如果一个人能够了解坚定的力量，能够在心灵上牢牢地把握住自己所希望的，然后，为之不懈努力，那么，他一定可以排除种种的不幸与困难，从而达到他理想中的最高峰。

再看“意志力”，所谓意志力的运用，就是另一种形式的坚定。“意志”，就是做一件事情的“决心”，正如“坚定”自己的力量去做某一件事一样。在这个世界上，如果没有坚定的意志力，任何事都不可能成功。

意志坚定的人，在工作尚未完成前是绝对不会中途退缩。因为他对工作有坚定的信仰，相信自己能够从事眼前的工作，能够解决眼前的困难。另外，他还能随时坚定进行的能力和决心，使自己通过困难，并增强成功的力量。这种自身智能基础上的如虎添翼，可以使他从容地应付各种工作。

所以，我们需要时常坚定地增加勇气，因为有“勇气”才有“信任”。能够获得他人信任的人，必定是勇谋兼备的人。

再进一步说，当一个人身陷囹圄时，应该坚决地说“我必定”“我能够”“我要”。这不但可以增强他的勇气，加强他的自信，而且可以让对方力量减弱。不论在什么事情上，只要能强化积极的意志，就会减弱与之对立的意志。

如果你遇到一件艰难的事情，不必退缩或灰心，更无需犹豫或彷徨，只要你赶快增强自己积极的意志，排除消极的意志，直到正势强过负势时，那你就能做成事情了。

一点通

什么人最值得我们称颂呢？根据大多数人的意见，唯有“能说能行”的人，才是最自信的。

坚信“世界与我同在”

这儿有几个例子，他们都是幸福的人，各自凭着本能了解了“因为有自己，所以有世界”的道理，并且深有体会。

一位名叫美乐的小姐，她的明朗绝非伪装，而是发自心底。她经常面带微笑，喜欢任何与她接触的人。她觉得自己的工作很有趣，所以，在公司里每天都很快乐。不管走到哪里，她都能使气氛变得明朗，人们既欣赏又佩服她。她是六个兄弟姊妹的老末，因为她的母亲身体状况不佳，所以，有了5个小孩之后，她的双亲便决定做永久避孕的手术。话虽如此，但其双亲还是因为又怀了美乐小姐而放弃了。她说：“我很感谢母亲生下了我！”

在这种情况下出生的孩子，她心中的感激之情当然非同一般，在某种层次上来说，也要高得多。

成就美乐小姐开朗性格的最重要的因素是她知道自己的生命来之不易。既然如此，她更能了解生命的珍贵。她说，一想到这点，就不得不真心实意地爱自己，更因为她幸得诞生，所以，才能到这家公司、做这个工作、和这些人接触。一想到这里，除了更爱惜和包容自己的环境外，便没有任何其他的心理，所以，只有好好地去爱这个世界，每天都欣赏而又快乐地活着。

对她来说，“心中要有太阳”是一种本能。

她的家境一般，衣着很朴素，可是，她绝不哭泣，因为生存本身就是毫无残缺的满足和喜悦，所以，她的字典里不会有他人所谓的艰难。

还有一个人的例子也可以说明这个道理。

这个人很乐观、幽默，工作热心，喜欢喝酒，是同事们公认的好人。在他未出生之前，他的父亲就另筑香巢，很少回家。父母事实上已经分居了，父亲只是偶尔回来看看，一回到家里，由于本来就是夫妻，难免会行周公之礼。

“那个时候，母亲偶然有了身孕，就是我这个家伙，哈哈……”

他的人生立场也与众不同，因为他深知偶然存在的痛楚。

但是仔细想想，很多人的立场不过与他同样罢了！

一点通

幸福的人，各自凭着本能了解“因为有自己，所以有世界”的道理，并且深有体会。

勇者存，怯者亡

朝鲜战争中有一位记者，他体格一般，可面相非常精悍，甚至有比这更有深度的坚强。他的面孔上似乎有一种无形的刺青，写着“天下无所畏惧”，是一种死生无惧的面孔。

新闻记者对外界很积极，甚至强横，这也是职业所造成的个性。可是这位特派员的态度特别厉害，他的眼中几乎没有“恐惧”“畏缩”“退却”等字眼。一旦去做想做的事时，他就好像变成了一个火车头，用惊人的速度直线猛冲，使得他对外界的一切只专心于进击。

他平时开一辆吉普车，冲力之猛令人咋舌。但他并不是在享受速度所带来的快感，也不是在享受冒险所造成的紧张感，当然，更不是一时的孩子气。这个人一向如此，这就是他的开车法——很自然的、不做作的开车法。如果人的精神也像电压一样有某种压力的话，那么他的精神所造成的压力要高于别人两倍。

他自己似乎也知道这种情形，与任何人相比时他更觉得自己是强者。不过，这也事出有因。

他在二战期间曾做过随军记者，有一次部队被包围，他跟多数士兵一起被俘，而且将要被集体枪毙。那是在一个四周都被围墙围住的空地上，俘虏们背对着围墙，就像要拍纪念照一样地站着，还被敌军拿机关枪瞄准，一声令下就要一起扫射，全部解决。

他站在最后一排，位置也最高，只要稍微用力就能跳过围墙。他的意志一向很坚强，所以，到了这种关头，他依然不肯屈服，在心里面喊着“我不能死，我一定要逃走”，并且下决心要逃跑。可是，他很冷静，因为敌军完全控制了这一带，他考虑到，“即使能逃出这一块空地，前途也难以预料”。不过，他认为必须要拼死赌一把，绝不放弃“生存”的意志和信念。

问题的关键在于何时才适当，因为这是自己单独行动，如果逃得太早，就一定会有追兵追来，马上又要被捕。但是，一旦等到机关枪开火，就没有逃走的机会了。所以，只有在敌军即将扣扳机的时候——这才是逃走的良机。于是他屏息凝气地等待着，那一瞬间来到时，他立刻越过围墙跑了。后来，他又在危急重重之时成功逃离，捡回一条命。

对他来说，现在继续生存的几率是微乎其微的，因为他差点就在那时死了。从此之后，他“无所惧”的态度便成为极其自然的启示。所以，他绝不可能感觉到外界的压力。

一点通

在那种情况下，他的生存绝非偶然，而是“生”的意志和信念在支撑他活下去。换句话说，在最后关头实现生存的这种力量便是他那种无所畏惧的精神的源泉。

学会自信并争取到别人的信赖

正如麦修·阿诺德所说：“一个人只有自己有信心，才能带给别人信心；已经信服的人，方能使人信服。”对他人的信任，大都是我们自信的一种反映，也可以说我们对他人的影响是一种人格上的。

你必须谨慎处理自己的心理态度，这是取信于人的最佳途径。

比如，要是你不论在什么事上都能够热情地待人，那就能获取多数人对你的信任。但是，你的热情也不能滥用，须知热情如果用得不适当，就容易引起他人的反感。因此，你必须谨慎从事，善于利用你的热情，使周围的人能够感受到你的热情，尤其是那些你每天必须接近的人，更应该争取他们。

假使你是一位教师，那么你既应该明白怎样热情地对待学生，又要维持教师的身价，以使每个学生都喜爱你、敬佩你、信任你。如果你是一位演说者，你就应该用你的热情感染所有听众，使你的演说格外有力、动人。只有这样，才会获得意想不到的效果。若你是一位律师，以热情的态度为委托者服务就显得十分必要，尤其是当你出席法庭为委托者辩护时，你必须把委托者的事情当做自己的。要知道，如果一个做律师的人缺少同情，尽管他有如簧之舌，也不会胜诉。若你是一个商人，那你对待每一个主顾都不可缺少热情，有人说过："在商业上赚取的无形资本就是要待人和颜悦色。"这句话说得确实不错。或者，你是一个雇员，那么，你对于雇主就应该忠心耿耿，把他的事业看做是自己的。此外，军官对待士兵、工头对待工匠，父母对待儿女，甚至夫妻之间，军民之间，好友之间……谁能够真诚地待人，谁就能够取信于他人，获取回报。

有人说热情就像磁铁一样，是相互的。你待别人热情，别人待你也热情。但也有人说热情是有"传染性"的，你热情，周围的人们就会受到感染。要是你所接近的人都是"热情分子"，尽管你一直是一个冷酷的人，那你同样会因为受了他们的影响而变得热情起来。这两种见解都无可非议，"热情"好像有某种魔力，确实能够影响他人。

所以，应用"热情"要谨慎。进一步说，你对于其他各种"心理态度"的表现，也要和应用"热情"一样谨慎。

一点通

我们要取得事业上的成功，除了依赖我们的自信外，取得他人对我们的信任也不可忽视。

争取他人，从自己做起

要知道，他人的信仰不会被任何外在的东西摧毁，一如我们自己心中的疑惑。一旦我们有了疑惑，凡是和我们接触的人们就都能感觉到。许多人为什么会失败呢？因为他们自己的心情先沮丧了，而不幸的是这些不良的心情也影响到了他们周围的人们，导致这些人对他们失去了信心，这不是清楚地告知他是在自掘坟墓吗？

如果你是一位雇主，那你的雇员们一定能够说出你处置每一件工作时的态度，哪一件像一个胜利者，带着胜利的、自信的意味；哪一件像一个战败者，带着失败的、愁苦的情绪。他们不但可以说得清清楚楚，而且还能通过你的表情和动作，预测你今天的事业是得利还是失利。

在商品推销中，将你的信任传给他人，这是成功的诀窍。不论你是做代理人、商业旅行者或者是店里的伙计，都是这样。

做教师也很难，必须随时表现出一种合适的心态；只要教师的心中一慌乱、一烦恼、一犹豫，就会使教室里乱成一锅粥。假使教师和蔼可亲、平易近人，学生们就会得到良好的学习环境。如果他无法获得学生的信任，就会像医生不能获得患者信任、店员不能获得主顾信任一样尴尬。

一点通

华莱士说过："你不可屈服于片刻的犹豫，免得给予'失败'许多可乘之机。"不管前途怎样黑暗，也不可使你的自信力有片刻摇动！

第二章　用志向唤醒成功的欲望

志向高远是成功的前提

我们经常看到这样的现象：有人总是抱怨自己的工作无趣，日复一日，年复一年，不断地重复那些内容，因而对工作缺乏热情和兴趣。可是，他们又常常向往别人的工作，而一旦跳了槽，到了他们所羡慕的岗位，一段时间过后，他们再次抱怨起来，觉得很失望。也有的人虽不抱怨，但热情并不高，只知道机械地工作，所以，多少年过去了，依然碌碌无为。为什么会这样呢？有一个小故事很发人深省。

一日，有人在工地上看到工人们在砌墙，这人便随意地采访了三个工人。

他问第一个工人："你在干什么？"工人随口答道："我正在砌砖。"然后，他转向第二个工人，工人回答说："我正在挣钱。"接着，他又去问第三个工人："你在干什么呢？"那个工人微笑着说："我正在建设好房子呢！"

若干年后，这三个人都抹上了岁月的痕迹。不过，前两个工人仍然在砌砖，而第三个工人已经是一位建筑师了。

开始的时候同是砌砖的工人，起点是一样的，可经过若干年，前两位还在砌砖，而第三位已经成了建筑方面的专家。这样的变化，其实在最初的采访中就已经确定了。

在当年，对于相同的问题，第一个工人说是砌砖，这是他眼前的活，觉得这就是每天要干的事。第二个工人说得很直白，砌砖就是为了挣钱，为了维持生计。第三位却把自己的砌砖与造好房子联系起来。可见，他赋予了砌砖不同的意义，正因为这样，他才热情地专心于这方面的研究，他后来有所成就是必然的。

有一个人原是校长，后来区教育局要成立一个专门检查和评价学校的机构。当局领导调他去负责这个部门时，局长请他谈谈想法。他说："要是着手，就得干好！这个机构在各个市都是刚刚建立的，各个区、县都在同一条起跑线上。只要局里支持，我们区就有信心做好，争取在全市走在前列。"正因为他目标明确，因此，他努力去干，钻研这方面的理论，大胆地探索与实践，并且注意总结。几年工夫，他在所负责的方面便有所成就，这也使他所在的区、县扬眉吐气。

同样是工作，但干的效果如何，却受一个人的志向和目标影响。你的志向大一些，目标高一些，你要追求的东西自然就会不一样，做出的努力也会不一样。有了目标自然就有了动力，你就会主动地克服各种困难。这样，你才能取得显著的成果。所以，一个人要想获得成功，就要把目标和志向定得高远一些。如果你的志向和目标就只是谋生而已，或是一般的水平，那你就不会有多大的成就。

一点通

成大事者必须志存高远，只有这样，才能为实现目标而竭尽全力，最终有所作为。

明确目标可以助你走向成功

影响一个人成功与否的因素很多,但从主观方面来说,关键是一个人的目标是否明确。

就初中学生而言,他们的目标很明确,即考上重点高中,为此,他们努力着。当他们达到这一目标后,一个新的且具体的目标又确立了,这就是要考上知名的大学。为此,他们又废寝忘食地学习,几年的高中生活自然很紧张,但也很充实,因为他们有明确的目标。然而,考上大学后,很多学生却不知所措了,因为他们再也没有了这么明确的目标。他们只是等着快点毕业,早日走向社会。

在这种情况下,生活当然紧张不起来,再也无法找到以前那种学习的拼劲,他们觉得是船到码头车到站,可以松懈了。于是,优哉游哉,谈恋爱,泡网吧,玩游戏,他们对于优秀的成绩再也不那么渴望了,而是"60 分万岁",只要凑合及格就行。更有甚者,想跟老师在考场上玩捉迷藏,结果遭到学校的处罚,有的还失去了继续学习的机会。他们本来可以在大学校园里取得累累硕果,结果却没有这样,这就是因为他们失去了航向,没有了目标。

现实生活中,这样的事数不胜数。

小王、小赵两位姑娘,两人年龄差不多,条件也基本相同,都是初中毕业后从农村来到城市谋生的。后来,她们都到商店当了售货员。小王当售货员后,非常珍惜这个机会,工作勤恳认真,几年后就当上了她所在柜台的组长。

小赵也很不错,十分珍惜自己的工作。她不仅要求自己做好本职工作,而且给自己定下了一个目标,就是不只当一般的售货员,而应该当这些售货员中的行家。因此,只要一有空,她就专心地认识和研究这些商品的性能、特点、使用方法、有效期等。没过多长时间,她就能很细致地向顾客介绍商品,给顾客提供建议了。因此,顾客对她评价很高。结果,她的柜台营业额是全商店最高的,她也因此获得了商店的奖励。

但是,她并没有对自己的成绩骄傲自满。接着,她又报考了成人高校,学营销、学管理,一天到晚总是忙忙碌碌的。

几年过去,由于工作出色,她由组长升到了部门经理。总经理很赏识她的才能,觉得她是一个懂得营销的管理人才,便破格让她担任经理,负责一个几十人的大商店。

两个姑娘工作都很认真,但小赵的发展更好一些,原因就是她有明确的目标,而这个目标促使她不断地前进、发展。相反,如果没有这个目标,她很有可能依然是个售货员。

确定目标时要从自己的实际出发,不能盲目自大,不能不顾条件地空想。而且,目标不能定得太容易,如果不费力气就能达到,那这个目标是没多大意义的。可以将目标定得有一定挑战性,就像树上的果子一样,只有跳而不只是伸手就能摘到。因为你的标准高些,最后,可保证达到中等水平;如果你的标准一般,那最后就只能达到下等水平。

定下了目标,还得有实施步骤,确定实现目标的大体时间。确定这样的期限是很重要的,它会使你有紧迫感,使你的目标有实现的保障。相反,那些没有期限的目标,往往很难使人为之拼尽全力,只能算是一厢情愿的想法罢了。

有了目标,可以在心中暗暗地去努力,默默地去实现。如果怕自己会懒散,也可以把自己定下的目标告诉亲朋好友,他们的外在压力,也有助于坚定你的目标,促使你全力以赴。

认清自己的目标,并朝着这一目标坚持不懈地努力,你就可以走向成功。

一点通

目标可以导向,它能让你看清前方的道路,为达到目标而努力;相反,没有目标,或者没有明确的目标的人,就像大海中没有航向的船只一样,不知所向。

学会为自己发“通行证”

我们在决定一件事的时候必须很慎重，当然，如果有可能，也可以请教别人，因为我们有时候可能想得不够周到。集思广益，这样收到的信息才更全面。但是也常有这种情况，即自己对问题考虑得不周，也不够自信，因而对各种不同的意见无所适从，使问题拖来拖去，难以决断。

有个“筑室道谋”的成语说的就是这个道理。从前有一户人家，想在人来人往的大道边上盖房子，他拿着图纸去问路人。这个说应该这样盖，理由如何如何；那个说不应该这样，而应该如何如何，又说了很多理由。就这样，这房子究竟该如何建造，总是没有一个统一的意见。主人怕这怕那，不知听哪种意见好。结果过了很长的时间，依然没有动手建房子。

其实，我们应该听取意见，但决断的主体还是自己。事情是你自己的，你完全可以综合各种意见，加以分析，择善而从之。自己的事情自己决定，要给自己发“通行证”，并非都得征求他人的同意才行。

有人说过一句很有意思的话：“需要别人赞同时，你就更在乎别人的看法。”

日常生活中往往会遇到不同意见，这并不要紧，关键是要有自己的主见。一个充满自信而且头脑清醒的人，就会懂得这样一个简单的道理：无论你提出什么意见，都很难让所有人同意；无论你多么优秀，也不会使所有人都喜欢你；无论你进行什么尝试，也很难说你就一定能成功。因此，你的意见不被支持或遭到反对时，应该正确看待。要冷静地考虑和分析，但没必要过分地在乎别人的意见，而否定自己的主张。

美国的林肯总统曾经说过：“假如只让我读一遍那些针对我的责难，更别说给他们答复，那我这个店就得关门大吉。我尽我的全力去做，我决心一直这样做到底。如果事实最后证明我是正确的，那么那些反对的声音自会消失；如果事实证明我错了，那么即使有十个天使发誓说我是正确的，也无济于事。”他说得很对，很多事确实如此。

总之，办事必须有主见，不能凡事都依靠别人。只有这样，你才能掌握自己的命运，才有可能成为一个成功者。

一点通

没有主见的人往往很在乎别人的看法，还会寻求对方的赞同，甚至迎合对方。这样做的结果，往往是忽视自己原有的主张。

最适合的才是最好的

当今时代，父母都在为孩子设计人生道路，大多数都希望孩子接受良好的教育，从小学、中学、大学，直到读硕士、博士。绝大多数人们都有这种愿望，只有条件达不到者除外。这种想法当然无可厚非，因为时代在进步，这是社会发展的趋势。人们受教育的年限长些，学历高些，知识渊博些，对人的成长自然更有好处。

然而，有一位很知名的重点中学的校长却没有像一般人那样做。这位校长有一个女儿，当她初中毕业之时，升学问题就一直在困扰着她，是考重点高中，还是选择其他类型的学校呢？她的父亲就是重点高中的校长，根据学校的惯例，教职工的子女考本校可以得到照顾，应该说她升入本校高中是不会有困难的。然而，这位校长跟女儿商量之后，却做出了一个让人难以置信的决定：不考重点高中，而报考一所职业高中。

听说这事以后，校长的朋友和学校的一些教师都难以理解。有人劝他说：你只有这么一个女儿,还是让她上重点高中好。

校长笑着解释说:“我并不是心血来潮,一时冲动啊!我并不是没考虑过让她上高中、上大学,为了这,我也如同所有家长一样心急如焚,逼着孩子天天学习,不准她看电视,不准她弹琴,还请家教辅导。可这些使孩子变得很压抑,不爱唱了,不爱跳了,连话都不多说了,弄得家里气氛很凝重。我分析了孩子的学习状况,学习差并不是因为智力有问题,而是她性格和行为的特点造成的。若不顾她已形成的性格特点,强迫她去走我为她设计的道路,那她肯定不会愉快的,甚至会很痛苦。为什么非要逼着子女做这样的事呢?作为父母,让孩子身心健康是其首要任务,还要帮助她选择适合她自己发展的道路。”

劝的人听后,谁也无法再进言。有的人想:“这样说确实挺有道理,就是不知道结果会怎样,还是等着瞧吧。”

不久,女孩上了职业高中,很快,孩子活泼快乐的天性回来了。她唱着歌儿上学,唱着歌儿回家,有说有笑,与以前判若两人。更重要的是她不再自卑,增强了自信心,在各种课外活动中都表现得很积极,还加入了共青团。

看着孩子恢复了青春与活力,家人也跟着开心,校长也认为自己当初的决定是正确的。

转眼,孩子毕业了,进了一家银行工作,她依然很快乐,每天上班也是如此。为了提高自己的专业技能,她还主动报名参加各种学习与培训。学电脑、打算盘、数钞票,连手指都磨破了,依然兴致不减,因为这种学习成了她自己的需要。就这样,她在工作第一年的一次技能大赛上获得了第六名的好成绩,激动得她都哭了。

女孩的成功说明了校长决定的正确性。他虽身为重点高中的校长,却没有局限于当今社会人们一般的看法之中,他从自己女儿的实际出发,帮她选择了未来的发展方向。

每个人都有自己的性格与爱好,选择职业应该从自己的实际出发。有的人性格内向,不善言辞,偏要去搞公关,就很难有所发展;有的人粗心大意,大大咧咧,觉得金融行业很有发展前景,就非要从事这方面的工作,结果就免不了要面临各种困难和风险。

其实,人生的路是多彩的,“条条道路通罗马”,绝不是只有一条道。为什么一定要去挤拥挤的独木桥呢?校长的做法应该被肯定,他为孩子选择了适合的发展道路,促使孩子获得了成功。

一点通

在人生的一些重要路口时,每个人都会面临选择,怎样选择才是最好的呢?简而言之,就是在可能的条件下,选择最适合于自己的路,因为这样才容易获得成果。

如何让成功的欲望更强烈

每个人都渴望成功,想有一番作为,然而,怀有这种愿望的人并非都能够如愿。当然,这其中有很多因素,关键之处在于自己的欲望不够强烈,没有那种不达目的誓不罢休的精神。如果说目标是箭,那么欲望就是弓。光有箭而没有弓,你就是在空想,跟做白日梦一样没有动力;相反,只有弓而没有箭,也只能一事无成。因此,要想成功就得有目标,更要有那种必须成功的决心,因为愿望越强烈,成功的可能性就越大。

楚汉相争之时,有一次韩信带一万多人的军队去攻打依附于项羽的赵国。赵国统帅成安若听从谋士的建议坚守不出,就不会被韩信的奇兵断掉退路。可是,成安君自认为有二十万大军,盲目自信,未予理睬。

韩信闻讯大喜,决定立即进军。他知道自己是以寡敌众,形势严峻,但他有十分强烈的求胜欲望,决心要以少胜多,消灭赵军。他先在赵军兵营附近埋伏两千人,接着又让主力一万人连夜出发,背靠着大河修筑阵地。然后,自己带着剩下的人马在天亮后打着帅旗,表现出主力在前进的阵势。

赵军发现韩信的帅旗后,真以为是其主力,赶忙迎战。这时,韩信佯装大败,率军慌乱地逃向水边,赵军紧追不放,一直追到水边阵地。这时,韩信下达反击令,因为背靠大河,再无退路,士兵们便决心死战,战斗力增强了几倍。赵军被迫撤回兵营,但为时已晚,因为韩信布置的两千伏兵已占据了兵营。在韩信军队的前后夹击下,仅一上午赵军就被击溃。

面对二十倍于己的敌人,韩信依然有着强烈的求胜欲望,也正是这种求胜心才使他下定决心把阵地筑在水边,这就是兵法上所说的"置之死地而后生"。死和生原本对立,然而一旦置之死地之后,便会拼命求生,这就激发起战士有我无敌的拼搏精神,所以,才有了这一以少胜多的典型战例。

其实,并非只有打仗如此,其他各行各业也都一样。如果一个学生没有成功的欲望,学习就很难有动力,学而不厌;如果一个商人没有成功的欲望,就很难想象他会敢冒风险,抓住商机。

成功的欲望不是生来就有,而是与经历有关,生活的经历是唤醒其成功欲望的最好老师。面对生存的艰辛,人们必须努力,而强者总是试图改变自己的境遇,"穷则思变"就是这样。

有一位很有成就的高科技企业家,幼时便随父亲移居美国,少年时就在家里的餐馆中帮忙。有一次,他因端餐盘出了错,急得父亲用炒菜的勺子打他的头。他痛极了,但他依然强忍着泪水把盘子送到了餐桌上。从此,他下定决心长大后一定要用技术来赚钱。于是,他刻苦学习,终于考上了纽约理工大学,后来当上了一家著名企业的总经理。他的成功欲望可以说是被父亲的炒勺唤醒的。一些在逆境中奋发图强的成功人士都是因为环境逼迫,才让他们产生了强烈的求胜心。

当然,每个人的成功之路都不相同,但都可以有成功的欲望。因为有了它,你就能迸发出无穷的力量。所以,要想成功,首先要激发出成功的欲望。

一点通

要想成功就得有目标,更要有那种必须成功的决心,因为愿望越强烈,成功的可能性就越大。

大目标应一步一步实现

要想成功就得有目标,而且很多人都是怀抱着大目标,这是可以接受的。但是目标确定后,却需要一个漫长的实施过程。它需要毅力和耐心,也需要讲究方法。有些人做事之所以半途而废,并非因为目标不明确,也不是困难不可克服,而是因为目标过于遥远,使得成就目标的距离太远,一时难以实现。因此,要实现大目标,首先应该将目标分解成多个细小的目标,然后,向着一个个小目标前进,逐步实现这些小目标,这样才能积小胜为大胜,逐渐接近大目标,最终实现大目标。

以提高学生的成绩为例,取得好成绩是每个家长和孩子的希望,但是每个学生的情况不同。让孩子定下提高的目标,这是应该的。不过,有些孩子的目标虽然定了,却无法实现。这本是一个短期的目标,可是一次次都没有实现,时间一长,孩子就放弃了,成绩也很难提高。

有一位初中三年级的教师,就很有办法。她负责的班级,大部分学生在每次考试中都有进步。到中考时,这个班的成绩在年级中名列第一。有人问她的经验,她就说让每个孩子不仅要有目标,而且还要逐步达到自己定下的目标。这就是要根据孩子的实际情况,把争取中考胜利的大目标,分解成一个个小目标。开始时,以比自己成绩稍高的同学为目标,定下来先超过他,实现了这步后,再选一位比自己现在的成绩高一些的同学,再超过他。每达到一个小目标,他就会有成功的信心,尝到努力的甜头,因而信心倍增,愈加努力,学习成绩也就一步一步地提高了。正是由于她对不同的孩子给予了不同的指导意见,所以,学生们都在你追我赶,为实现自己的小目标而奋发学习，积极性很高。

其实，这样的事例有很多。

1984年，日本有位名不见经传的运动员，在东京的国际马拉松赛中出人意料地夺得了冠军。他就是山田本一，很多人都很吃惊。当记者问他原因时，他只说了一句："我战胜对手是依靠智慧！"

当时，许多人对他的话都不以为然，认为这马拉松赛凭的是体力与耐力，有多少智慧可言呢！

过了两年，在意大利的米兰又举行了一次国际马拉松比赛，世界冠军依然是山田本一。当记者再次采访他时，他的回答还是那句话，可人们对他的话依然不重视。直到十年以后，这谜团才解开。山田本一在他的自传中写道："我每次比赛之前，都要仔细研究比赛路线，记住途中比较醒目的标志。如第一个标志是高大的银行，第二个是一棵大树，第三个是一座红房子等，一直要画到终点。比赛一开始，就用快速度向第一个目标冲去；到达后，依然以相同的速度冲向第二个目标……四十公里的赛程，就这样被我的一个个小目标突破了。以前，我不懂得这样，目标就定在了四十公里外的终点的那面旗帜上，然而跑了十多公里后就很疲惫了，因为前面遥远的距离把我吓倒了。"

山田本一的体会是真实的，他的确运用了自己的智慧。目标太远，会使运动员的心理产生压力，这种心理上的因素，往往是失败的重要原因。相反，如果把长距离划分成若干个距离段，再逐一跨越它，那就会轻松得多，成功也就不远了。

一点通

俗话讲得好，"大胖子不是一口吃成的"。饭得一口一口地吃，事情得一件一件地办，目标也应该一步一步地实现。

不要让逝去的事折磨自己

人们总是希望获得成功，但是成功绝不会那么容易。在获得成功的过程中，难免会摔跤跌倒。但是，如果因此而沉溺于过去的失误、挫折和失败，总是唉声叹气，或后悔不已，那么就会陷入一种沮丧的情绪中难以自拔，自然就难以再有向前的勇气。

有一个"坠甑"的典故说的就是这个道理：

东汉时期，有一天，一个年轻人挑着一担泥土制的甑（煮饭用的工具）在街上走着，一不小心摔了一跤。这时，只听得"哗啦"一声响，甑全都摔碎了。

年轻人从地上爬了起来，居然连看都没看，头也不回地走了。有位叫郭太的学者，对此看得一清二楚。他觉得这人也太怪了！东西摔坏了，为什么不看呢？于是赶上前问他："喂，小伙子，你摔坏了东西，为什么直接就走了呢？"

年轻人毫不思索地回答说："甑都已经摔碎了，为什么还要看它？再怎么看，它不也摔碎了吗？"他说完，便头也不回地走了。

其实，生活中这样的事有很多。很多人总是为了那些不可挽回的损失而烦恼、忧伤，而这已经无法挽回了，与其没完没了地烦恼，还不如将其忘掉，重新开始。

有两个学生参加高考，结果都失败了。其中一个女生平时成绩不差，考试后自我感觉也不错，因此，她没有失败的心理准备。落榜之后，她自然十分痛苦。虽然家长安慰了她，但她总是走不出失败的阴影。尽管又回到了原校补习，可总是缺乏自信，一年之后，仅仅上了一所专科学校。而同样落榜的另一位男生，却不是这样。他消沉了几天之后，很快就振作起来。他对安慰自己的父母说："这回我下定决心了，明年一定要考上一个好学校，绝不凑合，你们看吧！"在第二年的补习中，他朝着既定的目标而努力，终于实现了目标，考上北京一所著名的大学。

可见，对待损失和失败的心态，往往影响一个人后来的成功。莎士比亚说得好："明智的人永远不会坐在那里为他们的损失而悲伤，而是努力弥补，将损失降到最小。"在失败之后，确实应该采取明智的态度。要想办法弥补，而不是沮丧、悲叹；要想办法重振旗鼓，而绝不是气馁、消沉。在梦想遭遇现实的打击时，你不必停下来去看那已经破碎了的东西，而应该心无旁骛地继续前进，鼓起干劲，做你应该做的事情。

一点通

英国有句谚语叫做，"不要为打翻的牛奶而哭泣"，这告诉我们不要沉溺于过去的失误，因为那已无可挽回，而应该忘却它，放眼未来。

第三章　成功源于理想

坚定的决心是成功的动力

诺尔玛·霍特玲（Norma Hotaling）焦虑地在旧金山第十六号街和第十七号街之间的一条破旧的小巷里徘徊，她想多拉几个客人以便凑足钱偿还自己的债务。当时是凌晨三点钟，她脑海中有一个想法强烈地刺激着她。她回忆道："我在街上拉客、注射毒品，无家可归，住在贫民窟里。但总有一天，我要走出这种现状，届时再将这些可怕的经历告诉世人。我要改变这一切。"

诺尔玛用手捋了捋头发，扮了个鬼脸，叹气道："当然，接下来我就否定了这个想法。我告诉自己：'你就是一个妓女，一辈子也改变不了。'"她头上还有手术缝合的伤痕，那是与皮条客打斗后留下的。每天早晨，她都会走进一家幽暗的旅馆，那里充斥着嫖客和瘾君子。"每次到那里，都是一场噩梦。那里气味难闻，杂乱无章，到处是注射毒品后亢奋而恍惚的无家可归者。你永远不知道你要走向哪里，尤其是在身无分文的时候。有的时候，我没有带针头进去，跟别人借了以后却又不知道应该到哪里清洗它。"接下来的几年，她试图摆脱那种生活，对海洛因和可卡因的毒瘾反复不止，最终她再次走进戒毒所，才把毒瘾戒掉。

当诺尔玛"金盆洗手"后，她的姐妹还曾逼迫她继续以前的生活。当她宣布要成立一个康复中心，开展一项帮助女性摆脱性交易、重返正常生活的"Sage 计划"时，并没有征得市政官的同意。如今，诺尔玛把她的梦想寄托于旧金山教会区的几间小屋里。因为曾经做过妓女、皮条客和瘾君子，她感到自己远不够被称为领导者的资格。但是经历了"30 年目睹朋友们死在那个肮脏的贫民窟的日子，使我觉得有太多曾经跟我一样的女孩需要帮助"。尽管她没有社会官员的身份参与拯救女性的行动，但她依然要去做。事实上，正是她不堪回首的过去，让她能够带领这些女性摆脱吸毒和卖淫的恶性循环。

不过，当诺尔玛努力克服曾经的陋习时，她没有意识到自己要去求助的人都认为她不能胜任这项工作。"世上最低贱的人是做过瘾君子和妓女的人。"她说。

事实上，当她迫切地需要他人的帮助来实现这项计划时，"她未曾想过的人却帮助了她"。她联络了那些积极生活的人们，这些人鼓励她为了理想而生活。随着时间的推移，越来越多的人开始支持她的事业。

由于追求理想的艰难以及自身的性格，许多缔造者都缺乏领导者应该具备的自信。他们犹豫不决，甚至焦虑和内向。但是，当问及什么才是他们最在乎的东西的时候，他们就像电影《超人》中沉默且温和可亲的克拉克·肯特（Clark Kent），走入电话亭，片刻之后跳出了一个超级英雄。无论诺尔玛对自身有着怎样的感受，她的理想本身就具有很强的吸引力，促使她克服各种艰难险阻，同时也扩大了她为之奋斗的战线，帮助她化解了因为自信心和知识不足而出现的一些困难。

诺尔玛的两眼炯炯有神，她继续说道："走到这一步，我决心要做下去，而且要做出成效，否则还不如现在就罢手。就是这么简单，同时也是那么艰难。"

"我非常脆弱，而且十分敏感，但是我要在这里付出我的全部，一遍一遍地在公众面前讲述我的私生活。我已经从事这项工作20年了，其中的辛酸可想而知。"她说，"我每次讲话时，总有一些冷漠无情的人很不屑我现在所做的事业。如果你看得开，领导者就好像殉道者。有时候，我以为只要把个人生活和当前的领导工作区分开来就能够适应，但结果却与我原先的期望大相径庭。"

"人的理想无法脱离生活。对我来说，脱离生活的理想是不健康的，也是不可能的，这与卖淫没有什么两样。那时，为了活下去并有一定的节余，你必须为你身体的不同部位设立一个收款箱，如嘴唇、胸部和下身。但是，这些部位是不能分割的，就像我的工作和我的生活无法分割一样。"她说。

"为了以健康的方式达到你的目标，你不可能假装是或者麻木得像一部机器，因为这样是没有用的。你要用心感受一切并利用它。我的工作并不是跟大家分享我的故事，只是因为我自己愿意这么做。即使我要不断地重复叙述它，那也不会再对我有什么害处。我的事业是我的生命。五年前，对于那种不堪回首的生活，我还会顾及别人的看法，因此，有些瞻前顾后。如今，我已经能从容应对，所以，有了更大的自信。"

"Sage计划"已经取得了显著成效。合作三年后，韩国非营利组织领导人和政府官员邀请诺尔玛赴韩国访问，并对建立一系列新的法律制度起到了推动作用。"我听说有一群努力摆脱过去生活的女性愿意说出曾经饱受的折磨，而且不在乎社会怎样看待她们。"煞费一番周折后，诺尔玛最终找到了15名勇敢的女性。"我独自穿梭于世界，"她说："当我到达时，她们都跳起来，鼓掌欢呼，我们一起痛哭。她们说她们在世界的另一个角落传播'Sage计划'的理念。我不再感到孤单。我一直在为我的姐妹们奋斗，而且要与她们并肩战斗。"

这就是她追求理想的动力。虽然有时也会彷徨，但那份信念每次都能令她确信理想远远胜过个人感受。她已经不在乎是否可以实现这个理想，只是想尽快帮助那些急需帮助的人。无论是不是由她来做，都要把这些事情完成。这个理想已经深深植根于她的思想，如果置身事外，她就会感到难过。

如今，她的感召终于得到世界的关注。诺尔玛获得了许多荣誉，其中一项是美国著名脱口秀演员奥普拉·温芙里设立颁发的"今生不虚度"奖。温芙里称赞"Sage计划"是一项勇敢的义举，这项活动帮助数百名女性走向新生，帮她们脱离了犯罪、吸毒、卖淫和死亡。

"我的'精神顾问'就是那些死去的女性，"诺尔玛说："每当我陷入恐惧和绝望时，我就会想起我的姐妹们，她们在我之前已为这个社会奉献了一生。"

一点通

为了以健康的方式实现你的理想，你不可能假装或者麻木得像一部机器。麻痹自己是徒劳的，你得专心认识并掌握它。

成功者需要前进的勇气

“首先，要解放你的头脑。”罗伯塔·贾米森(Roberta Jamieson)说。贾米森后来成为“格兰德河六部落”(Six Nations of the Grand River)的首长，格兰德河也是她的故乡。在上大学之前，她非常吃惊于土著人遭受的不公正待遇，于是放弃了攻读医学预科的理想，转而攻读法律，最后，成为加拿大历史上第一位获得法律学位的土著女性。贾米森承袭了其部落中和平解决争端的优秀传统，她是在加拿大提出调解优于诉讼的律师之一。如今，她是多伦多“全国土著居民成就基金会”的首席执行官。

“你一定得突破自己固有的思维。”她说道，“因为你不再是个囚徒了，你已不是那个人了，而是人类历史中的一员。你有权力做决定，与大家分享族人的智慧，你同样有权利跟别人分享你的才能。甩开束缚你的枷锁，不要折磨自己和他人，因为这样你自己也很痛苦”。

“你来到这个世上时，就带了一套工具箱，那是上天赋予你的才能和礼物。你的任务就是用这些工具为族人服务。如果你知道自己的选择将会影响七代的族群和国家，那么你一定会有很大的动力和能量。”贾米森两度受邀担任首长，但她都婉拒了。最后，当她确信自己可以胜任这个职位时，才接受了这个位置。任期结束后，她又回到了一般的工作岗位。“我不是一个权力至上的人，关键是要在需要你的时候伸出援手。”

与诺尔玛·霍特玲一样，贾米森成为领袖也是受其理想本身的魅力影响，弗朗辛·帕特森(Francine Patterson)博士也属于这一类。对于“领导”一个组织，她始终无法做好，所以，她干脆用其他方式诠释它。

帕特森从小就喜欢悄悄地把蜥蜴和蛇带到卧室里，然后，看着看着就进入了忘我的境界，她想要知道这些小家伙们在想什么。“我完全被它们迷住了。”她说道，眼睛里闪烁着光芒。在斯坦福大学研究生院，当她得知自己有机会照看一只猩猩幼崽时，她非常激动。

“我难以置信自己有这样的运气，在见到这个小家伙之前的一整夜我都难以入睡。因为我就要和自己认为的终极动物猩猩见面了，所以，既紧张又兴奋。”那个时候，她不会想到这个临时的任务会影响她今后的30年。

没有人料想帕特森会像世界儿童名著中的怪医杜立德(Doolittle)那样试图让猩猩学手语并且有所成就，这在科学界引起了一阵骚动。

“有些人专门召开研讨会来证明我们是骗子。”她叹着气说道，“一些学者和哲学家认为这是无法实现的事情，其中必定有问题。很自然，教动物学习人类的沟通方式是备受争议的，因为这在某些方面改变了世界观，所以，很多人会感到不适应。”因此，她的诚信遭到了人们无情的嘲讽。

“幸运的是，我能够忽视那些杂念，义无反顾地将工作进行下去。但是，并不是所有的同事都能这么做，一些人甚至能记住所有批评的确切出处。”在帕特森看来，仅仅因为受到他人的攻击而放弃自己的信念太不合算了。“那时，接二连三的攻击确实会让你沮丧不堪，甚至让你逃离。”

但是，她没有。30多年来，她的理想支撑她将全部精力放在猩猩“可可”身上。“可可”已经长到300磅了，它可以运算数学题，绘制一些作品，还可以用1 000个手语表达自己的想法。也许你在《国家地理》杂志封面上看到一只猩猩小心翼翼地抱着一只小猫咪的画面，那只大猩猩就是“可可”，她扭转了世人对野生动物的看法。

对于帕特森来说，整日与“可可”在一起是她最大的乐趣，而向他人寻求帮助则令她苦恼。“我每次举办会议时总会有很多人来参加。从心理上讲，我感觉自己完全是一个乞丐，不得不向这些富豪、大亨们寻求帮助来支持自己的理想；我必须向人们说明情况有多么急迫，我必须一对一地跟他们沟通，那确实令我害怕。”

唯一帮助她走过千难万险的就是她的信念，坚信自己的理想。帕特森厌恶向人寻求帮助，每次响起的电话都让她忐忑不安，连声音都在发抖。当在电话中遇到有可能提供赞助的人士时，她就会心花怒放：“距午夜还有一分钟，我们就要失去它了。”她说道：“到了12点，人类的近亲大猩猩将要死去，我们将永远地失去它。”今天，由于彼得·加布里埃尔(Peter Gabriel)、斯汀(Sting)以及罗宾·威廉斯(Robin Williams)等名人的支持，这项工作得以顺利开展。

一点通

许多缔造者会告诉你，不论以前经历过怎样的艰难困苦，最困难、最有必要、也最宝贵的就是要善于突破既有的思维。

理想的力量不可估量

最近，魅力型领导的提法让人们颇不以为然。然而，有一个关键点或许被批评家们所忽视。不管你羞涩、谦恭、外向还是咄咄逼人，这些都不是问题。取得成功的决定因素并不是个性，关键是你怎样发挥自己的个性。无论你的自我意识强弱与否，都会产生各种问题，这是无法避免的。缔造者们有各种各样的个性，也有着不同的心理问题，就像菲尔博士①所描述的那样，一些人是内敛的，而另一些人则咄咄逼人，对他们的态度取决于你是否在意他们所关注的事。如果恰巧志趣相投，那么他们在你眼中就是一群有趣的人；否则，你会觉得这些人看上去不那么顺眼。

缔造者与其他人的本质区别在于：他们找到了自己最重要的事，并激情洋溢地投入其中，他们可以摆脱个性的枷锁，扫清前进的障碍。他们做的事情都是意义深远的，而且这些事业本身都富有超凡的魅力，他们一旦投身其中，就全身充满了干劲。

对成功人士而言，不管是内敛的人，还是咄咄逼人的企业家，支撑他们活下去的都是理想。同时，理想也是他们奋斗的动力。理想召唤着他们，他们也从理想中得到了新的力量。当这种情形体现在你身上时，一个更加强大、充满活力的“你”即将登场。

祖籍台湾的工程师黄仁勋拥有数十亿美元的资产，他是显卡制造商Nvidia公司的创始人兼首席执行官，是一个内向但又雄心勃勃的人。但是，当他走向电脑屏幕前向你展示其团队努力的成果时，他的风格就会完全改变，他的表现仿佛是在神坛前跪拜。对于其团队打造出的这些成果，他在内心里充满了敬畏之情。实际上，是对理想的追求让他感到敬畏，而追求这个理想所激起的热情让他看起来充满了魅力。

尽管轻声细语的黄先生声称他宁愿“跟孩子在家里玩耍，或者与妻子静静地坐在一起喝红酒”，但却没有丝毫要离去的意思，因为他正在谈论自己喜欢的话题。当你正在进行自己最感兴趣的内容时，你的魅力也会油然而生。当你有勇气与他人分享你的激情时，他人就会追随在你身边。按照彼得·德鲁克的说法，这是成为领袖的关键。

一点通

个性不是帮助一个人走向成功的主要因素，关键是你将如何发挥自己的个性去做事。

① 菲尔博士是美国心理学家，以辛辣讽刺的脱口秀节目风靡全美。（译者注）

学会让梦想插翅飞翔

美国西南航空公司创始人赫布·凯莱赫就是一个很好的例子。他偶然发现了一个改变自己原有律师生涯的事业，美国航空业也因他的这个事业而改变。当时，凯莱赫是一名外聘律师，为一位企业家开办的航空公司服务。后来，他成了共同创办人之一。

让他产生这种转变的原因是，他认为美国大多数航空公司的票价都太高，他想改变这种不公的局面。这看起来或许算不上是道德义务，但是凯莱赫觉得是这样。他愿意为了实现这个愿望付出代价，做出牺牲。他鼓起了自己的全部勇气，离开了律师这个职业。

如同其他缔造者一样，他对自己的理想投入了全部精力，由知名律师变成了商业领袖。他也不曾料想自己的热情会让他成为全球备受推崇的企业领导者。在他的管理风格中包含了非同寻常的智慧和自嘲式的幽默，但其他企业者很少有这种能力。他也没有料到，当其他航空公司纷纷濒临破产之际，他所在的航空公司却能蝉联最赚钱的航空公司。同时，其客户服务也受到人们的赞许。

然而，有一点通常很少被人们重视，凯莱赫最初不得不面对无休止的诉讼案件，因为竞争对手们一直想逼迫他退缩。在政府主管部门批准他的西南航空公司申请的第二天，布兰尼夫航空公司（Braniff Airways）就提起了诉讼，结果西南航空公司败诉。接着，又在上诉中败北。凯莱赫说服了公司董事会，坚持上诉到德克萨斯州最高法院，最终赢得了胜利。经过5年的艰苦努力，凯莱赫最终实现了写在纸巾上的商业计划，让西南航空公司正式进入轨道。

想象一下，如果你离开优越、稳定且备受尊敬的职业，去重塑另一个行业，那就可能成为被攻击的对象，在数年里为了达到目标被弄得头破血流，这确实令人痛苦不堪。然而，开拓者们都会遇到这样的情况。凯莱赫秉承当年成为律师的初衷，坚持伸张正义，为西南航空公司讨公道，不是为了达到所谓的成功，也不是为了获得权利、名誉及财富，而是为了实现自己的理想。他深信自己的理想具有感召力，他强调说，“这使他的热情无比高涨，能够做出不同寻常的事”。布兰尼夫航空公司早已退出历史舞台，但是，西航公司却正处于事业的上升期，并且重新定义了航空业的低价市场，在全球掀起了一股热潮。

一点通 成为一名创业者，要愿意为了自己的理想与他人一起承担风险。

先驱者不一定能最终实现理想

律师玛娃·柯林斯每次向教育者们介绍她的新教学方法时都会碰壁。“如今，每当我去学校推广我的教学方法或者谈合作时，依然要面对巨大的困难：许多教师都不理睬我，或者对我不友善。但是，这种态度不是针对我，而是他们对自己不自信。”她坦言道。

“因此，我学会了从不同的角度看问题。如果你一直在意别人的看法，那你永远不会进步。如果你没有进步，你就不会有所成就。”她说问题的关键是，他们的理想对他们自己没有任何感召力。

柯林斯悲叹她早年的教师生活：“其他教师嘲笑我，甚至连校长都对我说：‘你的问题是，你不能忘记这些学生不是你的孩子。他们来自有犯罪前科的家庭，他们的问题不是一天形成的，你不能对他们期望过高。’”

柯林斯从小生长于贫穷的亚拉巴马州，她一直希望得到正规的教育。后来，她改变了芝加哥的公共教育体制。她在教育“无可救药的”孩子方面表现出色，连里根总统和布什总统都很赞同她的成就，甚至邀请她担任教育部部长，但她还是选择了继续教学。今天，美国众多社区的教学都采用她的教学方法。

“当我在人们习惯说‘这些孩子有这样、那样的问题’的环境中逆势而为，又告诉他们这些孩子的优点时，他们当然听不进去。”因此，在经过了14年的努力，看到人们对孩子们的看法依然没有改变后，柯林斯便自掏腰包创办了学校。

一点通

事实上，当你全神贯注于你认为该做的事情时，你就会很自然地坚持下去，不管有多少艰难和险阻。

坚信自己是世界上无可替代的一员

柯林斯认为，只要能让那些孩子相信世界因他们而精彩，他们就很可能会让世界发生变化。“《白鲸记》(Moby Dick)里有一句话：‘在这个危机重重的世界里，我们都需要坚持一些东西。’问题是我们没有给孩子留下可坚持的东西。你不应该沉迷于电脑和游戏以及著名设计师设计的服装，也不应该标榜自己如何可爱或如何英俊，你必须坚持这样的信念：不管你走到哪里，都要把握自我。”那个自我听到了你发自内心的呼唤，就会告诉你生命中最有意义的事情，也会告诉你哪一条道路可以让你找到人生的意义。

当你到达接受自我、认清自我的境界，做自己热爱的事情时，你就有走向成功的可能。

“我向那些参加培训的教师提出的第一个问题就是：‘这孩子有哪些不好的地方？’我得到了一堆冗长而枯燥的答案。”她说，“然后我再问他们：‘孩子的父母有何问题？’答案更是五花八门。第三个问题是：‘你作为一个老师有何问题？’”当然，我的问题让他们面面相觑。我们怎么会没有办法帮助孩子们？我们必须从自身开始找问题。“如果你以‘这些孩子、那些家长、那个校长什么都不懂’等负面看法为出发点，那么你对他们永远没有多大帮助。”柯林斯认为：“你不仅要认识到理想能为你带来什么，还要知道你可以为理想做些什么。”

一点通

当你全心为理想而奋斗时，理想反而有助于你实现目标。这样，你就能够不断有所成就，并且会越来越有自信。

自信心是成功的重要前提

有一些罪犯在自信心测试中获得高分，而一些圣人的情况则恰巧相反。玛娃·柯林斯希望父母们、孩子们和老师们知道，其实他们每个人都很不错。她不鼓励他们等待自信心的到来，也不认为他们对成功的看法是理所应当的。成功跟自信心的强弱无关，关键在于努力的程度。

当一个学生考得很差时，柯林斯不会认为这很糟糕，或者给这个学生打不及格，然后置之不理。相反，她会找这个学生谈话：“你希望这份答卷值50美分、50美元还是500万美元？”接着，她会告诉这个学生如何达到这三种结果。

她说：“在我们教育的孩子中，有些人从此生活得很幸福。他们可以走捷径或采取轻松的方法，但这样做恰恰使孩子们失去了培养更多信心和技能的机会。我们没有教孩子们如何渡过难关，这也是一些孩子走向歧途的原因。我们一定要告诉他们:人生不如意十有八九,应该如何度过这些困境等等。”

“成功的道路上也并存着失败。”柯林斯说。当然,这可能是一种陈词滥调,但它也是一个事实。缔造者相信困难能让你更加努力地迈向成功——从表现平平到卓越非凡,同时也考验了你到底在意什么。“犯错是无法避免的,如果你要尝试任何值得去做的事,那就不要有太多的负担,要超越阻碍,认清自己也可以成为出类拔萃之士。”

不要等到认为准备好的那天才出现。缔造者们强调,自信心源于尝试、失败、再尝试、再失败,只要每一次都能小有成就,就能把工作做得更好一些。当一项事业对你有吸引力,能够推动你突破艰难险阻,挥洒激情,涉足你从未接触的事情时,自信和毅力也就应运而生。

一点通

也许你认为应该等到自己有更多自信的时候再去追寻梦想。其实,只要去做并做出一些成果,你就会获得那份自信。

2 个人修养篇

第一章　良好的品德夯实成功的基础

人要懂得惜福

人有时很幸运，他未曾抱有希望的愿望竟然很容易就实现了。这时，人们往往会说自己运气好，或者说自己很有福气。可是，如果你不珍惜这份福气，那么这种幸福很快就会消失。所以，曾国藩在家信中再三告诫子女一定要惜福。这确实很重要。

20 多年前，小毕还是一个中学生。高考时，他考上了某大专的财经专业，毕业后分到了一个大城市。没过多久，公司派他到沿海的经济特区当业务代表，他的家刚好就在那个大城市的一个郊区县。在特区工作几年后，他考虑要离家近一些，就申请回自己的家乡，在县政府的一个经济部门工作。

没过几年，区县领导班子要换届。当时，市委书记非常坚决，明确提出每个区县的领导班子中必须有一名 30 岁以下的干部。意见下达后，各区县自然要遵照执行。

小毕所在的县政府在酝酿候选人时，认为本县的主要目标是发展经济，缺乏外联人才，而小毕在大城市和经济特区都工作过，在招商引资方面肯定会有不错的经验。而且，他又在 30 岁以下，于是在别人的提议下，他的名字被报上去了。

名单很快被市里批准，小毕就这样当上了副县长，主抓外贸、商业等工作。

小毕当了副县长的消息一传出，他的熟人都很震惊，因为谁也没有想到。他自己也很高兴地想：幸亏当初申请调回家乡，真是太幸运了！

当了副县长后，小毕跟从前大不一样了，出门有车代步，讲话有秘书起草，无论走到哪儿，都有很多人跟着巴结他。他一连几天都处于兴奋的状态之中。

小毕很忙碌，外出考察，迎来送往，在有关会议上照着稿子讲话，有时还激情澎湃，在酒宴上也十分热情，周到有礼。

但两年后，他就被免职了，还被调离了那个县。

当然,他被免职是有原因的。

那是在一次酒宴上,他招待从外地来的客人。他频频劝酒,自己也喝了很多。酒宴后,他带着客人去本县一个风景区的宾馆休息,这是他常去的五星级宾馆。令他没想到的是,当他准备和客人进宾馆时,却被站岗的哨兵拦住了。

小毕多少有点醉意,根本没发现今天与往常有什么不同:站岗的保安员已经换成了带枪的哨兵。他大声对哨兵吼道:“为什么不能进?”

“不能进!这是上级规定的!”哨兵说道。

听到这儿,小毕更生气了。自己县的宾馆,凭什么不让进?他觉得在外地客人面前被阻拦太丢面子,于是对哨兵说:“你知道我是谁吗?”

哨兵还未回答,随行的一位赶忙上前对哨兵说:“这是我们县的毕县长!怎么不能进?”

可哨兵仍然说:“谁也不能进,这是规定!”

小毕更激动了,他带头往里走,但很快就被哨兵拽了出来。此时的小毕再也控制不住了,大声地与哨兵吵了起来。

一个要进,一个不准进,正在争吵不休之时,两辆轿车飞快地驶过来。从轿车上下来的是该县的县长。他生气地走到小毕跟前,命令似的说道:“快回去!别在这儿闹了!”

尽管有些醉意,但小毕在县长面前还是不敢妄为。他只好停止了争吵,悻悻地离开。县长带来的人则把客人安排到另外的宾馆休息。

原来这家宾馆有特别重要的客人正在休息,所以,有规定不能让任何人进。

小毕呢,自当县长之后就有些骄傲自大,总觉得自己不错。再加上平日周围的人对他的吹捧,更加缺乏自知之明,这次酒后的行为也就很自然了。当他与哨兵争吵之时,宾馆内的有关人员打电话通知了该县的县委书记,所以,县长就急忙赶来。

这件事暴露出小毕缺乏做县领导的素质,因而他被撤去了副县长的职位。

小毕刚开始确实挺幸运的,一般人很难有这种好运。然而他却不注意自己的行为,不珍惜自己所得到的幸福。当了县领导,就自以为高人一等,大摆官架子,缺乏为民服务的态度,这自然是要摔跟头的。这件事看起来有些偶然,其实是必然的。

一点通

一个人不论地位多高,权力多大,能力多强,都不应该狂妄自大。永远保持低调谦虚的行事风格,珍惜已得到的幸福,这样才不会重蹈小毕的覆辙。

反思能让我们更成熟

有时在餐桌上会看到这种现象:每当有人劝酒时,有的人毫不推辞,尽情地喝;有的却总说自己不善饮,一再推辞。当酒酣耳热之时,眼看有的已经醉了,说话都不太利落,却还要继续喝。有人劝他说:“别喝了,再喝就多了!”他还不高兴地说:“这才多少,我酒量有这么差吗!”一直要喝得酩酊大醉才作罢。

正因为这样,所以,有经验的人都知道:凡是说自己没醉的人,实际上已经醉得差不多了,因为他这时已经完全处于不清醒的状态,失去了自知之明。

醉酒的事还比较好办,因为休息以后,酒醒了就正常了。

类似的现象还有很多。譬如,一个人有缺点,可他往往不自知,而且当别人向他提出时,既不接受,也不思考。相反,总是辩解说:“瞎说什么,我怎么会有这些缺点!”就跟那明明醉酒而总说自己没醉的人一样。事实上,那些不认为自己有缺点的人,本身就有一种缺点,即缺乏自知之明。

然而,这种人比不知自己醉酒的人的情况更严重,因为不自知,就无法改正,导致他的缺点只能长期存在着。

古话说，“金无足赤，人无完人”，谁也不可能完美无缺，关键是要正确对待自己的缺点。一个人要善于发现自己的缺点，并且努力改正缺点，才会越来越明智，越来越完美。这样的人才会让人乐意与之相处！

春秋时期的曾子说得好：“吾日三省吾身。”这句话的意思是说，我每天都要反省自己几次。这种做法就是在寻找自己的缺点。当然，每天都进行反思可能过于频繁，但至少可以对每个阶段进行总结，进行反思。这样做，才能让自己不断地进步，不断地完善。

美国著名的科学家、避雷针的发明人、民主主义者，同时还参与起草《独立宣言》的富兰克林就经常反思自己。据说，他每天临睡之前，都要审视自己的言行。他曾给自己制订了包括节制、寡言、果断、节约、诚实、勤奋、公正、整洁、沉着、谦虚等有名的13条准则。正是由于他对自己的严格要求，才使从贫困的制烛匠家庭出身、12岁就当印刷厂学徒的极为普通的他，成为了对世界影响深远的伟人。

要善于反思，只有在反思之中，才能变得更加明智和完善。

一点通

凡是说自己没有醉的人，实际上已经醉得差不多了，因为他这时已经完全处于不清醒的状态，失去了自知之明。

团队责任感至关重要

这里所说的责任感，其实就是要求自己做一个负责任的人。很多人都认识到了这一点，因此他们尽量做好自己的分内之事。但是这往往不够，因为人不能与外界隔绝，他们常常是在一个集体、一个团队之中。因此，如何树立团队的责任感，也是所有员工应该学习和考虑的。那种“事不关己，高高挂起”的态度以及抱着“各人自扫门前雪，休管他人瓦上霜”的做法都是不可取的，不利于团队的健康发展。

在公司里经常能看到这样的事情：当接到电话或有人来访时，开始态度还不错，一听到不是自己部门的业务或是与自己关系不大时，态度便大不一样，服务也不那么热情了，开始推脱，或者干脆说“你自己找他们去吧”“我们这部门不管这些事”“这不是我们的业务”等等。这肯定会给客户或顾客们留下不好的印象。

但是，如果你作为整个公司的员工，以维护公司的荣誉和利益为己任，态度就会大不一样。每个员工都应该把自己当成公司的主人，负责任地接听电话和接待来访者，诚恳地为他们服务。即使业务与自己的部门无关，也应该热情地带他们去找有关部门解决，这样才能给客户和顾客留下良好的印象。

有位顾客在日本一家超市买了两包豆腐，回家后却发现豆腐已经变质了，只好扔掉。当他再次经过这家超市时，就顺便将这一情况告诉了豆腐柜台的售货员，目的是好意地提个醒。这位售货员虽不是上次的那位，但他耐心地听取了意见，并立刻跟值班经理说了这件事。这位经理毫不犹豫，马上包了五包新鲜的豆腐送给了顾客，并且诚恳地检讨说：“真的很抱歉，这是我们的错，给您添麻烦了！”

这位顾客非常惊讶，赶忙说：“卖给我豆腐的不是你，没有你的责任！”

值班经理笑了笑说：“只要是我们公司出的事，就是我们每个人的责任。不管是谁当班，我们都应当好好地为每位顾客服务。”

这件事使这位顾客很受感动，后来，他经常到这家超市买东西。

这位经理说得很好，做得也很好，他维护了整个公司的荣誉。他并没有因为不是自己的责任就推脱不管，或声称自己不知道，让顾客去找当天值班的售货员。他的这种责任感不只是个人的，而是整个团队的。正是因为他的这种团队责任感，才取得了顾客的信任，也维护了公司的整体形象。

其实，每个部门只是整个团队中的一个部分。但是，只要一个部门出了错，就会影响整个团队。所以，公司培养的，或者说需要的不仅是个人的责任感，而且是团队的责任感。每个员工不仅要对自己承担的工作尽责，还应该有维护整个团队利益的责任感。

一点通

其实，每个部门只是整个团队中的一个部分。但是，只要一个部门出了错，就会影响整个团队。

适当地做分外事能让我们更快乐

有人总以为把自己的事做好就够了，只要不是自己的事就不必关心。别人如果去做，他不仅看不惯，还加以嘲笑。这种做法其实并不正确。做好自己责任范围内的事，自然是应当的，但不是说别的事就可以不管。有的人很热情，即使不是自己负责的事，只要有利于他人，或者有利于大家，他就自觉地、默默地去做，这种人往往受到别人的尊重。这种行为于人于己无害，何乐而不为呢？实际上这是为人热情的表现，也是有公益心的表现。

有一位姑娘刚刚大专毕业，一时间没能找到理想的工作。后来，在一家较大的百货零售连锁店当了售货员。很多亲友觉得这很屈才，但她却不这么想。她认真地工作着，很珍惜这次机会。

商店的建筑因年久有些陈旧，她所在的柜台前有一个很不起眼的台阶，有时不注意就会使人绊倒。她看在眼里，每当有顾客路过时，就顺便提醒道："请注意前面的台阶！"一些同事觉得她是没事找事。她从不解释，总是一笑置之。

她天天如此，总是好心提醒路过台阶的人，这几乎变成了她的习惯。有一次，商店总经理来视察，她自然不认识。当这位总经理经过她的柜台时，她照例说了句"请小心台阶"。总经理开始一愣，接着就看到了脚下的台阶，马上明白了。他向她感激地点了点头，什么也没有说。

没过多久，总经理找到这家连锁店的经理，表扬了这位售货员，并让她担任柜台组组长。她任组长后，建议将那易绊人的台阶削平，最终消除了这一隐患。不到一年，总店就任命她为该店副经理。

一些同事认为她是管闲事，而在总经理看来，这正是她对顾客负责的表现。正是她的热情，使商店减少了事故，也避免了很多麻烦，因而总经理会重用她。

这样的例子还有很多。

一家大公司招聘总经理秘书，有一百多人前来应聘。经过一番筛选，最后选中了六个人到公司实习。实际上公司是想以此做进一步的筛选，因为最终只能录取一人。大家都知道实习的重要，于是都努力工作，以争取让主管满意。

每个人工作的部门不同且都在五楼以上，所以，他们都要乘坐电梯上班。小王分在十二层的一个部门，他每次乘电梯时，总是走在最后。从五楼以后，电梯开关的次数开始增多。他总是默默地站在按钮的旁边，等需要关时就关梯，义务当个电梯工，且毫无怨言。他一直都这样，好像成了习惯。

实习期结束后，这六个人被人事部叫到了一起，作了总结，并请总经理宣布结果。总经理宣布录用小王为秘书。当其他人都觉得不可思议时，总经理笑了笑说："年轻人，真正的考核是在电梯间里，那里的情况已全部由摄像头记录下来了。你们没注意吗？每天主动当电梯工的只有小王，这正是他的热情和服务意识突出的表现呀！"说到这里，总经理望着那些年轻人说：

“做一名秘书正是要谦虚、勤快又有热情才行啊！”

所有人都没有想到公司竟然这样考核，虽然有人心里不服，但也无言以对，因为从业务上讲，他们谁都干得不错，但小王却比他们多做了一点事。

不管是那位姑娘，还是这位小王，他们在做这些分外之事时，完全没有意识到会对自己的事业有帮助，他们似乎都是下意识地去做，而且这只是举手之劳，并不需要付出很多。但是，这些小事为什么只有他们做，其他人就没有这份心呢？原因就在于他们没有那种为他人服务的热情，而两位总经理也正是看中了这一点。须知，无论是百货店的其他售货员还是应聘的其他五个人，他们的能力都不比那位姑娘或小王差，甚至比他们俩更强。但是，因为他们的服务的意识逊色，机会只能与他们擦肩而过。

一点通

多一些公益心，多一些热情，不断增强自己的服务意识。并且，我们在帮助别人时，也会使自己更快乐、更幸运。

做人切忌自视太高

一个人生活在世间不可能与世隔绝，尤其是现代社会，无论在哪里都需要与人合作，不可能独往独来。在和人相处的过程中，是谦虚有礼，还是目中无人，其结果大不一样。骄傲自大、目中无人的人，总是认为自己很高明，不但难以与人搞好关系，还会使自己更为孤立。

东汉末年的祢衡就是这样一个典型。《三国演义》第二十三回中的情节也许不太符合事实，但关于他的性格和命运的描写是真实的。

祢衡是一个有文学能力的人，年轻时也写出过好文章，但他很自负。有一次，他被推荐去见曹操。施礼之后，他见曹操没给自己座位便不高兴，仰头长叹道：“天地虽阔，何无一人也！”

曹操一听便不太高兴了，说：“我手下有几十人，都是当今的英雄，你怎么说没有像样的人？”于是，曹操列举一些能臣爱将的名字，祢衡却认为他们不值一提。他很鄙视地对曹操说这个只能去吊丧问疾，那个只适合看坟守墓，这个只可以念念诗歌，那个只能烧锅砍柴等等，总之都是一些诸如“衣架、饭囊、酒桶、肉袋”之类的无用之徒。

曹操一听，气愤地反问他有何能力。祢衡一挺胸膛，口吐狂言说：“天文地理，无一不通；三教九流，无所不晓……”把自己捧得非常高。

曹操很讨厌这种人。为了羞辱他，就让他当了一个鼓吏。后来，派他去荆州刘表那里，想借刘表之手杀他。到了刘表那儿，祢衡表面上说了些颂扬的话，其实却是在嘲讽他。刘表也讨厌他，并看出了曹操借刀杀人的手法，于是又派他去黄祖那里。黄祖宴请他，两人都有些喝醉了，黄祖问祢衡对自己的看法，结果祢衡也一样嘲讽他。黄祖大怒，立即将祢衡斩了。

祢衡的悲惨结局并非偶然，这与他狂傲的个性、耍嘴皮子的作风是密切相关的。他把自己看成是无所不通、无所不能的人，却认为别人不值一提，这种人怎么能受人欢迎呢？在他心中，胜利者总是自己，而在实际的社会生活中，他只能是一个失败者。

祢衡的事例可能太特殊了，距今也很久远。其实，生活中也有这种十分自负的人。

有一个公司从大学招聘来了一位研究生，老板私下承诺，他工作两年之后，就有希望成为部门经理。此人一到公司便颇为骄傲，自认为是学管理的，懂得管理理论，就经常对一些事情指手画脚，也不把同事放在眼里，总认为自己高人一等，大有舍我其谁的气概。他认为自己的学历高，因而很有优越感，其实，他的很多看法因他刚出校门而显得非常幼稚。结果，他和同事相处得很不顺利，谁都不爱理他。不到一年，他就只好提包走人。

这种自视很高、看不起他人的人，他们最大的问题是只看到自己的优势，而且过于放大自己优势，总认为如果离开了自己，团队就会有损失，因而目空一切。须知，学历高不一定代表能力高，再说谁也不是不可或缺的，地球缺谁都照样在转。

一点通

每个人都生活在社会之中，必须与人交往。请你千万记住，在交往过程中切不可有狂傲的个性，谦虚待人才是良好的作风。

做事切忌空谈

很多年轻人聪明、肯干又务实，掌握很多理论知识，这些都是工作的优势。不过，但他们缺乏的是实践经验。如果不注意理论联系实际，那么，只凭着一些书本知识夸夸其谈，不但事情办不成，而且会适得其反。

"纸上谈兵"这个成语，讲的就是一个悲惨的事情。

战国时期的赵括是赵国名将赵奢的儿子，人很聪明，又熟读兵书，所以，只要一谈起用兵打仗，就滔滔不绝，连他的父亲也难不住他。但赵奢却并没有因此而高兴，他多次告诫儿子：不要夸夸其谈，而要多联系实际。可惜，赵括并不在意。

后来，赵国与秦交战，秦国使用反间计，使新即位的赵王不再信任老将军廉颇，赵王便将其撤掉，而起用了赵括，派他到前线指挥作战。赵括自认为懂得兵法，刚一上任，就轻率地改变了原有的战术。

有的部下进行劝阻，赵括不听，他顽固地坚持自己的意见。他受秦兵引诱带兵迎战，结果几十万赵军被秦军包围，很快便弹尽粮绝。而平日熟读兵书的赵括，此时竟毫无主意，只好突围，最终被乱箭射死，四十万赵军全军覆没。这就是历史上有名的"长平之战"。

事实证明，赵括只能"纸上谈兵"，并无实际作战的能力。

这样的情况在现实生活中还有很多。有的人以为自己懂些理论知识就夸夸其谈，结果只能以失败而告终。

有一位姓范的青年学的是营销专业，自以为懂得不少现代营销理论。当他进入一家较大的民营企业后，总觉得这家企业在营销方面太落后，便经常与人谈营销理论。他满嘴都是一些新概念、新名词，使一些同事很佩服。老板听说后，也觉得他有能力，于是，在他试用期内，老板破例派他参与一次活动的筹划。

他自然很得意，对一起筹划的同事大谈他的主张。当有人提醒他，他的主张不太保险时，他却不屑一顾地说，"要想营利哪能不冒些险呢？不冒风险的活动是难有效益的"。他根本没有重视同事的提醒。

他根据自己的想法办活动，结果很失败，企业不但没有赢利，而且出现了亏损。

老板找他谈话，想听他分析原因。他不仅没有自责，没有承担责任，反而找出种种借口，埋怨消费者素质不高，使老板很失望。老板这才发现他只是一个会耍嘴皮子的人，根本不会实干。试用期一到，他就被解雇了。

可见，要想成功不能光说不做，得脚踏实地做出成绩才行。自己做不到，想得再美，说得再好，那也只是一厢情愿罢了。

一点通

学得多，懂理论知识，又有口才，这都是好事，也是工作的优势。但是，如果不能从实际出发，不肯实干，就没有任何效用。

坏习惯能阻碍成功

有位哲人说过:“习惯势力是最可怕的势力。”仔细一想,确实有道理。习惯要很长时间才能形成,而且自己往往毫无觉察。好的习惯可以促使人走向成功,而那些不好的习惯则会使人遭受冷落,使人不断失败。

有些人看到别人成功后,虽然心里佩服和羡慕,却总把成功的原因归于人家的机遇和天赋,而从来没有与别人身上良好的习惯联系起来。其实,很多成功者都是凡人,不比别人多什么优势,而是他良好的习惯使得他开发出自己更多的潜能,使他更有教养,更有能力,也更有决心和效率。

小孙的穿着总是整洁得体。他爱整洁,而且又有礼貌,办起事来也极有条理。同事们很喜欢他,客户们也喜欢他,所以,他不但办事效率高,而且成功率也很高。

还有一位年轻人是名牌大学毕业,在学校时就生活散漫,虽然有些才华,但应聘到公司不久,就很使同事们厌恶。因为他不修边幅,非常懒散。据说,有一次他拖拉着一双鞋,穿着短裤背心,非常不得体地走进图书馆,被保安赶了出去。他还质问保安,保安就让他看门上贴着的通告:“衣冠不整者请勿入!”

没过多久,他因有损公司形象被炒了鱿鱼。所以,别看习惯好像是个人的事,其实在一个团队中决非如此。

有两位女士尽管有一定的能力,但一个说话高声亮嗓、旁若无人,时而还口出脏话,待人很不礼貌。别人常劝她,但她总改变不了。很快,她就被公司辞退了。走前,她认为性格如此,习惯而已,委屈地回家了。

另一位女士,则是爱传闲话,她并不是有意但却不可避免地使同事间不和。同事们发现了她这个习惯之后,谁也不再与她亲近。年终考核时,因为大家都对她不满意,她只好辞职。

习惯一旦养成,再想改变谈何容易。所以,想成功的人,切不可忽视自己的习惯。要分析自己习惯的好与坏,好的坚持下来,坏的则有意识地改掉,这样才会有所发展。

如果你极度渴望成功,那么再难移的本性、再难改的习惯也得改,敢于向自己的坏习惯挑战的人才算真正的强者。针对自己的坏习惯,制定出计划,并持之以恒地做下去,你的坏习惯自然会不断减少,你离成功也会越来越近。

一点通

有些人总是对自己很宽容,认为习惯已成自然,难以改变,还说什么“江山易改,本性难移”。其实,这只是没有决心、没有毅力的借口罢了。

做事要果敢决断

每个人都有自己的憧憬,也有自己的一些想法。有些人一旦有了想法,便毫不犹豫地去做,即使当时想得并不是很周到,也要尽快付诸实施,这样肯定会有所收获。反之,有些人只是有着美好的愿望,比较周到的计划,可就是不立即行动,拖延时间,白白延误了时机。

拖延是很不好的习惯,它让人做事消极,毫无创造力。当人们热情洋溢之时,做起事来是一种积极而奋发的状态,干事简直是一种乐趣;可拖来拖去、丧失热情之后,无论做什么事,都会感觉麻烦,而且是一种痛苦。所以,人们总是在热情高涨之时就去做。

作家们在这个方面深有体会:一旦捕捉到了灵感,就无法控制自己写作的冲动,如果马上执笔,肯定能写出高水平的作品;相反,如果不立即执笔,一拖再拖,灵感就会完全消失,也就失去了一篇好文章。

很多时候，好机会就像流星、昙花那样一闪即逝。你不立即行动，机会就会溜走，造成不可挽回的损失。投资股市，就是如此。正当股市全线飘红之时，股票就是最赚钱的投资，若不当机立断将其抛出，而是等待观望，那等来的只能是亏损。

商场上是如此，战场上更是这样。

在美国的一次战争中，伦敦地区的司令雷尔派人送信给凯撒，向他报告华盛顿的军队已经渡过了特拉华河，形势很严峻。而凯撒这时在和朋友打牌，玩得正高兴，他随手把信放在了衣袋里，看也没看，继续玩牌。几分钟后，打完一局，才去读信。一看，才知道大事不好，赶紧集合起自己的部队。但为时已晚，敌方早已势如破竹，凯撒匆忙应战，结果全军覆没，连自己的性命也丢了。一局牌的时间，竟造成了无可挽回的损失！

因为拖拉而丧失了机会，造成了损失，这样的事例举不胜举，它确实是阻碍人们成功的一种坏习气。要想医治它，唯一的办法就是雷厉风行地办自己认准的、决定了的事，摆脱这种坏习惯。

一点通

认准了的事，决定了的事，就要果敢地去做。

第二章　宽阔的胸怀托起成功

善待“对手”也是一种人生智慧

据说，在日本的北海道，有一种味道鲜美且特别珍贵的鳗鱼。海边的渔民看到这种鱼卖价很好，就都开始捕捞。然而，这种鳗鱼很容易死掉。死鱼到市场上，价格就低多了，那么，怎样才能让鳗鱼保持新鲜呢？很多渔民都想不出办法，但有一位老渔民的鳗鱼总是鲜活的，因而他挣的钱也最多。这位老渔民有什么诀窍呢？其实，这位老人的办法非常简单，只需要在捕捞到的鳗鱼中放进几条狗鱼。因为狗鱼与鳗鱼是不相容的，当它们进入鳗鱼群中后就显得很孤立，于是惊慌地在鳗鱼群中四处乱窜，这样一来，本来毫无活力的鳗鱼一下子就打起了精神，从而显得很有生命力。

鳗鱼因为有了“对手”而被激活，乍看之下觉得滑稽，其实是有道理可循的。若没有对手，鳗鱼就会懒得动弹，变得死气沉沉，哪里还能有旺盛的生命力呢？老渔民正是懂得这个道理，才想出了放狗鱼的办法。

动物如此，人又何尝不是！

某城市的电器市场竞争激烈，几经角逐之后，两家商家彻底胜出：一家姓赵，一家姓王。他们的电器商店不仅规模大，而且实力强。赵老板大量贷款以求占领市场，多收购中小电器商店，并大办连锁企业，一时间显得很有气势。然而，没过多久，就有了沉重的包袱，出现了亏损。

这时候，很多人都认为这是王老板打败对手的最好时机，应当主动出击。

不过，对这些人的建议，王老板并未放在心上。前不久，他还主动借款给赵家，让对手渡过难关。他的做法是一些人捉摸不透的，但也受到了部分人的赞扬，说他胸怀宽广，没有落井下石。

他的做法自然使赵老板很感激，所以，两人既竞争又合作。双方经过一番努力后，都在市场上站稳了脚跟，获得了双赢，两家的经营都蒸蒸日上。

后来，别人请教王老板为何在对方困难时施予援助，王老板回答得很简单。他说："乘人之危是不难的，但是没有了对手和竞争，对我的商店并不好。"他还说："事业要有更大的发展，就必须有一个有实力的对手鞭策你，这样才能形成竞争。"

当然，也有人不以为然，既是竞争就是你死我活，哪能善待呢？他们认为该出手时就得出手，商场上不能讲宽容。这样的事情也是有的。

某市同一条街上有两家超市，都位于繁华地段，顾客来来往往，生意红火。但由于两家的老板都想招揽顾客，压垮对方，于是就开始采取一些手段。两家竞相压价出售，甚至不惜赔本，这样一来，一段时间后，两家都赔到见底。不到一年，两家超市相继倒闭。这种以同行为敌的做法，最终是害了别人，也害了自己。

可见，把对手看成心腹大患，或与之势不两立，这种想法既偏激又无理。没有了对手，你还和谁竞争？你哪里还有危机感？相反，有了对手，就好像有了警钟，时刻提醒着你，也好像有了一根鞭子，时刻鞭策你不断前进，激发你的精神和斗志。

所以，善待对手，是人生的一种智慧。

一点通

真正的强者向来珍惜对手，利用对手的存在与挑战，不断提高自己的竞争能力。

助人=助己

乐于助人是一种良好的品格。赠人玫瑰，手留余香。虽然自己有时并没有这种主观上的愿望，但是客观上却有这种效果，这也是人们所谓的善有善报。

二战期间的欧洲战场，有段时间战争进行得十分惨烈。一天，下着大雪，天气出奇的冷。当时，盟军的统帅艾森豪威尔将军正要乘车赶回司令部参加军事会议。

行车途中，将军看到马路边坐着一对老年夫妇，俩人衣着很单薄，冻得脸色发青，身体不停地颤抖。将军马上停车，让随从副官去问问情况，同行的一位军官劝道："时间已经很紧了，还是通知地方上管吧！"

将军觉得不妥，生气地说："等到地方上来人时，这对夫妇大概已经冻僵了！"

原来，老夫妇是去巴黎投奔儿子，无奈路上汽车抛锚，四下又无人烟，只好坐在这儿静等。

将军得知后，立刻把老人扶上车并叮嘱司机绕道行驶，先把老人送回家，然后，才赶回去开会。

在艾森豪威尔看来，这只是一桩小事，举手之劳罢了。然而，没想到就是他这一善举，竟使自己躲过了一场灾难。原来，德国法西斯的情报部门早就蓄谋暗杀艾森豪威尔，他们的杀手早已埋伏在那条马路前边的树林中，而将军却因送老人回去改了路线而躲过了灾难。这一结果是谁都没有想到的。

还有个例子也是如此。

一次激烈的战斗中，一名上尉突然发现一架敌机正向他的阵地俯冲下来。他的本能反应是必须马上卧倒，可他却发现离他五六米的地方有一个小战士还在站岗，于是他毫不犹豫地扑向小战士，用自己的身体紧紧护住了他。

这时，突然发出一声巨响，炸飞的泥土一下子倾泻到他们身上，他俩差不多被泥土掩盖了。结果，他既保住了小战士，自己也没有受伤。

上尉和战士都站了起来，拍了拍身上的泥土。上尉回头一看，顿时惊呆了：自己刚才准备卧倒的地方早已被炸成了一个大坑。

小战士自然是幸运的，因为上尉奋不顾身地保护了他；而上尉的善良，也使他很幸运地躲过了一劫。

一点通

多做些有利于他人的事，即使没有什么回报，也是值得的，因为心灵上会得到满足。

团结力量可以助你一臂之力

一个人想要成功，当然要把自己的努力放在第一位，但如果把自己看得过重，而看不起他人，或不善于团结别人一起工作，往往难以成功。即使你再有才华与能力，个人的力量也终究比不过团体的力量。

善于找助力，其实就是为自己找更多的帮手。这就要求我们首先从自己做起，一是要尊重他人，即使他是你的下属，甚至他的能力远不及你，也需要尊重。只有尊重别人，才能赢得别人对你的尊重。二是不能自私，一个心中只有自己而忽视别人的人，在一个团队中既不会受到欢迎，也很难有忠诚的朋友。

生活中确实有这种人，论能力不错，看事儿很有头脑，办事也很利索，但他总认为自己水平高，因而看不起别人。遇到别人提出意见时，总是极不耐心又不作解释，或是粗暴地打断别人，言语神态中流露出的满是对别人的不屑。每当作决策时，他总是顽固地坚持自己的意见。久而久之，凡是有讨论的时候，就没有人愿意开口了。即使有好的建议，别人也都缄口不言。

但是，每当事情出了问题，他却不肯承担责任，总是把责任推卸给他人。这种人自然不受人欢迎。他虽然换了多个单位，但没有一个单位对他有好的口碑。

有一个原在学校当教师的人，口才不错，备课也认真，很受学生的欢迎，所以，他在学校中有一定的威信，后来还被提拔到其他行政单位当了领导。人们都认为，他学历、能力都不错，肯定能得到较快的发展。然而意想不到的是，他在哪个学校都很糟糕，在领导班子中很孤立，在群众中也没有威望。每逢民主测评时，对于他的不满意见总是最多。虽然几次调动，但仍然没有多大改变。原来，他虽有才能，却因为没把处理好人际关系而一直发挥不出来，很长时间都停步不前，他自己也很苦恼。

为什么他在学校时，这个问题不那么明显呢？原因是教学主要是老师的个性在发挥作用，只要你有责任心，认真施教，问题就不太大。而行政却是一个团体在发挥作用，牵涉面较广，需靠大家同心协力去做才行。可他平日里不爱帮助别人，等自己要求他人帮助时，人家自然就不会有多大的热情。

由此可见，一个人既要尊重别人，又要帮助别人，这是搞好人际关系的重要方面。有了良好的人际关系就如鱼得水，办起事来才会有四面八方的援手，你和你的团队也就有了成功的保证。

一点通

俗话说，“一个好汉三个帮”，所以，聪明的人总是善于寻求助力，而愚者往往制造阻力。

要拥有宽阔的胸怀

中国民间有句俗话，叫做“宰相肚里能撑船”。意思是说身居高位的人，能包容别人所不能容忍之事。根据一些史料的记载，古代有些高官确实拥有宽阔的胸怀。

宋朝有个叫吕蒙正的人，为人不错，很少与人计较，比较随和，后来官至宰相。开始时，有些官员并不服，对他冷嘲热讽。有一次，吕蒙正和一些官员一起去上朝，有人从帘子后面指着他对别人说：“这个无名小子也配当宰相么！”声音大得足以让他听到，并且口气愤愤不平。同行的官员都听到了，吕蒙正自然也听见了，但是，他就当没这事儿一样，迈着大步走了过去，连看都没看。

同行的官员都很气愤，怎么能这样侮辱当朝的宰相呢？大家一致认为必须惩办那个口出狂言的小子。可是，吕蒙正连连摆手，制止了他们。

退朝后，有人还是提出要严惩那人。吕蒙正就对他们说：“别去查了。如果查出这个人的姓名，那我永远都会一想到他就不舒服。其实，对我来说，不知道他是谁也没有一点损失啊！”结果，他赢得了所有官员的钦佩。

东汉末年，丞相曹操大权在握。他率领军队与较有实力的袁绍在官渡作战，此战曹操以少胜多，威名大震，为后来统一北方奠定了很好的基础。

战争胜利后，在查抄袁绍的书信文件时，曹操发现自己手下的很多官员都曾与袁绍私通书信，大都是讨好袁绍，愿为他效力的内容。有人因此建议曹操，应该依据这些信件加以追查，用通敌的罪名来惩办这些官员。

曹操并没有这么办，他不仅一封信件都没看，而且下令将其全部焚毁。他指着那些燃烧的信件，对手下人说：“这可以理解嘛，袁绍当时那么有实力，我都不敌他，他们这样做也是迫不得已啊！”

那些写信的官员刚开始时整日惶恐不安，却没想到曹操这样宽容，根本没有追究。也正因为曹操这么做，才让他们全都死心塌地追随曹操。

一点通

胸怀宽阔，往往是团结他人的一个重要条件。凡是想成就大事业的人，最忌讳度量太小，气量狭小的人只会陷入孤家寡人的境地。心胸宽广，自能广泛结交朋友，增强自己的力量，从而壮大自己的实力，这将有利于事业的成功。

如何将冷板凳坐热

人们大都有这样的经历：不管你的能力如何强，条件如何好，却不可能永远一帆风顺地走下去。有时候，很可能由于某种原因，甚至是偶然的因素，都会让事情由好变坏、变糟。这正是考验一个人心态的时候。

有一位职员，进入公司后表现很好。老板也很看好他，有些对外的应酬常带着他一同参加，有些公司的决策也私下和他沟通。他自然感到很荣幸，同事们也很羡慕他，有的甚至还有些嫉妒。可好景不长，几个月后，老板的态度就变了，几乎不再让他参加任何应酬，一些事情也不再征求他的意见。平日，他想见老板一面都没机会，即使有事去老板的办公室，老板也只有三言两语，再没有一句热情的话语。他意识到老板不再器重他。

这位职员感到十分苦恼，但却不知道自己为什么得罪了老板。虽说自己现在不如以前那般忙碌，而是清闲多了，可这种清闲让他极度伤心。他开始萌发出辞职的念头，想一走了之。

他还想找个朋友倾诉，听听他的意见。

朋友听完他说的情况后，劝他说："你得考虑好呀！我觉得最重要的是要搞清楚原因。如果你没摸清原因就辞职，那不是很糊涂吗？"

他听完后不服气地说："那我就这样呆呆地被冷落、坐冷板凳吗？"

"你被冷落肯定有原因，得先弄清楚了再说，然后再想办法改变现状。只有在万不得已时，才采取'走'的办法。你在这儿有好几年了，事业差不多都在这儿扎根，换个地方重新来，不一定就是上策啊！"

听了朋友的劝说，这位职员冷静了下来，他想了好久，还是决定留下来努力干活，他不再把被冷落的事放在心上，而是很积极地做每一项工作。就这样，一段时间过去后，老板终于找他谈话，说他能忍受冷遇，积极向上，确实不错，并且为此，给他提升了职位。

他深有体会地对人说：坐冷板凳不可怕，但千万别放弃自己。只要有正确的心态，就能用积极的态度去改变现状。

一点通

"坐冷板凳不可怕，但千万别放弃了自己。只要有正确的心态，就能用积极的态度去改变现状。"

做人应有宽容之心

在工作中和生活中，人们难免会有生气的时候。有时候，责任并不在自己。对这种事，有人主张决不退让，要坚决还击；但也有人主张宽容一些，要消除误会，化解矛盾，不能只凭一时的冲动，获得嘴巴上的一时之快。这样虽然痛快，却难以解决问题。

所以，如何理智地对待一些令人气愤的事，也是应当注意和重视的。

有位叫乔治·罗拉的律师，在二战期间逃到瑞典后，就陷入了经济上的困境。他懂得好几个国家的语言，想谋求一份秘书工作，于是他努力给一些公司写求职信。但是，多数公司都以战争、业务不多为由，婉言谢绝。甚至有一封回信不仅拒绝他的求职，而且破口大骂，说求职者既蠢又笨，根本当不了秘书，连瑞典文也写不好，信里满篇都是错误等等。

乔治不看则罢，一看这骂人的信，煞时脸都气白了。他想：你拒绝就罢了，为什么要骂人呢？真是太过分了！

在这种心情下，他马上执笔写了一封回信。同样是言辞激烈，难听之极。

当准备寄出这封信时，他却有些迟疑。他冷静地想："这个人说得也有几分道理，自己虽然学过瑞典文，但并不很精通，很可能会在信中出错。看来，我还得学习啊！他虽然骂我，有可能并非出自本意，但对我却是一种鞭策呀！我为什么要与他对骂呢！"这么一想，他笑了，觉得自己还是太幼稚，于是把写好的信撕毁，重新写了一封感激的信。他在信中对自己不太精通瑞典文表示道歉，并感谢对方这么直率地提出来，还表示自己一定会努力学好瑞典文。信发出后，很快就收到了对方热情的回信，邀请乔治去见他。意外的是，他竟然因此得到一份非常棒的工作。通过这件事，乔治感触很深，他觉得人应宽容一些，原谅伤害自己的人，这会让自己活得更快乐，并没有什么不好。

还有个事例也与此类似。

有一次，一位将军非常生气地冲进林肯的办公室，气愤地对他说起一位官员的事。在愤怒的情绪下，他大发了一通牢骚，说对方如何看不起他，怎么说他的坏话，还说他必须写封信教训教训这家伙。

林肯一听便很赞同，说："对，你得好好教训教训他！"

有了总统的支持，将军更加理直气壮，马上从办公桌上取了纸笔，把他的愤怒淋漓尽致地写了出来。

写完信后，将军的心情才平静了些，当他封好信准备去寄的时候，林肯却把他留住了。林肯对他说："你的牢骚也发了，不平的情绪也宣泄了，这就可以了。难道你还真寄出去呀！要知道在这种愤怒的情绪下，你是极度不理智的！你写的都是一些气话，我看还是把信撕掉吧！"

将军这时才知道林肯并不是真正支持自己，仅仅是支持他发泄一下罢了。接着，林肯又跟将军聊了好一会儿，让他学会多方位的思考，善于听取他人的意见，这样，对一些事才能更好地理解。这时，将军平静了许多，愤怒也消失了很多。

生活中遇到生气的人和事肯定是难免的，关键在于你如何处理与对待。受到不好的待遇马上就以牙还牙，这是最容易的，也是最省事的。但是，在这种激动的情绪下，往往会带来不好的后果。相反，冷静一些，宽容一些，甚至多从自己的角度反思，把别人的无礼转化为对自己的激励，效果就会更好了。

一点通

冷静一些，宽容一些，甚至多从自己的角度反思，把别人的无礼转化为对自己的激励，效果就会更好了。

第三章　知识滋养人生

学会用心感悟文化

当今社会，文化被许多人误解，认为看点书、拿个文凭就是文化人，所以，人们往往将那些有文凭的人称为文化人。其实，文凭和文化是两码事，是完全不对等的。文凭只能证明一个人接受教育的程度，说明他具有一定的文化知识，你在学习文化知识时，或许之前就已经学习了某些文化，但也可能只是接受了一些文化知识。而吸收文化营养的关键在于用心感悟。

尽管文化以文字为主要表达形式，但并不排斥非文字的东西加入文化的序列。没有进过学校的人，也能具有可贵的文化，禅宗六祖惠能就是典型的代表。

惠能生于公元638年，在他还很小的时候，父亲就因重病而撒手离去，惠能从此便过着艰辛的日子。幼小心灵的他，因为饱受人间冷暖、世事辛酸，而更珍惜人生。同时，相依为命的母爱、童年伙伴的友谊，让他对人间美好的真情充满了感激和珍惜。他开始思索人生的价值，探究生命的真谛。二十二岁那年，他在卖柴时偶然听人念诵《金刚经》，顿时，他仿佛受到一种神奇的点化，茅塞顿开。在那位善士的资助下，惠能告别老母，离开家乡，去湖北黄梅向五祖弘忍求法。

惠能来到黄梅，因为自身的不入流，被扔在碓房做舂米的工作。

一天，弘忍把众弟子叫到跟前，说道："生死是被世人公认的大事，你们整天只知道求佛得福，却不求脱离生死苦海。如果自己的心性都迷失了，那佛又能拿什么拯救你们呢？你们都去看看自己的智慧，取自己悟得的本心佛性，各自做一偈帖，呈给我看。谁悟得修佛精要，我就把衣钵传给谁，他将成为新的六祖。"

众人得了训示退出后，有人说道："我们何苦要按师父的话尽心做偈。即使呈给五祖，又有何用？五祖的弟子神秀，已在代师授佛法，明摆着是由他继承五祖的衣钵。我们做偈是没有用处的。"众人听了这些话，都没有了做偈的心思，他们都承认自己的佛学修养在神秀之下，没有能力与他一争高下。

神秀当然希望自己能有此次机会在五祖面前显示自己，奠定作为接班人的坚实基础。

两天后的夜里，神秀悄悄地把偈贴到了步廊内。"身是菩提树，心如明镜台，时时勤拂拭，勿使惹尘埃。"

次日，有人发现了这个偈，报与五祖。五祖说道："所有的世相都是虚妄的，但按此偈尽力修行，至少不会误入恶道，大有好处。"

随即令门人诵读此偈，众人众口一词，赞不绝口。

五祖单独对神秀说："你作此偈，未见本身佛性，只是身在佛门之外，而尚未进门啊。如此见解，想得到无上菩提的大智慧，那是没有一点可能的；无上菩提，必须在言语中见到本身的佛性，凡是自身既有的佛性，不生不灭。在任何时候，佛性均会自现，万般佛法运行自由，不受禁锢；诸法实相，都不离自身佛性，万种实相亦在佛性之中。佛心不生不灭，才是无上菩提的大智慧，你佛道尚浅，如果能认识到这个见解，即悟到了无上菩提的本身佛性。你且去，在一两天之内思考，再写一偈与我看。你的偈如果入门，我就把衣钵传给你。"

神秀又经过数日的思考，还是作偈不成，反而忧心忡忡，坐立不安。

不日，有一个人路过碓坊，高声唱诵神秀的偈。惠能问童子："你诵的是何人的偈？"童子说："你这蛮夷不知道吗？神秀上座在南廊壁上书写无相偈，五祖让人们诵读，并说按它修行将大有裨益，能避免堕入恶道。"

惠能说："师傅，我很惭愧在这里踏碓八个多月，都未曾到五祖堂前，还望您引到偈前礼拜。"

那人就引惠能至偈前礼拜，惠能说："惠能不识字，请您读读。"

于是他高声读偈给惠能听。惠能一听，颇有所思，就说："我也有一偈，望替我书写。"

"菩提本无树，明镜亦非台，本来无一物，何处惹尘埃。"

那人在廊壁上写完这个偈后，众人读后目瞪口呆，议论纷纷道："奇哉！真是不能以貌取人，惠能来寺没有多少时间，怎么就成了肉身菩萨？"

五祖见众人惊怪，担心有人会因此偈对惠能动杀机，就将其擦了，说："也未见佛性。"

第二天，五祖悄悄来到碓坊，见到惠能正在认认真真地舂米，说道："求道的人，应当像这样啊！"

五祖问惠能说："米舂好了没？"

惠能说："米舂好了，但还需要筛一筛。"

五祖用佛杖击碓三下就离开了。

惠能随即领会了五祖的意思，是要自己三鼓入五祖室。五祖用袈裟遮住自己的身体，任何人都看不出来，为他讲解《金刚经》。五祖讲到"应无所住而生其心"时，惠能大悟，认为世上万法，都不能离开自身佛性。遂对五祖说道："自身佛性，本自清净，本不生灭，本自具足，本无动摇，能生万法。"

五祖明白惠能此时悟到了佛性，就对惠能说："不识自身具有的佛心，学法没有长进增益；如果认识了自身佛心，并能显现自身具有的佛性，就可以称为丈夫、天人、师、佛。"

此后每天的三更之时，五祖就给惠能教授佛法，传顿悟教佛法及衣钵。

五祖说："你即将成为禅宗第六代祖，要善于自护佛念，把佛法发扬光大，广渡有缘有情之人，不要让它断绝。有情来下种，因地果还生，无情亦无种，无性亦无生。"

五祖又说："昔日，达摩大师初来我国传教的时候，国人都不信服他的佛道，因而传此佛衣，把它作为信物，代代相承。佛法则是以心传心，主要依靠自身的悟性自悟自解。自古以来，佛与佛之间只传佛体，师与师之间秘密传付佛心；佛衣为容易起争端之物，你千万保管好，切不可轻易给了别人。如果传了此衣，则命如悬丝，你必须迅速离去，不然你会危在旦夕，命不保矣。”

惠能询问五祖：“我向什么地方去？”

五祖说：“逢怀则止，遇会则藏。”

三更天，惠能领得衣钵，五祖将他送到九江渡口，并目送惠能上船，摇橹而去。

惠能离开了黄梅东山寺。与此同时，神秀也决定离开寺院，独自到湖北当阳玉泉山，离群索居，潜隐修行。

十五年之后，两个僧人在广州法性寺因风幡之动的争论而名极一时。一位僧人语出惊人：“不是风动，不是幡动，仁者心动。”这位不同凡响的居士，就是隐居了多年的惠能。“东土耶，西土耶，菩提圣树灵根不二；风动焉，幡动焉，禅宗法要一脉相传。”于是，风幡之动，六祖归位——惠能在法性寺出家、受戒。

从此，禅宗作为人类文明史上最为璀璨的奇葩，越开越盛。

公元713年，禅宗第六代祖师惠能，在故乡的国恩寺圆寂，度了七十六个春秋。这位不识字的惠能，为中国思想史留下了一部光辉巨著——《六祖坛经》，这部书是惠能在大梵寺说法的所有记录。

惠能离世后肉身不腐，至今依旧供奉在南华寺内。

一个大字不识的人，他靠什么悟佛道呢？是心。惠能用心观察，用心体会，用心思考，才有了心的感悟。

从惠能大师的经历中，我们可以领会到，文化需要他人传授，然而更重要的是自身的潜心修道。如果把书读死了，即使读得再多，也进不了文化的门。

许多接受过良好教育的人都有着丰富的文化知识，却缺乏与知识相对应的文化底蕴，没有明确的人生目标和特有的个人文化。如此一来，人际关系就很容易僵化，经常发生情绪波动的情况，整天生活在忧愁与苦闷之中。

感悟人生，才能品尝到文化的真谛；领悟生活，才会明白人生的意义和价值。

没有丰富的阅历，就不会有深切的感受；没有主动思考，就不会有任何心得与积累。只有积累心得，找到规律，才能拥有智慧；有了智慧的积累，才会有人生哲学。你所拥有的人生哲学是一种态度，是你个人价值的精髓，它包含着你的价值理念和人生观，也包括你的生活态度与处事方式。

一个有志气、有理想的人，应该有自己的个人文化。

个人文化的形成要靠自己去领悟。知识无边无际，深不可测，因而穷尽人的一生，也难以面面俱到、样样精通。而且，书本的知识永远都在书本上，如果只是泛泛了解，没有深挖，即使读得再多也无用。只有经过领悟的知识，才能熟练地运用，只有被运用的知识，才能算得上是自身的。换句话说，知识只有经过自身心灵的炼化，才能成为文化。文化永远都需要被感悟。“忆着当年未悟时，一声号角一声悲；如今枕上无闲梦，大小梅花一样香。”只有感悟到了事物的真谛，才能明白生活的真谛、文化的本质。

一点通

文化的“文”是文雅、文明，它是人类进步的主体元素，是人们生活中最精华的部分。文化的核心在于“化”，即要把汲取的文明化在心里，揉进身体里，涌在血液里。

学会建立个人的文化核心价值

在逐渐了解茶道的功用和意义后，你不妨将之视为一种兴趣。通过饮茶调节自己的情绪，将自己锻炼成一个心态平和的人；通过品茶加强人格修炼，抛弃一切杂念与虚荣的念想，做一个益于社会、益于自我的人。

鉴真大师刚刚遁入空门时，寺里的住持让他做一个谁都不愿做的行脚僧。

他每天都很勤奋地做着住持交给自己的工作，两年里从未间断，也没有一次让住持对他的工作觉得不满。可是，他一直想不明白，为何别人那么轻松，而自己一直要做寺里最苦、最累的工作，还一做就是两年。

他认为自己很委屈，觉得住持偏心，其做法有失公允。有一天，已日上三竿，鉴真依旧大睡不起。住持很奇怪，推开鉴真的房门，却发现一大堆破烂的瓦鞋堆在床边。住持不解，于是叫醒鉴真问道："你今天不外出化缘，堆这么一堆破瓦鞋干什么？"

鉴真打了个哈欠说："别人一年都穿不破一双瓦鞋，而我入寺一年就已穿破了这么多双鞋子。"

住持马上明白了鉴真心中的不满，他微微一笑说："昨天夜里刚下了一场雨，你随我到寺前的路上走走吧。"

寺前是一座黄土坡，刚下过雨的路面泥泞难行。

住持拍着鉴真的肩膀说："你是愿意做一天和尚撞一天钟，还是希望自己能成为光大佛法的一代名僧。"

鉴真回答说："当然想做光大佛法的名僧。"

住持捻须一笑，接着问："你昨天是否在这条路上走过？"

鉴真说："当然。"

住持问："你能找到自己的脚印吗？"

鉴真十分不解地说："我每天走的路又干又硬，怎会有脚印留下，更何况要找出它们呢？"

住持又笑笑说："假如你今天在此走上一遭，你能找到你的脚印吗？"

鉴真说："当然能了。"

住持不再言语，笑着望着鉴真。鉴真愣了一下，然后，明白了住持的教诲，开悟了。

鉴真明白了：别人走过的路永远不是自己的，只有自己去走才会找到自己的路。

自己的感悟就是支撑个人脊梁的文化。一个缺乏文化底蕴的人，灵魂必然很空洞，既没有确定的人生目标，也没有正确的价值观。不经过良好文化的熏陶，其认识必然是浅薄的。只接受低俗的文化，必然走不出庸俗的迷谷。贪图享乐、近功逐利，最终会沦落为一个道德败坏的人。只有经过文化洗礼的人，才能坦然接受生活的考验，用智慧写出多姿多彩的人生篇章。

个人文化的提升需要不断努力。文化的提升从来就没有捷径，也不单是死记硬背一些词句篇章，或懂得一点智谋典故。文化的修炼必须置身于生活中，结合自身的实际情况，找到自己的位置，体现自己的人生价值，体验真谛。

从前，在一座小镇上，有两个截然不同的人在争吵。一个人贫困，但有学问；另一个人富有，但无知。富翁想贬低穷人，他觉得所有人都要向自己致敬。富翁对有学问的人说道："你觉得你应该受到别人的尊重吗？像你这样的人，学问再深也没用。住在破房子里，一年四季都穿一样的衣服，还破破烂烂，连正常的一天三顿饭都解决不了，活得多难受呀！我虽然没有喝过多少墨水，但我天天吃喝不愁，穿着华贵，家里的财富不仅我自己享用不尽，就是我家再往下数三代，也能富足无忧。你还觉得知识有用吗？"

这些极为狂妄的话深深地刺伤了那个穷人的心，但他修养很高，不予争辩。没过几年，富人家里遭到了土匪的洗劫，富人拼命保护财宝，被土匪用刀砍伤，房子烧了，钱也没了。最终，富翁落下残疾，沦落为乞丐。他的儿子因为不识字，又吃不得苦，便自杀了。

而那个穷人，靠文化知识吃饭，当上了私塾先生，并为镇上的人们出谋划策，最终备受尊重和款待。

财富乃身外物，可能下一刻就会消失，而知识却能深入人的灵魂，是一辈子的财富。如果有文化滋润心灵，那么你一生都能活得踏踏实实。文化的培养，需要一个艰苦努力的过程。俗话说："吃得苦中苦，方为人上人。"众多事实都证明了"补药"不如"苦药"。这个"苦"，就是生活的磨砺。

每晚吃饭的时候，山林总能闻到一股诱人的肉香。那是从对门邻居的餐桌上飘来的，他每次都会使劲地吸气，想把香气都吸到自己的身体里。时间一长，山林仅仅闻一下味道就能判断出对方吃的是什么肉。山林不明白邻居家的餐桌上为什么总会有肉，而他和妈妈却只有蔬菜。

山林经常情不自禁地站在门口看邻居一家吃肉，一不留神，口水就流出来了。

邻居有时也会夹上一块肉给他，然后说："回去吧，叫你妈也买点肉吃。"

有一天，山林终于忍不住问妈妈："邻居家为何每晚都有肉，而我们家却没有呢？"

妈妈没有回答。

一个星期天，妈妈突然问山林："想吃肉吗？"

"想啊，我好久没吃肉了。"山林高兴地说。

"那好，你随我来。"妈妈说。

妈妈带着山林来到了一个工地上，她向工头要了一份搬1000块砖的活，都搬完了就能得到10元。妈妈对山林说："赶紧搬吧！弄完了就有肉吃。"

山林才搬了一会儿就觉得很累，腿脚麻得都站不住了，妈妈鼓励他："已经搬了100块了，可以得一元了。再努力一下就又可以得一元。"山林又支撑了一会儿，终于搬不动了。

"妈妈，干这事太辛苦了。"山林非常苦闷地伸伸胳膊说。

"歇一下吧！歇一下再搬。"妈妈说。

山林只好时搬时歇，而妈妈从始至终都没停下过。那天非常热，妈妈的衣服都湿了，像刚淋过雨似的。这种辛苦让山林想放弃，他试着把话说出去，妈妈说："孩子，不通过辛勤的劳动，哪能得到幸福呢？"

到了傍晚，母子俩人终于完成了工作，妈妈从工头那儿领了10元钱。

这时候，山林累得都直不起腰来了。

晚上，喷香的肉摆上了餐桌，山林和弟弟妹妹们吃得非常香。

"孩子，我想你已经知道了邻居的餐桌上为什么每餐都有肉了吧。这就叫先苦后甜，你知道吗？"妈妈意味深长地说。

山林的心灵受到了震撼，面对餐桌上的肉，看着吃得正香的弟弟和妹妹，他哭了。

通过这件事，山林认识到，生活是自己创造的，只要努力就有可能达到。从此，他在学习和生活中严格要求自己，后来他顺利考取了重点高中，接着又考上了大学，并找到了心仪已久的工作。但是，不论何时，他都没有忘记"要靠自己创造新生活"，这句话陪伴他迈过了一道又一道坎。

经过自己深切体会的感悟是一生相伴的精神食粮，培养文化也是如此。它需要细心品悟、慢慢积累，再加上生活的磨炼，就会得出自己的人生哲学，形成个人文化。

一点通

没有经受过文化洗礼的人生是苍白的，没有建立个人文化核心价值的人，其灵魂是空洞的，因为灵魂也需要洗涤。

金融和理财是知识的"维生素"

金融已成为现代社会的"血液"，它渗透于社会生活的方方面面。在一个全民投资的时代，金融理财关乎着每一个民众的切身利益，它可能让你走上致富之路，也可能慢慢榨干你的血汗钱。

从专业范畴来讲，金融学和理财似乎不该占据如此重要的地位，但考虑到全球长期通货膨胀的基本事实和未来预期,公民通过掌握一定的金融学和理财知识,对于保护自己的财富是很有必要的。

对于年龄稍长一点的人,中国20世纪80年代有一个让人听起来十分振奋的名头——“万元户”。那个时候的“万元户”是财富的象征,但是,如果现在生活在大城市的人家里有个三万五万,那他几乎就是无产阶级。因为在北京、上海、广州等大城市,几万元只能买几平米的房产面积。

如今,普通民众所拥有的货币化财富快速贬值,钱存在银行里虽然有一定的利息,但利息的增长根本赶不上钱贬值的速度。研究表明,自1971年世界货币体系最终与黄金脱钩之后,各国货币的购买力都直线下降,至2006年,意大利里拉(1999年后折算为欧元)、英镑、加元、美元、日元、瑞士法郎的购买力分别下降98.2%、95.7%、95.1%、94.4%、83.3%、81.5%。以其中的主导货币美元为例,按购买力下降94.4%计算,2006年的18美元才相当于1971年的1美元。

全球货币的快速贬值对普通民众提出了一个严峻的挑战:如果一个人缺乏让货币增值的办法,则个人或家庭所积累的财富就会快速缩水,过去辛苦劳动的成果就会慢慢地付之东流。由此可见,掌握一定的金融理财知识可以保证自己的财产不流失,这是每一位民众必须考虑的大问题。在金本位废除之后,“勤劳致富”将不得不让位于“金融致富”了!

世界首屈一指的富翁沃伦·巴菲特就是金融理财方面的大师,与其说他是一位大师,还不如说他是金融致富路上的一位先知。早在1974年,《美国人》就发布了巴菲特“要致富,买股票”的号召,他说:“现在很多人都为持有现金而感到欣慰,可他们不应该这样。事实上,他们选择了一种非常可怕的长期资产,这种资产最终不仅不会带来收益,而且肯定会贬值。”

不仅过去全球货币在贬值,而且在现在以及未来这种贬值的趋势仍然会持续。贬值的主要原因是各国的纸币在理论上是可以无限发行的,而各国政府为了达到逃避债务责任(尤其以美国为代表)、加强出口竞争力、刺激经济发展、保证政府GDP目标的实现等目的,就有了扩大货币供应的现实动力。至于货币如何贬值及其影响,这里不过多阐述。

由此可见,随着金融成为全球经济命脉及全球货币贬值的趋势化,掌握金融理财知识的优势显得非常突出。不光涉足金融领域的专业人士需要金融学知识,公司的高层管理者以及创业者都需要金融理财知识,金融理财知识对于民众的理财也是大有裨益的。

有两点是需要注意的:一方面,普通民众出于货币贬值的原因不得不进行必要的金融投资理财活动;另一方面,因为从事金融投资理财是一种高度专业化和高风险的行为,缺乏必要的知识和能力的投资者很有可能被快速“掠夺”而成为“无产者”。

为了谋取自身利益,全球金融精英已经构建了一个金融体系,这个金融体系的一部分已经成为了社会的寄生体,它们本身并不创造多少社会价值,却大量地侵吞社会价值。尤其是许多金融创新工具,它们的出现并非出于社会的需要,而是精英们、为了自身服务而创造的平台工具。金融系统好比国家体系的构建,是一个“自服务系统”。国家的构建,在历史上的许多时期,都是一个服务于统治者自己的平台系统,它的设计和建立完全出于统治者的需要,并且按照统治者的意志运行。

中国的股市与全球的金融市场相差无几,所以,也必然包含着一定的财富掠夺行为。从中国股市创始至今,虽然它也有为民众创造财富的自我标榜,但它在为民众创造价值方面却是不尽如人意的:上市公司的跑马圈地,特殊资本的巧取豪夺,个别金融主体的不劳而获,各类高手的浑水摸鱼,加之良莠不分的专家有意无意地鼓噪甚至捕风捉影,媒体舆论的点火煽风……要在中国股市中生存和发展谈何容易,普通人涉足这个掠夺性的金融市场,常常是羊入狼群,危机四伏。

一方面,如果人们不投资,那么所积累的财富就会不断缩水;而另一方面,盲目的投资又经常为掠夺性的金融市场所吞噬,真是左右为难。出路在于:学习金融理财知识,培养投资能力,同时还要因人而异、因时而异地进行金融投资。

金融理财知识是知识的“维生素”,财产的健康与安全离不开它!

一点通

金融知识应当是一种全民普遍的需要,它是全球经济发展环境下不可或缺的常识。

历史是人类延绵不绝的导师

前事不忘，后事之师。

法国历史学家布罗代尔说："历史学不应当偏好编造民族主义（民族主义应是常常受到谴责的），也不应当只关注人文主义（尽管人文主义是某些人所偏好的），重点是，如果历史学消失，那么国民意识也将因此不能存续，而如果丧失了这种国民意识，那么无论哪个国家，都不可能再有独立的文化和真正的文明。"中国近代知识界大儒梁启超说："史学者，学问之最博大而最切要者也，国民之明镜也，爱国心之源泉也。今日欧洲民族主义所以发达，列国所以日进文明，史学之功居其半焉。"

历史学同样具有实用价值。用人的智慧、人际关系的处理、国家与国家之间的关系、管理的方针与政策、战争的谋略与艺术等等，无不或多或少地体现在历史中。因为历史的价值，汉代司马迁编写的历史名著《史记》，被后人颂扬为"究天人之际，通古今之变"；宋代史学家司马光主持编纂的规模空前的《资治通鉴》以历史经验补益治国方略，成为后来政治家们的重要参考；而毛泽东，为了深刻了解历史，以史为鉴，仅《资治通鉴》这部著作就阅读、批注了17遍。

历史上，每一个从前代夺得政权的朝代，都把前朝政治的失误当做前车之鉴，以免重蹈覆辙。商朝重宗教、好法事，周朝则务立文教、勤民事；唐朝时期轻朝官、重藩镇，因此，导致了"安史之乱"，而且唐朝最终就亡在藩镇割据上；宋朝吸取唐亡的教训，实行厚文薄武、压制藩镇的政策，却导致国家积弱，最终被外族灭掉。历史上朝代不断更迭，大政方针也不断变化，几乎都与之有关。这里讲一个叔孙通向刘邦献治国之策的故事，印证一下学习历史的价值。

叔孙通是西汉初期的政治家，主持制定了西汉一系列礼仪制度，他借鉴中国早期的制度，并将其应用到汉朝。这对汉朝国体的建立与完善以及皇权权威的强化，产生了积极的作用。

话说刘邦打天下时，积极废除了暴秦的一系列弊政。可当他做了皇帝后，仍不懂礼仪礼治的重要性，而刘邦手下的大臣、将军们，也大多出身微寒，知礼不多，君臣之间多不拘礼数。时间一长，刘邦自觉身为皇帝缺乏威严。叔孙通见皇帝有建立礼制的意思，便主动进言道："据臣所知，从前的三皇、五帝、夏、商、周都建立了各自的礼仪制度，只不过因时不同，有些改变而已。我打算参考以前的礼仪，建立我朝的礼仪规则，只要陛下有决心，勤加演习，是不难实行的。"刘邦满意地应允了。

叔孙通挑选了30个儒生，加上自己的百余名门生一起编排演练礼仪，成熟后，让刘邦及文武大臣熟悉和练习。到了汉高祖七年，刘邦择日召开朝会，百官依礼而行，君臣各居其位，井然有序。刘邦大喜，感慨道："我到了今天才知道帝王的尊严！"他厚赏了叔孙通，并很快将礼仪制度在全国推行。

一点通 "忘记历史就意味着背叛""读史使人明智"，历史不单单为人们提供借鉴。历史本身就承载着文化，缺乏对历史的关照，对文化的积淀也就无从观察。历史是文化的一部分，文化也体现在历史之中。

学好政治学、军事学是拥有大智慧的前提

伟大的需求和残酷的斗争都能催生伟大的智慧。政治学和军事学，是为了管理国家和保卫国家或个人生命安全而产生的，也是为了阻止战争、争取和平而产生。正因为这样，政治学和军事学

的智慧，堪称实践意义上的最高智慧。

许多人往往不自觉地将“政治”与欺诈、霸权侵略等联系在一起，从而对政治心生不满。事实上，政治学是对政治、国家及其活动和规律进行研究的学科。现代政治学研究的主要对象涵盖政府以及其他类似的机构，例如，工会、企业、教会等等。“政治”是一个中立的概念，一种政治是“恶劣”还是“优良”，与这种政治的具体形态密切相关。

当前，世界上每一位民众的生活都要与政治发生关联，无论是宏观的经济活动，还是微观的企业管理，甚至更为微观的个人发展，都深受政治管理的影响。因此，熟悉政治、理解政治对经济活动及个人发展的影响，事关重大。孙中山先生认为：“国家最大的问题就是政治，如果政治不良，那么一个国家无论什么问题都不能解决。”

作为一位中国公民，与政治的关系更加密切，因为政治在许多方面都是一种主导力量：中国最有权力的组织和个人是“政治局”“书记”；中国最重要的问题是“政治问题”；重大的事情，都要“讲政治”……列宁曾说“政治是经济的集中表现”，一句话道破中国经济与政治关系之玄机。在中国改革开放30年中，事业取得重大发展的，多数是领悟了政治的风向，并将经济领域的奋斗嵌入到政治与权力的体系之中的。

对积极参与民族复兴的人来说，关心政治尤其重要。我们这个国家正处在特殊而又敏感的时期，虽然过去的许多有志之士难以在政治上大显身手，但全民族共同期待的复兴事业以及“天下兴亡，匹夫有责”的古训，一定能够赋予雄才大略者以历史性的机遇，大家不妨拭目以待。

军事学，这个独立且与历史学、政治学紧密联系的学科，是充满智慧和艺术的，甚至当前一些热门的学科和专业术语，都来源于军事领域，如“战略”等。

军事学是一个关于生死存亡和残酷斗争的科学与艺术，正因为如此，军事斗争的双方都在尽一切努力保存自己，消灭对手，因此使军事学的智慧达到了很高的境界。

但是，坦率地说，当代的管理学智慧，仍难以与军事学相媲美。比如，以战略管理而论，现在的任何一部关于企业管理的战略专著，都难与《孙子兵法》及克劳塞维茨的《战争论》相比，从立意的层次、立论的水平以及指导的价值这些方面来看，有关管理战略的著作都达不到军事战略著作的水平。

许多人认为，在当代这个以经济一体化为主导的全球发展环境中，经济学和管理学是主流，也应当是主要的知识方向。政治学与军事学是认识社会和指导人生的学问，它们不应该仅仅由政治家和军事家所掌握。如果缺乏政治的视野，现实生活中的许多问题就会无从解决。

举一个几乎影响全球经济的例子。

德国经济学家威廉·恩道尔在《石油战争》一书中说道，“近一个世纪以来的世界现代史就是一部石油竞争的历史，世界新秩序正在被石油政治所决定。这场没有硝烟的石油金融战的背后，博弈各方都拿着石油期货合约暗中展开较量，而历史上，石油一次次引燃战争之火”。2008年和2009年，恩道尔的见解在中国的专家学者及普通民众中产生了震撼性的影响，许多中国人因此转变了看待全球经济形势的视角和观念。过去，许多中国的经济学家往往借助西方经济学理论寻找全球经济生活中相关的重大问题的答案，而恩道尔的观点让他们恍然大悟：全球经济发展领域带有规律性的重大命题不可能仅仅依靠经济学来解决，研讨全球经济需要政治的视角和历史的视野。在温情脉脉的经济合作背后，充满着各种各样的政治矛盾和图谋，甚至充满着血腥的军事斗争。

一点通

伟大的需求和残酷的斗争都能催生伟大的智慧。政治学和军事学，是为了管理国家和保卫国家或个人生命安全而产生的，也是为了阻止战争、争取和平而产生的。

经济学是源头狭隘的理论

现代社会日益需要经济学的指导，但经济学本身并不复杂，而且有很大的局限性：经济学理论是构建在不完善的人性假设之上的，这就注定了经济学不能完全解释和指导我们这个社会。经济学有用，但有时因为人们的理解与使用的不当，常常损害社会。

经济学大厦的构建，以经济学三大基本假设为基础：一是“稀缺性”假设，即资源是稀缺的，而经济学的任务就是研究对稀缺的资源进行优化配置和充分利用的问题；二是“经济人”假设，即把人抽象为自私的追求最大利益的人，这一假设自亚当·斯密就已经确定，后来又不断地被修正；三是“理性人”假设，即人在经济学上被假设为具备“完全理性”，能够“随时随地”、自觉地以清醒的姿态追求利益最大化的人。

现实中的高楼大厦是否坚固与地基有关，现代经济学的巍峨大厦看似雄伟壮丽，但由于其基本假设有重大的缺陷，这就使其成为像是建在沙地上的高楼。所以，用经济学作为判断和指导社会发展的工具并不牢靠，应该引起足够的重视。

正像中国某知名经济学家所说：“一块土地用于种粮食，还是盖厂房、修机场、作停车场，应该按照具体情况而定，绝没有道理说永远是种粮食有优先权。可是保护耕地的政策却把种粮食永远地放在了优先地位，这对城市建设造成了巨大的障碍。”在他愚蠢的观念里，中国应该关心的问题不是粮食安全，而是经济发展。所谓的著名经济学家，居然连吃饭与城市发展孰轻孰重都分不清。如果这只是一个极端的例子，倒也没什么，但中国误国误民的经济学家已经形成了一种气候，在一定程度上甚至影响了国家的大政方针。

之所以说经济学应用不当有可能误国误民，是因为经济学的基本假设不能涵盖丰富的人性，而人性正是一切社会管理和经济管理的基础。另外，经济学所秉承的“经济论”不应该取代“价值论”，而一旦将“经济论”凌驾于“价值论”之上，功利主义和单纯经济主义就有可能舍本逐末，为了追求经济而侵害人类的其他利益，如，自然、健康、审美等。全球范围内频发的自然灾害，尤其是发生在中国的自然灾害和环境破坏，“经济中心论”难辞其咎。

所以说，经济学是一门重要的学问。如果不能摆脱自身的局限，用自然学、政治学、社会学等多元的视角关注社会发展与经济发展，那么，经济学就有可能不是有用的，而是有害的。

在国家管理上，各国应当多听一些人文学科专家的声音，少听一些经济学家的声音。这里不是指责经济学家，而是因为经济学家自身的局限性。国家发展不是经济这一件事，它需要物质文明与精神文明同步发展，而且精神文化的发展处于核心的地位。精神文化的发展取得成效，经济的发展自然水到渠成；反之，经济发展而精神文化没有发展，这种不良的经济发展严重时甚至会动摇民族的根本。

人们在较短的时间内就可以理解经济学的基本原理，但掌握了经济学的基本原理并不意味着能很好地洞察现实世界。因为世界演变的复杂之处在于其背后有深层的社会、政治、文化等基础，而这些深层的基础，把握起来又有很大难度，甚至可以说，较完全地观察和把握它们是不可能的。因此，当你听到有些经济学家对经济发展作预言时，最好保持怀疑的态度。

一点通

经济学的基本原理相对简单，但经济运行的复杂性并不在于原理与规律本身，而在于各类经济要素和信号的复杂影响。

管理学包含着平凡的常识与文明的辉煌

企业成为社会经济生活的主体之后，管理学便开始流行起来。现实情况也是如此，管理学正成为一种普遍的学识。其实，管理学中的相当一部分，本质上只是一种常识，我们要将“高雅的管理学”还原成“常识的面貌”。

管理学，如果用文明的视野对其进行观察比较，则并不包括多少新的东西，它所表现出来的所谓的“新”，只是因为它所研究的对象——“企业”。这个特定组织的新属性的展开，有些新的东西还只是概念的新，只是用一个新的符号系统来重新诠释一些旧的东西。管理，究其核心是对人的管理，而管理人的智慧，在政治学、军事学、历史学、社会学、文化学等领域屡见不鲜，而且经典的学说可能更有价值。

许多成功的企业家从来没有学过管理学，这本身就说明，高级形态上的管理学并不具有实践价值的独立性，它的实践价值完全可以从其他知识的学习中获得。

管理学主要包含组织行为学与战略管理，其他课程根据专业方向决定是否学习。

组织行为学：一个企业在社会中的存在和发展离不开两种均衡，即企业内部的均衡以及企业对外的均衡。企业对内的均衡，就是指如何有效地管理复杂多变的员工，使之能够为企业贡献才智，同时又保证他们的贡献符合其应得的报酬，而这就是组织行为学所要解决的问题。

战略管理：从哲学的角度认识世界，世界在本质上是不确定的，它永远处于不断地运行和变化之中。战略管理的主要任务就是克服世界的不确定性，对外争夺资源、人才和市场，同时创造社会价值。战略管理以实现第二个均衡为目标，即克服不确定性，保持与社会的协调和发展。

人力资源管理具有很强的工具性，看似重要，但其专业价值有限。人力资源管理分为战略性人力资源管理和日常性人力资源管理。前者涉及人力资源的政策、用人的标准、高级人才的获得和使用、文化的创造等。不过，这并不局限于人力资源管理的范畴，许多时候它属于哲学、文化、价值观的命题以及领导哲学和艺术的范畴。

其他科目，兹不赘。

管理学不应被神秘化，其实，管理学是一种简单的知识。比如，“王婆卖瓜，自卖自夸”就是一种品牌管理；农民决定种植何种作物，这就是产品和市场的定位；小老板说，“兄弟们好好干，晚上我请客”，这就是激励和目标管理（这里面还包含文化管理的意蕴，“兄弟们”一词拉近了相互的感情）。

女儿 10 岁时，妻子因为一个员工表现较差，在家里吃饭时说：“××做得这么差，要是不行是不是辞掉算了？”女儿听了，马上说：“让人辞职不好，你们不如事先约定每个月干什么，干到什么程度，之后以他的表现为标准，如果是干好了就奖励，干得不好，再根据表现扣工资和奖金，或者开除。”

事实上，女儿简单的几句话也是企业管理中的一个重要内容：目标管理和绩效管理。由此可见，管理是一种常识，是一种对待事理的方式。这不是取消管理学的独立价值，而是恢复管理学本来的面目。

一点通 管理学，外表高雅、内在平常，高雅脱俗的外表包裹着平凡的常识与辉煌的文明。

宗教是人们获取慰藉的方式之一

在世界几大宗教的核心理念中，都包含着共同的劝善理念。因为有宗教的广泛存在（宗教是一种在世界各个民族、各个国家都存在的社会组织，至今依然影响着全世界近 2/3 的人口）以及宗教对真、善、美的教谕和引导，世界的和平与发展才得以实现。

宗教可能具有迷信色彩，但它又不等于迷信。随着科学的进步，人类极大地拓展了对世界的认识，但科学显然还不足以解释所有问题。宗教则是用自己的方式诠释着这个世界，诠释着那些持久萦绕于人们心中的困惑。

了解宗教，对于把握世界文明的结构，世界范围的冲突、对抗、合作与共享等有着重要的帮助。不了解这些，在国际关系上就有可能找不到正确的答案。发生在2001年9月11日的“9·11”事件，被认为是伊斯兰文明与基督文明发生冲突的结果。如果不了解两个文明之间的冲突关系，那么我们对恐怖主义就会束手无策。

世界文明的冲突、对话与共存，源于不同文明价值世界的相互作用。在全球化的今天，理解宗教对于理解文明世界的存在方式以及国家间在其他领域的交流都有着现实的帮助。

一些人往往以一己之偏见否定宗教的价值，视宗教为愚昧与迷信的产物，期盼宗教早日灭亡，这其实是一种谬误。中国当代社会出现的道德与价值观的凌夷，与传统文化信仰的弃守有关。而恢复中华民族普遍的文化信仰，创造一个有信仰、有道德的社会，对国家发展至关重要。如果没有信仰，没有高尚的心灵，没有对真、善、美的追求，即使付出再大的努力，和谐社会的形成也只能流于空想。

一点通

宗教对于个人来说，是实现心灵救赎的重要工具。现实中的人们追名逐利，但精神世界却不能得到完全的救赎。宗教是信仰的渊薮，是人们心灵的栖息地。

第四章　塑造良好的自我形象

如何搭配着装

对于现代的年轻人而言，选择适合自己的服装，做好颜色和风格上的整体搭配，是人尽皆知的常识。

但是，应该以怎样的穿着来迎接崭新的一天呢？说来说去，男性仍以穿西装打领带最为得体，而女性则以套装最为合适。

对男性而言，深蓝色西装和白衬衫，配上红色系列或颜色明朗的领带，是最普遍、最不致引起非议的穿法，但又很容易流于单调。

要想达到与众不同的效果，不妨在衣服色彩方面下工夫，选择颜色稍具变化的衬衫或色度明朗的西装，并且多留意同事的穿着，以免自己太过显眼。

职业妇女的穿着，套装自然是首选。套装上身的剪裁宜宽大些，不能过于束缚，以免太夸张胸部，裙长应恰好过膝。

一点通

对于现代的年轻人而言，选择适合自己的服装，做好颜色和风格上的整体搭配，是人尽皆知的常识。

服装、化妆的风格应与公司风气一致

穿着打扮是个人的自由，即使你头发蓬乱，或者胡子拉碴，别人也不会因此向你抱怨。

但是，作为公司的一员，这一点自由就要有所限制。曾经有一位饭店的服务生，就因为蓄了一脸胡子而受到公司的责备。各行各业的限制不同，每家公司也都有自己的规定。

女性的化妆更为讲究，例如，精密零件的制造厂，必须保持绝对干净，绝不容许任何细小的灰尘侵入。因此，除了无尘室的工作环境之外，员工还须穿戴无尘装，女性绝对不能浓妆艳抹。

一点通

除了特殊性质的公司外，一般的公司都不适合留一脸的胡子，或者戴着墨镜。换言之，身为公司的一分子，就有义务让自己的穿着与公司的风格保持一致。

初始置装应注重稳健

刚开始选择西装时，最好挑选稳健、朴实的花色，如深蓝、灰色等。个性虽不突出，但是它们一则容易搭配，二则符合大众审美。尤其是深蓝色的服装，几乎在任何公开场所都很适宜，可以多备两套。

布料方面，夏季是棉、麻，冬季是毛料、毛呢等，如果怕容易弄皱，其他材料的亦可。

其次，可以多准备一套浅色颜亮的夏季西装，以便随时表现年轻活泼的形象，但式样不宜过于轻便。

近年来，休闲西装日渐流行，有逐渐打入办公室的趋势。此外，与其购买时髦昂贵的服装，不如多选择几套便宜而又轻便的西装，这样既实惠，也与新进职员的身份一致。

一点通

一般而言，普通上班族最好夏冬各准备两套。

如何搭配上班服装

上班服装常见的色调有三种：深蓝色、灰色和浅棕色。这里简单地介绍它们的穿着方式。

深蓝色系——深蓝色永远给人以传统正派的印象。不过，依深浅不同可以穿出不同的效果，如智慧感、端庄感、亲切感和帅气感。只要在亮度以及式样方面略加讲究，就能穿出正装的效果。

灰色系——常见的是深灰色，夏季可选择浅灰色，但不宜太浅。

灰色最大的好处是能搭配任何颜色，如果运用得当，堪称最佳选择。可是，万一运用失败就会弄巧成拙，所以，配色时应格外谨慎。

浅棕色——棕色一向让人觉得不易搭配，可是，近年来在休闲西服中非常流行，这也给大家提供了很多的选择。原则上应避免单一色调的浅棕色，并最好选择纯白或浅色的衬衫，总之，应尽量保持素雅大方的格调。

女性套装虽然颜色多样，但应避免穿着怪异或色彩太鲜艳的衣服去办公室，崇尚时髦的同事也许会羡慕你，但却难入主管的法眼。

一点通 上班服装常见的色调有三种：深蓝色、灰色和浅棕色。

不适合年轻人的三件套西装

从时代潮流的角度来看，三件套西装与两件式可谓各有千秋。不过，一般而言，前者显得严肃、正式，不如两件式西装来得轻便活泼。因此，站在年轻人的立场，为了突显活力，两件式西装比三件套西装更为适宜。

如果非要穿着三件套西装，唯一的办法就是加强衬衫与领带的搭配，表现出年轻的风采。如果一味讲求正式，反而失去了年轻人的活力。

无须担心天气寒冷，合身的套头毛衣或毛背心会为你在颜色和式样方面提供更多的选择。

对女性而言，三件套西装不仅无法增强权威感，反而有损女性风采，使她缺乏女性的温婉气息，这是不可取的。

一点通 站在年轻人的立场上，为了突显活力，两件式西装比三件套西装更为适宜。

轻便服装能放松心情

例如上衣部分，男性可以尝试休闲西服或夹克，走半正式的路子。天蓝色最能展现年轻男性活泼豪爽的性格，不过最好选择宽松轻软的质料。

裤子方面，秋冬时可以选择铁灰色的法兰绒质料，春夏则以麻料为首选，颜色不可太浅。

到了周末，打扮得轻松点是可以的，但新进职员仍应尽量保持素雅的风格，以免落人话柄。

职业妇女应尽量避免过于女性化的花色，例如，印上花朵、小鸟之类花纹的衣料，抽象花纹也应该避免，否则，易让男士们觉得太花哨、孩子气，或工作能力不强。

一点通 在对公司的环境比较熟悉之后，不妨换换风格，试着以充满活力的打扮登场。

衬衫领带的调配魅力

说起衬衫，纯白无纹衬衫绝对是人人必备的首选。它可以不用考虑西装和领带，任君搭配，尤其适合深蓝色西装和夹克。如果想显得青春一些，则可降低领口纽扣或在衣领上稍作变化。

除了白色以外，浅蓝和浅棕色衬衫同样备受上班族的青睐，偶尔亦不妨采用浅粉色或淡黄色来搭配。但衬衫最好与西装保持同一色系，这样会感觉比较和谐；若采取对比色系，则显得抢眼出众，因此必须搭配得当，以免弄巧成拙。两种穿法可交互配合，令人耳目常新。

至于花纹部分，细条当然是首选，格子花纹配上轻便打扮也相得益彰。花纹繁杂的衬衫最好搭配素色的领带，以求调和。

如果公司属于保守型，员工不适合穿着颜色明亮的衬衫或领口纽扣较低的衣服，那就不妨多参考一下周围同事的衣着，以保证穿得中规中矩。

职业妇女的衬衫以简单大方为上。原则上，白色或象牙白色的衬衫，能使人看来有端庄感，太多的荷叶边或蕾丝花边都不适宜。

一点通

与西装比起来，衬衫和领带选择的余地更多，也更容易体现个人独特的气质。

应该准备六件衬衫

不少人的穿衣原则是“一件衬衫穿到脏得可以一眼看出来为止”，但是，对一名上班族而言，仪表也是工作的一部分，再怎么懒，也要养成勤换衬衫的习惯。

既然这样，准备几件衬衫才合适呢?

说得明白一点，两件纯白无纹衬衫足矣，既可搭配西装，也可每天轮流换洗。但是，从现实来说，有几个人能勤于天天洗衣？繁忙的时候根本无暇做这件事。

因此，这里的建议是：应该准备六件衬衫以供一周之用，而且至少包括一件纯白无纹衬衫，其余的颜色和花式以符合已有的西装为宜。

下面是几种衬衫搭配的方法以供读者参考：

配合深蓝、灰色系的西装——蓝色系和亮色系衬衫为佳。

配合浅棕色西装——米黄色和浅粉色衬衫为佳。

自由搭配——纯白无纹的传统衬衫和白色且较具流行感的衬衫各一件。条件允许的话，也可多备一件纯白无纹衬衫。

一点通

应该准备六件衬衫以供一周之用，而且至少包括一件纯白无纹衬衫，其余的颜色和花式以符合已有的西装为宜。

学会选择适合的围领衬衫

一般人在选择衬衫时多半以颜色、式样和花纹为基准，较少顾及尺寸。其实，这一点非常重要，一旦尺码不合，穿起来就会缺乏美感。

换句话说，选择衬衫前必须知道自己的颈围、肩宽和臂长，以合身的尺寸为选择的主要依据。

领口部分往往最易被大家忽略：太紧，穿起来会感觉被扼住脖子；太松，又会显得毫无精神。因此，最合适的是颈围加上一个食指宽，袖口部分也是如此。

一点通

选择衬衫前必须知道自己的颈围、肩宽和臂长，以合身的尺寸为选择的主要依据。

佩戴珠宝、首饰的注意事项

除了做工低劣的劣质品之外，所有的珠宝首饰都很受欢迎。如果你有值钱的珠宝首饰，最好不要在第一次见面时就戴出来，应该慢慢地戴给别人看。对于职业妇女而言，最好的首饰就是结婚戒指。职业妇女配戴珠宝首饰时应以简单为上，不仅表要戴得大方，戒指也要戴得合适。需要注意的是：在业务性的场合里，一次最多只能戴一枚戒指。穿了耳洞的女士们应该戴简单的耳环，吊吊挂挂的耳环不可戴，叮当作响的首饰更要避免。

一点通

除了做工低劣的劣质品之外，所有的珠宝首饰都很受欢迎。如果你有值钱的珠宝首饰，最好不要在第一次见面时就戴出来，应该慢慢地戴给别人看。

如何通过表饰表现自己的品位

某大公司销售部门经理N君，他对工作上所使用的钢笔、公事包等的要求很严格（并不一定要华丽），他相信只有高档的东西才能使自己更有自信。例如，在拿着目录向客人介绍产品时，用一支廉价的普通钢笔与用一支高级金笔的感受就很不一样。

销售高级品的业务员更是如此，一定要避免显得寒酸，身上至少要有一两件像样的东西以彰显你的品味，这比偶尔打打麻将或喝喝酒所建立的形象更为管用。

销售上百万价值的商品的业务员，若身上没有拿得出手的东西，连写合约书用的也是五元一支的圆珠笔，那就煞风景了。业务员所代表的就是商品本身，如果业务员不能表现出商品的质感，就很难有效地吸引顾客。

这并不是让业务员穿金戴银，或者一身名牌，而是要表现出自己的格调与质感，通过一些细节自然地流露出自己的品质。

一点通

不是说让业务员穿金戴银，或者一身名牌，而是要表现出自己的格调与质感，通过一些细节自然地流露出自己的品质。

好的修养与举止也是一笔财富

人们应该注意自己的着装，衣服得体可以让我们的举止放松很多，说话也更加自如。相反，如果一个人在衣着上低人一等，那么其言谈举止就会束手束脚。不过，太引人注目的穿着肯定会让人反感，所以，要避免色彩过于艳丽，款式过于新潮，大方得体即可——但是，如果钱袋有实力，那衣服的质地最好也讲究一下。

外表的漂亮得体，会引来大家的啧啧称赞。但这种美还不够，它不应该妨碍我们去追求更高层次的美。有些人往往把所有心思都放在衣着上，而忽视了内心精神境界的提高，忽视人生的根本意义与价值，这样的人关心衣着胜于关心自己的品质。他们往往视礼节为天物，一旦打扮不能跟上潮流就会耿耿于怀。这些人其实是徒有其表，只重外在不重心灵，很不可取。

教养本身就是一笔财富。文明的举止堪比金钱，有了它就像有了通行证一样，可以畅通无阻。所有的大门都会向他们敞开，他们即使一文不名，也会随时随地受到人们热情周到的接待，让人感到阳光般的温暖。他们少量的付出就可以换取丰厚的回报，因为他们带来的是光明、欢乐。一切妒忌、卑劣的心思在他们面前都将举手投降，因为它们将受到他们高尚人格的感染。

这正像英国政治家柴斯特菲尔德所说的："一个人只要自身有教养，无论别人是何种行为都不能伤他一根毫毛。因为他能给人一种凛然不可侵犯的尊严，得到他人的尊重。而没有教养的人，则容易让人生出怠慢的心理。"

一个人即使拥有诚实、勤勉的品质，即使在事业上雄心勃勃，呕心沥血，不当的言行举止也会使他所有的努力毁于一旦。相反,一个举止得体的人,也可能有这样那样的缺点,但是却能成为财富的宠儿。不妨假设有这么两个人,他们在其他一切方面都一样,只是在待人处世方面不同:一个谦和友善、助人为乐,举手投足之间尽显绅士风度;另一个举止粗鲁轻慢,对人总是吹毛求疵,没有一点合作精神。很显然,前者的事业一定会蒸蒸日上,而后者只会江河日下。

我们可以举例证明,文明的举止对生意的发展有多重要。巴黎有一家商店叫“廉价商场”,店面很大,里面的员工数以千计,产品也应有尽有。这家商场有两个引人注目的地方:一个是童叟无欺,无论谁来买,商品都是一个价,而且物美价廉;另一个是,他们非常注意待人接物,仅仅礼貌还不够,更重要的是让顾客满意。凡是其他商店能够做到的,他们都会做到,而且会做得更好。这样一来,他们给每一个来“廉价商场”的顾客都留下了美好的印象。所以,他们的生意一直蒸蒸日上,据说,这家商店最后跻身全球最大的零售商店行列。

一点通

一个人意识到自己的穿着很得体,举止就会自然而然地表现得从容优雅,这种神奇的效果即使宗教也无法做到。

3 韬晦之道篇

第一章 处世基本功之韬光养晦

学会退观全局

把自己置于别人的视线之外，以致别人在明我在暗，这样不仅能看清局势，而且不易受人干扰。不受人干扰的最大好处就是可以在暗中壮大自己。

“一鸣惊人”的故事，就是很好的例子。

春秋战国时期，楚庄王即位后，不理朝政，每日不是在宫中奏乐饮酒，纵情声色，便是率领卫士驰骋猎场。

大臣们冒死劝谏，楚庄王置之不理，依然我行我素。

国王不理朝政，朝野上下乱象纷呈：权臣们借机树党争权；小人们则逢迎拍马，捞取官职；贪官们更是浑水摸鱼，中饱私囊。

大夫伍举不忍坐视不理，决定入宫进谏。

他入宫见到楚王时，楚庄王正一边喝着美酒，一边欣赏歌舞。见到伍举，楚庄王问道：“大夫是想喝美酒，还是要听音乐？”

伍举笑道：“臣既不想喝酒，也不想听音乐。臣闻大王聪明过人，所以，想请大王猜个谜语。”

“在楚国的一座高山上有一只大鸟，它的羽毛五彩缤纷，异常华丽。然而，它三年中既不鸣叫，也不飞走，臣不知为什么？”

楚庄王沉思片刻，说道：“这不是一只平凡的鸟，它三年不鸣，是在积攒力量；三年不飞，是为了看清方向。这只鸟不鸣则已，一鸣惊人；不飞则已，一飞冲天。你去吧，你的意思我都明白了。”

伍举听完后，大喜过望，他知道国王其实是很有头脑的人，他是在等待时机，而绝不是一个沉溺酒色的荒淫君主，楚国并未丧失希望。

可是，几个月过去了，楚庄王不但没有丝毫改变，反而变本加厉。伍举的朋友苏从觉得受了骗，他全无顾忌，舍身闯入王宫，直言进谏：“您身为国王却不理朝政，只知纵情享乐，却不知乐在眼前，忧在不远。不久就会民众叛于内，敌国攻于外，那时楚国就危险了。”

楚庄王勃然大怒，拔剑指着苏从，厉声叱道：“难道你不怕死吗？”

苏从凛然正色道：“假如我的死能让君王悔悟，能让楚国富强，那我死而无憾。”

楚庄王停了半晌，忽然扔下长剑道：“我等的就是大夫这样忠于国家、不怕死的栋梁。”他挥手斥退舞女，开始与苏从谈论起楚国的政务。苏从这才惊异地发现：原来楚庄王对国家的了解比自己还要多。

楚庄王随后发布了一系列政令，把那些馅谀小人、贪官和不称职的官员或杀或免，而把那些包括伍举、苏从等在内的忠直敢言的人提拔上来。一番改革后，楚国的政治面貌焕然一新。

从此之后，楚国日渐强盛，楚庄王最后成为“春秋五霸”之一。

一点通

躲在暗处时，既能使对手小视自己，又能暗中观察对手。这一韬晦之法不仅能用于治国，还能用于提升自我。

要学会以逸待劳

“逸”并非无所事事，而是伺机而动。以逸待劳是一种高明的韬晦之道，寓动于静，看似消极平静，实则精细机敏。

晋朝奇人王猛年轻时曾途经后赵的都城，徐统见了他以后，认为他是一个了不起的人物，便召他为功曹。但是，王猛不仅不赴召，反而逃到西岳华山隐居起来。他认为，凭自己的才能不应该仅仅做个功曹，所以，暂时隐居，以候时机的到来。

公元354年，东晋大将军桓温带兵北伐，击败了苻健的军队，驻兵灞上。王猛身穿麻短衣，径入大营谒见桓温，桓温请他谈谈对当时局势的看法。王猛在大庭广众之下，一边把手伸到衣襟里捉虱子，一边纵谈天下大事，神色如常。

桓温见此情景，心中暗暗称奇。他问王猛：“我奉皇命，率领10万精兵来讨伐逆贼，为百姓除害，却不见志士仁人前来效劳，这是什么缘故呢？”王猛回答：“您不远千里来讨伐敌寇，长安城已近在眼前，您却不渡过灞水把它拿下来，大家不明所以，故而不来。”王猛的话说中了桓温的心思。

桓温觉得面前这位穷书生非同凡响，就想请王猛辅佐他。王猛不应，继续隐居华山。

王猛这次拜见桓温，原本想就此出山，干一番事业，但最后还是打消了念头。因为他细察桓温的为人，认为桓温虽有篡权的野心，但未必能够成功，自己在桓温那里很难有所作为。

桓温退走的第二年，前秦的苻健去世了，暴君苻生继位。他昏庸残暴，杀人如麻。苻健的侄儿苻坚想除掉这个暴君，于是广招贤才，蓄积力量。他听说王猛后，就请王猛出山。苻坚与王猛一见如故，他们谈论天下大事，颇为投机。苻坚觉得自己遇到王猛就像三国时刘备遇到了诸葛亮；王猛也觉得眼前的苻坚正是自己寻找的明主，于是留在苻坚的身边出谋划策。

公元357年，苻坚一举消灭了暴君苻生，自任前秦皇帝，而王猛成了中书侍郎，掌管国家机密，参与朝廷大事。后又历任前秦的尚书左仆射辅国将军、司隶校尉，为苻坚治理天下，干出了一番轰轰烈烈的大事业，成为中国封建社会杰出的政治家之一。

公元375年，王猛因病去世。苻坚痛失肱股大臣，经常悲伤流泪，连头发都白了。

一点通

盲目地进攻只会让自己疲惫不堪，聪明的做法是等待时机，一跃而起，往往能取得成功。

平易近人能助你积聚人气

平易近人，是一种修养，也是一种与人相处的技巧。目空一切的人最容易树敌，一旦有了敌人，你的生活就埋下了隐患，时时不得安宁。

许多大人物都深知要平易近人的道理。

林肯当上总统不久，有一天接到一个小女孩的来信，信里写道："总统先生，我是葛丽丝。我住在纽约州的西费尔德村，我写这封信，是想建议您留胡子，因为那样会让你看起来很英俊。"

林肯诚恳地回了信："葛丽丝，你好，很高兴收到你的来信。我很愿意采纳你的意见，可是这样一来，很多人可能就认不出我了。"

过了几天，林肯又收到了小女孩的回信："总统先生，我相信别的女孩会和我一样害怕一位没有胡子的总统。"

后来，林肯乘火车赴华盛顿就职的途中，顺道让火车在西费尔德村停下来。林肯站在火车尾端的车台上对蜂拥而至的民众高喊："有没有叫葛丽丝的女孩？请你站出来，好吗？"

葛丽丝兴奋地走了出来。"嗨！葛丽丝。"林肯弯下腰，由栏杆间伸出手握住女孩的小手，并且说："你看，我特别为你留了胡子，是不是比较英俊呢？"

当时，这件事被传为美谈，林肯也从此有了"平民总统"的称号。

里根也是一位"平民总统"，人缘极好，因为平易近人而赢得了很多民众的支持。

在一次晚宴上，有位记者夸耀里根总统的新西服。里根说："这不是新西服，已经穿了4年了。"回到白宫后，他又打电话给那位记者说："我纠正一下，那件西服不是穿了4年，而应该是5年。"记者听了感慨不已，自己一句很随意的话，作为总统的里根居然这么认真。他深为里根平易近人的态度所折服。

很多人都觉得里根没有必要为了这样的小事打电话，但他自己并不这样认为，正是这些小事让人们觉得他随和、容易接近。里根之所以能成为总统，靠的就是在群众面前树立的"平民总统"形象。

一点通

平易近人的人最容易获得人心。即使你其他方面做得都很好，如果不能平易近人，也会招致非议。人在官场，如果能得到老百姓"平易近人，心系群众"的口碑，仕途就无忧了。

敌人对己的轻视能保全自己

被领导重视是好事，若被敌人重视就得小心了，因为他随时会对你不利，稍有不慎就会遭到攻击。反之，让敌人轻视自己，不把自己放在心上，自然就会安全。

《三国演义》中有一段"曹操煮酒论英雄"的故事。

刘备投于曹操帐下，但是，曹操虽然收留了刘备，却没有完全信任刘备。曹操生性多疑，他害怕刘备会东山再起，和自己争天下。刘备住在许都，为防曹操猜忌，就在后园种菜，每日都亲自浇灌，想以一副胸无大志的样子迷惑曹操。

一日，曹操约刘备入府饮酒，以龙喻人，评论谁为当世之英雄。曹操问刘备当今谁可称英雄，刘备遍点袁术、袁绍、刘表、孙策、刘璋、张绣、张鲁、韩遂等人，曹操都一概否认。曹操指出英雄的标准是，"胸怀大志，腹有良谋，有包藏宇宙之机，吞吐天地之志"。刘备问："谁人当之？"曹操以手指刘备，说自己与他才是英雄。刘备以为曹操对自己产生了疑心，吓得把匙著都丢落到了地下。恰好当时大雨将至，雷声大作，刘备拾起匙著，战战兢兢地说："一震之威，乃至于此。"曹操大笑。从此便放松了对刘备的戒意，认定天下之大，只有自己才是英雄。

一点通

在强者面前，尤其在与自己有利益冲突的强者面前，一定要示弱，以迷惑对方，从而保证自己的安全。

居功切勿自傲

明朝的开国功臣徐达很明白居功切勿自傲的道理，他虽功高过人，却始终谨小慎微，最后，得以善终。

徐达出身农民之家，儿时曾与后来做了大明皇帝的朱元璋一起放牛。他有勇有谋，为大明江山立下汗马功劳，深得朱元璋宠爱。

徐达虽战功累累，却从不居功自傲。他常于开春出征，暮冬之际还朝，而且回来后立即交还帅印，回家安居。

朱元璋曾对他说："爱卿一生辛劳，从未好好休息过，我就把我过去的旧宅邸赐给你，让你好好享几年清福吧！"

朱元璋说的旧邸，是其登基前当吴王时居住的府邸，徐达不肯接受。朱元璋便请徐达到旧府邸饮酒，将其灌醉。徐达半夜酒醒不知身在何处，内侍说："这是旧邸。"

徐达大吃一惊，连忙跳下床，伏在地上自呼"死罪"。皇帝见其如此，心里十分高兴。不久命人于旧邸前另建一处宅院，门前立一牌坊，并亲书"大功"二字。

朱元璋曾赐予徐达一块沙洲，乃农民水路要地，徐达的家臣以此擅谋其利。徐达知道后，立即将此地上缴官府。

1385 年，徐达病逝于南京。朱元璋为此痛惊不已，追封徐达为中山王，并将其肖像陈列于功臣庙第一位，称之为"开国功臣第一"。

朱元璋登基后，从 1380 年至 1390 年，因相胡惟庸牵连被杀的功臣、官僚共达 3 万人；1393 年，有赫赫战功的将领蓝玉及有关的人士均被杀，受株连被杀者 1.5 万多人；洪武十五年的空印案，洪武十八年的郭桓案，受害者共计八万有余。

朱元璋为强化其统治而严刑重罚，先后有 10 多万人被杀。从小与朱元璋在一起的徐达，当然十分清楚"伴君如伴虎"的道理，所以，他始终谨慎小微。

居功自傲，终会引祸上身。

一点通

功劳不用自己说，大家心里都明了。居功自傲不仅招人忌恨，让他人看不见你曾经的功劳，而且容易陷自己于不利的境地。

第二章　处世基本功之趋利避害

假戏真做也可助你保住脑袋

在人际交往中，一些人善于假戏真做以取得他人的信任，从而瞒天过海，取得成功。蔡锷便是这样的人。

蔡锷早年在日本留学，回国后参加编练新军，1911 年初至云南，任新军第十九镇三十七协协统，暗中与同盟会多有往来。武昌起义后，他与李根源等发动新军起义，初任总指挥和云南军政府都督兼民政长，曾协助贵州和四川独立，民国初年参与组织和统一共和党，改革省政。

袁世凯镇压了革命党人的“二次革命”之后，更是不顾天下人反对，要在中国恢复帝制。他复辟帝制的倒行逆施激起了全国人民的无比愤慨，讨袁之声四起。其中，最早举行大规模武装讨伐的就是云南蔡锷等人领导的护国军。在这场斗争中，蔡锷与袁世凯斗智斗勇，充分体现了他过人的智谋。

二次革命期间，蔡锷对双方持中间立场，还曾拟联合黔、桂两省作为中间人，主张双方停战，凭据法理解决。对蔡锷的这些举动，袁世凯深为嫉恨，便假意召蔡锷入京，实际上是牵虎入笼。

蔡锷自然心知肚明，所以，自从入京以后，他自敛锋芒。

袁世凯依然不放心，想把蔡锷置于自己的控制之下，便委之以“重任”，先任将军府将军，再任全国经界局督办，并选为政院参政。蔡锷不动声色，这样一来，袁世凯反倒不明所以。

一日，袁世凯召蔡锷到总统府，商讨恢复皇帝制度。蔡锷道：“我原先是赞成共和的，但是二次革命以后我才知道，这么大的中国不能没有皇帝。现在总统有这个意向，真是太好了，我完全同意。”

袁世凯不放心地问：“你说的当真吗？为什么南京、江西变乱时，你却要做调解人，帮他们讲话呢？”

蔡锷立即回答道：“此一时彼一时。那时我远驻云南，离北京太远，身处国民党势力范围之内，投鼠忌器，不得不做违心之事，还请总统原谅。”

蔡锷解释得合情合理，袁世凯这下放心了。

从此以后，蔡锷为了自身安全主动与那些为帝制摇旗呐喊的大、小人物打成一片，宣扬帝制。

一天，蔡锷与一帮乌合之众又谈起帝制，蔡锷附和道：“共和本身没有问题，但我国的国情和人情，却不适合共和。”

袁世凯称帝的幕后策划者杨度立刻应道：“蔡锷兄，你今日方知‘共和’二字的利害吗？”

蔡锷不敢怠慢，赶紧道：“俗话说，‘事非经过不知难’，我也是今日方知个中利害。”

杨度不甘罢休道：“你是梁启超的高徒，他近来积极鼓吹反对帝制，你却赞成帝制，岂不是背师叛道吗？”

蔡锷笑道：“人各有志，不可强求。以前杨大人与梁启超同是保皇派，为什么他驳斥帝制，你偏又办起筹安会？今天你诘责我，我倒要问问老兄，到底谁是谁非？”杨度讨了个没趣。

杨度不甘心，红着脸拿出一张纸，递给蔡锷道：“为表心计，何不签个大名？”

蔡锷十分爽快地说道：“我在总统面前已请过愿，签个名儿有何不可？”当下挥毫签名。

大家见他这般爽直，再无疑心。而此时，蔡锷正在设法逃离京城。

为了彻底消除袁世凯的戒心，蔡锷脱掉戎装，去妓院寻花问柳。没想到的是，蔡锷在妓院结识了有胆有识、闻名京城的小凤仙。

为了把戏演得更真，蔡锷特地让小凤仙备了一桌酒菜，款待袁世凯的爪牙。几杯酒过后，蔡锷更是扬言要与妻子离婚，娶小凤仙为妻。那帮爪牙信以为真，纷纷报告袁世凯。

再看蔡锷，整天与小凤仙形影不离，一副神魂颠倒的模样。

为了让袁世凯彻底放松警惕，蔡锷与夫人策划假离婚。

一日清晨，蔡锷趁袁世凯还没有起身就赶到总统府，要求见袁世凯。等被告知总统未起时，他又故作懊恼状道：“总统起来后，立即报告总统。”说完便回家去了。

袁世凯起来之后，听到禀报说蔡锷在家中与夫人争吵，摔坏了好多东西。

袁世凯马上派人前去劝解。只见蔡夫人披头散发、泪流满面地躺在地上，被摔坏的东西乱七八糟地散了一地，蔡锷在一旁自顾自地骂着。袁的手下进行了一番劝解，蔡锷不理不睬，只顾骂个不停，蔡夫人不久便回娘家去了。

袁世凯闻之，终于彻底放心了，与儿子袁克定道："我看蔡锷甚有谋略，谁知他尚不能治家呢！我可以高枕无忧了。"

蔡锷见袁世凯戒心已消，于是暗中与梁启超策划反袁，寻机脱身。

1915年11月初，蔡锷借口去天津治病，在小凤仙的巧妙配合之下，他设法躲过了北洋警探的跟踪，绕道日本、中国台湾、香港、越南，于12月21日与随从秘密抵达昆明。

蔡锷逃出北京后，不久即和唐继尧组织护国军讨袁。

袁世凯生性狡猾，耳目甚多，为了消除袁的疑心，蔡锷先是积极接纳袁世凯的爪牙，加入宣扬帝制的筹安会，让袁世凯及其爪牙放松戒备。再去妓院"鬼混"，不问政务，直至"休"了结发之妻。这番假戏不但骗过了狡猾的袁世凯，保护了自己，而且以此求得了反击的机会和时间。时机成熟后，蔡锷便反戈一击，领导了护国运动。

一点通

假戏真做并不是一件让人觉得难堪的事，危急关头，放下面子保住脑袋才是头等大事。

过犹不及

柳萍刚刚下岗，好不容易才得到理发店老板的同意留下来工作，她觉得自己应该好好表现。于是，她每天都赶在大家到来之前把地拖好，把所有用具擦得干干净净。

可让柳萍没想到的是，自己的"过分表现"反倒引起了一场误会。原先负责搞清洁的女孩因此很不高兴，总是跟柳萍过不去。柳萍这才意识到自己做得过头了。

再举一个例子。

张伟是某政府机关办公室主任，一谈起新人好心办坏事的问题，他就摇头叹气。他说，有一年招了一个中文系毕业生，人的确很用功，但总收不到应有的效果。

毕业生来上班的第三天，看见张伟桌上有一份领导的发言稿。他看到文章有不合理的地方，因此没问过张伟就自作主张地把稿子改了。改完以后，他还直接把稿子交给了领导。

那篇稿子的初稿是张伟写的，已经给领导看过了，也根据领导的意见改过了，文章的结构是领导惯用的。

可开会时，领导读起稿子来很不顺，完全不是以前的风格。会后，领导对张伟大发雷霆。

事后，张伟把毕业生叫到办公室，那位毕业生不仅不承认错误，还辩解说自己是为领导好，最后，他在办公室里很不受欢迎。

无论是刚走出校门的毕业生，还是在跨国公司间跳槽的职业经理人，到了一个新的工作环境中，都希望能尽快展现自己的才华，这完全可以理解。

急于表现自己，是很多新人的通病。对于新人，上司对他的工作和表现一般都会比较宽容。在与新人见面时，他们常常会指出对新人的希望，并说些鼓励的话，比如"希望你的到来能为公司注入新的活力"等。实际上，他们不指望新人能取得立竿见影的效果，而是通过一些小事观察新人的为人、品性、工作态度等，据此形成一个基本判断，然后，在此判断的基础上决定对新人的使用。此外，作为上司，他们并不希望新人的到来破坏原有的秩序，即使他们计划用新人替代原来的员工，也不急于一时。

毕业生初入社会，都有大干一番事业的豪情壮志，所以，他们到了新单位后，干什么事都想冲在前面，希望给别人留下好印象。但是，这样的表现有时会适得其反。

一点通

要想走向成功，就得善于表现自我。但是，表现过分反而会遭到别人的反感，让你寸步难行。因此，要适度地隐藏自己的实力。

贫贱之交不可弃，强者应学会收敛锋芒

张某和李某是大学同班同学，二人无话不谈，彼此间没有秘密，同学们都说他们俩是“难兄难弟”。他们也很为彼此的友情而自豪，并且特别珍惜。

大学毕业后，他们仍然经常联系。

几年过后，两人换了工作，也先后结了婚，仍然来往频繁。

后来，张某一度落魄，李某经常鼓励他。

过了五六年，张某东山再起，超过了李某。但自此之后，两人的关系就淡了。张某每次找李某，李某都借口推托。

为什么如此？张某十分纳闷。

张某和李某在校时感情甚好，工作以后仍时时联系，原因有两个：

第一，两人家境相当，彼此都感受不到对方的“压力”，因此相处融洽。如果二人中一为豪门世家，一为寒门子弟，那情况就不同了。

第二，初入社会，彼此的“成就”差不多，“压力”尚未形成，因此，相处依然融洽。

不过，人是好“比”的，“比”的目的是为了突出自己的行业优势。因此，绝大多数人不会和不同行业者比，也不会和不同年龄者比，更不会和职业差太多者比，而是和同行或同学比，和同阶层比。能“比”对方“高”“好”“多”，就会有自我优越感。大学生从学校毕业后，前几年看不出什么差别，但七八年，十多年之后，就会高下分明了，所以，大学毕业后几年，同学会还能办得起来，十年后就不容易办了。因为前几年大家都差不多，十年后则大不相同，自认没有成就的人也就不想参加了。

张某和李某的问题便是如此。

本来，李某认为自己是可以超越张某的，所以，他还能帮助张某，谁知张某反而在几年后超越了他，李某的心理就失去了平衡。李某过去的优越感不复存在，同时也有了成就比较上的压力，于是渐渐疏远了张某。这种现象包含着嫉妒和羡慕的心理，属于维护自我尊严的防卫性行为，但有时会演变成攻击性的行为。其实，强者适时收敛锋芒，表现得谦恭一点，多少会让弱者在心理上得到一些平衡，双方就不至于剑拔弩张了。

一点通

有些时候，在弱者面前示弱，表现得谦恭礼让，会让对方的心理平衡一些，至少在处理人际关系方面不会让你束手无策，面临尴尬的境地。

故作不知，欲擒故纵

第一次世界大战后，土耳其虽然战胜了希腊，却激起了英国的不满。英国遂联合法、意、美、俄等国代表在瑞士的洛桑与土耳其谈判，逼迫土耳其签订不平等条约。

英国派出的外交大臣是克遵，其人声如洪钟，在外交界享有盛名。与英国相比，土耳其派出的代表伊斯美则相形见绌。伊斯美身材矮小，耳朵还有些聋，在国内国际均属无名小辈。

会谈开始后，克遵态度骄横、嚣张，显然看不起伊斯美，其他列强的代表也都盛气凌人。然而，伊斯美却从容不迫、镇定自若，精心选择着外交辞令，有理有节。特别是他的耳聋具有“特异功能”，对土耳其有利的言词他都听见了，不利的一概如耳边风。当伊斯美对列强们提出的苛刻条件概不理会，只顾维护土耳其的利益时，克遵大发雷霆，不断地向伊斯美施以恫吓、威胁。各列强的代表也气势汹汹、咄咄逼人，气氛极为紧张。

伊斯美虽然有些耳聋，此时对克遵盛怒之下的声嘶力竭，却句句听得清楚，但他不置一词，仍然将其当耳边风。等到克遵声色俱厉地叫嚷完，各国的代表面对伊斯美，看他作何表示时，

只见他不慌不忙地指着自己的耳朵，并将身子向克遵移动了一下，态度温和地问："您刚才说什么？我一句也没听见。"克遵气得浑身发抖，可又不知说什么好。

克遵的暴怒是由先入为主的气愤以及当时的情绪和气氛引起的一种急迫宣泄。这种激怒的宣泄，犹如突然爆发的火山，势不可挡，盛气凌人。不过，这种激怒是很难再现的。伊斯美的充耳不闻，不亚于对克遵进行情绪控制的心理战术。

伊斯美用他的"特异功能"——耳聋，占据了谈判的优势。在将近3个月的谈判中，他据理力争，游刃有余，终于取得了胜利。

在人际交往中，适时装傻可以为人遮羞，自找台阶；可以装聋作哑，反败为胜；可以假痴卖傻，迷惑对手。不过，必须有好的演技，才能傻得可爱，"疯"得恰到好处。

一点通

人如果太过张扬，就容易树敌。懂得装傻并不是傻瓜，而是大智若愚；由聪明而变得糊涂，是真聪明，假糊涂。

笑骂帮腔，能助你全身而退

西汉初年，北方的匈奴首领冒顿杀父自立。匈奴的强邻东胡国为了限制其发展，不断挑衅，意在灭掉匈奴。

匈奴国有一匹千里马，能日行千里，立功无数，被视为国宝。东胡国知道后，便派使者去匈奴强索宝马，匈奴群臣一致反对。

冒顿一眼便看穿了东胡的用意，但他仍然忍痛割爱答应了东胡的要求："我们哪能因为区区一匹千里马而不顾与边邻的关系呢？"于是，他把千里马送给了东胡。

冒顿虽然明义上臣服东胡，但他暗地里却在壮大自身实力。

然而，东胡国王得寸进尺。他听说冒顿的妻子很漂亮，就派人去匈奴说要纳冒顿之妻为妃。

冒顿的妻子确实年轻貌美，端庄贤惠，深得民心。匈奴群臣怎能容忍东胡国如此羞辱他们尊敬的王后？他们异常气愤，纷纷要求与东胡开战。冒顿更是气得暴跳如雷，然而，他转念一想：东胡之所以三番五次使自己丢脸，是因为力量比自己强大，小不忍则乱大谋，一旦发生战争，自己的实力不济，很可能会战败，还是再忍让一回，待时机成熟，再与东胡算总账。

于是，他强打笑脸，劝告群臣："天下女子多的是，可国家存亡事关重大！岂能因为区区一个女人伤害与邻国的友谊？"于是，他把爱妻也送给了东胡国王。

之后，他便召集群臣，鼓励大臣们内修实力，外修政治，以图日后报仇雪耻。

东胡国王的无理要求连连得逞，便更加得寸进尺，又第三次派人去匈奴索要两国交界处的方圆千里的土地。

此时的匈奴经过冒顿的治理，兵精粮足，实力已远在东胡之上。

东胡使臣来到匈奴后，开口就索要土地。冒顿一听，怒发冲冠："东胡国王霸我王后，索我土地，实在是欺人太甚！是可忍，孰不可忍！我们誓灭东胡，以雪国耻！"他亲自披挂上阵，众人同仇敌忾，一举消灭了措手不及的东胡。

冒顿把屈服作为激励自己的工具，他通过屈服使群臣意识到弱国被人欺的道理，又鼓励群臣和百姓发愤图强，卧薪尝胆，先壮大自己，再图克敌制胜。如果冒顿被夺马霸妻之时不是屈服，而是意气用事，与东胡国发生战争，以弱对强，就很可能会亡国。

一点通

聪明的人常把屈服当成一种磨炼，不但笑骂由人，而且会为对方帮腔。他们为了反败为胜，不惜屈膝求全，或代人受过，或忍辱负重。

学会全身修德

古今奸恶之徒，虽得势一时，却终免不了“身败名裂，遗臭万年”的下场。这是因为诈谋是把双刃剑，能够伤人，也会害己。诈谋只是披荆斩棘的手段，因而不能用来行不法之事。而且用诈有优劣之分，诈不精则败，算来算去，难免自食恶果。因此，做人还是安守本分的好，“立身以德”才是安身立命之道。

羊祜，字叔子，泰山南城(今山东费县西南)人，是名士蔡邕的外孙，自幼饱读诗书，有《老子传》传世，是晋武帝的肱股之臣。魏末时，羊祜曾任相国从事中郎，参与司马昭的机密大事。司马昭死后，其子司马炎废掉魏王，自立为帝，然后，命羊祜为荆州都督，坐镇襄阳，以图灭吴。

羊祜到镇后，不注重军事，专以宽大仁爱之心抚绥远近，吴军降卒有想回家的，一律放还。精简军士，全力垦殖荒田。

羊祜初到时，军中没有百日粮，但第二年，军粮便可资十年。

晋平蜀后，吴人也大为震恐，知道晋国必将向自己开战，两国的边境线剑拔弩张。然而，羊祜却另有打算，他的平吴方略和钟会、邓艾伐蜀不同，不是以力征战，而是采取“务修德信”的怀柔之术，以图不战而得吴。

他行军路经吴国境地时，只要征了吴国的粮食，回来后就计价偿还；偶有战事，也必然与对方约好时间，不搞突然袭击。

此外，如果部下献计灭吴，羊祜就请他喝酒，不让他说出来。据说，吴国的陆抗为了感谢羊祜送还吴军猎物，还特地送给羊祜一壶“亲酿自饮”的好酒，晋军为防有诈，极力劝阻羊祜“且宜慢饮”，但羊祜毫不怀疑，在吴使面前一饮而尽。陆抗和他对峙多年，有一次陆抗生病，羊祜从吴方使者口中得知“主帅卧病数日未出”，便将自己调制的“熟药”送了过去，陆抗服之不疑，说“羊祜岂鸩人者”。陆抗服后，果然“次日病愈”。

吴主孙皓派镇军大将军陆抗镇守边境，羊祜经常派使者送信给陆抗，陆抗也以礼还报，两人书信往来不断。

陆抗告诫手下的将领说：“人家专做仁义的事，我们却尽行残暴之举，这仗不用打，我们就已经败了。”于是下令将士不准越界交战，只是谨慎守住自己的疆界而已。

然而，羊祜表面上与邻邦友好，暗地里却整治器械，训练士兵，时刻不忘灭吴大计。待时机成熟后，他就向朝廷上表，举兵伐吴。可此时朝中意见不一，主战者寥寥无几，基本都是主和派，竟错失了一次良机。

羊祜知道朝廷否决了自己的建议后，感叹道：“人生不如意事十之八九。”后来，羊祜病重还朝，再次请求伐吴，晋武帝便派尚书张华到羊祜家中询问平吴的战略。张华听后也力赞平吴，晋武帝早已有心，至此下定决心，虽然反对者如故，却再不动摇。

晋武帝让羊祜卧床监护众将平吴，以成全羊祜灭吴的功劳，羊祜却表示平吴不必自己去，而是请求让杜预代替自己。他曾上表说：“取吴不须臣自行。功名之际，臣所不敢居。若事了，当有所付授，愿慎择其人。”

时人称赞羊祜“执德冲虚，操尚清远，大智若愚，虚怀若谷。涉其门者，贪夫反廉，懦夫立志”。羊祜死后两年，司马炎即按照羊祜生前的灭吴大略布置伐吴，短短四个月就灭亡了吴国。事后，司马炎曾执杯流涕地对众人说道：“此乃羊太傅之功也，惜其不亲见之耳！”《资治通鉴》也有记载：“成伐吴之计者，祜也。凡其所为，皆豢吴也。”

羊祜的做法减缓了双方的矛盾，瓦解了吴军的斗志，从而使得吴军边防松懈。后来，杜预之所以能一举平吴，全在于羊祜的前期准备工作。如果不是晋朝大臣多主和平，平吴大业早在羊祜手里便已完成了，所以，晋武帝才有所感慨。

羊祜在军事上用诈取胜，兵法也有云：“兵不厌诈”。行军打仗是常事，更何况羊祜“务修德信”客观上也收到了良好的效果，令两军战士休战，也令两地的百姓安居乐业。

羊祜对平吴使诈，并不代表他是大奸大恶之人，相反，他的品德是少有人能及的。他的夫人是夏侯霸的女儿，司马懿使诈诛灭曹爽，夏侯霸降蜀。那些娶夏侯家族女子为妻的人纷纷离婚，表明自己立场坚定，界限分明，以避祸求荣。可羊祜不仅不离婚，反而更加敬重夫人，更加恩爱。羊祜历任晋室中枢官职，多次向朝廷推荐人才，却把草稿都烧掉，为的是不让人知道。有的人劝他不要这样保密，以便让这些人知道是羊祜推荐了他们，让他们有感恩之心。羊祜却说："官爵是朝廷封拜的，却要人向我感恩戴德，这符合道理吗？"羊祜的这句话也成为历代廉直公正官员的座右铭。

羊祜去世当天，正是荆州民众集市的日子。听到消息后，荆州士民为之罢市，巷哭野祭，悲号之声响震荒野，东吴境内的军民也痛哭不已，家家设位祭奠。

羊祜生前喜欢游览山水，常常在砚山与僚属把酒为欢。襄阳人为了纪念羊祜，便在砚山上羊祜经常登临的地方建庙立碑，附近居民都前去洒泪纪念，杜预名之为"堕泪碑"。砚山本是无名的小地方，却因羊祜而成为著名的风景区，山以人传，遂成为历代文人的思古抒情之处。

一点通

诈谋是把双刃剑，伤人也能害己。诈谋只是披荆斩棘的手段，却不能成为为非作歹之人的暗器。

第三章　处世基本功之相时而动

麻痹对手是克敌制胜的良策

明武宗没有子嗣，所以决定在自己死前让两个亲王中的一个继位。然而，究竟立谁好呢？他想了一个法子：立下遗诏，同时发给两个亲王。遗诏中规定：先到京者为君，后到京者为臣。这两个亲王，一个是冀王，冀王府在河北，距离京城不过一二百里；另一个是兴王，可兴王府在湖广，离北京有一两千里。如此同时下诏，等诏书到达兴王手中时，冀王早就入京为君，可见武宗想立的是冀王，而不是兴王。然而，结果却是兴王提前入京成为皇帝。这是何故呢？事实上，当兴王府接到诏书的时候，冀王确实已经在赴京的路上了。兴王朱厚熜听到这个消息后心灰意冷，从而打消了当皇帝的念头。

一天，他在街上闲逛，遇到一个测字的先生。这测字先生见朱厚熜走来，便迎上前笑着说："看您福人贵相，测一字如何！"

朱厚熜道："贵相又有什么用？"

测字先生道："您测测看看！"朱厚熜盛情难却，写了"问"字让他测。

测字先生看罢，忽然跪倒在地，向他祝贺道："我看出来了，您一定是千岁，这个'问'(問)字从中间拆开，左看是君，右看还是君，您就要做皇帝了。"

朱厚熜道："可惜为时已晚，皇帝已经上路，现在估计都到京了。"测字先生说道："有福不用忙，无福跑断肠。如果您答应让我当丞相，那我助你成为皇帝。"

朱厚熜听了大喜过望，忙问："请问先生大名？"

测字先生说："小民严嵩。"

朱厚熜说道："咱们一言为定，我若做了皇帝，就一定封你为相。"严嵩当即叩头谢封。

朱厚熜带严嵩来到王府，写好封严嵩为相的"圣旨"，然后，他问严嵩该怎么做。严嵩笑着说："臣已知王爷接到诏书，也已探听到冀王已经接诏上路。他离京很近，自以为当定了皇帝，便准备大张旗鼓地进京，沿途官员自然都要挽留接风，然后送行。所以，现在时间已过去半月有余，他们才走了不到百里的路程。照此下去，再有半个月，也未必能到京城。因此，王爷此时火速入京，还来得及。为防止途中停留，您可扮成‘钦犯’，昼夜兼程，由臣下相陪，最迟不过六七天便可入京，这样一定能出其不意地抢先入京。”朱厚璁听罢，拍案叫绝，当即打点入京。

兴王朱厚璁来到京都后，众臣纷纷出城接驾。他由东安门入居文华殿，由张太后传出懿旨，再由众臣簇拥到奉天殿即位，他就是明世宗。而那位测字先生严嵩，也因此被召入朝为相。

巧的是，在此两千年以前的齐国也发生了同样的事情：

管仲和鲍叔敖是十分友好的朋友，分事齐襄公的两个儿子公子纠和公子小白。公子纠和公子小白是同父异母的兄弟。襄公昏庸无道，两兄弟和大臣纷纷避走他国。管仲保护公子纠到了鲁国，鲍叔敖则随同公子小白逃亡吕国。公元前686年，襄公因动乱被杀，公子小白和公子纠都立刻动身，准备回国即位。半路上两路人马相遇，管仲眼明手快，对准公子小白当胸就是一箭，公子小白应声倒下。管仲以为公子小白已死，便护卫公子纠放慢行程。等到了临淄，他才知道公子小白已先到，即位称帝了。

这是怎么回事呢？原来管仲那支箭恰恰射在公子小白腰带的铜质带钩上，公子小白毫发无伤，但他借机中箭倒下装死，使得管仲误以为竞争对手已死，便放心慢行。等管仲和公子纠一走，公子小白便日夜兼程地赶往临淄，抢先登基。

一点通

在竞争对手面前，应该利用有效的方法麻痹对方，令其放松警惕，这才是克敌制胜的良策。

要学会抓住机遇

公元前208年，秦将章邯率军攻打赵国巨鹿，赵国便向楚国求助。楚怀王遂命宋义为上将军，项羽为次将军，率军营救赵国。楚军到达安阳后，宋义畏缩不前，滞留安阳一月有余。项羽劝说宋义立即攻秦救赵，被宋义拒绝。当时天寒多雨，将士深受其苦。而宋义却亲自跑到无盐大摆宴席，送儿子到齐国做相，并借机扩展个人势力。

乘宋义离开之际，项羽鼓动将士们说：“我们奉命救赵，现在却留在这里不能前进。这里又遇到灾荒，将士食不果腹，军中存粮也不多。可上将军丝毫不将此放在心上，只顾饮酒作乐，根本不想率军去救赵国，合力抗秦，反而美其名曰‘等待秦军疲惫之机再打’。如果强大的秦国攻击刚刚复国不久的赵国，那赵国必亡。赵国灭掉之后，秦军只会更加强大，根本无机可乘。况且我军刚逢定陶之败，大王正坐卧不安，国家安危，就在此一举。大王将全军交给上将军指挥，不料上将军却如此不爱惜将士，只顾徇私，如何堪负社稷重任！”

项羽的话令将士群情激愤。当宋义返回安阳时，项羽乘机将其杀死，然后，号令全军，说道：“宋义与齐国密谋反楚，楚王命令我将其杀死！”将士无不拍手称快。消息传回国内，楚怀王只好命项羽领兵营救赵国。接着，项羽破釜沉舟，九战九捷，歼灭了秦军主力，解除了巨鹿之围。

楚怀王是秦末农民起义军首领项梁听从谋士范增之计拥立的，因而他有名无实。但他趁项梁战死后，在彭城（今江苏徐州）夺取项羽和吕臣的兵权，重用宋义，项羽当然心怀不满，便伺机夺回兵权。而这时的形势，为项羽提供了最佳时机：一方面，宋义在紧急关头徇私误国，贻误战机；另一方面，士兵在寒风冷雨中煎熬，宋义却只求享乐，士兵的反叛心理一触即发。于是，杀宋义、取兵权的主客观条件一应俱全，项羽审时度势，把握住了时机。之后，项羽又率军歼灭了秦军，解除了巨鹿之围，可谓一箭双雕，两全其美。

一点通 机遇对每个人来说都是稍纵即逝的，只有善于把握的人，才能成就大事。

如何运用一石三鸟之计

战国时期，除了七雄之外还有若干小国，中山国便是其中之一。中山国虽小，却能在强敌环伺之中生存，原因之一就是中山国拥有很多一流的智者，相国司马熹就是其中最杰出的一位。

在治理国家期间，司马熹善于应对各种危机，从而使弹丸之地得以长期独立，中山国王十分信任他。但司马熹遇到了一个可怕的敌人，这个人就是最受中山国国王宠爱的姬妾阴简。因为司马熹无意中得罪了阴简，这位国王的宠姬经常在国君面前毁谤司马熹。

有一天，赵国使者来到中山国，司马熹负责陪同。在宴会上，司马熹趁酒酣之际问使者："听说你们赵国擅长歌舞和音乐的美女很多，我们中山国也有一位足以让贵国大吃一惊的美女。她的相貌之美、人品之好，就是仙女也比不上，堪称绝代佳人。她的眉毛、眼睛、鼻子、头形、前额、脸蛋等都无可挑剔，有王后之相，绝非诸侯妃姬。她叫阴简，是吾王的宠姬。"

使者闻言，暗自高兴，心想真是不虚此行。回国后，使者向赵国国王作了详细报告，还没等使者汇报完毕，赵王便已动心。于是，他派遣特使到中山国，索要阴简。

中山王听到赵王的要求后，一反过去卑弱的态度，拒不答应。如此一来，两国关系骤然紧张起来。大臣们都很惊慌，若得罪了赵国，赵国就可能兴兵来伐，那时中山国就要蒙难了。举国上下都束手无策，群臣也各抒己见，莫衷一是。

胸有成竹的司马熹却暗自欣喜，他趁此机会向国王进谏道："事已至此，请大王把阴简正式封为王后。一旦封为王后，拒绝赵王的要求就合情合理了，赵王是不能夺他国的王后的，也就死心了。这样回绝赵国，不但可以使他们无话可说，还可以保护我国免遭兵祸。"此言一出，中山王赞不绝口。

次日，中山王便封阴简为王后，并委婉地拒绝了赵使。使者回复赵王，赵王无计可施，中山国得以保全。

从此以后，阴简对司马熹再无怨言，而且处处流露出她的感恩戴德之情。她心想，这次之所以能升到王后，全仗司马熹之功。

一点通 人生陷入困境时，我们需要迅速做出反应。机智过人者，往往能同时处理好多方面的关系。

学会抓住主要矛盾，解决问题

刘邦平定天下以后，便开始论功行赏。他向大臣们说："运筹帷幄之中，决胜千里之外，这是张良的功劳，应封三万户。"

张良赶忙推辞："臣逃亡下邳时，有幸与陛下相会，这是上天安排臣跟随陛下。陛下用臣的计策，幸而时中。臣愿封留地足矣，不敢当三万户。"

刘邦对张良的辞让很满意，因此封他为留侯。接着，他又封赏了其他多名大臣。这时，很多文臣武将日夜争功不休，弄得刘邦非常烦恼。

一天，刘邦在洛阳南宫，从阁道望见几位将领正在议论着什么，觉得很奇怪，就问张良："他们在说什么？"

张良不安地说:“陛下难道不明白?他们在密谋叛变!”

刘邦大惊失色:“天下初定,为何要反?”

张良提醒刘邦道:“陛下起于布衣,赖群臣之力而夺取天下。现在您贵为天子,所封的侯爵全是像萧何、曹参那样的同乡和您所喜欢的人,而诛杀的却都是您的仇人。现今,有功的不能普遍受封,许多人担心得不到封赏,又害怕您不信任他们,所以,他们才准备谋反自保……”

刘邦不安地问:“这……如何是好?”

张良深思熟虑地说:“陛下勿忧,臣自有办法。”

“快说给朕听!”刘邦急不可耐地说道。

“陛下平生最憎恨的,而且是群臣所共知的人是谁?”

“当然是雍齿。他与我有旧仇,还侮辱过我,念他功劳甚大,才不忍杀他,这事群臣都知道。”刘邦对张良说。

张良霍地站起身,胸有成竹地说:“陛下,计谋全赖这个人了!陛下应立即封赏雍齿,给群臣诸将摆个样子。如果像雍齿这样的仇人,陛下都能不计前怨,为他加官晋爵,别人就不会有所顾虑了。他们必会心平气和,解除疑虑!”

于是,刘邦立即下令召集群臣,当众宣布命令,封雍齿为什方侯,接着又催促丞相、御史定功行封。

酒宴散后,大臣、将军们都欢天喜地,奔走相告:“雍齿都能封侯,我等无忧矣!”

一点通

提起网张,网眼自然就张开了;抓住了树的根,枝叶自然就会跟从。

学会寻找解决难题的最佳角度

相传,古时有一个相貌丑陋的国王,他的一只眼睛瞎了,一条腿是瘸的。然而,就是这样的一个国王,有一天竟召集全国的画师为他画像,并且发话:画得好的有赏,否则杀头。

第一个画师想:“国王的威严谁敢冒犯!虽然明知他长得丑,但我还是给他画张漂亮的吧。”于是,他画了一张画像呈献给国王。只见画像上的国王完全没有缺陷,仪态端庄,威严无比。国王一看勃然大怒道:“善于弄虚作假、阿谀奉承的人,必定心怀不轨,留着有什么用?拉出去斩首!”

第一个画师就这样被杀了。

这时,第二个画师想:“既然画虚假的画像会使国王恼怒,那就照实画吧。”第二个画师画了一张画像呈献给国王。只见画像上的国王瞎着一只眼,瘸着一条腿,哪里有国王的威严?国王看了大怒,大喝道:“竟敢丑化国王,冒犯天威,此等狂妄之徒,留着有什么用?拉出去斩首!”

第二个画师也被杀了。

画师们见此情景,个个吓得魂不附体,谁也不敢再画了。但是,不画也不行,违抗圣命也是死罪。正在众画师为难之时,人群中闪出一个人来,他双手呈上一幅画像给国王。

国王一看这幅画像,大呼满意,并将画像赐给群臣观赏。

这是一幅国王狩猎图。只见国王一条腿站在地上,另一条腿踩在石头上,一只眼眯着做瞄准状,刚好掩盖了国王的缺陷,充分展现了国王威武的姿态。结果国王赐给这个画师千两黄金作为奖赏。

一点通

如果能换一种角度思考问题,我们就会发现世界的另一种美。

第四章　处世基本功之能屈能伸

人在屋檐下，要懂得屈伸

韩信能忍胯下之辱正是有时“必须低头”的最好体现：如果他不低头，就与无赖毫无区别；如果他奋起还击，就有可能闹出人命，吃官司不说，还会搭上自己的性命。

韩世忠和岳飞、张竣都是宋高宗时的抗金名将。秦桧因岳飞反对他与金议和，又屡次攻击他，心中怨恨，便罗织罪名把岳飞逮捕入狱，将其害死于风波亭。

岳飞死后，韩世忠知道秦桧难容自己，便呈请解除自己枢密使的职务，秦桧顺水推舟地授给他一个闲散的官职。

韩世忠赋闲之后，口不言兵，整日流连湖光山色，许多人都不知道他便是名震天下的韩元帅。

韩世忠的部将旧属路过杭州时都来拜访他，但他却一概不见。平时，他从不和军中大将通报消息，以免秦桧抓住自己的把柄。

秦桧害死岳飞后，对韩世忠也恨之入骨，欲除之而后快。然而，他没想到害死岳飞竟让民愤如此之大，便有些犹豫，又见韩世忠口不言兵，也和军队断绝了往来，不再出言阻挠自己与大金议和，就不再理会他。

其实，以韩世忠的忠义和抗金之功，秦桧万万不会放过他。若和秦桧争斗，那他只会落得与岳飞同样的下场。不如低下头来，避开深为昏君所信赖的奸臣秦桧，才能得以自保。

一点通

人类社会中的各种斗争极其复杂，所以，忍受暂时的屈辱，锤炼自己的意志，寻找合适的机会，是一个欲成大事者必不可少的心理素质。

明日翻身需要今日的忍耐

事物的运作千变万化，机会往往存在于忍耐之中。对于垂钓者来说，最好的进攻方式就是忍耐。能忍耐才能有大收获，所谓：“天将降大任于斯人也，必先苦其心志，劳其筋骨，饿其体肤……”说的就是这个道理。大丈夫应该志在四方，岂可计较鸡毛蒜皮的小事！春秋末期的最后一个霸主越王勾践卧薪尝胆的故事，也说明了这个道理。忍耐不是停止、逃避、无为，而是守弱、蓄积、迂回前进。当命运无法掌控时，就要顺从命运的安排，坚强地忍耐弱者的地位，在守弱的基础上累积实力，发奋图强，再适时出击，以争取属于自己的成功。

懂得忍耐有利于成就事业，意气用事只会坏事。面对别人的侮辱和伤害，我们没必要急急忙忙地进行反击以证明自己并非软弱可欺，因为路遥知马力，日久见真功。有效的忍耐，能使我们慢慢地走向成功。

王林辞去了原来的工作来到深圳打工，在一家私人企业只做了几天文员，就被解雇了。过了一段时间，工作仍没有着落，他已经到了山穷水尽的地步。

一天，他身无分文，正漫无目的地闲逛，忽然想到这里还有一个老乡在某个报社做编辑。

于是，他强打精神去找那个老乡借钱，几经周折终于找到了老乡。那人一见他的狼狈样，就知道是来借钱的，于是故意装作没有看见他。在王林小心地打了招呼后，那人才勉强应声。王林更加小心地说明来意，那人不耐烦地掏出十元钱扔在桌子上，说自己今天身上没有多带钱并且马上要出差。王林讨了个没趣，心里气急了，真想把那十元钱抓起来砸在对方的脸上。但他强忍住了，拿起那十元钱，默默地转身离开。

王林先用两元钱买了两斤馒头，然后，用一元钱买了一支圆珠笔，又买了一沓稿纸。接着，就待在自己租的房子里，花了一整天的时间写了四篇反映自己打工经历的稿子，次日早上便将这些稿件送到了一家专门发表打工者故事的杂志社。编辑看后很满意，决定四篇都采用，并先付给王林一半稿费。拿着这些稿费，王林又撑过了一段时间，并在此期间找到了一个工作。

深谙处世哲学的中国人，古来善于忍耐的例子不胜枚举。

公元1224年，宋宁宗病死，由于他没有子嗣，权相史弥远千方百计地在绍兴民间找了一个叫赵与莒的17岁少年，系宋太祖的第十世孙。史弥远把他带到临安后，改名赵贵诚，拥立为太子，后来又不顾杨太后的反对，强行把他立为皇帝，并改名为赵昀，这就是宋理宗。理宗青年嗣位，尚未成婚，直到服丧后才议选中宫。一班大臣贵戚听说皇上选中宫，纷纷送爱女入宫。左相谢深甫有个孙女，待人谦和，贤淑宽厚。杨太后当年做皇后时，谢深甫帮过不少忙，因此，她想立谢氏为皇后。但除了谢氏外，还有6个美女。宁宗时的制置使贾涉的女儿长得颇有姿色，而且善解人意。理宗对她十分满意，想让她做皇后。

可是，杨太后却说："立后以德为主，封妃可以色为主。贾女姿容艳丽，体态轻盈，尚欠庄重，不像谢氏，丰容端庄，理应位居中宫。"理宗听后马上表示赞同，非常高兴地顺从了杨太后的意愿，册立谢氏为皇后，另封贾女为贵妃。其实，理宗心里很不乐意，但是，为什么又答应了杨太后的要求呢？原来，理宗心想："自己即帝位本来就有很多人不满，此时如果不顺从太后的意愿，与她抗争，那太后肯定不痛快，说不定会废除我的皇位，另立天子。大丈夫能屈能伸，为什么我不能忍耐一下，答应她的要求呢？等她不在了，那时谁还能管得了我呢？"

隐忍时不要怕等待，要相信总会时来运转。要反复告诫自己，到时候自己的付出会连本带利地捞回来。

宋理宗就是这样做的，大礼完毕后，理宗对谢后一直客客气气的，全按礼数办，并能像例行公事似的时不时地在谢后那儿逗留一晚，使杨太后对他很满意。过了两年，杨太后驾崩，理宗大权在握，便再也不与谢后周旋，天天与贾妃泡在一起，无所顾忌。

总之，忍不是目的，而是手段。忍是对当下形势的一种认可（如韩信），而当具备了相当的实力后，就可以一显身手，扭转乾坤。所以，只有用今日之忍换来明日翻身，才有资格登上潜智慧榜。

一点通

从某种意义上说，忍耐是一种求生的智慧，因为小不忍则乱大谋。忍耐是一种弹性前进策略，就像战争中的防御和后退，有时恰恰能反败为胜。

与其生气，不如争气

南北朝时的高洋就是一个懂得适时弯曲的人。高洋尚未称帝时，由其兄高澄掌权。高洋的妻子十分美艳，高澄暗加艳羡，心里愤愤不平。高洋为了不被高澄猜忌，便做出一副淳朴木讷的样子，还时常拖着鼻涕嘿嘿地傻笑。高澄因此将他视为痴物，根本不把他放在心上。

高澄时常调戏高洋的妻子，高洋佯装不知。高澄死后，高洋为丞相，都督中外诸军，录尚书事，袭封齐王。大臣们向来看不起高洋，但这时的高洋能文能武，谈笑风生，英采飙发，与昔日判若两人，大家从此对他刮目相看。高洋篡位后，初政清明，简静宽和，任人以才，驭下以法，内外肃然。

当时西魏大丞相宇文泰听到高洋篡位后，借兴义师的名义进攻北齐。高洋亲自带兵迎战，宇文泰见北齐军容严盛，不禁叹息道："高欢有子如此，虽死无憾！"于是，引军西还。

当今社会，已不存在这种不忍让就可能丢性命的屈伸之道，但适时弯曲仍是必需之策。弯曲时更容易看清彼此更多的东西，往往能化敌为友。

拉升·彼德在海军服役两年后，回到了美国的首都华盛顿。之前他服务的那家广播公司正等待他继续做播音工作，但是，上司已经换了。由于某种原因，这位新上司好像不大情愿接受他。

他暗自努力要好好回敬上司一下，于是，他冷静、谨慎地工作着。他一直与老搭档主持某个喜剧节目，可新上司重新调整了他的节目时间，而且新安排的时间差得不能再差了——将近午夜。

他怒火中烧，想大闹一场，但是，为了饭碗他还是忍了下来。

搭档和他默认了这个安排，兢兢业业地工作。三年后，他们的节目终于成为华盛顿首屈一指的节目。

一天，他应新上司之邀参加电台的聚会。晚会上，他遇到了上司的未婚妻，她是个聪颖、活泼、务实的姑娘。像她这样的姑娘怎能喜欢上司这样的人呢？通过上司的未婚妻，他对上司的看法渐渐改变。

随着时间的流逝，他的态度完全转变了，上司的态度也变了，最后他们竟成了朋友。他仍在全国广播公司工作，并主持一档全国闻名的电视节目。

一点通

在已不如人时，强行挑战只会自取灭亡，懂得适时地弯曲，暗中发力才是求胜之道。

善忍之人能做人之所不能做之事

司马迁在《报任安书》中，透露出他忍气吞声以作《史记》的心声。司马迁曾因上书为李陵说话而获罪被关入大牢。他在信中谈到，自己在牢狱里受尽凌辱，还惨遭腐刑（宫刑），这是令人极为羞耻屈辱的事。出狱后虽仍任中书令，但人们都轻视他。他说了自己当时的境地：家中贫困，没有钱救赎自己，朋友也不敢帮他，连左右亲近的人都不为他说句话。人不是没有知觉、没有感情之物，现在却只能面对狱吏，被囚禁在偏远孤寂的牢狱之中……他用"肠一日而九回"形容自己当时的痛苦心情。

似乎天下之大，却无他容身之处。但司马迁并没有因此而放弃生的意志，心中仍抱着当初立下的信念。他说，"文王被拘而演《周易》；孔子困厄而作《春秋》；屈原被放逐而作《离骚》；左丘失明而作《国语》；孙子脚残而作《兵法》；吕不韦迁蜀而作《吕览》；韩非子被囚而作《说难》、《孤愤》"。他以历史上这些忍辱负重的先贤作为自己的榜样。

他认为《史记》还没完成，自己的夙愿还未能实现，不能轻易死去。因此，他能够"就极刑而无愠色"，忍辱苟活。

最终，司马迁因完成"究天人之际，通古今之变，成一家之言"的伟大著作——《史记》而流芳千古，为后人景仰，后人尊其为"太史公"。

一点通

忍气吞声并非怯懦，而是一时的求全之策。和自己以此付出换来的东西相比，这又算得了什么呢？

要学会刚直不阿和委曲求全

东晋温峤是西晋名臣温羡之后，因与陶侃联兵平定王敦之乱，故而以重安社稷之名为人称颂。

西晋灭亡后，琅琊王司马睿在建康（今江苏南京）建立东晋，于是温峤南下赴东晋朝廷做官。东晋明帝司马绍即位后，他被拜为侍中。这时，朝廷内部的权力争斗已经发展到白热化的地步，拥有重兵、占据长江上游的王敦十分跋扈，意图取代司马以自立。

但是，晋明帝司马绍绝非昏君，而是一个比他父亲晋元帝司马睿更有决断和胆略的铁腕君主。他继位之后，是无论如何也不可能坐视王敦的谋反的。于是，他决心取消、乃至最后铲除琅琊王氏在朝中的势力。温峤就是在这样的大背景之下，步履维艰地走上了东晋的政治舞台。

司马绍在拜温峤为侍中后，即让他参与军政大事，草拟重要文书，并很快将他由侍中擢升为中书令，对他寄予厚望。温峤在东晋中央的权势炙手可热，这使得王敦很惊恐。于是，他请求皇帝将温峤派到他手下做官。

温峤无奈，只得到武昌赴任。到武昌之初，温峤就劝说王敦要忠心辅国，做一个传名后世的气节之臣，王敦却无意于此。至此，温峤已断定王敦必反，遂决定改变自己在王敦身边的行事策略，以求自保。

此后，温峤一反常态，装出一副敬重王敦、愿意肝胆相照的模样。同时，他还不时地密呈策划以求得王敦的信赖。这样一来，温峤很巧妙地消除了刚到武昌时给王敦留下的印象。

除此之外，温峤还有意识地结交王敦的心腹钱凤，并经常对钱凤说："你才华过人，经纶满腹，当世无双。"

温峤在当时以识人著称，钱凤听了这番赞扬的话心里十分受用，和温峤的交情日渐加深，时常在王敦面前说温峤的好话。透过这一层关系，王敦便不再怀疑温峤，甚至视其为心腹。

不久，丹阳尹辞官出缺，温峤便对王敦进言："丹阳之地乃京畿重地，必须有才识相当的人担任才行，不可轻疏，请你三思而行。"

王敦深以为然，就问他谁合适。温峤诚恳地答道："我认为没有人比钱凤先生更合适了。"

温峤假意推荐钱凤，一来为了避嫌，二来也是以退为进的招数，因为他料定钱凤会推荐自己。钱凤果然中计，认为温峤可任。王敦就向朝廷上表，补温峤出任丹阳尹。丹阳尹这一"球"，由温峤发出，在三人之间如此踢了一圈，又回到了温峤手中，而温峤目的正在于此。但收"球"之后，温峤心里并不踏实。他认为老谋深算的钱凤随时都会变卦，让王敦阻止自己去丹阳赴任。因此，温峤必须进一步防止钱凤变卦。

王敦又问钱凤，因为温峤推荐了钱凤，碍于面子，钱凤便说："我看还是派温峤去最适宜。"

王敦便推荐温峤任丹阳尹，并派他注意朝廷中的动静，随时报告。

王敦为温峤饯行时，温峤假装喝醉了酒，歪歪倒倒地向在座的同僚敬酒。敬到钱凤时，钱凤未及起身，温峤便以笏（朝板）击钱凤束发的巾坠，生气地说："你太不是东西了，我好意敬酒你却不敢饮。"

王敦以为温峤真的喝醉了，连忙劝解。温峤去时，突然向王敦叩别，眼泪汪汪。出了王敦府门又回去三次，好像十分不舍离去的样子，王敦非常感动。温峤辞别王敦向建康走去，车行不远，温峤的这一举动让钱凤觉得不对劲，他赶忙晋见王敦说："温峤为皇上所宠，与朝廷关系密切，何况又与帝舅庾亮交情甚笃，此人绝不可信！"

不出温峤所料，王敦以为钱凤是因宴会上受了温峤的羞辱而恶意中伤，便生气地斥责道："温峤那是喝醉了，对你是有点过分，但不至于因此而报复吧！"

钱凤无言以对。

温峤终于摆脱了王敦的控制，回到建康。他向明帝报告了王敦意图谋反的情况，又和大臣庾亮共同计划征讨王敦。听到这个消息后，王敦勃然大怒："我居然被这小子骗了。"但是，他却无可奈何，因为现在后悔已经来不及了。

做人固然需要刚强，但如果不讲计谋，只知猛攻猛打，就有可能碰钉子，甚至遭遇不测。

一点通

有的时候，人的工作环境是无法选择的。身处逆境时，头脑一定要灵活，遇事该方则方，不该方时就要圆熟一些，尤其在形势对自己不利时，应将刚直不阿和委曲求全结合起来，先求自保，再伺机反击。

要学会保全实力，以图后进

米洛斯岛居于地中海的心脏地区，地理位置十分重要，斯巴达最初就统治了米洛斯。雅典强盛之后，渐渐成为地中海的主宰，雅典想利用米洛斯重要的地理位置来扩张实力，因此决定与米洛斯结盟，共同对付斯巴达。但是，米洛斯人不同意结盟。雅典一怒之下，决定攻打米洛斯。进攻之前，雅典派使节前去劝服米洛斯人投降。但米洛斯不肯投降，他们出于对斯巴达的友情，坚信斯巴达会出手相助。雅典使节警告他们："保守又现实的斯巴达民族是绝对不会帮助米洛斯的，不如放弃抵抗。"

雅典人还说："弃暗投明是明智者最好的选择，我们已经许诺了合理的条件，屈服于希腊这样伟大的城邦应该是一种荣耀，而不是耻辱。"但是，米洛斯仍不同意。

之后，在雅典军队入侵米洛斯的斗争中，斯巴达果然坐视不管。在雅典的猛烈攻击下，米洛斯人只得投降。为了惩罚米洛斯人，雅典人将米洛斯族的所有男子处死，女人和小孩则卖为奴隶。

弱小的势力如果能够正确地把握自己，就可以由弱变强。其实，结盟对米洛斯人大有好处，但是，他们打错了算盘。和雅典结盟百利无害，拒绝却被入侵，米洛斯人选择了一条天真而愚蠢的路。

面对别人的欺压，人们往往选择反抗。但有些时候，反抗只会带来损失。如果采用忍辱负重的态度对待欺压，弯下腰去，故意矮人一头，就会发现对方将因为你的退让而措手不及，因为他们将面对你出其不意的反击。这个时候，你就可以控制局面了。

一点通

有时候，弯曲是最好的选择。反抗无效时，不如暂时忍耐，以待时机。

4 懂得变通篇

第一章　树挪死，人挪活

学会从侧面考虑解决方法

众所周知，开电影院和开商店的经验是一样的：最重要的是位置。位置为什么会如此重要？因为商店和电影院的生意要兴隆，就必须客流众多，所以，要将位置选择在人流量多、需求量大的地方。

人们在面对这样的问题时，很容易根据常规思维，用测算人流量的方法解决问题，其中最直接的方法——正向方法，就是每天派人到各处实地考察，但这样需要大量的人力和物力，短时间内得出结果根本不可能。还有一种办法就是请专门的调查公司进行调查，花费同样不小。除了这两种方法外，有没有更加经济的方法呢？

日本电影公司的一位高级管理者就遇到过这样的问题，但他想了一个简单的办法，轻松地解决了问题。

他是怎么做的呢？他先带人到计划开设电影院的城市的所有派出所进行调查，调查的内容很简单：看哪个地方平时丢钱包最多。然后，选择在丢钱包最多的地方开电影院。结果证明，这是个不错的办法，这家电影院成了电影公司开设的众多电影院中最火的一家。

这到底是为什么呢？因为丢钱包最多的地方，就是人流量最大、消费能力最强的地方。

侧向思维适用于以下两种情况：

第一种情况是实现目标的途径相当明确，原有的各种思维方式都能行得通。不过，由于人的习惯思维，尽管方法各有优劣，却总是死抱着一条路不放。在这种情况下，必须果断地寻找新途径。例如，要剪一块圆纸板，通常要先在纸板上画出一个相应直径的圆，再沿线剪下，这样花费时间较长。有人则直接使用圆规，只要把圆规的笔尖改装为小刀片，就成了一个很好的切圆片专用工具。不但解决了问题，还节省了时间。

更为常用的是第二种情况：为了解决某一问题孜孜以求、朝思暮想，但按常规方法又难以完美解决，这时不妨转换一下思路，从其他领域寻找解决的方法，或者请“外行”来参谋、出点子，正所谓

“外来的和尚会念经”。鲁班发明锯、莫尔斯发明电报就是这种思维的典范。

生活中需要解决的某些问题，有时从正面突破往往比较困难，这时，就可以考虑从侧面寻找解决的方法。

一点通

我们在考虑某个问题时，有人总是抱着正面进攻的方法一味蛮干，结果根本解决不了问题；而有人则从侧面进攻，出奇制胜，轻而易举地获得了成功，这就是智慧的功劳，这种思维方式就是侧向思维。

为什么好主意总是出自别人的脑袋

有一个年轻人想开一家服装店，母亲知道他的创业计划后，劝他说：“你叔叔以前做过好多年生意，现在虽不做了，但你可以请教他。”

年轻人心想，叔叔做生意已经是几年前的事了，他那时的经验只怕早就过时了，因而他没向叔叔请教。

随后，年轻人租了一个临街的门面，周围没有一家服装店。他想，在这儿开服装店没有竞争对手，生意肯定不错。没想到开业后，他的店门可罗雀，别说买主，连进来瞧一瞧的人都很少。母亲替他请来叔叔找原因。叔叔只看了一眼就说：“你这地方开服装店不行，只有你这一家服装店，不招客。”

年轻人不解。

“你的店面小，花色品种有限，对顾客的吸引力本来就不大，又没有别的店，价格就没有比较，顾客怎么会愿意来呢？”

年轻人心想：看来叔叔的经验还没有完全过时，分析得很对。既然这地方“风水不好”，那就只好关门大吉。后来，他在叔叔的指点下换了个地方开了一家服装店，生意果然做得很不错，规模也不断扩大。

其实，很多事不是凭自己的能力就能想象得到的，一定要亲自体验一下。可是，全靠自己凭胆量去闯，又有很多风险，你怎么知道那个陌生的地方没有陷阱荆棘，没有毒虫猛兽？如果向有经验的人请教一下，安全系数就会大大提高。

然而，许多人不愿意向别人请教，认为对方的水平还不如自己，不可能提供好的意见。其实，好主意常常装在一个不如自己聪明的脑袋里。有些人看起来默默无闻，像一台没有思想的机器，可说不定他的脑袋里就装着一个意想不到的好主意。善于发现别人的优点，是侧向思维法在生活中的应用。每个人的思维模式都不同，对事情的看法也不同，善于倾听他人的观点，就能获得很多新的想法，因为别人的观点中一定有值得自己借鉴的东西。那些少说多听的人往往很有想法，其原因也在于此。

一点通

我们常说：“当局者迷，旁观者清。”身处事外的人往往能提供更有建设性的意见。适当地吸收他们的观点，能帮助我们顺利达成目标。

要学会由“此”及“彼”

有一个皮革商喜欢钓鱼，经常去纽芬兰海岸钓鱼，因为那里有世界著名的纽芬兰渔场，各种鱼类不计其数。一个下了一夜大雪的冬日的早晨，他又来到纽芬兰海岸。天气很冷，寒风像刀子一样吹在脸上。皮革商费了很大的力气才在结冰的海上凿了个洞，然后，他坐下来，点上一支烟，便开始钓鱼。这几天，他一直在想一件事：钓的鱼一放在冰上，很快就冻得硬邦邦了，这种冻鱼只要身上的冰不融化，即使放上三五天，味道还像活鱼一样鲜美，这是什么原因呢？难道食物结了冰就能对其起保护作用？如果把鱼冻起来，是不是就不会变坏了呢？如果是这样，那我何不……想到这里，他眼前一亮，马上收起鱼竿，匆匆回家了。

皮革商开始了他的试验。几经试验，他发现牛肉和蔬菜冻得结了冰以后，也能够保鲜，而且所有的食品冷冻后的味道和保鲜度因冷冻的方法而不同，精明且善于思考的皮革商决定研制一台能长久地保存食物的机器。

几经周折，他终于成功地掌握了这种技术。被疲劳和睡眠不足困扰的皮革商没有犹豫，立刻向国家专利局为自己的食品冷冻法申请了专利权。接着，对外宣称自己将卖出这一技术。由于这一技术潜力很大，一时间，全国各大公司纷至沓来购买专利。他没有轻易出手，眼看各大公司的竞争越来越激烈，出价也越来越高，皮革商把握时机，最终以3000万美元的高价将专利卖给了美国通用食品公司。

许多成功的人都是这样的，他们往往能抓住生活中的偶发事件，从而产生丰富的联想，构筑艺术作品、进行科学技术发明等。例如，托尔斯泰创作《安娜·卡列尼娜》就源于一个女子卧轨的新闻事件；魏格纳从世界地图联想到大陆漂移说；贝尔听到吉他声联想到改装电话机等等。可见，联想的力量是何等的惊人！

从一件事联想到另一件事，从一种方法联想到另一种方法，这是一种工作中经常用到的思维。它能使你豁然开朗，更加有效地解决工作中遇到的问题。

培养联想思维，不是一门心思地标新立异，而是从身边的小事做起，从最细微之处培养自己打破常规的能力。比如，你发现同一道菜有多种做法；每天都看的晚报有新的信息等等。只要坚持，你慢慢就会发现，你比别人更有想法，能够发现别人看不到的潜在机会，从而取得超出一般的成就。

一点通

风马牛不相及是一个常见的成语，意思是说两件事全无干系。然而，生活中经常出现风马牛也相及的情况。例如，由“速度”这个概念，你会想到呼啸的飞机、奔驰的列车、自由下落的重物等，随之还会产生“战争”“爆炸”“粉碎”等概念。没错，这就是联想。

多个方案能助你找到“马脚”

奥莱斯特·平托中校，是第二次世界大战中美军情报部的官员，是一个了不起的英雄人物。一次，一个狡猾的纳粹间谍就在他手上栽了跟头。

有一天，平托抓住一个自称布朗格尔的可疑分子，他凭直觉认为这个人是纳粹间谍，但布朗格尔却否认并声称自己是饱受德军之害的比利时北部的农民。

平托皱起眉头，问：“会数数不？”

布朗格尔答道：“当然会。”

于是，布朗格尔用比利时北部农民惯用的古法文数数，而不是德语。

平托接着开始第二次“测验”：他把布朗格尔关在一间屋子里，锁上屋门。到了晚上，平托让几个士兵在屋外点了几捆草，然后，以德语呼救：“着火了！着火了！”

但是，布朗格尔没有求救。

平托又用法语呼喊：“着火了！”

布朗格尔立即跳起来开门，但门被锁了，他一边喊一边撞。布朗格尔又“及格”了。

第二天，平托与一个军官走到布朗格尔身边，先用法语和他打招呼，然后，扭头用德语对身旁的军官说：“真可怜！他还不知道自己死到临头。他是纳粹间谍，我们只能这样。”

布朗格尔依然无动于衷，他再次闯过一关。

很多人都觉得平托弄错了,但平托相信自己。

于是,他又采用第四套方案:他找来一个农民与布朗格尔交谈。事后,农民告诉平托:“没错!他是个农民,很在行。”

最后,平托决定放了布朗格尔。

平托让人把布朗格尔带进他的办公室,交给他一个文件。布朗格尔平静地注视着平托的手在文件上签字。

这时,平托对布朗格尔说:“好了!你自由了,你可以走了!”

此时,布朗格尔的眼睛中闪现出一道喜悦的光,但瞬间意识到不对,因为平托中校说的是德语。原来,这是平托的第五套方案。既然传统的方法不行,那就另用他法,平托决定利用人得意忘形的心理。

几天后,纳粹间谍布朗格尔被处决了。

盟军最高统帅艾森豪威尔将军对平托中校的评价是:“当今世界名列前茅的反间谍专家。”对许多人来说,当三种方法都不成功时,往往会想到放弃,但是,平托为了搞清楚一个问题想出了五种解决方法,所以,他获得了成功。

其实,如果想找到新方法,得到大量的方案,就不要在刚找到第一种方案时止步,而应该继续寻找其他方案。

不要只钟爱一种方案,因为世界之大,无奇不有,而且理想的方案也永远不可能只有一个。多寻找一种解决方案,也许你刚开始时会觉得“多此一举”,但最终结果会证明那是必需的,也是有效的。而且,这也是成功人士必须具备的素质和能力。

一点通

如果你只钟爱一种方案,那么,你就无法发现其他方案的优点,这不但不利于锻炼你“换地方打井”的平面思维,而且会让你错失机会。生活的最大乐趣之一,就是能够不断地从过去的习惯思维中走出来。只有这样,你才能自由地寻找新天地。

要学会转移问题

库克是一家500强的笔记本电脑公司的推销员。一次,他去看望一位工程师,这位工程师想买一批比较轻的电脑,以便出差时使用。与库克面谈时,这位顾客说出了他的抱怨:“我觉得你们的笔记本有点重。”

“为什么觉得重呢?”库克问。

“你看,你们的笔记本有2.6千克,而其他电脑只有2千克。”

“你为什么这么在乎它的重量呢?”

“因为使用电脑的工程师经常在外面出差,他们希望笔记本轻便小巧。”

“我知道了。笔记本电脑是工程师的工作工具,对他们是非常重要的。对于这些工程师来讲,您觉得还有什么比较重要?”

“除了重量,还有配置,例如,CPU速度、内存和硬盘的容量,当然还要可靠耐用。”

“您觉得哪个排第一呢?”

“当然是配置最重要,其次,是可靠性和耐用性,然后,是重量。但是,也不可忽略重量。”

“其实每个公司在设计产品的时候,都想平衡各方面的性能。如果重量轻了,可能就要牺牲掉一些可靠性设计。例如,如果装笔记本的皮包轻一些,那其保护作用就会弱一些。根据我们的了解,客户最关心的是可靠性和配置,这样难免就会重一点。事实上,我们的笔记本电脑采用的是铝镁合金,它虽然有点重,但是更坚固。有的笔记本为了轻薄,采用飞行碳纤维,不过,坚固性往往差一些。”

“有道理。”

"根据这种设计思路，我们笔记本的配置和坚固性一直是业界最好的，这点您大可放心。"

"鱼与熊掌确实不能兼得。"

"您的比喻很生动。我们在设计产品的时候更重视其可靠性和配置，而这一点却增加了它的重量。但是，这却符合您的初衷，您也认可可靠性和配置的重要性。再说只是重0.6千克而已，它不是大数字，对吗？"

"对，你说得不错。"

库克抓住了顾客关心的问题，逐渐将话题引向对自己有利的一面。这样一来，就能从自身优势谈起，从而"迷惑"顾客，使他订购了15台手提电脑。

我们在生活中会遇到许多问题，有些是对我们不利的，如某人对我们本人或我们的产品持有不好的评价。这时，我们不应消极逃避，也不应围绕这个问题转来转去，而应该将对方的视线引到问题的另一个利己的方面，对其进行阐释。这样一来，往往可以起到扬长避短的作用。

其实，做到这一点并不难，只是让对方的视线从A面转到B面而已。也许A面是对己不利的，但转移目光后，B面就可能对己有利。每个问题以及每个人都有自己的优势和劣势，只要懂得扬长避短，就无劣势可言。聪明人往往会转劣为优，给对手以意想不到的打击。只要在生活中稍稍用心，我们就能做到。

一点通

当你处于劣势时，既不要盲目争斗，也不要停滞不前，而应该多思考一下，将问题转移到利己的一面，让劣势成为优势，帮助自己走出困境。

第二章　不要拒绝改变

处理事情要因事制宜

事物总是不断变化的，如果凡事都照搬教条，而不知随机应变，具体情况具体分析，那就难免会失策。形势瞬息万变，波谲云诡，所以，我们一定要依据事实办事，照搬教条只能使人自食恶果。实践时要注重灵活，切忌僵化不变，形而上学。

有这样一个历史故事。

战国时代，有施氏和孟氏两家邻居。施家有两个儿子，一个学文，一个学武。学文的儿子去游说鲁国的国君，向其阐明以仁道治国的道理，得到了国君的重用。学武的儿子去了楚国，那时楚国正好与邻邦作战，楚王见他武艺高强，有勇有谋，就封他做了军官。施家因两个儿子而显贵，满门荣耀。

施氏的邻居孟氏也有两个儿子，这两个儿子也是一个学文，一个学武。孟氏看见施氏的两个儿子都成才了，就向施氏讨教，施氏告诉了他，孟氏将其记在心里。

孟氏回家以后，向两个儿子说明。于是，她那个学文的儿子去了秦国，可秦王当时正准备吞并各诸侯，反感文道，认为这会阻碍他的大业，就将这人砍掉了一只脚，将其逐出秦国。学武的儿子去了赵国，可赵国早已因为连年征战而民困国乏，厌烦战争，这个儿子的尚武精神引起了赵王的反感，就砍掉了他的一只胳膊，将其逐出了赵国。

孟氏的儿子与邻居的儿子条件都一样，结果却不同，这是为什么呢？

施氏听说了之后，说道："大凡能把握时机的就能昌盛，相反则会灭亡。你的儿子们跟我的儿子们学问一样，但结果迥异，原因就是他们错过了时机，并非是他们在方法上有何错误。况且天下的道理不会永远是对的，也非永远是错的。以前所用，今天或许会被抛弃；今天被抛弃的，或许以后还有大用场。这种用与不用，并无绝对的客观标准。一个人必须能够见机行事，懂得权衡变化，因为处世并无固定的法则，而要靠智慧。假如智慧不足，即使拥有孔丘那么渊博的学问，拥有姜尚那么精湛的战术，也可能失败。”孟家兄弟正是因为不懂变化之道而遭此惨事。

现实生活中，也经常发生由于不能适应改变的环境，重走老路，结果导致生活不幸的情况。

20世纪50年代有一位女士，她读大学时和一位男同学热恋了。但是，这位男同学后来被划为右派，遣送到边疆劳动改造，他们不得不中断恋爱。20多年后，他们又见面了，这位女士早已结婚生子，家庭生活愉快和睦。但是，当她看到这位昔日恋人至今仍然孑然一身时，又同情又追悔，遂和丈夫离了婚，和这位已经平反了的昔日恋人结了婚。

但是，这没能令她幸福，反而让她更加痛苦了——一方面，她背上了对不起原来丈夫和孩子的“十字架”，这个“十字架”比她过去的思念和愧疚之情更沉重；另一方面，她再婚后，发现这位昔日恋人的性格、脾气等许多方面和他青年时代相比，已经有了很大变化，他们已难以相处。但是，这时，她已经进退两难了。

职场也是如此，要以变化的眼光来看待。如果依然按照过去的眼光、想法、办法处理事情，就有可能四处碰壁。所以，一定要面对现实，从变化的角度想问题、办事情。

一点通

一个人必须见机行事，懂得权衡变化，因为法则也是变化的。

处理事情切莫走极端

商朝时期，伯夷和叔齐是孤竹君的两个儿子，孤竹想立叔齐为王。可等到父亲死后，叔齐想把君位让给伯夷。伯夷说：“这是父亲的遗命啊！”于是逃走。叔齐也放弃君位逃走了，国人只好拥立孤竹君的次子。这时，伯夷和叔齐听说西伯昌能够很好地赡养老人，便想去投奔他。可没想到西伯昌已去世，他的儿子武王追尊西伯昌为文王，并且把他的木制灵牌载在兵车上，讨伐殷纣。伯夷和叔齐勒住武王的马缰进谏说：“父亲死了不葬，就发动战争，能说是孝顺吗？作为臣子去杀害君主，能说是仁义吗？”武王的随从要杀他们。太公吕尚说：“这是有节义的人啊！”于是让他们离开。最终，武王平定了商纣的暴乱，天下都归顺了周朝。可是，伯夷和叔齐却觉得耻辱，他们坚持仁义，不吃周朝的粮食，隐居在首阳山上，靠采摘野菜充饥。他们在快饿死时写了一首歌，歌调是：“登上那西山啊，采摘那里的薇菜。以暴臣换暴君啊，竟认识不到那是错误。神农、虞、夏的太平盛世转眼消失了，我们要去哪？唉呀！只有死啊，命运是这样的不济！”最后，两人都饿死在了首阳山。

追求仁德确是圣贤所为，却不应钻牛角尖，伯夷和叔齐就是因为过于强调仁德而不会变通，才饿死在首阳山。

一点通

为人处世时要严格要求自己，办事应知道节度，不走极端。只有懂得变通，才能取得成功。

学会不按常理出牌

智利有一家独特的餐厅，除了收款人与厨师外，服务员一律是动物。顾客刚进餐厅时，就会发现门前有两只鹦鹉，它们用英语、法语、西班牙语向顾客问好。然后，一只金丝猴会过来为顾客脱下外套并挂在衣帽钩上。客人坐下后，一只温顺的长耳犬立刻嘴叼菜单迎上前来，恭请顾客点菜。紧接着，两只身材高大，腰系围裙的长毛猴就会把美味的饮料与食品依次送上。客人吃完饭后，金丝猴还会送还客人的衣帽，并拿出一个银盘，礼貌地向他们索取餐费。

显然，这儿的服务很独特。因为只有这一家，所以，慕名者接踵而至，饭店效益极佳。

在印度的一些旅游区，经营者也设法利用聪明的猴子招徕游客。

其特点是，在峰回路转的旅途中，只要游客迷路，就会有身穿西装背心的猴子走过来为他们指引方向，充当导游；当旅游者饿了，只要用手拍拍肚子，猴子便会带他们去餐厅；如果游客将手放在脑后做出睡觉的样子，猴子便带他们去旅店；如果游客做出一个举杯畅饮的姿势，它们就会立刻为他们指点酒吧的方向。

它们为什么可以做到这些呢？原来，它们毕业于“猴子旅游专科学校”，在学校受过长达三年的“专业训练”。仔细看，旅客会发现它们皆持有真正的“合格证”，所穿背心的正面写有它们的名字，贴有照片，照片旁还记录着它们的“毕业成绩”。而且，背心上还有一个口袋专门用来收费。

如此奇猴，天下少见。因此，旅游者纷纷而来，赞不绝口。

在日本鹿儿岛也有一家新建的“有缘饭店”。虽然山上没有风景，但老板西村先生却极擅经营，建店伊始就有绝招，先通过新闻“广而告之”登了一则极引人关注的“新婚植树广告”。广告称：凡是新婚夫妇来此，本饭店将免费提供各类优质树苗及植树工具，竭诚为新婚夫妇在此种植“新婚纪念树”提供一切方便。当客人离开后，本店还将派人精心呵护您的树苗，以备您下次光临时再回忆。

果然，这一热心而独特的许诺吸引了众多欲结秦晋之好的青年男女。他们纷纷前来，不仅种了树，而且年年回来，“再回忆”，再浇水再除虫，以示他们的爱情天长地久。原本光秃秃的山头很快变得一片葱绿，鸟语花香，这里也迅速成了旅游胜地。

日常生活中，我们都很普通，在平常中“泯然众人矣”。因此，如果想获取成功，就要不按牌理出牌，只有做到与众不同，才能“万绿丛中一点红”，增强自身的吸引力。

然而，在生活和工作中，多数人已习惯了常规的做事方式，甚至墨守成规。这样，他们永远不会有新的突破，只能逐渐“泯然于众”。其实，不按牌理出牌并不难，只要我们不墨守成规，敢于变通，就能找到一条属于自己的独特道路。

一点通

商界有句名言：“谁聪明谁才能赚，谁独特谁才能赢。”成功者之所以能脱颖而出，就是因为他们能跳出常理，不按牌理出牌，从而发现自己的“聪明”和“独特”。

此路不通，另寻他路

在前进的道路上，我们总会遇到一只又一只的拦路虎，若按照正常思路，往往难以解决。既然无法冲过去，何不另外找一条路呢？有时并非无路可走，只是那条道路尚未被发现而已。

一个犹太人来到纽约一家银行的贷款部。

“请问先生，有什么需要帮忙的？”经理一边问，一边打量着这个西装革履、满身名牌的来者。

“我想借点钱。”

“好啊，借多少？”

“1美元。”

“什么？”

“不错，只借1美元，难道不行？”

“噢，当然，只要您有担保。”经理虽然有些惊奇，但是，根据银行规定，犹太人的提议无法拒绝。

“好吧！这些可以吗？”

犹太人从包里拿出一堆股票、国债等，放在经理的写字台上。

“这总共50万美元，够了吧？”

“当然，当然！不过，你真的只借1美元吗？”经理很疑惑。

“是的。”说着，犹太人接过了1美元。

“年息为6%，只要您付出6%的利息，并一年后归还1美元，我们就会把这些担保还给您。”

“谢谢。”

犹太人径直离开了。

但是，经理越想越糊涂，拥有50万美元的人，怎么会来银行借1美元呢？于是，他慌慌张张地追上前去，对犹太人说：“啊，这位先生……”

“有什么事吗？”

“我实在弄不清楚，你有50万美元，为什么只借1美元呢？您这样做不吃亏吗？如果你想借30万元或40万元，我们也会很乐意……”

犹太人笑了：“我来纽约办些事情，身上带东西不方便，但是，保险箱的租金又很昂贵。所以嘛，我把这些东西寄存在贵行，而且一年只需要花6美分，租金简直太便宜了。”

对于这位犹太人来说，目的是保证股票和债券的安全，而存放到保险箱里无疑是最“正常”的方法。但是，对这个犹太人来说，代价又太过昂贵，令他无法接受。所以，他想了这个办法，通过贷款1美元的新奇方法，让自己的巨额财富安全存放在银行里。这是殊途同归，而且是更便捷、代价更小的那条路。

一点通

在问题面前，每一个解决方法都是一种思路的转换。成功与失败的界限，有时并不在于它们之间有无巨大的差距，而在于变通。这条路不通，就换一条。走最近的路到达目的地，就是变通的智慧所在。

要学会顺时顺势

一位作家在谈到自己的创作时说：“一旦在我的头脑（计划）中有了些什么，就要释放它们，顺其自然，即使这样可能会比较难。我所受的教育是成功，成功地完成一项计划需要坚持不懈。然而，随之而来的不变通又会制造大量的内部压力，使人烦恼。”

“我喜欢将我的大部分写作工作放在凌晨去做。我的原意如此，而现实情况如何呢？以这本书为例，我想在别人睡觉时完成一两章。但是，如果我四岁的女儿提早醒来，跑上楼看我，那会怎么样？我的计划确实改动了，我该怎么办？或许，我可能会想上班前跑会儿步，可若是从办公室来个紧急电话，就必须略过跑步，那么又会怎样呢？”

工作中没有一成不变的计划，生活也是一样。让这些计划灵活一点吧，这样就会发生一些美妙的事情，你会感到很轻松。

1919 年，希尔顿来到了兴盛的德克萨斯州，这里云集着大批来发石油财的冒险家们，德州似乎充满了财富。希尔顿迫不及待地想以买进、卖出银行而致富，他连续跑了两个城镇，问了十几家银行，可都说不卖。他碰了一鼻子灰，却没有灰心，接着，他来到第三个城镇——锡斯科。

锡斯科这片热情的土地拥抱了希尔顿。他刚下火车就询问了一家银行，得知它正待出售。可卖主不住这儿，要价是 7.5 万美元。希尔顿觉得很合适，便立即给卖主发了份电报，表示愿按其要价买这家银行。

然而，没过多久，卖主在回电中却将售价涨至 8 万美元。希尔顿很生气，当即决定彻底放弃当银行家的念头。他后来回忆道："就这样，那封回电改变了我的一生。"

碰壁之后，希尔顿余怒未消，准备在一家叫"莫布利"的旅馆投宿，谁知已经客满了。

他看到一个先生在清理、驱赶人群，忽然灵机一动地问："请问您是老板吗？"对方却诉起苦来："是的。这一点都不赚钱，还不如抽资金去油田，那儿能赚到更多的钱。""你的意思是……"希尔顿心中猛地一喜，顿时又压抑住自己的兴奋，故意慢条斯理地问："那你打算出售？""任何人只要出 5 万美元，他今晚就可以拥有这儿的一切。"那位先生回答道。

3 个小时后，希尔顿在仔细查阅了莫布利旅馆账簿的基础上，讨价还价，卖主最后同意以 4 万美元出售。接着，希尔顿马上四处筹借现金，终于在期限截止前筹集齐备。莫布利旅馆易了主，希尔顿经营起了旅店。他随即给母亲打电报报喜："新世界已经找到，锡斯科可谓水深港阔，第一艘大船已在此下水。"

当天晚上，莫布利旅馆客满，连希尔顿的床也让给客人住了，他只能在办公室将就。就这样，希尔顿开始了他旅馆大王的第一页。这看起来是巧合所致，实则凸显出希尔顿灵活机变的头脑。

人生的旅程是一个不断变化的景观，只有向前跨进，才能欣赏不同的风景。因此，我们要想顺利达到自己的目的，就必须时刻检视自己是否有偏差，合理调整目标，放弃无谓的固执，从而轻松抵达目的地。

一点通

别为"计划赶不上变化"苦恼，学会变通，你就会发现有很多机会在等你。

学会通过以己变应对万变

世界上的任何事情都不会按照我们的主观意志发展变化。要想成功，首先要认识事情的性质和特点；然后，调整自己的思路和行为方式。只有如此，我们才能在顺应事物变化的同时，驾驭其变化。

动物学家们在做青蛙与蜥蜴的比较实验时发现：青蛙在捕食时一动不动，呆若木鸡，直到有小虫子自动飞到它的嘴边时，才猛地伸出舌头，把虫子粘住吃掉。之后，它又开始那目不斜视的等待，看得出来，青蛙是在"等饭吃"。但蜥蜴不同，它们整天奔忙在私人住宅区、老式办公楼、蓄水池边等地方，到处找寻猎物。一旦发现目标，它们就会狂奔猛追，直至吃到嘴里为止。吃完后，它们稍稍休息就整装待发，又去"找饭吃"了。

我们不妨将青蛙与蜥蜴的捕食方法看做是两种方式：青蛙的捕食方法可能也会吃饱，但它过分依赖环境，不能对随时变化的环境做出迅速的反应，池塘一旦干涸，青蛙就消失了；而蜥蜴的方法却很灵活，它们能够快速适应变化的环境，所以，即使一个地方没有食物了，它们仍然能够活跃在其他的地方。

在日本，1930 年初秋的一个清晨，一个只有 1.45 米的矮个青年从公园的长凳上爬了起来，徒步去上班,他因为拖欠房租已经在公园的长凳上睡了两个多月了。他是一家保险公司的推销员,虽然工作勤奋,但收入不够付房租,每天还要看尽人们的脸色。

一天,年轻人来到一家寺庙,向住持介绍投保的好处。老和尚耐心听完,然后,平静地说:“你的介绍,丝毫引不起我投保的意愿。人与人之间,像这样相对而坐的时候,一定要具备一种强烈吸引对方的魅力。如果你没有,那将来就不会有什么前途可言……”

从寺庙里出来,年轻人深深地反省了自己,若有所悟。接下来,他组织了专门针对自己的“批评会”,即请同事和客户吃饭,让他们说出自己的缺点。

“你的个性太急躁了,常常沉不住气……”

“你有些自以为是,往往不听别人的意见……”

“你面对的是形形色色的人,必须有丰富的知识提升自己,这样才能很快与客户找到共同的话题,拉近彼此之间的距离。”

年轻人把这些可贵的逆耳忠言一一记录下来。每次受批评,他都有被剥了一层皮的感觉。通过一次次的“批评会”,他慢慢改掉了这些缺点。

与此同时,他总结出了含义不同的39种笑容,并一一列出每种笑容的意义和表达方式,然后对着镜子反复练习。

年轻人像蚕一样,随着时光的流逝悄悄地蜕变着:1939年,他的销售业绩已荣膺全日本之首;从1948年起,他连续15年保持全日本销售量冠军;1968年,他成了美国百万圆桌会议的终身会员。

他就是日本国民称之为“练出价值百万美金笑容的小个子”、美国著名作家奥格·曼狄诺称之为“世界上最伟大的推销员”的推销大师原一平。

改变自己,然后,才能改变命运。有时候,你急需改变的不是环境,而是你自己。不学会改变,或是无法改变,只能被社会淘汰。

一点通

做一切事、解决一切问题,我们都必须随着实际情况的变化随时改变自己,这样才能为自己提供更多的生存机会。

如何变麻烦为机遇

一天,公司的仓库保管员叶名去顶楼的大房间里取东西。他开门后,却看见密密麻麻的一大群鸽子栖息在这间房里,到处都是鸽子粪和羽毛。

这名保管员想把鸽子轰出去,可是又怕弄乱了仓库,只好汇报总经理。总经理听了以后,也想不出可以妥善处理掉鸽子的办法,沉默中,一个主意涌上了总经理的心头:既然解决不掉,何不加以利用呢?

于是,他们立即致电动物保护委员会,请他们迅速派人前来协助处理这件有关动物保护的“大事”。

动物保护委员会也觉得稀奇,立即派人带上工具前往大楼捕捉鸽子。

与此同时,公司又电告各大小电台、报纸等媒体,说在本公司总部大楼里发生了前所未有的、有趣且意义重大的捕捉鸽子“事件”。报社、电台等新闻机构纷纷派出记者现场进行采访和报道。

房间里为什么会聚集这么多鸽子呢?难道有什么神秘之处?这些疑问吸引着众多市民。

这家公司把这件事演变成了人们的谈资,人们每天都收看或收听有关的新闻报道,每天都在议论。

捕捉鸽子花了三天时间,各新闻媒介对捕捉鸽子的事件进行了为期三天的连续报道。

最后一天，他们还别出心裁地搞了一个盛大而隆重的"鸽子放生活动"，参与的人很多。电台以直播的形式报道了这一事件，影响巨大。

他们在公司内部成立了一个动物保护协会分会，以扩大公司的影响。他们还制造了纪念章，用以纪念。许多动物爱好者争相收藏，他们知道这种纪念章很有收藏价值，而且认为它们将来一定会增值。这些都扩大了该公司的影响。

他们预料到"保护动物"这一流行观点会流向社会的各个领域，并变成其他商品：诸如电视节目，图书，动物悦耳的叫声的录音带，动物笼子、动物饲料、宠物交易之类的商品一定会引起热潮。因此，他们公司的许多商品制成动物形状，或是贴上绘有动物的商标，或以动物的名字命名。

他们后来为动物保护做了很多事，如拍摄电视节目，出版书籍、录音带，举办活动等。在保护动物的宣传的同时，也为公司打了广告。

在卓越的人们的眼中，麻烦永远不是"无法完成"的代言人，而是"机遇"的代名词。无论面对多么大的麻烦，卓越的人都会做出冷静、清晰的分析，然后，积极行动，让隐藏在问题背后的机会浮出水面。当麻烦出现时，只要积极应对、巧妙利用，就可以"转危为安"。

一点通

看待问题要变通，这样才能让前一刻还让你头痛不已的"麻烦"在下一刻变成让你喜笑颜开的机会。

第三章　从容应变，以变制变

学会从容应变，以变制变

日本某化学公司的参观团来到法国的一家500强化学公司参观，使这家公司的主管们紧张万分。

因为在他们眼中，日本人聪明无比，他们到哪里参观就会学会那里的核心技术，让那些被参观的公司无意中给自己培养了竞争对手。所以，他们马上决定，不让那些日本的参观人员碰任何车间里的东西，日本参观团的人员很快同意了这个条件。

参观那天，一开始很顺利。突然，一名参观者低头时把自己的领带弄到了化学试剂之中。

他慌忙说："对不起！我太冒失了。"

一个法方的陪同员工明白了他的意图，知道这个日本人是想用这种方法来带走化学试剂。

他心里不免感叹日本人的聪明，但又不知怎样才能不让那个日本人带走这珍贵的化学试剂。强行让那个人摘下领带，显然行不通，而且影响也不好；但不摘，公司蒙受的损失将是巨大的。

突然，他灵机一动，找了一条新领带，走上前说："先生，您的领带脏了，我代表公司送您一条新的。请把您那条换下来，等洗干净了再还给您。"

那个日本人只好换下来了。

这个具有应变智慧的员工，用换领带的办法保住了公司的核心技术，同时也保全了客人的面子。

无论在工作中还是生活中，我们难免会碰到一些麻烦，这就需要我们随机应变。然而，我们该如何培养自己这方面的能力呢？

首先，多参加富有挑战性的活动。在实践活动中，我们必然会遇到各种困难，只要努力解决问题、克服困难，就能培养应变能力。

此外，扩大个人的交往范围也可以培养和提高自己的应变能力。不管是大团体还是小团体，都是社会的一个缩影。只有先学会应对各种各样的人，先在小范围内提高应变能力，才能应付各种复杂的环境和社会问题。

一点通

人要想驾驭或从容应对意外，不妨学一学狼多思考的智慧，找到一个与众不同的思路，这样就能打开局面，获得成功。

学会适时拜倒在“变化”的石榴裙下

很久以前，几个人结伴寻找一座宝石矿山。他们沿着大路走，走着走着，突然前方出现了一条大河，挡住了前进的道路。河水奔腾不息，十分凶险。虽然矿山就在河的对岸，已是极目能见，但面前的这条河却使他们陷入了困境。怎么办？人们向来是靠脚走路，双脚把他们带到了河边，但现在，再用双脚是走不过这条大河的。这时，人们能够做的只有改变自己。许多人却不作变通，仍然按照在陆地行走的方式纷纷走进大河，结果被淹死了也未能到达成功的彼岸；而另一些人，他们虽然知道河水凶猛，却不懂如何改变，只能在远处眺望那耀眼的宝石，望河兴叹。

那么，谁能胜利到达对岸呢？回答是：只有善于改变自己的人才能到达。一些人改变了在陆地行走时的姿势和习惯，学会了游泳，游到对岸，从而到达了宝石矿山；还有一些人临河沉思，偶然看见了一块圆木在河里漂浮，于是，想到圆木也能将他们带到对岸，结果他们发明了船，同样到达了矿山。

世界是变幻莫测的，人类的思想也是。想想你以前喜欢玩的玩具，现在你还喜欢玩吗？你以前很喜欢的人，现在还会很喜欢吗？你以前喜欢做的事情，现在还喜欢吗？由小到大，你已经发生了变化，每一个人都是这样。随着年龄的增长，我们就会发现自己的思想容易变得僵化，这是因为我们已经习惯了自己的思想，抗拒改变。

哲学家讲：“你改变不了过去，但你可以改变现在；你要想改变环境，首先得改变自己。”文学家讲：“明智的人改变自己以适应环境，而不明智的人则坚持让世界适应自己。”

有时，我们必须拜倒在“变化”的石榴裙下。任何时候都要学会调整自己，只有这样，才能为自己找到更多的机会。

一点通

在漫长的人生历程中，每一个人都要选择和面对变化，所以必须正确地处理变化。学会变通，学会与时俱进地改变自己，是做人的诀窍。

学会适时地放弃等待

尽管犹太民族最善于等待和忍耐，但他们是有原则的。他们善于计算，如果认为某个生意确实有利可图，他们就会耐心等待；不过，他们从来不做没把握的事情，一旦他们发现某个生意不合算，即使投资再大，也要坚决撤回，片刻也不会等待，他们会断然放弃“赚大钱的机会”。

犹太人在决定某项投资后，一般会制订投资一个月后、两个月后和三个月后三套计划。

一个月后，即使发现实际情况与事前预测有相当的出入，他们也毫无讶异，仍会一个劲地追加资本；两个月后，仍无好转，便进一步追加资本；三个月后，若情况仍与计划不符，而又没有确切的事实证明将来会发生好转，犹太人就会立即放弃。所谓放弃，也就是放弃了迄今为止投入的全部资金和人力，甘心认赔。即使这样，他们也不会气馁，虽然生意不好，但也比在一堆烂摊子中大伤脑筋、进退两难要强得多，而且及时地悬崖勒马，避免了出现更糟糕的情况。犹太人这种适可而止，见到大事不妙便掉头的做法正是受了《塔木德》的影响，这与他们民族的经历是分不开的。

犹太民族曾忍受了2000多年的迫害和苦难，有坚强的毅力和耐力。他们之所以连三个月也不愿忍耐，正是其在生意中精明的体现。这就启发我们：在商场中要学会随机应变，否则便会失败。

另外，聪明的犹太人还懂得：不能贪心更大的利益。下面的这个故事就是对这一智慧的生动诠释。

一天，以股票起家的犹太巨富列宛，正看着他8岁的儿子在院子里捕雀。

捕雀的工具很简单，是一只用铁丝圈起的不大的网子，整个网子呈圆形，用木棍支起一端，木棍上系着一根长长的绳子。孩子在立起的圆网下撒完米粒后，便躲在屋内牵着绳子。

不一会儿，就有几只雀儿飞来，孩子数了数，竟有10只之多！它们大概是饿久了，很快就有8只雀儿飞进了网子底下。列宛示意孩子可以拉绳子，但孩子却没有拉，他要等另外2只进去再拉。

可等了一会儿后，非但没有进去的，反而还跑出来4只。列宛再次示意孩子快拉，但孩子却说，“不忙，再有一只走进去就拉绳子”。

可是，接着又有3只雀儿跑了出来。列宛对孩子说，“如果现在拉绳子还能套一只”。但孩子好像对失去的好运不甘心，说，“总会有回来的，再等等吧。”

终于，连最后一只雀儿也吃饱跑出去了，孩子很伤心。

列宛抚摸着孩子的头，慈爱地教导道：“欲望无穷无尽，而机会稍纵即逝。很多时候，为了等待更多的东西而不采取果断的行动，这样不但不能满足我们的欲望，反而会让我们失去原有的东西。”

《塔木德》说：“仅仅知道等待和忍耐，不是真的明智。”觉得没有把握的时候，应该及时做出其他的选择。

一点通

“仅仅知道等待和忍耐，不是真的明智。”觉得没有把握的时候，应该及时做出其他的选择。

按合同行事是经营者应遵循的原则之一

出口商比尔与犹太商人拉克签订了10000箱蘑菇罐头合同，合同规定：“每箱20罐，每罐100克。”但比尔出货时装运了10000箱150克的蘑菇罐头。货物的重量虽然比合同多了50%，拉克却拒绝收货。出口商比尔甚至同意超出合同重量的部分不收钱，但拉克仍然不同意，还向他索赔。比尔无可奈何，在赔了拉克10多万美元后，还得把货物另作处理。

此事看来似乎是拉克太不通情理，连额外多给他的货物也不要，但事实却并非如此。犹太人精于经商，深谙国际贸易法规和国际惯例。他们懂得，合同的品质条件是很重要的，或者称为实质性的条件。合同规定的商品规格是每罐100克，但实际交付的是150克，虽然每罐的重量多了50克，但卖方未按合同规定的规格条件交货，是不符合合同的规定。按国际惯例，犹太商人完全有权拒绝收货并提出索赔。而且根据联合国公约，出口商的行为是违反合同的，所以，犹太商人此举是合理的。

此外,还有个适销对路问题。犹太商购买不同规格的商品,肯定是有目的的,包括适应消费者的爱好和习惯、市场供需的情况、与对手的竞争等。如果出口商装运的150克蘑菇罐头不适应市场消费习惯,即使每罐免费多送50克,犹太商人也不会接受。因为这打乱了他的经营计划,有可能使其销售通路和商业目标受到损失,后果会很严重,甚至还会为买方带来意想不到的麻烦。

假设犹太商人所在国是实行进口贸易管制比较严格的国家,如果进口商申请的进口许可证是100克,但实际却是150克,其进口重量比进口许可证重量多了50%,就很可能遭到有关部门的质疑,甚至被怀疑有意逃避进口管理和关税,以多报少,是要被追究责任和罚款的。

善于经营的犹太人认为,既然有合同就要遵守,这样既显得诚信,又能避免遭受意外的损失。由此可见,仅仅看见眼前利益而违背合同的做法是不可取的。

一点通

《塔木德》上说:"契约与合同一旦签订,就没有协商的余地了。"犹太人十分注重合同。

与其违约,不如赔钱

1940年,毕业于开罗大学并获得了工学院学士学位的奥斯曼,重新回到了伊斯梅利亚城。贫穷的他想自谋出路,当一名建筑承包商。这在他人看来无疑是异想天开,奥斯曼因此而陷入窘境。"我身无分文,但我志在建筑业。为了达到目的,我可以委曲求全,从零开始。"

奥斯曼的舅父是一名建筑承包商,他曾经开导过奥斯曼:要有自己的想法。奥斯曼为了筹集资金、学习承包业务以及巩固大学所学的知识,便给舅父当帮手。奥斯曼在工作中注意积累工作经验,了解如何施工以及提高工效、节省材料的方法。

一年多的实践后,奥斯曼收获不小,但也有很多感慨:舅父缺乏资金,而且设备陈旧,技术落后,无力与欧洲承包公司竞争。他决定开创自己的公司,成为一名有知识、有技术、能与欧洲人竞争的承包商。

1942年,奥斯曼开始实施自己的梦想,手里仅有180埃镑的他,筹办了自己的建筑承包行。

奥斯曼相信事在人为,人能改变环境,而不能受制于环境。根据自己在舅父承包行所获得的工作经验,他确定了自己的原则:"谋事以诚,平等相待,信誉为重。"创业初期,奥斯曼不管业务大小、盈利多少,都积极争取。他的第一个项目特别小——为一个杂货店老板设计一个铺面,合同金只有3埃镑。但他没有拒绝,仍然颇费苦心,毫不马虎。最后,他设计的铺面满足了杂货店老板的心意,杂货店老板逢人便夸,奥斯曼的信誉也日益上升。奥斯曼的经营原则渐渐得到了顾客的认可,承包业务日益增多。

1952年,英国殖民者为了镇压埃及的抗英斗争,出动飞机轰炸苏伊士运河沿岸的村庄,村民们流离失所。奥斯曼承包公司便开始为居民们重建家园,用了两个月时间,他为160多户村民重建了房屋,公司因此获利5.4万美金。

20世纪50年代后,海湾地区发现大量石油并计划开发,各国政府相继加快本国建设的步伐。他们需要扩建宫殿,建造兵营,修筑公路。这给了奥斯曼一个前所未有的机遇,他以创业者的远见,率领自己的公司开进了海湾地区。他面见沙特阿拉伯的国王,向国王说明自己的想法,并保证:他将以低价、高质量、讲信誉来承包工程。沙特阿拉伯的国王答应了。工程完工时,奥斯曼还请来沙特国王主持仪式,沙特国王非常满意。

"人先信而后求能"。奥斯曼讲究信誉、保证质量的原则,使他的影响不断扩大。随后几年,奥斯曼在科威特、约旦、苏丹、利比亚等国相继成立分公司,成了享誉中东地区的大建筑承包商。

奥斯曼讲究信誉的做法,有时也会吃亏。但在这种情况下,吃亏毕竟是暂时的,所谓:"有亏必有盈”。有的时候,吃亏或经济利益受损反而会给自己长远的事业带来积极的影响。

1960 年,奥斯曼承包了举世闻名的阿斯旺高坝工程。地质构造复杂、气温高、机械老化等不利因素给建筑者带来了重重困难,而且从利润角度看,承包阿斯旺高坝工程还不如在国外承包一个大建筑工程赚钱。但为了国家和人民,奥斯曼了克服一切困难,完成了阿斯旺高坝工程第一期的合同工程。不过,随后发生的一件令奥斯曼意料不到的事情,让他吃了大亏。

1961 年,纳赛尔总统宣布国有化法令,国家收购私人大企业,奥斯曼公司也在劫难逃。国有化后,奥斯曼公司每年的利润只有 4%,奥斯曼本人的年薪仅为 3.5 万美元。这对奥斯曼和他的公司无疑是一次沉重的打击,可奥斯曼丝毫不忌恨政府,继续修建阿斯旺高坝。

纳赛尔总统看到了奥斯曼对阿斯旺高坝工程的不凡贡献,于 1964 年授予奥斯曼一级共和国勋章。奥斯曼保全了自己的形象,所以,他并没有吃亏。1970 年,萨达特执政后,返还了被国有化的私人资本。奥斯曼公司扩大了影响,参加了埃及许多大工程的单独承包。到 1981 年,奥斯曼本人已拥有 40 亿美元,成为驰名中东的亿万富翁。

犹太商人认为,一诺千金十分重要,它不仅可以在你受挫折的时候给你必要的支持,保证你有东山再起的资本,还可以给你带来可靠的机遇,因为你已经赢得了别人的信赖和承诺。

一点通

《塔木德》中说:“立誓之事,即使对自己有害也不能反悔。”谨守此道的犹太商人奥斯曼就善于从长远考虑问题,为了信誉宁愿暂时赔钱,让世人难忘。

第四章　变通开辟人生新局面

缜密推理能助你走出困境

晋文公在位的时候,曾遇到过一个发生在眼皮底下的陷害案。

一天,一位侍从御膳间端了一盘烤肉,恭恭敬敬地送到晋文公面前。晋文公拿起餐刀正准备切肉,却发现肉上有很多头发。他立即放下手中的小刀,命人去找膳吏。

那个膳吏看到传召的侍从脸色不好,一路上不停地琢磨原因:究竟是刚送去的烤肉火功不够,还是烧烤时用料不当、口味欠佳呢?

谁知他一见到晋文公就遭到一阵责骂。晋文公气势汹汹地斥道:“你是存心想噎死我吗?烤肉上为什么会有这么多头发?”

膳吏一听,原来是祸从天降。虽然他明知这件事里面有鬼,但在君王的气头上是不容许自己辩白的,否则很容易招致横祸。因此,膳吏急忙跪拜叩头,口中却似是而非、旁敲侧击地说道:“请君王息怒,奴才真是该死。事已至此,我有三条罪责:我用最好的磨石把刀磨得比利剑还快,它切肉如泥,却没切断毛发,这是我的第一大罪过;我在用木棍去穿肉块的时候,竟然没有发现肉上有毛发,这是我的第二大罪过;我守着炭火通红、烈焰炙人的炉子把肉烤得油光可鉴、吱吱有声、香味扑鼻,然而就是烤不掉肉上的毛发,这是我的第三大罪过。不过,我还想补充一句,君王是明君,您能不能把堂下的臣仆观察一遍,看看其中是否有恨我的人呢?”

晋文公觉得膳吏所言话外有音,便有所怀疑,遂立即召集属下进行追问。不出膳吏所料,果然找出了那个想陷害膳吏的侍从。

这个聪明的膳吏在危机面前经过缜密推理后,向晋文公证明了自己绝无可能是放头发的那个人。若他一味申辩，晋文公就可能因为恼羞成怒而痛下杀手。

三国时期，吴国的国君孙亮的思维判断能力使大家非常佩服。孙亮很聪明，观察和分析事物都非常深入细致，常常能使疑难事物得出正确的结论，超越常人想象。

一次，孙亮想吃梅子，便吩咐黄门官去库房把浸着蜂蜜的蜜汁梅取来。可是，这个黄门官心术不正，喜欢记仇。他和掌管库房的库吏素有嫌隙，两人平时只要见面就发生口角。他怀恨在心，一直伺机报复，这次终于如愿以偿，他从库吏那里取了蜜汁梅后，悄悄找了几颗老鼠屎放了进去，然后，才拿给孙亮。

不出他所料，孙亮没吃几口就发现蜂蜜里面有老鼠屎，顿时火冒三丈："是谁这么大胆！竟敢欺负到我的头上，简直反了！"

心怀鬼胎的黄门官忙跪下奏道："库吏向来玩忽职守，游手好闲，一定是他的渎职才使蜂蜜里面有老鼠屎。这既败坏了主公的雅兴又有损主公的健康，实在是罪不容恕，请您治他的罪，好好教训教训他！"

孙亮马上召来库吏审问，问他道："刚才黄门官是不是从你那里取的蜜呢？"

库吏吓得脸色惨白，磕磕巴巴地回答说："是……是的，但是我给他……的时候，里面……里面肯定没有老鼠屎。"

黄门官抢着说："不对！他在撒谎！"

两人争执不下。

侍中官刁玄和张邺出主意说："既然黄门官和库吏争不出个结果，那就不知谁有罪，不如把他们俩都关押起来，一起治罪。"

孙亮略一沉思，微笑着说："其实，弄清这件事很简单，只要把老鼠屎剖开就可以了。"

他叫人当着大家的面把鼠屎切开，大家仔细一看发现：鼠屎外面沾着一层蜂蜜，是湿润的，里面却是干燥的。

孙亮笑着解释说："如果鼠屎早在蜜中，经过长时间浸泡，肯定早就湿透了。现在它却是内干外湿，很明显是黄门官刚刚放进去的，这分明是陷害！"

这时的黄门官早吓昏了头，跪在地上如实交代了罪行。

每种事都有其内在的逻辑性，只有将其逐一展示，才能真相大白，令人信服，使无辜者摆脱困境。

一点通

当你想了解或者告诉别人事情的真相，可又没有证据时，就得按照事情发展变化的逻辑，层层推理。只有这样，才能让人心服口服。

聪明人懂得隐藏自我

庄子说："直木先伐，甘井先竭。"意思是人们伐木时多半选挺直的树木，因而破坏它；吃水也会选择甘甜的井水，因而使之干涸。因此，做人要学会隐藏，即使必须抛头露面，也可奉行无为之治。这样或许无功，但绝对不会有过，也不会招致麻烦。

三国时期的司马懿，又瘦又黑，曹爽掌权时，他伪装成身体虚弱，有病在身的样子。曹爽看他有病将亡，就没把他放心上。当曹爽外出时，司马懿发动了政变，杀了曹爽，夺得了军政大权。

人都有一股不安分的心，时间一长，难免不甘受制于人，总想自己干一番事业。因此，要想在高位上做到无所作为，是一件很不容易的事。

汉景帝时，郎中令中有个叫周文的。最初，他是文帝的御医，后来成了太子的医生。太子即位成了景帝,他就被升为郎中令。周文言谈十分谨慎,不但衣着简朴,而且还故意弄得很邋遢。这样,景帝很放心,对他毫不设防,做房事时也让他在旁边侍候。景帝每问他对于臣儒们的意见时,他就说"请您自己判断吧",从不给出意见。为此,景帝两次专程访问他,表示敬意。

武帝即位后,他仍然受到器重。像周文这样能被三个皇帝器重的不倒翁,靠的就是善于隐藏自己。试想,换了别人,他看了皇帝的房事后出门来会对别人说吗?一说,就要被杀头。再者,他与皇帝那样亲近,官居郎中令,竟对朝政不闻不问,这不是无为又是什么呢?

一点通

做人要学会隐藏,即使必须抛头露面,也可奉行无为之治。这样或许无功,但绝对不会有过,也不会招致麻烦。

如何学会灵活应对,摆脱险境

据说,有一次司马昭与阮籍同上早朝,忽然侍者报告:"有人杀死了自己的母亲!"

放荡不羁的阮籍脱口而出:"杀父亲也就罢了,怎么能杀母亲呢?"

此言一出,满朝文武大哗,认为他"有悖孝道"。阮籍也意识到自己的口误,忙解释说:"我的意思是说,'禽兽只知其母而不知其父'。杀父是禽兽,杀死母亲可就连禽兽也不如了。"

一席话,竟使众人无可辩驳,阮籍也避免了杀身之祸。

当然,有时候仅靠口舌解释难以挽回失误,此时就要采取行动了。

郭德成是元末明初人,性格豁达,十分机敏,特别喜爱喝酒。元末,他和哥哥郭兴一起随朱元璋转战沙场,立了不少战功。

朱元璋做了明朝开国皇帝后,将原先的将领加官晋爵,待遇优厚。但是,郭德成仅仅做了戏骑舍人的普通官员。

一次,朱元璋召见郭德成,说道:"德成啊,你劳苦功高,我封你个大官吧。"

郭德成连忙推辞说:"承蒙皇上厚爱,但是我脑袋瓜不灵,整天不问政事,只知道喝酒,一旦做大官,岂不是害人害己?"

朱元璋见他态度坚决,内心赞叹不已。于是,赏他美酒黄金,还经常邀请他到皇家的后花园喝酒。

一次,郭德成在花园里陪朱元璋喝酒。眼见花园内景色优美,桌上美酒香味四溢,他忍不住酒性大发,连声说道:"好酒!好酒!"随即陪朱元璋喝起酒来。

杯来盏去,郭德成的脸色渐渐发红,醉眼蒙胧,但他依然没有停杯。眼看时间不早,郭德成踉踉跄地走到朱元璋面前辞谢,结结巴巴地说道:"谢谢皇上赏酒!"

朱元璋见他醉态十足,披头散发,笑道:"看你头发披散,语无伦次,真是个醉鬼疯汉。"

郭德成摸摸乱发,脱口而出:"皇上,我最恨这乱糟糟的头发,要是剃成光头,那才痛快呢!"

朱元璋一听此话,脸涨得通红,心想:这小子竟敢这样侮辱自己。他正想发怒,却看见郭德成仍然傻乎乎地说着,便转念一想:也许是他酒后失言,不妨冷静观察,以后再整治他也不迟。想到这里,朱元璋虽然闷闷不乐,可还是让郭德成回家了。

郭德成酒醉醒来后,想到自己的失言,恐惧万分,冷汗直流。原来,朱元璋少时在皇觉寺做过和尚,最忌讳的就是"光""僧"等字眼。郭德成没料到自己这样糊涂,这样大胆,竟然戳了皇上的痛处。

郭德成知道朱元璋会记在心上,自己以后难免有杀身之祸。怎么办呢?他深深地思考着:向皇上解释,不行,这样只会增加皇上的嫉恨;不解释,祸也闯了,难道真的要为这事赔上身家性命不成?郭德成左右为难,冥思苦想。

过了几天，郭德成继续喝酒，和过去一样狂放不羁，只是剃头做了和尚，整日身披袈裟，念着佛经。

朱元璋看见郭德成真做了和尚，这才放下心来，还向自己的妃子赞叹说："德成真是个奇男子，原先我以为他讨厌头发是假的，想不到真是个醉鬼和尚。"说完，哈哈大笑。

后来，朱元璋因为猜忌杀了很多有功之臣。郭德成之所以保全了性命，是因为他能够从小的祸事看出端倪，提前避祸。

一点通

常言道："病从口入，祸从口出。"当犯了错误时，一定要想方设法补救。同样，当行为冒犯了别人，为自己带来祸害时，也要采取巧妙的方式进行处理，这样才能打消他人的疑虑，免去无意间造成的祸患。由此可见，我们应该利用现时的条件努力培养生存的"急智"。

如何在困境中全身而退

战国时，张仪和陈轸都投靠到秦惠王门下，并受到重用。

不久，张仪产生了嫉妒之心，因为他发现陈轸很有才干，远超自己。他担心日子一长，秦惠王就会冷落自己，喜欢陈轸。

于是，他便找机会在秦惠王面前数落陈轸。

一天，张仪对秦惠王说："大王经常让陈轸在秦楚之间来往，可现在楚国对秦国并不比以前友好，但对陈轸却特别好。可见陈轸的所作所为是为了自己，并不是诚心诚意地为我们秦国做事，我还听说陈轸还常常对楚国泄密。他作为您的臣子，怎么能这样做呢？我不愿再同这样的人一起做事了。最近，我又听说他有意离开秦国投奔楚国，要是这样，大王还不如杀掉他。"

听了张仪的这番话，秦王果然生气了，马上传令召见陈轸。一见面，秦王就对陈轸说："听说你想离开我这儿，准备去哪儿呀？告诉我吧，我好为你准备车马呀！"

陈轸一听莫名其妙，两眼直盯着秦王。但他很快就明白了，话外有音，于是镇定地回答："我准备去楚国。"

果然如此！秦惠王真的相信张仪的话了。于是，慢条斯理地说："这么说来，张仪的话是真的。"

原来是张仪在捣鬼！陈轸完全明白了。他没有马上回答秦王的话，而是定了定神，然后，不慌不忙地解释说："这事不单张仪知道，就连过路的人都知道。如果我背叛您，那楚王又怎么会让我做他的臣子呢？我遭到您的怀疑，我不去楚国又去哪里呢？"

秦王听了，觉得有理，点头称是，但又想到泄密的事，就又问："既然这样，那你为什么将我秦国的机密泄漏给楚国呢？"

陈轸坦然一笑，对秦王说："大王，我这样做正是将计就计，用来证明我不是楚国的同党呀！"

秦王一听，糊涂了，望着陈轸发愣。

陈轸仍然不紧不慢地说："据说，楚国有个人有两个妾。有人勾引年长的妾，却被那个妾大骂了一顿。他又去勾引另外一个，年轻的对他很友好。后来，那个楚国人死了。有人就问那个勾引两个妾的人：'如果让你娶她们做妻子，你会娶哪个？'他回答说：'年长的。'这个人又问他：'年纪大的骂你，年纪轻的喜欢你，可你为什么要娶那个年纪大的呢？'他说：'当时，我当然希望她答应我。她骂我，说明她对丈夫很忠诚。如果现在要娶她，我当然也希望她对我忠贞不贰，而对那些勾引她的人破口大骂。'大王您想想看，我身为秦国的臣子，如果我常把秦国的机密泄露给楚国，那楚国还会相信我吗？楚国会收留我吗？我是不是楚国的同党，大王心中应该明白。"

秦惠王听陈轸这么一说，不仅打消了顾虑，而且更相信他了，还给了他更优厚的待遇。陈轸巧妙的一席话，既击破了谗言，又保全了自己。

一点通

生活中每个人都有被陷害、被冤枉或被误解的时候，当被人攻击或诬陷时，不要惊慌，要冷静地进行解释，从而使误会尽快消除，这样才能保护自己的利益。

学会以小见大

对小事追根究底、顺藤摸瓜，需要坚持不懈的精神。

英国摄影师迈布里奇是一个赛马迷。

1872 年的一天，他和好朋友因为小事在赛马场上争得面红耳赤，不可开交。两人争论的原因是马在全速奔跑时，四蹄是否完全离开地面。两人各执一词，谁都不肯服输，后来，他们商量决定：用照相机将马奔跑时的情景如实拍摄下来，然后，再根据照片看到底谁对谁错。

于是，他们在赛马场的四周架设了 24 台照相机，并用一条线连着所有相机的快门。这样，当马将线绊断时，照相机的快门便会自动按开。照片拍出来后按顺序排好，经过仔细观察，两人最后一致认定：马在全速奔跑时，四蹄完全离开了地面。

虽然两人的争论有了结果，但他们并没有满足，而是意识到应该就此追根究底、顺藤摸瓜，可能还会有一些新发现。后来，他们又将拍下的照片等距离地镶嵌在一个圆盘上，反方向转动。这时，两人惊奇地发现，相片中的马竟然跑起来了。

不久，著名的大发明家爱迪生得知此事，经过研究后，发明了具有划时代意义的电影放映机。

所谓的追根究底、顺藤摸瓜，就是抓住已知的线索不放，进而追根究底。如果迈布里奇和他的朋友至争论有了结果时就浅尝辄止，没有进行后续研究，也许电影放映机就不会那么顺利地诞生。

开发新产品时，我们要学会灵活变通，不仅注重整体，而且可以就其部分或某环节，抓住一项具有广泛应用领域和发展前景的产品，继续研究。这样，可能就有开发研制出许多新的产品来。

洗衣机就是一个典型的例子。

自从洗衣机上市后，科技人员沿着洗衣机这根“藤”，开发出了“甩干机”“烘干机”“洗衣、甩干二合一自动洗衣机”“洗衣、甩干、烘干三合一自动洗衣机”，甚至无水的“干洗机”等一系列新产品。同时，沿着洗衣机的这根“藤”的“枝蔓”开发洗衣用品，又生产出“增白洗衣粉”“高级低泡洗衣粉”“超浓缩洗衣粉”等。

一点通

我们做事时不要拘泥于“大”，应该从小处着手，扩大战果，以求获得一系列相关的成果，这是追根究底、顺藤摸瓜的主要目的。同时，还要有发现的眼光。

细节是成功的关键

成功不仅仅是大事，所以，我们对待成功时要有所变通，因为很多人的成功往往源于发现细节。对这种人来说，细节造就了机遇；留心了细节，就意味着创造了成功的机会。

日本一家制药公司的一些经验，可以给我们启发。

点滴液是给衰弱病人补充营养的药液，点滴液以前都装在大玻璃瓶中，就像一个大号的安培瓶。当需要输液时，由医护人员划开玻璃壁，将一根橡皮管子插进去，进行输液。而且每次都要在玻璃瓶壁上划开一个口子，这非常不容易，使用之前要花半天时间对付这个玻璃瓶。但是，点滴液是要输到病人的血里去的，要求非常卫生，千万不能为图方便而让细菌混到里面。有没有办法，既保证了点滴液的卫生和安全，又便于医护人员快捷地操作使用呢？日本一家制药公司的社长抓住这个细节大做文章，他想：如果能够在点滴瓶上动点脑筋，一定会畅销……于是，社长向全体员工发出命令："必须造出便利的点滴瓶。"不久，有位职员提出了自己的建议："能否在玻璃瓶的瓶口上加一个橡皮塞，输液的时候，只要把针头从橡皮塞中插进去，滴液就会从瓶中流出来。"公司很感兴趣，马上就把他的这项提议申报了专利，研制成品，大量向外推广。这项小发明如今世界上所有国家采用，所有医院都用这种"可无菌使用的，且使用极其方便"的新式点滴瓶挂盐水、葡萄糖等。由于这项简单的专利适应面非常广，销量巨大，所以，这家医药公司因此获得了非常可观的专利收入。一夜之间，这家公司由一个小作坊发展成日本数一数二的大制药公司，扬名世界。

要注意细节，有时越是细小之处，越是变通之法可以发挥的关键，越可以做出大文章。

一点通

许多成功的机会往往隐藏于生活的细微之处，只要善于从这些地方着眼，就会离成功越来越近。从某种意义上说，成功源于细节。

美好生活需要从细节入手

生活是一曲乐章、一本书、一幅画，我们往往会因为一个音符、一段美文、一抹亮色而感动不已。感悟生活、感悟人生，透过晶莹的露珠体味多彩的阳光，将生命的点滴、感悟融入到如诗的人生画卷中。

三个大学生一起去杭州游玩。

第二天游过六和塔后，便转去龙井。他们是由闻名遐迩的龙井茶得知它是杭州著名景观之一的。当他们坐车到九溪时，因口渴而对"龙井问茶"更加神往。

通过询问，他们知道到龙井须走过十八条溪涧，到达后就可以喝到用龙井泉水冲泡的正宗龙井茶。于是，他们踏上"征途"，为了尽快到达，他们顾不得避开正午的烈日，也不想稍稍放慢步伐。他们一路计数：一条涧、两条涧、三条涧……数完十八条涧时，果然已离龙井不远。他们精疲力竭地到了茶室，喝茶时，邻座的茶客问："小青年，你们是沿'九溪十八涧'游玩过来的吧！啊！那一路真美啊！别有洞天，对吗？"

三位学生这才想起"九溪十八涧"也是杭州名胜呀！但是，他们与其说是"游玩过来"的，倒不如说是"奔"过来的，现在想想，只能隐约记起那一路的美。遗憾的是，他们急于奔向目标而忽略了过程中的美景。

体味生活不需要做轰轰烈烈的事情，平平淡淡的小情趣、小快乐才是生活的真实组成部分。

一位富商临终前，见窗外有几个孩子在捉蜻蜓，就对他四个未成年的儿子说："你们到那儿给我捉几只蜻蜓来吧，我很久没见过了。"

不一会儿，大儿子带着一只蜻蜓回来了。富商问："这么快？"大儿子说："我是用你刚才送给我的那辆遥控赛车换的。"富商点点头。又一会儿，二儿子也回来了，他带来两只蜻蜓。富商问："捉了两只？"二儿说："不，我把你刚才送给我的那辆遥控赛车租给了一位想玩赛车的小朋友，他给了我三分钱，这两只蜻蜓是我用三分钱向另一个小朋友租来的。"富商微笑着点点头。

不久，老三也回来了，他带来十只蜻蜓。三儿子说："在广场上，我把你刚才送给我的那辆遥控赛车举起来，问：'谁愿玩赛车，愿玩的只要交一只蜻蜓。'爸，要不是怕您急，我至少可以收十八只蜻蜓。"富商拍了拍三儿子的头。

最后回来的是老四。他满头大汗，两手空空，衣服上还沾满了尘土。富商问："你怎么了？"四儿子说："我捉了半天，一只也没有，就在地上玩赛车，要不是见哥哥们都回来了，说不定我的赛车能撞上一只蜻蜓。"富商笑了，笑得满眼是泪，他摸着四儿子挂满汗珠的脸蛋，把他搂在了怀里。

第二天，富商死了。儿子们发现了一张小纸条，上面写着："孩子，我并不需要蜻蜓，我需要的是你们捉蜻蜓的乐趣。"

一点通

抓蜻蜓是一件小事，却折射出生活的暖流。生命中最快乐的人便是那些知道在细节中体味生活、热爱生活的人。所以，享受一下这些细小的乐趣吧，做个享受点滴生活的快乐之人。

重视细节能助你成功

从前，在美国标准石油公司里，有一个小职员名叫阿基勃特。他出差时，总是在自己签名的下方，写上"标准石油每桶4美元"的字样。其他地方也是，只要签名，他就一定要写上那几个字。为此，他被同事叫做"每桶4美元"，真名反倒没有人叫了。

公司董事长洛克菲勒知道后，说："竟有职员这么努力做宣传，我要见见他。"于是，他邀请阿基勃特共进晚餐。后来，阿基勃特成了第二任董事长。

这件事情不难做，却只有阿基勃特一个人想到并做到了。他的那些同事肯定有很多人的才华和能力都在他之上，最后，只有他成了董事长，这就是细节的重要性。

年轻人萨姆靠打工攒了600美元，分期付款买了一家汽车服务店。半年后，尽管他每天工作14个小时，生意却依然清淡。一天，有人过来加油，萨姆正闲着没事，说："先生，我顺便替你清理一下车厢吧。"清理完后，顾客很满意："小伙子，你的服务很好，多加些油吧，甚至全部加满。"

这样的结果让萨姆感到既意外又兴奋，他一下子受到启发——今后，凡光临本店的顾客，他都提供额外的服务。此举一出，他的店整天都排满了等候加油的车子。萨姆从小店开始，最终成了美国一家著名连锁店的创始人。

萨姆的成功看来纯属偶然，可是，用重视细节来招揽和打动顾客，必然会成功。

西点军校的军训里有这样一条："魔鬼"隐藏在细节中，永远不要忽视任何细节。注重一个小细节，有时可以带来大收获。

莫莉刚刚大学毕业，她非常想在银行界谋职。不过，她既没有工作经验，所学的专业又不是很对口，所以，她的求职很不顺利。但是，她要在银行里谋职的决心一点儿也没受到影响。有一天，莫莉再次来到那家最好的银行，而且非常大胆地找到董事长，希望董事长能雇佣她。莫莉的耐心和勇气已经到了极限，但仍然被拒绝了。当莫莉失魂落魄地走出银行时，看见银行大门内的地毯上有一根大头针，她便捡了起来，以免伤人。

回到家里，莫莉呆呆地仰卧在床上，心想命运对她为何如此不公平，连让她试一试的机会都不给。在伤心中，她睡着了。第二天，莫莉正准备外出找工作，在关门的一瞬间，她看见信箱里有一封信。拆开一看，莫莉欣喜若狂，甚至在想是不是做梦——她手里的那封信是录用通知。

原来，昨天莫莉捡针的行为被董事长看见了，董事长认为如此精细小心的人很适合当银行职员，所以，决定雇佣她。莫莉是一个对一根针也不会粗心大意的人，因此，她才得以在法国银行界平步青云，终于成功。

有位智者曾说："不会做小事的人，很难相信他能做成什么大事，做大事之人的成就感和自信心都是由小事的成就感积累起来的。可惜的是，我们常常忽略它，让那些小事擦肩而过。"这里所说的小事就是细节。

一点通

细节就像人体的细胞一样举足轻重，谁能把握住细节，谁就能成功。于无声处听惊雷，在细节中发现真理，变通者往往能从细节中找到人生成功的突破口。

5 驾驭进退篇

第一章　主动赢得先机

学会杀鸡儆猴，赢得先机

齐国人孙武是我国古代伟大的军事家，是兵学鼻祖。他因内乱逃到吴国，并把自己所著的兵法敬献给吴王阖闾。阖闾说："您写的兵法十三篇，我已经细细读过了，您能当场演习吗？"孙武回答说："可以。"吴王又问："可以用妇女吗？"孙武又答道："可以。"于是，吴王派出宫中美女一百八十人，让孙武演练阵法。

孙武将她们分为两队，让吴王最宠爱的两个妃子担任队长，每位宫女都手拿一把戟。孙武问她们："你们明白自己的心、手和背在哪吗？"她们回答说："知道。"孙武说："演习阵法时，我击鼓发令：让你们向前，你们就看着心所对的方向；让你们向左，你们就向左看；让你们向右，你们就向着右手所对的方向；让你们向后，你们就转身往后。"她们齐声说："是。"

孙武宣布完规定后，便陈设斧钺，并且反复强调军法。准备就绪后，孙武击鼓发令向右，可宫女们却嘻嘻哈哈。孙武说："规定不明确，口令不熟悉，这是主将的责任。"于是，他重新申明号令，并击鼓发令向左，但是，宫女们仍然不为所动。孙武说："规定不明确，口令不熟悉，这是主将的责任；现在既然已经明确，但你们依然不服军令，那就是队长和士兵的过错了。"说罢，便命令斩杀两名队长。

当时吴王正站在观操台上，见孙武要杀爱妃，大吃一惊，急忙派人向孙武传令："我已经知道将军善于用兵了。没有这两个爱妃，朕饭也吃不下，请您不要杀掉她们。"孙武回答说："臣既然已经受命为将帅，就应该尽职尽责。而且将帅在处理军中的事务时，如果君主的命令不利于治军，就可以不接受。"说完，便斩了两名队长示众，并重新任命队长。孙武再次击鼓发令，宫女们果然依鼓行事，向前向后，跪下起立，整齐划一，一举一动完全符合孙武的要求，再没有一个人敢发出嬉笑声。

还有一则事例。

春秋时期，齐景公任命田穰苴为将，带兵攻打晋、燕联军，又让亲信庄贾做监军，穰苴与庄贾约定好了第二天集合的时间和地点。第二天临行前，穰苴很早就到了营中，命令装好作为计时用的标杆和滴漏盆。但是，约定时间已过，庄贾仍没来。穰苴几次派人催促，直到黄昏时分，庄贾才带着一脸的醉容到达营门。穰苴问他为何不按时到达军营地，他无所谓说什么亲戚朋友都来为他设宴饯行，他总得应酬应酬吧。穰苴非常气愤，斥责他身为国家大臣，又负有监军重任，却只顾小家，不以国家大事为重。庄贾却觉得这是小事，又仗着自己是国王的宠臣亲信，对穰苴的话不以为然。穰苴当着全军将士的面，叫来军法官，问道："无故延误时间，按军法该如何处置？"军法官答道："该斩！"穰苴当即命令拿下庄贾。庄贾顿时吓得浑身发抖，他的随从则连忙进宫，向齐景公报告情况，请求救援。但是，在景公派来的使者赶到之前，穰苴已经下令将庄贾斩首示众。全军将士看到主将敢杀违反军令的大臣，个个吓得浑身发抖，全都遵纪守法起来。

景公的使臣飞马入营，传景公的命令让穰苴放了庄贾。穰苴沉着地应道："将在外，君命有所不受。"他见使臣骄狂，便又叫来军法官，问道："乱在军营跑马，按军法该如何处置？"军法官答道："该斩！"使臣吓得面如土色。穰苴不慌不忙地说道："君王使者，不杀。"于是下令杀了他的随从和马匹，并毁掉马车，再让使者返回。

一点通

杀鸡儆猴，是统治者用来镇压民众或威慑人心的常用手段。每当人们提起它时，总感觉其带有一些阴暗色彩。但如果能正确运用这一手段，不仅能起到震慑人心的作用，还能让自己处于主动地位。

激励士气能使哀兵得胜

拿破仑曾经说："一支军队的实力，四分之三是由其士气构成的。"此话可能有点夸大，但不无道理。士气是构成战斗力的基本要素，一支军队士气的高低，将直接影响战事的成败。所以，古今中外的军事家都把挫伤敌人的锐气，激励自己的士气，作为运筹决策的重要内容。

公元前279年，齐国田单所率的军队被燕军围于即墨。田单先派人造谣："我最怕燕军俘虏齐军士兵后，割掉他们鼻子，再把他们放到攻击部队的前头，那样即墨就要被攻破了！"燕军听说后，果真命人将俘虏的齐兵的鼻子全割掉，并推到阵前恐吓齐军。城中军民看到被俘的士兵都被割去鼻子，异常愤怒，坚守不屈。

接着，田单又派人造谣说："我最怕燕军挖即墨城外的坟墓，那会使城中军民人人寒心，失去斗志。"燕军将领听说后，不但挖了齐人的坟墓，还焚烧掉骸骨，想以此威逼齐人投降。城中的齐国军民见此情景，无不悲痛涕零，义愤填膺，决心与燕军决一死战。田单觉得士气高昂了，便率领军民大举反攻。燕军迅速溃败，齐军很快收复了所有失地。

一点通

常言道："哀兵必胜。"示以"哀兵"之形，会让对方掉以轻心，而己方因处于受压迫和凌辱的地位，必然奋起抵抗。此时只要因势利导，积极发动攻势，就能战而胜之。

隔岸观火，坐山观虎斗

袁绍在仓亭被曹操打败之后，不久便抑郁身亡。临死前，袁绍立幼子袁尚为继承人，并任命其为大司马将军。曹操这时斗志正旺，便亲率大军前来讨伐袁氏兄弟，以期平定河北。曹军以破竹之势攻占了黎阳，很快便来到冀州。袁尚、袁谭、袁熙、高干等带领四路人马合力死守，曹操一连几天都攻打不下。

曹操的谋士郭嘉献计说:“袁绍废长立幼,兄弟之间必然相斗,各自树立自己的势力帮派。他们之间在危急时刻或许还可相救,一旦解除危机,便两两相争。主公不如先举兵南下攻打荆州,征讨刘表,等袁氏兄弟相互争斗发生变故之后,再来攻打,肯定得胜。”曹操认为郭嘉言之有理,便留下贾诩镇守黎阳,曹洪镇守官渡,自己则去攻打刘表。果然,曹操大军一撤走,长子袁潭便同袁尚为争夺继承权而大动干戈,互相残杀。袁潭不敌袁尚,就派人向曹操求救。曹操乘机出兵,杀死袁潭,袁熙和袁尚逃往辽东投奔公孙康,曹军很快占领了河北。

平定河北之后,夏侯惇等人劝曹操说:“辽东太守公孙康一直在抵抗我们,现在袁熙和袁尚又去投奔他,必定成为我们的后患。不如攻其不备,这样就能取得辽东。”曹操却笑着说:“不用如此麻烦。几天之后,公孙康定会亲自把二袁的首级送来。”可诸将都不相信。没过几天,公孙康果然派人将袁熙和袁尚的首级送来了。众将大惊,更加佩服曹操。曹操大笑说:“果然不出奉孝所料!”说着,拿出郭嘉临终的遗信。郭嘉在信中写道:“如果袁熙和袁尚去投靠辽东,则主公不能出兵。因为公孙康一直担心袁氏被吞并之后,二袁去投奔自己。倘若率兵攻打他,他们必团结抗敌,欲速则不达;倘若慢慢地谋取,公孙康与袁氏兄弟必然会互相图谋对方。”

原来,袁绍在世之日就想吞并辽东,所以,公孙康对袁氏家族恨之入骨。这次袁氏二兄弟投奔他,公孙康本来就欲除之而后快,但又担心曹操引军攻打辽东,想利用二人助己一臂之力。所以,袁熙和袁尚二人来到辽东后,公孙康并没有立即会见,而是派人迅速前去探听曹军的动静。当探子回报曹操无意攻打辽东后,公孙康立即将袁熙和袁尚斩首,使曹操兵不血刃便达到了目的。

一点通

进攻时,应当灵活把握双方的利害关系,这样才能用最省力的方法成为占据主动的一方。

在必要时应果断出拳

春秋时,齐桓公死后,宋襄公不自量力,想接替齐桓公当霸主。但是,各国都反对。宋襄公发现郑国最支持楚做盟主,便想找机会征伐郑国出口气。

周襄王十四年,宋襄公亲自带兵攻郑。楚成王见势,发兵救郑国。但他没有直接救郑国,而是率领大队人马直奔宋国。宋襄公顿时慌了手脚,只好连夜赶回。等宋军在泓水(今河南柘城西北)扎好了营寨时,楚国兵马也到达了对岸。公孙固劝宋襄公说:“楚兵到这里来,不过是为了援救郑国。咱们从郑国撤回了军队,楚国的目的就达到。咱们力量小,不如和楚国讲和算了。”

宋襄公说:“虽说楚国兵强马壮,可是,他们缺乏仁义;咱们的兵马虽然不足,但举的是仁义之旗。他们的不义之兵,怎么打得过咱们这仁义之师呢?”宋襄公遂下令制一面旗,绣上“仁义”二字,准备用“仁义”打败楚国的军队。天亮后,楚军开始渡河。公孙固对宋襄公说:“楚国人白天渡河,分明是不把我们放在眼里。咱们乘他们渡到一半时迎头打过去,一定能获胜。”宋襄公还没等公孙固说完,就指着飘扬的大旗说:“你难道没见到旗上的‘仁义’二字吗?人家还没过完河,咱们就打人家,还算什么‘仁义’之师呢?”

不久,楚兵全部渡过了河,在岸上布起阵来。公孙固见楚兵还未整好队,赶忙又对宋襄公说:“楚军还没布好阵势,咱们赶快发起冲锋,还可以取胜。”宋襄公瞪着眼睛大骂道:“你这个家伙,怎么尽出歪主意!人家还未布阵就打,这算‘仁义’吗?”

正说着,楚军已经排好队伍,洪水般地冲了过来。宋国的士兵吓破了胆,纷纷逃跑。宋襄公手提长矛,催着战车,想攻打过去。可是,他还没来得及往前冲就被包围了,不但大腿上中了一箭,身上也受了好几处伤。多亏宋国几员大将力战,才把他救出来。等他逃出战场时,宋国的兵车已经损失了十之八九，兵器、粮草全部丢光了，将士们死伤无数，溃不成军，那面“仁义”的大旗也早已无影无踪了。老百姓见此惨状，都破口大骂宋襄公，可宋襄公仍然觉得他的“仁义”取胜了。公孙固搀扶着他，他还一瘸一拐地边走边说：“军队要以德服人。人家受伤了，就不能再去伤害他；头发花白的老兵，就不能去抓他。我以‘仁义’打仗，怎么能乘人之危攻打人家呢？”那些跟着逃跑的将士，听到后哭笑不得，心想：我们平日打仗，靠拼命才能打败敌人，这回主公靠“仁义”打仗，害得我们差点儿性命不保。

一点通

在战争中，一旦时机成熟，一定要果断重拳出击，千万不能有不必要的“仁义”。只有这样，才不会陷入被动。

智者懂得欲擒故纵

郑庄公的母亲姜氏生有两个儿子，老大就是庄公，老二叫共叔段。姜氏特别偏爱共叔段，几次请求郑武公立共叔段为世子，可武公没有答应。

武公死后，长子寤生继位，是为郑庄公。姜氏眼见计划落败，转而请求庄公将京邑封给共叔段，庄公不便推辞，乃应求。

郑国大夫知道后，即见庄公曰：“分封的都城，只要周围超过三百丈，就会对国家有害。先王的制度规定，国内大城不能超过国都的三分之一，中城勿逾国都的五分之一，小城不能超过国都的九分之一。现封京邑于共叔段，不合法度。这样下去，恐怕您将控制不住他。”

庄公回答说：“母亲喜欢这样，我怎么能让她不高兴呢？”

大夫又说：“姜氏任何时候都不知满足！不如早想办法处置，不要使她滋长蔓延，否则将很难解决，像蔓草一样不能除干净。”

庄公沉吟片刻说：“多行不义必自毙。你姑且等着吧！”

其实，郑庄公心中早有对付共叔段之方略。他知道自己现在的力量还不够强大，共叔段又有母后支持，要除掉他还比较困难。不如先让他折腾，等到他的罪恶众人皆知之后，再进行讨伐，一举除之。

共叔段到达京邑后，进一步扩大了城界的范围，还逐渐把郑国西部和北部的一些地方据为己有。

公子吕见此情形十分着急，对庄公说：“国家的人民不能有两个君主统治，您准备怎么办？请早下决心。若您想把国家传给共叔段，那么就让我奉他为君；如果不传给他，则请将其除掉，不要使人民因此产生二心。”

庄公答道：“你不用担心，也不用除他，他自会遭受祸端的。”

此后，共叔段又将他的地盘向东北扩展到与卫国接壤的地方。此时，子封再见庄公，说：“应该除掉共叔段了。若再让他扩大土地，则民心都将归属于他。”

庄公说：“他的很多行为都不仁不义，人民不会拥护他的。土地虽然扩大了，但最后一定会崩溃的。”

共叔段见庄公屡屡退让，便以为庄公怕自己，更加认为自己有母亲的支持而不必害怕庄公。他私下里集合民众，修缮城墙，收集粮草，修整装备武器，编组战车，且与母姜氏约定日期为内应，企图偷袭郑国都城，篡位夺权。

庄公已眼见共叔段的举动，故早有防备。当他得知共叔段与姜氏约定的行动日期后，就命大将子封率领二百乘兵车提前进攻京邑，并将共叔段的罪行一一说出来。京邑的人民也起来响应，反过来攻击共叔段，共叔段弃城而逃，最后畏罪自杀。他的母亲姜氏也因无颜见庄公而离开宫廷。

一点通

在做决定时，如果行动过早，就会让我们悖于道义、有违民心而陷入被动的处境。智者做事时不会操之过急，他们懂得“欲擒故纵”的道理，在运用“将欲擒之，先予纵之”时总是得心应手。

智者要懂得张弛之道

刘秀当上东汉开国皇帝后，有段时间心情不好。群臣见皇帝不开心，一时议论纷纷，不明所以。

一日，刘秀的宠妃见其有所忧虑，怯生生地进言说：“陛下愁眉不展，妾深为焦虑。妾能为陛下分忧吗？”

刘秀苦笑一声，怅然道：“朕忧心国事，你何能分忧？俗话说，‘治理天下要用可治天下之匠才’。朕是忧心朝中功臣武将虽多，但缺乏治天下之匠。这种状况不改变，怎么行呢？”

宠妃建议说：“天下不乏文人大儒，陛下只要下诏查问、寻访，就会有收获的。”

刘秀对此深信不疑，于是派人多方访求，重礼征聘。不久，卓茂、伏湛等名儒相继入朝，刘秀这才高兴起来。

刘秀任命卓茂做太傅，封他为褒德侯，奖赏他二千户的租税，并赏赐他几杖车马，一套衣服、丝绵五百斤。后来，又封卓茂之长子卓戎为太中大夫，次子卓崇为中郎，给事黄门。

伏湛是著名的儒生和西汉的旧臣，刘秀封他为尚书，负责制定朝廷的制度。

卓茂和伏湛为刘秀的大恩而感动，他们曾对刘秀推辞说：“我们不过是一介书生，为汉室的建立未立寸功。陛下这般重用我们，只怕功臣勋将们会不服，这将于陛下不利。为了朝廷的长远之计，陛下还是降低我们的官位为好。无论身任何职，我们都会誓死为陛下效命。”

刘秀让他们放心做事，同时心里也思考着给朝臣们一个适当的理由。他决心既定，便有意对朝中的功臣们说：“你们为国家的建立立下了大功，朕无论何时都会记挂在心。不过，治理国家不同于打天下，朕任用一些儒士参与治国，这也是形势使然，望你们不要误会。”

尽管如此，一些功臣还是不满于刘秀任用儒士。他们有的上书给刘秀，开宗明义地表达了自己的反对之意，奏章中说：“臣等不顾生死为陛下打天下，虽不为求名求利，却也不忍见陛下被腐儒愚弄。儒士都贪生怕死，只会动用嘴舌，陛下若是听信了他们的花言巧语，又有何助呢？而且他们向来缺少忠心，万一他们借权闹事，那就是大患。臣等一片忠心，虽读书不多，但忠心可靠，望陛下明鉴。”

刘秀见功臣们言辞激烈，于是更加重视起来，即召集功臣们，耐心地对他们说：“事关国家大事，朕自有明断，不是其他人可以改变的。在此，朕是不会人云亦云的。你们虽然劳苦功高，但也要明白‘功成身退’的道理，如一味地恃功自傲，不知满足，不但于国不利，而且对你们也没有任何好处。何况人生在世，若能富贵无忧，当是大乐，为什么总要贪恋权势呢？望你们三思。”

刘秀当皇帝的第二年，就开始封侯于功臣。封侯者虽然地位尊崇，但刘秀很少授予他们实权。对于有实权的，刘秀渐渐压制他们的权力，进而夺去他们的权力。

大将军邓禹被封为梁侯，并且掌握实权。刘秀有一次对邓禹说：“自古功臣多无善终，朕亦不想这样。你有勇有谋，当最知朕的苦心啊。”

邓禹深受触动，一时却未做任何表示。他私下对家人说：“皇上不信任功臣啊！难得皇上能敞开心扉，看得出他还是真心爱护我们的。”

邓禹的家人让邓禹交出权力，邓禹却摇头说：“皇上对我直言，应当还有其他意思。他或许是让我说服别人，免得让他为难。”

于是，邓禹一一劝解不满的功臣，让他们理解刘秀的苦衷。当功臣们情绪平复下来之后，邓禹再次觐见刘秀说：“臣为众将之首，官位最显。只要臣自愿免除大司徒之职，他人就不会坐等观望了。”

刘秀加勉了邓禹，即令伏湛取代邓禹。于是，其他功臣再无怨言，纷纷辞去官位。他们辞官后，刘秀让他们养尊处优，享受最好的待遇，避免了功臣干预朝政的事发生。

一点通

古人云：“一张一弛，文武之道。”用在驭人方面，就是说只有懂得有分寸地收放，才能抓稳主动权。

知己知彼，方能百战不殆

西汉宣帝时，赵广汉为京兆尹，乃首都长安的父母官。

赵广汉刚上任时，趋炎附势的人都想拜访他，赵广汉却一个也不见。他命人传话说：“我职责重大，若私下与你们交结来往，他日恐有流言传出，这对我们都不好。而且我办事向来不徇私情，在我这谁也得不到半点好处和关照，你们又何苦这样呢？”

赵广汉拒绝献媚拉拢，却与下属、百姓关系甚好，毫无官架子。有时兴致一来，甚至与他们谈个通宵达旦。

通过与他人的交谈，赵广汉渐渐总结出了探知实情的方法——“钩距法”。这种方法讲究调查，注重对比推算，结果往往十分准确。赵广汉曾对人说：“我若想知道马的价格，就用‘钩距法’去做。我先问狗的价格，再问羊价、牛价，最后才问马价。这样层层验证，经过一番比较，我就知道马价是高还是低，一般不会有什么大的差错。”

赵广汉的一个好友不屑于“钩距法”，一次他对赵广汉说：“我们在朝为官，自然不屑和商贩讨价还价，你钻研这种学问，又有什么用处呢？”

赵广汉发自肺腑地说：“做官的人若不熟悉民情，洞察一切，又怎能造福一方、保一方平安呢？‘钩距法’不仅可以用来了解市场行情，处理政务，而且可以更好地了解自己和别人，对症下药。如果我偏听偏信，真不知会发生多少错案，而真正的害群之马却会因此而逃脱惩罚。”

赵广汉上任时，长安治安混乱，百姓受害的事时有发生，官匪勾结十分猖獗。面对这严峻的状况，赵广汉召集心腹属下说：“我上任伊始，对这里的情况不熟悉，想打击犯罪，却不知从何下手。何况情况不明，胡乱下手只会引起混乱。我想让你们暗中侦察，摸清盗贼的踪迹。”

心腹属下都面有难色，他们说：“盗贼行踪诡秘，出入不定，在这方面用心思难有成效。从前的官员都是有事打压，无事清闲，大人何必自讨苦吃呢？”

赵广汉顿时严肃起来，郑重地说道：“不能除掉盗贼，其根源在于我们不晓其根底，因为从前的官员不尽职。我志在剿除盗贼，自然不能如前官员般无为。这是我的命令，违者必惩！”

赵广汉命人暗中详查，表面上却故作轻松，没有更深的戒备。盗贼都以为赵广汉无所作为，于是放下心来，放开胆子胡作非为。一时之间，盗贼蜂拥而出，长安的形势更坏了。

朝中大臣都上疏指责赵广汉失职，无比愤怒地说：“京城盗贼横行，赵广汉却毫不作为，不知他是何居心。赵广汉定与盗贼勾结，望陛下严查。”

汉宣帝也怒气冲冲地质问赵广汉：“朕深居宫中，都听说了宫外盗贼横行之事，你有何交代吗？”

赵广汉不停地叩头，连声说：“陛下不要担心，请让臣把话说完。”

他镇定一下，说：“京城重地，盗贼必须彻底剿灭，臣决心做到此事。无奈贼情不明，轻举妄动只会打草惊蛇，这也是臣最担心的。臣佯装不闻不问，只是想让盗贼悉数暴露，以便臣的属下全然摸清他们的状况，查清他们的根源，以及那些和他们勾结的差吏收取了多少贿赂。只有将这些情况搞得明明白白，才能将他们一网打尽，让他们无法反驳。陛下放心，臣已广布人手侦知此事，用不了多长时间，盗贼便可死尽。”

汉宣帝听罢,不再责怪赵广汉,但仍然忧虑地说:"朕暂且相信你一次,你还是好好把握时机吧。"

不久,已经全面掌握贼情的赵广汉四面出击,每击必中,长安盗贼一下子被剿清空了。

一点通

知己知彼,方能百战不殆。

第二章　时不利我,该退就退

要学会以退为进

《菜根谭》中说:"经路窄处,留一步与人行;滋味浓的,减三分让人尝。此涉世一极安乐法。"妥协从退让开始,却以胜利告终,这表面是以对方利益为重,实质是为了自己的利益。以一小步的退却换取大踏步的前进,何乐而不为呢?

王蓉在一家化妆品公司任推销员,她所在的公司几次想与一家业内知名的大型化妆品公司合作,却始终不能如愿。最后,经过王蓉的不懈努力,该公司终于答应与王蓉所在的公司合作,但有一个要求:要在王蓉所在公司的化妆品广告词中加上该公司的名字。

但是,王蓉公司的老总却不同意,认为这是花钱替别人打广告。合作又遇到阻碍,该合作公司要求王蓉的公司两天内回话。

王蓉听到消息后,直接找到老总,让他赶紧答应,否则就会错失良机。老总不乐意地说:"我坚决不妥协,他们这是以强欺弱。"

王蓉认为把公司的产品和一个著名的品牌绑在一起是有利的,因此再次劝说老总,老总终于同意了合作的条件。事情正如王蓉预料的那样,和这家大型化妆品公司的合作提高了自家公司的信誉度,公司效益大幅提高,王蓉也因此被提升为业务总经理。

只有尊重并突出别人的观点和利益,才能求得与他人的合作。人们常常不会正确使用这一法宝,主要是因为他们忘记了,若我们过于注重自己的需要,那即便别人本来对此是有兴趣的,也会改变态度。

一点通

后退是为了更好地前进,以他人利益为重,实际上是为了实现自己的利益。遇到事情时,冷静沉着地让一步,往往能取得更好的效果。

学会"迂回曲折",曲径通幽

1998年,朱镕基总理视察中央电视台之前,中央电视台的有关领导就告诉节目主持人敬一丹:"明天总理来视察的时候,你要想办法得到朱总理的题词。"敬一丹听后喜忧参半:"我怎么向总理提出这个请求呢?"第二天,朱总理在中宣部部长丁关根的陪同下,来到中央电视台。他走进《焦点访谈》节目组演播室时,在场的所有人都起立鼓掌,气氛异常热烈。朱总理跟大家相互问好之后，坐到主持人常坐的位置上，大家都围绕在他的周围，争先恐后地与他交谈。

一位编导说："一个有魅力的人身上总有一个场，以前我听别人这样说过。我看您身上就有这样一个场。"朱总理笑了笑，演播室里的气氛更加活跃了。敬一丹觉得这是一个好时机，一个很快就会消失的时机。于是，她走到朱总理面前说："总理，今天演播室里聚集在您身边的这二十几个人只是《焦点访谈》节目组的十分之一。"总理听后说："你们这么多人啊？"敬一丹接着说："是的，大多数人此刻正在外地奔波于采访，非常辛苦。他们也非常想到这里来，跟您有一个直接的交流，但他们以工作为重，今天没能来。您能不能给他们留句话？"敬一丹说得非常诚恳，而且非常婉转，接着，她恭恭敬敬地给朱总理递上纸和笔。总理看了一下敬一丹，笑了，欣然提笔写下"舆论监督，群众喉舌，政府镜鉴，改革尖兵"16个字。总理写完后，全场响起了一片掌声，热烈的气氛进入了高潮。敬一丹的"绕圈子"的确运用恰当，值得称赞。为了得到题词，她先把在外"四处奔波""非常辛苦"的记者抬出来，在感情和道义上绕了一圈，让人不忍也不宜拒绝。另外，她的语气曲折委婉，表述贴切诚恳，最终得到了总理的题词。

有些话不能直言时，就得拐弯抹角地去讲；有些人不易接近时，就得让别人介绍；搞不清对方葫芦里卖的什么药时，就要投石问路，慢慢摸清底细；有时，为了减轻对方敌意，让对方放松警惕，我们必须绕弯子、兜圈子，甚至用"顾左右而言他"的迂回战术，牢牢地将其套住。

太刚直的东西容易断，人亦如此。如果一个人没有韧性，即使碰到南墙也不回头，那往往是要受挫的。必要的时候，人应该学会转弯，在迂回中寻求前进，学会圆滑处世才是做人做事取胜的老经验。

一点通

做人不能不懂得转弯，尤其是在与人交谈中，慷慨激昂、锋芒外露固然是一种本事，但细语声声、委婉相处也是必需的。要学会"绕"，正所谓"曲径通幽"，轮船正是善于"绕"，才能避开险滩暗礁，从而一帆风顺。

智者懂得如何功成身退

争天下时，务求得人，礼爵有加；一旦掌握政权，便转而大肆屠戮功臣，诛灭异己。在中国的历史舞台上，统治者与开国功臣之间常常玩起"兔死狗烹"的游戏。只有摸清游戏规则，才能占据博弈中的主动权。

越王勾践卧薪尝胆，灭吴复国，两大功臣在这个过程中起了关键作用：一个是范蠡，一个是文种。当勾践被围会稽山上，弹尽粮绝之时，是文种提出要以乞和术降之计保存性命，才使勾践得以生还；当勾践被吴国拘留时，是文种留在越国，救死抚孤，耕战自备，奋发图存。当勾践从吴国归来之后，是文种提出了消灭吴国的七种办法：一是贿赂金银，讨好其君臣；二是花高价购买吴国的粮食，使其仓储空虚；三是赠送美女，以迷惑吴王夫差的心志；四是派遣能工巧匠帮助吴国修建宫殿，以消耗其财富；五是拉拢吴国的奸臣，以便破坏其计谋；六是故意推崇吴国的忠臣，使吴王疑心而加以杀害，以削弱吴国的辅佐力量；七是自己要积财练兵，等待反攻时机。

不久，勾践打败了吴国，称霸一时。正当欢庆胜利之时，范蠡急流勇退，隐姓埋名，弃政经商去了。

他出逃之后，曾送给文种一封信说："狡兔死，走狗烹；飞鸟尽，良弓藏；敌国破，谋臣亡。越王可与共患难，不可与共欢乐。如不即离去，将有大祸临头。"

文种以为范蠡太多心，不过，此后他也很少过问国事，终日称病在家。可是，勾践并没有放过他。他以探病为由来见文种，问他道："先生曾以灭吴的七种手段指教过我，可我只采用了其中的三种便灭了吴国。剩下的四种，你打算怎么使用呀？"文种说："我看不出它们还有什么用处。"

勾践说："请先生带着这四种手段，辅佐我的先人于九泉之下吧！"说罢，起身登车而去，留下了一把名为“屡镂”的利剑。

文种明白勾践容不下他了，便自刎而死。

所以，只有知晓“兔死狗烹”的游戏规则，才能全身而退。

一点通

有些人只能共患难，不能共富贵。因此，要吸取“兔死狗烹”的教训，适时地急流勇退。

千万不要当“替死鬼”

慈禧刚刚登上权力宝座，就开始与洋人打交道。所以，长期以来，慈禧一直处于洋人的压制之下。因此，义和团从山东爆发时，慈禧起初的态度是坚决剿灭，但当她听说义和团有“刀枪不入”的护体神功后，一条毒辣之计立即生于慈禧之心——利用义和团抵挡洋人，最好让双方拼个两败俱伤，她则坐收渔翁之利。

于是，慈禧开始改变主剿态度，她在上谕中称：“谕内阁：西人传教，历有年所，该教士无非劝人为善，而教民等亦无从恃教滋事，敢尔民教均克相安，各行其道。近来各省教堂林立，教民繁多，遂有不逞之徒，溷迹其间，教士亦难遍查其优劣。而该匪徒借入教为名，欺压平民，在嘉庆年间，亦曾例禁。近因其练艺保身，守护乡里，并未滋生事端，是以屡降谕旨，伤令各地方官，妥为弹压。无论其会不会，但论其匪不匪。如有借端滋事，即应严拿惩办。是教民、拳民，均为国家赤子，朝廷一视同仁，不分教、会。”

慈禧在上谕中称教民、拳民“均为国家赤子”，可见慈禧对义和团的态度有了很大的改变，表明她已下定决心利用义和团打击洋人。

为了取得朝廷大臣的支持，慈禧先后多次召开御前会议，但都难以统一意见。最后，慈禧干脆亮出了自己的底牌：“今日之事诸大臣均闻之矣。我为江山社稷，不得已而宣战，顾事未可知。有如战之后，江山社稷仍不保，诸公今日皆在此，当知我苦心，不要把责任推往一人，谓皇太后送祖宗三百年天下。”

可是，她又担心万一失败，洋人算战争账时会将她定为祸首，于是做好退路——“有如战之后，江山社稷仍不保……勿归咎予一人”。说白了，就是不能让她去当“替罪羊”，这样的用心，不可谓不毒辣。

由于义和团的“刀枪不入”神功根本不能抵挡洋人的枪炮，拳民多有伤亡，再加上奉慈禧之命攻打洋人的荣禄作战不力，使战争一败涂地。

后来，慈禧暗中指示荣禄，荣禄便转而限制清军。结果致使洋人反扑，不久就进入北京，到处烧杀抢掠，无恶不作。慈禧见事态严重，想跳河自尽，却被人劝住，只好扮成一乡妇逃出京城，向西安亡命。

在西逃过程中，慈禧又命李鸿章、荣禄、崇绮与洋人议和。开始时，八国联军要惩办主事者，也就是逃亡的慈禧，但李鸿章等晓以利害之后，他们决定不惩办慈禧，可要求对其他人严加治罪。

既然洋人已经表态不追究慈禧的首罪，慈禧就要开始报答其恩情。于是，她不仅下令屠杀义和团，还颁旨严惩洋人指名的人。在她宣布的第一批“替罪羊”中就有主张抗战的载漪、载勋、刚毅、赵舒翘等人，他们受到了严重的处罚。

这样，“替罪羊”们受到了处治，慈禧派的议和大臣又曲意奉承，总算平息了洋人的怒气。1901年8月，双方终于签订了《辛丑条约》，慈禧还大言不惭地说：“量中华之物力，结与国之欢心！”卖国嘴脸尽展无遗！

一点通

在险象环生的环境中，一定要理智判断，不能不明不白地成了他人的替罪羊。

适时退一步更有利于成功

新中国成立前，青帮在上海滩盘根错节，势力十分强大，许多名人也必须交"保护费"给他们，以确保自身安全。

蒋介石就曾加入青帮，是青帮的一分子。蒋介石发动反革命政变屠杀共产党人时，青帮曾经帮蒋介石打过头阵。虽然后来蒋介石当了国民革命军的总司令，但也不能破坏帮中规矩，依然要按例交纳保护费。

宋美龄是富家小姐，也属于应交保护费的人。她从美国回来后，她的哥哥宋子文一直替她交纳保护费，但她本人并不知道这件事情。

宋美龄与蒋介石结婚后，得知蒋介石还要向青帮交保护费，大为不满。她认为堂堂的蒋总司令，怎么能向青帮交保护费呢？蒋介石也认为宋美龄讲得有道理，就决定不再交保护费。

但是，杜月笙很快知道了这件事，他决定给宋美龄一点警告。

一天，一辆豪华的轿车驶到西摩路宋公馆，车里有一个司机和一个漂亮的使女，说要接宋美龄见她的大姐宋霭龄。宋美龄上车后，汽车却驶入了杜公馆。蒋介石开完会来接宋美龄，但宋美龄却还没回来，蒋介石了解事情经过后，就知道出事了。

于是，他打了个电话给宋子文，让宋子文查问一下。宋子文听完蒋介石的叙说，很快明白了是怎么回事。他挂上电话，马上打电话给杜月笙，杜月笙告诉宋子文，宋美龄安然无恙，不必担心。

杜月笙还暗示：他手下发现宋美龄只有一个使女陪伴，这样在上海街道开车很危险。为了她的安全，自己已送她到一幢舒适的别墅，并得到了应有的礼遇。宋子文得知详细情况后，立即汇报给蒋介石，然后，蒋介石亲自驾车前往杜公馆，履行了"例行手续"，将宋美龄从"受照顾"的别墅里接了回去。

其实，杜月笙只是想给宋美龄一点小小的教训而已，他要让她知道，青帮才是上海滩的主人，同时也告诉蒋介石：不要以为你是总司令就不认识自己了，要知道你曾入过青帮，不要忘掉自己是谁。

事实上也确实如此，青帮势力庞大，不易对付。这些人翻脸无情，一旦得罪他们，什么事都能做得出来。

一点通

谁都有不得不退让的时候，眼前吃了亏、受到重创后，倒不如主动退后一步，先满足对方的求胜心，为自己化解危机，再图大计不迟。

做事要有度

利益面前一定要控制住自己，当退则退，见好就收。嗅着利益的气味闷头前进、想得到更多的人，最后往往输得血本无归。下面这则故事便很好地说明了这个道理。

富翁家的狗散步时丢了，于是，富翁张贴了这样一则启事：有狗丢失，归还者，付酬金一万元。上面还附了一张小狗的画像。很多人来送狗，但都不是富翁家的。富翁太太说，肯定是真正拾到狗的人嫌给的钱少，那可是一只纯正的爱尔兰名犬。于是，富翁把酬金改为两万元。

有一个乞丐在公园的躺椅上打盹时捡到了那只狗，可他没有在第一时间看到启事。当他知道送回这只小狗可以拿到两万元时，真是兴奋极了，他这辈子都没交过这种好运。

乞丐第二天准备归还狗以领酬金，当他经过一家大百货公司时，又看到了那则启事，不过赏金已变成三万元。乞丐驻足想了一会儿：赏金以那么快的速度增长，这狗到底能值多少钱呢？他很快改变了注意，折回了他的破窑洞，重新把狗拴在那儿。第四天，悬赏额果然又涨了。

在接下来的几天时间里，乞丐一直没有离开过告示牌。最后，全城市民都惊讶酬金涨幅之高，乞丐决定将狗归还。可是，当乞丐返回他的窑洞时，发现那只狗已经死了，因为这只狗在富翁家喝的都是鲜牛奶，吃的是烧牛肉，根本“享受”不了乞丐从垃圾筒里捡来的东西。

名利当前，很少有人能无欲无求，但是一定要适可而止地谋求利益。只有这样，才能得到该得到的那部分。若贪得无厌，甚至把性命搭进去也未可知。

一天傍晚，两位好友在林中散步。这时，有位僧人从林中惊慌失措地跑了出来，两人见状，便拉住那个僧人问道：“什么事情让你如此惊慌？”

僧人忐忑不安地说：“我在移植一棵小树的时候，发现了一坛子黄金。”

两个人感到好笑，说：“这僧人真蠢，被黄金吓得魂不附体，真是太好笑了。”接着，他们问道：“你是在哪里发现的，告诉我们吧！我们不害怕。”

僧人说：“最好不要去，这东西会吃人。”

两个人异口同声地说：“我们不怕，你就告诉我们哪里有黄金吧！”

僧人告诉了他们哪里有黄金，两个人跑进树林后，果然在那个地方找到了黄金，而且是很大的一坛子黄金！

其中一个人说：“我们要是现在把黄金运回去不太安全，得等天黑再往回运。现在我留在这里看着，你先回去把饭菜拿来，我们在这里吃完饭，等半夜时再把黄金运回去。”

于是，另一个人回去取饭菜了。

留下的人心想：“要是这些黄金都归我所有，那该多好呀！等他回来，我就一棒子把他打死，那这些黄金不就都归我了吗？”

回去的那个人也在想：“我回去先吃饱饭，然后，下些毒药在他的饭里。等他一死，黄金不就都归我了吗？”

最后，回去的人提着饭菜刚到树林里，另一个人就用木棒狠狠地打了他，当场毙命。然后，那个人拿起饭菜，狼吞虎咽地吃了起来。可没过多久，他的肚子疼得像火烧一样，这才知道自己中毒了。临死前，他想起了僧人的话：僧人的话是对的，我当初怎么就不明白呢？

在名利面前，当退则退，优柔寡断只会换来悔恨。

一点通

利益面前一定要控制住自己，当退则退，见好就收。嗅着利益的气味闷头前进、想得到更多的人，最后，往往输得血本无归。

要学会寻找合理有效的后退之路

唐太宗非常宠爱武媚娘，但当时宫中观测天象的大臣却指出：唐皇朝将遭“女祸”之乱，李姓的唐朝皇帝将被一个姓武的女人替代。于是，太宗在全国范围内搜查符合观测天象者所述条件的武姓女人，并将其一一处决，但始终不忍对武媚娘下手。

唐太宗晚年大服丹药仍未能延缓衰老，而武媚娘此时风华正茂。想到一旦太宗离世，自己就将老死深宫，所以，她时时留心另择新枝的机会，最后，她将未来的皇帝——太子李治作为依靠。

当唐太宗自知将死时，仍记着要确保李家江山的长久，便让颇有嫌疑的武媚娘跟随自己一同见阎罗王。临死之前，他床边围绕着李治和武媚娘，他当着太子李治的面问武媚娘："朕这次患病，一直医治无效，病情又日日加重，眼看着是起不来了。你在朕身边已有不少时日，朕实在不忍心弃你而去。你自己想想，朕死之后，你该如何自处呢？"

武媚娘是冰雪聪明之人，此时已听出自己身临绝境的危险！怎么办？她心里清楚，只有现在保住性命，将来才能有出头之日。于是，她赶紧跪下说："妾蒙圣上隆恩，本该以死报答。但圣体未必即此一病不愈，所以，妾才不敢早死。妾只愿现在就削发出家，去尼姑庵长斋拜佛，日日拜祝圣上长寿，以此报效圣上的恩宠。"

唐太宗一听，连声说"好"，并命她即日出宫，"省得朕劳心挂记你了"。唐太宗本来是准备处死武媚娘的，但毕竟自己很喜欢她，所以于心不忍。现在武媚娘既然敢于抛却一切，脱离红尘当尼姑，那么对于子孙皇位而言，就不可能有什么危害了。

武媚娘拜谢而去。

李治借机溜了出来，呜咽着对武媚娘说："卿竟甘心撇下我吗？"媚娘满脸忧伤，她回身仰望太子，叹了口气说："主命难违，我只好走了。"太子道："你为什么说愿意当尼姑呢？"武媚娘把自己的担心告诉了李治："我如果不主动说出当尼姑，就只能去死。只要殿下登基之后不忘旧情，那么我总会有出头之日……"

太子李治为武媚娘的才智所折服，当即解下一个九龙玉佩，送给她作为信物。太子登基不久，武媚娘便被召回宫中了。

武媚娘确实为自己寻找到了不错的退路——出家为尼，这样既宽了太宗的心，又能让李治日后解救她，重新回宫。

一点通

寻一条可藏身又可寻机出动的退路，为后退之必需。进可攻退可守，既宽敌心又保己身，才是进退之道。

第三章　见机行事，进退自如

不要锋芒太露，功高震主

西汉宣帝刘询当政时，渤海（今河北沧州一带）及邻近各郡发生饥荒，盗贼蜂拥而起，郡太守们难以制止。所以，宣帝要选拔一个能够治理的人。在丞相和御史都的推荐下，宣帝任命龚隧为渤海郡太守。

此时，龚遂已年过不惑之年。皇上召见时，见他身材矮小，其貌不扬，不像所听说的那么有本事，心里颇看不起他，便问道："平息盗寇要用什么法子啊？"

龚遂回答道："辽远海滨之地，没有受到皇上的教化，那里的百姓处于饥寒交迫之中。而官吏们又不关心他们，因而彼之百姓犹如陛下之顽童，偷拿陛下的兵器在小水池边舞枪弄棒地打斗起来了。现在，陛下是想让臣把他们镇压下去，还是安抚他们呢？"

宣帝听罢，神色严肃起来，说："我选用贤良的臣子任太守，自然是想安抚百姓。"

龚遂说："臣下听说，作乱之百姓犹如乱绳，不能操之过急。臣希望丞相和御史不要以现有的法令一味地束缚我，允许臣到任后灵活变通地根据实际情况处理问题。"宣帝答应了他的请求，并派驿传将龚遂送往渤海郡。

郡中官员听说新太守上任，便派军队迎接、护卫。龚遂打发他们回去，自己单独乘驿车来到郡府并向渤海所属各县发布文告：撤免郡中追捕盗贼的官吏，凡是手中拿的是锄、镰等农具的人都是良民，官吏不得拿问，手持兵器者为盗贼。闹事的盗贼们知道了龚遂的教化训令后，立即瓦解散伙，丢掉武器，拿起了镰刀和锄头种田。

经过几年的治理，渤海一带治安颇好，百姓安居乐业，温饱有余，龚遂也因此名声大振。

于是，汉宣帝召他还朝。他有一个属吏王先生，请求与其同往长安，说："我对你会有好处的！"

可其他属吏却不同意，说："这个人一天到晚喝得醉醺醺的，又好说大话，最好不要带他去！"

龚遂说："他想去就让他去吧！"

到了长安后，这位王先生仍然终日沉溺在醉乡之中，不见龚遂。可有一天，当他听说皇帝要召见龚遂时，便对看门人说："叫我主人到我住处来，我有话要对他说！"一副醉汉狂徒的嘴脸，龚遂也不计较，还真来了。

王先生问："天子如果问大人如何治理渤海，大人准备怎样回答？"

龚遂说："我就说任用贤才，使每个人都显示自己的才能，严格执法，赏罚分明。"

王先生连连摆头道："不好！不好！此乃自夸其功。请大人这么回答：'这不是小臣的功劳，而是天子的神灵威武所感化！'"

龚遂接受了他的建议，并按他的话回答了汉宣帝。宣帝果然十分高兴，留龚遂在身边任以显要而又轻闲的官职。

龚遂之所以得到了皇帝的"甜头"，是因为他没有耍"个人英雄主义"。龚隧听从下属建议，自己没有"出风头"，而巧妙地把功劳推于宣帝，宣帝怎能不高兴！

公元280年，西晋名将王浚巧用火烧铁索之计，灭掉了东吴。三国分裂的局面至此方告结束，国家重新归于统一，王浚有不可埋没之历史功勋。

岂料王浚克敌制胜之日，竟是受谗遭诬之时。安东将军王浑借不服从指挥之由，要求将王浚交司法部门论罪，又诬告他攻入建康之后，抢劫了大量的吴宫珠宝。

这不能不令功勋卓著的王浚感到畏惧。当年消灭蜀国时，邓艾乃收降后主刘禅的大功臣，也是在获胜之日被谗言诬陷而死的。他害怕重蹈邓艾的覆辙，便一再上书陈述战场的实际状况，辩白自己的无辜。最后，晋武帝司马炎不仅没有治他的罪，而且力排众议，对他论功行赏。

可王浚每当想到自己立了大功，反而受制于豪强大臣，且一再被弹劾，就愤愤不平。每次晋见皇帝时，他都一再陈述自己的辛苦与悲愤，有时感情激动，也不向皇帝辞别，便愤愤离开朝廷。他的亲戚范通对他说："足下的功劳可谓大了，可惜足下居功自傲，未能做到尽善尽美！"

王浚问："这话什么意思？"

范通说："当足下凯旋之时，应当退居家中，闭口不提伐吴之事。如果有人问起来，你就说：'是皇上的圣明以及诸位将帅的努力，我没有功劳可夸！'"这样说，王浑能不惭愧吗？

于是，王浚按照他的话去做，谗言果然消失了。

自以为有功便忘了上司的人总是讨人嫌的，而且易于遭受上司的嫉恨。说出自己的功劳虽说合理，却不合世俗人情，而且是很危险的事情。只有把功劳让给上司，才是明智且稳妥的自保之法。

一点通

在功绩面前沾沾自喜，或难以把持住自己，这些都是人类天生的弱点，也是招致灾祸的常见原因；保持冷静的态度，谦虚处世、低调做人往往能增大生活中的安全系数，减少遭受别人嫉恨和打击的可能。

如何应对"卸磨杀驴"

韩信是淮阴人。当他还是老百姓时，生活贫困并且行为不拘小节，曾受过胯下之辱。由于在项羽手下得不到重用，便离开了楚国，后经萧何极力举荐，归附了刘邦。刘邦大喜，亲自斋戒，设拜坛，按照拜将的礼仪任命韩信为大将。从此，韩信多次在战场上立功，为刘邦夺取天下、开创汉代基业立下了赫赫战功。但是，由于刘邦对韩信存有戒心，再加上韩信放荡不拘，居功自傲，他最终被杀头并且诛灭九族。

当韩信屡建战功的时候，齐国人蒯彻深信韩信将是决定天下局势的一个关键性人物，打算拉拢韩信。他对韩信说："当今，你将决定刘邦和项羽的命运。你为汉尽力则汉胜，为楚效力则楚胜。依我之见，你不如利用刘、项双方的力量，让他们相互争斗，同他们三分天下，鼎足而立。在这样的形势下，凭着你的贤明，又有众多的军队，占据着富强的齐国，挟制燕国和赵国，你出兵于刘、项两家军事薄弱之地而制其后，顺应民情，为百姓搏命，则天下闻风而动，谁敢不从……希望你再好好考虑。"韩信因感于刘邦的优厚待遇，故而听不进蒯彻的劝告。

几天之后，蒯彻又来劝说韩信。韩信以有功之臣之名，料想汉王不至于夺去他的齐国，毅然拒绝了蒯彻。蒯彻游说无果，便装神弄鬼地当巫师去了。

项羽的大将钟离昧一直与韩信关系甚好。项羽败亡后，钟离昧便投奔了韩信。但是，刘邦恨钟离昧，下令捉拿他。后来，有人告发韩信谋反，刘邦设计陷害韩信。韩信走到楚国地界，心里犹豫不定，想谋反却自觉无罪，不必出此下策；想拜见刘邦又怕被生擒。这时，有人告诉韩信可杀掉钟离昧再去见刘邦，以免惹祸上身。韩信就与钟离昧相商，钟离昧说："汉王之所以袭击楚国，就是因为我在你这里的缘故。"说完便自刎而死。

韩信捧着钟离昧的头去见汉王，汉王令武士绑了韩信。韩信说："果然像人们所说的，'狡兔死，走狗烹；飞鸟尽，良弓藏；敌国破，谋臣亡'。如今天下已定，我当然应遭烹杀。"高祖虽未降罪于韩信，但仍对他心存戒备。

从此以后，韩信怏怏不乐，对周勃、颖明侯灌婴等甚为不屑，并与巨鹿郡守商议谋反。刘邦亲自带兵讨伐，最后，吕后设计杀了韩信。

刘邦在起义之初，拍胸脯、许官愿、讲义气、守信用，利用张良、萧何、韩信三杰取得天下。称帝后却一反常态，嫉贤妒能，冤枉并谋杀功臣。第一个处决的就是曾与之有"信不负汉，汉不负信"盟约，为建立刘氏江山出生入死、扫平群雄的韩信。

刘邦忧心于韩信由来已久，因为韩信杰出的军事才能令他惊、令他怕。可是，在与项羽激烈的征战中，韩信又是他制胜的王牌。因此，他一直藏疑惧于心底，不敢流露。如今，项羽被消灭了，他的皇帝宝座坐稳了，便开始收拾韩信。

韩信不但没有学到立身处世之道，而且过高地估计了自己的功劳。天下大局已定，"狡兔死，走狗烹；飞鸟尽，良弓藏"这种结局是必然的。我们应当引以为戒。

一点通

卸磨杀驴，兔尽杀鹰，是统治者们惯用的潜规则。身为下属，只有洞察其中的利害，进退有度，才能获得善终。

进退有度是成事之道

战国时，有一次赵王派孔青带领大军救援禀丘。孔青是员猛将，再加上足智多谋的宁越，所以，赵军一战而大败齐军，还击毙了齐军统帅，并俘获战车两千辆。三万具齐军尸体留在战场上，孔青决定把这些尸体封土堆成两个大高丘，用以彰明赵国的武功。

宁越劝阻道："这样做太可惜了，那些尸体可以另有用处。我看不如还给齐国人，这样做可以从内部打击齐国，从而让齐军不再进犯！"

"这些死人怎么能从内部打击齐国呢？"孔青想不通。

宁越说："战车和铠甲在战争中丧失殆尽，安葬战死者时又会耗费其府库里的钱财，这就叫从内部打击他们。我听说善用兵之人，该坚守时就坚守，该进退时就进退。我军不如后退三十里，给齐国人一个收尸的机会。"

孔青略懂宁越之用意，但转念一想，又说："不过，如果齐国人不来收尸，又该怎么办呢？"

"那就更好了，"宁越胸有成竹地说，"作战不能取胜，此乃其首条罪状；率领士兵出国作战而不能使之归来，这是他们的第二条罪状；不收取他们的尸体，这是他们的第三条罪状。老百姓将因为这三条而怨恨齐国的高级将领。位高者无法役使下属，而下面的人又不愿侍奉居于上位的人，这将是对齐国的双重打击！"

"好，还是您技高一筹啊！"孔青终于理解了宁越的良苦用心。

正如宁越所料，齐国因此元气大伤，很长一段时间不能再对外用兵。

有进有退，能屈能伸，是成功所必需的。那种一往无前、有进无退的人只是村夫莽汉，表面上英勇，实则成事不足、败事有余。

一点通

进退有度，是历史潜规则中最难领会的精髓。如何在该进时长驱直入，该退时让人一步，往往需要高人一筹的智慧。

智者应如何后发制人

公元前635年，楚军攻打宋国，宋国求救于晋国。晋文公决定攻打刚刚臣服于楚国的曹、卫两国，以吸引楚军，从而解宋国之围。

楚成王听说晋国要灭曹、卫两国，心中大惊，急命大将成子玉速离宋国。但是，成子玉骄横自负，在停止攻宋之后，转而进攻晋国。晋文公明令军队退避三舍，到达城濮驻扎。晋军求战心切，心中愤愤不平，不想后撤。晋文公重耳因为面对强大的楚军，胜负难料，因此，在指挥上犹豫不决。这时，大臣狐偃让将士们少安勿躁，先退避三舍。并解释说，此种做法一可以实现国君当年的诺言；二可以避开楚军锐气，待其斗志松懈时再与之交战，这样更有把握取胜。晋军明白了退军的用意，上下同仇敌忾，决心严阵以待，奋勇杀敌。将士们的高昂斗志也使晋文公取胜的信心更加坚定。

楚将成子玉将楚军和陈、蔡两国军队分为三队，气壮如牛地说："现在是打败晋军、灭亡晋国的时候了！"两军遂开始对阵列势。晋军采取先弱后强的战略，先由下军列将胥臣进攻楚军右翼，因为右翼是由陈、蔡联军组成，经不起战斗。果然不出所料，楚军右翼经晋军一冲击，立即惊慌失措，弃阵而逃。

晋军上军主将狐毛假充中军，竖起两面军旗（当时只有中军才有两面旗帜），假装退兵。晋下军主将栾枝也用战车拖着树枝，尘土飞扬，伪装败逃。楚军果真以为晋军主帅败退，便驱车追杀，却被晋中军主将先轸拦腰冲杀，狐毛、狐堰指挥的上军趁机击溃了楚左军。子玉见势不妙，慌忙鸣金收兵。这一仗楚军几乎全军覆没，子玉后来在退兵途中被迫自杀。

退避三舍之退，不是消极地退、被动地退，而是主动地退。退让是为了寻找进的机会，积累进的力量。所以，有经验的谋略家首先算的是政治账和全局账，而不会以初次交手的形势评判。

退避三舍、后发制人在军事上和政治上是常用的韬略。对敌作战时后发制人，敌之企图就会充分暴露，自己就可避敌所长，乘敌所短；在政治上角逐于对手时，后发制人较容易赢得民心，取得同情和援助,在道义上先赢得一分。在今天激烈的市场竞争中,许多企业经营者都推崇"先发制人,后发制于人"的原则,力争行动先于人,先变于人,从而取得了巨大的成功。但也有一些企业经营者持重待机,后人而发,也能克敌制胜,取得非凡成就。

一点通

后发的行动要有计划和目的,胸有成竹才能掌握一切。虽发于后,但要想在前、备于先。后发制时人应相机而动,不可拘泥于一法。

人情需靠平时积累来维持

中国是个讲求人情的国度,西方人经常对中国人所谓的"关系"不明就里。也难怪,他们跟人办事时一般都是为了纯粹的利益,对建立在人情基础上的抽象概念确实难以理解。而理应深谙此道的中国人,却做得不尽如人意,于是有了"平时不烧香,临时抱佛脚"的哀叹。

人情,必须靠平时多烧香来维持。

某企业的董事长由于长期承包大电器公司的工程,因此常常施小恩小惠给这些公司的重要人物。本来这是正常现象,但这位董事长却有与众不同的交际方式:不仅奉承公司要人,而且殷勤款待年轻的职员。

谁都知道,这位董事长不会做亏本的生意。事前,他总是想方设法地全面调查和了解电器公司内各个员工的学历、人际关系、工作能力和业绩等情况。如果认为这个人大有可为,以后可能会成为该公司的要员,不管他有多年轻,董事长都尽心款待。这位董事长这样做是在为日后获得更多的利益做准备。他明白,欠他人情债的10个人中,可能有9个会给他带来意想不到的收益。他现在做的亏本生意,日后都会利滚利地收回来。

所以,当自己所看中的某位年轻职员晋升为科长时,他便立即前往为之恭贺。这位年轻的科长自然倍加感动,无形之中便想感恩图报。董事长却说:"我们企业能有今日,完全是靠贵公司的抬举。因此,我应该向像你这样优秀的职员表示谢意。"

这样,当有朝一日这些职员晋升至主管、经理等要职时,仍然会对这位董事长报恩。因此,在生意竞争十分激烈的时期,许多承包商的公司纷纷倒闭破产,而这位董事长的公司却仍然生意兴隆,这就是他平常对关系投资较多的结果。

天上不会掉馅饼,并且刚好掉到你的嘴巴里,所以,要经常结交人情。

做人情还应察言观色,消息灵通是前提。

察言,便是"闻一知十";观色,便是"见面明意"。

李先生与赵先生在一家商场相遇,赵先生还带着他的独生女,两人在路上谈起了生意上的事情。经过卖衣柜时,李注意到赵的女儿很喜欢一件红色衣服。第二天,李来到赵家,送给赵的女儿一件红色衣服,赵的女儿很开心。可她却没想到,她的父亲有一天要因此给"李叔叔"一个面子,将这个情还上。

战国的时候,也有关于人情的例子。

战国末期,秦主将白起歼灭了赵国40万大军于长平,乘胜把邯郸团团围住。赵王之弟平原君是魏国公子信陵君的姐夫,因此,赵王几次书信求魏王和信陵君援救,魏王便派将军晋鄙统率10万大军救赵国。

秦王听到这个消息后,立即派人警告魏王说:"我攻下赵国是早晚的事,任何国家敢派兵救援的,等赵国被我攻打下之后,就一定移调军队攻打它!"

魏王被吓住了,急忙命令晋鄙停止进军,驻扎在邺下这个地方。他以援救赵国为名义,暗中观望形势,采取阳奉阴违的态度。

信陵君屡次请求魏王火速进兵，但魏王怕秦出兵进攻自己，始终不答应。信陵君没有办法，正要汇集门客与赵国共存亡时，一个叫侯生的人给他出主意来了。

侯生把旁人遣开，细声问信陵君："我听说如姬是魏王最宠幸的一个美人，是不是？"

"是的！"

"我又听说如姬的父亲被人杀害，她怀恨了三年。从国王以下很多人都想替她杀掉凶手，却总是没办法找到这个仇人。有一次，她向你哭诉这件事，你立刻派门客侦察，很快就把那个人的头弄到手了，献给如姬，是否有这件事？"

"不错，确实有这件事。"

于是，侯生说出了他的计划："你帮如姬报了杀父之仇，她一定会非常感激，就是为你牺牲生命，也绝不会推辞的。你正好可以利用这个机会，从她身上想办法！"

侯生问魏王凭何下令，信陵君答道："兵符。"侯生一下站起来："只要能把兵符弄到手，晋鄙的军权就归你了，魏军就可以立即开到邯郸去，这样不就解决赵国的危机了吗？唉，你听我说，魏王的兵符就藏在卧室里，只有如姬一人才可接近。你现在立即去见她，只要你开口求她偷出兵符，她肯定会答应的。这样你就可以指挥大军，从北面救赵国，西面击败秦。这可是了不起的功勋，这个机会千载难逢啊！"

信陵君听信于侯生，请如姬偷到了兵符，并拿着兵符夺了大将晋鄙的兵权。信陵君随后发布命令说："父子同在军中者，父亲退役回家；兄与弟在军中的，哥哥回去；是独生子的，就回家去奉养父母。"

军队经过整编以后，得到精兵8万，然后，派人告诉赵王，约定时间对秦军前后夹攻。进军那一天，信陵君身先士卒，魏军如出山的猛虎，令秦军措手不及，仓皇逃回秦国。就这样，邯郸解围了，赵国转危为安。

一点通

人情，必须靠平时的积累来维持。

学会给人留条路

我们说某某"得理不饶人"，往往意在说他目光短浅，把今后和别人正常交往的一些路都堵死了。这里其实也含着一个潜智慧：得饶人时且饶人，将来或许能够获得回报。

这个潜智慧在现实中有两方面意义：

1. 上司对下属

宋代韩琦在定武统帅部队时，一次夜间伏案办公，一名侍卫手持蜡烛为其照明。那个侍卫不小心走了神儿，蜡烛烧了韩琦鬓角的头发。韩琦什么都没说，只是急忙用袖子蹭了蹭，又低头写字。过了会儿一回头，发现已换了另一侍卫拿蜡烛。韩琦怕主管侍卫的长官鞭打那个侍卫，就赶快把他们召来，当着他们的面说："不要替换他，因为他已经懂得怎样拿蜡烛了。"军中将士得知此事后，无不感动敬佩。按理说，侍卫拿蜡烛照明时不够专心，把统帅的头发烧了，此为失职也，韩琦责备是应该的；即使不责备，难免"哎呀"一声。可他不但忍着疼没吱声，而且在发现侍卫换人后，还怕侍卫受到鞭打责罚，想办法不惩罪他。他这种容忍比批评和责罚更能让士兵改正缺点，尽职尽责，士兵怎能不对他肝脑涂地呢？韩琦统率的是一个大部队，事情虽小，影响却大。上下知晓后，谁不愿意为这样的统帅效力呢？

2. 同自己的"对手"

每个人的智慧、经验、价值观以及生活背景都不相同，因此，与人相处时，必然会产生冲突——

不管是利益上的冲突还是是非的矛盾。这种情况，尤其存在于竞争激烈的现在社会。

大部分人一旦陷于争斗的漩涡时，便无法控制自己。一方面为了面子，一方面为了利益，因此，他们一得了“理”便不饶人，非逼得对方举手投降不可。然而，“得理不饶人”虽然能让你暂时得意，却为下次的争斗埋下了伏笔；“战败”的一方为了面子和利益，当然也会继续争斗。

“得理不饶人”是你的权利，但很多时候，我们应该学学古人“得理且饶人”。

何谓“得理且饶人”？就是给对方一个台阶下，为他留点面子和立足之地，这其实很容易做到，对自己也有好处。

——得理不饶人，让对方走投无路，有可能把对方“求生”的意志激起。既然是“求生”，就有可能“不择手段”，甚至对你造成伤害。好比把老鼠关在房内，不让其逃出，老鼠为了求生就会咬坏你家中的器物。如果给他生存的机会，他“逃命”要紧，便不会对你造成伤害。

——对方“无理”时便自知理亏，你在明显有理的情况下放他一条生路，他定会心存感激，来日自当图报。就算不是这样，也不致毁了对方，这样不厚道，得理且饶人，也是积德。

——人海茫茫，你和许多人以后都会不期而遇。你今天得理不饶人，焉知他日你们不会狭路相逢？若届时他势强你势弱，你就有吃亏的可能，“得理且饶人”，也是为自己留后路。

另外，你也得想：你得理不饶人，到底能得到多少“好处”？“大好处”既“大”，何妨也“饶人”，因为这对你的“大好处”影响并不大；至于“小好处”既小，则没必要不饶人。

——做事做人，得饶人处且饶人。

——“理”字既明，为何言辞不圆滑一点呢？

不懂得饶人，或把事情做得没有退路，对谁都没有好处。

一点通

“得理且饶人”就是给对方一个台阶下，为他留点面子和立足之地。以后再相逢的时候，他也必会给你留个方便之路。

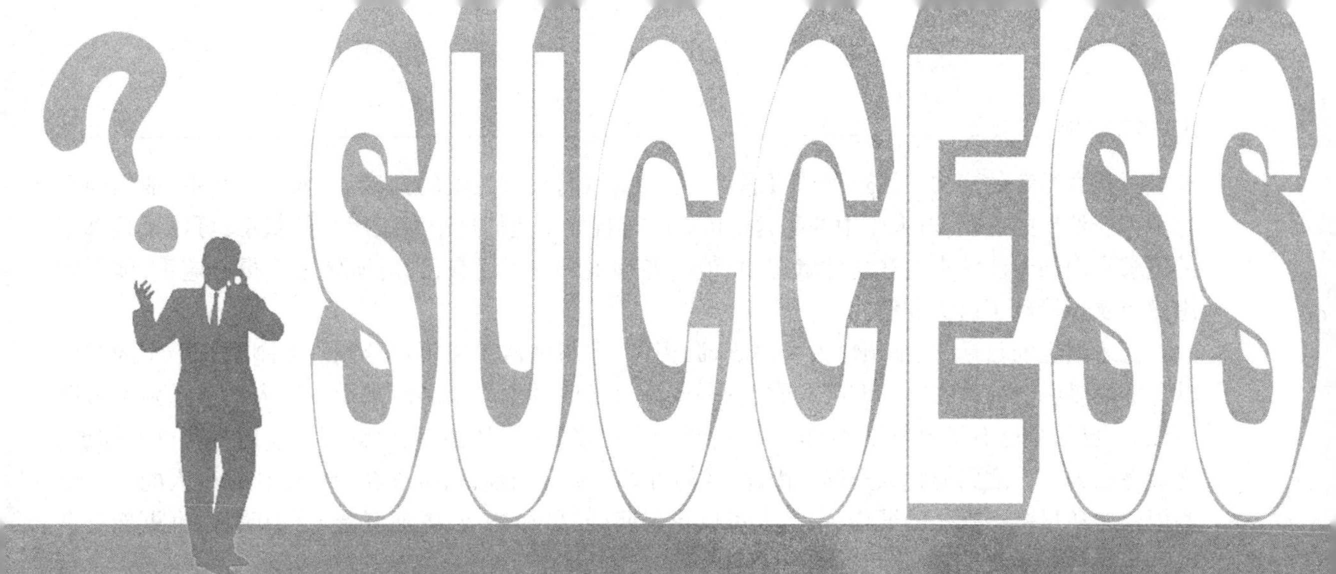

6 善于思考篇

第一章　思考有着惊人的力量

沉思默想的练习

倘若一个人梦寐以求地想实现一种更高层次的、更纯洁的、更丰富的人生，而不是一生碌碌无为、单纯享乐，那么他的内心便会产生强烈的渴望；倘若能再将其全部心思用在追求彼种人生时，他就等于在实践其沉思默想。

离开了强烈的渴望，便不会有沉思默想。无精打采及漠视一切，是练习沉思默想的大敌。一个人的渴望越强烈，他做事时就越能够专心致志，在练习沉思默想方面他也就越能够获得成功。当一个人真正觉醒时，他便可以在沉思默想中认识真理。

想获得成功必须专心致志，而沉思默想则是人们达到理想境界之必需。非精神的技能与知识需要专心致志才能获得，而沉思默想则能获得精神的技能与知识。一个人只要专心致志，就可以攀登到天才的高峰，但却不能攀登到真理的最高峰。为了登上真理的最高峰，只有沉思默想。

通过专心致志，一个人可以全面理解恺撒式的人物，而且能够获得恺撒般的力量；而通过沉思默想，他可以获得神圣的智慧，达到完美。专心致志的完美体现是力量，而沉思默想的完美体现则是智慧。借助专心致志，人生中的各种事情都可尽在掌握之中——科学、贸易、艺术等方面的技能，而借助沉思默想，可以掌握人生本身的技能，他们可以成为智者，可以为人师表，可以得到启蒙。由此可见，人们能从神圣的沉思默想中大有收获。

1. 安静思考是精神的专注

沉思默想可以借助专注的四个阶段，它们给人带来的两种力量之间的区别是取向的区别，而不是性质的区别。沉思默想乃精神专注，在寻求神圣的知识、神圣的人生及真理时，把心思集中到一点。

这样一来，人们除了渴望做好日常生活中的事情外，还渴望认识真理。随后，他就专注于行为、专注于人生、专注于纯洁。当他们开始关注这类事情时，他们就上升到了对人生的现实、问题及神圣进行认真思考的层次。而这种认真思考,可以使他们领悟人生的真谛,并沉浸于其中,他们的心思不再受外界的纷扰,对人生中的问题也可以应付自如。他们这个时候所处的状态,可以说是真正的追求真理的专注状态。在这种状态中,他们能够很好地平衡自己,对所做之事得心应手,他们的思想也真正得到了启蒙和解放。

沉思默想的目标,就是领悟人生的真谛,因此,它与纯洁正义不可分割。在刚刚开始实践沉思默想的时候,人们投入的时间相对较短——或许只是清早用半个小时来做。当人们感觉到通过沉思默想,已使自己有了比较丰硕的收获时,便会用更多的时间实践沉思默想。人们所获得的知识,将对自己的人生之路有很大帮助。因此,我们可以毫不夸张地说,沉思默想可以让一个人的一生受益匪浅。通过沉思默想的锻炼,一个人可以更加坚强、更加圣洁、更加沉着、更加明智,也更能对自己的人生尽职尽责。

2. 安静思考可以纯洁思想

沉思默想的中心意思有两层:

(1)通过不断地把思想集中在纯洁的事情上,从而使心灵纯净;

(2)在实际生活中体现这种纯洁,从而获得神圣的知识。

在实践的过程中,人越来越轻松自如地重复着思想,并通过产生被我们称为“习惯”的那种不由自主的行为,把品格“定位”于某一方向。

通过每天都使自己沉浸在纯洁的想法中,沉思默想者便形成了纯洁的习惯,并得到启蒙的思想,而它们则可让沉思默想者做出纯洁及明智的行为,并且使自己尽职尽责。一个人只要不断地重复自己纯洁的思想,天长日久,他至少可以具有那种思想,成为一个纯洁的人,他的纯洁品性可以在他的所作所为中得到充分体现。

大多数人都生活在一种欲望、感情、情绪及猜测的相互冲突之中,而且有过内心不安、犹豫不决以及悲伤不已的经历。然而,倘若一个人开始认真练习沉思默想,他就可以通过把自己的心思集中在一个中心原则上,从而渐渐使自己内在的冲突得到控制。通过这一途径,他那些由不纯洁的或错误的思想所导致的不纯洁的旧习惯完全可以被克服,他的良好的新思想可以让他形成良好的新习惯。他开始倾向于认识和坚持真理,他原来的内在冲突会不知不觉地消失得无影无踪,取而代之的则是和谐与完美。

3. 错把幻想当成沉思默想

对真理的强烈渴求,时常让人觉得人生过于短暂,有那么多有意义的事情需要自己去做。心中有了这种感觉,人才有可能真正开始实践沉思默想。大多数人只是若有所思,或者有做白日梦的习惯(这种习惯经常被冠以沉思默想的名义),这些都不是沉思默想。因此,从高尚的精神意义上来讲,要真正开始实践沉思默想,就必须从前面所讲的那种感觉开始。

人们总是轻易地将幻想误作沉思默想,对致力于沉思默想的人来说,这是一个必须避免的致命错误。所以,绝对不能将幻想当成沉思默想。因为幻想只是人们把自己置身于一种虚幻的梦想中;而沉思默想则是一种强有力的、带有明确追求的思想活动,人们通过这种思想活动可以让自己得到升华。幻想能够使人轻松、愉悦,而沉思默想在刚刚开始的时候给人的感觉是困难与厌倦。幻想因沉溺于奢华而兴奋,沉思默想则在费脑力及勤自律的过程中得以加强。幻想首先是诱人的,随后才能给感官以快感,接下来让人感受到暂时的愉悦;沉思默想首先让人自我约束,随后能让人从中得到启蒙,接下来才能让人感受到平静与安详。

一个人可以根据许多迹象判定自己究竟是沉溺于幻想之中,还是处于沉思默想之中。

沉溺幻想的迹象主要有:

(1)好逸恶劳;

(2)喜欢体验做梦般的快乐;

(3)越来越反感自己所要履行的职责;

(4)想要逃避责任;

(5)逃避现实；

(6)幻想不劳而获；

(7)易于自我放纵。

沉思默想的迹象主要包括：

(1)增强体力及精力；

(2)不遗余力地追求智慧；

(3)丝毫不厌倦地履行职责；

(4)有勇气承担责任；

(5)勇于面对现实；

(6)不为荣华富贵而折腰；

(7)有自我克制能力。

4. 难以进行沉思默想的氛围

不易于沉思默想的时间、地点及境况：

(1)就餐期间，或者刚刚用餐完毕；

(2)娱乐场所；

(3)人群拥挤的地方；

(4)快步行走之时；

(5)早晨躺在床上之时；

(6)正在吸烟之时；

(7)躺着放松身心之时。

进行沉思默想的最佳时间、地点及境况：

(1)每天清晨；

(2)就餐之前；

(3)独自一人之时；

(4)在户外或在一个比较简朴的房间中；

(5)坐在较硬的座位上时；

(6)身强力壮的时候；

(7)衣着朴实无华的时候。

由此可知，轻松、奢华及放纵（其中包括沉溺于幻想之中）使人们难以进行沉思默想；而努力、自律及忘我（它们排斥幻想）则更容易进行沉思默想。

人既不应该暴饮暴食，也不应该忍饥挨饿；既不应该衣衫褴褛，也不应该衣着华丽或招摇过市。人们要想进行沉思默想，不应该在自己十分疲倦的时候进行，而应该选择自己体力及精力最充沛的时候，因为沉思默想需要较多的体力及脑力。

可以在头脑中不断地重复高尚的格言或美丽的诗句，以此更好地唤醒内心的渴望，从而使自己的头脑清新。实际上，为沉思默想做好准备的头脑，会习惯性地接受这种练习。仅仅是机械地重复毫无价值，有时还会有碍于实践沉思默想。所选择的语句必须非常符合一个人的具体情况，以至于它们可以在此过程中充满爱心。借助这种方式，将渴望与专注和谐地统一起来，在没有任何压力的前提下，让人自然而然地开始沉思默想。

以上所述之状态，对一个刚刚开始进行沉思默想的人来说至关重要。那些致力于实践沉思默想的人，必须对此认真关注，而且要亲身实践。那些能够忠实地遵循上述指南，坚持不懈地实践沉思默想的人们，肯定能够收获纯洁、智慧、幸福与平和，也肯定能从沉思默想中获益。

一点通

整日沉醉于幻想之中是十分危险的，因为它破坏了自我克制能力；沉思默想能在各个方面保护人们，因为它可以培养人们自我克制的能力。

沉思默想力量无穷

精神上的沉思默想，是通向圣洁的必经之路。它是一个神圣的梯子，人们可以借助它从错误走向真理，从痛苦走向平静与安宁。没有它的帮助，你不可能进入神圣的状态，获得神圣的平静与祥和，以及永不褪色的荣誉，也不可能体验到坚持真理给人带来的无限欢乐。

沉思默想就是将心思高度集中于一个对象，其目的是完完全全地了解它。无论你沉思默想的对象是什么，只要你能够持之以恒，你就不仅能够了解它，而且可以透过现象认识其本质。因此，我们不难想象，倘若你一直把心思花在自私与卑鄙上面，那么你注定会成为一个自私与卑鄙的人；倘若你一直把心思用在纯洁与无私上面，那么你定能成为一个纯洁无私的人。

向别人坦露你的内心，诚实地告诉他们：你独处的时候，你的心灵大多时候会向何处漫游。之后他们便会知晓，你是在走向痛苦还是在走向平静。从本质上来讲，你或许会成为一个高尚圣洁的人，或者成为无所作为的人，也可能是堕落的人。

一个人时常会想，他实际上不可避免地要成为怎样的人。因此，提高你沉思默想的层次，以便每进行一次沉思默想后，便会更接近良好品质。你要十分纯粹地进行沉思默想，不要掺杂任何自私的因素，你的心灵将得到净化，你也将认识到人生的真谛，从而避免误入歧途，犯下令自己追悔莫及的错误。

1. 成长的秘诀就是安静思考

聚焦现实的沉思默想是尽快成熟起来的先决条件，从来不做沉思默想的人，其实是一具没有灵魂的躯体。这样的人将无法提高自身的思想层次，也绝对不可能让自己的心灵得到升华。

倘若你每天都在为获得智慧与平静让自己更加纯洁，为能够更透彻地领悟人生的真谛而思考，那么你会获得成功。

如果你能够进行有价值的沉思默想，那就不要再去考虑那些阻碍你获得理想的事情；如果你能够献给他人关爱与同情，那就说明你已经能以成熟的思想去思考、去行动，那样你才能够不断地进步，最终，把你的理想变为现实。

2. 极其美好的收获需要的是努力

在这个世界上，能够有所成就的人都是为了实现目标而努力奋斗的人，而那些游手好闲，觉得自己无需付出丝毫努力或只想动动嘴便能如愿以偿的人，都是十分愚蠢的人。因此，任何时候都不要天真地幻想自己不付出任何努力就会有丰富的果实。只有当你不遗余力地朝着自己的奋斗目标努力时，你才能得到这些；只有坚持不懈地奋斗，才能使人生更有意义。

在刚刚开始的时候，你必须区分幻想与沉思默想。沉思默想与不切实际的幻想毫不沾边，它是一个追寻与思索的过程，而且在这个过程中只会保留真理。因此，只要你真正地进行沉思默想，就不会再执迷不悟。你还要做到忘我，而且要时刻牢记，只有真理是自己全心追求的。昔日你犯了一个又一个的错误，可一旦进行沉思默想，你就会一个个地改正那些错误，而且你能够在追求真理的道路上孜孜以求，直至真理被揭示出来。当你自身所犯的错误全部被改正时，真理被揭示的时刻便已来临。你会认识到，我们每个人静谧的内心世界里都在绽放真理之花。倘若你对真理之花毫无觉察，那么你就有犯错误的可能。倘若你能够培养起鉴赏真理之花的能力，那么你就能够避免犯错误，从而使自己所做的事情更加完美。

3. 告别懒惰

清晨，诸多状况对你进行沉思默想都比较有利；经过一整夜的休息，你的情绪已趋于平静，你前一天的激动与担忧也已趋于平静，你得到了充分休息的头脑就会很容易接受精神指导。实际上，当你在沉思默想的时候，你被召唤去做的努力之一就是告别懒惰，改掉以前的不良习惯。如果你拒绝这种内心的召唤，那么你就无法前进，因为你没有诚心接受精神指导，也就无法满足你的精神需求。

精神觉醒时，头脑和身体也会觉醒。但是，懒惰及自我放纵会让你永远也无法认识到真理。那些拥有健康的身体及充沛的精力的人们，倘若难以克服各种不良习惯，而把清晨的宝贵光阴都浪费掉，那么他们根本无法攀登至人生的高峰。

4. 早些醒来

一个人若能控制自己早起，充分利用清晨的宝贵光阴进行沉思默想，那么他就能够早日摆脱无知的黑暗，让神圣的光芒照亮自己的内心世界，实现自己圣洁的追求。伟人们所达到并保持的高度，是他人无法轻而易举地实现的。他们超常人的长期坚持不懈的付出和努力，才使他们达到并保持着令人们望而兴叹的高度。

每一位圣人、每一位贤哲、每一位真理的导师，都会早起。如果你一大早因为要开始做自己的本职工作，而没有时间进行系统性的沉思默想，那么你就应该设法在晚上抽出一个小时的时间，放下你的工作，不考虑其他可能让你烦恼的事情，而是静下心来认认真真地沉思默想。假如你的日常工作十分繁忙，而且需要较长的时间，那么你千万不要为此感到无望，因为你完全可以在工作之余，或者利用你偶尔无所事事的几分钟，把你的心思集中于沉思默想；倘若你所从事的工作自动化程序较高，你或许可以在保证机器正常运转的同时进行沉思默想。

德国哲学家伯麦堪为一位信奉基督教的圣贤，他曾是一个鞋匠。正是因为他在长时间做鞋的过程中坚持进行沉思默想，才领悟了人生的真谛。

5. 沉思默想能给人以力量

精神上的沉思默想必须依赖自我约束。因此，你应当开始自我沉思，以设法了解自我。首先，你要把彻底消除自己的一切错误作为一个努力达到的目标。你将开始对自己的动机、思想及行为质疑，将它们与你的远大理想比较，并且努力地以一种不带任何偏见的眼光看待它们。借助这种方式，你的心境将变得越来越平静、安宁。要知道，没有平静安宁的心境，人就成了生活在海洋中的一棵孤立无援的浮萍。如果他人对你不友善，那么你要对他温和宽容，并进行沉思，直至认识到以牙还牙的做法是不明智的，从而消除那种想法。随后，你便能够让自己的心徜徉在爱的思想中、温和的思想中、宽容的思想中；当你以较高的思想境界克服较低的思想境界时，你便会发现，爱的定律时时刻刻都在人的行为中起着作用，你的内心世界也都充满爱。

你掌握了有关爱的定律的知识，并且将这种知识运用于你的一言一行中，长此以往，你将变得越来越平易近人、和蔼可亲，你将越来越关爱他人，你还将变得越来越圣洁。你会自觉地改正自己的错误，消除自己自私的欲望，克服自己的弱点。借助沉思默想的无穷力量，你可以避免再犯错误，你会越来越清晰地看到照耀着你的理想之光。

通过沉思默想产生的结果，是一种悄无声息的精神力量，是一种能够让你在坎坷的人生道路上勇往直前的力量。圣洁的思想有十分伟大的力量，你在平心静气的沉思默想中所获得的力量与知识，将使你摆脱人与人之间的相互倾轧，摆脱悲伤的阴影，抵御形形色色的诱惑。在依靠沉思默想的同时，你的智慧会不断增长，你的那些自私的欲望也将消退。要知道，那些自私的欲望到头来只会给你带来痛苦和悲伤。靠着稳重、靠着自信，你将能坚持立场，遵循不可更改的定律。

6. 相信神圣的定律

一个人靠着持之以恒的沉思默想，可以透彻地理解永恒的定律，而沉思默想产生的力量，则能够让他发自内心地相信这些定律，从而与上帝融合。因此，我们可以说，沉思默想的目标就是实现神圣的宁静与安详。

通过发挥沉思默想的力量，努力克服自私自利，你将开始变得热心，打破毫无生气的条条框框，走上智慧的康庄大道。认真地进行沉思默想之人，首先可以觉察到一种真理，随后，通过逐渐地实践，他便会透彻地理解这种真理。

7. 释迦牟尼的五种伟大的沉思默想

释迦牟尼曾用下面的“五种沉思默想”教导他的弟子们：

“第一种沉思默想，就是对爱的沉思默想。在此过程中，你认清了自己的人生追求，你渴望自己有能力让所有人，包括敌视你的人，都能过上幸福的生活。

“第二种沉思默想，就是对同情的沉思默想。在此过程中，你想到了其他人所遭受的苦难，从而在你心灵的深处，对其他人产生了一种强烈的同情感。

“第三种沉思默想，就是对欢乐的沉思默想。在此过程中，你想到了其他人的幸福生活，看到其他人充满欢乐，你的内心也会充满欢乐。

“第四种沉思默想，就是对不纯洁的沉思默想。在此过程中，你认识到了贪污腐化的危害，以及罪恶与疾病的可怕后果，体验到‘俄顷之淫乐，无穷之悲哀’的深刻内涵。

“第五种沉思默想，就是对宁静安详的沉思默想。在此过程中，你超越了个人的爱好与仇恨、专制与压迫，财富与欲望的层次，从而以完美的平静心境看待自己的命运。”

佛陀的弟子们正是依靠这五种伟大的沉思默想，才达到了真正参透世事的目的。

8. 具有崇高的追求

在沉思默想的过程中，你应该让自己的心灵得到爱的光芒照耀，直至能够摆脱所有的仇恨，从而不左右于情绪，不怨天尤人。你应当用一颗爱心拥抱整个宇宙，如同花儿绽开自己的花瓣迎接晨光一般；应向上帝的圣洁之光越来越多地敞开心扉，展开你追求的翅膀，自由地飞翔。做一个无所畏惧的人，不断培养自己高尚的品格。

相信自己将是一个和蔼可亲的人，相信自己可以拥有一尘不染的人生，相信自己完美神圣的人生目标是可以达到的，相信自己可以认识至高无上的真理。相信这些的人，才能够快速登上高耸入云的山峰；而不相信这些的人，则只能在大雾弥漫的山谷中痛苦地摸索。就这样相信，就这样追求，就这样沉思默想，神圣的甜美将成为你的精神体验，也将使你的内心世界变得美好。倘若你意识到神圣的爱、神圣的正义、神圣的纯洁、完美的善良定律，或上帝定律、巨大的幸福将向你招手，那么你的心境将变得宁静而安详。

倘若能揭开这个面纱，精神的宇宙便可得以展现，时间将处于凝固状态，你只属于永恒。变故及死亡再也不会让你忧心如焚、悲伤不已，因为你会成为这个世界上的一位不朽者。

一点通

精神上的沉思默想，是通向圣洁的必经之路。它是一个神圣的梯子，人们可以借助它从错误走向真理，从痛苦走向平静与安宁。

学会获取精神的能量

对世界上充满享乐主义的人们来说，他们乐意做一些能够让自己高兴得开怀大笑，或者激动得流出幸福的泪水之类的事情；可大多数人没有致力于追求宁静、稳重与力量，根本不努力克服人性的弱点，而是热衷于那些耗费他们已经具有的能量的乐事。

倘若你左右于自己不稳定的思想和冲动，那么你注定是一个没有真正能量的弱者；倘若你能够正确地控制并引导思想与冲动的力量，你就能够拥有巨大的能量。那些具有太强的动物性情的人，尽管像动物那样凶猛，但此凶猛与我们所讲的能量不同。能量的要素已在那儿；然而，只有用更高层次的智慧驯化这种凶猛，它才会慢慢转变为真正的能量；人只有在觉醒之后，进入了智慧的更高层次，才能够具有这种巨大的能量。

弱者与有能量者之间的区别并不在于个人意志的力量（虽然固执者的个人意志谁都无法改变，但他们时常是愚笨的弱者），而在于能体现智慧层次的良知。

享乐的追求者、兴奋的热衷者、新奇刺激的爱好者、冲动与虚伪的受害者，都没有了解在平衡、稳定及影响方面给人指导的准则。

1. 经得起考验的工作

倘若一个人能够控制自己的冲动,消除自私的念头,不断提高自己的思想觉悟,并且时时刻刻遵守道德准则,那么,他就能够不断地增强自己的能量。

在苦苦追寻、历经磨难及做出牺牲之后,人的内心世界会被永恒准则的光芒照亮。这个时候,人们定能获得神圣的平静,以及无法用语言形容的欢乐。

只要真正意识到这一准则,就不会再徘徊不定,反而能够保持镇静,泰然自若。他不再是“情绪的奴隶”,而是命运殿堂的建筑师。

由追逐私利的自我,而非由原则所支配的人,在损害到自我利益时,就会改变自己的立场。他最想做的事就是想方设法维护自己的一己之利,把能够达到这一目的的所有手段都视为合法。他会经常为了诸如保护自己不受敌人侵害等事情搞一些阴谋诡计。他变得以自我为中心,以至于觉察不到自己才是敌人。他的唯一出发点就是追逐私利的自我。这样的人所做的工作根本经不起考验,因为它与真理背道而驰。只有以一种坚不可摧的准则为出发点,一个人所做的工作才能经得起考验。

2. 不要放弃你的原则

能够坚持原则的人,面对任何局势时都能保持宁静安详、泰然自若。当真正的考验来临时,在个人享乐与真理之间,他必须放弃一个,而坚持原则的他每次都能够放弃个人享乐,保持坚定的立场。甚至连严刑拷打及死亡的威胁,都改变不了他的正确立场。而追求自我的人则把自己物质财富及个人享乐方面的损失,或者生命受到的威胁,视为人生中巨大的灾难。但是,坚持原则的人并不看重这些意外事故,觉得它们根本无法与品格的损失、真理的损失相提并论。对他来讲,只有抛弃真理才是巨大灾难。

只有在关键时刻,方能显出谁是黑暗的守护者,谁倡导光明。威胁性很大的灾难、毁灭性的打击及压迫降临的危急时刻,谁是追逐私利的人,谁是坚持真理的人,就会非常明显地表现出来。对有的人来说,只要能够让他的个人享乐不受影响,他会劝说自己相信并坚持平和宁静的原则、平等待人及充满爱心的原则;然而,倘若威胁到他的个人享乐,或者他觉得自己的个人享乐可能受到影响,那么他便很有可能诉诸武力。他的表现不再是相信并坚持平和宁静的原则、平等待人及充满爱心的原则,而是心怀自私、恶意及仇恨。

3. 对原则的认识可以赋予人能量

同时,还应该全面透彻地理解神圣的爱,首先,要静静地对它进行沉思默想。让神圣的爱的光芒,照耀着你的习惯、你的行动、你与他人的交往、你的每一个思想与愿望。只要你坚持不懈,神圣的爱就会越来越清晰地展现出来,你将会更易于发现自身的缺点,这种明显的对比能够激励你付出新的努力。一旦你觉察到神圣的爱的光芒,你就不会再沉溺于自己的弱点,而是对那种爱孜孜以求,直至消除每一个不和谐的音符,使自己与它融为一体。这种与神圣的爱融为一体的状态,就是精神能量的代表。

倘若你能够坚持其他精神原则,比如,纯洁的原则与同情的原则,并加以运用,那么,你就会全心全力地去追求真理,毫不迟疑地净化自己的心灵,清洗灵魂深处的每一个污点。随后,你就能够克制内心的种种与纯洁及同情格格不入的冲动。

你只有认识、理解并坚持这些原则,精神能量才能存在,而且那种能量将以日益增加的公平、冷静、耐心的形式在你身上体现出来。

4. 能量之道

人只有有了冷静的头脑,才能很好地做到自我克制;只有有了神圣的认识,才能使自己有耐心。那些能够在纷纭复杂的社会中保持冷静的人,才真正具有这种能量。在这个世界上,随波逐流是比较容易的,也容易自行其是;但要想摆脱世俗、行高于众却并不容易,只有伟大的人才能够做到这一点。

一个人倘若能增强自我控制、耐心、平静方面的能力，那么他的力量与能量也能同时得到增强；只有将意识集中于原则上面，才能在这一领域取得进步。孩提时代，你需要在大人的帮助下才能行走；但是，经过很多不懈的努力之后，最终，你能成功地实现一个人独立行走的梦想。在你实现这一理想的过程中，也曾摔过无数次跤。同样的道理，你首先必须经历磨炼，在力求自立的道路上做出不懈努力，真正的能量才会属于你。你要努力摆脱世俗、传统及陈旧规矩的束缚，不受他人观点的影响，成为一个有主见的人。只有这样，你才可以成为众人中的出类拔萃者。

依据你自己的判断，对得起自己的良知，追随你自身内的灵光，不为外界所诱惑。当然，会有一些人说你这么做是愚蠢的；你错误地判断了自己，因为你自身没有什么灵光，只是一片黑暗；你应该做的，就是把一切错误的东西，像蛛丝一样轻轻地抹去。如果他们是正确的，那么作为一个追求智慧的人，你就应该尽早发现他们言语的正确性，而且你只有检验一下自己的能量，才能有那样的发现。你应当选择一条正确的人生道路，然后，沿着这条道路奋勇前进。

5. 经得起风吹雨打

寻找一块岩石，即一个原则，然后，把它当做你的垫脚石。这时的你，因为脚下有了坚实的基础，所以能够经得起那些自私自利的暴风雨的洗礼。

任何形式的自私自利，都会耗费宝贵的能量，都会让人变得弱不禁风，所以，自私自利的人根本没有前途可言；而无私则会使人达到崇高的精神境界，赋予人无穷的能量，因此，无私的人将前程似锦。随着你日益充实自己的精神生活，你会越来越坚持道德原则，成为一个像那些原则一样完美无缺的人，你将能够品尝它们不朽本质的甜蜜果实。

一点通

在人生的道路上，每时每刻都要有意识地依照不可更改的准则，这样才能获得至高的能量。

要给自己足够的思考空间

一天晚上，英国物理学家卢瑟福走进实验室，他发现这么晚了仍然有一个学生俯身在工作台上。

卢瑟福问："这么晚了你在干什么呢？"

"我在工作。"学生随即回答。

"那白天你做什么了？"

"我也在工作。"

"那么早晨你也在工作吗？"

"是的，教授，早上我也在工作。"学生带着谦恭的表情承认，并期望这位著名的学者会赞许他。

卢瑟福稍微沉吟了一下："可是这样一来，你用什么时间思考呢？"

卢瑟福与学生的对话说出了一个道理：我们每一个人从实践到发明创造，除了社会性条件和工作态度以外，还有一个极其重要的条件，那就是能否留下一片空间给自己开动脑筋，认真思考。

诚然，要想取得成果必须实践。如果光想不干，即使想得再好也于事无补；如果脱离实际，想入非非，还会把事情搞砸。只有从实际出发，在实践中思考、在思考中实践，才会有思考得越深，就实践得越好的效果。实践是一种磨砺，思考同样也是一种磨砺，而且是一种更深层次的磨砺。

有了思考的空间，才能在日常现象中有所发现。牛顿把"苹果从树上自由落下"留在了思考的空间里，从而促使他发现了"万有引力"；瓦特把"壶盖被开水顶动"留在了思考的空间里，从而引导他发明了蒸汽机；伽利略把"不同长度挂灯的摇摆"留在了思考的空间里，从而启示他探索出等时性原理。

诸如此类的现象，寻常人经常视而不见，唯有探求精神的人，才能把它们留在思考的空间里，通过孜孜不倦的追求，最终有所发现、有所发明、有所创造。

有了思考的空间，才能突破前人的“定论”。亚里士多德曾断言，物体从高空落下的“快慢与其重量成正比”。面对已有的“盖棺定论”，伽利略不是“连想都不去想”，而是重新用实践检验它是否是真理。他拿着两只大小不同的球，一次次地从比萨斜塔上扔下去，结果证明亚里士多德的断言是错误的。不仅如此，伽利略还从中掌握了物体运动的轨迹，在很大程度上促进了力学发展。

在你眼里，伟人之所以伟大，是因为你是跪着的，并放弃了自己的思考空间。站在一定距离之外，你就会发现，伟人也是人，他们由于各种条件的局限，也同样有各种缺点和不足。

若跪倒在“电磁波穿过空气层就会一去不复返”这一“定论”的脚下，马可尼就不能把信号送过大西洋，开创无线电事业；若跪在牛顿“时间、空间绝对不变”这一“定论”的脚下，爱因斯坦就不会发明相对论。电磁场及原子能的发现、生物进化论及元素周期表的创立，不都是敢于思考并向权威错误论挑战的结果吗？

有了思考的空间，才能有理性的提升与自身的实践。工作顺利时，有些人的头脑往往被成绩装得满满的，从而失去了思考的空间，其后果不言而喻。其实，很多问题在成功后仍需思考。成功的条件是什么？前景如何？要继续开拓前进，还需要做什么……在这样的关节点上多思、多想，才能保持清醒的头脑。

在遭遇逆境时，更需要有思考的空间。所谓“失败乃成功之母”，面对失败，我们一定要动脑筋，找出原因，接受教训。有了思考的空间，才能在一个天地进行再创造。知识和经验可以为我们提供思路，使我们轻车熟路地解决许多以前遇到过或未遇到过的问题，并且给我们提供规律。但另一方面，正是因为这样的规律太多，也会给我们提供僵化的教条。

心理学里有个概念叫“定势”，指的是人们在解决问题时，总相信过去的方法能解决现在的问题。当人们形成这种习惯后，很容易养成一种思维偏见，成为习惯的奴隶，墨守成规。虽然掌握了规律，却轻视了创造。所以，不要习惯性地对待知识和经验，而应该在头脑中留一片思考的空间进行努力和创造。

一点通

人只有给自己留够思考空间，才能更好地面对自己的人生旅途。

逆境人生需要积极的思考状态

在南太平洋的岛屿中，有一种叫得很动听的小鸟，叫做莺鸟，它们长着形色各异的喙。岛屿上物产丰富的时候，莺鸟们靠吃多种草籽为生，活得很惬意。

然而，不久之后就是饥饿。干旱袭击了岛屿，整个大地仿佛刚刚凝固的炽热火山，赤红的土地上看不到一丝绿色。科学家找到了腿上拴着铁环、从前研究过的莺鸟。观测结果是，莺鸟们的体重大减，挣扎在死亡线上。

原因是食物奇缺，它们吃光了所有能吃的，唯一剩下的是一种叫“蒺藜”的草籽。这东西浑身长满了锋利的硬刺，锐不可当，在深深的内核里隐藏着种仁，好像封死在铁匣中的巧克力。蒺藜还有一个名字叫“铁星”，是难以攻克的象征，拉丁文的意思是“挤压和疼痛”。

莺鸟用自己柔弱的喙啄开一粒铁星，先把它顶在地上，又咬又扭，然后顶住岩石，上喙发力，下喙挤压，把外壳扭掉时已经精疲力竭，才能吃到活命的粮食。

残酷的生存之战在岛上开始上演。没有刀光剑影，唯一的声音就是嗑碎蒺藜的“噼啪”声。很多莺鸟因此饿死了，有些则顽强地生存了下来。生和死的区别是什么呢？

详细的观察研究发现，喙长11毫米的莺鸟能够嗑开铁星，而喙长10.5毫米的莺鸟只能望“星”兴叹，它们无论如何也叩不开这戒备森严的生命之门。

0.5毫米的差别，就决定了莺鸟的生死存亡。在丰衣足食的时候，区别被遮盖了。可一旦危机来临，差别很容易就显现出来了。

如果那些饿死的莺鸟在最后时分尚能思索，那么它们一定后悔自己为什么没能生就一枚长长的利喙！短喙的莺鸟是天生的，大自然无情地淘汰了它们。但人类的“喙”——我们思考的强度，历练的经验，广博的智慧，却可以日复一日地积累、磨炼和增长，强有力地支撑我们渡过困境。

世界上所有的成功、富裕和快乐都来源于思想，历史上所有伟大的发现和发明都是思考的结果，所有的失败、贫穷和不幸也来源于思想，这就是思想的两个方面：积极和消极。

思想主导着你的意识，你的个性、职业及生活中的每个层面都受它制约，英国诗人约翰·弥尔顿说：“心乃自身之所，它可以创造出地狱中的天堂，也可以挖掘出天堂中的地狱。”

美国工业巨子亨利·福特说：“思考是最辛苦的工作，难怪很少有人认真去做。”低逆商者若想提高自己的AQ，就要明了一生所有的成功或失败，这在很大程度上来源于思考。

逆商低者认为，人生之旅充满悲伤、痛苦与无望。他们之所以如此看待人生，是因为他们采取了一种相当负面的消极思想看待自己的生活。

为了证明自己消极的思想是正确的，他们还会说：“世界的本质就是这样的，看看你周围的人和事，读读报纸上天天上演的惨剧和悲剧，还有电视上所报道的堕落事件，自己还能做些什么呢？”

不可否认，世界上确实存在各种各样的丑与恶。然而，你的所见、所闻并不代表一切，你应该看到事物的另一方面。很多人往往只注意那些负面的影响，但这并不意味着生活的本来面目就是如此，也不能表明人们会有意或无意地把负面、破坏性的消息作为注意的重点，由此导致自己的人生一直处在逆境之中。

愈来愈多的证据表明，积极思考非常有助于每个人的生活。医学专家的研究已经证实，积极思考对抵抗疾病的重要性非常大。调整生活态度是使病人的治疗获得成功的重要因素，有时甚至是最重要的因素。

一位出租汽车司机在一次运营中载了一位企业管理专家，车上一交谈，专家就认定自己遇到了一位未来的企业家。

乘车途中，他俩谈起各自的经营状况，司机极其坚定而自信地说：“这部出租车是我自己的，我拥有它，我为自己工作。照我目前的收入，我将很快拥有两辆出租车，我的梦想是拥有50辆出租车。我是一位澳大利亚移民，不怕您笑话，当初我到美国时，只有200美元，而现在不管怎样，我已经开始拥有自己的事业了。”

“你真是了不起，”管理专家说，“你一定在非常辛苦和努力地工作吧”？

“哦，不，先生。”司机回答说，“我不仅仅是在做一份工作，关键是我喜欢我所做的事。你看，开车所赚的钱全归我自己，而不是归老板或公司。您刚才说得对，我是个企业家，将来我一定会拥有美好的生活”。

很多低逆商的人不会像这位司机那样思考问题，他们为自己的贫穷自卑，做着不起眼的工作。要想克服这种不良的心态，就应该像这位司机一样，尽管工作如此平凡，却能积极思考世界所提供给他的东西，并尽最大努力去获取。他的内心充满对未来的期望，这样坚定信心、积极思考的人，最终肯定能实现自己的梦想。

低逆商者应该多向周围的人学习，这样，越来越多的人就会拥有更好、更快乐、更富有的生活，而且他们认定自己一定能够得到。一个人不能积极思考是很可悲的，而许多低逆商的人恰恰缺乏这一点。

思想消极、意志消沉的低逆商者以“清心寡欲，所求甚少”“不要如此累死累活”作为不愿奋斗的借口，于是，他们整天无所事事，虚度人生。

安东尼·罗宾逊说:“没有任何事物的力量能够大于意识思考所带来的力量。”只要活着,你就要思考。人是肉体与思想的结合体,你可以将自己身体的血液、骨骼和肌肉分解出 80% 的水分,再加上其他一些化学物质。但你无法将你的思想分离,它决定你是谁,以及你会活成什么样。

你现在所拥有的,其实就是你心里一直思考的。

一点通

只要活着,就要思考,尤其是逆境的人生更需要积极的思考。

第二章　学会换位思考

换位思考能助你赢得真心

英国的一个小镇上有一位富有但孤单的老人准备出售他漂亮的房子,因为他要入住疗养院。消息一传开,立刻有许多人登门造访,提出的房价高达 30 万美元。

这些人中有一个叫罗伊的小伙子,他刚刚大学毕业,没有多少收入,但他特别喜欢这所房子。他稍稍打听了一下别人准备给出的价格,手里拿着全部家产 3000 英镑,想着该如何让老人将房子卖给自己而不是别人。

这时,罗伊想起了一个老师说过的话——找出卖方真正想要的东西给他。

他寻思许久,终于找到问题的一个关键点:能不能在花园中散步是老人最牵挂的事。罗伊就跟老人商量说:“如果让我买下您的房子,那您仍能住在您的房子里而不必搬去福利院。这样,您每天都可以在花园里散步,而我会将您当成我的爷爷。一切都像往常一样。”听了这话,老人那张布满皱纹的脸顿时绽开了灿烂的笑容,笑容中充满了爱和惊喜。老人当即决定将房子卖给罗伊,罗伊首付 3000 美元,之后每月付 500 美元。

老人很开心,他把整个屋子的古董和家具都作为礼物送给了罗伊,并高兴地向大家宣布这所房子已经有了新主人。

罗伊不可思议地赢得了经济上的胜利,同时老人也获得了好处。

了解别人是一种能力,而不仅仅是一种态度。大多数情况下,我们都喜欢感情用事,不够理智,不懂得换位思考,这给我们带来了许多麻烦。如果想与别人真心共处,就必须懂得换位思考,从对方的切身利益和切身感受出发考虑问题。比如,他的真实想法是什么?他的需求是什么?他比较喜欢什么?他厌恶什么?他希望你能做什么?只有将心比心,才能知道对方所需,也才能和他相处融洽。

换位思考不仅对保持人与人之间的和睦关系非常重要,而且对在工作中与人打交道也是至关重要的。无论从事销售,还是从事心理咨询,或是给人治病,体察别人内心的换位思考都是获得优秀业绩的关键因素。

无论面对什么样的人,解决什么样的问题,都要努力做到站在对方的角度看问题。这样,说出的话和提出的解决方案才能迎合对方的心理,使事情顺利发展。

一点通

孔子曾说,“已所不欲,勿施于人”,今有《马太福音》的“你们想让别人怎样待你,你们就要怎样待人”。不同地域、不同种族、不同文化的人,这些道理的大意都相同。与人相处时,应懂得替别人着想,站在对方的角度考虑问题。

包容是做人的艺术

一位年轻的慈善家请教一位得道高僧："我如何才能变成一个自己愉快，同时也能够让别人愉快的人呢？"

高僧笑着对他说："孩子，在你这个年龄有这样的愿望，已经很了不起了。很多比你年长的人，从他们问的问题本身就可以看出，不管他们解释多少，都不可能让他们明白真正重要的道理，就只好随他们去了。"

年轻的慈善家满怀虔诚地听着，没有流露出丝毫得意之色。

高僧接着说："我送给你四句话。第一句话是把自己当成别人，你能理解这句话吗？"

年轻的慈善家回答说："是不是说，每当我感到痛苦忧伤时就把自己当成是别人，这样痛苦自然就减轻了；在我欣喜若狂的时候把自己当成别人，那些狂喜也会变得平和中正一些？"

高僧微微点头赞同。

高僧说了第二句："把别人当成自己。"

年轻的慈善家沉思了一会儿，说："这样就可以真正同情别人的不幸，对别人的需求加以理解，并且在别人需要的时候给予恰当的帮助。"

高僧赞许地继续说第三句话："把别人当成别人。"

年轻的慈善家说："这句话的意思是不是说，要充分尊重每个人的独立性，在任何情形下，都不可侵犯他人的核心领地？"

高僧哈哈大笑："很好，很好！世俗间的人们最容易遗忘的便是这件事，因为他们往往妄想改变他人，却在无意之间伤害到了对方……"

高僧又说："第四句话是把自己当成自己。这句话理解起来太难了，你就细细品味吧！"

年轻的慈善家说："这句话的含义，我难以体会。但这四句话之间有许多自相矛盾之处，我用什么才能把它们统一起来呢？"

高僧说："很简单，用你一生的时间和精力。"

那位高僧的确拥有大智慧，只是短短四句——把自己当成别人、把别人当成自己、把别人当成别人、把自己当成自己——便道出了与人为善的真谛。话短意长。

美国知名作家肯尼斯·库第在他的著作《如何使人们变得高贵》中说："暂停一分钟，把你对自己非常感兴趣的事情，与你漠不关心地对待的其他事情，互相作个比较。那么，你就会明白，世界上的很多人也正是抱着这种态度。这就是说与人相处时是否能成功，全在于你能否以同情心理解别人的观点。"

包容乃做人之艺术。包容待人，首先，你要在心理上接纳别人、理解别人、体谅别人，在接受别人的长处时，也接受他们的短处。其次，当你打算用愤恨解决问题时，不妨试着去包容，或许它更能帮你实现目标，解决矛盾，化干戈为玉帛。

把自己当成别人，学会换位思考；把别人当成自己，学会亲身体验别人的感受；把别人当成别人，对别人的改变我们无法强求，但我们可以理解他们；把自己当成自己，我们的一切理解和包容并非为了别人，而是为了自己，设身处地地包容别人，其实也是在包容我们自己。

一点通

人与人相处时难免会发生矛盾，出现各种差错。如果不懂得相互谦让，就很容易引发争斗。这时，我们就需要打造宰相的"肚子"，宽容他人与自己。

要学会变通

从前，村庄里有一位对上帝非常虔诚的神甫。40年来，他对教区里的所有人进行照管，施行洗礼和举办葬礼、婚礼，抚慰病人和孤寡老人，是一个典范的圣人。在下雨的某一天，倾盆大雨已连续不停地下了20天，水位高涨，老神甫被迫爬上房顶。正当他在那里浑身颤抖时，突然有个人划船过来，对他说道："神甫，快上来，我把你带到高地。"

神甫看了看他，回答道："我做事一直遵照上帝的旨意，我真诚地相信上帝，因为我是上帝的仆人。你可以驾船离开，我将停留在这里，上帝会救我的。"

那人划着船离去。两天之后，水位越涨越高，老神甫紧紧地抱着教堂的塔顶，水在他的周围打着旋涡。这时，飞来一架直升机，飞行员对他喊道："神甫，快点，我放下吊架，你把吊带在身上安好，我们带你去安全地带。"老神甫又回答道："不，不！"他又一次讲述了他一生的工作和他对上帝的信仰。这样，直升机也离去了。几个小时之后，大水冲走了老神甫，他被淹死了。

因为他是一个好人，所以，他直接升入了天堂。他对自身的遭遇颇为生气，来到天堂时，情绪很不好。他气冲冲地在天堂中走着，恰巧遇到了上帝，上帝说道："神甫，欢迎你！"老神甫凝视着上帝说："40年来，我遵照你的旨意做事，从来都是。而当我最需要你的时候，你却让我淹死了。"

上帝微笑着说："哦！神甫，请原谅。我确信我派去了一架飞机和一条船救你，是你的偏执害了你。"

我们从小就懂得"滴水穿石""绳锯木断"的道理，它们告诉人们坚持不懈会带来成功。那些"半途而废"的行为让人唾弃，亦为人不齿，然而"半途而废"的精神还是适用于生活中的某些事的。它教给我们的就是要变通，不钻牛角尖，不墨守成规，这也是人生中应该掌握的改变固执的智慧。

不要囿于己见，多聆听身边的不同声音，设法接受和自己的想法完全抵触的见解，看看事物在不一样的角度下所呈现出来的不同，使自己的想法得以突破，用新的眼光看待这个世界，也给自己一个好的改变。这才是真正的换位思维，也是获取快乐的创新视角。

生活中一定要学会变通，即使自己认为正确的事也不要一味地坚持，有时，换一个方向，天地会更开阔。

一点通

大千世界，茫茫人海，肯定会遇到种种冲突和不顺。接受不可改变的事实和懂得随机应变是成功者的箴言。

逆向思维能助你有效解决问题

古罗马侍奉的门神雅努斯有两个面孔，可以用正、反两个不同的方向同时注视，因此，他又被誉为两面神。雅努斯只要站在门口，就可以同时朝里看和朝外看。雅努斯给了人们深刻的启示：只有从两个不同的角度或正反不同的方向认识事物，才能全面掌握事物的本质。因此，后人称雅努斯为逆向思维之神。

巴黎的一条大街上，住着三个不错的裁缝。因为他们离得太近，所以生意上有激烈的竞争。为了压倒别人，为自己吸引更多的顾客，裁缝们纷纷在招牌上出花招。一天，一个裁缝在门前的招牌上写上了"巴黎城里最好的裁缝"，结果许多顾客被吸引前来。看到这种情况以后，另一个裁缝也不甘示弱，第二天，他在门口挂出了"全法国最好的裁缝"的招牌，同样吸引了很多顾客。

第三个裁缝却不知如何是好，因为前两个裁缝挂出的招牌已吸引了大部分的顾客，如果不能想出更好的办法，自己很可能会成为“生意最差的裁缝”。但是，“全巴黎”和“全法国”可以被什么词超过呢？如果挂出“全世界最好的裁缝”的招牌，无疑会让别人感觉到虚假，同样也会遭到讥讽。到底应该怎么办呢？正当他愁眉不展的时候，儿子放学回来了。儿子知道原委后，笑着说：“这还不简单！”随后挥笔在招牌上写了几个字，挂了出去。

第三天，另两个裁缝站在街道上等着看这个裁缝的笑话，可事情却超出了他们的意料。因为他们发现，很多顾客都被这个裁缝吸引去了。这是什么原因呢？原来，妙就妙在他的那块招牌上，只见上面写着“本街道最好的裁缝”几个大字。

传统观念和思维习惯常常阻碍人们展开创造性的思维活动，只有打破固有模式才会有逆向思维，从现有的思路返回，寻找到解决方法。常见的方法是：就事物所处的位置倒过来思维，就事物起作用的过程或方式倒过来思维。

养成逆向思维的好习惯，不但可以提高解决问题的能力，而且可以激发创造力。

一点通

当遇到一个棘手的问题时，或当我们顺着某一个思路无法解决问题的时候，不妨换一个思路，沿着事物发展的相反方向，用反向探求的思维方式对事物进行逆向思考，也许就能解决问题了。

学会发现路旁的路

1956年，松下电器与日本生产电器精品的大阪制造厂合资，设立了大阪电器精品公司，制造电风扇。

松下幸之助委任松下电器公司的西田千秋为总经理，自己担任顾问。

这家公司的前身是专做电风扇的，后来开发了民用排风扇。即便这样，产品仍然显得很单一。西田千秋准备开发新的产品，就想试着了解松下的意见。

松下对他说：“只做风扇的生意就可以了。”

当时，松下的想法是想尽可能将松下电器的附属公司专业化，以图有所突破。可是，松下电器的电风扇制造已经很卓越了，完全有能力开发新领域。尽管如此，西田得到的仍是松下否定的回答。

然而，西田并未因松下的回答而灰心丧气，他具有极其灵活与机敏的思维。接着，他紧盯着松下问道：“可以做任何与风有关的事情吗？”

松下并未细想此话之真意，但觉得西田所问的与自己的指示很吻合，于是答道：“当然可以。”

几年之后，松下再次视察这家工厂，看到厂里正在生产暖风机，就问西田：“这是电风扇吗？”

西田说：“不是，但它和风有关。电风扇是冷风，这个是暖风，你说过让我们以风为生意。这难道不是吗？”

后来，西田千秋一手操办的松下精工的风家族系列，拥有了很多品种。除了电风扇、排风扇、暖风机、鼓风机之外，还有果园和茶圃防霜用的换气扇，培养香菇用的调温换气扇，家禽养殖业的棚舍换气调温系统……

西田千秋确实只做风的生意，却为松下公司创造了一个又一个的辉煌。

生活中，我们在一条路上不断地走，总觉得自己已经走绝了那条路，再也无法走出一片崭新的天地，再也不会有更大的成就了。实际上，路的旁边也是路。

也许我们的一生注定只能奔赴一个方向，如果总是在那条老路上前进，当然有把路走烦、走厌、走绝的时候。西田千秋试着往旁边跨了几步，就发现了无数条路，而且每条都是全新的路，并最终引领他走向了一个又一个成功。

一点通 事实上，很多时候我们在生活的路上走得并不好，不是路窄了，而是我们没有开阔的眼光，所以，最后堵死我们的不是路，而是我们自己。

要学会另辟蹊径

一只章鱼的体重可以达到70磅，如此庞大的家伙却有非常柔软的身体，几乎可以将自己塞进任何想去的地方，甚至可以穿过一个银币大小的洞。

章鱼最喜欢躲进海螺壳里，等到鱼虾游过来后，就咬住它们的头部，注入毒液，然后美餐一顿。

渔民掌握了章鱼的这种天性，很容易便把它制服了。渔民将小瓶子用绳子串在一起，然后将它们沉入海底。章鱼一看见小瓶子，就争先恐后地往里钻，结果都被囚禁在瓶子里，变成了渔民的猎物。

其实并不是瓶子囚禁了章鱼，而是它们自己。因为瓶子不会主动捕捉章鱼，倒是它们自己喜欢向着最狭窄的路走，而且越走越远，不管那条路多么黑暗，即使那条路是死胡同。

难道只有章鱼喜欢往死胡同里钻吗？其实，许多人都有章鱼那样的思想，遇到苦恼、烦闷、失意的瓶子时，总喜欢往里面钻。这样一来，逆境就会变大，我们的思想也会越来越狭窄，越来越失去光亮。

根据经典的相反趋势理论，人在最绝望的时候，正是孕育着反向思维的最佳机会。身临绝地时按常规出牌，往往只能失败；若能独辟蹊径，定能起死回生。

100多年前，一个20多岁的犹太人随着淘金人流来到美国加州，他就是日后闻名遐迩的“牛仔裤之父”李威·斯达斯。他看见有如此多的人淘金，心想如果自己也参与进去，未必能捞到多少油水。他灵机一动，想着可以靠做些其他生意赚这些淘金者的钱。

于是，他开了一间专营淘金用品的杂货店，经营撅头、做帐篷用的帆布等，果然有很多人前来光顾。

一天，有位顾客对他说：“我们这些淘金者每天不停地挖，裤子特别容易损坏。如果有一种结实耐磨的布料做成的裤子，一定会很受欢迎。”

李威抓住了顾客的需求，凭着精明的生意头脑，开始了他的牛仔生涯。刚开始时，李威把他做帐篷的帆布加工成短裤出售，果然很畅销，采购者蜂拥而来，李威靠此大赚一笔。

首战告捷，李威一发不可收拾。他细心观察矿工的生活和工作特点，千方百计地改进和提高产品的质量，设法满足他们的需求。

考虑到帮助矿工防止蚊虫的叮咬，他改短裤为长裤；为了使裤袋不致在矿工把样品放进去时裂开，就用金属钉替代了臂部口袋的缝制，又在裤子的不同部位多加了两个口袋。这些点子都是在仔细观察淘金者劳动和需求的过程中，不断地发现并实践出来的。这样，牛仔裤日益受到淘金者的欢迎，销路也很快打开。

由于“下层”百姓是牛仔裤式样的来源，所以，尽管它受到广大矿工和青年人的热烈欢迎，但能否打入城市还是未知数。

经过一次城市销售的失败之后，李威进行了认真分析，对症下药，认为上层社会之所以排斥牛仔裤主要是因为它来自社会的下层，触犯了上流人士。

为此，李威利用各种媒介大力宣传牛仔裤的美观、舒适，并说它是休闲装束中最好的，甚至把它说成是一种牛仔裤文化。如此大力的宣传，渐渐改变了城市人群对牛仔裤“庸俗”“下流”的印象。因此，牛仔裤在城市各阶层中牢牢地站稳了脚跟，并且在美国市场上继续流行，继而冲出国界，风靡全球。

在美国加州淘金热潮中，有很多例子都是不靠淘金而靠经营其他生意成功致富的。

与李威·斯达斯一样，17岁的小农夫亚默尔也加入了这支庞大的寻金队伍。他历尽千辛万苦赶到加州，可一段时间后，他同样毫无收获。

淘金梦是美丽的，淘金者却难以忍受山谷中艰苦的生活。特别是当地干燥的气候，水源奇缺，寻找金矿的人最痛苦的就是没有水喝。许多人一面寻找金矿，一面抱怨连连。

亚默尔见这些人发完牢骚，便慢慢地停下了手中的活。他想：如果我把水卖给这些人，也许能比挖金矿更快地赚到钱。

于是，亚默尔毅然放弃寻找金矿，用手中挖金矿的铁锹挖起水渠，从远方将河水引入水池，经过细沙过滤，成为清凉可口的饮用水。然后，他用桶将水装起来，运到山谷，一壶一壶地卖给找金矿的人。

当时就有人嘲笑亚默尔，说他没有志向，他们似乎都没有细想过亚默尔这样选择的出发点。可亚默尔毫不介意，一如既往地卖饮用水。结果，许多人深入宝山空手而回，有些人甚至忍饥挨饿流落异乡，而亚默尔却在很短的时间内靠卖水赚到了十分可观的财富。

一点通

人生在世，难免会有逆境之处，但天无绝人之路。许多人在逆境的泥泞中，虽穷尽心力，但仍然得不到幸运女神的青睐，而那些拥有独到的智慧和思路的人却能独辟蹊径，轻轻松松地获得成功。

不要将成功复杂化

一天，爱迪生正在做实验，他递给助手一个没上灯口的空玻璃灯泡说：“你量量灯泡的容量。”便继续埋头工作中。

过了一会儿，爱迪生问助手：“容量多少？”

他没听见回答，转头看见助手正拿着软尺测量灯泡的周长和斜度，并用测得的数字伏在桌上计算，爱迪生说：“怎么弄得那么复杂，时间都被浪费了呢？”

他走过去，拿起那个空灯泡，把里面倒满了水，交给助手说：“把里面的水倒在量杯里，马上告诉我它的容量。”就这样，助手立刻读出了数字。

许多事情都比想象中更简单，一个简单的想法，一个简单的理念，往往会促成事情的快速成功；而过于复杂化的思想与思路，反而会延缓解决问题的速度。

虽然想把一件复杂的事情搞得简单而有效确实不易做到，但可以肯定的是，复杂的事用简单的方法来做一定不止有一种方法。但是，总有一个方法最简单、最实用，就像古希腊的哲人告诉我们的：要让生鸡蛋直立在桌子上，最快最简单的办法就是轻轻敲破鸡蛋壳的一边。

德国农民卖土豆时把土豆分成大、中、小三类，因为这样卖比混着卖更赚钱，但分土豆的工作量很大，而且不是一件容易的事。

有一户人家卖土豆时从不分捡，也能卖出好价钱。奥秘何在？原来他们先用麻袋装着土豆，然后，在颠簸不平的山路走。等到达城里时，小的落在下面，麻袋上面便是大的。

柯达创始人乔治·伊士曼曾有一句著名口号：“只要你一按，其余我来办。”这是弃繁从简理念的最佳诠释和典型应用。

我们每个人都要牢牢记住弃繁从简的成功理念，并把这个理念运用到实践中。这样一来，简单就可以成为化解我们困境的有效方法，使我们更快捷地走向成功。

现代社会，人们对于成功的渴求的呼声前所未有地迫切，对于成功的关注也达到了前所未有的高度，成功的涵义被越来越深刻地阐述，成功的方法也被越来越多地分解，以至于我们变得越来越困惑，不知道究竟哪种成功方法才是最直接、最有效的。无形之中，追求成功已经成了人们心理上沉重的负担。

其实，我们的困惑常常使自己陷入心理误区——把简单的事情变复杂。为什么当我们煞费苦心、竭尽全力地追求成功时，却往往无法获得呢？问题就在于我们把成功看得太过复杂，因而做起事情来把原本简单的事情也变得复杂了，从而影响了做事的效率，这正是大多数人与成功失之交臂的原因之一。

现代社会竞争越来越激烈，我们应该学会将复杂的事情简单化。其实，成功并不像看上去的那么复杂，有时越简单的方法越容易成功，尽管听起来像天方夜谭。所以，我们应该让心态简单一些，用简单的方法处理复杂的事情，往往会取得意想不到的效果。

一点通

成功并不如表面上那么复杂，甚至有时越简单越容易成功，尽管这听起来有些不可思议。

第三章　思路决定出路

有思路才有出路

思路资源的特征有：多元性、稀少性、重大性及全局性。

1. 人生成长的思路

广西某个山村的小孩，从小受到舅舅的影响，坚定信念："将来我一定要去北京上大学。"奔着这样一个目标，他一直努力，最终考上了北京的大学，大学毕业后又去了美国和日本留学，现在是北京某著名大学的教授。

天津有个青年从法国学成归来，靠骑自行车推销法国的药品，在短短的五年时间里创办了中法合资公司和药厂。但他一直梦想从事教育事业，所以，他在做企业的同时，在南开大学拿下了博士学位。之后，他辞职专心创办职业培训公司。现在，他是南开大学的 MBA 客座教授，同时也是国内有名的讲师。

上述两个案例说明，有思路、有想法，人生才能发展。只有想到，才能做到。

2. 企业发展的思路

微软公司总裁比尔·盖茨仅用 20 多年时间就将公司带入世界 500 强之列，成为世界首富，他靠的是什么？靠的就是他独特的洞察力。他看到了视窗软件的巨大市场并占领了市场。比尔·盖茨从小就热爱计算机，所以他退学创业。退学的时候，他的父亲极力反对，他告诉父亲："你要相信我，我能够做成。"

美国戴尔公司创始人戴尔也是大学辍学开始创业的，经过 20 来年的努力，他创立了世界上著名的跨国公司，他靠的是什么？靠的就是电脑组装直销。同样攒电脑，但是，他没走商店销售这条路，而是开创了一条新路——产品直销。

日本的任天堂公司，原是一个不足100人的玩具公司。随着电脑的普及，该公司看到越来越多的儿童和成人可以在电脑上玩游戏，认为这是一个巨大的商机。于是，该公司大力开发电脑游戏机，从而一跃成为著名的跨国公司。

国内的北大方正是一个校办企业，原本只是一个普通的小企业。但是，该企业成功地创造了计算机照排，使排版告别了铅字。仅这一项发明技术，就使北大的这个校办企业取得了巨大的发展。

以上案例说明，企业要发展必须有思路，这样才能看到背后的商机。

3. 创造发明的思路

从古至今的任何一个发明创造，如，电灯、电话、飞机、计算机等，都是先有思路，然后才能付诸实践而使其产生。

国内著名发明家韩毅和有诸多发明，其中有两个发明很具代表性。一个是“旗帜飘扬器”：他在天安门观赏升旗时，发现国旗升起来后，如果没有风，国旗就会耷拉下来。他想如果有个小机器把国旗吹起来多好，于是，他就发明了“旗帜飘扬器”。这个发明曾使用在香港回归交接仪式上，国旗升起来后旗帜飘扬煞是好看。二是“唐诗书画桥牌”：我们现在的桥牌都是扑克牌，他想到把中国的传统文化与桥牌结合起来，于是，他设计了一种张张都是唐诗书画的牌，很有文化品位，可以作为礼品送给外宾。

4. 新班子开局的思路

有一个企业的老总，该企业在他上任前一团糟，发工资都很困难，领导还搞特殊，职工意见很大，人心涣散。他担任新班子领导以后，决定要做好群众关心的事情。所以，他一上任就卖掉了原来的汽车，给退休职工补发工资，给工作中有发明的科研人员分好房子，同时成立了产品开发部。前后仅用了一年多时间，就使企业改头换面。

因为他体会到，着眼于在群众关心的热点问题，并认真地解决问题，就容易得到群众的理解和信任，打开局面也会变得很容易。

通过上述故事，我们得到了什么启示呢？悟出了什么？那就是：

思路决定出路，有思路才有发展；

要想翻身，先得换脑筋，换了新脑筋，很快就可以翻身；

只有拓宽思路，才能拓宽视野，只有拓宽视野，才能开拓道路；

思想不解放，千斤难启四两，思想解放，四两易拨千斤；

前进道路上的最大障碍是旧观念，要想发展必须更新观念；

正确的思想具有导向性和带动性，它能引导光辉业绩的开创；

物质财富有限，精神财富无限，观念比金钱更重要。

一点通

人生有思路，就有出路、有发展；人生没思路，就没有出路、没有发展。人生要想有大发展，企业要想有大发展，就必须有大思路。

有思路的人生更成功

人生的思路即悟性和智慧。人生的智慧包罗万象，但主要有两条：一是人生使命，即价值观；二是经营使命，即干什么，不干什么。悟性和智慧是做好人生两个经营的必要条件，要把经营事业与经营自己结合起来。一个人应该对人生作出合理的规划与安排；能见微知著，善于应付各种问题；

自知且知人；善于作出正确的选择，知道该做什么和不该做什么；不仅考虑个人需求、利己，而且要考虑他人需求、利人，真正实现双赢；深知道德的重要性，不断提高自身的道德水平；懂得做人的重要性，在做人上狠下工夫（很多人的失败不是做事的失败，而是做人的失败，工作和事业上的所有成就都可归于做人的成就）……若没有悟性和智慧，人必然生活得浑浑噩噩，这种人很难有发展成才的思路，也很难有大的发展，将来也就很难获得真正的成功与幸福。

悟性与智慧也分大小，小悟性、小智慧可以积累成大悟性、大智慧，大悟性、大智慧会慢慢变成彻悟。人是身（言行举止、习惯态度）、心（心态想法、思维模式）、灵（人生意义、潜意识）三者完美的结合，核心则是心灵。人的智慧和心灵是分层次的，低层次的人通常难以理解高层次的人的思想和行为；相反，高层次的人对周围一切都了然于胸，就像人造地球卫星观察地球，能看到地上的人看不到的东西一样。所以，我国著名文学家、教育家、画家丰子恺先生曾经说过："人生最深奥的学问，就是不断提高自己的心灵等级。"

成功的人可分为三种：

第一种是聪明人，他一看就懂；

第二种是精明人，他一看就准；

第三种是高明人，他不仅能一看就懂、一看就准，而且目光高远。

一点通

悟性和智慧能使人产生理性、信念、悲悯与和平，能使人追求人生的均衡成功，使事业、情感与健康和谐统一，从而在拥有权力和金钱的同时，拥有完善的人格和宁静的心灵。

思路的来源

人生思路是怎么来的呢？你需要经历这样一个阶段：学习→思考→顿悟→智慧（思路）。

1. 思路来源于学习

当今世界的竞争，不论是人才还是企业，其实质都是学习能力与学习速度的竞争。美国通用电气公司总裁韦尔奇说："缺乏学习能力对个人而言是悲惨的，对组织而言是致命的。"尼克松也曾在《领导者》这本书中说过："我认识的所有伟大的领导者几乎全都有一个共同的特征，即他们全都是伟大的学习者。"伟大的学习者不一定是伟大的领导者，但伟大的领导者一定是伟大的学习者。

普利策——美国《纽约时报》的拥有者曾说过，他每年要读世界名著 200300 本，包括柏拉图、亚里士多德、西塞罗以及斯宾塞、康德、达尔文、叔本华、赫胥黎等哲学巨人的著作；莎士比亚的戏剧和歌德的诗；雨果、费尔丁、勃朗蒂等人的小说和拿破仑等人的传记。广泛涉猎使普利策博学强志，高瞻远瞩。这极大地拓宽了他办报的思路，使他开创了"煽情主义"风格，将趣味性、刺激性和教育性融为一体，《纽约时报》也因此办得光彩生辉，成为美国的第一大报。

人与人之间的智力水平相差不大，但是，学习热情和对书籍占有量的差别，最终造成智力水平的差别。学习是一种心灵活动，可以使人心智顿开。台湾著名经济学家高希钧告诫人们："自己再累也要读书，工作再忙也要谈书，收入再少也要买书，住处再挤也要藏书。"一个人要想发展，工作上有激情和创新，就必须终生保持学习的激情和状态。一个人知识广博，则能融会贯通，悟性自然就高，思路自然也就开阔了。学习，可以开启人的智慧和思路。

2. 思路来源于思考

一切大成者，都非常重视思考。孔子说："君子有九思：视思明，听思聪，色思温，貌思恭，言思忠，事思敏，疑思问，忿思难，见得思义。"意思是说，有才德的人有九种思考：眼所看要考虑是否看得清楚，耳所听要考虑听明白了没有，脸色要考虑是否够温和，态度要考虑是否够庄重，说话要考虑是否够忠诚，做事要认真，遇到疑问要考虑向人求教，发怒了要考虑不留后患，对眼前的利益要考虑是否合于道义。由此,思考的重要性可见一斑。法国哲学家笛卡尔说过:“我思故我在。”这句话说明思考是存在的证明。爱因斯坦说:“学习知识时,要善于并不断思考,我就是靠这个方法成为科学家的。”牛顿也说过:“我的成就,当归功于尽力地思考。”香港著名企业家李嘉诚提及他的成功之法时说:“一个人只要肯用心思去思考,抓住重大趋势,就可以成为大赢家。”李嘉诚一再强调,要想看清方向就得多思考未来,把握商机。

人的大脑用则聪明,不用则退化。

人勤于用脑、勤于思考,就会全身心投入地完成既定目标,就会迸发出思想的火花、形成新的灵感,就会促进强力潜能的开发,从而形成新的创造力。一定要养成学习、实践、心静时都思考的习惯,谓之“三思”。可以说,思考是生命的最高形式。

思维方式和思维水平的差异是人与人之间最大的差异,事业上的成功、生活的幸福,莫不与思维方式和思维水平密切相关。不同的思维,造就不同的人生。当今社会飞速发展,可我们仍被旧的观念和思维模式束缚着,而且这种约束既无形又无处不在。旧观念是人生最大的监狱,要想改变现状,首先必须打破这些观念和思维模式的牢笼。因此,思考,特别是勤奋的思考,可以打开智慧与思路之门。

3. 思路来源于顿悟

在我国享有盛誉的作家王蒙曾说:“悟性是指学习、理解及明白的能力,这个学习、理解及明白的对象是一种隐藏在现象中的深层规律。没有任何学校给你讲授这门课,它难以传达,亦无迹可循,更多的是靠感觉,靠触类旁通,靠想象、琢磨而得到。”

顿悟即领悟力,是一个人综合的素质和能力,是一种创造性的灵感。人生的顿悟是多方面的,如:对人生的顿悟,对发展目标的顿悟,对人际关系的顿悟,对超越障碍的顿悟,对市场经营的顿悟,对权力的顿悟和对金钱的顿悟等。有的顿悟是日积月累,偶然想到;有的是朦胧之中,突然闪现;有的是某种契机,突然触发。例如,牛顿看到苹果落地悟出了“万有引力定律”,阿基米德在洗澡时悟出了“浮力法则”等。古人云,“理须顿悟,事要修行”,是说道理可以顿悟,但事需要日日修炼。人生是一个过程,不是一个目的。人生的起点和终点无异,所不同的是过程。要想达到人生升华的目的,就要严肃认识和深刻顿悟人生过程中的每个细节。人是小彻小悟,中彻中悟,大彻大悟,超彻超悟。

古今中外的一切大成者,无不认为灵感是成就大业所必需的。爱因斯坦说:“我相信直觉和灵感。”灵感是闯入脑海的思想火花,突然出现,稍纵即逝。正如大诗人苏东坡所说:“作诗火急追亡捕,情景一失永难摹。”灵感的来去无踪、稍纵即逝的特点,必须随时记录。爱因斯坦说:“我在脑子里已经有了几个奇妙的想法,必须随时把它记录下来。”这足以说明爱因斯坦相信灵感。日本发明大王中松义郎,50 年间发明了 2360 项专利,他说:“构成创造发明的三大要素为灵感、合理和实用。灵感是发明家最重要,也是最得力的武器。”我国著名的科学家钱学森就大力提倡灵感思维,主张创立“灵感学”,专门研究灵感问题。钱老曾指出,如果人们掌握了灵感学,那么人的创造力将得到普遍地、极大地提高,人人都可以成为天才。

人生需要经过不断地学习,不断地思考顿悟,才能积淀智慧。要认识到,智慧才是思路,思路是人生的大智慧。知道了人生的方向,就不惧路远;人生有了思路,就不怕失败。人生的成功、幸福和快乐,皆受智慧的引导。

一点通

要想获得智慧,必须不断地学习、思考。请记住:人生的成功、幸福和快乐都要受到智慧的引导。

思考更多，智慧更多

眼光独到的人往往能从看起来毫无价值甚至被别人所唾弃的东西中发现商机。

美国德克萨斯州的某个广场上，曾经竖有一座历史悠久、又高又大的女神像。由于长期没有修葺过，神像破败而影响市容。如果修葺，需要动用巨款。于是，市政当局决定推倒神像。

神像很快不见了，只在广场上留下了一大堆废料，而且仅清除这些废料的劳务费就至少需要2.5万美元。

为此，市政当局进行了招标。一些人思考之后发现，清理费还抵不上雇佣人的劳务费，所以谁也不愿意承揽这份苦差事。

这时，一位叫斯塔克的人围着这堆废料仔细地察看，最后，他决定由自己进行废料清理的工作。

斯塔克并没有急于清理废料，他让一些工人将大块废料分解成小块，并且按金属、非金属等进行分类并加工。他将废钢片改铸成女神像的纪念币，把神像上破裂的帽子分解成一些形状好看的小块，并标明曾经是神像桂冠的一部分，稍作加工之后，将其装在别致的小盒子中。

斯塔克还做出了一个人们都不理解的举动，他雇来军人严加看守广场上的废料，好像这废料堆是一个很重要的阵地。这种神秘的做法使人们更加好奇：是不是神像中藏着价值不菲的东西呢？一时间，全城的人议论纷纷。

斯塔克认为时机成熟，于是，他开始销售女神纪念品。这些纪念品形式多样，有纪念币，有女神头饰，有桂冠的组成部分，有戒指等。他还在包装盒上写下一句满怀伤感的句子："美丽的女神已经走了，我虽只有这一纪念品，但我永远爱她！"

人们觉得这些物品价格不贵，而且有纪念意义，因此争相购买。小的一个1美元，大的一个10美元左右。女神桂冠、嘴唇制成的纪念品最贵，每个150美元。很快，所有纪念品都被抢光了。

最终，斯塔克从这堆废料中净赚了125万美元。

开始时，谁都觉得是不值得做的买卖，可是，斯塔克却盈利了，而且盈利不少。可见，不同的眼光决定了不同的思路，斯塔克的成功就在于他不像一般商人那样，看见的只是一堆废料，而是把这废料与这神像联系起来，利用神像悠久的历史和人们的怀旧情结，发掘了它的纪念意义，从而开发出纪念品，最大化地开发出了它的价值。

从斯塔克事件可知，想问题要多从几个方面考虑，不能什么事都用直线思维，有时需要的是发散思维，甚至是逆向思维。总之，更多的思考，往往能带来更多的智慧。

一点通

有些事情，当我们从一个方面看时，它可能毫无价值。如果我们勤于思考，多方面、多角度地进行思考，就会发现它的其他价值，甚至可以变废为宝。

逆向思维具有建设性

在人生的道路上，总是顺与不顺相继而行。遇到倒霉的事时，难免气馁、沮丧。但我们应该冷静地从反面想一想，事情有没有转化的可能，有没有利用的可能呢？有的人就能这样改转角度，转换思维，事情往往会因此而出现转折，甚至出现意想不到的情况。

加拿大有个叫格纳德的公司职员，有一次他在复印一份文件时，不小心弄翻了一个瓶子，瓶子里的液体一下子泼洒到文件上。虽然字迹还能看清楚，但复印之后，被污染的部分却一片漆黑，什么都看不见。因为这次小意外，被解雇了。

格纳德很沮丧，凝望着那张使他失业的复印纸，脑海中突然闪出一个想法：这种液体可以使复印机复印不了文件，是否可以用在保密工作上呢？他开始研究这种液体，终于发明了一种有特殊性能的防止盗印的影印纸，它可以用在军事、秘密图纸和保密的文件上。格纳德从此因祸得福，迎来了命运的转折。

还有一个例子。

一个叫吉麦的法国人，以作画和卖画谋生。一天，他作画时不小心，在自己的白衬衫上溅上了蓝色颜料，当时怎么洗也没能洗干净。没想到的是，晒干之后不仅蓝色看不见了，而且衬衫更加洁白了。这太奇怪了，他又有意识地做了几次实验，次次都如此。他深受启发，终于研究出一种漂白剂，并成立了一家洗涤剂公司。

看起来，这些好像都是很偶然的事件，但是，生活中不乏这种必然。很多人遇到这种情况时只能看到不利或倒霉的一面，很少从反面思考会不会有其他的价值。平日里常挂在嘴边的可转化的思维，在真正遇到问题时，却常常不会从转化的角度考虑了，因此错过了将坏事转化为好事的机会。

由此可见，这种逆向思维是很有建设性的思维方式。

一点通

思维方式要灵活，不要只是套用一个模式，不要陷于一种思维的定势。在一些困难的情况下，不要轻易地否定或放弃，不妨来个逆向思维，仔细思考它其他方面的价值。

只有巧干才能有竞争力

我们需要苦干，但不能全是苦干。因为我们不仅要干，而且要干好，还要干得效率高。这就需要动脑筋，想办法，即巧干。可以这样说："苦干是基础，巧干出效率。"

同一车间里工龄相同的工人，从事同一工种，生产同一产品，使用同一种机器，但产品的数量和质量却各有不同，这就是苦干与巧干的区别。有的工人按部就班地工作，日复一日、年复一年地只是简单地重复着以往的操作。而有的工人却总是不停地琢磨多快好的生产方法，或者是在技术上作改进，或者是在机器部件上作改进。这样的巧干，效果往往大不一样。工厂里的劳模或先进生产者大都是这样的。

物质生产如此，精神生产亦是如此。拿教书来说，有的教师教了多年，兢兢业业地苦干，但只是重复地劳动。而有的教师却不是这样，他总能根据所教学生的不同和班级的特点不断地改进教学方法，很注意巧干。因而他很受学生欢迎，学生的成绩也很好。所以，使用不同的方法干同样的工作，效果大为不同。有一个事例很能说明问题。

国外有个缺水的村庄，为解决用水的问题，村里决定雇人由村外送水。有两个人竞争这份工作，于是村里与这两人签了合同。一个人拿到合同后就开始苦干，他披星戴月地从1公里外的水源地挑水，把水倒入村里的蓄水池中。他早起晚睡，每天都这样辛苦地工作着。

另一个人拿到合同后，开始着手作一个供水计划，并带着这份计划四处寻找投资人。经过他的一番游说，争取到了4个人的投资。于是，他按照计划开始修建1公里之外的水源地和村庄之间的供水管道。几个月后，他彻底解决了用水问题，村里随时都有水了。

但是，这个人并没有停步，他想到缺水的村庄绝不止一个。于是，他主动联系缺水的村庄，推广他的办法，开始做开发供水管道的生意。他远远没有前一个人那样辛苦，可是，收入却比那位苦干的人高得多，而且源源不断，很快就拥有了大量的财富。

这一事例充分告诉人们，我们需要苦干，但更需要巧干。因为巧干是一种聪明的工作方式，是不断创新的结果。特别是在竞争激烈的市场经济条件下，只有巧干才有竞争力，才会带来更大的效益。

一点通

在工作中，我们不仅需要苦干，更需要巧干。只有巧干，才有竞争力。

解决问题要找准症结

在做事之前，我们应该先解决矛盾和问题。恰当地解决问题，关键在于清楚地分析问题，找到主要矛盾，找准问题的症结。只有这样，才能对症下药，有的放矢。

美国有一家制鞋的公司，效益很好。他们不断地推陈出新，几种新式样的鞋子一投入市场，就被抢购一空。接着，很多商场都发来了订单，一时间公司分身乏术。

为了解决这一难题，公司先后招聘了一批批的制鞋工人。尽管这样，仍然无法满足生产的需要。这样下去，不但不能及时供货，而且得赔付客户一大笔违约金。

在这种情况下，公司召开大会商讨对策，大部人仍主张继续招聘，扩大生产。这时，一个年轻的工人却提出了不同意见。他说："现在问题的关键不是招聘更多的工人，而是提高产量，增加工人只是提高产量的手段之一。"

大多数人都摇着头，甚至有人交头接耳，觉得他讲得不着边际。但是，总经理却听得很认真，还鼓励他说："请你接着讲下去！"

于是，年轻的工人大胆提出："我们应该用机器生产！"

他的话一出口，会场上的人都哈哈大笑起来，甚至有人嘲笑说："用机器造鞋，你能造机器吗？"

总经理却会心地笑了。他对大家说："说得好啊！尽管年纪轻轻，却能一语指出我们的盲区。我们只是单纯地想多招聘工人，但问题的关键是提高效率。他虽然不会造机器，但他的想法不错呀！我要奖励他。"总经理当场奖励了这个工人500美元。

接着，公司开始组织研制造鞋机器的专家组。4个月后，机器造出来了。从此，公司制鞋的效率大大提高。这位总经理就是美国的鞋业大王罗宾。

罗宾后来回忆说："我永远感谢这位员工，他使我懂得，遇到难题时首先要对问题进行界定。如果不是他指出问题的关键在于提高生产率，我们依然陷在增加人员的误区中，公司就不会有这样大的发展。"所以，要想解决问题，就首先要找准问题的症结。

第二次世界大战中也有一个很有意思的事例。

有一天，前苏联的军队正准备趁着黑夜向德军发动进攻，不巧的是，那天月朗星明，部队易被发觉，很难高度隐藏。

一切都已准备好，难道要改变计划吗？朱可夫元帅焦急地思索起来，突然，他想出了一个好主意。一切按计划行事，只是下了这么一个奇怪的命令：将全军所有的探照灯都集中起来，同时射向德军的阵地。

进攻开始了，苏军140台探照灯全部射向敌方，照得德军睁不开眼，只能挨打。苏军因此而取得了胜利。

取胜的原因就在于朱可夫元帅找到了问题的症结。原来准备晚上进攻是想利用天黑，敌人看不见，部队便于隐蔽。只要敌人看不见，就能得到攻击的先机。因此，问题的关键不是“天黑”，而是“看不见”。找到了关键后，就可以用其他方法让敌人有光也看不见。用强光集中照射就达到了这个目的，因而创造了这个奇迹。

可见，解决问题时不要急于着手，而要认真分析，做好对问题的界定，这样才能找到问题的根本，解决问题时才能少走弯路，提高效率。

一点通

解决问题时不要急于着手，而要认真分析，做好对问题的界定，这样才能找到问题的根本，解决问题时才能少走弯路，提高效率。

7 情绪管理篇

第一章　不要那么较真

要保持欢乐

在你心中是否常驻着一口怒气？要知道，这样受伤害最大的是你自己，何不看开点，放自己一马呢？莎士比亚曾告诫我们："使心地清净，是对青年人最大的成命。"

从前，在威尼斯的一座高山顶上，住着一位年老的智者。他到底有多老，有多少智慧，没有一个人知道，人们只是盛传没有他回答不了的问题。有个调皮的小男孩不以为然，甚至有心捉弄他，于是抓来了一只小鸟放在手心，一脸诡笑地问老人："都说你能回答任何人提出的任何问题，那么请你告诉我，此鸟是死是活？"老人想了想，完全明白了这个孩子的意图，便毫不迟疑地说："孩子，我若说这鸟是活的，你就会马上捏死它；若说它是死的呢，你便会放它走。孩子，你手握着生杀大权啊！"

同样的，我们每个人都应该牢牢记住这句话：每个人手里都握着关系成败与哀乐的大权。

一位朋友讲过他的一次经历：

一天下班后乘中巴回家，车上的人很多，连过道上也挤满了人。我前面站着一对恋人，他们亲热地挽着，女孩背向我，她的背影很标致，高挑、匀称、活力四射，她的头发是染过的，是最时髦的金黄色，穿着一条最流行的吊带裙，露出香肩，是一个时尚、前卫、性感的典型的都市女孩。他们相互依靠、低声絮语。女孩不时发出欢快的笑声，笑声不加节制，好像是在向车上的人挑衅：你看，我比你们快乐得多！笑声吸引了很多人艳羡的目光。不，我发觉他们的眼神里还有一种惊讶，是女孩的美令人吃惊么？我也有一种冲动，想看看女孩的脸，看看那张洋溢着幸福的倾城容颜有多么美丽。但女孩没回头，因为她的眼里只有她的恋人。

很巧，我和那对恋人在同一站下车，有机会一睹真容，我心里煞是紧张，不知道自己将看到一个多么令人惊叹的美人。可就在我大步流星地赶上他们并回头观望时，我惊呆了，我刹那间明白了那些眼光里惊讶的真意。我看到的是一张什么样的脸啊！那是一张被烧坏了的脸，用“触目惊心”这个词来形容毫不夸张！真难得这样的女孩还能那么快乐。

朋友讲完他的故事后，深深地叹了口气，感慨道：“上帝真是公平的，他虽然给了那女孩不好看的脸，却给了她令人羡慕的快乐！”

其实，掌控你心灵的不是上帝，而是你自己。世界上从无找不到幸福的人，只有不快乐的心。你必须掌握好自己的心舵，控制好命运的航向。

你是否可以完美地掌控自己的心？倘若生气时就生气，悲伤时就悲伤，懒惰时就懒惰，这种顺其自然的做法其实并不好。释迦牟尼说过：“妥善调整过的自己，比世上的任何君王都更加尊贵。”由此可知，“妥善调整过的自己”比什么都重要。任何时候都必须明朗、愉快、欢乐、有希望，勇敢地掌握好自己的心舵。

人的心中常存着一个假想敌人，然后累积许多仇恨，使自己产生许多毒素，结果把自己活活毒死。

总之，快乐是自己的事情，只要愿意，我们就可以随时调到快乐频道。

不要烦恼，要保持欢乐。

一点通

我们每个人都应该牢牢记住这句话：每个人手里都握着关系成败与哀乐的大权。

学会对烦恼淡然处之

生活在凡尘俗世，难免与人产生磕碰，从而遭受误会和猜疑。有时，即使是一念之差、一时之言，别人也会因此加以放大；有时即使你很认真、很真诚，也会不被别人理解。如果非得以牙还牙、拼个你死我活，如果非得为自己辩驳澄清，最终可能两败俱伤，不欢而散。由此可见，人生之所以有很多烦恼，是因为遇事不肯退让，气愤难平。其实，这是很愚蠢的做法。

杨玢是宋朝时期的一个尚书，年老辞官，居家养花。他的住宅宽敞、舒适，家族人丁兴旺。有一天，他在书桌旁正欲习读《庄子》，他的几个侄子突然跑进来，大声说：“不好了，邻居占了我们一大半的旧宅，不能饶他！”

杨玢听后问：“不要急，慢慢说，他们侵占了我们家的旧宅地？”

“是的。”侄子们回答。

杨玢又问：“他们家的宅子和我们家的宅子比，谁大？”侄子们不知其意说：“当然是我们家的宅子大。”

杨玢又问：“他们占些我们家的旧宅地，影响我们了吗？”侄子们说：“影响不大。但他们不讲理，就不应该放过他们！”杨玢笑了。

过了一会儿，杨玢指着窗外的落叶，问他们：“叶子还在树上时，那枝条归它所有。秋天树叶枯黄了落在地上，时至此刻，树叶作何感想？”侄子们不甚明白。杨玢干脆说：“我这么大岁数，总有一天要死的。你们也一样，总有死去的一天，争那一点点宅地对你们有什么用？”侄子们终于明白了杨玢讲的道理，说：“我们原本要告他的，状子都写好了。”

侄子呈上状子，他看后，在状子上如是写道：“四邻侵我我从伊，毕竟须思未有时。试上含光殿基望，秋风秋草正离离。”

写罢，他再次对侄子们说：“我的意思是不要斤斤计较个人利益，遇事要退让。”

人生旅途不可能总是事事如意、样样顺心，生活也总是不甚顺遂，坎坎坷坷。有时，奋斗或付出也许没有预期的回报，理想和目标也许永远难以实现。如果抱着一份怀才不遇之心而愤愤不平，抱着一腔委屈而怨天尤人，最终难免心生怨恨，心力交瘁。

适时地咽下一口气，淡然处之，一笑而过，你就会发现，天仍然很蓝，生活依然很美好。

一点通

只有淡然地处理好烦恼，我们才能生活得很美好。

过于较真会减少生活的快乐

时间不能带走一切，只能使之淡化，让我们用所经历过的一点一滴去填充、去淡化这伤痛。也许失去会让人伤心欲绝，但只有失去才会更珍惜。不正是因为失去才懂得自己的需要吗？有失就有得，所以，我们不能因为失去就沉溺于痛苦中，而应该在失去后懂得正视自己。

一位教授在上心理咨询课时曾听到一个妇女这样说："每当我丈夫从中间挤牙膏时，我就会疯狂。大家都知道，应该从尾巴向前面开口处挤嘛！"

这个现象引起了教授的注意，为此，教授在全班做了一次牙膏挤法的调查。绝大多数人都知道，牙膏应由尾端挤向开口处。调查结果显示，只有约一半的同学知道应由尾端先挤；另一半则认为，牙膏应从中间向前挤。

当然，重点并不是从牙膏的什么地方开始挤，而是应该将牙膏挤到牙刷上面，至于牙膏是如何附着到牙刷上的，事实上并不重要。如果真的有关系，就是我们的心使然！

希尔达用"模式"称呼这种一成不变的行为方式。"我们的脑子里塞满了一堆惯性动作和行为模式。"她解释道，"假使我们无法跳出自己固有的思考及行为模式，那么在与别人相处、他人又希望来点不同的处境时，我们便会被激怒，而且会变得跟周遭的人、事、物格格不入"。

当教授跟班上的同学们分享"模式"的概念时，多数同学坦言一些荒唐好笑、刻板思考的模式：一位妇女坦言常为了卫生纸卷的方向"错误"而郁闷，她唯一满意的卫生纸卷的方向是由墙边向外转；另外一位男士则说，每天早上他的车都停在火车站的某一"特定"停车位，假使那天车位已被他人占用，他就会觉得"今天一定是个倒霉日"；还有一位同学说，只要他的慢跑长袜被"错误"折叠，他就会冒出无名的火气。

希尔达告诉我们："真正的解脱在于找出这样的模式并将它打破。可以在某一天开车上班时，尝试不同的路线，尝试新发型；或者将房子里的家具换换风水……做任何可防止自己停滞不前的新鲜事。"

因此，教授建议那位寻找特定停车位的男士一星期之内都特意不将车停在那"幸运停车位"上，看看会发生什么事。第二个星期他再次来上课时，脸上满是笑容说："我照着你的建议去做了！不但什么倒霉事都没有，而且过了好几天幸运日！"

"现在我明白了，以前是被自己的想法禁锢了。如今我已解脱，高兴停哪儿就停哪儿！"

其实，我们都拥有自由的心灵，不为任何事物所捆绑，除非是我们自己那样认为；我们都享有自由，不论汽车停在哪个停车位，或是牙膏怎么挤。

活着——真实地活着——我们必须与周遭的万物和谐共处。我们不能将自己局限于某种不变的模式下，或者只看到事物的某一种解答。

一位东方的哲学家曾说过："快乐的秘诀在于'停止坚持自己的主张'。"

我们必须分辨清楚，到底是生活圈住了我们，还是我们困住了自己。实现快乐的唯一方式就是不被任何事物所约束，要达到这一目的，我们就必须管理好自己的思想。

最令人烦恼的事物往往可以使人摆脱烦恼。

一点通

人无完人，物无无瑕。生活中要避免争执，适时地将其放下，也许你会觉得失去了本应有的原则。但是，生活如若争执，只能累己累人。

人生没必要与人斤斤计较

在古老的西藏，有一个叫爱地巴的人。只要与人发生争执或生气的时候，他就以很快的速度跑回家，绕着自己的房子和土地跑上三圈，然后在田边大口地喘气。爱地巴工作非常勤奋努力，因此，他拥有的房子越来越大，土地也越来越广。但不管房子有多大，只要他与人生气了，仍然会绕着房子和土地跑三圈。为什么爱地巴每次生气都这样做呢？

所有认识爱地巴的人，心里都非常疑惑，但不论以何种问法都得不到他的答案。直到有一天，爱地巴的房、地已经大得不得了了，而爱地巴也老得腿脚不便了，但他依然拄着拐杖艰难地绕着土地和房子走。他艰难地走完三圈后，太阳已归山。爱地巴坐在田边艰难地喘着气，他的孙子在他身边恳求他："阿公，您年纪已经很大了。这附近就你的土地如此宽广，您别再像从前一样，一生气就绕着土地跑了！您可不可以告诉我，为什么您一生气就要绕着土地跑上三圈啊？"

爱地巴禁不起孙子的恳求，终于把心中隐藏的秘密说了出来："年轻的时候，我一和别人吵架、生气，就绕着房子和土地跑三圈。边跑边想，这么小的房子和土地，我哪有时间、哪有资格跟人家生气呢？一想到这里，气就消失了，就又可以把所有的时间用来努力工作。"

孙子又问道："阿公，您已上了年纪，而且成了这里的富翁，为什么还要绕着房、地跑呢？"

爱地巴笑着说："因为我现在还是会生气，生气时绕着房、地走三圈，边走边想，我的房子这么大，土地这么多，我还跟人计较什么呢？一想到这儿，气立刻就消了。"

生活中，不要过于计较个人的得失，也不要为一些鸡毛蒜皮的小事大动肝火，在人际关系、家庭和睦、邻里相处等问题上难得糊涂，不要太过于较真，这样的一生才是美好而愉快的一生。

一点通

生活中，我们不要太过于计较个人得失，这样的人生才算是美好而愉快的一生。

太较真是生活的误区

人生福祸相依，变化无常。少年气盛时遇事斤斤计较，尚可原谅；一个人年事渐长，阅历渐广，涵养渐深，就应看淡争取之事，凡事不必太认真，顺其自然最好。如果少年时就能如此，那就谓之少年老成了。

话说师徒二人东游，行至某地，腹中饥饿难耐，师傅对徒弟说："前面有一家饭馆，你去讨点饭来。"徒弟领命去饭馆讨饭。

饭馆的主人说："要饭吃可以，不过我有个要求。"徒弟忙道："什么要求？"主人回答："我写一字，你若认识便请你们师徒吃饭，若不认识便乱棍打出。"徒弟微微一笑："主人家，恕我不才，可我也跟师傅多年。慢说一字，一篇文章都不在话下。"主人也微微一笑："先别夸口，认完再说。"说罢，拿笔写了一个"真"字。徒弟哈哈大笑："主人家，你是在欺耍我，我以为是什么难认之字，此字我五岁就识。"主人微笑间："此为何字？"徒弟回答说："此乃认真的'真'。"店主冷笑一声："哼，无知之徒竟敢冒充大师门生。来人，乱棍打出。"

徒弟灰头土脸地回到师傅处，说了经过。大师微微一笑："看来他非要为师前去不可。"说罢，大师来到店前，说明来意。店主依旧写下一个"真"字。大师答曰："此字念'直八'。"那店主笑道："果是大师来到，请！"师徒二人就这样白吃白喝了一顿。徒弟不懂，便问道："老师，你不是教我们那字念'真'吗？什么时候变'直八'了？"大师微微一笑："有时候的事是认不得'真'的啊！"

凡事不必太较真，夫妻生活也是一样。俗话说："金无足赤，人无完人。"作为夫妻，食的是人间烟火，谁也不可能完美无缺。应该宽容对方的缺点，只要不是原则性的大问题，就不要求全责备，而应一笑置之。对方无意间带给你的小小伤害，也不要一直耿耿于怀，过去了的事就让它过去。适时地宽容对方，便可以消除婚姻的阴影。

婚姻的密码在于"求大同，存小异"。曾有人用两块拼在一起的木板比喻夫妻，双方的结合并非天衣无缝，总有质地或纹路的差别，或小或大。夫妻不会像两滴水一样，他们在性格、爱好、生活方式等方面都存在着差异，任何一方都有其独特而不可磨灭的特点。因而，不能按照自己的标准去塑造对方，夫妻双方应允许各自保留自己的私有空间。

凡事不必太较真，如果太较真，生活就会像镜子，你表现出一分敌意，他就有可能还以二分，然后你则递增为三分，他又会还回来六分……把敌意换成善意，就会有意想不到的收获。当"冤冤相报何时了"的双负，能转变成"相逢一笑泯恩仇"的双赢时，人生岂不是很成功？

对周围环境的人和事，即使看不惯，也不必棱角太露，过于显示自己的与众不同。喜怒不形于色，是一种自我保护的方式。

一点通

凡事不要太较真，对周围的人或事，喜怒不形于色才是一种最好的保护方式。

学会适时"糊涂"

保留些许清醒和醉意，织一个美梦给自己，用你的心去感受一份虚拟的真。倘若在下一个黎明到来时，发觉七彩的天空原来是美梦一场，那也无须哭泣，至少你曾有过真切的心醉与心碎。

常言所说的"大事要清楚，小事要糊涂"，即指要清楚、有准则地处理原则性的问题，而对生活中的一些小事，则没有必要斤斤计较。在日常生活中，我们对一些非原则性的、不中听的话或看不惯的事，可以视若无睹，充耳不闻，或者随听、随看、随忘，做到"三缄其口"。这种"小事糊涂"的做法，不仅是一种处世态度，更是一个健康秘诀。

世人都愿当智者，不愿做糊涂虫，更不会心甘情愿地故作愚笨。事实上，人世间凡事复杂善变，我们不可能对每件事都心知肚明，而且有些事情越是清楚，越是让人烦恼。故自古即有"大智若愚""难得糊涂"的说法。

清代著名诗人、书画家郑板桥曾写过一个"难得糊涂"的条幅，其下还有一段批注："聪明难，糊涂难，由聪明转入糊涂更难……"当然，此处的"糊涂"指的是心理上的一种自我修养，意在劝人要明白事理，胸怀开阔，宽以待人。所以，真正的难得糊涂，是大智若愚的糊涂；是一种涵养，心中有数，不动声色；是一种气度，虚怀若谷，超脱怡然；是一种运筹，整体把握，不就事论事。一个人要是做到这些，他便是聪明的"糊涂"人。

对那些生气、烦恼无所裨益的情况，要学会糊涂对待。"糊涂"既可使矛盾冰消雪融，又可使紧张的气氛变得轻松、活泼，从而不仅可以使心理平衡，而且可以保持健康。当你身处困境时，"糊涂"一点便可心胸坦然、精神愉快，不仅可以减少"大脑保卫系统"中不必要的刺激，还可消除生理和心理上的痛苦与疲惫。

在男女的爱情中，更需要难得糊涂。当一段情感变色——或疏远、或伤害、或背叛，总有一方忍不住会愤怒："你曾经说过爱我到永远，你全是骗我的！"被质问的人常常深感委屈："那时我真的很爱你，真的想和你同生共死，我没有骗你！"

真与假，无恒定。所谓的"真作假时假亦真，虚中有实实乃虚"，当感情不再，真亦是假。若人皆如佛般睿智，可以看透自己的来路去途，可以明了自己的生辰死日，可以观视生命旅途中遭遇之事所遇之人，那还有意义吗？活着的滋味，将比白开水更寡淡。

正因为人生的虚实难料、前程未卜，正因为人世间真假交错、爱恨更替，才让我们充满探究的兴致、追寻的意趣才会让我们在跌宕起伏间惊心动魄，才会使我们倍加珍惜真情、珍惜成功。如果好、坏、成、败早已注定，早已明晰，一切按部就班，心就会变得迟钝，失去活力。

人生，因过程而精彩；生命，因感觉而真实。

一点通

对那些生气、烦恼无所裨益的情况，要学会糊涂对待。

较真＝庸人自扰

都说为人处世不可太较真，否则会浪费很多的时间，也会失去很多的朋友。到底什么是较真呢？

其实，较真是指一个人总是喜欢过分地对一件事情追根究底，不弄个水落石出不肯罢休，必须分出个一二三的一种行为，也是一种处世态度。可以说"较真"本身是件好事，但如果事事较真便失去了意义，最终庸人自扰。老祖宗不是早就教导我们"适可而止"吗？不是早就说凡事适度则可吗？所以说，有些事不必太较真。

丽和刚是一对好友，丽已经结婚了，拥有一个温暖的家庭。而刚则是个单身青年，没有婚姻的束缚，自由自在。一天，丽打电话给刚，问他："地震发生时，你首先想到的会是你的女朋友，还是你的父母？"刚还是单身一人，没太在意这个问题，就半开玩笑似地回答："其实，这个问题很简单，我没有女朋友，所以，肯定会想到我的父母。"这个回答并不令丽满意，她继续追问："若你已婚，有了老婆孩子，你会先想到谁呢？"刚仍然满不在乎，随口说道："当然是我的家人。"丽还是不满意，硬要问清楚"是老婆还是父母"。刚这次严肃地说道："若真要分个先后，那肯定会先想到父母。""为什么呢？"丽疑惑地问道。刚说："房子没了，可以重新盖；老婆没了，可以重新娶；孩子没了，可以再生；但父母永远是唯一的……"

丽听了刚的回答，略有沉思，说她的老公也给了她这样的答案，但是，她听了很难过，觉得很失落，因为她觉得自己不是老公心中最重要的人。

听了丽的诉说，刚也陷入了沉思。

要是丽的老公说最先想到她，她肯定不会那么伤心。但是，要是丽的公婆也像她这么较真，那么她老公在他人心中则要沦为不孝之徒。

其实，人生当中没有那么多如果和为什么，有些时候，对于有些事情我们不必太较真，分得清清楚楚反而不一定幸福，偶尔也该"难得糊涂"。在刚对丽的第二次回答中，刚已经回答得很好很全面了——"我首先想到的是我的家人"。家人包括父母，也包括老婆和孩子，丽又何必非要分个先后，为难他人也为难自己呢？

其实，凡事想开些后，这些不快自然会烟消云散。丽在听了老公的回答后心虽不快，但是，她大可以来个"美丽的谎言"对这种尴尬的矛盾一笑置之，她嘴上应该笑着说："老公，你真好，真是个孝子，我爱你！"她老公听了后，定会感激于她的理解和支持——好老婆，真体贴！于是，两人来了个深情的拥抱。这样岂不是更好吗？为什么非要在这个问题上分得清清楚楚，甚至发生争执，最后，弄得双方不欢而散呢？

小虎队有首歌叫《庸人自扰》，其中有些歌词非常好："一生得几回年少，又何苦庸人自扰……笑一笑往事随风飘。"

正如歌词所写，做人不要太死板、太较真，否则就成了庸人自扰，这样很容易把自己孤立起来，走进死胡同。用俗语说就是"钻牛角尖"，这样的人谁会喜欢，并愿意和他打交道呢？

一点通

如果错过了太阳你便流泪不止，那么你也将错过群星。

凡事要以宽容处立

人生的幸福不在于得到的多，而在于索取的少。凡事斤斤计较的人表面上看起来能争得更多的东西，其实再多又有何用？当你离开这个世界的时候，还不是孑然一身？到头来南柯一梦，原来只是些微不足道的事物而已。

《伊索寓言》上说："自己无法享受的事也无法释怀地让别人享受，乃是一般人的通病。"

《盐铁论·毁学》也有相似的说法："君子怀德，小人怀土；贤士殉名，贪夫死利。"意思是说，君子唯贤唯德，不会像小人一样因贪恋蝇头小利而出卖自己的灵魂甚至生命，用通俗点的话来说，切忌斤斤计较。

在交往时，人们往往不喜欢那种将什么都分得清清楚楚，自己一点亏都吃不得的人，觉得与这种人交往非常累，做事太过于认真。同样，在与亲友的交往中，有些人也总是为自己争取尽量多的好处。一旦亲友有了困难，却从不主动关心和帮助，甚至对寻求帮助的亲友避而不见，这是自私为己的世俗习气，是不足取的。

朱德年轻的时候就特别注重与亲戚的关系。平时，他总是为亲友做自己力所能及的事，不计较个人得失，亲友对他的印象非常好，彼此间的关系也非常不错。

朱德当时年轻力壮，很有几分气力，为人又勤快。每年的农忙季节，他都会很快结束自己的收割任务。这时，朱德并没有停下来休息，而是去帮亲友收割。一天下来，总是累得腰酸腿疼。可第二天，他照样去帮忙，从没有喊过累，也从没有抱怨过什么。

有一次，朱德帮一个表叔收庄稼，可这个表叔是一个疑心病重又小心眼的人。看到朱德来帮忙，便怀疑他想趁机偷自己的庄稼，所以，在朱德干活时，表叔时刻关注他的一举一动。特别是朱德要走的时候，竟偷偷检查他的工具筐，担心朱德拿走什么东西。这一切朱德都看在眼里，却付之一笑："表叔，活干完了，我走了，我妈等我回家吃饭呢！"

说完就背起筐子，挥挥手走了。表叔感到非常惭愧，心里不由地暗暗钦佩。

不斤斤计较，这就是朱德与亲友处好关系的最根本原因。帮助他人不求回报，也不声张，好心相帮，即使被疑心也不抱怨。他如此大度，所以，深受亲友们的赞许，亲友们都十分愿意与他交往。

有许多伟人宽宏大量，肚里能撑船。毕加索对冒充他作品的假画毫不在乎，从不追究。"我为什么要小题大做呢？"毕加索说，"作假画的人不是穷画家就是老朋友。我是西班牙人，总不至于为难老朋友吧！而且那些鉴定真迹的专家也要吃饭，而我又没吃什么亏"。

雨果说："世界上最宽阔的东西是海洋，比海洋更宽阔的是天空，比天空更宽阔的是人的心灵。"因为人心可包容万物，一颗宽容的心能使浪子回头，能使坚冰融化，能带来宁静和坦然，能带走痛苦和仇恨。

在你生气的时候，如果有话想说，就先从一数到十；假如你非常愤怒，那就先数到一百，然后再讲话。

一点通

亲友之间，气量要大，切忌斤斤计较。不应你给我半斤，我给你八两，而应该你敬我一尺，我回敬一丈，这样才能使关系密切。

要学会适度宽恕自己

当你仔细观察你的周围时，你就会发现，我们生活中的多数人都是亲切随和、富有爱心的，也很宽容。犯了错时，若你真诚地请求宽恕，绝大多数人都会原谅你，使你再次面对他们时毫无愧疚感。

可贵的是，人们这种亲切的态度对所有人都一样，不论人种、地域与民族，但只对一个人例外。谁？没错，就是我们自己。

也许你会怀疑："人类难道还有不自私的吗？怎么可能严于律己，宽以待人？"是的！人仿佛很容易就会原谅自己。然而，这只是表面上的饶恕而已，没有这样的自我安慰，如何面对他人呢？但在深层的思维里，免不了反复地懊悔与自责："为什么我这么笨？要是当时细心一点就好了。"或是："我真该死，怎么犯这样的错？"

若你不信，就请仔细想想自己有没有犯过严重的错误，如果想得出来，那就说明你曾经对此耿耿于怀，不可能真正忘了它。可能表面上原谅了自己，实际上你只是将自责收进了潜意识里，而随时可能在不经意间将其流露出来。

如果我们可以对他人宽大，难道就没有资格对自己同样仁慈吗？

没错，我们是犯了错。但除了上帝之外，谁能无过？犯错乃人之常情，因为人无完人，犯错之人要不一定要承受如下地狱般的折磨。我们要做的就是正视错误本身，在错误中学习，痛定思痛，以确保未来不会发生同样的憾事。接下来，我们应该获得绝对的宽恕，忘掉它，不让包袱永远压在心上，才能继续往前走。

人生就是不断犯错的过程，如果对每一次错误都深深地自责，那么一辈子都将背着一大袋的罪恶感生活。如此一来，还能奢望远方吗？

犯错对任何人而言都是不愉快的，一个人遭受打击的时候，难免会格外消沉。在那一段灰色的日子里，你觉得自己就像落败的拳击手，被对手击倒在地上，头昏眼花，满耳都是观众的嘲笑，失败感深深地攫住了你。那时候，你没有爬起来的勇气，觉得自己似乎已经没有力气爬起来了，但终究要站起来。不管是在裁判数到十之前，还是之后。而且，你会慢慢恢复体力，平复创伤，你依然会睁开双眼，看见光明。你会淡忘观众的嘲笑和失败的耻辱，专心投入训练，并找到适合自己的路——不再做挨拳头的选手。

玛丽·科莱利说："如果我是块泥土，那么，我这块泥土要预备给勇敢的人践踏。"如果在表情和言行上时时显露出卑微，事事不信任自己、不尊重自己，这种人将得不到别人的尊重。

造物主赋予了人巨大的潜力，鼓励人从事伟大的事业。这种力量蕴藏在我们的灵魂深处，使每个人都有机会实现自己的雄韬伟略，有机会永垂不朽，留名青史。如果一个人不能尽到对自己人生的责任，在最有力量、最有可能成功的时候不把自己的力量施展出来，他就会错失良机，再也没有时间去做了。

如果睡不着就起来做点事，不要躺在那里忧虑不已。啮人身心的是忧虑，不是失眠。

一点通

宽恕、忘怀、前进。当我们的人生遭遇波折，不小心犯错时，要懂得适度宽恕自己，这样才能把犯错与自责的逆风转化为成功前进的推动力。

遇事不要一根筋

生活中，我们有时会犯一些诸如只知拉门进屋，苦恼半天却不知推门的错误。原因显而易见，就是我们遇事爱钻牛角尖，不会变通。环境改变，却不知相机而变，还在认死理，结果却闹出笑话来。

《吕氏春秋》里记载：

> 楚国有一个人搭船过江时，身上的剑不小心落入水中。同船的人都劝他下水去捞，但他毫不慌张地取出小刀，在剑落水的船边刻上一个记号，有人问：“做什么用啊？”他回答说：“剑从此处落下，我做个记号，等会儿船靠岸时，我就从这个做记号的地方下水去把剑找回来。”船靠岸时，他去找剑，结果自然没有找到。

刻舟求剑，是刻板、不知变通的典型例子。有时候，我们的思想就像那把剑，环境的大船已经走远，起了变化，而我们却还在那里原地不动。因此，刻舟求剑终不得。

俗话说：“变则通，通则久。”只要我们学会变通，许多看似不可能的事情，经过努力后就能成为可能；看似是坏事，经过变通就能成为好事。

> 两个欧洲人去非洲推销皮鞋。由于天气炎热，非洲人都是赤脚。第一名推销员看到非洲人都赤脚，失望至极：“这些人都打赤脚，怎么会要我的鞋呢？”于是，他怏怏而回。另一名推销员则非常惊喜：“这些人都没有穿皮鞋，皮鞋的市场大得很呢！”于是，他想方设法引导非洲人购买皮鞋，最后，他发了大财。

第一个人不懂变通，遇事认死理，总以为牛不喝水，便不能强按头。第二个人则不然，他换了一种方式思考，给牛吃点盐，不就能让牛喝水了嘛！

据说，皮鞋的由来还有一个典故：

> 早期，由于没有鞋子穿，人们行走时必须忍受碎石硌脚之痛。某一个国家，有一个太监把国王的所有房间全都铺上了牛皮，当国王踏在牛皮上时，双脚十分舒服。
>
> 于是，国王下令全国各地的马路上都必须铺上牛皮，以便自己四处行走时能够舒服一些。有一个大臣建议：“不需要如此大费周折，只需用牛皮裹脚，再拴上一条绳子就可以了。”于是，无论国王走到哪里，都感到很舒服。

这位大臣的聪明与变通，使舒服与节约可以兼得。假如我们在日常生活之中，能学会变通，随时调整自己的方向和步骤以避免走弯路，则能事半功倍。

学会变通，于人于己都有利无弊，山穷水尽之时转换心情，说不定会“柳暗花明又一村”。变通能让我们少些郁闷多些开心，少些烦恼则多些幸福。变通是对自己人生负责的表现，遇事不钻牛角尖，人舒坦，心也舒坦。

苦恼的不是只有你自己，每人都有这样那样的苦恼，只是形式各异罢了。

一点通

曾有个脑筋急转弯说：“一个人要进屋子，但那扇门怎么拉也拉不开，为什么？”答案是：因为那扇门是要推开的。

第二章　稳定情绪是门学问

要学会从心境开始改变自己

有个人脾气暴躁，常常因此得罪别人，之后，自己又会为此懊恼不已，所以，他一直想改掉坏脾气。后来，他决定通过修行改变自己。于是，他花钱盖了一座庙，并特地找人在庙门的牌匾上写上“百忍寺”三个大字。为表诚心，他每天都站在庙门口，向前来参拜的香客说明自己改过向善的心意。香客们见他如此坚持，都十分钦佩他的良苦用心，也纷纷赞扬他改变自己的决心。

这一天，他一如往常地站在庙门口。正当他向香客解释他建造百忍寺的意义时，其中一位年纪大的香客因为不认识字，便向这个修行者询问牌匾上写的是什么。修行者回答香客说：“牌匾上写的是‘百忍寺’三个字。”碰巧香客没听清，于是又问了一次。这次，修行者面露烦色：“上面写的是‘百忍寺’。”等到香客问第三次时，修行者不再抑制，怒气冲冲地说：“你是聋子啊？我已经很大声了，跟你说上面写的是‘百忍寺’，你难道听不懂吗？”

香客听了，笑着说：“不过三遍便已这样，还建什么百忍寺呢？”

安禅何须山水，灭却心火自凉。生活就是心灵的修炼场，欲求得改变，就应当于生活的细节中从改变心境做起，而不是仅在形式上筑造虚华的水月道场。

一点通

心境是改变自己的最好方式，只有改变心境，自身才能有所发展。

拔掉情绪的钉子

在人生的河流里，没有不受伤的船。人生总会遭遇大大小小的挫折，没有必要为这些事生气，更不要因为挫折而心生烦恼，把身边的人当成发泄的对象。控制好自己的情绪，不要随意向别人发泄，否则造成的伤害将难以弥补。

适当的场合需要适当的情绪，不可产生过激情绪或行为，一般人都能做到。比如，在别人遭遇不幸的时候，你十分开心就是不合时宜的。同时，不要轻易将自己消极的情绪带给身边的人，千万记住不要轻易地将别人当成自己的出气筒，除非他们同意你这么做。但是，这种自控相对来说比较难。即使这样，我们也要努力学会这一点。如果我们不有意识地学习控制自己的情绪，任由各种消极的情绪向他人宣泄，虽然自己也许会觉得一时畅快，但常常会给他人带来难以弥补的伤害。

在生活中，一时冲动说的话、做的事，往往会让我们后悔很久且无法挽救。冲动是魔鬼，要学会控制自己的情绪，为别人开一扇窗，同时也给自己一片蓝天。

一点通

冲动是魔鬼，要学会控制自己的情绪，为别人开一扇窗，同时也给自己一片蓝天。

欢笑有利于身体健康

生理学家巴甫洛夫说过:“忧愁与悲伤能损坏身体,从而为各种疾病打开方便之门。可是,愉快能使你肉体上和精神上的每一现象敏感活跃,增强你的体质。因而愉快和欢笑就是最好的药物。”

笑声还能治疗心理疾病。印度有位医生在国内开设了多家“欢笑诊所”,不用药物而是用各种各样的笑来治病:“哈哈”开怀大笑、“吃吃”抿嘴偷笑、抱着胳膊会心地微笑等。美国的一些公园里设置了专门的欢笑乐园,每天都有许多男女老少来到乐园里站成一圈,一遍遍地哈哈大笑,进行“欢笑晨练”。

笑还可以达到祛病保健、抗老延年的作用。伟大的生理学家巴甫洛夫认为:“愉快可以使你对生命中的每一跳动,对生活中的每一印象都易于感受,不管是躯体上的还是精神上的愉快都是如此,都可使身心健康、体魄强健。”在美国出版的《笑有益于血液——幽默的医疗作用》一书中,作者指出了笑能治疗多种疾病的科学道理,例如:笑能缓解颈部肌肉紧张,因此,能有效治疗头痛。著名化学家法拉第因用脑过度,所以年老时经常头痛。他对症下“乐”,常常去看喜剧,常捧腹大笑,使精神得到了极大放松,最终,头痛病不药而愈。

美国记者卡曾斯得了一种病,目前的医学水平还难以进行有效治疗。在一次因为看喜剧片大笑镇痛的实践下,他为自己拟定了看喜剧影片——笑——吃饭——睡觉——笑的“治疗”方案。经过一段时间的“治疗”,病情大有好转,坚持了十年后,他完全恢复了健康。评剧演员新凤霞在谈到情绪与疾病和健康的关系时,深有体会地告诫人们“不生气”是保健的秘诀。

我们应该笑对生活。

当一个人专为自己打算的时候,他追求幸福的欲望很少能得到满足,而且绝不是对己对人都有利。

一点通

笑声不仅可以消除忧愁,对病痛也有一定的治疗作用。微笑能加快肺部呼吸,增大肺活量,从而促进血液循环,达到更好地抵御各种病菌入侵的效果。

要增强控制情绪的能力

中国传统的处世智慧对克制和忍耐要求很高。冲动性的情绪往往会伤人伤己,而其中以愤怒最为有害。一个人太容易发脾气,只会对自己和他人造成双重伤害。愤怒这种消极情绪,是难以控制却又必须控制的。如何才能消除自己的愤怒呢?传统的看法认为,盛怒须发泄,方可觉得畅快。其实,这是最糟糕的做法,因为勃然大怒会刺激大脑而使其更加亢奋,导致人的怒气更旺,这无异于火上浇油,更难平息。

比较有效的方法是重新评价,即暂时遏制怒火,以积极的视角重新看待使你生气的那件事。事实证明,换个角度对待使你生气的那件事,更全面地认识整件事是极有效的息怒方法之一。

另一种有效的息怒方法是独自走开,让头脑恢复冷静,不给自己发怒的机会。并且默默地对自己说,我现在正在气头上,如果我图一时之快,做事不计后果,那将来或许会追悔莫及。这对于在盛怒之下头脑不清的人尤为有效。

还有一种比较安全的做法是通过运动转移注意力。研究发现,处在盛怒中的人,如果出去散散步或者骑骑车,就会冷静下来。运动可以有效地分散他的注意力,因为他把心理注意点转移到运动上去了。

事实上,愤怒是事与愿违时的一种惰性的情绪,他的心理潜意识是期望世界上的所有事情都要与自己的意愿相吻合，一旦念想落空便怒不可遏。这当然是痴人说梦式的一厢情愿。其实，每个人都是一个完整的个体，都有自己独立的内心世界，有权决定自己说话和行事的方式。

所以，在人生的舞台上，最难战胜的就是自己。控制情绪，驾驭情绪，是很重要的一件事。当然，我们也不必喜怒不形于色，以致他人认为我们深得不可揣摸，但情绪的表现绝不可过度。

如果能恰当地掌握好情绪，就会给他人留下“沉稳、可信赖”的良好印象。虽然不一定因此获重用，或者对事业有立竿见影的帮助，但远胜过不能控制自己情绪的人。

自古圣贤皆贫贱，何况我辈孤且直。

一点通

驾驭好自己的情绪，增强自控能力，是成功的重要因素之一，也是成功人生的重要法则之一。

学会合理应对“坏情绪”

喧嚣的都市，匆忙的步伐，快节奏的生活，一切都像在赛跑。这样的生活，人一浮躁，就难免会发生情绪波动，难免会急躁。如果恰有不顺心的事横加阻挠，一时心绪又不稳定，那么，发点脾气将在所难免。每个人都有喜怒哀乐，这当然无可非议。但是，遵从一定的度方可尽善尽美，听之任之，则会使其成为人生成功的一大障碍。

生活中，我们通过感受周围的事物形成自己的观念。但是，作出是非曲直的判断，这一过程是由我们的心灵来进行的。然而，我们的心灵常被不好的情绪干扰，使我们的想法与做法出现种种偏差。成功的人能成功地驾驭自己的情绪，而失败的人则被自己的情绪所驾驭。愤怒时不能控制怒火，周围的合作者不敢招惹望而却步；消沉时放纵自己以致萎靡，更是将许多稍纵即逝的机会白白浪费，需知时不再来也。

“气大伤身”，是亘古不变的真理。无论是什么原因产生的愤怒，都会影响人的身体健康。现代医学认为，人发怒时会使消化系统功能紊乱，体内的肾上腺激素含量显著增高，导致心跳加快，冠状动脉痉挛，心肌缺血，心绞痛，心律失常等。情绪失控十分不利于健康，发怒其实是拿别人的错误惩罚自己。

这使我们不禁想起一位既能制己之怒，又能激他人之怒，以怒杀人的“情”场高手，即《三国演义》中的诸葛亮。

在魏主曹睿封76岁的王朗为军师迎战蜀兵时，本想“只用一席话，管教诸葛亮拱手而降，蜀兵不战而退”的王朗，却在与亮的口舌之战中被诸葛亮的三寸之舌气死。诸葛亮三气周瑜，他盛怒之下，疾呼：“既生瑜，何生亮”，最后口吐鲜血而亡的故事更是人人皆知。而“空城计”一节中，诸葛亮面对蜀军连连不利，街亭失守等情况，尚来不及重振旗鼓，司马懿引十几万大军兵已临城下，但他依然不急不躁，自在从容，仅一句“大势去矣”而已。然后，引小童二人，携琴一张，于城上楼前凭栏而坐，焚香操琴，自在悠闲。即使是空城，琴声却丝毫不虚，使得司马懿以为城中有伏兵，诸葛亮胜券在握，故不得不引兵急速退去，诸葛亮此计实在是高。

发怒固然有损健康，但若一味克制，积存过多的怒气而不泄同样对健康无益。正确的处理方式是采用恰当的方法释放心中的怒气，当然，最好的方法还是制止怒气的产生。修身养性、宽容待人是克服怒气的最好方式。遇到不称意的事时，只有沉着冷静，保持理智，不要感情用事，用平和的心态面对突然的险境，用智慧处理突发的危机，才能走出低谷。

坏情绪会来，也会去。这不值得恐慌，应轻松面对、接受。它会感谢你的盛情，不再打扰你。

一点通

情绪失控十分不利于健康，发怒其实是拿别人的错误惩罚自己。

不要将感情情绪化

每人都有是非之心，善恶之心，美丑之心，自然他们就会有对事物的喜欢与厌恶之情。凡是世间美好的东西人都喜欢，但万物皆有其限，不可能人人都能得到。凡是那些丑恶的东西，人们总是想方设法地逃避以免受其害，但是，逃避并不能解决问题。如果逃避不成，心绪便会受其影响，一些人就有可能因失落而产生愤怒的情绪。

现实生活中，难免有求人办事的时候。人们常说，求人办事时要谨慎行事，语气不能太强硬，否则不仅事没办成，反而会使双方产生矛盾，极有可能使双方都怒气冲天。这种后果显然不是我们所愿看到的。不仅在求人办事时，而且在其他任何场合，都需要有良好的心理素质，要善于控制自己的情绪，对待身边的人与事要大度，做到遇激不动气，遇气不发怒。

有一个政党的领袖，正在指导一位准备竞选参议员的人，教他如何赢得多数人的选票。

领袖和那人约定："如果你违反我教给你的规则，你得被罚款十元。"

"行，可以。什么时候开始？"

"就现在，马上。"

"好，我教你的第一条规则是：无论你受到别人怎样的责骂、指责和批评，你都不许发怒。无论别人说你什么坏话，你都得忍受。"

"这个容易，人家批评我，说我坏话，我会当成警钟，不会介怀。"

"好的。希望你将这个戒条牢牢记住，这是我教给你的候选人规则当中最重要的一条。不过，像你这种呆头呆脑的人，恐怕一辈子都记不住。"

"什么！你居然说我……"那位候选人当即跳脚。

"拿来，十块钱！"

"呀！我刚才破坏规则了吗？"

"当然，这条规则最重要，不过，其他规则也相差不大。"

"你这个骗子。"

"对不起，又是十块钱。"领袖摊手道。

"哎，这样就20了呢！"

"就是啊！你赶快拿出来，你自己答应的。如果你不给我，那你就臭名远扬。"

"你太狡猾了，狐狸！"

"十块钱，对不起！拿来。"

"呀！又是一次，好了，我得控制！"

"算了吧，我并不是真要你的钱。你出身贫寒，而且你父亲也是名声臭得要死！"

"你简直是恶棍。"

"看到了吧，又是十块钱，这回铁证如山。"这一次，那位候选人心服口服了。

那位领袖郑重地对他说："现在你总该知道了吧，克制自己十分不易，需要处处留心，时时在意。其实，十块钱倒是小事，如果你每发一次脾气就丢掉一张选票，那可就损失惨重了。"

这个小故事告诉我们：在有求于人时，能不能保持平常心控制来自外界刺激所产生的情绪，对于办事的结果，将有着举足轻重的作用。

喜怒哀乐是人类与生俱来的情感，情感常常可以左右人的行动。当我们受到不公正的待遇时，自然而然就会产生怒气。发怒会危害人的身体健康，同时，小不忍则乱大谋。如果不能与别人取得一致的合作，成功之路就会很艰难，不过，只要坚持下去就会海阔天空。所以，在日常生活及职场工作中，遇事应让三分，对人不要过分地表示出自己喜欢或厌恶的心态，不然就可能会带来灾祸。

一点通

在任何场合，都要有良好的心理素质，要善于控制自己的情绪，做到遇激不动气，遇气不发怒。

第三章　忍小事方能成大事

成功的“地主”要会忍

遇事急躁的人往往急功近利，难以把事情处理得稳妥得当，相反，心态平和、遇事冷静的人则是这方面的高手。应对复杂形势时应该像面对政务危机般临危而不惧，仔细计划，忍小谋大。俗话说“打蛇打七寸”，过于忍让、犹豫则耽误时机，也是不可取的，因而需相准时机，一击中的。忍还要忍得恰到好处，不能失了分寸，所谓恰到好处，即时机成熟时相机行事。中国有一种扑克牌游戏叫做“斗地主”，其中做“地主”的精髓就在于“忍”，这是众所周知的。要相信只要拿得一手好牌，就有逆转的机会，“忍”时常会逆转战局。

世界杯落下帷幕时，大力神杯被意大利球队高高捧起。这一结果，与法国队队长齐达内在加时赛中被红牌罚下不无关系。比赛的前110分钟，齐达内充当着上帝的角色，维持了比分平衡，令比赛一直难分胜负。然而，马特拉齐的一句恶语如毒刺般刺进了齐达内的皮肉深处，打到了他的七寸，激怒了在球场上表现出色的齐达内。齐达内则因为马特拉齐的愤怒而撞倒了他，被红牌罚下场。一代巨星齐达内黯然离场，以这种悲凉的方式告别了自己的足球生涯，同时也彻底破灭了自己再夺世界杯的心愿。没有人想到齐达内会这样告别世界杯，本来他可以以王者的姿态傲然全场、完美离开。只可惜，作为一个血性男儿，他在那一刻没能保持自己冷静的头脑，小不忍乱了大谋。

“小不忍则乱大谋”是不少人用以告诫自己的座右铭。有志向、有理想的人，不应斤斤计较个人的得失，因为这样只会白白浪费自己的时间与精力。他们应当有开阔的胸襟和远大的抱负，只有这样，才能成就大事，实现自己的梦想。在职场中，很多表面吃亏的事实际上是一个展现自己并实现自我价值的机会，比如，工作的调动，环境的变迁等。面对这些事情时，我们应该做到泰然处之，思考其对自己的长远发展是否有利，而不盲目地逞匹夫之勇。“小不忍则乱大谋”，心胸开阔，目光放远一些，要想做个成功的“地主”就必须忍。

一点通

“小不忍则乱大谋”，心胸开阔，目光放远一些，要想做个成功的“地主”就必须忍。

要会冷静面对中伤

在20世纪60年代的美国，有一位大学校长十分有才，他想竞选美国中西部某州的议会议员。此人阅历丰富、资历很高，又精明能干、博学多识，然而，他有个缺点，即遇到不好的事情总是爱生气、发火。整体而言，他还是很有希望赢得选举胜利的。但是，意外发生了。在选举的中期，零星的谣言散布开来：三四年前，在该州首府举行的一次教育大会中，他跟一位年轻女教师“有那么一点暧昧的行为”。

这实在是一个弥天大谎，这位候选人对这种莫须有的诋毁十分愤怒，并尽力想为自己辩解。由于按捺不住对这一恶毒谣言的怒火，在日后的每次集会上，他都要站起来极力澄清事实，以证明自己的清白。其实，大部分的选民根本没有听到过这件事，但是，人们却越来越坚信这不是空穴来风，真是越抹越黑。公众们振振有词地反问：“如果真是无辜的，那你为何百般辩解？”这位候选人听到以后，气愤无比却又无可奈何，情绪失控，因而更加气急败坏、声嘶力竭地在各种场合下为自己洗刷，谴责谣言的传播。然而，不幸的是，此地无银三百两。最悲哀的是，连他的太太也开始相信谣言，夫妻之间的亲密关系被破坏殆尽。

最后，他与竞选无缘，从此变得消沉了。

故事中的候选人因为没有冷静地对待这件本来很小的事情，导致这件小事成为他竞选的最大阻碍。身正不怕影子歪，小事也需要忍。

人们在生活中偶尔会遇到小人对自己的恶意指控、陷害，甚至是种种难以忍受的恶语中伤。遇到这些不如意的事情时，如果头脑不能冷静，暴跳如雷，大动肝火，结果只能像上面故事中讲的一样，把事情搞得更糟。必须克制自己的愤怒情绪，只有冷静才能让你用智慧思考事情，想出真正解决问题的办法。

一点通

情绪压倒理智，这就是人间产生罪恶的原因之一。

适时的忍能成就一生

多数人的工作与生活总会有不顺心、不如意的时候，这时他们会选择离职，或因是否离职而犹豫不定，总认为别人的公司完美无瑕。殊不知，再好的公司也很难让每位职员称心如意。一旦发现新公司不如自己的预期，定会重蹈覆辙，永无休止地徘徊在求职和离职之间。

有家公司的老总是一位女性，工作中不太了解网站。小李在帮一个客户做网站时，老板考虑到客户的重要性，就亲自监工。但是，她在一旁的指手画脚让小李无所适从，听吧，不专业；不听吧，人家可是老板。结果网站做得一塌糊涂。反省责任时，老板竟把工作中出现的错误全部归结为小李工作不认真，小李没办法，只好“哑巴吃黄连”，认了。

经过这次教训，再有其他工作任务时，小李不再屈于权力，而是自己拿主意，做出的东西客户们都很满意。两个月后，老板就给小李加了薪。

如果小李第一次受气的时候提出离职，那么，后来就不会获得赏识和加薪。所以，大丈夫应该能屈能伸。

在职场中，不要计较一点点的得失，切忌逞一时之勇，图一时之快，不顾后果，将大量的时间和精力浪费在自己短期内遇到的不满上。如果换个角度，认真剖析工作中存在的问题，了解出错的真正原因，你的工作就会出现转机，既拥有了自己的发展空间又获得了别人对你的价值的肯定，也少了东山再起的辛劳，三全其美，何乐而不为呢！

一个人无论在什么时候都要能屈能伸，韬光养晦也是一门学问。当你意气用事的言行举止越来越少时，那么，成功就会离你越来越近。

报复最容易，宽恕最伟大。

一点通

只有在小事上能忍的人，才能克服道路上的荆棘，从而摘得成功的果实。只有努力摒弃工作中的怨气，在通往幸福和成功的路上才会少些崎岖，多些平坦。

人生在世，能忍则忍

人生不如意事十之八九，在这变幻无常的世界里，要想活得精神，其中首要的一条就是善于忍。

忍是人生的一种大智慧。古今中外胸怀大志、高瞻远瞩之人，无不以大度为怀，不为琐事所牵绊，他们拥有忍耐的优良品质。相反，鼠肚鸡肠、竞小争微、对于只语片言也耿耿于怀的人，是难成就大业的。

有个小池塘里面住了一只乌龟，芦苇丛中的两只雁鸟是它的好朋友。后来发生旱灾，池水渐渐干涸，乌龟无法支撑下去了。岸边的两只雁鸟看到这种情况，很同情乌龟的遭遇，想帮它迁移到另一个有水的地方。

最后，它们终于想出了一个好办法。它们找来一根树枝，叫乌龟衔在口中，两只雁鸟各执一端，并交代乌龟在未到达目的地前千万不能开口说话。

乌龟听后非常高兴，马上答应了。当它们飞到一个村庄的上空时，忽然被一群孩子发现了，他们吃了一惊大喊道："乌龟被雁鸟衔去了，大家快来看呀！"

嘴巴紧咬树枝的乌龟，听到下面孩子们的叫声后，觉得自己很受侮辱，心中愤愤难平，于是忍不住开口解释。

乌龟刚一张嘴就开始跌落，最后，它摔在坚硬的石头上，摔得粉身碎骨。

天地间没有十全十美的事，盛极而衰，正如花开满枝时便注定会有落花飘零的情景。因此，要居安思危，在大难当头时要百折不挠，追求最终的成功。

与小人相斗是最不明智的，与其与狗争道被咬伤，还不如让狗先走。因为即使你将狗杀死，也无法治好被狗咬的伤。

教养是没教养之人的第二个太阳。

一点通

人生在世，当忍则忍。喜欢逞一时之强，图一时之快，不考虑后果，忘记自己的身份及所处的立场，不清楚自己最终要干什么的人，往往吃亏的是他自己。

低头是为了更好地抬头

大丈夫当能屈能伸，要想实现远大抱负，干出一番大事业，就要具备承受打击的能力。这好比一个身材矮小的人，要想攀爬高墙，就必须以梯子为工具。假如身边没有梯子，那么，即使旁边有一个矮树墩，也未尝不可加以利用。若嫌它矮而不肯委身将就，那么他就无法爬到高墙上去。

韩信曾在年少时受过胯下之辱，但我们都知道他并不懦弱。他之所以忍受这样大的屈辱，是因为他有大抱负，而且小不忍则乱大谋。后来，他于硝烟战火中，跟随刘邦逐鹿中原，风云渐起，先后做过齐王和楚王。他在与部下谈起这件事时说："我不是没有胆量和勇气杀死他，而是如果我杀了他，我的一生就完蛋了。"因为我忍住了，所以，才有今天这样的地位和成就。

人们在制定目标时，往往会遇到各种困难与挫折，致使你气愤、胆怯、自卑，甚至灰心丧气、绝望无助。立志越高，所遇到的困难就越大。猝然临之而不惊，无故加之而不怒，乐观、坚忍不拔、能屈能伸，这才是大丈夫的表现。

苦难是一种考验，只有意志坚韧者才能生存，而意志薄弱者却会被淘汰。要达到奇伟瑰丽的人生境界，要成就任重道远的伟业，非远大的志向和坚忍不拔的品质不能成也。

大雪过后，树林里出现了有趣的现象：榆树的很多枝条都被厚重的积雪压断；而松树的枝条虽然被压弯，却是一幅生机盎然的景象，没有受到丝毫伤害。原来，榆树的树枝不会弯曲，结果冰雪在上面越积越厚，直到其不堪重负被压断。而松树却与之相反，在冰雪的负荷超过自己的承受能力时，它便会把树枝垂下，因而积雪就掉落下来了，反而不易折损。所以，松树的枝干依旧挺拔，巍然屹立。能屈能伸，刚柔相济，松树正是有了这种气度和风范，才能经受住一场场暴风雪的洗礼。

人世间的冷暖难以掌握，人生的道路亦变化多端。当你遇到困难或某条路走不通时，退一步或许就会海阔天空；当你在事业一帆风顺的时候，也请记得保持谦让的胸襟和品德，不要独占功劳、自以为是，不要居功自傲，更不要得意忘形。进退取之有度，能屈能伸，这样才不失为一个成功者的风范。

富兰克林年轻时到一位长者家里拜访，聆听前辈的教诲。没料到，身材高大的他进门时不小心撞到了门框上，头上立马起了一个包。富兰克林疼痛难忍，不停地揉着头上的大包，两眼瞪着那个低于正常标准的门框。出门迎接的长者见他狼狈不堪，甚是滑稽，忍不住笑起来："年轻人，很痛吧？"这位长者语重心长地说，"这可是你今天来这儿的最大的收获。"

所谓识时务者为俊杰，低头是为了更好更有力地抬头。现实世界纷繁复杂，要想一帆风顺并不现实，面对人生旅途中一个个低矮的"门框"，暂时的低头并非是屈服，而是为了长久地抬头；一时的退让反而是维护自尊、坚守原则的表现，前进之路也会更加广阔。只有采取这种积极且明智的方法，审时度势，才能实现超越，走向成功。对这些厚重的"门框"视而不见，凭借一身傲气前行，结果只能是头破血流，成为摆在风车面前的"堂吉诃德"。

富兰克林终身不忘前辈的忠告，秉承谦逊的准则，并且身体力行，后来终成大器。

善气迎人，亲如弟兄；恶气迎人，害于兵戈。

一点通

一个人要想在世上有所作为，"低头"是少不了的，低头是为了更好地抬头。

人生需要有"忍"

古时，有个刘姓老头开了一家当铺。一年年底，来了一人想赎回所当的衣物，可是，这人却两手空空。这肯定行不通，那人见不同意便破口大骂。刘老头慢慢地说道："你不过是为过年发愁，何必在这种小事上耗神？"随即让人将其先前当在这里的衣物找出了四五件，指着棉衣说："你该用这个御寒，少不得。"又指着一件衣袍说，"这是给你拜年用的，其他没用的暂时就放在这里吧！你要用时再来取。"那人无话可说，拿上东西默默地回去了。当天夜里，那个人居然死在了另一个人的家里，而且他家与这家闹官司闹了多年，使得那家人的钱财花费殆尽。

原来，这个人因为欠债太多无法偿还，事先服了毒，本来想去敲诈刘老头，却因为刘老头的宽恕而没有得逞，于是便祸害了另一家人。后来，有人告诉了刘老头真相，刘老头说："凡是这种无理取闹的人必然是有所依仗，或是什么也不在乎了。小事不忍，就会招来大祸。”

其实，没有人甘于平庸，谁都想成就一番伟业。但是，在成就一番伟业的过程中，“忍”却有相当大的学问。人要在“忍”中调整自己的情绪，摆出好的心态谋略大事业。

所谓“忍小谋大”就是不计一时一事的得失，不陷于眼前失意的泥潭而不能自拔。忍住急功近利，一切都为实现大目标及成就大事业铺平道路。刘邦与项羽的楚汉之争，其实就是在“忍小取大”上决出雌雄的。称雄争霸亦是一种“忍”功之较量，唯有能“忍小取大”者，方能得天下，称雄于世；刚愎自用者，必失天下，一败涂地。因为项羽不能忍，纵有八千子弟兵生死相随，也难挽残局。因为刘邦能忍，养精蓄锐，等待时机，直攻项羽弊端，最后才能夺取胜利。刘邦功成名就是因为他懂得忍个人之言，忍个人享乐，忍一时失败，忍个人意气；而项羽却不懂得“小不忍则乱大谋”的道理，最终大业未成身先死。

彬彬有礼的风度，主要是自我克制的表现。

一点通

一切成功都与忍有关系，没有忍受学习的艰苦，哪有学成后游子的荣归故里？没有忍受年轻时创业的辛苦，又怎能有中年以后的坐享其成？所以，人生需要“忍”。

8 权谋之道篇

第一章　多谋易胜，少算易失

学会应变，兼顾到位

世事如风云易变，让人难以把握。我们很难知道未来什么样，也很难知道明天将面临什么。因此，作为一个精明的人士，更要懂得变通的学问，要根据实际情况采取合理措施，“因利而制权”，伺机而动，以不变应万变，方能几经沉浮仍立于不败之地。

变，是事物的本质特征。身处不断发展变化的社会里，人的态度应有三种：一是以不变应万变。如果没有实力的支撑，且不是出于策略的考虑，这就成了消极逃避的态度。二是以变应变。这种态度其实也只能算作无奈的选择，不能掌控变化而只能被动应对。比如，对手研发了新产品，你就跟在后面来个“东施效颦”；人家降价了，你也慌不迭地来个大甩卖。可变来变去始终是被动应付，这种忙不暇接、不能仔细考虑自身条件的情况，能坚持下来已属不易，很难看到新局面。三是以变制变。一个“制”字便使情况有了极大改观，它所反映出来的是一种主动进取的精神，是一种度势控变的能力。就其结果而言，这反倒成了一种机遇，在变中获得了新的发展。

从前，有一个渔夫，是出海打鱼的好手。他听说最近市场上墨鱼的价格最贵，就发誓这次出海非墨鱼不打。然而事与愿违，这次他遇到的除了螃蟹什么都没有。于是，他空手而归。可是，上岸后他才知道，原来螃蟹的价格比墨鱼还要贵很多。因此，第二次出海他便发誓只打螃蟹，可是，他只遇到了墨鱼。于是，他又一次空手而归。第三次出海前，他再次发誓要打到螃蟹和墨鱼，但是，他遇到的只是一些马鲛鱼，渔夫第三次失望地空手而归。可怜的渔夫没有等到第四次出海，就在饥寒交迫中去世了。

如果渔夫第一次捕些蟹，那么，起码可以保证吃饱穿暖；如果他能在第二次打些墨鱼拿回来卖掉，那么，他至少有一阵子可以不用为饿肚子而犯难；如果他第三次出海捕些马鲛鱼拿回来卖掉，那也可以填饱肚子。若他在捕鱼时能伺机而动，最后也就不会被饿死了。

由此可见，若一个人希望自己生活得称心如意，就必须具有灵活应变的能力。不仅生活中是这样，在商战中亦是这样。市场竞争风云多变，只有灵活应变、统筹兼顾，才能掌控主动，这是一种经营之道。

一点通

要有智慧地灵活应变，要做到因利而制权，伺机而动，在全面兼顾的前提下，以不变应万变。

以子之矛，攻子之盾

以其人之道，还治其人之身；以子之矛，攻子之盾。这些都能再现对方观点中的不合理之处，从而使对方能够反观自身，得以自悟。

这其中包含着非常深刻的处世道理和劝谏之法。古往今来，不少事例都可以佐证其有效性。

齐宣王斩杀了谋叛之臣齐国大夫郓石父，并意在株连其九族。郓石父的族人跑来求救于艾子。于是，艾子来到齐宣王面前问道："谋叛的只郓石父一人，为何要迁连宗族？"

齐宣王说："这是先王的法度，不敢废掉，法典明文规定'与叛同宗者杀无赦'。"

艾子说："我听说公子巫以前曾在邯郸向秦国投降，他不是大王的舅舅吗？那么大王也是叛臣的族人，按照法典也该连坐，希望大王马上自尽吧！不要亲自破坏了先王的法度。"说罢，便拿出一根绳，郑重其事地献给齐宣王。

齐宣王哭笑不得，只好答应赦免。

艾子的进谏实为巧妙，并无半句请求赦免郓石父族人之言，却使得齐王不得不妥协。究其奥妙，全在于艾子从齐王的话引申出去。他把"与叛同宗者杀无赦"的话作为判断的标准和原则，并引申到齐王本人身上，得出"齐王当自尽"的结论。

最为精彩的莫过于齐王的"哭笑不得"，既要接受下属的建议，又有怒发不得。这是因为齐王既不能否定自己的言论，也不想自己找麻烦，所以，他只能选择听从劝告，给双方一个台阶下。

北宋的名臣赵普也深谙此道。

开国之初，赵普总结前朝兴衰教训，力主削夺重臣大将的兵权。为此，他曾多次劝谏宋太祖赵匡胤，但均无效果。赵普实属无奈，只好出言顶撞："为什么皇上你就能背叛你的主人呢？"这是指宋太祖赵匡胤发动的"陈桥兵变"，事后，他便自立为王。宋太祖听罢，默默无言，思索良久后，终于接受其提议。

后来，宋太祖在著名的"杯酒释兵权"一幕中，曾忧心忡忡地告诉手下："如果有朝一日，你手下的士兵也要你们黄袍加身，那你们能推辞吗"？

赵普的话虽苛刻，却使宋太祖反观自身，真正领会了其中利害，察觉到了危机。

一点通

以彼之道，还施彼身。以对手之招数制服对手，最令人佩服。在现实生活中，这样对付"恶人"再恰当不过了。

说话要留分寸

与人交往时，三分话即可，还有七分话不必说。或许有人认为大丈夫应该光明磊落，事无不可对人言，何必只说三分话呢？其实，这要因人而异，看对方是什么人。如果对方不是可以尽言的人，你说三分话就已经不少了；若非深交，你却畅所欲言以快一时，那对方的反应会如何呢？你说的话是你自己的事，对方愿意听吗？彼此关系浅薄，你却完全表露心迹，只能说明你太轻浮。如果话题是关于对方的，你又不是他的挚友，那与之深谈中就可能冒犯他人，虽忠言逆耳，却显示了你的冒昧。

如果你的话是涉及第三者的，当对方的立场如何你不清楚，对方的主张如何你也不明白时，你最好不要直言不讳，否则容易得罪人。

说话要讲究场合与对象。非其人不说；非其时虽得其人也不可说；得其人得其时，而不是说话的地方，仍不要说。

不是应该说话的人，你说三分话已是太多。得其人而不是说话的时间，你说三分话也不一定能收到预期的效果。得其人得其时，而不是说话的地方，你说三分话可能会引起他的注意。如有必要，不妨选个地方细谈，此乃明智之举。

有时，只说三分话，乃是职业道德所需。做医生的人，普通病人或许可以对人提起，如果是花柳病人，便要尊重患者的隐私。

如果你从事的是机密工作，或者特殊行业，对人就应只说三分话，重要话题一个字也说不得。你说的三分话，可以有关风花雪月，有关柴米油盐，抑或天南海北，或稗官野史。总而言之，应该是无关紧要的话。只有这类话，虽然说得头头是道，说得淋漓尽致，说得皆大欢喜，但其实是言之无物，不会引来什么苦恼。

一点通

所谓逢人只说三分话，不是故弄玄虚，言不达意，而是只说可说的，以免言多有失。善于处世的人说话都圆滑而保守，不必说的则不说，这不是不诚实或狡猾，而是一种变通。

“红脸”和“白脸”的双簧谋略

曲艺中的双簧是一人表演动作，一人藏在背后或说或唱，互相配合。这种方法也常常能运用到做事之中。作为做事的一种谋略，两个人或两人以上，一方扮红脸，一方扮白脸，互相配合，互相借力，以此来说服其他人。

双簧谋略往往经过精心的安排，事先经过筹划，再分角色“演唱”。攻心时一个正面出击，一个旁敲侧击；一个强攻，一个软磨。在这一喝一和之中，对方最易被说服。

> 某校政治教师王老师曾与派出所的张警员用这种方法教育了一名失足青年，终使其回到了正轨。李平是王老师的学生，他邻居家的自行车和手表失窃，便怀疑是李平做的。派出所的张警员十分严肃地向李平询问了情况，又对他说：“我们已经掌握了情况，之所以还来找你，主要是想再给你一个机会。坦白从宽，抗拒从严。”最后，对李平说：“今天上午你先考虑一下，下午我们再来找你。”
>
> 张警员走后，王老师马上找李平谈心：“你看，张警员之所以来学校找你，正是为了挽救你啊！你父母离异，妈妈为了支付生活费，晚上还要替别人缝衣服。你这样做，对得起你妈妈吗？现在你什么也不用说，先仔细想想，想通了，想明白了，再告诉我。如果想抓你，现在就不这样与你谈了。我有50多个学生，为什么在你身上下这么多功夫？是希望你能真正改正错误。你可以对不起我，但你一定要对得起你妈。”
>
> 王老师的一席话，使李平感动得流下了眼泪。
>
> 李平终于坦白了自己偷窃的事情，并表示要改过自新，重新做人。

王老师和派出所的张警员从不同的角度向李平展开攻心战，张警员义正词严，严肃且具有威慑性。王老师的一番话侧重感情，从师生情与母子情展开攻心，从而突破了李平的情感防线，恩威并施，终于让他认识到自己的错误。

红脸与白脸其实是站在不同的立场上对人进行劝说，这两种方式互相配合，具有双重的综合教育功能。没有白脸，感情和道理就缺乏制约力；缺少红脸，则缺少情感因素。两者相辅相成，才能产生巨大的说服力，才能有最佳的效果。

双簧策略，往往是先唱白脸，让对方产生强大的心理压力，然后，红脸登场，在入情入理的巧妙攻势之中化解对方的心理壁垒，无形之中摧垮对方的心理防线。只有恰当使用，才能其妙无穷。

一点通

无论红脸还是白脸，关键是要演得真、装得像，把握好时机，也要针对不同对象行事。一旦被别人看出破绽，所有的努力就都白费了。

学会靠大树

烈日当头，应该为自己找到一棵乘凉之树，可以免去不少挫折与烦恼。当然，如果你本身天资过人，勤奋有加，又善于把握时机，能够靠自己的努力获得成功，当然最好。倘若你自认本领不强，同时又想减少挫折，那不妨找棵树靠一靠，学一学前辈的为人处世之道。很多成功的人士都是如此。

例如，晚清商人胡雪岩，他成功的经商之道让他富可敌国。仔细研究他的成功之道就能发现，他之所以获得如此令人艳羡的财富，很大程度归结于他找了两棵坚实的“大树”。

一个是王有龄，此人在胡雪岩创业之初给了他很大的关照和帮助。生意发展之初，他依靠王有龄的权势获得了大量的订单和机会，生意也因此越做越大。

另一个是左宗棠，他出身世家，以战功谋略闻名，位重权高，是胡雪岩更加强有力的靠山。

正是有了这两棵“大树”，胡雪岩才能驰骋商场，硕果累累。

不过，并不是人人都能轻而易举地找到可依靠之树，这往往需要一定的时间。即使看上了某个靠山，但在对方不了解你时，对方作为陌生人很难助你一臂之力。你必须在和他的往来之间，让他了解你的能力、上进心、人格、家世和忠诚，让他充分信任你。这需要一个过程，这个过程可能需要半年、一年，也有可能更为漫长，你要好好表现，伺机而动，完成“大树”对你的考验。

不过，在选定靠山前还要认真思考：什么样的人有可能成为自己的靠山，这是最重要的问题。以下几个方面可供参考：

1. 有家世背景的人

显赫的家世自然能让你受益匪浅，不过，家世背景并不一定能保证他一辈子风光。如果他品行不正、能力不行，那么，这种人就没有未来。

2. 功成名就之人

找这种人当“大树”，你必须具备足够的条件，否则，即使你再怎么“跟”，他也看不见你。

3. 有能力、有潜力之人

这种人可能是最好的跟随之人，他们是潜力派，虽暂时蛰伏，但长期做下去必有收获。不过，有能力、有潜力的人最终不一定飞黄腾达，人的机遇是很难说的，一旦决定跟随，就要无怨无悔！

最后，要提醒你的是，当你找到自己的“靠山”与“乘凉之树”后，万万不可完全的靠他人生活。你必须更加努力，因为他人只能给你提供适当的条件。

当然，“大树”是很难求的。然而，值得欣喜的是，总有求得大树的有成之人。

老江创业多年，然而命运弄人，辛苦奔波却收获甚微。一次，他所在的城市要进行基础设施建设改造，他敏感地嗅到了这个机会。可是，同一个城市里符合要求的公司多达十几家，怎样才能获得这个机会呢？他绞尽脑汁，终于想到了该如何接近负责人。

该负责人习惯周末去郊外钓鱼。老江探明地点后，也带上渔具，跑到该鱼塘钓鱼。他自己不钓，只是认真地看负责人钓，每当负责人钓上鱼的时候，老江都表现得很羡慕。负责人的虚荣心自然得到了极大满足，他看见老江带着渔具却没钓鱼，便好奇地询问。老江装作不会钓鱼，借机请教。负责人很高兴，便告知他一些钓鱼的窍门。两人越聊越投机，不知不觉就谈到了各自的职业。老江故作为难，说自己的行业竞争激烈，向负责人大吐苦水。等到负责人表露身份的时候，老江顺理成章地提出了要求。

结果正如老江所愿，他拿到了工程招标。从此以后，老江的事业上了一个新台阶，人生也进入了一个新的平台。

由此可见，在一些关键的问题上要动动脑筋才能靠上“大树”。

一点通

人生在世，难免历经坎坷，光靠一个人的努力势单力薄，有时难以面对。这时，只要找到一棵可以遮风避雨的"大树"，就能可退可守。有了坚实的后盾，取得成功也会变得易如反掌。

示强以弱与示弱以强的学问

公元前206年，项羽占有楚魏东部九郡之地，定都彭城(今江苏徐州)，自封西楚霸王。他违背先入关中为王的内定，改封先入关中的刘邦为汉王，封地有巴蜀和汉中41个县，国都为南关(今陕西南关县东北)。巴蜀之地，原是秦朝流放罪犯的偏远荒凉之地，刘邦自是十分不快。

范增及项羽的谋臣都深知刘邦的不满，也知道他将来定会举兵再起，于是，他们建议项羽找借口杀掉刘邦。因而项羽召见刘邦，准备封刘邦为汉中王，他若去，则他定有储备实力、自封为王之心；若不去，正好可以杀死他。刘邦听说项羽召见，虽然明知此去凶多吉少，但公然抗命更加不好，便在心中盘算怎样应对这场智斗。刘邦来到殿前，恭恭敬敬地伏在地上说："拜见霸王千岁！"他的样子十分谦恭驯服，使项羽异常受用，当即松懈下来。项羽笑着问道："沛公，你先入咸阳，功劳可嘉，我特意加封你为汉中王，代管巴蜀，不知你意下如何？"刘邦听罢，立马察觉到其中的杀机，只要自己一语有失，便会人头落地。他沉吟片刻答道："我好比霸王您胯下的一匹坐骑，您可以全权决定我的去向。"项羽闻听此言，既对刘邦的恭维感到自得，又觉得刘邦的话无懈可击，也因此失去了杀他的理由，便让刘邦下殿离去了。

刘邦谢恩退出大殿，马不停蹄地赶回自己的营地，稍加打点，便又率军急匆匆地向巴蜀进发。他决心以巴蜀偏塞之地为依托，招兵买马，养精蓄锐，待他日力量强大之际，再谋取天下。

项羽闻知刘邦已率军向巴蜀进发，深感亚父所言极是，立即派季布带三千人马前去追赶，然而为时已晚。

刘邦后拜韩信为大将军，广纳贤才，休兵养士。最终，他得到众贤士的效力，使得不可一世的西楚霸王自刎乌江，从而统一天下。

刘邦不仅懂得示强以弱的保命之法，而且也深知"示弱以强"之道。

汉王刘邦派人去游说九江王英布投降，英布犹豫再三，最后勉强同意。英布来拜见刘邦，进门却发现汉王自顾自地洗脚，对他非但不热情，反而十分冷淡。英布顿时面红耳赤，觉得自己受到了羞辱，最后的一点自尊也轰然倒塌。

但是，等他回到住处，发现自己的帐幕、饮食、随从都与汉王的住所毫无差别时，英布又惊又喜，顿时对刘邦感激涕零。

刘邦对英布先以傲气慑之，乃是以"示弱以强"之法树立起自己的权威。随后又出乎意料地重视他，是告诉他在这里能够得到他所追求的东西，使其忠心耿耿地追随自己。

一点通

见强者，可示弱以保身；见弱者，可示强以威服。世事无绝对，不管是示强以弱，还是示弱以强，都是维持处世平衡之道。

要领悟"伸手不打笑脸人"的道理

人们都喜欢听赞美之词，而规避指责。面对赞美之词时，我们往往笑容可掬，显得颇有风度，而一旦面对指责时，就千人千态了。其实，在面对批评之时，要了解对方心里的真正想法，知错就改，这样才能做到伸手不打笑脸人，从而使自己避免陷入更加难堪的境地。

李升被提升为一家建筑公司的工程估价部主任，负责估算各项工程所需的价款。有一次，他的一项结算在复查时,经理意外地发现他算错了2万元。经理把他找来,提出要他工作细心一点。

李升反而大发雷霆:"那个核算员没有权力复核我的估算,更没有权力越级报告。"

经理问他:"但你的确错了,是不是?"

李升说:"是的。"

经理见他如此态度,本想发作一番,念及他一贯表现良好,工作又小有成绩,便小事化无不再说什么了。

不久,李升又有一个估算项目被查出错误。经理叫他过来,刚说话李升就翻脸:"好了,好了,不用啰唆了。我知道你还在介意上次的事,所以,现在特地请了专家来查我的错误,借机报复。"

经理等他说完,神色冷淡地说道:"既然如此,你不妨自己去请别的专家来帮你核算一下,看看你究竟错了没有。"

李升不服,果然请别的专家核算,最后,他发现自己确实错了。

经理对李升说:"你另谋高就吧!我不能让一个不愿接受别人批评的人损害公司利益。"

负面地回应批评反映了一个人对人的不良态度,不仅影响人际关系,而且会妨碍自我能力的提升。

缺点与错误是一个人成功的大敌,而批评可以替你指出它们,引起你的警觉。如果不能正确对待别人的批评,一味固执,那你的缺点永远也无法改正。

一个人要想成功,就要把批评当镜子,用这块镜子照照自己,以发现自己的问题,并加以改正。虚心接受别人的批评,是有度量和理智的表现,不但可以赢取他人的好感和尊重,而且对你事业的成功大有好处。

一位顾客从食品店里买了一袋食品,可打开一看,发现食品居然已经发霉了。他怒气冲冲地找到营业员:"你们店里卖的什么东西,都发霉了。你们这是拿顾客的健康不当回事!"

其他顾客闻声都过来围观。

这个营业员面带笑容,连连道歉说:"这是我们工作的失误,非常感谢您给我们指出来。您是需要退钱还是换一袋呢?如果换一袋,那您先打开看看吧!"

面对这位营业员诚恳的微笑,以及真诚的道歉,那位顾客还能说什么呢?他重新换了一袋,旁边的几个顾客纷纷赞扬营业员的服务态度。这家食品店的生意更加红火了。

一点通 失误和缺点是在所难免的,但当他人替你指出问题时,会办事的人往往善于掌握火候,真诚地接受别人的批评并努力加以改正,这样既赢得了别人的好感,又避免自己陷入尴尬与难堪,正所谓"伸手不打笑脸人"。

第二章 看清形势,摆好自己的位置

做"第三派"万万不可

政治斗争中尔虞我诈,硝烟四起。若想在这样的环境下安安稳稳地做个"第三派",妄图在夹缝中求生存,就极有可能成为两派共同的敌人。

20世纪上半叶,中华民族陷入危难之时,在帝国主义和封建主义两座大山的压迫下艰难求发展的民族资本主义,试图效仿西方的三权分立来建立君主立宪制度,以求救民族于危急之中。以康有为、梁启超、谭嗣同等为代表的维新派以光绪皇帝为依托推行他们的“中间路线”，他们主观地认为，君主立宪制迎合了封建专制和资本主义，可谓两全其美。然而，他们忽略了帝国主义根本不希望看到一个强大的中国，封建统治集团的顽固派根本不甘心大权旁落，帝国主义与封建主义之间相互的需要大于他们的矛盾这样的事实。结果，资产阶级维新派仅“百日维新”，在帝国主义和封建主义双方的联手打击下退出了历史舞台。

在中国的历史上，这并不是企图做“第三派”走“中间路线”方针的第一次破产，也绝非最后一次。

北洋军阀统治时期，中国的先进分子之中发生了分化。一部分人受俄国十月革命胜利的鼓舞，成立了中国共产党，拉开了奋斗的大幕；另一部分人主张走一条既不同于西方也不同于中国旧道路的“中间路线”。尽管双方都在发展，但最终代表广大工农群众利益的共产党和代表大地主、大资产阶级利益的国民党达成了暂时的统一，因此，“中间路线”不得不宣告破产。

一点通

两派相争时，保全自身已属不易，再妄想做个谁也不服从的“第三派”，势必两头受攻击，只能落得功败身退的下场。

要懂得“好虎难敌群狼”的道理

卡内基并无钢铁生产和经营方面的专业知识，但他相信只要把世界上优秀的专业人员集中到自己麾下，领导他们共同创业，自己就一定能够成为钢铁王国里的霸主。正是因为有了这种借团体力量成功的坚定信念，卡内基开始网罗人才，组建了一个拥有近五十名专家的团队，并利用自身领导与协调的能力充分调动他们的积极性，让他们在自己的岗位上各司其职。最终，卡内基取得了事业上的成功，他创立的企业也成为世界钢铁王国里的巨无霸。

没有完美的个人，只有完美的团队。只要了解团队中每个人的优势和长处，并根据情况恰当地利用，就能打一场完胜的战役。

历史上的刘邦由弱到强，最终打败了强敌项羽。项羽做梦也没想到，一直被自己视为小人物的刘邦居然能成大气候。刘邦认真总结了自己的胜利经验，他说：“夫运筹帷幄之中，决胜千里之外，吾不如子房(张良)；镇国家，抚百姓，给饷馈，不绝粮道，吾不如萧何；连百万之众，战必胜，攻必取，吾不如韩信。三者皆人杰，吾能用之，此吾所以取天下也。项羽有一范增而不能用，此所以为我擒也。”

韩信曾说过“多多益善”；而刘邦却道：“我一个兵也不能带，但我可以‘带将’”，即带领那些带兵的人。刘邦善于用人，而且用能人，使各人各尽其长。这种群策群力的方法，是刘邦取得胜利的根本原因。

一点通

俗话说，“好虎难敌群狼”，以团队的力量应战，并把每个人的能力都加以充分的利用，自然比一个人赤手空拳更易取得胜利。

适当的脚踏两船能助你谋取最大利益

1968年，美国总统大选期间，基辛格曾致电尼克松的竞选团队，明确表示他可以向尼克松阵营提供宝贵的内部情报。尼克松的团队自然十分惊喜，当即表示一旦自己成功竞选，内阁的位置就是基辛格的。

与此同时，基辛格也向民主党的提名人韩福瑞做出这种表示。当韩福瑞要求他提供尼克松团队的内部消息时，基辛格把尼克松的一切全盘托出。

其实，他真正想要的只是内阁的位子，而尼克松和韩福瑞都许诺给他这个位置。所以，不管谁赢了大选，基辛格都将从中获利。

最后，尼克松竞选成功，基辛格顺利地当上了内阁总理，但他仍然小心翼翼，且与尼克松保持一定的距离。当福特上台时，原本与尼克松交往亲密的人都被迫下台了，而基辛格却成为福特的官员。因为他与尼克松保持了适当的距离，他很庆幸自己没有下台，得以继续在动荡的年代里呼风唤雨。

一点通

两派对立之时，惹恼了任何一方都将使自己麻烦缠身。在这种情况下，一定要坚持等距离外交，对谁都笑脸相迎，这样他们就都不会对你怀有戒心。

利益交换能让你看清自己的价值

古往今来，小人物在讨好大人物时，总会有意无意地暗示自己的有用之处，以让那些大人物意识到自己有朝一日必有用处，从而对自己不吝提携。

有一家专营儿童玩具的公司，其创业之初，产品就滞销。公司董事长去各地做旅行推销，希望代理商们能积极配合，协力打开玩具市场。

一次，董事长召集全体代理商推荐新产品。董事长对参加谈判的各代理商说："经过多年不断的开发和实验，本公司终于完成了这个能开发儿童智力、外形可爱、材质性能安全的产品。虽然它还称不上是一流的产品，但是，我在此拜托大家，请以一流产品的价格向本公司购买。"

在场的众人不禁一片哗然："谁愿意以购买一流产品的价格购买二流的产品呢？你怎么会说出这样的话呢？"所有人都疑惑不解，等待董事长解释。

董事长微微一笑，讲出了下面一番话：

"大家知道，目前可以称得上一流的儿童玩具公司，全国只有一家。因此，他们算是垄断了整个市场。即使他们任意抬高价格，大家也不得不购买。如果有同样优良的产品，但价格便宜一些，那对大家不是种福音吗？"这样一提示，大家似乎明白了一点儿。董事长接着说："就拳击比赛来说吧，阿里作为拳王的实力无人敢忽视，但是，如果没有人和他对抗，那比赛就无法进行。因此，必须有个实力相当、身手不凡的对手和阿里打拳，这样的拳击才精彩。现在，儿童玩具业中就是只有阿里一人的拳击赛，因此，你们赚不了多少钱。如果这个时候出现一位对手，才会有竞争。换句话说，把优良的新产品以低廉的价格提供给各位，大家就一定能得到更多的利润。"

听到这里，代理商们算是明白了，不禁面带喜色。

董事长认为摊牌的时候已到，他说："我想，就让我来当阿里的对手好了。为什么本公司目前只能制造二流的玩具呢？这是因为本公司资金不足，所以无法在技术上有所突破。如果各位肯帮忙，以一流产品的价格购买本公司二流的产品，这样就可以把这笔资金用于技术更新或改造。不久的将来，本公司就可以做出一流的产品。这样一来，玩具制造业就等于有两个阿里在打拳。毫无疑问，产品质量必然会提高，价格也会降低。那时，我仍然会给你们很大的优惠。此刻，我只希望你们能够帮助我扮演'阿里的对手'这个角色，但愿你们能支持和帮助本公司渡过难关。"

话音刚落，一阵热烈的掌声掩盖了质疑声。董事长的发言产生了良好的影响，谈判效果也相当不错。为了长远的利益，代理商们纷纷扩大订单，甚至有人愿意出一流产品的价格来购买。这里，董事长是求人者，这些代理商是被求者，而董事长通过点明双方的利益关系，从而取得了极大的成功。

一点通

没有人愿意平白无故地帮助他人，除非这样做有利于自身利益。让对方看到你的可用之处，你成功的几率自然会大大提高。

9 终身学习篇

第一章 终身学习的本质

21 世纪需要终身学习者

21 世纪是以知识为主导的经济时代,知识的占有、配置、生产、分配与使用(消费)将成为经济活动的主要内容。知识经济的主要特征是:

第一,知识已成为重要的资源和财富。以世界 500 强的领头企业——美国微软公司为例,它没有巨大的厂房和矿山,也没有广阔的土地和牧场,却拥有高数量、高智商的知识人才。由此可见,以高技术著称的知识产业,已成为未来社会的支柱产业,财富将以知识占有的程度来衡量。

第二,学习已成为生活和工作的前提条件。在以知识为基础的社会里,知识将成为生存的重要条件。人要获得知识,就必须不断地学习。学习是获取知识和财富的手段,是生存的第一需要。当今社会网络化加强,多变、快变、巨变已成为时代的特征,变化无处不在,学习是应对这种变化的主要方法。

第三,创新已成为知识经济的灵魂。创新的前提是不断地学习,人的创新可以分为六个阶段:未知阶段——好奇阶段——理解阶段 ——混乱阶段——顿悟阶段——真知创造阶段。进入每一个阶段都需要学习。创新是学习的进一步拓展和延伸,同时也是运用知识的结果。

第四,知识管理和组织变革。自古便有管理者,在知识社会,管理者被界定为"对知识的应用和知识的效绩负责的人"。知识将取代资本成为组织和管理的核心资源,组织也将发生变化,虚拟组织、网络组织等创新组织模式将应运而生,这些变化都对组织的变革提出了更高的期望。

这就是学习化社会提出的背景。在信息时代,学习已成为生存和发展的前提条件。现在,已经改变了过去那种教育——工作——退休的固定生活模式,人们需要新的学习循环生活模式。在这种生活模式中,学习是一个终身持续的过程,学习不只是学历教育和普通教育,还包括职业教育和继续教育,也涉及知、情、意、行以及技能的成长性活动。终身学习是一个人必备的能力和习惯,即学会如何学习,掌握收集信息和运用信息的能力,不断提升自己的专业技能,并使之达到更高的水平,从而不被时代发展所淘汰。

一点通

比尔·盖茨曾断言:“21世纪所有的成功者,都是终身学习者。”我们要牢记这句话。

生存是学习的本质

学习是人类生存与发展的推动力。科学技术的飞速发展,需要将学习作为前提条件。有人做过统计,自然科学的重大发明及发现的数量是:16世纪为26项,17世纪为106项,18世纪为156项,19世纪为546项,20世纪头50年为961项,而60年代到70年代的十几年间,其数量竟超出过去两千年的总和。目前,每隔七年到八年,人类的科技数量就要增加一倍。科学知识量的急剧增长和技术的迅速更新,一定会导致人们拥有的知识和技能瞬间过时,称为“知识废旧率”。一个大学毕业生进入工作五年后,学校教给他的知识至少已过时了一半。在这种形势下,一个人要想跟上时代的步伐,了解科技发展的动态,就必须处于不断学习的状态中。

选择职业的多样化需要人们终身学习。改革开放以前,我国计划经济体制下的核心价值观是“公人”价值观,一切都是社会的。个人成长被程序化,上学年龄、学习内容、参加工作年龄、单位工资标准都差不多,进入一个单位就是铁饭碗。改革开放以后,社会核心价值观变成了“能人”价值观,个人成长的程序被打乱,变成了多样化的无序状态。就业人员进入工作单位后,流动性大,竞争激烈。据统计,25岁以下就业人员更换职业的周期平均为一年零四个月一次。当10个人中只有一个人有计算机等级证书时,他便拥有明显的优势;但是,当10个人中有9个人甚至10个人都有计算机等级证书时,他便不存在什么优势了。你只有学得比别人多,技能比别人强,关系比别人广,才能有竞争优势。人要发展就必须永远处于学习状态,以终身学习适应职场的需要。要从一般员工晋升为中层干部甚至高层干部,知识和能力就是你的资本,而要有新的知识和能力就必须学习。高级人才是靠毕业后的继续学习造就的,没有任何高层管理人员、高级工程师、教授和研究员是大学培养出来的,因此只能靠毕业后的不断学习、不断提高,你才能成为出类拔萃的高级人才。

要改变生活,首先要改变观念,强化学习的欲望和热情;缺乏学习兴趣必然会丧失生存和发展的机会,甚至被时代所抛弃。学习的表象是适应,内涵是生存,人的能力是从学习中得来的。只有有了学习力,才能有生存力,才能有发展力,才能有创造力,这是一条规律。

人生有“三求”,即:求生存、求发展、求贡献。学习就是条件。未来社会的发展只有两种人:一种是学习和工作都很忙碌的人;一种是不爱学习,缺少知识和能力,没有工作的人。学历只能代表过去,学习才能创造未来。学习的最大魅力就在于它能改变人的命运。

一点通

有人做过统计,一个人一生中所获得的全部知识中,只有百分之六是从学校学到的,剩下的百分之九十四都是个人继续学习所得。

学习能力是核心能力

日本学者提出了新学力观,把学力分为两种:一种是显性学力,即读、写、算等能力;另一种是隐性学力,主要是学习的动机、愿望、持久性等品质。人们一般只顾着显性学力,而忽视隐性学力。实际上,隐性学力比显性学力更重要。隐性学力的本质是理想和意志,一个人只有具有远大的理想和坚强的意志力,才能具有强烈的学习动机和学习愿望,才能坚持学习。

经研究,人的学习能力有六个要素:“一是学习意愿,学习的前提条件是愿意学习;二是发自内心,真正推动个人前进的力量是内心的动力,非常强烈并且可以达到,能在理性指导下逐步变为现实，一个人的行动永远和他的思想与情感相吻合，思想一旦注入情感，便会拥有强大的动力；三是学习热情，要将学习意愿转化为学习热情，热情能推动我们不断思索方法；四是学习选择，依据自身条件，知道学什么，怎么学，学什么，是战略问题，怎么学，是战术问题，它能够考察一个人的综合能力；五是学习习惯，即将学习意愿、学习热情及学习选择转化为学习习惯，并落实到具体的安排中；六是学习目的，即学习要明确主题，要突出长项，坚持聚焦法则，就像打井一样，重要的不是打井的数量，而是能够打出水。”

我们可以通积累、思考和顿悟的途径进行学习。学习顿悟很重要，当人们缺乏学习目的、学习意愿和学习热情时，学习就会陷入苦学——厌学——懒学的恶性循环；相反，若拥有确定的学习目的，有了学习意愿和热情，就会进入到乐学——好学——勤学的状态中。此时，学习就成了一种追求，一种享受，一种快乐，一种境界。学习还可以帮人摆脱平庸，走向卓越。

一点通

日本学者提出了新学力观，把学力分为两种：一种是显性学力，即读、写、算等能力；另一种是隐性学力，主要是学习的动机、愿望、持久性等品质。

懂得怎么学习是最有价值的技能

学习的方式有读书、听课、研究等，以此来学得知识和技能。学习包括两个方面，一个是“学”，一个是“习（练习）”。一个人随意翻翻书、读读报纸、翻阅杂志，这些一般不是严格意义上的学习，只能算是消遣。那么，我们应该如何学习呢？

1. 培养兴趣，克服学习障碍

“兴趣是最好的老师”。学习的前提是要有一定的兴趣，有了兴趣才能孜孜以求。要培养兴趣，首先，要克服各种学习障碍，例如，害怕学、无计划性、容易受到干扰等，只有战胜这些障碍才能进入学习状态。其次，要树立使命感、责任感和紧迫感，不能随着自己的喜好随意学习，要以理智和毅力培养兴趣。亨利·福特作为美国的汽车之父，他的愿望是让每个人都能够买得起他的汽车。所以，“福特汽车”是世界500强中利润率最高的公司。微软之父比尔·盖茨的愿望是让每个办公桌上都有微软的电脑，所以，微软是世界500强中利润回报率最高的企业。人生只要有了使命感，就会主动、积极地去学习。

2. 设定明确的学习目标

职场学习以提高知识和能力为根本目的。知识是能力的基础，能力是知识的转化，能力有三个层次：第一个层次是底蕴，包括理想、信念、素质等，这些是精神层次的能力内容，从深层影响人的思考和行为；第二个层次是宽厚的基础知识，这是人们生存于现代社会的基础与根本；第三个层次是精深的专业知识，这是人们在某些方面能够做出突出成就的基础。设定学习目标要抓住六个环节：确定方向——我要到达哪些，研究问题——找出影响自己达成理想状态的障碍，产生设想——我有哪些解决方法及方案，制订方案——明确要达成的目标和衡量的标准，实施步骤——怎样达到目的及其步骤；检讨效果——评估进展、不断修正。

设定学习目标是一项非常重要的学习技术，要清楚学习一门学科的目的，它对自己的成长有什么意义，还要弄清先学习什么，后学习什么，以及如何在日常生活和工作中运用这些知识。要从现实与未来发展的需要出发研究知识和能力的优化组合问题，通过巧妙组合各个部分以形成一个有机整体，以便从整体上发挥最优化的作用。

3. 有目的地读书

我国著名科普作家叶永烈创作的科普作品颇丰，如《空气》《燃烧以后》《塑料的世界》《化学元素漫语》《化学纤维一家》等等，有些电影就是以他的作品为蓝本的。他还被中国科协和文化部授予

"全国先进科普工作者"光荣称号。他取得这些成就的重要原因是:一是靠勤奋,一旦进入创作状态中,他几乎每天都要工作到深夜;二是有目的地读书。为了创作《电影的秘密》一书,他借阅了数百本关于电影史、摄影、特技、表演等的资料。他还常常在上海图书馆、上海科技图书馆以及徐江图书馆里借书、看书。

美国匹斯堡大学语言学教授斯托娜夫人成功地对女儿维尼进行了早期教育,她女儿四岁时就开始用世界语言写剧本,报刊上不断发表出她的诗和故事,其中有些作品还被汇编成集出版。斯托娜夫人在谈到对女儿的教育时说:"我培养女儿有目的地读书。无论是读书或工作,无目的性都会不利于身心健康。她在写《和圣诞节的仙女一起旅行》一书时,阅读了 30 多种参考书,以了解各国圣诞节风俗习惯的不同;在写《和复活节的兔子一起旅行》一书时,为了研究各国复活节的风俗习惯,她几乎跑遍了匹斯堡的所有图书馆;在写《我的动物园里的朋友们》一书时,除了每天去动物园观察动物,还通过各种途径阅读相关的书籍。"她还说,"世界上有这样一种人,读了千万卷的书,便知道了各种各样的事情。然而仅仅是知道而已,对自己、对社会都无益处。"

俄国著名作家列夫·托尔斯泰说过:"知识的质量重于知识的数量。有些人知道得很多,却不知道最有用的东西。"

上述事例告诉我们,人生只有有目的地读书,才能真正提高自己的能力,才能推动社会和人类的进步。一个人一定要系统地研究一些问题,毫无目的地读书是无意义的。有了一定的专业基础后,就应选择一些自己感兴趣的问题进行专题研究。只有从事研究,才能将所学的知识运用到实际中去。"书到用时方恨少",这时就会推动自己探索新知、新法。唐代名医孙思邈曾说:"读医书三年,便谓天下无病可治;及治病三年,便谓天下无方可用。"这确是切身经验之谈。

4. 制订具体的学习计划

学习计划是学习的保证,有了计划就能鼓励我们坚持不懈、持之以恒。要根据自己的实际情况制订长期、中期、短期和近期的计划。长期计划是学习的梦想和动力,职业目标是制订长期计划的基础。医生,企业家或教师,因为职业目标的不同,知识结构和能力结构是不一样的,所以,职业目标一定要明确。中期目标可以是三至五年,是长期目标的一环。短期目标是指半年到两年的目标,中期目标可分解为一系列的短期目标。近期目标是指近期要做的,是短期目标的组成部分,采用各个击破的方法,从而使进度稳步前进。

5. 学会做学习笔记

古人云:"不动笔不读书",即所谓的手到心到。为了能够牢记学习内容,最重要的就是学会做笔记。读书时做好笔记,既便于复习又便于知新,还可作为继续钻研的参考。做好笔记的方法如下:"一是按学科或专题做笔记。学科,如人力资源或市场营销专题,健康管理、时间管理等,这样便于积累和查找;二是不能一字一句地照抄原文,或在笔记本上随便记,而要经过认真思考,写出自己的总结和想法,记下发现的新鲜的观点和看法,根据对所学内容的理解画出简单的示意图(严格来说,称为脑图);三是处理好笔记内容与其他笔记的联系与区别。同时,也可以采用札记、卡片、资料剪辑等方法。特别是一些感悟和灵感,需要立即记下来,否则很快就会忘记。"这样才能"积学信者宝",不但可以深刻地理解知识,而且在应用时可以得心应手地按程序调出来使用,从而提高学习使用效率。

学习笔记和积累的材料,在达到一定数量时要加以整理,使其形成一定的知识链。整理材料,实际上就是研究问题的开始。通过整理材料,可以对材料进行分析,从而提出自己的观点;可以对材料进行选择和鉴别,以分辨材料的真伪;可以评估材料的意义和作用,补充或删除相应的材料。经过整理,这些材料已成为半成品。零件既备,大器何难!一旦需要,就可以把它们整合成有价值的文章或著作。

6. 从严务实,循序渐进

学习是扎扎实实的功夫,来不得半点虚假和骄傲。学习只有一丝不苟、全心全意,才能真正掌握,并融会贯通、触类旁通。学习不能向往一步成功,也不能急于求成,必须循序渐进,一步一个脚印地完成，从而不断地进行转变，即从非学习状态向学习状态转变，从单一化学习向立体化学习转变，从阶段性学习向终身学习转变。

英国作家赫胥黎说：“知道如何学习的人，可以提升自身能力与生存技巧，让生命变得更现实、更有意义。”当一个人驾驭了学习的整个过程时，他的学习热情与学习潜能就会得到极大的开发，从而取得最好的学习效果。人生学习的过程，就是一个生理上与心理上逐渐成熟的过程，是一个不断认识自己的过程，是一个积累经验的过程，是一个改变行为和习惯的过程。

一点通

真正意义上的学习，需要以一定的目的为基础，提高自己的知识结构和能力结构，进而提升竞争力。

学习与工作是成功者前进的“轮子”

21 世纪的学习型社会倡导“学习实现自我”的核心理念，和传统的控制性学习不同。它不仅要造就一种终身学习的文化氛围，更重要的是，它把学习看成一种生存哲学，强调“工作学习化，学习工作化”。

所谓“学习工作化”，就是将学习视为一项必要的工作，需要持之以恒地每天坚持，如同认真工作时所投入的心力一样，并培养终身学习的习惯，由此把工作与学习结合起来，终生工作即终身学习，终身学习将使自己终身受益。“学习实现自我”，就是从学习的角度看待人生、看待生存、看待事物：从学习的角度看待人生，人生便是一个学习的过程；从学习的角度看待生存，学习便是以生存为目的的；从学习的角度看待事物，一切事件便都是学习的内容。

从古至今的成功人士，都是学习与工作“两个轮子”一起前进。他们一方面不断地学习，设计好自己的职业生涯和学习目标；另一方面干好工作，在工作与学习的结合部寻找到切入点，然后努力地在这个切入点上进行探索。既做好了工作，满足了组织的要求，又持续不断地学习，满足了个人发展的需求，从而实现了个人和组织的双赢。这样，工作与学习成功的结合（学习中有工作，工作中有学习）、互动（学习促进工作，工作促进学习）、转化（学习的结果促进工作，工作的成绩促进学习）、创新（把学习引入工作，把工作引入学习），从而使人受益，并不断提升自己的知识技能。有一位企业界人士原本只有中专文化，工作也一般，但在坚持学习和工作了 20 多年后，现在已成为大型企业的老总，并取得了博士学位。这种事例比比皆是。

“付出——收获法则”是成功的最大秘诀。人生一分耕耘，一分收获。人生发展的轨迹是由“人材”变成人才，再由人才变成“人财”。只有学习才能使人材变成人才，而人才只有经过实践才能成为“人财”。学习的最大魅力就是它改变命运的能力。

一点通

所谓“工作学习化”，就是以工作为契机，从工作中学习新技能与新方法，从而提升知识结构和能力结构，并不断提升专业知识和能力。

未来只垂青于有准备者

是否成为一名学习者，已经由不得你了。在知识经济时代、知识大爆炸时代，你要生存、享受和发展，就必须成为一个成功的学习者，而且未来只属于那些有准备的学习者。

“今天工作不努力，明天努力找工作”，这就是现实的生活。美国学者凯文·保罗研究认为，要想成为成功人士需要具备以下特征：世界正在改变，变得越来越有利于掌握知识的人；职业资格认证越来越依赖于是否有快速的阅读能力；在绝大部分新兴事业和职业中，都需要信息处理技能；知识型职业需要广泛的阅读能力，而不仅仅是够用而已；任何职业的变化，都需要学历和技能的更新；一个人必须不停地提升自己的学习能力，并让它永远处于最佳状态。这些特征告诉我们，要想成功，就必须先成为一个成功的学习者。

在现实生活中，对待学习的态度有三种："一是不愿学习者。这种人当一天和尚撞一天钟，拒绝新事物，知识处于停滞状态。当企业转型时便无法适应企业发展，只能被淘汰。二是悠闲学习者。他们只按照老板的要求去做，认为知识够用即可，不愿为将来储蓄知识和技能。但是，只有有学习能力的人才能促进企业的发展。三是终身学习者。他们把学习当成自己生存的第一需要，并对学习充满兴趣，关注未来的发展趋势，希望通过学习重新塑造自己，拓展自己的创造能力，进行有目的的学习和准备，是市场竞争中的佼佼者。"尽管社会上处处都是企业的招聘广告，为什么那么多人找不到工作呢？问题就在于一个人是否具有岗位所要求的能力。都想当董事长、总经理，但是，请扪心自问：你具备做董事长、总经理的素质和能力吗？

美国大科学家爱因斯坦说过："机遇只偏爱有准备的头脑。"机遇是主观条件和客观条件的结合，如知识分子赶上尊重知识、尊重人才的时代，这是机遇的客观条件；但你能否抓住机遇，则取决于你的主观条件。从主观条件来说，你必须对未来的竞争做好知识与能力的准备。机遇面前人人平等，但是，你能否发现机遇，并抓住机遇又是绝对不平等的。一个没有应聘能力的人无法得到企业的机遇，就算你有一定的应聘能力，在优中选优的竞争环境中，你是最优秀的吗？只有具备用人单位需要的资格才能抓住机会，这就是机遇。

从古至今的事实告诉我们，人生成长的规律是"博——专——博"。首先，是"博"，这是基础，知识是一点点积累起来的，必须先掌握广泛的知识，才能打下人生的根基。其次，是"专"，就是你在"博"的基础上选择一个主攻方向，最重要的是自我提升与名师指导。自我设计的成败，关键在于能否展现自己的兴趣与特长，并有所突破。同时，根据对一些成功人士成功原因的分析，名师的指导，会让人少走弯路。最后，是"博"，这是前一个"博"的继续和发展，是不断创造的条件。成功人士除了精通本行以外，大都知识渊博，只懂一门专业，很难在科学上做出重要贡献。

人生成长分为三种状态，即前进、停滞、倒退。要想使人生处于前进状态，唯一的方法就是学习，需要通过各种方式和途径进行学习。学习能力的成熟不是一种标准，而是一种状态，即一个人能否灵活地面对客观现实，进行自觉的、有效的适应性的学习。学习是为了积蓄能量，从而实现人生的飞跃。

一点通

恩格斯曾指出人生有三个维度：第一要生存，第二要享受，第三要发展。

第二章　学习是通往未来的护照

和成功人士站在一起能使你更接近成功

有一个法国人，42 岁仍一事无成，他认为自己一无是处：离婚、破产、失业……他不知道自己的生存价值和人生意义在哪？他开始讨厌自己，因此，变得古怪、易怒，同时又十分脆弱。

有一天，碰见一个吉卜赛人在巴黎街头算命，他便算了一把。吉卜赛人看过他的手相之后说："您是一个伟人，您很了不起！"

“什么？”他大吃一惊，“我是个伟人，你在开玩笑吧！”

吉卜赛人平静地说：“您知道您是谁吗？”

“我是谁？”他暗想，“是个穷光蛋，倒霉鬼，一个一无是处的人！”但他仍然故作镇静地问：“我是谁呢？”

“您是伟人，”吉卜赛人说，“您知道吗？您是拿破仑转世！您的血液以及智慧的品质，都是拿破仑的啊！先生，您没发现，您的面貌也很像拿破仑吗？”

“不可能……”他僵硬地吐露，“我离婚了……我破产了……我失业了……我几乎无家可归……”

“但是，那是您的过去”，吉卜赛人说，“您有无可限量的未来！如果您不相信，就不用给钱了。但是，五年后，您将是法国最成功的人！因为您是拿破仑的化身！”

虽然他疑惑地离开了，但心里却有了一种从未有过的伟大感觉。他对拿破仑产生了浓厚的兴趣，回家后便开始学习有关拿破仑的一切知识。

渐渐地，他感觉到了自己的变化，朋友、家人、同事、老板等，也都换了一种眼光看他，事情开始顺利起来。后来，他领悟到，其实外界没有变，而是自己的内心在变：他的胆魄与思维模式都在模仿拿破仑，就连走路说话都像。

终于，在他55岁时，他成了法国赫赫有名的成功人士。

牛顿说，他成功的原因是站在了巨人的肩膀上。这句话虽然有牛顿自谦的成分，却表明了一种成功的方法。我们为什么不向牛顿这样的成功者学习呢？只要站在巨人的肩膀上，就可以设立一个高远的目标，在学习和模仿中努力超越。

1. 向上司取经

某权威机构的一项调查表明，职员有60%的知识和技能都是向上司学习得来的。能担任上司的人，都有比我们厉害的地方，上司的专业技能、工作经验、社会阅历、为人处世等许多方面都值得我们学习。

2. 向同事学习

不论是老同事还是新同事，只要愿意向其学习和请教，就一定可以从他们的身上找到他们具备而我们暂时还没有具备的、对我们工作非常有用的知识和技能。

3. 以朋友为师

“好朋友既是益友也是良师”，我们要在学习、生活和工作中向好朋友学习。

一点通

和矮子站在一起是最简单的增高法，和成功人士站在一起是最快捷的成功法，这样就能以他们为楷模，向他们学习。

时代会“抛弃”不学习的人

有些人觉得自己学过的东西不会过时，只要拥有它们，就不愁没饭吃。但社会在进步，三天不学习，时代就会“抛弃”你。古语常说“谦虚使人进步”，谦是一种礼貌，一种礼节上的心态；虚是一种空怀心态，把自己归零后再去学习。

一所名牌大学毕业考试的最后一天，毕业生们都信心十足地憧憬着未来，这是他们毕业之前的最后一场测试。一些人在谈论他们已经找到的工作，另一些人则谈论他们将会得到的工作。带着大学四年所学得的知识，他们感觉自己已经准备好了，似乎能够征服整个世界。

他们都认为，这是一场很快就能完成的简单测试。因为教授说过，他们可以带他们想带的任何书或笔记，只有一个要求，即测验时不能交流。

他们充满自信地走进考场，教授把试卷分发了下去。当学生们注意到只有五道评论类型的问题时，脸上都露出了自信的笑容。

3个小时过去了，教授开始收试卷。学生们渐渐不安起来，他们的脸上是一种恐惧的表情，再没有了起初的自信。教室里一片寂静，教授手里拿着试卷，看着所有的毕业生。

他看着下面那些焦虑的面容问道："完成5道题目的请举手？"

没有一只手举起来。

"完成4道题的请举手？"

仍然没有人举手。

"3道题，2道题？"

很多学生都低下头，他们用沉默回答了教授的提问。

"那1道题呢？应该会有人完成1道题的。"

但是，整个教室仍然一片寂静。此刻，教室里充满着沮丧和挫折的气氛。教授放下试卷，说："这正是我期望的结果。"

"我只想给你们留下一个深刻的印象，虽然4年的大学生活结束了，但你们仍然有很多东西不知道。这些问题与实践密切相关。"然后，他微笑着补充道："这次考试你们都会通过，但是，要记住：即使你们现在大学毕业了，你们的教育也只是刚刚开始而已。"

一个已经装满了水的杯子难以再装别的东西，人心也是如此。

人生都在同一起跑线上，可为什么所达到的高度不同呢？有的人功成名就，有的人却一事无成。主要在于，前者总是"给杯子留一些空间"以虚心接纳，而后者总是骄傲自满，最终故步自封，自己淘汰了自己。

人生是一次旅行，也是不断吸取养分、努力成长的过程。如果我们带着太多的自满上路，就会像那个装满水的杯子一样，很难再容得下一滴水，这将是人生最大的悲哀。在人生的旅途中，每一个即将上路或已在路上的年轻人，一定要牢记，无论何时都要"给杯子留些空间"去虚心学习。学无止境，心有空余，才能装物。

一点通

其实，不仅大学毕业要归于零，而且人生到处都应该有归零的心态。一个新的工作、一个新的领域，都要求我们抱着归零的心态，努力学习新知识，只有这样才能跟上时代，努力向前。

决战时刻，要学会"偷艺"

有时候，将我们送上领奖台的不是别人，而是我们的对手。

1936年，柏林举办了吸引世人的奥运会。当时的法西斯势力猖狂，希特勒想借奥运会证明雅利安人种的优越性。

当时田径赛的最佳选手是美国的杰西·欧文斯，尽管纳粹一再呼吁要把黑人踢出奥运会，但欧文斯还是勇敢地报名参加了100米跑、200米跑、4×100米接力和跳远比赛。

在这4个项目中，德国只在跳远项目上拥有能对抗欧文斯的选手，他就是鲁兹·朗。希特勒亲自接见了鲁兹·朗，让他一定要击败欧文斯——黑种人的欧文斯。

希特勒亲自观看了跳远预赛，鲁兹·朗顺利地进入了决赛。轮到欧文斯上场了，但他很紧张于场内外的种族歧视。他第一次试跳便踏线犯规；第二次跳时为了保险起见，他在离起跳板很远的地方就起跳了，结果成绩非常糟糕；还有最后一跳，欧文斯一次又一次地起跑迟疑，不敢完成最后一跳。

这时，希特勒退场了，在他看来结果已经显而易见。在希特勒退场的同时，鲁兹·朗走到欧文斯身边。他用不流利的英语告诉欧文斯，自己去年也曾遇到同样的情形，最终只用了一个小窍门就解决了。鲁兹·朗取下欧文斯的毛巾放在起跳板后数英寸处，告诉他起跳时只看着毛巾。欧文斯照做了，结果他那一跳几乎破了奥运会的纪录。

几天后的决赛，鲁兹·朗率先破了世界纪录，但后来他以微弱劣势被欧文斯打败。贵宾席上的希特勒脸色铁青，德国民众也情绪低落。这时，鲁兹·朗拉住欧文斯的手，一起来到聚集了12万德国人的看台前，他高举欧文斯的手喊道："杰西·欧文斯！杰西·欧文斯！……"最初，看台一片沉默，然后，突然爆发出齐声呼喊："杰西·欧文斯！杰西·欧文斯！……"欧文斯举起另一只手来答谢。观众刚刚安静下来，欧文斯又举起鲁兹·朗的手，竭尽全力地喊道："鲁兹·朗！鲁兹·朗！……"看台观众也响应道："鲁兹·朗！鲁兹·朗！……"没有狡诈的政治和种族的歧视，选手和观众都沉浸在君子之争的感动中。

杰西·欧文斯保持了24年的世界纪录。他在那届奥运会上获得了4枚金牌，被誉为世界上最伟大的运动员之一。多年后，杰西·欧文斯在其回忆录中写道，他所创的世界纪录终究会被打破，历史会永远记住鲁兹·朗高举他手的那一幕。

很多人无法这样看待对手，因为对手和敌人相差无几，所以，对手很容易被引申成仇人。很多人会这样看待对手，认为不把他们当敌人和仇人就已经很好了，哪还有向他们学习的道理？

表面上，我们从对手身上得到的学习机会没有那么直接、明显，然而，仅仅承受对手带给我们的压力就已是很宝贵的学习机会了，这会帮助我们迅速地成长。不要随便把对手视为敌人或仇人，掺杂进过多的个人情绪化的态度。只有这样，我们才能冷静地观察对方，客观地审视自己；也唯有这样，才能在与对手交手的过程中学到东西。

越是你的仇人和敌人，你就越能从他们那里获得有价值的东西。对方要消灭你，一定会倾巢而出，精锐毕到。当他们使出浑身解数的时候，也是你学习最多招数的时候，那是任何老师都不能教你的。所以，为你拥有一个最强大的对手而窃喜吧！如同每天照镜子一般，你每天都要仔细盯紧这个对手，好好地欣赏他，向他学习。最好的学习，永远来自于你和他交手、被他击中的那一刻。

一点通

许多人都将对手视为眼上钉、肉中刺，恨不得除之而后快。其实，只要反过来仔细一想便会发现，有一个很强的对手是一种机遇。善待你的对手吧！

时间挤一挤总是会有的

美国著名演说家、作家阿尔伯特，每天都要乘飞机或者坐火车去世界各地做采访和演讲。

有一次到日本做演讲，他搭乘大阪至东京的新干线。在快到新横滨时，由于铁路的转辙器发生故障，电车被迫停驶。车长在车内广播："各位旅客，对不起！铁路临时出现故障，需暂停20分钟左右，请各位旅客稍候，谢谢！"阿尔伯特是个急性子的人，起初有些焦虑，因为电车停驶20分钟，对于一个注重效率和时间的人来说是很大的损失。

但是，20分钟过去了，并且快30分钟了，电车仍然没有启动的迹象。正当他愈来愈焦躁不安时，车内再次响起了广播："很抱歉，请各位再稍候一会儿。"就在这一瞬间，他打破了之前的观念，心想，焦躁也无济于事，不如找些别的事做。

阿尔伯特看完手边的周刊杂志，开始阅读备用的《时事周刊》。车内的乘客大概有很多都是忙人，他们焦躁地到处走动，向列车长询问一些事情。

阿尔伯特在回忆这次特别的经历时说：

"电车最初要延长20分钟，后来变成一小时、两小时，最后，慢了三小时。因此，抵达东京时，我几乎看完了那本报道卡特总统的《时事周刊》。

"假如电车准时到达东京，我就不会看到有关卡特总统的详细介绍了。而且，假设我是一位没有'游戏'和'从容'心态的人，那么，这三小时除了心浮气躁，不停地吸烟之外，就真的无事可做了。"

在如今知识爆炸的时代里,人们常因繁重的工作而紧张地忙碌着。如果想调剂自己的生活,就必须学会有效地利用时间。无论是工作还是学习,如果能用最短的时间做更多的事情,那么剩下的时间就可以做其他事情。因此,善于利用时间不但能快速完成很多事,而且能拥有轻松自在的生活。

怎样才能有效地利用时间呢?鲁迅先生说:"时间就像海绵里的水,只要挤一挤就会有的!"而这挤压的方法就是善于利用零散的时间。

实际生活和工作中总会有意外发生:你可能错过公车、地铁,或碰上出其不意的中途休息;你可能意外地被困在机场,因而耽误了3个小时。成功人士在这种情况下所做的事是:"我带本书、我写东西、我修改报告,我可以利用这段时间工作。"这样,你就挖掘出了隐藏的时间,同时,你也向成功迈近了一步。

其实,生活中有很多零散的时间。如果你能化零为整,那么你的工作和生活将会更加轻松,这样有利于实现你的梦想。

一点通

那些在事业上获得成功的人,十分注重时间的价值,他们不会让时间像过客一样从自己身边匆匆而过。

及时"充电"能使生命充分焕发热情

1994年,唐璜在一家公司打工,老板是广东人,对下属要求严格且不苟言笑。不过,老板也是个说一不二的人,工资奖金一分也不会拖欠,所以,公司员工都拼命工作。公司有个规定,不准私下里打听别人的奖金,否则"请你走好"。虽然很不习惯,但员工们仍然一直遵守着,努力克制着从小就养成的好奇心和窥私癖。有一个月,他们的奖金少发了一部分,开始不敢说,但情绪总会流露出来,慢慢地大家心里都清楚了。那天中午吃工作餐时,大家见老板不在公司,就有人摔盆打碗地发脾气,其他人也都响应了起来。

有一位来公司不久的中年妇女,一直在安安静静地吃饭,显得与众不同,便引起了大家的注意。

他们问她有没有发现自己的奖金被扣掉了一些?她有些吃惊地回答:"没有啊!"大家比她更吃惊了,餐厅里顿时鸦雀无声,每个人都一脸疑惑,也都在心里揣摩,人人都被扣了,为何她没有呢?难道她和老板有不正当关系?她这把年纪,至少有三十几了吧,且瘦得一把骨头一张皮的,哪个男人会对这种肉干一样的女人感兴趣呢?那么是什么原因使她独享优惠政策?后来,他们才知道她是被扣得最多的一个。不久她被提升了,不但工资比别人高出一大截来,还有奖金,其他人对她又妒又羡。

很久以后,她对唐璜说起这件事情,说自己当时的确没有说假话,她是这样想的:这个月我一定做得不好,因此才被扣了奖金,下个月一定要努力。为何别人就没有这样的想法呢?她是这样分析的,她以前工作20年的工厂亏损严重,常常发不出工资,工人们都在等待(那时还没有下岗的说法)。由于家庭压力她无法再等,上有生病的老人,下有读书的孩子,还有因车祸落下残疾的丈夫,于是,她出来打工了。打工的工资比之前还高出了百十元,这让她喜出望外,因此非常珍惜这份工作,甚至有一种感激的心情。

后来,唐璜离开了那家公司,跳了几次槽,但一直都没有找到合适的工作。2006年10月,在一次商务茶会上唐璜又碰到了她。她认出了唐璜,而唐璜却没能认出她,不仅因为她胖了些、白了些,而且那身合体的米雪儿职业装和与脸形非常相称的发型,让她变得成熟优雅,神态中透着一种有深厚阅历的稳重与平和,让人一见就产生与她打交道做生意非常可靠的感觉。

此时，她已做到了经理助理的位置，是标准的白领丽人。但是，谁能想到4年前她只是一个诚惶诚恐的下岗女工人，且已人到中年了呢？看她现在很熟练且极有分寸地与人周旋，唐璜内心的感触无法言表。

唐璜此时一下子就明白了许多道理，他想：必须重新审视一下自己了。

人才是磨炼出来的，人生必须具有无穷的耐性和忍耐力。只要你始终如一、脚踏实地做下去，无论在怎样的平凡处境中，无论大事还是小事，都不妄自菲薄，你就可以做出令自己和他人都震惊的成就。

“不积跬步无以至千里，不积小流无以成江海。”凡成就一份功业，耐性和身心的付出都是必需的，你想坐收渔利，只能是白日做梦；你想凭侥幸、靠运气来获取丰硕的果实，更是不可能。

只有全心全意地工作，不断地充实自己，给自己“充电”，视平凡的工作为终生的事业，充分焕发热情，你才能告别平庸的生活，最终获得成功。

一点通

今天的世界就像一个庞大的竞技场，输赢全在你自己。尤其是在充满竞争的职场中，你要么是卓越的狮子，要么是平庸的羚羊。但是，你可以选择是做狮子还是做羚羊。

知识能助人跨越人生的桥梁

曾有人说过，“知识是人生跨越的桥梁”，这句话充分说明了知识的作用。的确，在人类历史发展的长河中，知识的洪流总是川流不息。在信息化时代中，知识的更新更是异常快速，它已经深入到社会上的各个角落。由工业经济发展到机械工业经济，每一个称呼的改变都透露出这个时代中知识的力量，知识不仅促进了人类的进步，而且能改变人的一生，它是我们实现人生跨越的桥梁。

每个人的生命只有一次，究竟应该如何生活，才能使自己的生命有价值、有意义呢？爱因斯坦说：“只有奉献社会，才能找出那实际上短暂而有风险的生命的意义。”这就是说，生命的价值和意义完全取决于你是否对社会有贡献。要想为人类与社会做出贡献，就必须有一定的资本，而这资本就是掌握充足的知识。

书籍是知识的载体，我们要想开阔视野和扩展思维，就必须读书。

古人云“书中自有黄金屋，书中自有颜如玉。”这是科举制度在封建士子心中的希望，尽管表达出的是那种自我欺骗的平静，但也抓住了根本。在封建君主制盛行的年代里，穷书生想改变一生的命运就只有举登科，而后才能光宗耀祖，实现人生的抱负。正因为如此，历史上才有了“范进中举”这一悲喜人生之闹剧。

当今知识经济时代，只有知识才是武装自己的最好装备。拥有广博深厚的知识视野，并且提高自己的能力，我们就能成为社会和国家的栋梁之才。

有一对夫妇在年轻的时候，由于各种因素的影响，只读到初中便没有继续读书了。工作几年之后，他们由于学历不高双双下岗。但是，两人并没有就此放弃，而是一直在学习，不断扩充自己的知识层面。夫妇俩20年来，无论生活多么艰辛，始终坚持学习，从没有放弃“大学梦”。功夫不负有心人，他们终于拿到了法律专业本科毕业证，并在家乡开了一家法律事务所。

他们从一个初中生成为大学生，从下岗工人转变为法律工作者，是什么改变了他们的人生？是知识。尽管人生充满了选择，但是，出生环境、家庭和父母却别无选择。一些人出生于特殊地域、优越的家庭条件和良好的教育环境，他们往往比其他人更容易成功。对出生于贫困地区的你，没有幸运光环的照射，也无上天的特殊眷顾，但是，只要你抓住了学习的机会，就可以靠增加知识改变自己的人生和命运。

未来的社会充满机遇和挑战，一个人只要拥有社会需要的技能，不管处在何种环境，都能有一个立足之地。要献身于祖国和人民的事业，你必须有过硬的本领；要有过硬的本领，你就必须勤奋地汲取知识，热爱学习，始终保持“爱学、勤学、博学、精学、多问、多思”的辩证统一。知识改变命运，阅读滋养心灵。“羡慕别人不如重塑自己。”学习知识，使愚陋者变得聪明，使幼稚者变得成熟，使粗鲁者变得优雅，使自卑者自强，使空虚者内心丰富，使无志者奋发向上。读书是创业成才的进步阶梯，也是改变我们人生的桥梁。

通过学习知识，我们能够领悟生命的意义，明察世间的沧桑，充实我们的头脑。人欲成才，暂要济人，获得一定的知识是前提条件。

上学读书时的许振超品学兼优，有着考大学、当工程师和科学家的种种憧憬。但出于多种原因，最后，他与大学失之交臂。到青岛港当装卸工人后，许振超一丝不苟地学习，勤勤恳恳地工作，做出了不平凡的业绩。他说：“一个人可以没有高学历，但不可以没有知识；可以进不了大学，但不可以不学习。”“咱当不了科学家，但可以练就一身绝活，做个能工巧匠。三百六十行，行行出状元，我就要做那个最好的、最精的。”正是坚持这样的信条，原本只有初中文化的他，苦苦研究了十几年，自学了与本职工作相关的大学机电专业的所有课程，掌握了大学毕业科班出身方能驾驭的当代最先进的桥吊操作和修理技术，并与团队一起创了两次集装箱装卸世界纪录。他被工友称为“吊桥专家”，同时因破了世界纪录被青岛港命名为“振超效率”。我们可以想象，如果许振超不苦学苦钻，而是觉得一生没有转机，就不可能练就一身“绝活”，成为全国闻名的能工巧匠；假如他没有勤奋钻研，没有掌握过硬的技术本领，就不可能向世界装卸纪录挑战；假如他不苦学苦钻，就无法驾驭科技含量很高的吊桥，更不可能成为“桥吊专家”，当上桥吊队长，掌控昂贵的桥吊设备……从他身上可以看出刻苦的珍贵、知识的力量以及技能的重要。如今，他已成为众人学习的榜样。从他的身上，我们看到：知识可以改变人生。

在当今知识全球化、信息化社会中，我们要明白：知识就是力量，知识能推动社会的发展和进步，而人生改变的机遇只留给那些随时准备着的人。所以，我们只有学到老活到老，才不会被时代所抛弃。

一点通

我们羡慕儒者的温文尔雅，佩服他们的学识渊博；我们羡慕成功者的荣耀，惊叹于他们的成就，却往往忽略他们成长的过程。这些人能够取得成功，获得人们的敬仰，都是靠知识得来的。

适者生存是人生的法则

适应是什么？适应是有辨别，有选择地接受；适应是一种放弃，放弃已有的成见和习惯；适应是一种改变，适当地改变自己的生存环境。适应社会要随时调整自己的视角、心态甚至身份，这是成功的前提。

人类生活在自然界与社会这两个环境当中，会遇到很多陌生的环境和事情。我们应该如何面对它们呢？这好比动物界的生存竞争，只有适者才能生存。我们如果能够适应社会竞争，处理好各种逆境与困难，那么就会立于不败之地。

音乐大师贝多芬是一位天才的音乐家，他的《英雄交响曲》《田园交响曲》给人类留下了无与伦比的精神财富。他拥有超乎常人的音乐灵感，音乐就是他的生命。但是，就在他正走向辉煌的明天时，命运却和他开了一个玩笑，他的耳朵聋了，这对于一个音乐家来说就等于失去了辨别音阶的能力。但是，贝多芬没有向命运屈服：他凭着自己惊人的毅力和丰富的想象，以及对音乐的热爱和追求，依旧顽强地创作交响曲。这是强者的热战。就这样，他创作了《命运交响曲》。

达尔文曾说过，“物竞天择，适者生存”。他发现，自然界中的生物都有适合自己存在的条件。

例如,到了春天,“柳絮”到处飞扬,可它们之中能够长成参天大树的只有极少数;鱼每年可以产很多卵,但长成大鱼的只有万分之一个。生物必须获得足够的空间和营养物质才能成长。如小树要想长成大树就必须同周围的植物争夺阳光、水分和养料;小鱼要想长成大鱼,就需要拥有捕鱼以及避开危险的能力。

在达尔文看来,生物要生存下来,就必须与外界条件以及其他物种作斗争,适应环境,因为环境不可能有针对性地去适应某种生物。

例如:

在远离大陆的马德拉岛和克格轮岛上,植物由于气候恶劣都很矮小,很多都是贴着地面生长的,最高的也只有一米。这里的很多昆虫都没有飞行能力,翅膀似乎退化了,而少数会飞的则具有发达的翅膀,这就是在大陆上的蝇和蝶。

据达尔文分析:“岛上经常有大风,落到岛上的昆虫会有两种适应方式;一是向翅膀退化的方向发展,不会飞的昆虫自然不会被吹到海里;二是向翅膀发达的方向发展,这些昆虫顶风前进,也不会被风吹到海里。”达尔文觉得这就是自然界的“适者生存”。让那些濒临灭绝的生物自己去适应大自然吧!人类不要刻意地保护它们,这样它们才能适应大自然,让它们在大自然里真正生存。

有这样一个故事:野生动物园里曾养殖了数百只羚羊,尽管条件优越,也没有天敌,但几年以后,羊的数量不仅没有增加,反而减少了。后来,动物园的管理人员将几只狼放进了公园里。在狼的追赶和捕食下,羊群为了活命只得每天拼命地奔跑。这样一来,老弱病残的羚羊便被淘汰掉,其他羚羊的体质则日益增强,数量也迅速地增加。

当然,这个例子也证明了自然界中“物竞天择,优胜劣败,弱肉强食,适者生存”的自然进化法则。而且,人类社会同样适合这种法则。虽然人类由于具有思想而有别于自然界,有别于生物界,有别于动物界,但达尔文的进化论认为,人类毕竟来源于自然界,依然属于自然,因而这些自然规律也同样适用于人类。生存之道,不但适用于自然界,而且是人与生俱来的追求。

再举个例子:

有一只逃出笼子的虎皮鹦鹉,重新获得了自由。但是,十多天后,人们在森林里发现了它的尸体,而它的周围便是果实累累的森林。用看林老人的话讲:“家养的鸟儿,用不着找吃找喝,渐渐地便失去了寻找食物的能力。一旦飞出笼子,难免饿死。”这便是“物竞天择,适者生存”的道理。

生存如同登山,经验丰富的人披荆斩棘,勇往直前,最终到达胜利的山顶;缺乏锻炼的人,不是由于不识方向而错失成功的良机,就是因为体质太差而被淘汰。“自古英才出寒家”,贫寒家的孩子在忧患中学会了克服困难的方法,掌握了生存的本领,必然成为人生的“适者”。人生的道路荆棘丛生,那只飞出笼子的鹦鹉死在硕果累累的森林里,原因很简单:物竞天择,适者生存,弱者死亡。一切生物都必须适应环境才能生存。只有拥有一套适应环境的生存本领,才能有生命的繁衍不息。

社会在不断进步,尽管我们无法让环境适应我们,但是,我们可以不断地改变自己以更好地适应社会。所以,我们必须经得起磨炼,勇于面对各种复杂的环境,寻找出路并努力摆脱逆境。

现代科学证明生命在一开始——受精阶段,就已经开始了残酷的竞争。因为只有最健壮、最活跃、最具有生命力的精子,才能战胜数以亿计的竞争对手,最终成为唯一的胜利者,获得与卵子相结合的机会,然后长成胚胎,最终形成生命。人类的竞争,从一出生到生长、发育,成长、成熟,直到最后老去,都不会停止。

人的一生实际上就是一个不断适应、调整和提升自己的过程。生活不可能一直平平淡淡、安安静静,我们随时都会面对各种各样的变故和挑战;生活也不可能一直畅通无阻、一帆风顺,我们也会遭遇失败和挫折;生活更不可能一直像如歌行板、水乡夜曲一般,我们也会碰到厄运和灾祸。当面临失败、挫折以及灾祸时,我们面对的首要问题就是学会如何快速地适应它,在逆境中锻造自己并获得成功。

社会在发展,人们的梦想也在变化。一个人无法选择生活的时代和环境。我们如何才能够战胜残酷的社会环境,才能不被社会所淘汰,才能更好地把握自己的命运,才能创造更多的提升自己的空间,才能有更好的发展呢?答案只有一个,那就是"学习"。只有不断地学习,掌握他人的成功经验以充实自己,才能不断地完善自我,即所谓的"他山之石,可以攻玉"。只有学会扬弃,学会借鉴,学会借他人之长补自己之短,并使自己得到快速地成长和进步,才能使自己在残酷的竞争中游刃有余,从而获得成功。

一点通

"他山之石,可以攻玉"。只有学会扬弃,学会借鉴,学会借他人之长补自己之短,并使自己得到快速地成长和进步,才能使自己在残酷的竞争中游刃有余,从而获得成功。

知识能够改变生命之路

我们怎样才能走向成功、充实的生命之路呢?知识可以成为实现人生跨越的桥梁,成为铸就高尚灵魂的熔炉。有这样一句话:掌握的知识多了,学问多了,就可以提升精神的境界。知识如同一艘航船,载着我们驶向广阔的人生海洋。

在过去的农业经济时代,土地是人们物质财富的源泉;到了工业经济时代,最大的物质财富就是资源,谁拥有资源和能源,谁就拥有了财富;而到了知识经济时代,人们最大的财富就是知识。不仅如此,知识财富还是永不贬值的财富。在农业时代,如果一个人拥有价值200万元的土地,当地价下滑时,自身的财产就会减少,而一旦把土地卖掉,它就不再属于你;在工业时代,你的工厂和设备都有可能在经济不景气时大幅度贬值、缩水。但在知识经济时代,你脑袋里的知识财富决不会因为曾经赚过200万之后就变得不值钱,恰恰相反,它会具有更高的价值。所以,知识可以帮助我们获得最大的财富,是取得成功不可或缺的资本。

对于知识的渴望与追求,那些成功人士的经历便是最好的例证。

华人首富、香港经济超人李嘉诚,他的人生经历就证明了知识是一个不断提升的过程。在创业的初期,他曾做过推销员、茶楼伙计,即使在这样的人生环境下,他也没有忘记学习,尤其是坚持学习英语,他时刻为人生的转变准备着。可是,由于条件的限制,他不可能拥有很好的学习条件,买不起英语教材。为此,他把学习与实际生活相结合。他做药材推销时,每一种药品的介绍说明中都有中英文两种文字,他便使用中英文对照的条件,学习英文。

上帝在关门的时候,一定在另一个地方为你打开了一扇窗。功夫不负有心人,由于他这种具有战略眼光的知识储备,使他将来在和外商的激烈竞争中一直立于不败之地,最终在香港及世界商业界中占据了一席之地。

知识是指引人们走向光明的灯塔。只有勤奋学习,实践,才能获取知识,改变自己一生的命运。通过杨澜所著的书《凭海临风》我们看到,正是由于杨澜的刻苦学习,勇于实践,才改变了她一生的命运。

1968年,杨澜生在北京,1990年毕业于北京外国语学院。杨澜上学时,每次考试都没有丢过一分的基础分。在中央电视台的招考中,她从1000名候选人中脱颖而出,成为《正大综艺》节目主持人,又成为金话筒奖的得主。之后,杨澜到美国哥伦比亚大学留学深造,并取得硕士学位。杨澜常说:"是知识改变了我一生的命运。"

正如流落街头的乞丐,他们的命运永远是贫困,只能靠别人的施舍度日,因为他们没有知识和文化。人必须有文化,才能改变自己的命运。

在这个信息高速发展、竞争日益激烈的社会中,要想出人头地,在竞争中脱手而出,提高自己的生活品质,知识——特别是这个社会所急需的专业知识是必不可少的,更是重中之重。在当今知识经济时代中，一旦拥有知识，便能掌握自己的命运；相反，如果没有知识，则只能在社会中随波逐流。由此可见，知识可以改变一个人的命运。

由此可见，知识是多么重要。拿破仑在征服无知、获得知识之后，振兴了法兰西，用自身经历诠释了他的名言。是的，征服无知就是获得知识，获得知识就能主宰命运。

清朝学者萧抡说："人心如良苗，得养乃滋长，苗以水泉溉，心以理义养。一日不读书，心臆无佳想，一月不读书，耳目失精爽。"不学习、不求知，就永远不能提高自身的能力和修养，当然也无法实现人生的跨越。科学理论与科学知识是改造灵魂的工具，是使自我纯洁的净化器，是屹立在人生长河中的灯塔。通过学习知识，能获得智慧的思考，学到人格的伟岸，学到观察处理问题的立场、观点和方法。人生的进步就是在不断地提升自己的思想境界和工作能力。

> 张立勇在清华大学食堂打工8年，托福考试630分，英语考试通过四级与六级，并获得北京大学本科文凭。因为贫穷，他停止了对大学梦的追求，高中辍学后成为千万农民工中的一名，踏上漫漫的自学成才之路。因为理想，他持之以恒，坚持自学英语十年，通过国家等级考试、获得托福高分，做了连大学生都难以做到的事情。张立勇11年前因家贫而外出打工，但在外的日子里，他从来没有放弃过读书学本事的念头。
>
> 1993年，张立勇为了帮家里还债，辍学去广州打工。1996年，他来到北京，并到清华食堂做了一名卖馒头的临时工。清华园里一天有很多场讲座，下了晚班后，张立勇总是匆匆赶到教室聆听大师们的讲座。因为下班时间总在晚上八点以后，所以，他只能站着听完讲座。在清华的日子里，只要一有机会，他就去听讲座。在一次次的讲座中，吸收着清华大学土壤中的学子精神，他把自己的打工生活和清华的校园生活结合在了一起。
>
> 在清华工作一段时间后，张立勇的工作渐渐稳定了下来，可他并没有享受清华大学安逸的生活环境，他决定将学习英语作为突破口。张立勇不仅自己刻苦自学英语，而且积极参加清华大学的英语协会。除了协会活动，张立勇还经常参加学校里的英语角，因为学英语一定要张嘴说，所以，他就无论说好还是说坏，都大胆地说出来。为此，他还在清华的食堂开设了一年左右的英语窗口，用英语卖饭。经过几年的学习和口语锻炼，张立勇可以十分流利地讲英语，不仅能跟中国学生交流，而且可以熟练地和外国人沟通。
>
> 尽管这样，张立勇也没有满足，他决定通过规范考试来检验自己的学习成绩。于是，他决定报英语四级与六级考试，用权威的考试证明自己的成绩。从2000年到2001年，他陆续参加了国家英语四级与六级考试，都获得了80多分的好成绩，接着又考了托福。没想到，托福总分670分，他竟然考了630分。一石激起千层浪，各大高校的网上论坛纷纷转载张立勇的故事。

张立勇，从一个默默无闻的小厨师到一位新闻人物；从一个普通的打工青年，到一位自学成才的青年。他很愿意用自己的经历支持那些需要帮助的人。他从点点滴滴的小事做起，起初是认真地回复请教他英语学习方法的来信或电话；偶尔也会给一些找上门的学生当英语家教，利用空闲时间辅导他们学习英语。张立勇开始明白：不仅自己要学好英语，获得成绩和名声，而且要用"学习改变命运，奋斗成就人生"的精神帮助那些需要帮助的人，这才是一件让他感到更自豪的事情。他说："我愿意用我刻苦自学的形象鼓励更多的青年人坚持学习，在全社会掀起学习的风尚，提倡学习改变命运，奋斗成就人生！"

在高科技发展的21世纪，有志青年高声大呼："知识爆炸的时代来临了！"当求伯君以三年时间创造事业的辉煌来叙说知识改变自己的命运，当丁磊以大陆首富来诠释知识创造财富的价值，当胡仙以女儿身用知识的力量带领"星岛"报业雄冠香港时，我们有理由大声疾呼："知识改变命运"！知识滋养着人的一切智慧，只有身上充满知识，我们才有施展才能的力量。"知识改变命运"，这句话对我们而言已经耳熟能详了。这其中包含着当今时代开始注重奋斗、注重知识，也展示了社会崇高知识、认可知识的一面 。因此，在日新月异的现代社会，如何抓住机遇，及时"充电"，丰富自己，是实现人生跨越的关键。我们需要坚持不懈地求知，分秒必争地钻研。现在，我们的生活空间充满着新奇的休闲方式，这就需要我们耐下性子，抑制浮躁心理，忘我地学习，自觉地用知识完善自我。

古今中外，知识都是屹立于世间最耀眼的明珠。俄国19世纪的作家屠格涅夫说过："知识比任何东西都能给人以自由。"当今的知识多如牛毛，创新日新月异，内容远远超过社会生活的方方面面。成人教育可具体分为智商与情商两类，拥有这两大法宝，就有如宝剑在手，执牛耳而行天下。"书山有路勤为径，学海无涯苦作舟。"人生苦短，只有拥有知识，才能自由遨游于天地间。"莫等闲，白了少年头"，相信知识能改变命运，相信知识的力量，相信拥有知识的你能走出人生的辉煌！

一点通

拿破仑曾说："真正的征服，唯一不令人遗憾的征服，就是对无知的征服。"

10 踏实努力篇

第一章　成功需要埋头苦干的精神

要确立恰当的人生目标

人的生命长短不一，有人长命百岁，有人英年早逝。但不管怎样，每个人都有其宝贵的一生，每个人也只有一次人生。因此，人必须珍惜自己难得的一生，在这有限的人生中实现自己的愿望。

当然，人各有志，在不同社会、不同背景、不同时期，志向亦会出现变化。犹太人因其民族的特性及所处的环境，普遍都能从小立志，从而明确自己的奋斗目标。正因为这样，许许多多的犹太人才能集中人生有限的时间和力量攻克一个个目标，所以，他们的成功率才会比别人更高。

在人生的竞赛场上，要成功就必须有明确的目标。许多人并不缺乏信心、能力及智力，只是没有确立目标或没有选准目标，成功只能与他无缘。道理很简单，正如一位百发百中的神技射击手，如果他漫无目标地乱射，结果就显而易见了。又如驴子一天到晚不停地绕着石磨转动，但是，它什么地方也到达不了，因为它没有目标。

犹太人大卫·布朗是英国的一位商人，他的发迹过程就是实现自己一生所定目标的过程。

大卫·布朗出生于1904年，父亲曾经营一间小型齿轮制造厂，生意在几十年间一直很惨淡，仅能赚取一点生活费。布朗的父亲是一个头脑清醒的人，他意识到自己之所以没有成功是因为没有定好奋斗目标，便把希望寄托在儿子身上。

为此，他对布朗的学习严格要求，每逢假日就规定他到自己的齿轮厂去参加劳动工作，与工人们一样艰苦工作，绝无特殊照顾。

布朗在家庭的教育下，长时间在工厂工作的生活经历使他养成了艰苦奋斗的精神，同时还熟悉了工业技术的知识，确定了自己的人生目标。但是，布朗的奋斗目标不在齿轮厂方面，而是利用自己在齿轮业务积累的经验，实现赛车的目标。他通过观察，发现当代人的汽车使用已非常普及，觉得人们会将汽车大赛作为一种流行娱乐，这就形成了他的奋斗目标——大力发展赛车。

于是，他克服重重困难成立了大卫布朗公司。他不惜聘用专家以及技术人员进行设计，采用先进技术设备进行生产。

1948 年，国际汽车大赛在比利时举行。布朗生产的马丁牌赛车一举夺魁，大卫布朗公司因此一举成名，订单如雪片般飞来。至此，布朗走上了成功之路，布朗父亲及布朗自己确立的目标都实现了，可谓一箭双雕。

目标决定一生，它能鼓励人们不惧艰难险阻，充分发挥潜在能力。犹太人在确立目标时注意切合个人实际和环境，不会不切实际地确立自己的奋斗目标。成功的犹太人，不管是从商、从政还是从事科学事业，都认为确定奋斗目标很重要：先确立目标，然后为其全力以赴而终至成功。

你必须设定对你有意义的目标，你还要清楚自己的目标以及如何实现它。假如没有通畅的公路，即使你有一辆崭新的流线型汽车，又有什么用呢？

一点通

人的生命长短不一，有人长命百岁，有人英年早逝。但不管怎样，每个人都有其宝贵的一生，每个人也只有一次人生。因此，人必须珍惜自己难得的一生，在这有限的人生中实现自己的愿望。

要学会往前看

三只青蛙掉进了鲜奶桶中。

第一只青蛙说："这是命。"于是，它盘起后腿，等待死亡。

第二只青蛙说："这桶看来太深了，凭我的跳跃能力没有希望跳出去，今天死定了。"于是，它沉入桶底，被淹死了。

第三只青蛙打量着四周说："真是不幸！但我的后腿还有劲，现在必须找到一个垫脚的东西，才能跳出这可怕的桶！"

于是，第三只青蛙一边划一边跳。奶在它的搅动下渐渐变成了奶油块，在奶油块的支撑下，这只青蛙奋力一跃，终于跳出了奶桶。

正是明确的目标——"要找到垫脚的东西，才能跳出这可怕的桶"，使这只青蛙幸免于难。这个故事曾激励过一代又一代历经磨难的犹太人。

二次大战期间，有一个犹太女人亲眼看到自己三个月大的孩子被纳粹摔死，并把她和丈夫关进集中营里。从此，二人相隔两地，音讯全无。她在集中营里每天都受到惨无人道的虐待，过着地狱般的生活，德国兵动不动就把她打得血流满面，她对未来感到很绝望。

有一天，她看到一个小女孩儿从集中营外面走过，手里还拿着一朵花。她想："有朝一日，我也要拿着一朵花在外面的世界行走！"就是这个小小的心愿，让她获得了生命的力量，决心要坚强地活下去。终于，在三年后德国战败时，她离开了集中营，跟她的丈夫团圆了。

现在，我们的生活比这个女人好得多，物质文明发达，生活各方面都很方便。但是，为什么现代人反而觉得心里很空虚，觉得每天都在紧张和无奈中生活呢？这是因为我们没有明确的生活目标。

我们每一个人都是唯一的，都有自己独特的想法和做法，所以，用不着处处跟别人比较，或迎合别人的要求。天生我材必有用，各人有各人的目标。一件事情一旦被认为有价值、很重要，就可以成为一个奋斗目标。例如，完成一件很艰巨的工作，或亲手烘制一个蛋糕与朋友分享，这都是一种成就，可以带来无限的喜悦。

聪明的犹太人知道，没有一帆风顺的人生，也没有完美的人。

那么要如何迎接未来的挑战呢？一位犹太学者提出一个叫"速成的自信"的概念——利用过去小小的成功为基础，将这种成功的体验转移到其他事情上，由小而大，由近而远，一点一滴地增加我们的自信，发挥天赋的成功本能。这样一来，还有什么目标达不到呢？

一朵小花可以激发一个人的求生本能，活着离开集中营。现代社会充满了更多的新鲜和刺激，有很多我们未见或未听过的事情，每一件都等着我们去探索，每一天都是新奇的开始。

一点通

如果始终念念不忘过去的失败，就会很可惜地错过许多生活的乐趣。我们的眼睛生在前面，就是让我们往前看，为未来打算。

人生要脚踏实地

成功的犹太人懂得，只有踏实工作的人，才能脚踏实地地为自己的前程打下坚实的基础；反之，不但不能得到大的财富，而且可能会与小财富擦肩而过。正如《塔木德》书中所说的："别想一下就造出大海，必须先由小河川开始。"犹太巨商大多白手起家，开始创业时一般都做社会最底层的工作。他们的一大共性是，都能将平凡的工作干得很出色。

一艘驶往异国的船上有两个年轻人，分别来自以色列和美国。他们下了码头后，看着海上的豪华游艇从面前缓缓而过，两人非常羡慕。以色列人对美国人说："以后我要是能有这么一艘船，那该有多好！"美国人点头表示同意。

吃午饭的时间到了，两人饥肠辘辘。两人四处看了看，发现有一个快餐车旁围了很多人，生意似乎不错。以色列人对美国人说："我们也可以做这种快餐生意！"美国人说："嗯！这主意似乎不错。可是，你看旁边的咖啡厅生意也很好，不如再看看吧！"两人未达成一致意见，就此各奔东西。

握手言别后，以色列人立刻开始选址，并把所有的钱投资做快餐。他不断努力，经过八年的用心经营，已经拥有了很多家快餐连锁店和大笔财富。他为自己买了一艘游艇，实现了自己的梦想。

这一天，他驾驶游艇出去游玩，发现远处走来一位衣衫褴褛的男子，那人就是当年与他一起闯天下的美国人马克。他兴奋地问马克："在这八年中，你都做了什么？"马克回答说："八年间，我每时每刻都在想'我到底该做什么呢'？"

做人不能只有理想，还要有实际行动，否则理想就是空想。在理想实现的过程中，成功者的共性是一旦锁定目标就立刻行动，不畏困难，不达目标誓不罢休。当然，聪明的犹太人懂得，不管想成就多大的事业，都必须从小事做起。

一个故事在犹太人中广为流传：

美国西部是一个非常诱人的地方，所以，许多人都跑到那里打工，希望能赚到很多钱。其中有两个年轻人，一个是约翰，一个是斯蒂芬，他们偶然相识于路上。说起去打工的事情，两个人对未来充满了希望。他们来到美国西部后，开始不断地寻找机会。

有一天两人同行时，发现一枚硬币躺在地上，约翰连看都不看一眼就走了，而斯蒂芬却毫不犹豫地把那枚硬币捡了起来。约翰看着斯蒂芬，心中充满了对他的鄙视，想：真没出息，一枚硬币也要捡，怎么能成就大事业呢？而斯蒂芬却想：看着钱白白地从身边溜走，怎么能成就事业呢？

两人同时应聘到一家小公司，工作很累，工资也低。约翰不屑一顾地走了，而斯蒂芬却高兴地留了下来，努力地工作着。约翰换了一家又一家的公司，不断努力地寻找着机会。两年后的一天，两人在街上相遇。斯蒂芬由于努力地工作，已经闯出自己的事业，成了老板，而约翰却仍然没有固定的工作。

这让约翰匪夷所思：斯蒂芬是一个连硬币都捡的人，这么没出息，怎么就做出一番事业了呢？

世界上所有的伟大事业，都是从一些小事演变而来的。做成一件事不难，难的是坚持不懈，只有通过成就一件件小事才能走向辉煌。

一点通

“罗马不是一天建成的”。不要看不起小的收获或进步，不肯从小事做起的人注定不能成功。

人生需要集中力量攻克目标

《塔木德》中写道：“得到太多，必有所失。”“集中你的心思于一个地方。”

在《塔木德》中有一则故事是这样说的：

“一个人找到智者约瑟，看到他正在树上摘苹果。

‘尊敬的约瑟，我有一个问题想问你。’这个人喊。

‘可我现在不能下树回答你的问题，因为今天园主雇佣了我，我的时间是属于他的。’

即使这样，约瑟仍然因为说了一句拒绝的话影响了摘苹果，他收工之后主动向庄园主提出扣下一点工钱。”

由此可见，做事全神贯注、一心一意是犹太人的一个特征。

聪明人能够一心专注于一件事直到成功，勒韦就是这样一个聪明人。

勒韦是美国著名的医师及药理学家，1936 年诺贝尔生理学及医学奖的获得者。

勒韦 1873 年出生于德国法兰克福的一个犹太人家庭。他从小就喜欢艺术，在音乐和绘画上有一定的基础。但他的父母是犹太人，很害怕犹太人受迫害的事实影响他，就不断敦促儿子不要学习和从事与意识形态有关的职业，而让他专攻一门科学技术。他们认为，学好数理化，可以走遍天下。

在父母的教育下，勒韦没有继续追求自己的爱好和专长，而是进入施特拉斯堡大学医学院学习。

勒韦是一名刻苦勤奋的学生，他不怕从头学起，相信只要专注于一项就定会成功。带着这一心态，他很快便进入了状态，专心攻读医学的课程。心态是行动的推进器，他在医学院攻读时，被导师深厚的学识和严谨的治学精神所吸引。他的导师淄宁教授，是著名的内科医生。勒韦在这位教授的指导下，学业进展很快，并深刻认识到医学也是很有前景的领域。

勒韦从医学院毕业后，在欧洲以及美国的大学里进行医学方面的研究，并在药理学方面取得较大进展。由于他在学术上的成就，1921 年他被奥地利地格拉茨大学聘为药理学教授，专门从事教学和研究。他在那里开始研究生理学，通过青蛙迷走神经的试验，第一次证明了某些神经合成的化学物质可将刺激从一个神经细胞传至另一个细胞，还可从神经元将刺激传到应答器官，他把这种化学物质称为乙酰胆碱。1929 年，他又从动物组织中分离出该物质。勒韦研究的化学传递成果是一个前所未有的突破，对药理学及医学的发展起到了很大的推动作用。因此，他与戴尔 1936 年分别获得了诺贝尔生理学及医学奖。

勒韦是犹太人，尽管他是杰出的教授和医学家，但和其他犹太人一样，他在德国也遭受了纳粹的迫害。当局曾逮捕他，将他的财产全部没收，并取消了他的德国籍。后来，他逃脱了纳粹的监视，辗转到了美国，并加入了美国籍。他被聘任到纽约大学医学院，开始专门研究糖尿病及肾上腺素，勒韦能够专心致志于每一项新的课题研究。不久，他这几个项目都获得了新的突破，特别是他设计出检测胰脏疾病的勒韦氏检验法，再次为人类医学做出了重大贡献。

很多犹太人都从勒韦的成功中得到了这样的启示：在生活中，一个人如果想获得成功，就必须专一于自己确定的目标，而不能经常变幻不定。

一点通

在生活中，一个人如果想获得成功，就必须专一于自己确定的目标，而不能经常变幻不定。

自强不息是人生成功的法宝

《塔木德》中说："请主降下磨难，考验我对主的信仰；请主降下苦痛，区别我和普通人；请主给我以逆境，让我成功。""当压力出现，我们被迫要改变法规时，我们依然要不顾一切地去战斗，即使面临强敌也要战斗，生命不息，战斗不止。"自强不息是犹太人的优良传统，困难和挫折吓不倒他们，迫害和残杀也绝不了他们的路。

毋庸置疑，犹太人在历史上遭受到了很多磨难。但是，他们仍旧依靠顽强的毅力及超人的智慧，战胜了一切灾难，顽强地生活下来，并且建立起自己的家园，实现了自己的事业。

犹太人这样激励自己：上帝夺取了我们的一切，剩下的就只有我们。为了生存，必须自救。一部犹太人的历史，简直就是他们遭受迫害的历史，他们坚强不屈的性格正是来源于此。

二战时期，德国占领了东欧，对犹太人实施了非人性的统治，想将他们赶尽杀绝。在某个小镇上有个犹太人家庭，一家五口躲在仓库的一间小阁楼里逃避德国军队，他们的吃喝全靠朋友们接济。一旦有纳粹巡逻或恶意的市民靠近仓库时，他们就吓得屏声敛气，一点声音都不敢发出来。时间一长，他们完全能用动作表现情感。

三个月后的一天，母亲外出筹粮未归，市民们关切地对孩子们说："你们的母亲肯定被德国人抓走了。"

父亲也在两个月后一去不返。半年后，叔叔出门不久，孩子们就听到了一声枪响。

三个大人相继死去，姐姐挑起了寻找食物的重担。每当仓库附近有风吹草动时，姐姐就赶紧捂住弟弟的嘴。过了一个月，姐姐也永远地离开了。

从此以后，凡听到同样的声音，弟弟就捂住自己的嘴巴，不让自己发出一点声音……

这是一个犹太人悲惨童年中的一幕。但他没有放弃生存的希望，而是坚持不息地生存了下来。犹太拉比常常告诉学生：只要不断地保持希望的灯火，就不怕无法忍受黑暗。风雨之后见彩虹，这就预示着不久将会有希望到来。黑暗过去就是光明，是他存活下来的希望。无论环境多么恶劣，只要有一丝希望就要坚强地活下去。人的眼睛是由黑白两部分组成的，但是，为什么只有黑的那部分能看东西？因为人从黑暗中才能看到光明。人生也是从苦难和黑暗开始的，快乐和光明是幸福的终点。告诉自己，不要害怕痛苦。因为一个人只有痛苦到了极点，才能品尝到甜美的果实。对此，作为著名银行家的罗斯深有体会。

有一个年轻人，因为家贫没有读过多少书，他想在城里找一份工作。可是，他发现城里没有一个人看得起他，因为他没有文凭。当他想离开时，忽然想给当时很有名的银行家罗斯写一封信，他在信中控诉了命运的不公平。"如果您能借一点钱给我，那我会先去上学，然后再找一份好工作。"

信寄出去了，他一直在旅馆里等。几天过去，剩下的最后一分钱也被他用完了，他将行李打好了包。就在这时，房东说有他的一封信，是银行家罗斯写来的。可是，罗斯并没有同情他的经历，而是在信里给他讲了一个故事。

罗斯说："很多鱼生活在大海洋中，那些鱼都有鱼鳔，唯独鳖鱼没有鱼鳔。没有鱼鳔的鳖鱼照理来说是不可能活的，因为它行动极为不便，很容易沉入水底。而且，一旦在海洋里停下来，就有可能丧生。为了生存，鳖鱼只能不停地运动，这就造就了它很多年后的强健体魄，成了同类中最凶猛的鱼。"最后，罗斯说，"这个城市便如同海洋，拥有文凭的人很多，但成功的人很少。你现在就是一条没有鱼鳔的鱼……"

那晚，他彻夜难眠，一直在想着罗斯的信。突然，他改变了决定。第二天，他跟旅馆的老板说，只要给一碗饭吃，他可以留下来当服务员，不要工资。旅馆老板不相信世上竟有这么便宜的劳动力，便让他留了下来。10年后，他拥有了令全美国羡慕的财富，并且娶了银行家罗斯的女儿，他就是石油大王哈特。

没有鱼鳔的鱼成长为最凶猛的鲨鱼，哈特没有文凭却成了石油大王。上天从来没有给人一个固定的模式，从来没有说过一个人注定要过一种生活。很多时候，阻碍我们前进的不是忧患，而是安乐。所以，不要被背景、出身、血统以及环境、财富、资历等外在的东西蒙蔽了发现和利用机遇的眼睛，从而妨碍我们抓住机遇。只要你心中有梦想、有追求，那就不妨将那些疑虑和局限统统抛弃，听从心灵的召唤。

依赖他人、追随他人工作，自然要比自己动脑筋轻松得多。但事事都让别人替我们想、替我们做，就必定会阻碍我们事业的发展，也不利于我们的成长。自强自立，充分发展自己独立的能力，才能成为生活中的强者。

自强不息的精神是促进人们发展以及取得成功的法宝，是犹太人的一种制胜术。因为只要有了自强不息的精神，就会产生信心。

一点通

在人生奋斗的历程之中，自强不息的精神是促使人们取得成功的法宝。

失败的教训也是一种有益经验

一位成功的犹太商人说："胆量和勇气是人生必备的品质。有了勇气，每一次从失败中得来的经验和教训都会成为有益的东西，可以让我们少走弯路，少犯错误。"约瑟夫·贺希正是依靠勇气和善于从错误中学习而获得成功的。

约瑟夫·贺希哈是一位犹太人，家庭贫困，1908年随父亲迁到美国纽约市的布鲁克林区汉堡特贫民区。当他们还未站稳脚跟时，当年5月的一场火灾殃及了他们的家，烧毁了家中屈指可数的财物，约瑟夫·贺希哈从此沦为在垃圾桶中寻找食物的小乞丐。年幼的约瑟夫·贺希虽然在学校读书的机会不多，但他受父母的精神影响，人穷志不穷。他在乞丐的生涯中，一直坚持成就一番事业的理想。他不像其他孩子那样，由于所受的教育太少，从而被恶劣的环境蒙蔽了双眼，不思进取；有的甚至走向犯罪，诸如小偷小摸、打砸抢、吸毒贩毒、卖淫、加入黑社会等。约瑟夫·贺希哈在流浪街头觅食时，经常坐在街边的石椅上阅读拾来的报纸，晚上也借助路边的灯光阅读捡来的书。尽管环境恶劣，但他慢慢地对书报上的经济信息及股市行情产生了兴趣，决心在股票方面发展自己的事业。

一个连每日的温饱都无法解决的乞丐，竟然想发展股票事业！人们觉得他简直是异想天开。但是，约瑟夫·贺希哈就是凭着他这股顽强进取的精神，最终实现了自己的目标。

1914年，开始了第一次世界大战，纽约证券交易所和其他证券交易所由于生意惨淡而关闭。就在这个时刻，约瑟夫·贺希哈去证券交易所找工作。几位在交易所门口玩纸牌的人听到他要来找工作，忍不住嘲笑起他来，认为他在股市大崩溃的情况下还想做股票工作，肯定是神经有问题。

小贺希哈没有灰心丧气，他转身到别的交易所寻找工作。尽管不断地受到嘲讽，可他仍不放弃自己的追求。最后，他在百老汇大街120号的依奎布大厦，在爱默生留声机公司里找到了一份工作，那是一份干办公室勤杂和午间总机接线的工作，并且每周只有12美元的薪水。但是，他很乐意地接受下来了。

他满腔热情地开始了工作，非常珍惜这份工作的机会，并利用晚间和假日认真钻研股票业务与市场行情。不久，贺希哈发现这家公司也发行和经营股票，于是，他时刻都注意着公司的经营情况。他想，自己现在从事的勤杂工作与高层次的股票工作差距太大，如何才能靠近并参与它呢？

一天上午，他鼓起勇气走进总经理办公室，并向他提出："总经理先生，我可以做您的股票经纪人吗？"总经理很惊讶，稍后沉默了一下，盯着这位犹太小伙子，认为他这半年的工作兢兢业业，勤勤恳恳。于是，总经理对贺希哈说："胆量是股海冲浪的首要条件，既然你有勇气，那就试试！"

此后，贺希哈成为爱默生留声机公司股票行情图的绘制员，他充分利用自己所学的股票以及行情方面的知识，很快就得心应手了。在工作中，他对股票买卖有了更加深刻的理解，这为他日后事业的发展打下了坚实的基础。

贺希哈在爱默生公司工作时，除了每天的车费以及餐费之外，将其余的钱都积攒了下来。同时，他还替另一家股票交易所跑腿，工作时间是每天下午6时一直到第二天的凌晨2时，来回跑送有关文件，每星期从中赚取12美元的报酬。他在3年中积攒了2000美元。于是，他根据自己的奋斗计划，成了一名独立的股票经纪人，从此走上了事业的成功之路。不到一年时间，他就拥有了168万美元的资产。

股海是风云突变的，人们无法凭意志控制它。当贺希哈的财富积累到过亿美元时，有一次股市骤然下跌，他买进了一家钢铁公司的股票所赚到的上千万美元以及其他利润，赔得血本无归。

这一次惨败并没有挫伤贺希哈积极进取的精神，相反，却让他变得更加自信、谨慎且聪明。他回忆说："这一次失败只给我留下了4000美元，几乎输光了几年奋斗的积蓄，这是我一生中最痛苦的一次错误。但是，我认为若一个人说他不会犯错误，那他就是在说谎。我如果不犯错误，就没有办法学到经验。"

自从那次失误之后，贺希哈经营股票顺利多了。到1928年，他已经成了每月可以赚20万美元的股票大王。

1929年是他最辉煌的一年，也是股市历史上最热闹的一年，几乎全民都加入了股票买卖的行列。

丰富的经验使贺希哈感觉雨欲来风满楼，他果断地将1928年末及1929年初大量买入的各类股票一分不留地抛售出去，获得了10多倍的回报。他一下子又赚了上亿美元，成为当时赫赫有名的股票大王。

从约瑟夫·贺希哈的发迹历程中可见，个人或企业的成功说易就易，说难也难，关键是必须有积极进取的精神，并能观察入微，努力学习，不畏艰辛，这样才有可能获得胜利与成功。在犹太商人中，诸如连锁经营先驱卢宾、金融巨头金兹堡集团、报业大亨奥克斯、好莱坞老板高德温、地产大王里治曼、石油大王洛克菲勒等，他们都是靠这些才创造了自己事业的成功。犹太商人中有那么多出类拔萃的人物，至关重要的原因就是他们形成了一种积极进取的民族精神，自幼就接受"我一定要有所作为"的积极观念。一旦他们获取成功的自信心树立了，便能够努力学习，不用扬鞭自奋蹄，发掘自身潜力，使自己发展壮大。这种精神是他们前进道路上的马达，加快了他们成功的速度，增加了克服困难的信心，这是犹太人获得成功的最大秘诀之一。

一点通

胆量和勇气是人生必备的品质。有了勇气，每一次从失败中得来的经验和教训都会成为有益的东西，可以让我们少走弯路，少犯错误。

要有成功的愿望

毫无疑问，犹太人很聪明。然而，聪明只有与勤奋、努力的工作相结合，才能结出丰硕的果实。许多成功的犹太人，正是以一丝不苟的工作态度、不畏困难的进取精神以及创造性的思维与行动，成功地开创出自己的事业之路的。

艾斯蒂·劳达就凭着一个梦想建起了化妆品王国。她没有资本与营销经验,没有任何护肤和美容方面的技术与特长,也没有经商经验。然而,一个竞争力极强的美容王国在她手上诞生了。她是拥有几十亿美元化妆品王国的未加冕皇后,世界各地的梳妆台上都摆放着她的产品:艾斯蒂护肤霜、青春露浴波、阿拉美斯男士护肤品、格林尼格抗过敏美容霜、白而宁霜、修复晚霜等。

劳达是个充满激情、能量无穷的工作狂,她的精神、美感和洞悉力会使一切都有可能发生,为什么呢?她是形象的主人,她用心设计自己的产品形象,以优雅的姿态和圆满的谎言使两者变为现实。她小心翼翼地将她那犹太移民的背景塑造成她理想中的人物形象,她决定让自己拥有上层社会的那种容貌行为,洗涤那个在皇后街五金店长大的女孩子的一切痕迹,她成功了。她成为自己形象的再生品,并且成功地塑造了自己的产品以及形象,让它们成为吸引"上等顾客"的市场精品。产品形象的创造与自我形象一样重要,劳达努力在这两方面都获得最佳的形象。塑造完美是劳达所擅长的"谎言",她以自己的优雅、风采和沉静实现了这个双重目标。在过去的30年里,人们无法清楚地分辨艾斯蒂·劳达故事中的真实世界和想象部分,她迅速扬名于皇后街,一跃成为世界上最大私营化妆品公司的嫡主和慈善社会的领袖,贫穷的移民女孩的痕迹荡然无存。

劳达拥有与皇族的密切关系,与第一夫人南希·里根、温莎公爵及夫人、格莱丝公主、雷格姆·阿戛·凯因以及许多电影明星和媒介巨头都有交往。她通过对自身形象的精心打造赢得了"化妆品皇后"的美称。心理学家研究认为,塑造与自己希望的职业相配的"角色"或"形象",这一职位会为我们所有,仅仅是因为我们与这一角色的形象相匹配。艾斯蒂·劳达便是这一理论的生动例子,她不仅在想象中塑造了自己的形象,而且在想象中塑造了劳达化妆品王国。艾斯蒂·劳达的所作所为证实了"思维使之成真"。

39岁时,劳达因为理想而建立了世界上最大的私营化妆品公司。20世纪90年代初,艾斯蒂·劳达公司的年销售利润已超过20亿美元,仅次于雅芳和莱弗龙。劳达是个创造型的幻想家,凭借壮志雄心、无穷的活力、完美的品位、持之以恒的精神、革新的推销术和勤奋的工作达到了自己的目标。她是个热切地追求成功与卓越的人,能排除一切干扰,达到竞争极其激烈的化妆品业的顶峰。追求完美和塑造形象是她的特长。

劳达因为她的化妆品王国而成为世界最富有的妇女之一,根据1991年《幸福》杂志的估计,她的净产值达52亿美元,是当时亿万富翁榜上唯一的女性。

艾斯蒂·劳达的成功经历启示我们:不要因为失败就抱怨世界不公,这是可笑与可鄙的。你要像所有成功者那样坚持理想,并发掘自己的潜能,不停地工作,不断地倾注热情。

一点通

不要因为失败就抱怨世界不公,这是可笑与可鄙的。你要像所有成功者那样坚持理想,并发掘自己的潜能,不停地工作,不断地倾注热情。

越是他人不认可的事越能做成

据说,犹太人哥伦布信奉这样一句话:"世间的事非常奇怪,越是人们认为不可能的,做起来就越顺利。"

1485年5月,哥伦布去西班牙游说:"只要你们拿钱资助我,我即使一直向西也能到达东方。"可当时无人在意,因为人们坚持认为,从西班牙向西航行,不出五百海里就会掉进无尽的深渊,到达富庶的东方是绝对不可能的。

可是，在他第一次航行成功，第二次准备出发的时候，不仅要面对诸多的困难和阻力，而且还有人在大西洋上拦截，企图暗杀他。原因就非常明确，因为这条线路可以到达富裕的东方，他如果带回那儿的黄金、玛瑙、翡翠、玉石、皮毛、香料等，就会让他富甲一方。

越是人们认为不可能的事，做起来就越顺利。可是，人们在哥伦布死后就忘了这一道理。直至500年后，华尔街的巴菲特重新发现了这一道理。

1973年，没有人会觉得曼图阿农场的股票能够复苏；有的人甚至认为，曼图阿不出三个月就会宣告破产。然而，巴菲特不这样看。他认为，人们越对某一股票没有信心，这只股票越有可能成为一处大金矿。果然，他用每股5美分的价格买了一万股之后，不到五年，他就赚了4700万美元。他现在已经是享誉世界的富翁了。

前不久，又有人发现了哥伦布的道理。他是法国的一位小男孩，这个小男孩七岁时就创办了一个专门提供玩具信息的网站。当时，没人在意他的行为，没有一家同类的公司视之为敌，也没有哪家行业公司找他签订行业约束条款，他们觉得一个孩子是不会成什么大事的。

让人意想不到的是，这位小男孩不仅把网站做大了，而且在十岁时，通过广告收入成了法国最年轻的百万富翁。

越是一般人认为不可能的事，越有可能做到，这句话确实有一定的道理。大家都认为不可能，必然谁也不去关注，谁也不去设防，谁也不去攻击；再者，大家认为不可能的事情，大多没有竞争对手，第一个去做的人正好可以乘虚而入。

另外，一般人认为不可能的事，肯定是异常困难令人无法想象的事情。因为太难，所以人们畏难；因为畏难，他们便不会注意，甚至认为别人也不会问津。

犹太人相信，世界上真正的大业，都是别人认为不可能实现的事情；在人类从过去一步步走向未来的过程中，没有不可能的事。

一点通

世界上真正的大业，都是别人认为不可能实现的事情；在人类从过去一步步走向未来的过程中，没有任何不可能的事。

要有危机意识

犹太人有句格言："一切都太正确时，就一定有问题。"也就是说，没有一帆风顺的人生，一旦一切都很顺利，就不正常了，所以，要时刻保持头脑清醒。这句话表现了犹太人可贵的居安思危的"危机意识"。

据犹太历史记载：犹太人早期曾在埃及做奴隶，生活十分悲惨。公元前15世纪的时候，他们在自己的英雄摩西的率领之下，越过沙漠。因为没有时间带上吃的，他们只得吃那些没有发酵的面饼和路途上的野菜，最终历尽艰难险阻回到以色列。

这件事距离现在已经有3500多年了，可是，为了让自己不要忘记苦难和屈辱，时至今日，犹太人仍旧不会忘记那段艰难的岁月。即使在结婚这样喜庆、重大的事情上，新人也会被告知勿忘苦难历史。婚礼规定，新人把酒喝完后不能把酒杯完整地放入盘中，而是要把酒杯摔碎。这个动作表示两个人会同甘共苦，一起度过艰难的一生，也提醒两个人不要只知享受，并告诉他们，一味享乐、忘记艰辛是败家的象征。

犹太人制订各种规矩缅怀苦难，在他们的日常生活、纪念性的节日、假日甚至婚礼上，都要被提醒勿忘记一个人的痛苦。他们每周的休息日从星期五开始，到星期六为止，周日是一周的开始。为什么要把周五的黑夜定为全家幸福愉快节日的开始呢？

《塔木德》是这样解释的："与其明亮地开始，黑暗地结束，倒不如以黑暗开始，以光明结束。"这就告诉人们要懂得先苦后甜。他们不仅在休息日提示自己不要忘记痛苦，即使在犹太社会的纪念日中，在最盛大、最隆重的节日逾越节，也同样作了规定。

逾越节是犹太人为了纪念他们重返以色列而设的。在这一天，他们早早准备好精美的食品及华丽的服饰，幸福欢乐地庆祝节日！但是，在这个节日上，犹太人规定，每个人必须吃一种很粗的面包，同时就着一种很苦的野菜叶子，因为这些代表着曾经的屈辱和失败。

每一个犹太人都知道他们输不起，所以，他们只有成功；失败了，就意味着灭亡，永远没有机会再来，为此，他们十分刻苦勤奋。很多犹太人就是在别人看起来根本不可能的绝境中取得了成就。

翻看犹太名人的经历，就会发现十有八九都有苦难、坎坷的童年。犹太人在逆境中成功的精神，永远为世人所敬佩。他们认为，成功不是需要，而是必须。

人们这样看待犹太人的危机意识：每当幸运来临的时候，犹太人总是最后感知；每当灾难来临的时候，犹太人总是最先感知。他们时刻充满了危机意识，时刻保持警醒的状态。大多数犹太人的一生经历了很多痛苦和苦难，因此，一旦他们的生活安定下来，他们就决不会忘记曾经受过的苦难。所以，他们的心里时刻充满了警惕，为了记住苦难的过去。犹太人的这种精神，在上海世博会上也有体现。

2010年6月19日，德国科隆艺术家昆特·德姆尼西走进了世博会里的德国馆。在德国馆内，这位63岁的老人单膝跪地，认真注视着地上的铭牌。这些铭牌被称为“绊脚石”。

将绊脚石铺设在街道上，是昆特·德姆尼西设计并开展的一个城市记忆项目。将镶有黄铜片的石块铺设在人行道上，黄铜片上刻有受到纳粹迫害的死难者和流放者的姓名、生卒年月及照片。这件艺术品只有10厘米那么大。在以德国为主的欧洲9个国家的562个城市，它们被铺在这些人进入集中营前最后住过的房屋前的人行道上，大约有2.5万块。

这些死难者的灵魂，经由这一块块黄铜铭牌，似乎让他们在生前居住的城市里得以重生。艺术家希望以这种特殊的方式，提醒人们记住这一段沉痛的历史。

1993年，当德姆尼西在德国科隆铺下第一块“绊脚石”的时候，人们都不理解他的这种行为。

出生在二战后第二年的德姆尼西不是受害者的亲属，也不是纳粹的家庭成员。他上中学时，老师对1933年至1945年的历史闭口不谈。一直到他进入大学，人们才逐渐开始审视这段痛苦的记忆。

“现在的年轻人已经遗忘了这段历史。虽然他们在课本上知道纳粹屠杀了600万犹太人以及500万其他种族的生灵，但很难以想象当时的实际情景。不过，如果你了解到住在某幢房屋的某位男女的命运，那你便会有不一样的感受。当然，单凭数字很难让我们相信在这个文明的国度里，竟然会有这样的过去。”德姆尼西说。“绊脚石”旨在让今天的人直面纳粹的暴行，不要重蹈悲剧，以使受害者不被遗忘。

德姆尼西的这一个设计不仅仅是一件艺术品，而且变成了德国城市中最深切、最痛楚的记忆——更是犹太不能忘却的记忆。

现在，这两万多块“绊脚石”静静地躺在德国及其他欧洲城市的街道上。它们稍稍高出地面，使匆忙路过的人们，在觉得硌脚之时，低头注意到那些令人痛心的名字，在不经意间与那段特殊的历史邂逅。

德姆尼西介绍，“绊脚石”的设计灵感来源于《塔木德》：“一旦一个人的姓名被遗忘，那这个人才算真正被遗忘。”德姆尼西希望历史不仅在博物馆里，而且存在于人们的日常生活之中，通过街道上的“绊脚石”，让年青一代铭记历史。这也是一种居安思危的精神！

犹太人认为：“失败比成功还要珍贵。”自古至今，没有人只成功而不会失败，但是，这并不是真正的失败，真正的失败是反复重复同样的失败；第一次不成功并不足耻，可是，如果第二次又犯了同样的过错，那就不值得原谅了。我们应把失败永远地推向“过去”，而把成功请进“未来”的空间里，使未来不会再有这样的失败。

学习和痛苦是分不开的，所以，回忆痛苦也是一种学习。人类的本性是轻易忘记失败，这是非常不利的,所以,愈是惨痛的失败,就愈该在脑海里深深地记住。

犹太人总是强调,人生中必须有成功也有失败。但是,如果一个人沉湎于成功的甜美,而遗忘了失败的苦痛,那么终有一天,他一定会尝到失败的苦果。

成功使人松懈,使人自满;而失败却让人严谨,让人警记。所以,它的确是一个很好的老师,人们既然能从中学到一些事,哪有把它舍弃的道理呢?经验应该是人们学习的源泉。

一点通

没有一帆风顺的人生,一旦一切都很顺利时,就不正常了,所以,要时刻保持头脑清醒。

要学会超越自我

犹太人杰出的代表人物之一马克思曾说过:"我在任何时候都不会满足,越是多读书,就越深刻地感到不满足,就越感到自己的知识贫乏。科学是奥妙无穷的。"不断进步才是人生的价值。《塔木德》上说:"超越别人,不如超越自我。"

在犹太人看来,人的生命由两部分组成:父母的恩赐和自己的赋予。即先天和后天。先天只是出身,后天才是生命的实质,生命的实质便在于不断地超越,从而得到维持与升华:超越自我,超越出身,超越局限。

犹太人有一则故事教导人们要超越自己。

有一对父子都是拉比。父亲性格温和,考虑周到;儿子性格孤僻,性情自傲,所以,他一直没有成功。

有一次,面对儿子的抱怨,老拉比说:"我的孩子,作为拉比,我们之间的区别是:当有人向我请教律法上的困难问题时,我会给他回答,这样提问者和我双方都满意;但是,若有人问你问题,则双方都不满意,你的提问人不满意,是由于你轻视他;你不满意,是因为你不能给他一个答案。所以,你不能怪别人。只有更谦虚,才能获得成就。"

"父亲,你是说我必须超越自己?"

"是的,"父亲回答,"能超越自我的人,才是真正成功的人"。犹太人的骨子里就拥有超越自己的传统,所以,犹太民族能成为最勤奋的民族。犹太人相信,只有那些不满足于旧有生活状态的人,才能够成为杰出的人。

食品大王保罗·纽曼的故事就是犹太人打破旧有生活状态的佐证。

保罗·纽曼是出生在美国的犹太人,他的父亲是一位小商人,他的母亲爱好音乐、艺术。纽曼大学毕业后,便待在父母的商店里工作。他也喜欢表演。本来做一个老板和一个犹太商人,他也可以成功,可他希望打破这种枯燥无味的生活。于是,在不解和怀疑的目光中,他毅然卖掉了杂货店,一心一意地投身到了演艺界。

纽曼因为自己的表演才能和强健的体魄而成为男性的偶像。他饰演了许多影片,如1956年的《上帝喜欢我》,1958年的《漫长的夏日》,1960年的《在阳台上》,1961年的《骗》等,均获得了观众的好评。他得到奥斯卡金像奖最佳男主角的5次提名,到1987年,当60岁的他得到第6次提名、荣膺奥斯卡最佳男主角时,他为自己40年的演艺生涯交付了一份满意的答卷。此外,他还是一名出色的导演。他在电影上的成就,让他获得了声誉和财富,使他成了一位富有的艺术家。

保罗·纽曼从商人到艺人的跨越,让他在艺术领域获得了更大的成就,也发掘了自己在表演上的天赋。

但是,保罗·纽曼的超越永远没有完结。1982年的一个偶然机会,他接触到了一种新的食品。这种新食品多用于拌面的酱汁，他在自家厨房里配成了这种酱汁。曾经作为商人的纽曼看到了其中蕴藏的商机，于是，他投资十万美元和朋友合作开发这种食品，并成立了“保罗纽曼食品公司”。就这样，他又开始从艺术家向企业家的超越。最终，他被誉为美国的“食品大王”。

优秀的犹太人认为，每个人都有与生俱来的多种能力和潜力，只是有些人能通过坚持不懈的学习和努力，把它发挥了出来；更多的人则由于松懈而错失了这些能力和潜能。如果勤劳自勉，并借以超越自己，最终就会超越别人。人只有把握住自己的内在动力，超越自己，才能不断地鞭策自己前进，不能因为暂时的成功和懈怠而停下进取的脚步。

一点通

马克思曾说过：“我在任何时候都不会满足，越是多读书，就越深刻地感到不满足，就越感到自己的知识贫乏。科学是奥妙无穷的。”

坚持每天进步一点点

世界上的人很多，但真正有出息的人并不多。一个人的一生中，始终存在一个不断学习、不断努力奋斗的话题。无论何时，人们都面临着一个“不进则退”的法则。因而我们只有永远学习、永远进步、永远拼搏、永远奋斗，才能实现我们的人生目标。我们都知道学习犹如逆水行舟，不进则退，只有在学习上永远不知满足的人，才有可能取得成功。

想想水滴石穿和铁棒磨成针的故事，这些正是由于不断地坚持才做到的。只要我们每天都进步一点点，那么我们在一生中就可以不动声色地创造一个又一个料想不到的奇迹，酝酿一个个真实感人的神话。

《塔木德》所说的“超越别人，不如超越自我”，就是提倡要不断地进取。一个人即使在某一天超过了他人的成就，取得了巨大的胜利，但是，如果无法超越自我，没有做到天天都在进步，就很难取得巨大的成就。

其实，在生活中的一些人之所以没有成功，关键不在于他们的智商或者知识没有别人多，而在于他们没有不断地超越自我，或者害怕超越后的结果反而不如当前，因而坚持原地不动。

每一个人要想提高认识，增长学识，取得成绩，都需要一个持续努力、逐步积累的过程，它是“每天进步一点点”的总和，不可能一蹴而就。眼高手低、功利心强是成功的大忌。千里之行，始于足下；九层之台，始于垒土；合抱之木，生于毫末。踏踏实实，刻苦努力，“涓涓溪流汇成河，泉流万千必成川”，这才符合成功的规律。要不断进步，即使进步微小，只要我们持之以恒，就必能汇成大流，最终取得成功。“世界第一的商人”犹太人就做到了这样，他们在不停地学习，并且为自己定下每天的目标，要求自己每天都要进步一点点，并努力实现当天的目标。正是这样一些微不足道的进步日积月累起来，成就了犹太人如今在商场上的地位。

活水不用便成死水，犹太人正是懂得这个道理，所以在经营生涯中，他们不停地做出更新和改进，不停地进步着；他们恐惧倒退，害怕落伍。因此，他们总是自强不息地力求让自己每天的工作都有所进步。

实际上，每天进步一点点，要求我们认真地规划每一天，既不能急躁，又不能糊弄，更不能作假。因为这不是在别人面前做的表演，而是严于律己的人生态度和自强不息的进取精神。每天进步一点点，使每一个“今天”都充实而饱满；每天进步一点点，让自己不虚度此生，成功总是垂青有准备的人，那就是你。

一点通

每天进步一点点，这句话乍一听毫无向前冲的魄力，既没有诱人的硕果，也没有慑人的声势，但细细地琢磨一下，其实世界上所有的事情都贵在坚持。

第二章　踏实的行动帮你迈向成功

行动是解决问题的关键

许多年前，一位聪明的老国王召集了聪明的臣子们，委派给他们一项任务："我要你们编一本《各时代的智慧录》，以便留传给子孙。"这些聪明人离开国王以后，经过很长一段时间的工作，最后完成了一本煌煌20卷的巨作。国王看了后，说："各位先生，我知道这是每个时代的智慧。但是，它太厚了，我怕人们不会读，把它浓缩一下吧！"这些聪明人又经过一段时间的删减和整理，浓缩成了卷书。然而，国王坚持让他们继续压缩。这些聪明人把一本书浓缩为一章，然后减为一页，减为一段，最后变成了一句。聪明的老国王很自豪地看到了这句话。"各位先生"，他说，"这真是各时代智慧的精华，并且各地的人一旦知道这个真理，很多问题就会迎刃而解了"。

这句话就是："天下没有白吃的午餐。"

一点通

你可以在生活中取得成功，你能够使昨日的理想成为今日的现实。但是，只靠愿望和企求是不行的，必须动手去做才能实现你的理想。

要明白天上不会掉馅饼

西尔维亚不切实际地期待着，希望可以出现任何奇迹。

一个没有经验的人不会被聘为电视节目主持人，而且，节目的主管也没有兴趣跑到外面搜寻天才，都是别人去找他们。

一名叫辛迪的女孩儿却实现了这样的理想，成了著名的电视节目主持人。辛迪并没有机械地等待着机遇，她不像西尔维亚那样有可靠的经济来源。所以，她白天做工，晚上在大学的舞台艺术系上夜校。毕业后，她开始找工作，几乎跑遍了洛杉矶每一个广播电台和电视台。

但是，每位经理对她的回复都大同小异："我们只雇用有几年工作经验的人。"

但是，她没有放弃，也没有被动地等待，而是走出去寻找机会。她一连几个月仔细阅读广播电视方面的杂志，最终，一则招聘广告来到她身边：北达科他州有一家很小的电视台招聘一名预报天气的女孩子。

辛迪是加州人，不喜欢北方。但是，阳光与雨雪都无所谓，她只希望能找到一份和电视有关的职业，干什么都行！她抓住机遇来到北达科他州。

辛迪在那里工作了两年，后来，她又到洛杉矶的电视台找了一份工作。又过了五年，她终于得到提升，成为自己梦想已久的节目主持人。

西尔维亚那种失败者的思路和辛迪这种成功者的信念正好南辕北辙。区别就是：西尔维亚在十年中一直停留在幻想上，机械、被动地希望得到命运的垂青，最终失败。而辛迪则是采取行动：首先，她充实了自己；然后，在北达科他州受到了锻炼；接着，通过在洛杉矶的工作积累经验；最后，她终于实现了理想。

失败者在谈论别人的成功时总是抱怨说："人家如何如何凭运气。""赶上了好光景、好地方。"他们不采取行动，一味地被动等待成功的光顾，把成功看做是降临在"幸运儿"头上的偶然事情。失败者认为成功者的命运总是一帆风顺，而霉运却一直环绕着自己。所以，既然幸运女神不肯照顾，那他们除了怨天尤人外，还能做什么呢？

这些人日复一日地过那种失败者的日子，却不知道他们的遭遇恰恰是自己自暴自弃造成的。他们不明白自己应该承担失败的责任，而是责怪自己的配偶，或者一起做生意的伙伴运气不好、经济不景气……他们总觉得别人"虐待了他们"。

成功者没有时间抱怨生活。因为他们忙于解决问题，忙于勤奋工作，忙于如何才能快乐开心地对待自己。记得前面的那个故事吗？"天下没有白吃的午餐"。

一点通

请记住："天下没有白吃的午餐。"有付出才有收获。

采取行动是成功的前提

因为只有行动才会产生结果，所以，要成功就必须采取行动。

你必须研究成功者每天都在做些什么，他们的行为有哪些和你不一样。假如你可以如法炮制他们的行动，那么，你也可以成功。

一个业务员要成功，就要去见数不清的客户。如果他不知道最顶尖的业务员一天要拜访多少个客户，那么他根本就没有机会成功；如果他不能付出顶尖业务员所付出的行动，那他就无法提高业绩。

成功的人永远不会比一般人做得少。当一般人放弃的时候，他们在寻找下一位顾客；当顾客拒绝他们的时候，他们就会追问："你究竟买不买？"当顾客不买的时候，他还会问："你为什么不买？"他们总是在寻找自我改进的方法以及顾客不买的原因，他们一直坚持不懈地完善自己的行为、态度、举止和人格；他们总是希望知道人们为什么买，他们总是希望自己更有活力，产生更大的行动力。

相形之下，很多人每天吃饱喝足了，却游手好闲，不做运动，不学习，不成长，总是在抱怨一些负面的事情。他们哪来的行动力？

记住！让你更成功的永远是你采取了多少行动，而不是你知道了多少。

所有的知识必须化为行动，因为只有行动才能产生力量。

不管你目前下定决心要做什么，不管你现在设定了多少目标，请你一定要立刻行动。正如赫胥黎所说："伟大的生活目标不是目标，而是行动。"

一点通

有很多人这么说："成功开始于想法。"但是，只有想法不付诸行动永远不会成功。

行动可以给你带来好运气

要想成为成功者，就必须积极地努力和奋斗。成功者从来不拖延，也不会等到"有朝一日"再行动，而是今天就动手干。他们竭尽全力地工作一天后，第二天又接着干，不断地努力、失败，直至成功。

要记住这句老话:“今日事今日毕。”成功者一遇到问题就会马上动手解决。他们不会在发愁上浪费一分一秒,因为发愁不能解决问题,只会不断地增加忧虑。当成功者开始集中力量行动时,立刻就会兴致勃勃、铆足了劲儿地寻找解决问题的方法。

你遇见过那种喜欢说“假若……我已经……”的人吗?有些人总是不停地谈论他曾经错过了什么云山雾雨的成功的机会,或是正在“谋划”未来、干一番了不起的事业。

失败者往往沉溺于“倘若怎样怎样”,所以,他们总是因故拖延,顺利不起来。

从现在开始,不要再说自己“倒霉”。对于成功者来说,勤奋工作与好运是同义词。只要专心做好你现在所做的工作,坚持不懈地做好每件事,“机会”就会来到。

怨天尤人不会改变你的命运,而只会浪费你的时间,使你没有时间取得成功。如果你想“赶上好时间、好地方”,就去找一份你可以为之拼搏的工作,然后,努力去干。幸运不是偶然的,只要勤奋工作,幸运女神就会应召而来。

一点通

怨天尤人不会改变自己的命运,要想获得成功必须行动起来。

要做到“今日事,今日毕”

一位大学生准备晚上7点开始学习,但因晚饭吃多了,便打算先看会儿电视。结果一看就看了一个小时,因为电视节目很吸引人。晚上8点,他坐在桌前正准备看书,突然又想起来要去见一个朋友,一见又是40分钟(他一天没跟朋友见面了)。在回来的路上,他又被人拉去玩了1小时的乒乓球,结果弄得满头大汗,便去洗了个澡。洗完澡,他又觉得饿了,因为毕竟打球耗费了很多体力。

这个晚上本来计划得挺好,可就这样过去了。到了凌晨1点钟,他终于打开了书,但又太累了,无法集中精神。最终,他去睡了。

他一直没能坐下来看书,因为他花在准备上的时间太长了。其实,这种“过分做准备工作的人”不计其数。一些推销员、经理及家庭主妇——他们在开始工作前往往先聊天、削铅笔、读读报、擦擦桌子、泡杯茶,然后才开始工作。

有一种方法可以改掉这种习惯,即告诉自己:“我现在已经准备好了,可以开始工作了。我拖延时间将一事无成,我要把‘准备’的时间和精力用到工作上去。”

想给朋友写封信吗?那就现在写。有什么能够拓宽业务的好主意吗?那就现在去尝试。记住本杰明·富兰克林的忠告:“不要把今天能做的事拖到明天做。”立即行动就有可能成功,未来某一天去做却有可能失败。

一点通

“现在”意味着成功,而“明天”“下星期”“以后”“某些时候”“某天”则可能是失败的象征词。许多很好的想法都是因为“我将来某一天开始”而成为泡影,我们应该现在就行动,要抓住现在。

改善效率有助于成功

千万不要在粗制滥造之后,再回来更改,这样不是更慢吗?我们天天都必须思考:“如何提高生产力?如何提高效率?如何改善流程?怎样提升我们的产品和服务?”

怎样才能满足更多顾客的需要，是每一个成功人士每天都会思考的问题。

然而，很少有人能够系统地思考怎样提高办事效率。效率的改善，来自对真正根源问题的观察；效率的改善，来源于对事情优先顺序的分析；效率的改善，来自于自觉。

一位心理学家说："自觉是治疗的第一步。"这句话说得真是好极了！因为当你不自觉的时候，如何改善？当你不知道自己效率差的时候，又如何改进？当你不知道别人为什么效率好的时候，你就不懂得学习别人的长处。要永远向那些高效率的人学习，因为他们知道怎样分配时间与善用资源，我们必须以最短的时间和最少的资源取得最大的效益，这样才能确保成功。

记住！要每天思考自己做事的效率和品质，这些是获得成功所必需的。

一点通

效率并不代表速度快，效率指的是第一次就把事情做对。时间管理的关键之一，便是第一次就把事情做对。

做事要懂得循序渐进

美国著名作家、记者埃里克·塞瓦赖德说："当我抛下自己的工作准备写一本25万字的书时，我从不让自己过多地考虑整个写作计划所涉及的繁重劳动和巨大牺牲。我想的仅仅是怎样写下一段，而不是下一页，更不是下一章。整整六个月，我除了一段一段地开始外，没想过其他方法，结果书'自然而然地写成了'。"

"循序渐进"的原则对埃里克·塞瓦赖德起到了重要作用，对你也一样。

有关戒烟，最好的一种办法就是"小时戒烟"法。一个人不应下决心再也不吸烟，而是要通过下一小时不吸烟的方法改变这个陋习。一小时到了，吸烟者只需要再延续一下他刚才决定的有效时限——下一个小时不吸烟。一段时间过后，随着欲望的减弱，规定的时限可以增加到两小时甚至一天，从而最终达到目的。想一次性彻底改变的人，只会因无法忍受心理上的痛苦而失败。毕竟一小时易，永远难。

达到任何目的都需要循序渐进。对高层经理来说，无论一个任务表面上多么微不足道，都应该被看成进步的机会。推销员必须重视每一次销售，才能胜任销售工作。教师的每一节课，科学家的每一个试验，公司经理的每一个会议，都是通往成功的一次机会。

有时候，有的人获得成功看似很容易，但如果你仔细研究他们的历史就会发现，他们以前就已经奠定了许多牢固的基础。那些所谓的"平步青云"的人往往没有真才实学，没有任何牢固的基础，最终他们会像自己轻易地得到荣誉一样轻易地失去一切。

要始终谨记这样一个道理，并用它评价你所做的每一件事情：这有助于我实现自己的目标吗？如果回答是"不"，即回头；反之，则继续向前。

一点通

一幢建筑由一砖一瓦砌成，虽然每一砖一瓦看上去都很微不足道。同样的道理，成功者的一生是由无数个看上去微不足道的小方面所构成的。

做事要坚持到底

成功地完成一件有价值的任务，远远胜过50件只完成一半的任务。

看看以下的记录：

亨利·福特在成功之前，有5次破产的失败经历。

丘吉尔成为英国首相时已经62岁,经历过无数次的失败和挫折,而他最伟大的贡献是在他成为“年长公民”后完成的。

有18位出版家把理查的作品否决了。

巴哈的1万字故事《天地一沙鸥》,最后才由麦克米兰出版公司于1970年印行。到了1975年,仅仅在美国就卖了700万本。

在成功生活的公式中,没有什么可以取代坚毅。天才则不然,我们时常会发现,许多失败的人都有特殊天分。也有不少人拥有很多好机会,只因为放弃得太快而未能成功。热衷也能在一夜之间被懒惰和不耐烦取代,坚毅和决心才是工作的要件。

一点通

如果你在做一件有价值的事情,就要坚持到底。

学会充分发挥你的能力

无论做任何事都要下定决心,都要竭尽全力。一位著名的教练对他的球队说过简短而振奋人心的话:“当欢呼声消失了,体育场上一个人也没有了时;当报上的大标题已经印出,你回到自己安静的房间,并得超级杯奖座放在桌上时,所有的热闹都消失殆尽,只剩下:致力于完善,致力于胜利,致力于尽我们最大的努力,以使这世界变得更好。”

所有的人类都是宇宙创意的表现,我们每个人都是宇宙的一部分。只有当我们竭力追求完美时,才会去想我们为何被造。只有把人类当成神圣的作品,才能说明每日的奋斗会使我们变成自己还未达到的人。

一位哲人说:“谁都可以数清一个苹果里有多少粒种子,但只有上帝知道一粒种子里有多少个苹果。”

如果你要追求一种不能摧毁的快乐和个人深切的满足,那就必须最大限度地发挥你的潜能。

一点通

好好想一想！因为天将降大任于我,天生我材必有用,自己拥有不同于他人的能力,自己天生是做伟人的。

正确面对考验

大自然使人们在奋斗的历程中持续成长、壮大与进步。这种过程是痛苦的经验还是深刻的体验,由一个人的态度决定的。要想成功,就必须先经历磨难。

每个人从生到死,是不断地成长与接受考验的过程,从每次面对挑战的经验中积累智慧。

爱默生说:“放手去做,你就会拥有力量。”

迎接并克服磨难,你就会拥有足够的所需的力量与智慧。

森林中最强壮的树并未受到严密的保护,它们注定要与环境抗争,和周围的树争夺养分以便生存。

那些生长在大自然里的努力求生的橡树,比那些栽种在庭院里的同伴更坚实、更具韧性。用那些饱经风霜的橡木制作车轮,变成弧形的零件,就不必担心它们会断裂,因为它们经受过考验,有足够的力量承受最沉重的负担。

我们应该敢于面对环境的考验,努力奋斗,这样才会有更多的机会。

磨难迫使我们前进,引导我们通过考验,获得成功。没有磨难,我们便难以进步,也无法得到任何有价值的东西,因为每个人都能做简单的事。每一个成功的人,在生活中都要经过一番奋斗。人生是不断奋斗的过程,勇于面对和克服困难,继续迎接下一个挑战的人,就是最后的赢家。

不要设法逃避磨难,而应该欣然接受它。你也应该如此,让自己在此过程中学习、成长,以至成功。

一点通

磨难能使人的意志更坚定。大多数人们希望自己的一生平坦顺利,然而,未经磨难与考验,往往会庸庸碌碌地过一生。

苦难和坎坷是成功的必经之路

杰西卡·萨维奇是美国著名的电视新闻主持人,由于表现出色被誉为"全国广播公司的黄金女郎"。

她在全国广播公司是从"小妹"这种地位很低的位置做起的——在办公室里谁想喝咖啡或者需要什么东西,就由她去做。她要走上通向全国知名人士的漫长道路,就必须想办法克服各种困难。她在面对新的挑战时是这样想的:"如果必须干艰难的事,那我就冲上前去,因为我只能前进。我曾经灰心过,但是,每当我感到泄气的时候就想:'除了继续努力,我没有其他选择;如果我退缩,就无路可走。既然选上这一行,就要干得像一行,倘若我失败,没有人能帮我!'我不能回到家里对家人说:'照顾照顾我吧。'也不能对丈夫说:'帮帮我的忙吧!'所以,一定要坚持不懈。"

有一句名言:"如果没有你可以倒下的地方,你就不会摔跟头。"我发现,绝大多数有成就的人在生活中都是这样——不肯后退。

记得在百老汇看过一出戏,里面有一句很有启示性的台词:"我别无选择,在走向成功所必须经历的所有困境中,我挺过来了。当没有地方可以让你倒下或者摔跟头时,当你没有人扶和无路可退时,你就必须往前冲。"希望你能从这些话里懂得一些道理:不要给自己留下"一条退路"——不要轻松自然地看待退缩。除了成功之外"别无选择"——要把它当成你的有利条件。

在前进的道路上会有障碍,但是,如果你一心一意地想办法解决它,那么每一个障碍都能让你变得更加自信。除了成功之外,不要给自己留下别的出路。

一点通

记住下面这个口号,可以把它贴在你浴室的镜子上、厨房的水槽上、墙上或书桌旁,每天读几遍:"障碍并不代表退缩,而是你着手工作,并取得成功的机会。"

第三章 只有先付出才能杰出

先"付出",再"杰出"

有个人在报纸上看到一篇关于一位琴童在国际大奖赛中摘得桂冠的报道。当时他没有觉得震惊,因为时下国内学钢琴的少年比比皆是,很多人都得弹得一手好钢琴。他接着往下读,报道中列举的两个问题却深深地拨动了他的心弦。

问题一：你能每天有11个小时都在弹钢琴吗？

他稍微想了想，觉得很困难。11个小时就是39600秒，一个坐姿坚持39600秒，那是多么煎熬啊！

问题二：你能反复练习弹奏同一支曲子，并持续11个小时吗？

连续11个小时坐在琴凳上已经十分困难了，再反复练习弹奏同一支曲子，岂不难上加难！其间必将充斥太多的单调、枯燥及乏味。

最后，报道披露，上述两点就是琴童成功的秘诀。他长嘘一声，这难怪这位琴童能在国际大奖赛中一举夺魁。

他参加过高考，但他不是状元。去年的秋天，他有幸结识了一位高考文科女状元。近距离的、朋友式的交流，使他窥探到了女状元生活的另一面。她对他说，不管每天早上天气如何，她都会坚持跑步3000米；每天凌晨1点前，她决不上床休息……这两个数字令他汗颜！当然，每位高考状元都有一本属于自己的“状元经”，并不是人人都像她那样晨练、熬夜。但是，每位高考状元的成功之路必然都包含着这样的艰辛“付出”。

曾经有一套畅销书在排行榜上高居首位长达数月。因为喜欢这套图书，所以，他开始留意这套书的作者。这个作者还不太习惯用电脑写作，而习惯用手写。他身高1.72米，可是，他已经成文或者写废的手稿叠加起来竟高达1.74米，高出他的身高2厘米！这1.74米高的手稿全是由他一笔一笔写就的，一个字一个字码成的。在他写作的时候，因为长期坐着，这位1.72米的作者患上了颈椎病，曾经无数次地贴膏药、看医生，他的付出是常人难以想象的。但是，它终于换来图书的畅销佳绩，给他的人生添上了艳丽的一笔。

从上述几个成功典范上，我们可以总结出这个结论：投入越多，产出越多！只要你的目标明确，方法有效，经过持之以恒的努力后，就一定登上心中那座神圣的山峰！

一点通

如果把“付出”看成一种投入，那么“杰出”就是产出。

学会与挫折言和

每个人在生命中都会遇到挫折，适度的挫折具有一定的积极意义，可以帮助人们驱走惰性，促人奋进。英国哲学家培根说过：“超越自然的奇迹多是在对逆境的征服中出现的。”最重要的是怎样面对挫折。

人们都希望自己的生活能够多些欢乐少些苦痛，多些顺利少些挫折。可是，命运似乎总喜欢捉弄和折磨人，总是给人更多的失落、痛苦和挫折。有这样一则故事：

“草地上有一个蛹，被一个小孩发现并带回家了。过了几天，蛹上出现了一道小裂缝，里面的蝴蝶挣扎了好长时间，身子好像被束缚了，怎么也出不来。天真的孩子看到蛹中的蝴蝶痛苦挣扎的样子十分不忍，于是，他拿起剪刀把蛹壳剪开，使它破茧成蝶。然而，由于这只蝴蝶没有经过破蛹前必须经过的痛苦挣扎，导致身躯在出壳后很臃肿，翅膀干瘪，根本飞不起来，不久就死了。自然，这只蝴蝶的欢乐也随着它的死亡而永远地消失了。”

从小故事中可以看出一个人生哲理：要得到欢乐就必须能够承受痛苦和挫折。这是对人的磨炼，也是人们成长的必经之路。

很多原因都会导致挫折的出现。例如，将奋斗的目标定得过高，能力与期望值存在差距等，另外还包括心理冲突的因素。比如，一个大学生决定全力苦读博士学位，可又处于热恋之中，读书与恋爱如鱼与熊掌，他希望兼而得之。但是，对他而言，最好的办法是选择其中之一，这就是一种“双趋冲突”。又如，一对正在谈恋爱的男女，接触几次后觉得该谈的都谈了，新鲜感荡然无存，俩人只能你看我，我瞧你，显得十分尴尬。然而，独自一人又觉得寂寞，这就叫“双避冲突。”

人在遭遇挫折时，常常觉得缺少安全感，使人难以安下心来，工作和生活都会因此受到影响。那么，当人遇到挫折之时，应如何进行调试呢？有以下十种方法，不妨一试：

第一，冷静沉着，有条不紊。

第二，自信坚强。

第三，审时度势，迂回取胜。迂回取胜是指不改变目标，只改变方法。

第四，再接再厉，锲而不舍。当你遇到挫折时，依然要勇往直前，不要改变你既定的目标，而是加倍地努力。

第五，移花接木，灵活机动。如果因为之前的目标太高而一时无法实现，就用比较容易达到的目标来替代，这也是一种适应的方式。

第六，寻找原因，理清思路。当你受挫时，先冷静地分析产生问题的原因，再寻求解决问题的方法。

第七，转移情绪，得到升华。可以通过自己喜爱的集邮、写作、书法、美术、音乐、舞蹈、体育锻炼等方式调适情绪，从而升华情感。

第八，学会宣泄，摆脱压力。不同的人面对挫折的态度不同，有人惆怅，有人犹豫。此时不妨找一两个亲近的人、理解你的人，向他们倾吐自己内心的感受。从心理健康的角度而言，宣泄可以消除挫折带来的精神压力，从而缓解精神上的疲劳；同时，宣泄也是一种自我心理救护措施，能使不良情绪得到淡化和减轻。

第九，如果有必要，就向心理咨询求助。当人们遭遇到挫折又不知所措时，不妨求助于心理咨询机构。心理医生会对你动之以情，晓之以理，在行动上引导你，逐步劝导你，使你从“山重水复疑无路”的困境中，步入“柳暗花明又一村”的境界。

第十，学会幽默，自我解嘲。“幽默”和“自嘲”是宣泄积郁、端正心态、创造幸福的好方法。当你遭受挫折时，可以尝试阿Q的精神胜利法，比如，“吃亏是福”“破财免灾”“有失有得”等，以此来调节自己失衡的心理；或者“难得糊涂”，冷静地看待挫折，用幽默的方法调整心态。

如果想拥有健康的心态，就需要升华精神，修炼道德，积蓄能量，风趣乐观。就像马克思所说的：“心情的愉悦，比十服良药更能解除生理上的疲惫和痛楚。”

一点通

人生在世，决不会一直一帆风顺，事事顺心。面对挫折时要能够虚怀若谷，大智若愚，保持一种恬淡平和的心境，这是彻悟人生的大度。

迈向成功需要采取行动

拿破仑·希尔认为，人生中唯一确定的事是永恒的变化。而且，他详细地阐述了这样的观念：我们必须使用自己拥有的东西，否则就可能不再拥有它。这两个概念又回到那两件事情上——无所事事和空虚，这在希尔博士所阐述的世界中是绝对不能容忍的。

为了向着成功的方向前进，必须采取定向行动，因为任何东西缺少行动都无法移动。思想的确是能够促使其运转的要素，但之后必须要有行动，这样才能带来结果。

真空就是指什么也没有的空间，它总是吸引着所有需要空间的物体，而且是先到者先得。请试问一下自己，你是否可以在房间里摆放一张桌子，却一直不把东西放在上面呢？报纸、账单、信件、购买回来的物品、碗碟等，所有东西都占据一定的空间。拿破仑·希尔传递给我们这些进退两难的人的信息就是，在其他人或事填满你的空间之前，主动填满自己的人生空隙。

在我们的人生里，有很多空间需要被填满。这些空间可能存在于那些我们没有抓住或者决定不利用的机会中。那些我们不加以利用的机会会迅速叠加，从而在我们的人生中制造出更多的漏洞和空隙。你确定无需清晰的总目标，这没问题！但你的老板会给你找些其他事情，将这个空隙填满。这也许并非你的目标，但是，你猜会怎样？此时，你的时间被占用，你的生活被一些你原本不愿意做的事情填满。别人夺走了你的现实空间，而且你的精神空间也被填满。

倘若我们的人生有空隙，这些空隙会出现在以下方面：脑力方面、体力方面、社交方面、心灵方面和情感方面。很不幸的是，某个问题可以被忽视，然而却极少自动消失。通常，它会变得越来越大，越来越丑陋，而且很快就会变成需要我们马上清理的烂摊子。生活如果被琐事填满，那就不会蕴含什么成功的机会，只会充满了许多需要我们清除的困难。这会成为我们要克服的另外一个不利条件。

希尔博士指出，倘若这些是自然规律，那么我们就应该承认并诚恳地面对它们。这就意味着我们在人生的关键时刻要积极主动，目标明确。同时，当我们察觉到一些东西正在悄悄失去时，它可能就真的要失去了。你是否正在失去亲人、健康、爱情、教养或者神圣感呢？那么，请决定自己如何填满人生的这些空隙。如果你放任自流，等待其他人充实你的生活，那它肯定也会被填满，但这不是你选择和希望的方法。自己要积极主动一点，明确目标和方向。以你为自己设想的最好的将来为基础，绘出自己的路线图，只有你自己可以为你做这件事。引领你前进的生命之灯，首先照亮的是你自己的路，你要用自己的力量点亮它，接下来把它当做礼物送给别人，再照亮别人前行的漫漫长路。

一点通

任何你能想象到的事情，你就有能力做到。按你的想法去做，你将会获得成功。

成功是不懈努力的结果

圣诞节马上就到了，大家都想赶在圣诞老人到来之前把最后一分钟的事情做完。人们都兴高采烈，空气中弥漫着信仰的气息。孩子们相信这是个充满魔力的时刻，成年人则相信善意与和平真实地存在着。就像希尔博士提醒的那样，“此刻人们正在交替使用相信和祝愿这两个词，但这两个词的含义并不相同，能量也完全不同”。例如，祝某人圣诞快乐与新年幸福不一定比对着遥远的星星许愿更能使其节日过得快乐。但是，相信意味着坚如磐石的信念，所以，人们在满怀热情地说到相信的时候，无论他们相信的是什么，都必须相信它会实现，而且相信其可以目睹、核实和记载。

我们的情感使信念得以增强，并激发我们去表现。不过，祝愿缺少实质内容就会非常轻率，如同所有的幻想一样在现实中慢慢消失殆尽；而信念则像太阳般发光，无法被扑灭，它超越了观念、意见、态度与价值的鸿沟。虽然信念是事物中没被察觉到的另一面，但它们却比我们所居住的房子和所驾驶的汽车更加真实。现实的基础是信念，决定着我们是谁。

为什么不利用这个节日帮助别人获得自信呢？告诉孩子，你相信他能够实现自己的理想；告诉同事，你相信他今年的表现一定会比去年好；告诉牧师，你相信他的话而且他礼拜天的布道直入你的内心；告诉失业者，你相信他的技术足以确保他很快找到工作。同时可以再多做一点，用行动证明你对那个人的信任。帮助那个小孩去发现他的特长；帮助你的同事列出他已做出的显著成绩，并制定能够获得更大成就的计划；带朋友参加礼拜，帮助那个牧师将他的话传达给更多的人；订一个时间表，与那个失业者共同寻找工作，并帮助他择业。你的思想和行动的结合就相当于你所援助之人的成功，更重要的是，他会永远记得你。

今天他收到来自朋友的圣诞节礼物，其中的个人留言使他相信可以永存——至少可以在他的记忆里永存。该留言如下：

“我要感谢你，感谢你对我的长期鼓励，感谢你在我向前冲刺时那‘轻轻的’一推所花费的时间。你为我做的所有事情都让我受益匪浅，对你的感谢我难于言表，感谢你的友谊，祝你在未来的岁月里一切都好！”

哇！这份圣诞节礼物真好。他不但储存了积极的缘分，而且给了他走出去做更多好事的动力。这就是他所相信的圣诞精神——他希望你在这个季节里能体验到这种信念。

一点通

信心如果没有行动，就会没有生命。这是一种艺术：相信结果会随着坚持不懈的行动而来到。

要以乐观的心态对待人生

时间飞逝，一年又将结束，我们在等待着崭新一年的到来，大部分人都想知道接下来的 12 个月将会发生什么事情。倘若我们仅仅是等待和观望，那么，我们对待所有发生的事情都只能随波逐流。但倘若我们想当自己命运的主人，那就必须有目的地制订计划，这样才能实现我们提前为自己设定的目标。有人认为我们不能左右将来，但若没有计划，就意味着计划失败。我跟其他人一样，也想预测在新的一年里我所渴望的东西。但我明白，我必须对已定的目标全力以赴，否则这些计划将永远无法实现。我们一定要把希望和愿望区分开。希尔博士甚至走得更远，他说，“我们必须有一个燃烧的愿望”。相较而言，祝愿和愿望就是一束火花和一股火焰，而燃烧的愿望则是一簇篝火，看到它们之间的不同了吗？

一年有 12 个月，为什么不在新的一年里给你自己定下 12 个目标呢？“如果你想这样做，那你甚至可以将自己的目标从最高到最低进行排列，并明确新年里最重要的目标。列出这个清单之后，每天早、中、晚都要将其看一遍。通过反复阅读，使这个清单进入自己的潜意识里。渐渐地，这种反复阅读会成为一种习惯，你会对这个清单滚瓜烂熟，这就意味着你的潜意识接受了实现你目标的任务。希尔博士告诉我们，如果发生这种情况，潜意识就会给你发送一个计划，这个计划就是你达到目标的钥匙”。他还指出，“我们应该完全相信这个计划，并且要立即按该计划行动”。因为有灵感的时刻会过去，热情也会随之降低，然后，你就会回到令事情发生的开始阶段——希望阶段。

要坚定地相信，而不是希望，这样你才能够让其成为现实。

在新的一年里，愿你的创新性得到增强！我相信你！

一点通

我避免往前看或往后看，而是一直保持向上看。

只有行动了，才会有结果

制订一个计划，绘制到达目标所必须采取的行动路线图。每成功一步，你就能发现接下来的那一步会变得更容易。因为你吸引来了更多的人，而他们能够帮助你实现自己的最终目标。

希尔博士和 W·克莱门特·斯通在他们的著作中引用了大量的诗歌，其中有一首与“黄金定律”的评论中所表述的想法非常接近。这首出自无名氏之手的诗歌题目叫做《今天》。

今天

在今后的岁月里我要做很多事情，
但我今天做了些什么？
我将慷慨地分发黄金，
但我今天给出了什么？
我将擦干眼泪振作起来，
我将在充满惶恐的地方种植希望，
我将会说充满爱和鼓励的话，
但我今天做了些什么？
我将给每个孤独的人带来微笑，
也会给真理更大的心灵空间，
给坚定的信念赋予更深厚的价值，
我将滋养世上饥饿的灵魂，
但我今天滋养了谁？

我们每人都在思考今天的所作所为及其可能产生的结果，我强烈支持你回顾发生在自己人生中的那些事情及其结果。对自己人生各个方面的尊重程度将很大程度上决定我们未来的人生。请你问问自己，你是不是尊重你的家人、朋友、财富、相貌、教育、工作以及你的家庭生活？你的答案将决定你的行动，而你的行动则决定你的结果。例如，倘若你想拥有更多的朋友，那么就得采取行动而且更友好地对待其他人；如果你想在人生中获得更多的金钱，那么就请自问一下，你对目前收入的尊重程度有多少。为了创造更多自己想要的东西，最开始时你必须真心地感谢自己目前所拥有的一切，而且，采取行动时要很有目的性，这样你才能够获取更多自己想要的东西。

在你写下和回顾自己这些决心的时候，还要制订两个行动计划：需要什么就增加什么和忽视人生中想减少的。如果你能获得注意力集中的东西，并把注意力集中在好东西上面，那么好东西就一定会降临到你身上。

一点通

要清楚地为自己定下想在人生中获得的东西，对自己说：我可以做到，我要立即行动。

完成计划需要坚定的决心

你能清楚地陈述获取成功的方案吗？你能够把它陈述出来，写下来，签名并注明日期吗？你知道完成这个计划的各个步骤吗？它是你心里最重要的总体规划，还是你只把它当做一个想法而已？怎样才能确定航线、保证起航、保持航向并按计划到达港口呢？

拿破仑·希尔在《成功路线图》一书中，按顺序一条条举出了获取成功的步骤。尽管书中的大纲很容易理解，可是，并非每个人都可以获得自己想要的成功。因为那些没有个人进取心，不会自律，没有毅力，不能坚持追求自己主要目标的人，不能使自己向渴望与追求看齐，而且在有“难以跨越的”障碍的情况下，更不可能让自己像甲壳动物附着在船底那样坚持不懈，直至达到目的。我们每个人都有“难以跨越的”障碍，而那些承认这些障碍的人，则相当于已经向它们投降了。那些老磁带一次次地在我们的头脑里反复播放：我太老了；这个工作不适合我；我没有办法获得支持；我没有令我满意的朋友；我家里的每个人都失败了，我也不可能成功等。然而，就像我们设想的一样，时钟总是按照刻度走，你也曾经听说过自我实现的预言会应验，对吗？

那么，该怎么办呢？好吧！如果你忠诚于自己的旅程，那就一定得克服重重困难，就像奥德修斯拒绝塞壬美妙歌声的诱惑一样。[1] 奥德修斯不愿意被外力控制，而且不让自己被岩石上的个人失败所击垮。他坚持自己决定好的事，最终完成了旅程并顺利回到家里。

请自问，什么是你的塞壬？是那些因为你的纵容而轻易入侵你的人生，控制你的命运的习惯吗？也许你能够很容易地指出自己最大的弱点，也许无法指出。但我向你保证，如果没有系统的计划，你将一直不能实现目标。请阅读奥德修斯和他的旅途故事、阿喀琉斯和他的致命弱点的故事，还有其他那些描述英雄及其旅程的故事。然后，把自己变成人生中的佼佼者，将困难当成证明自己实力的见证。当这段旅程成为某种游戏，你可以赢取自己渴望已久的奖赏时，你便拥有了通往成功所需的信念。看到自己成功后，你就可以按计划不断获得自己想要的成功。你能够看到吗？

一点通

你遭遇的所有阻碍都伴随着一粒与之同等或更大收益的种子。认识并相信这种说法，把过去所有失败的情境全都关在心门之外，这样才能使头脑积极运转起来。所有问题都会被解决，你只需要找到它！

① 塞壬是希腊神话中一个半人半鸟的女海妖，常用美妙歌声引诱水手使船只触礁沉没。——编者注

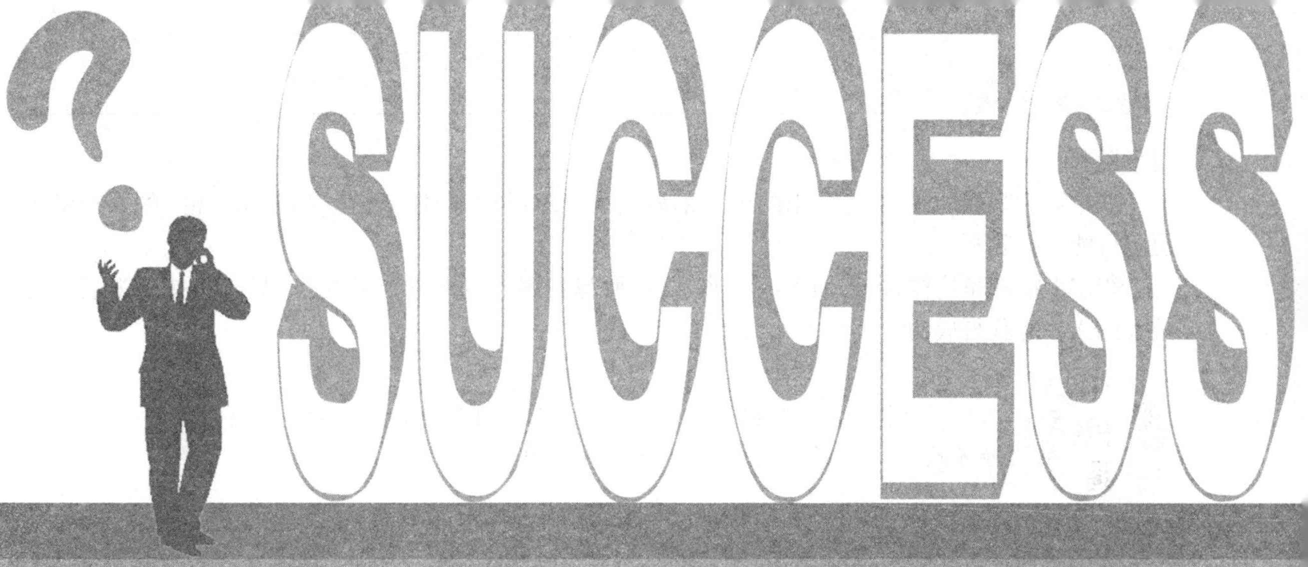

11 坚定信念篇

第一章 坚韧的意志铺平你成功的道路

坚韧的意志是成功的秘诀

1948 年，英国的牛津大学举办了一次报告会，邀请了丘吉尔等几个当时很有名的人进行演讲，主题是“成功的秘诀”。丘吉尔在这个时候很有权威和声誉，因为他带领英国人刚刚赢得了反法西斯战争的胜利。

会场上人山人海，媒体也早就传播开了，人们对丘吉尔的演讲期望很高。然而，万万没有想到的是，这位著名人物上台后只是简单地说了几句话。他直率地对大家说：“我有三个成功秘诀：第一是绝不放弃，第二是绝不、绝不放弃，第三是绝不、绝不、绝不放弃！我的讲演结束了。”当时，大家还没有回过神来，片刻后，会场上爆发出一阵雷鸣般的掌声。

丘吉尔的话简洁却实在。

成功对每个人而言都不会很顺利，也正因为如此，要获得成功就必须有坚忍力。坚，就是坚持；忍，就是忍受。人们在成功之前一定会遇到很多挫折，如果没有坚忍力，就会中途放弃，最后与成功失之交臂。有的科学家做某项实验，一次、两次、三次……无数次的失败，结果他失去了信心，不再继续下去，最后，研究失败了。相反，另一位则在失败后找原因，不厌其烦地实验下去，结果达到了目的。所以，有些事情不是没做，而是没有彻底去做；不是没有坚持，而是没有坚持到最后。有时候，成功就在那坚持到最后的一刻中。

这种例子不胜枚举，就以中国近代的历史来说，孙中山推翻清朝的民主革命，曾组织过多次武装起义，可每次都没有成功。因此，有的人气馁了，认为不会有成功的希望，因而产生了动摇的情绪，甚至有人讥笑他，说他是“孙大炮”。但孙中山不泄气，继续发动，继续组织，终于武昌城头一响炮声，起义成功，最终推翻了长期以来的专制王朝。

中国共产党领导的革命更是如此，红军在国民党军队的围剿之下，损失非常严重，开始了著名的二万五千里长征。爬雪山，过草地，还要对付敌人的围、追、堵、截，很多革命战士在长征路上失去了生命。但是，中国共产党始终坚持不退缩，忍受着世人难以想象的艰难与困苦，咬紧牙关，终于取得了胜利。

如果缺乏坚强的毅力,孙中山的民主革命就不可能成功;同样,只有“小米加步枪”的共产党人也不可能取得胜利。

很多事情都是这样,最初加入的人非常多,而越到困难的时候人就越少,只有坚持到最后而不放弃的人才能获得成功。

一点通

不管情况多么恶劣,无论处在多么难以忍受的煎熬中,都要咬紧牙关坚持住,绝不放弃,这是获得成功最简明扼要的道理。

坚持是成功的基石

谁都知道,有些事坚持到最后就可能胜利。但是,现实中很少有人能坚持到最后。即使是很小、很容易的事情,一些人也容易放弃。

古希腊的著名哲学家苏格拉底曾给学生出了一道试题。试题很简单,要求所有学生将各自的手臂先尽量向前甩,然后,再尽量向后甩。他要求学生每天如此甩动手臂300下。

所有学生都答道:“能!”因为大家都觉得这么容易的事,谁会做不到呢!

过了一个月,苏格拉底询问他们的练习情况,结果,90%的学生做到了。两个月后,苏格拉底又问情况,此时只有80%的学生在坚持。

一年过去后,苏格拉底再问学生。这时,所有学生里只有一个人依然坚持不懈,他就是后来成为著名哲学家的柏拉图。

听着答案,苏格拉底自然称赞了柏拉图,并且发出了一番感慨。

有人会说,这事例太特殊了,因为要坚持这么长时间。其实,现实中这样的例子还有很多,比如搞发明,有谁是一次就成功的呢?不少科学家都经历了很多的失败,一次一次地重来,没有长期的坚持,哪能取得最后的成功呢?

商业经营亦是如此,一个人开餐馆,位置不太优越,又由于刚开张,没作什么宣传,所以,开始时顾客非常少。每到用餐时刻,见到餐馆里没什么顾客,他真是心急如焚。一个月后一结算,不仅没有赚到钱,反而亏了本。看到这不景气的状况,他失去了信心,便想把餐馆转让出去。就在这时,妻子让他坚持,因为她觉得自己餐馆的某些菜肴还是有特色的,而且价位合理,只要坚持一段时间,肯定会有回头客,绝不会亏损。他妻子的想法果真没错,几个月后,他的餐馆因口碑好而顾客越来越多。最后,由于人太多只好扩大了门面。

学习更是这样,因为学习是一种非常艰苦的脑力劳动,要取得成果就必须坚持。当今社会,不少人了解了学习的重要性,知道知识能够改变命运,因而重视学习,积极参加各种培训或选择走自学成才的道路。然而,在大量求知者中能一直坚持且拥有真才实学的人并不是很多,不少人都半途而废。

哲人柏拉图说得好:“耐心是智慧的基石。”这是他自己的心得与体验,也是至理名言。

荀子说得好:“锲而舍之,朽木不折;锲而不舍,金石可镂。”雕刻东西时,若你半途而废,那么即使材料是朽木,也难雕刻成功;相反,只要你坚持不懈地雕刻,那么即使材料是金属和石头,你也能雕刻成功。因为锲而不舍,坚持到底,必定成功。

一点通

无论如何,只要你放弃坚持,或者坚持不到底,即使你再有兴趣,甚至很有天分,也难以成功。

贫困是把锤子,把你锤炼成“玉”

有的人总是埋怨自己的家庭不富裕,因而没能受到良好的教育,也没有获得很好的发展机会。其实,这是不正确的。无数事实证明,你在富裕的家庭当然能得到更多便利,然而却不能保证你绝对会成功。相反,你贫穷,你困苦,反而能振奋你的精神,激励你的斗志,因为贫困会迫使你改变。贫穷与困难就如同凿子与锤子,只有经过它们的雕琢与锤炼,你的人生才会更加美妙。因此,孟子讲得非常好:“天将降大任于斯人也,必先苦其心志,劳其筋骨,饿其体肤,空乏其身,行拂乱其所为,所以动心忍性,增益其所不能。”

西班牙作家塞万提斯是在马德里的监狱中完成《堂吉诃德》这本巨著的。当时,他穷困潦倒,连稿纸都无钱购买。有人知道后,建议一位富翁资助他。这个富翁的眼光很好,但拒绝资助他。富翁对劝他的人说:“上帝不让我资助他,唯有他的贫困,才能使他成功。”是的,如果条件迅速被改变,那么情况就难定了。

美国有很多移民,他们并没有很高的学历,也不精通英语,而且没有富裕的家庭作为依靠。然而,正是这样一些人,靠自己的努力奋斗,最终改变了艰难的处境,不仅拥有了较多的资产,而且拥有了很高的地位,远远超过了当地富人家的子弟。可见,贫穷并不可怕,可怕的是不振作,不奋斗。唯有贫穷,才会渴望摆脱贫穷的现状。

据说,世界球王贝利喜得儿子时,亲友们都前去道贺。有位记者指着孩子夸奖道:“看他长得多壮实,将来一定会像你一样成为体育明星!”贝利不加犹豫地说道:“他有可能成为一个优秀的运动员,然而肯定不会像我这样成功。因为他现在就很富有,缺乏先天的竞争意识,而我小的时候却十分贫穷,不得不靠自己去奋斗。”

贝利说的是实话,他看到了儿子与自己的差异,虽然儿子的条件比自己之前贫穷的生活好得多,但无疑会影响他的发展。

中国有句古诗说:“自古雄才多磨难,从来纨绔少伟男。”说的就是这个道理,大家见到的很多成功人士其实都是从贫穷中走出来的。

一点通

不要抱怨自己的家庭贫困、自己的条件不如人。勇敢的人必须勇于面对坎坷,只有敢于奋起努力,将贫困当成激励自己的一笔财富,才能在改变贫困的奋斗中成就自己。

要懂得时常提醒自己

俗话说“当局者迷,旁观者清”,许多事的确如此。因此,我们在做出决策时要注意听取别人的意见,同时也必须时刻提醒自己,防止犯下平日经常提醒别人而自己恰恰没有避免的错误。

有这样一个故事:

某地的马路边有一段高墙,看上去已经变形,感觉马上就要倒塌了。一位老大妈好心地提醒路过的人:“那堵墙要倒了,小心些,离它远点!”

有些人很感激,离墙远远地走;也有的人不相信墙会倒塌,仍然沿着墙根走。老大妈心里有些生气,心想:难道我会骗你们么!但她仍旧像往常一样提醒来往的人。

但是,这堵墙过了好几天也没有塌。老大妈很奇怪,就走到墙边去看个究竟。就在她仔细察看时,墙却突然倒塌了,老大妈被砸死了。

本来很清楚墙不安全,也不断地提醒别人,然而轮到自己时,却忘记了安全,真是太不幸了!

其实,很多事都是这样的。我们看到有老股民谈论股经时似乎无所不知,在提醒他人时也总是说该出手时就出手,该抛就得抛,不能犹豫。但当他们真正投资股市,明明该抛时,却又舍不得,还在等着它继续上涨,最后,股票没涨反被套了进去。这不也是当局者迷么!

有的人在企业发展上很有一套理论,在一些论坛上高谈阔论,说企业正在红火之时,商品营销正在旺盛之时,必须冷静地分析行情,看这种形势是短期的还是可以持续的,然后再决定是否扩大经营。他们提醒别人时有根有据,很有道理。然而,当他们生意红火时,就再也冷静不下来了,甚至忘了要对市场进行分析和调查。于是,不断地扩展,开连锁店,没有资金就贷款,结果战线铺得太长,资金和管理一时都跟不上,形势急转直下甚至最终破产了。

可见,提醒自己比提醒他人要难许多。要想成就一番事业,就必须客观地看待自己,时时提醒自己,特别是在形势很好、自己非常得意之时,更要小心。原因是此时的雄心壮志多于冷静分析,很难听取别人的意见,因而很容易头脑发热,干出傻事来。

一点通

我们在做出决策时要注意听取别人的意见,同时也必须时刻提醒自己,防止犯下平日经常提醒别人而自己恰恰没有避免的错误。

只要愿意拼搏,就能获取成功

平时,人们一谈到成功,就会认为那是高学历者的事情。事实上,这种观点很不全面。学历高,知识丰富,有专门的技能,成功的机会自然要多一些,但成功并不是一定在这种情况下才会取得的。

一位来自云南某县的农民,刚30出头就成了一位成功者。1995年他从职业高中毕业后,成了一家蔬菜公司的送菜员,一年后,他被调到蔬菜大棚种植蔬菜。他喜欢研究种植技术,并经常求教于他人,因而有了一定的种植经验。然而,在激烈的竞争中,他所在的公司倒闭了。2001年初,他下了岗,无可奈何地回到了家乡。

但是,他并没有因为失业而消沉。他想起当年曾为一些西餐厅送过生菜,如今公司倒闭了,他们从哪里进货呢?如果我在农村也种植这种生菜,那么这种天然的种植一定比大棚种植更好。

他深知种菜也会有风险,但是,他决定冒险一试。经过考虑,他认为个人力量太薄弱,难以形成种植规模,因此鼓动亲朋好友都来种植。当人们向他咨询时,他又来了灵感:如果组织农民种植,自己负责收购营销,再到市场上挣个差价,那么这个机会一定会非常好!这么一想,他就找到从前认识的一位菜贩,并与他合作。菜贩听了,很赞同他的观点。他们筹集了3万元,成立了一家蔬菜公司,并与一些农户签了合同,建立了50亩生产基地,菜贩和他分别负责市场营销和种植技术。然而,美梦没能成真。头一回进入市场他们就惨败而归,由于当时的生菜供过于求,所以价格很低,他们的3万元几乎赔光了。

让人欣慰的是,他们没有泄气。他们总结教训,思考对策,觉得不能再在市场上瞎碰,而应该开辟销售的固定渠道。于是,他们瞄准西餐厅,一家一家地推销。功夫不负有心人,一家美国公司开始重视他们,该公司负责向麦当劳供应原料。广州公司的总部在派人考察之后与他们签订了合同,月供货量为20吨。还不到两年的时间,他们的种植面积就扩大到了700亩,月供货提高到150吨,年收入突破了50万元。为了扩大销路,他们还主动与其他跨国公司联系,向肯德基供应生菜。

这两个人的学历和条件并不好,但他们却有一股难得的闯劲。他们成功的经历告诉我们:除了要懂得寻找商机,还要有“人无我有,人有我优”的经营理念,更要有遇挫不折、脚踏实地、埋头苦干的作风。如果你具有这样的胆识与决心,那成功就近在咫尺了。

一点通

成功之门总是为有决心、有准备的人敞开，只要你愿意拼搏，就会获得成功。

成功需要更多的汗水浇灌

每个人的梦想都很美好，每个人都想获得成功，但结果总是不尽如人意，有的人成功了，有的人却失败了，有的人只实现了部分目标。其原因因人而异，其中一个较普遍的原因就是下的工夫不够，有些人往往是浅尝辄止。

众所周知，在有地下水之处，只要打井就会有水。但是，地势不同，打井的深度也不一样。有的水层浅，不到10米就有水；有的水层深，挖到17米深也没有水。如果你只是浅挖，没有见到水，就认为没地下水，不再往下深挖，那自然就错了。

在科研上常有这种情况，一次次的失败，事实上正在开导你朝目标前进，如果你这时认为根本没有成功的可能而贸然放弃，那么常常会失败。如果准备得更足一些，下的工夫更深一些，那就很可能会成功。

19世纪德国有位著名画家叫门采尔，他勤奋刻苦。一生中，他从不间断地作画，画了上千张素描，上万张速写，而且创作时极其认真，有的作品从构思到完成，居然花了几年时间。正因为这样，他在画坛上很有威望，作品一上市就会售完。

当时有个青年画家，画得很快，并以此向人夸耀，但他的作品鲜有人问津。为此，他很苦恼。

一日，青年画家专门去拜访门采尔，向他请教销售画作的诀窍。青年画家抱怨说："先生，我一天能画一幅画。可卖起来就难了，有时一幅画要用一年的时间才能卖出去。"

门采尔听完就笑了，他对年轻人说："小伙子，你可以反过来尝试一下：用一年的时间好好地画一张画，那么你一天就能卖掉它。"

创作是这样，让梦想变成现实也是如此，它应该是一个艰苦努力的过程。只有工夫深，你才能创作出精品，才能开拓出不一般的局面。众所周知的"铁杵磨成针"的故事，说的也是要多下工夫的道理。对于成功不能操之过急，功到自然成。没有一定的积累和功夫，往往很难成功。

当然，每个人都必须自信，但这绝不是盲目的，而要建立在刻苦努力的基础上。

一点通

我们不仅要相信"我能行"，而且要相信当我和别人付出的一样努力时，我肯定行！当我付出比别人更多的努力之后，我肯定更行！

不断磨砺能助你走向成功

每个人都是有潜力的，只是由于种种原因而没有得到很好的开发。如果这种潜能被激发出来，就会产生新局面。

这样的事不少见。有的人原先家庭环境较好，总是依赖父母，但是突然的变故使他的家境改变了，依赖的条件没有了，他就会立即变得成熟起来。他的自立程度明显提高，能力也很快明显地表现出来，这就是环境的关系。不过，也有些与心态有关。

有一位青年，20世纪80年代大学毕业后被分到了山区的一所中学教课。他觉得很委屈，想到那些同窗远远比不上自己，却留在了大城市，心里更加不平衡，因而工作的积极性不高，每天只是上课下课，其余时间看小说。他本是一个很有潜力的教师，工作却没有劲头，认识的人都为他感到可惜。一次偶然的机会，不知他读到了一篇什么文章，认识发生了很大的了变化，他从此振作起来，开始认真教学，并很快成为当地非常优秀的老师。不仅如此，他还在业余时间学习，读书、写作、记诵诗词等，日久天长，不仅教学好，而且常常发表文章，很快就成了那个县的名人。几年后，他有机会调到了大城市，并成为名校的特级教师。同是一个人，能力一旦发挥，真是大不一样。

还有一件引人思考的事。

有位美国青年曾到一家杂志社实习，遇到了一位很严格的老编辑。他规定这个实习生每天都要交一篇稿子给他。哪天没有，他就敲着桌子问道："今天的文章呢？"而且还总是对他说："如果你对某个字没有把握，就去查字典！"虽然他对年轻人没有具体的指导，但是，在这个要求之下，在较长的工作过程中，年轻人的文章写得越来越好，后来，竟然参与了美国《独立宣言》的起草工作。

这个年轻人就是美国著名的科学家和政治家富兰克林。严格要求他的那位老编辑叫弗恩，学问并不高。弗恩去世后，富兰克林在整理他的遗稿时，无意中读到了这样一段话："我并不像你想象的那样，其实我不懂写作，几乎每个单词都得查字典，一篇稿件要看几十遍。但是，我给自己创造了一个权威的形象。你让我教你，我在尽量做，事实上，大部分时间是你自己在打磨自己。"富兰克林感到不可思议，但当他读完弗恩的一些手稿后，他相信了这都是实话，因为那些手稿的水平确实不高。

此时，富兰克林才知道，原来老编辑只是开发了自己还意识不到的潜能而已，自己的写作才能正是在这样的严格要求下，才被磨砺出来。

可以想象，如果没有弗恩的严格要求，富兰克林就不会那么自觉地锻炼自己，他的潜能也很难这样早地被开发出来，写作能力也不会突飞猛进。

一点通 人人都有潜能，这就好像要磨砺的一把刀，而把握刀柄的磨刀人正是自己。要有自信心，还要不断地磨砺自己，不停地给自己淬火，不停地锤炼自己，这样你的才华才会闪光，你才可能走向成功。

第二章　坚定的信念，让你一往无前

坚定的信念可助你一往无前

人们之所以无法认清信念的力量，其中一个原因就是很少有人去使用。

请先看一下你对自己、对世界、对他人的那些否定的信念背后，是不是"常常有些东西"让你失去了唾手可得的成功？抑或让你认为自己"不配"获得成功？或使你相信自己不如别人，认为每个人都对你怀有敌意或不友善。

你是否在安全的情况下，也会无缘无故地感到紧张？这或许是因为你相信：你存在的这个世界是个敌对、不友善及危险的地方，或许你认为你"应该受到惩罚"。你是否希望做某事，希望表达某事，但却畏缩地觉得"我没法做"。这就要问问自己"为什么"：

我不相信自己能做的原因是什么。

再问问自己："这种想法是因为事实、假设，还是错误的判断。"

再问问自己：

"这个信念是否有合理的理由；

"我有这个信念，是否错了；

"其他人在这种情况下是否也有这样的结论；

"假如没有理由相信它，那我坚持这么做的原因是什么，是否继续如此感觉。"

不要轻易放过这些问题，好好地思考一番，努力地想一想，对它们要经过情绪的反应。你是否知道被自己欺骗了，廉价地出卖了自己，不是为了一个"实情"，而是为了一个愚蠢的信念？倘若如此，你就一定要重视它，甚至愤怒的情绪；轻蔑之心与愤怒的情绪有时可以解除错误观念的束缚。

一点通

记住，信念是行为与感觉的起源。为了拔除那个造成你行为与感觉的信念，一定要问自己原因。

欲望的力量能使人更接近目标

想达到改变信念和行为的效果，必须伴随着深切的感觉与强烈的欲望。

在心里构想一幅自己的图画或想拥有某事物的图画，可以暂且设想获得这些东西，而且要热烈地燃起要得到这些东西的强烈欲望，并在心中专注地想着。

分析后，你会发现：这个方法的某些过程是你过去常常使用的——忧虑！唯一不同的是否定的目标被你变成了积极的目标。忧虑时，你首先会在心里生动地想象着一幅你不希望得到的未来的结果或目标。你不必费心，也不必用意志力，只要专注地思考结果，你不停地想，全神地想，想着它是"可能的事"，认为它"可能发生"。

这样不断地重复，并联想着"可能的事"，结果就会变得越来越接近实际。一段时间后，你就会自动产生相应的情绪，害怕、焦虑、沮丧等，这都适用于你不希望发生的结果。接着，再改变"目标图像"，你就可轻易地产生"良好的情绪"，你不断地想，专注于希望的结果，使可能性变得愈来愈大，最后，就会自然而然产生对应的情绪：热烈、愉悦、鼓舞、快乐等。要形成"好的"情绪习惯，去除"坏的"情绪习惯，就要在内心勾画出美好的目标图像，培养积极乐观的心态。

一点通

你目前否定的信念是由思想与感情融合而成的，只要你情绪强烈、感觉深切，你的新思想与新观念就能把那些否定的信念驱逐出境。

凡事只有试试才知道

分析思维，接受真实的事情，反对虚假的事，这些都是推理的、意识的思考工作，信念在此将起到决定作用。不少人因朋友的一句话而变得消沉："你今天早上气色不太好！"他们一发现有人排斥自己、冷落自己，就盲目地"吞下"这个"事实"，认为自己没有能力。

形成正确、合逻辑的结论，是靠意识思考的。"以前我失败过一次，所以，将来很可能会再次失败。"这不合逻辑。以前没试过就认为"我不会做"，也是不合理的。一个人被问到是否会做某件事时，说不知道。当你问"你为什么不知道？"他说"因为我还没试过。"

一点通 我们大部分人每天都受到否定的暗示的驱使。如果我们利用意识的心智想一想这事，就不会不假思索地接受。“不一定如此”，是一句很好的座右铭。

一次只做一件事

产生紧张、匆忙、焦虑等情绪的一个重要原因，是自己同时想做很多事情的荒谬习惯。学生一面看电视一面做功课；事业家不将注意力集中在自己正在口述的信上，却思考着今天需要做完的事情，心里又希望能够将其同时解决。人们在不知不觉中养成了这个陋习，当事人却总是感觉不出来。我们想着眼前的很多工作而感到忧愁、焦虑不安，不安情绪的产生并非由于工作，乃是由于心里的想法——“我必须同时完成这些事情”而产生的。我们紧张的原因是我们想完成不可能完成的事，这样就无可避免地会招来徒劳与挫折。

查尔斯说：“任何一种学习的成效都必须有专一的心志，这是唯一有效并经得起考验的方法。”狄更斯说：“我确凿无疑地告诉你，我自己构造的小说或进行的想象，全部源于我的工作习惯——即使对非常普通甚至最不起眼的事情也要专注思考，而且一天都不间断，写成稿子后再一遍遍地耐心修改，反复斟酌推敲。”又有一次，人们问狄更斯到底是怎样取得成功的，他说：“对于那些应该全力以赴的事情，我一直很小心。”

英国作家查尔斯·金斯利说，“实际上，这是所有勤劳者的秘诀；当然，他们中的绝大多数都没有把这种精神带到娱乐活动中去。”

实际上，我们一次只能做一件事情。了解了这一点，就能彻底地相信这个浅显的道理，我们的心里就不会再三心二意。相反地，我们把知觉与反应全部集中于正在进行的事情上。以这种态度办事，我们会感到轻松，不会再感到匆忙、焦虑，而且能集中全部注意力进行专心的思考。

一点通 “我朝着自己确定的目标前进，并且义无反顾，好像这个世界再没有其他好东西一样。”

学会发现自己

倘若你梦想成为某一种人，也“看到自己”扮演那个角色，你内心中的潜意识就会助你达到最佳的“自己”。这是一种改变个性的必要方式。无论如何，一个要改变的人，一定要在心里先“看到”他希望成为的那个新“人”。国外有人利用这个方法帮助嗜酒的人成为一个新的自己。每天，实验人员让“学生”闭上眼睛，尽量使全身的肌肉得到放松，想着他们希望成为什么样的人。在此画面上，他们看到的自己是清醒而负责的人，他们看到自己不需喝酒并能够真正地享受人生。要获得技能、成功和幸福，必须跨越心理上的障碍。利用心理的图像可使我们“培养”优点与态度，除此以外，其他任何方法都行不通。

假如我们在心底想象着我们正在使用某种方式做事情，这近乎真正地做某种事，因为心理的练习可以帮助我们逐步完善做事的技巧。

一点通 我们的优点与态度，只能用心理图像培养和塑造，因为神经系统无法分辨出实际的体验与生动想象的体验之间的区别。

学会内心练习

在内心深处，定格着一张自己的画像，然后，向前移动并与之吻合。替自己画一幅失败的画像，这足以导致你的失败；替自己生动地画一幅获胜的画像，就足以助你大步地迈向成功之路。你心目中的画像指引你的人生——你希望做什么事，成为什么人。

目前你内心图像的形成，大多源于过去的经验，并且对自己加以定义所画出来的想象图像。现在你可以用以前形成不合适的内心形象的同样方法，造一幅适合的内心形象。

很多人发现，倘若人们幻想着自己坐在文艺片的大银幕前面，正在欣赏着自己演出的文艺片，效果往往会更好。最重要的一点在于：尽量使影片生动细腻，尽量使影片与实际接近，只要你在想象的环境内，注意到细节、景观、声音与事物，就不难做到这点。有个对牙医深感恐惧的病人，就用这种方法克服缺点，起先，她并没有成功。后来，她开始注意到想象图片中的细节，诊所里的消毒水的味道，椅子把手上皮革的感觉，医生手靠近时取牙钻子的感觉等等，终于她不再恐惧牙医了。在此练习里，想象环境的细节显得非常重要，为了实现最终的目的，你必须制造实际的经验。如果你的想象够生动、够细腻，那么想象练习就与实际更接近。

此外还应记住的是，在半小时内，你看到自己的行动与反应必须是适合的、成功的与理想的。你不必为未来的梦想培养信心，神经系统会适时处理它——你只需要不断地练习。看到你自己正在行动，正在感觉，正在“变成”你希望成为的样子，不要对自己说：“明天我要这样做。”只要对自己说：“今天这 30 分钟，我要想象自己正在这么做。”倘若想象自己已经成为你想成为的人，你会有什么样的感觉。倘若你温柔腼腆，那么想象着你正在人群之中泰然自若地应付自如，并因此而感觉舒适；倘若某种场合使你恐惧不安，就想象着你正镇静地、随心所欲地自然行动，使得感觉因此而很豁达自信。

现在的练习是为了把新的“记忆”或储藏资料送进潜意识神经系统。经过一段时间的练习后，你会惊喜地发现自己的不同是如此容易。

这是必然的现象，你现在不必为行动而感到不舒服，或是为了行动无效而“使用思考”“尽力”或“心存意图”。因为你已将真正的和想象的记忆送入潜意识里，因此，现在不舒服的感受和行为是自发的，你会发现自己潜意识对积极的与消极的思想和经验都会自动进行操作。

一点通

每天花半个小时，不受他人干扰，尽量放松自己，尽量使自己舒适，然后闭上眼睛运用你的想象力。

学会构想新形象

失败型个性者，不能仅靠毅力或勉强的决心发展新的内心形象。他必须先要有根据与理由承认旧内心的错误，然后才能发展合适的新形象。你无法仅凭借想象创建新的内心形象，除非这种新的意象是基于“事实”的。经验告诉我们，当某人对内心形象进行改变时，他必须有某一理由说他“看到”或了解到了自身的情况。

爱默生说：“世人无所谓伟大或渺小。”

如果你是被指引着变得成功和幸福，那么，你往日那幅不敢奢望幸福与“注定”要失败的画像必定是错误的。

一点通

科学已证实了哲学家的一贯主张：所有人在不知不觉中都会由一个主宰者指引着“走向成功之路”，每个人的能力都比自己知道的更大，这才是“真正的自己”。

如何避免浪费自己的创造天赋

倘若你同时拥有天赋和干劲，自我创造原则将为你的天赋提供一个最佳的机会。开放、敏锐的思想加上勇气和热忱，将组成最适合创造的环境。倘若你希望一直拥有这些品质，这个原则将告诉你应该避免哪些行为，追求哪些行为，应当坚持把哪些创造行为进行到底。以下是一些指引你的方法：

1. 尽量不做过于重视名利的事

一个专业的作家，他的书卖得很好，可是他总是很快就把赚来的钱花光，然后觉得自己"亏欠"了原稿，稿子不再是他的。

你不一定要做个专家，这样反而会给自己很大的压力。你可能想宣告世界，你正在进行一项美妙的计划，而且史无前例地好到极点。你的朋友都很关心你，想了解计划的进度。最后，他们看到结果的时候，也许会惊讶于你用如此长时间做它的原因。

确信你仅仅为了自己创作，而不是要向别人兜售。应该记住这个原则：你愈在乎别人对你的意见，就愈重视这些意见。倘若你太在意他人的意见，譬如想做个炫人耳目的艺术家，以补偿其他方面的失败，你就会感觉自己处于高压之下，根本不能工作。相反地，如果你愈不在乎别人的称赞，你反而会更自由、更自信。

2. 踏踏实实地制作一个日程表，按部就班地完成

如果你计划一个星期工作六天，结果只工作了两天，那么，你将很难继续遵守这个计划。这是一件很危险的事情，每一次你不能按进度实施，都会觉得自己愈来愈无法胜任，尤其是在工作进行得不顺利的时候，你更想放弃这个艰难的计划。

为自己订一套合理的规章，一套你可以遵守的工作进度，可能你不愿意规定死自己在什么时候做什么事情，你喜欢在灵感到来时开始工作。可是万一你正好没有灵感，整个礼拜都没兴致工作，又该怎么办呢？也许你对自己的创造力丧失了自信。

至少开始的时候，你能安排一段单独的时间给自己，测验自己的专长。按照进度将使你做更多的工作——倘若你希望与众不同；如果你给自己安排的进度并不过分，可是你仍旧抗拒它——比如找各种理由减慢工作进度，那么就得研究一下自己的动机了。进度的设定将迫使你问自己：我是否真心想干这件事？即使进行得不太顺利，我也要按部就班地做吗？如果答案是"否"，很好，你根本不必觉得自己像个懒虫，原因是你根本不愿当艺术家。但如果答案是"是"，并且你真心希望成为艺术家，就会发现进度可以帮助你度过创造的静止期。

3. 继续尝试，特别是当遇到批评和伤害后

柏拉图说："坚持是成功的唯一秘诀。"

不要把任何失败转变成创伤。如果你继续保持创作，就一定要重建自信，并深信创作是生活中重要的一部分。即使做得不好，也比什么事都不去尝试好。

"所有人都应该为实现自己目标而拼搏。"如果你不继续为一个目标奋斗，你不仅会失去信心，还会逐渐忘却自己的目标。倘若你放弃写作，就会开始怀疑自己为什么想当诗人，而且当初又为何会有自己也许能成为诗人这种念头。

要小心另一种尝试放弃的方式。比如说每当你写不出诗时，就可能会改做其他创造性的工作，比如摄影、制作模型（至少你认为这是具有建设性的事情）。本来有两个计划很不错，但千万不要拿困难做借口，而改作另一个计划。不然你不仅会失去信心，而且可能会失去胜任这项工作的能力。

4. 尽可能完成你的计划

哪怕你认为事情进展不顺利，但当你完成某件事情以后，你就会增强这样的想法：认为自己很看重本身的工作，自己是个有始有终的人。不完成所有的工作，你会觉得自己像个没有志气的懒虫。以后，如果你不敢肯定是否能把工作完成，你就难以再做另一件事。

这一点很重要。因为创造性的工作可以只花几个小时，也可能花许多年工夫。但不管花多少时间，你都得面临这个问题：是完成还是放弃呢？你最好从开始就搞清楚，自己是不是真的想完成它，要不然你何必花这些心力呢？

倘若你想从专业人员变成专家，那么就不能只是把计划完成，你必须把作品展示出来，接受别人的批评。不要把你的小说只给一家出版社看，倘若不被这一家接受，就可能全盘放弃。你必须再接再厉，给很多家出版社看，给作品提供更多的机会。你为了完成这件作品已经费了那么大的苦心，而且牺牲这么大，如果现在放弃它，那势必会破坏你对自己的作品许下的诺言。

5. 在批评自己作品的时候，心情亦随之改变

如果你批评自己的作品，那你的心情也会受到影响。倘若你总是非常挑剔，并不断修改自己的作品，到最后，你可能会觉得自己的作品没有任何优点。你愈去修补它的缺点，你就愈难容忍这些缺点。

马上测验一下自己的心情。如果你觉得上个月做的每件事情都显得非常可怕，那你就可能已经养成了吹毛求疵的习惯。应及时停止这种行为，去欣赏其他艺术家的作品。通常，如果你已经习惯了贬低自己的作品，你就会发现连自己最得意的作品也不喜欢了，这就说明你的评判并不准确。

批评常常让人感到不高兴，使你在创作的时候一直带着批判的眼光，无法尽情地联想、发挥创造力。试着在创作过程中不要停下来修改自己的作品，等全部完成以后再修改不迟，或者等告一大的段落以后再来批评，同时把批评这件事当做其他独立的计划。任何活动，包括创作和修改，全部都要有独特的眼光和见解。你愈创造，就愈富创造力；愈批评，就愈善于批评。如果你把这两件事情分开，那么当你把创作作为真正的目标时，就不会使严厉的批评态度趁势得逞。你在修改自己作品的时候，一定要对自己说这么做完全是出于爱心。你只是想把这件作品改得更好，所以，你才琢磨它，以发扬优点，改进不足。要知道你之所以这样做，是因为你认为除去它的缺点是值得的，并不是因为它不好。

哪怕你并不热爱这项工作，也不要太快放弃它，否则就连了解它的机会都没有。如果你讨厌这个工作，那就想想它为什么会让你失望？倘若你仅仅希望把这件事遗忘，使过去化为乌有，反而会觉得自己很无能。此外，你到目前为止完成的工作，并不能代表你的能力。

一点通

正如朗费罗所说："成功之道无他，唯悉力从事你的工作，而不存沽名钓誉之心。"

要学会善用成功

当你苦尽甘来的时候，想想你的感觉和行动与往日有何不同。也许你从开始的时候就认真着手一件困难的事情，而不是只想达到某个水准；你原本可能想抄近路，后来却决定不那样做；或者原本计划周末到海滩休假，可后来还是继续工作。找出你下次能够重复的行为，以增强你对创造性工作的良好态度。

同时，切忌夸大自己的成功，否则你将产生一种恐惧，从而担心自己再也无法达到这种水平。也许你不眠不休地画了几个月，但没有一张满意的，只好重新画。终于，你画出了自己真正想要表达的意境，这实在太美妙了！你把这幅画挂在客厅里给其他人欣赏，还给它拍了不少快照，到哪里都带着这些照片。有时候，你甚至会对别人说你只有这么一件作品。

如果你把任何成就都视为奇迹，那么，对你，它们就是奇迹。可是，不是每天都会有奇迹。真正使你成功的，是你工作的态度和习惯，而不是奇迹。因此，要认真寻找获得成功的必要条件，并且继续保持。

一点通　你享受自己的成就无可厚非，但千万不要过分强调这份成就，也不要隐瞒你的失败。

第三章　心灵与逆境共处

学会接受生命的挑战

1. 不逃避：看见勇气与希望

美国著名作家、精神科医师斯科特·贝克说过："人生由很多难题组成，生命的真谛就在面对与解决这些问题中积累。"面对问题，并寻求解决之道，这个过程很痛苦，但同时也是成长的过程。

心智成长的这种过程，与人体免疫系统有些类似。免疫系统是强有力的机体保护系统，但它恰恰是伴随着不断地抵抗外界侵蚀而成长起来的。

因此，如果把一个健康的孩子置于无菌环境中，将对孩子产生极大的伤害。同样，促使心灵健全发展的唯一方法，就是使人生逆境的价值得到认可，并勇于承担起伴随而来的痛苦。

就像没有一个人的免疫系统可以强健到无所畏惧一样，差不多每个人在遇到困难时，都多多少少有一些逃避的倾向。开始时，这种逃避并非一点好处也没有，这是人们对自己的一种警示：这里有一个比较严重的问题需要全力面对。

勇于面对，并且在面对的过程中反省、学习、调整、改变和领悟，借助这些心灵的运作，心智会得到丰富与发展。但是，面对这个过程一点也不容易。

事实上，在这个过程中，逃避的欲望会时时抬头，痛苦和沮丧也会使人身心俱疲，这几乎就是一个人内心世界的战场，弥漫着种种消极情绪的硝烟。所有人都被许许多多的困扰束缚过，从这个意义上说，每个人都需要提高逆商，而提高逆商的过程就是学习和成长的过程。

2. 承受：生命的支撑点

我们要有接受问题和困难的心理准备，认识到逆境并非是无法跨越的鸿沟。其实，每一个困难都是一次挑战，每一次挑战都相当于一次机会，战胜困难就等于抓住了机会。

懂得面对和承受，生命将有独立的支撑。

日本的柔道大师教学生常用的一句话是："要像杨柳一样柔顺，也要同橡树一般坚挺。"人需要在不可避免的暴风雨中弯下身子，否则会因抗拒而被摧残。学会承受，你就能以一种宛如行云流水般的淡泊胸怀尽享已有，你会发现生活变得既真实又有质感；学会承受，你会发现一年365天，每天的太阳都是新的。

一个人如果善于并能够承受，那么他人生的步履就会显得沉稳而又不失雄健，他的人生也会因此变得丰富和厚重。承受了阳光，就会拥有鲜花和硕果；承受了风雨雷电，就会见到雨后那美丽的彩虹；承受了冲刺的艰辛，就会拥有创造生命的欢欣和感悟。

当失败和不幸降临时，请记住奥斯特洛夫斯基的这句话："人的生命似洪水奔流，不遇到岛屿和暗礁，就难以激起美丽的浪花。"既然每个人都希望获得成功，那么就要去坦然承受。

莎拉·班哈特是一名最受法国人喜欢的女演员，她是四大州剧院里独一无二的"皇后"。一次，莎拉在横渡大西洋的时候碰到暴风雨，不小心摔倒在甲板上，左腿严重受伤，反倒染上了静脉炎、腿痉挛。经过长时间的治疗，病情不仅没有起色，而且愈来愈重，医生建议她把左腿锯掉。

莎拉沉默了许久,然后,平静地说:“倘若不得不这样,那就锯掉吧!我只能接受命运的安排。”

手术后的莎拉恢复得很快,她虽然少了一条腿,但依然活跃在舞台上,并得到了观众的认可。

承受是一种勇气,是一种坦然的接纳和始终不渝的生命理念,所有的承受都会让生命变得深刻、隽永和深邃。

人生就是如此,当你艰难地正视问题时,当你决定去承受时,你将惊讶地发现,那些问题正在不断地缩小,渐渐地对你不会有丝毫伤害。你越勇敢,你越是进入,问题就越小,你将发现两者的关系竟然如此微妙!

勇敢地面对你的问题,当你以坚毅的态度去承受问题时,你会从内心迸发出力量,智能和灵感也将随之而至!因此,去承受你面临的逆境吧!这代表人的高智商。

逆风使风筝高飞,在命运的挑战下,在迈向成功的旅程中,要忍受一切艰难险阻,正视你所遇到的一切逆境,然后,接受它,这样才有勇气去挑战逆境。接受了逆境,你或许必须与周遭的狂风搏斗,却不会有被吹垮的顾虑。

也许有一天,你将会对这些生命中存在过的逆境充满感恩之情,由于艰辛的历程,你反而学会并找到了更好的出路,创造了更大的生机,而且获得了更大的成功。

3. 不要为打翻的牛奶而哭泣

瑜伽信徒柏拉说:“当你走到一个三岔路口时,就要选一条往前走。”

听到这句话时,人们会觉得这很搞笑,然而它并不错。在人生前行的途中,你随时都有可能遇到三岔路口。这时,你可以随便挑一条往前走,将走过的路抛在身后。无论前面有什么等着你,请你注意,你永远都不可能挑来时的那条路。

同样的道理,即使是刚刚所发生的事情,我们也无法回头改变它。高逆商者与低逆商者的区别在于:前者知道虽然自己无法改变过去的经历,但他们却可以想办法改变刚刚发生的事情所产生的影响。他们对待过错的一般方式是分析过去,并从过去的错误中得到教训,然后,再把错误忘掉。而后者在错误面前总是自怨自艾,他们从不重视已发生的错误,根本不去总结错误中的经验和教训,所以,当遇到相同的事件时,他们还会一错再错。

一个学生经常为自己犯过的错误自怨自艾,总是回忆那些做过的错事,希望自己当初没有这样做。

有一天早上,全班同学来到科学实验室。老师将一瓶牛奶置于桌边,大家都望着那瓶牛奶,不知道它跟这节课有什么关系。

突然,老师猛地起身,一掌把那瓶牛奶打翻在水槽里。同学们唏嘘不已,很多人甚至情不自禁地走上前去,想把牛奶重新灌进瓶子里。

老师大声叫道:“不要管它,不要为打翻的牛奶掉眼泪。”

老师接着说:“你们看,这瓶牛奶已经没有了,不管你们多么心急,也没有办法救回一滴。但只要先加以预防,牛奶就可以保住。然而现在实在太晚了,我们现在所能做到的就是把它忘掉,并将精力集中到下一件事情上。”

“不要为打翻的牛奶而哭泣”,虽然这是一句很平常的话,甚至被很多人认为是老生常谈,但是,对于常常出现失误的人生来说,这实在是金玉良言。

我们做错的一些事情,即使动用所有的人力,动用再多钱也无法挽回。错误的结果就摆在这里,很多人面对这种逆境场面时,总是认为遇到巨大的灾难,其实这是将逆境的结果人为地扩大化,而它同样于事无补。你只有在这瓶牛奶打翻后才会多加留心,并尽力把后果控制在一定范围内,再专注于解决问题,从而不让另一瓶牛奶被打翻。

因此,完全没有必要浪费你的眼泪。犯下过错和疏忽也许都是我们的不对,逆境也许都是我们自己造成的，但那又如何，孰能无过？就连拿破仑在他所有重要的战役中也输过三分之一，而我们的平均记录并不会超过拿破仑。

哪怕是全力以赴，也不可能挽回。

1954 年，几乎所有巴西人都认为，巴西足球队一定能成为那届世界杯比赛的冠军。

但世事难料，足球的魅力正在于其难以预测。在半决赛时，巴西队意外地输给了法国队，结果，他们没能为巴西赢得金灿灿的奖杯。

那时，球员比其他人更清楚，足球是巴西的国魂，还有什么比输了这场比赛更让他们觉得耻辱呢？面临这样大的困境，他们自责、懊悔、惶惑，感到无脸面对国人。他们料想，迎接他们的必定是球迷们的辱骂、嘲笑、汽水瓶和臭鸡蛋。

当飞机到达巴西后，球员们更加心神不宁，如坐针毡。可是，当飞机降落在首都机场的时候，映入他们眼帘的却是另一副完全跟想象不同的画面：巴西总统和两万多名球迷默默地站在机场，人群里的一条横幅格外醒目："这已经是过去！"

球员们顿时泪流满面，决定重新抬起低垂的头！

4 年后，巴西足球队众望所归，赢得了当届的世界杯冠军。回国时，巴西足球队的专机一进入国境，就有 16 架战斗机为之护航。当飞机降落在道加勒机场时，3 万人聚集在机场上欢迎他们。从机场到首都广场将近 20 公里的道路两旁，有 100 多万人自发聚集在那里。这是多么宏大、激动人心的场面！

这时，4 年前的那条横幅再次出现在人群中："这已经是过去！"看到横幅，球员们慢慢地把高高扬起的头低了下来。

接受、正视和面对，然后，将其遗忘，是获得成功和快乐最需要懂得的。失恋带来的痛楚、矛盾留下的仇恨、成功背后的人生负荷、分歧带来的争吵、距离带来的误会、名利过后随之而来的贪求和挫折、失败带来的恐惧和惶惑，所有这些，就算境遇再糟糕，都已经成为破碎的过去。过去已经完结，再回头看已毫无意义。记住，忘记过去，并承受逆境带来的结果，然后，充满信心，努力奋进，迎接明天的灿烂与辉煌。

一点通

过去的就让它过去吧！再大的逆境，只要勇敢、乐观地面对，就能为成功打下基础。不要为已经发生的灾难而悲伤，这是一个人能否达到最终胜利的决定因素，同时，这也是高逆商者在人生路上必须正视的。

要学会控制不良情绪

苏格兰科学家花了差不多 20 年时间，对 500 个不同职业、收入、年龄、性别及性格的人进行追踪研究，得出了一份调查报告：被调查者每天除了平均 8 小时情绪不好也不坏的睡眠时间外，余下的 16 小时中，争吵和愤怒各占半小时，悲哀和痛苦共占 45 分钟，除去这些不好的情绪，悲观、消极甚至厌世的低迷心情共占 15 分钟时间，孤寂、郁闷及空虚这些准恶劣情绪也将余下的 14 小时中的 2.5 小时瓜分去。

也许你会认为，剩下的 11.5 小时都是好心情，其实并非如此。调查显示，各个年龄段平均下来，人至少有两小时会在各种病痛的折磨中苦度时日，还剩两个小时在高速路上，或其他高度紧张的环境中度过。在每天的 4 个小时中，人的情绪不好也不坏，在余下的 3.5 小时里，你才可能拥有比较好的情绪。

由此发现，人一生中真正让自己心情舒畅、情绪很好的时间并不多。如果将人的寿命定在 80 岁，那么好情绪的时间不会超过 10 年。许多时候，我们拥有的都是不好的情绪。

心理学家认为，所有内心的抗拒都是各种形式的不好体验，而所有的消极心态都是抗拒。消极心态包括烦躁、没耐心、暴怒、压抑、怨恨、恐惧、痛苦、绝望等。有的时候，抗拒的心理会促使消极情绪的爆发，在这种情况下，哪怕情况很小，也会使你产生强烈的消极心态，比如，愤怒、抑郁、或深深的悲哀等。

事实证明，消极心态是不会有任何积极效果的。它不仅于事无补，而且是一种阻碍。它不会消除不利的逆境条件，而会让逆境继续存在。

布勃卡是举世闻名的奥运会撑竿跳冠军，有“撑竿跳沙皇”的美称。他曾35次创造撑竿跳世界纪录，其中两项，迄今仍无人打破。

一次，他接受由总统亲自授予的国家勋章。授奖时，很多记者问他：“你成功的秘诀是什么？”

布勃卡微笑着说：“很简单。我每次起跳前都会先消除消极杂念，让自己的心跳过标竿。”

原来，他作为一名撑竿跳选手，曾经有过一段日子，虽然不停地尝试刷新高度，但每次都是失败而返。当时他很苦恼丧气，痛苦和恐惧一直缠绕着他，他甚至怀疑自己是否能够在这个运动项目上坚持下去。

一天，他来到训练场，不禁摇头道：“我实在跳不过去。”

教练平静地问：“你现在是怎么想的？”

布勃卡如实回答：“只要踏上起跳线，看清那根高高的标竿，心里就害怕。”

突然，教练一声断喝：“布勃卡，你现在要做的就是闭上眼睛，消除一切杂念，让你的心从标竿上跳过去。”教练的厉声训斥，使布勃卡顿时惊醒，于是，他遵从教练的吩咐，重新撑杆。

这一次，他成功地跃身而过！

其实，所有的情绪都是一种心理状态，消极情绪也不例外。我们应像布勃卡一样，只有消除内心堆积的不良情绪，突破心障，才能超越自己。

事实证明，被自己的情绪摆布的人是无法成为一个成功者的。我们身边有很多低逆商者，他们总是被消极情绪所支配，委靡不振，消沉低落，一生都被束缚在自己圈定的逆境里，怎么也爬不出来。

负面情绪往往非常可怕。对于很多人来说，消极心态一旦被自己所认同，就不会再放弃它，同时还会无意识地抗拒一些积极的变化。因为他们在无意识中相信自己是一个抑郁、愤怒等不良情绪缠身的人，所以他们会忽视、拒绝甚至破坏自己生活中的积极方面。

消极心态是非自然的，是一种心理污染。地球上只有人类才有这种消极心态，其他的生物则没有。

你看到过不开心的花朵或有压力的橡树吗？你是否遇到过抑郁的海豚，有自尊方面问题的青蛙，无法放松的猫，或者满腔怒火的鸟儿？即使那些偶尔表现出这些消极心态或神经质行为的动物，也是因为它们与人类有着亲密的接触而受到了人类的影响。

你可以在安静的时候观察一下猫，甚至鸭子，它们或许能教会你一些重要的心灵课程。你将观察到它们是何等宁静，何等安逸，何等完美。

偶尔，两只鸭子会发生争斗，有时并没有任何原因，有时是因为一只鸭子闯入了另一只鸭子的领域。这种争斗通常只持续几秒钟，然后，这两只鸭子就会分开，游向不同的地方，并用力扇动几下它们的翅膀。接着，它们就仿佛从未有过争斗似的继续平和地在水上游弋。它们通过扇动翅膀来释放多余的能量，因此，这些能量就不会蓄积在它们的体内进而变成消极的东西。这是自然的聪明之处，它们之所以能这样做，是因为它们没有思维，不会记住那必要的过往。

但是，我们不是那些无思维的动物，我们必经面对和考虑逆境带给我们的消极情绪。我们是人，而且人总在改变一些事物。逆境中，最大的敌人是无法控制的消极情绪。卡耐基说过：“在我们生命中的每一天，所有人最初时都必须学会管理情绪。因此，我毫不犹豫地将情绪管理称为人生中的第一管理。”所以，逆商高的人都会控制和引导自己的消极情绪。

要控制消极情绪，必须在最开始时就承认它们。消极的情绪一旦发生，就是在告诉你，你的生活出了些问题，并且这可能会迫使你观察自己的生活并对其做一些改变。此时，你必须听你的情绪发出的声音，但在这时候，千万不要在心理上把它看成消极的东西。

当你觉得自己的内心产生消极心态时，不管什么时候，也不管是原因，你只是把它看成一种声音："注意，此时此地，请保持警惕！"哪怕只是微微感到烦躁也有其意义，也需要被承认和观察，不然它们便会累加，变成未受观察的反应，也就是说消极的情绪一经累积，其消极后果将更严重。

在释放消极情绪之前，必须先让理性检验它，缺乏理性的消极情绪显然更加可怕。怎样才能使情绪和理性之间达到平衡呢？自律与自制会使你的毅力成为理性和情绪的后盾，并对二者的表现强度进行强化。你的情绪和理智都需要主宰，如果没有自律和自制，理智和情绪便会随心所欲地进行争斗，最终受到严重伤害的肯定是你。

当消极情绪出现时，你可以打开"心理控制阀"，引导和宣泄这种不良情绪。方法有很多，如语言倾诉、找人交谈等。这样能够使心理压力得到有效释放，恢复心理平衡。

此外，产生消极情绪时，应当将其积极转移。当一个人不能实现目标或遭遇挫折时，可以通过另一种心理活动驱除心中的忧愁、痛苦和沮丧，这就是积极转移。

积极转移有目标转移、情景转移和环境转移。目标转移是指此路不通时就另觅他路。当经过千辛万苦，依然屡遭失败时，不要灰心丧气，不妨重新设定一个目标来替代原来的目标。

所谓情境转移，就是当消极情绪出现时，可以参加愉快的活动，或者把注意力转移到其他事情上，如听听音乐、打打球、看看电影等。你将发现，消极情绪很快就会消散。

环境对人的情绪也起着重要的影响和作用，环境中的光线、声音、气味、色彩等会使人产生截然不同的心境。当你受到挫折或心中充满不良情绪时，可以去亲近大自然，让自己的消极情绪消弭于无形。

日本学者池贝酉太郎指出，大多数情况下，人们会在无意识中把消极的情绪积滞于内心，又不知不觉地被这些消极能量蚕食着身心。为了防止这种情况的产生，最重要的是掌握升华的技巧，以便巧妙地将其转化为创造性的力量，从而使自己逃脱病态的折磨。

所以，当消极情绪产生时，要积极地进行引导和升华。如果你不能有效地控制和引导消极情绪，它就会像一匹脱缰的野马那样肆意狂奔，随意践踏你和他人的心灵。但如果你能驾驭它，并将其引向有利的一面，它就能日行千里，释放出很大的能量，你也将从长期困扰的逆境中解脱，阔步迈向成功的人生大道。

一点通

人心就像一个不停转动的轮子，由乐而悲，由悲而喜，由喜而忧。这就好比今天枯败的花儿蕴藏着明天新生的种子一样，现在的难过也预示着未来的欢乐。高逆商的人总是善于控制自己的情绪。

不要把光阴浪费在抱怨上

抱怨好像是件好事，能释放消极情绪，但是，抱怨没有丝毫好处。当一个人面临逆境不停地抱怨时，就会对生活继续感到悲哀、失望、焦虑和无助，而且会把坏情绪带到以后的生活中。

想想看，人们一般只会对他们能办到的事情抱怨和发牢骚，却从不抱怨自己不能办到的事。你听过别人抱怨地心引力吗？从来没有。你见过有哪位老人弯着腰走在街上，埋怨是地心引力把他变成这样的吗？显然没有。

因为地心引力确实存在，也没人能改变它，所以，人们只能接受这个已经存在的现实。我们知道对它抱怨和发牢骚不会有任何改变，因此就不去抱怨。事实上，由于地心引力的存在，我们可以好好地利用它，从而获利良多。比如，我们修建引水管，从山上引水下来，同时利用排水管把废水排走。

利用地心引力还能得到更多的乐趣，所有的运动都与地心引力有关。我们滑雪、跳伞、跳高、掷铁饼和标枪、打篮球、打棒球、打高尔夫球——全都离不开地心引力。

你所抱怨的环境,本来就是这样,而你能改变的是情况——可你偏不这么做。你能得到更好的工作,找到更佳的伴侣,有更多的钞票,有更好的住所,有更好的邻居,吃更健康的食物。但所有这一切,都要求你进行改变。但是,抱怨者会将这些一概忽视,不愿冒风险去创造它。

为什么你不能轻易做好这些事而只是一味地抱怨呢?原因是抱怨相当简单,而去做那些一直抱怨的工作会有风险。你会冒失业的风险,冒孤身一人的风险,冒被人嘲笑和批评的风险;你会冒失败、对抗和犯错的风险;你会冒被母亲、邻居和伴侣反对的风险。有努力、金钱和时间才会有机会,但这可能会使你感到不安、艰难、困惑。因此,为了不产生这种不安的情绪,你只能原地不动,继续抱怨。

抱怨是因为你想要得到却不敢冒险创造的东西而产生的,这是一个更佳的参考标准:要么接受原地踏步的决定,对自己的选择负责,不再抱怨;要么承担风险,创造自己真正想要的生活。

如果是你想从现在的位置到达理想之处,你当然得冒点风险。

让莎拉最头痛的是,她得了一种肥胖症。当她去看医生时,她一坐下来就开始抱怨:“我的体重之所以总是过高,是由于我的新陈代谢不是很好,小时候母亲总是让我多吃长身体。”如今她仍然吃得很多,因为丈夫不照顾她,而且孩子也不关心她。她还抱怨,“为了减肥,她已经尝试了各种方法——节食、吃减肥药、参加各种减肥训练等,甚至还采用了占星术。”最终都没有效果,只得求助于心理疗法。

在莎拉看来,她无法成功减肥的原因非常明显——每一个人、每一件事都在与她作对,包括她的母亲、丈夫和孩子,自己的身体和天上的星星也不例外。她认为自己发胖的原因是自己的母亲、丈夫和孩子,以及自己身体上某些无法控制的部位,而所有这些都跟她曾经大吃某种食品毫无关系。

和她对于这个问题的认识一样,她在努力解决这个问题时,注意力总是放在外界。但是,她并没有认识到自己过去选择了过度饮食,而要想减肥,就一定要学会做出新的选择。

经过心理医生几个星期的询诊之后,莎拉慢慢了解了问题的所在,她之所以精神不愉快、体重偏高,都是自己选择的结果,并非由他人导致。

她承认自己经常超量饮食,而且锻炼得非常少。因此,她做的第一个决定就是实行严格的自我克制。

另外,她对母亲的看法也发生了改变,原先她总以为母亲是想控制她的生活,才让她多吃多喝,这有碍于她的积极生活。后来,她认识到,母亲根本没有掌控她,她愿意何时去看望母亲就何时去,而不必遵守母亲指定的时间;同样,即使母亲叫她吃块巧克力,她也不是一定得吃。最后,她终于认识到,即使心理医生也无法帮助她减肥,只有靠自己。

是的,很多时候,每当你不愿为生活中的某件事承担责任时,你只能向抱怨和责怪求助。但是,抱怨责怪是一种徒劳无功的表现。你能够肆意地抱怨和责怪他人,但对自己不会有任何帮助。抱怨仅有的功效是为自己开脱,把自己不快的精神或消沉的情绪归咎于外在因素。

即使抱怨能够产生一定的实际效果,这种效果与你也是毫不相干的。通过抱怨,也许你能使他人后悔,但你却不可能由此而消除使你不快的原因。对于这种原因,也许你能把它忽略掉,却无法借抱怨而改变它。

倘若你不能从外界因素中解脱,或者总是认为外界因素在控制着你,你就不可能真正地生活,不可能有所作为。真正的生活并不表示要扫除人生中的一切难题,而意味着将外界控制转变为内在控制。

这样,你就要对自己感受到的每一种情感负责。你并非机器人,没有必要根据他人制订的各种莫名其妙的程序稀里糊涂地过完一生。你应该更为严格地审视这些条条框框,逐步控制自己的思想、情感和行为,不再无休止地抱怨。

要想改变抱怨的陋习,就要认识到你关注的事情被夸大了。

你一旦抱怨,就会发现生活中有太多事情都想对其抱怨,情况在你的抱怨声中越来越被夸大。然后,你关注的重点就开始转移到新的可抱怨的事情上,而且会被进一步夸大,接着,你就会把所有的负面情绪混合起来，变成愤怒、恐惧、焦虑等，同时，这些消极情感开始渗入到你的潜意识里并扎下根来。

你一定要明白滚雪球效应的作用非常大！陷入这种局面很容易，但会产生很大的危险。

要改掉抱怨的习惯，可以多留心并记忆生活中那些美好的事情。这样，不管你注意到的什么事情被夸大，都能让你在生活中发现好的事情。接着，你便会有正面的情绪，把它们混合起来，你会感到幸福和快乐，并对生活充满希望和感激。时间长了，这些积极的情绪就开始深入到你的潜意识里生根发芽，你的心里也将减少那些抱怨的声音。

抱怨能使自己彻底受伤，它会剥夺所有改变你生活的可能。停止抱怨，很快你就会发现，其实并没有什么事情真的需要抱怨。随着时间的流逝，生活肯定会更好，你会体验到自己逐渐拥有了对生活的控制能力和驾驭能力，在不知不觉中获得成功。

下定决心，停止抱怨吧！不要在抱怨上花费工夫，而是去继续创造你梦想的生活。

一点通

抱怨是一种低逆商的行为。所有抱怨都是在浪费光阴，不管你发现别人和自己有多少过失，而且无论你如何抱怨，都不会改变你自己。

学会正确面对痛苦

1. 人生中，痛苦不可避免

人生苦难重重，痛苦不可避免。

这是世人所公认的，我们一旦接受了它，就能在逆境中实现人生的超越。既然人生之路注定艰难而崎岖，我们又何必对逆境中的苦痛介怀呢？

然而，大部分人不愿正视逆境中的磨难和痛苦，他们认为人生就应该一帆风顺。他们不是怨天尤人，就是埋怨自己总是很不幸。他们总是哀叹无数麻烦、压力和困难与其为伴，认为自己是世界上最不幸的人，命运偏偏让他们吃苦受罪，但其他人却顺顺利利，活得自由而又幸福。

不论你是否接受，人生都会有一连串的难题。面对它时，你是痛苦不堪，还是勇敢奋起？你是束手无策地哀叹，还是主动想办法解决问题和消除痛苦？

人生遇到逆境本来就是件痛苦的事，而且解决它们还可能会带来新的痛苦。各种问题纠缠在一起，使我们疲惫不堪，不停遭受沮丧、悲哀、难过、寂寞、内疚、懊丧、恼怒、恐惧、焦虑、痛苦和绝望的打击，而不知道自由和舒适为何物。心灵之痛的剧烈程度常常与肉体之痛一样，甚至更加难以承受。正是由于人生的矛盾和冲突带来的痛苦如此强烈，我们才把它们称为问题和逆境；正是因为各种问题接踵而至，我们才觉得人生苦难重重，悲喜参半。

人生，是一个面对逆境并突破逆境的过程。逆境能使人变得聪明，激发我们的勇气；逆境是我们成功与失败的分水岭。为解决问题、突破逆境而付出努力，能不断地使人变得成熟。我们的心灵渴望成长，渴望迎接成功而不是遭受失败，因此，会最大限度地发挥自身潜力，尽可能地解决所有问题。

面对问题和解决问题的痛苦，是我们学习的最好方式。美国《独立宣言》起草者本杰明·富兰克林说过："只有痛苦才能给我们收获。"面对问题时，聪明者不因害怕痛苦而选择逃避，而是寻找痛苦的根源，并想方设法解决它。

遗憾的是，不少人在某种程度上不敢面对痛苦，一遇到问题和逆境就慌不择路，望风而逃。有的人总是拖延时间，想等问题自行消失；有些人假装看不到问题，或尽量忘记它们的存在；有的人与麻醉药和毒品为伴，想把问题排除在意识之外，以换得片刻的解脱。我们常常逃避问题，而不是试图解决问题；人们只想逃离问题，不想经受解决问题带来的痛苦。

逃避问题和逃避痛苦的趋向，会致使人们产生各类心理问题，人人都有逃避问题和痛苦的倾向。逃避问题和痛苦的人,宁可躲藏在头脑营造的虚幻世界里,甚至完全与现实脱节,这就相当于把自己束缚住。心理学大师荣格更是明确地指出:"神经官能症,往往是痛苦的替身。"

替代品带来的痛苦,比原来的痛苦更令人痛苦,神经官能症由此成了更棘手的问题。不少人为了逃避新的问题和痛苦,不断以神经官能症为替代品,从而导致产生各类心理问题。所幸也有人能坦然地面对神经官能症,及时向心理医生寻求帮助,以正确的心态面对人生正常的痛苦。事实上,如果想方设法躲避问题和痛苦,就会由此失去解决问题推动心灵成长的契机,从而导致心理疾病越来越严重,而长期的、慢性的心理疾病,可能会使人的心灵停止生长。若救治不及时,心理就会萎缩和退化,心智就永远难以成熟。

正确的做法是:我们自己必须明白,人生的问题和痛苦是不可避免的,而且它具有非凡的价值。只有勇于承担责任,敢于面对困难,才能使我们的心灵更加健康。接受逆境带来的痛苦,而不是逃避,你才能学会在痛苦中成长。

2. 痛苦是人生宝贵的财富

人生有得有失,正是这种顺境和逆境的交错反复,才形成了一条曲曲折折但又真实的人生之路。在这条路上,不经过痛苦和失败不能成熟,不经过悲喜和起落不能坚强。唯有历经人生的各种磨难和挫折,才能对世道人情的冷暖有更全面、更深刻的理解,才能比过去更加珍惜生命,更加努力地探索自己的人生之路。

从某种意义上讲,痛苦是人生的追求与外界障碍的搏击。不追求就不会有障碍,更不会有受挫和碰壁的痛苦。人生中的痛苦很多,其中最具永恒性的痛苦,要属人所追求的与现实的差距所造成的痛苦。

不去追求便没有希望,没有生机,活着也就没有了意义。生命的痛苦源于追求,而追求则是生命的代价。看伟人奋然前行留下的坚实脚印,听强者百折不回迈开的铿锵步伐,谁不曾经历过风雨泥泞?谁不曾饱受摔打磕碰?正是这些挫折丰富了成功的意义。

人们不会那么容易从痛苦中醒悟,也不会无所用心就心灵成熟。处于痛苦中的人必须懂得:不是崛起,就是沉沦;不是自强,就是怨天尤人。唯有真正的坚强之士,才能从痛苦中抬起头、站起身,反思苦的真谛,稀释并消化痛苦,将其化为奋发的动力和宝贵的精神财富。

只有自己尝过痛苦,才能真正理解他人的痛苦,才能明白如何使他人减轻痛苦。因此,当痛苦降临的时候,我们何不像搏击风雨的海燕那样,坦然地迎接它的到来呢?

巴尔扎克说:"苦难是天才的垫脚石,对能干者是一笔财富,对弱者却是一个万丈深渊。"古希腊剧作家埃斯库罗斯说:"痛苦乃大悟之母。"每遇一次痛苦,都会给人一次悟性,这些是人生成熟的一级阶梯。

人生在世,倘若如同燕子掠水般地划过生活的表面,不被任何东西刻骨铭心地触动,那么这种生活也许很欢快,然而收获却极少。唯有震撼心灵的痛苦,才能加深人生的体验,教会我们思考,像挖掘大地深处的宝藏那样,帮助我们孕育才智、勇气和毅力。因此,有人认为苦难乃人类伟大的老师,人的心灵就是在痛苦中锤炼成熟的,聪明的人绝不会否认痛苦的锻炼价值。

生活中,一切经历都是难得的财富,拥有这些财富时不应浪费。对所有的阅历都充满自信地去迎接,既不回避,也不沮丧,才能让自己变得更有智慧,痛苦自然也不例外。达·芬奇说:"不经受巨大的痛苦,便不能拥有完美的能力。"痛苦是人生之师,不懂得在痛苦中丰富和提高自己的人,大部分都很软弱、愚昧。唯有踏着痛苦迈出铿锵的步子,沿着荆棘丛生的崎岖小道向上攀登,才能使痛苦成为人生中的一笔难得的财富。

对于逆商高的人而言,磨难能使强者更强,痛苦乃人生中永远的老师,也是他们人生中莫大的财富。当大多数人忙着收获欢乐和幸福的时候,有些人却忙着收获痛苦。的确,收获苦难并非人生的必需,没有痛苦,人们能接着生活,而且能活得更加安逸。痛苦只对少数人来说是生命的必需,对他们而言,品味痛苦,享受痛苦,是一种自觉,是一种嗜好,也是一种快感。

卡耐基曾在他的书中介绍了他是怎样把痛苦珍视为宝贵财富的。他说,"我曾经遭受过极严重的贫困和疾病,这些给我的人生带来了巨大的痛苦"。当人们问他怎样度过这些艰难的日子时,他总是笑着回答:“我既然已度过昨日,就能熬过今天。我不让自己幻想明天将要发生的事。”

卡耐基深深地懂得需要、奋斗、焦虑和失望的区别,他常常要超负荷地拼命工作。他已把人生的苦酒一饮而尽,而幸运者只是尝到上面的泡沫而已。他所知道的事情,幸运者永远也无法懂得。唯有眼睛被泪水洗净的人,才会有如此广阔的视界。

是的,痛苦是智慧的第一抹曙光。上帝这么安排是因为人生的许多道理不是靠聪明就能够理解的,而是要靠痛苦后的彻悟。假若欢乐是朋友,那么痛苦便是挚友;如果说欢乐带来聪明和纯真,痛苦则带来深刻和成熟。

痛苦是上帝恩赐的良药,如同苦海能给我们更多的价值,它让我们的生命增加韧性,也许从欢乐中迷失的常常可在痛苦中找回来。痛苦是爱,是希望,是成长,是感悟,痛苦能够让你以同情之心对待他人,从而懂得感恩,珍惜幸福。就像没有黑夜便不会有明月星辰一样,曾经难以承受的痛苦和磨难可以坚定我们的意志,使思想和人格更加成熟,人生才活得更有价值。

3. 没必要为无法控制的事情而痛苦

人都有痛苦的时候,根据问题的严重程度,它可能持续几天或几周,甚至更长时间。即使是最乐观的人,也会有痛苦和难过的时候。有时,人需要让自己陷入悲伤和痛苦之中。

这时,你感受到的痛苦,会留下一个依附在你身体里的余痛。这个情感上的痛苦会与你过去已经存在的痛苦合并,并在你的大脑和身体内扎根。这个相累加的痛苦,是占据你大脑和身体的一个消极的能量场。如果你把它看成你体内的无形的实体,那么,它就是你情绪的痛苦来源。

痛苦要在你的体内生存,如同其他任何实体,如果你无意识地被它控制,它就能生存下来。接着,它会掌控你,成为你的一部分,并通过你而活出它自己,它需要从你的体内获取“食物”。它以任何与它能量共振的经历或不同情况下产生的苦痛作为食物,这些形式有愤怒、沮丧、仇恨、哀怨、感情冲突、暴力,甚至是疾病。当你被它控制时,它便在你的生活中创造出一种经常能激活它能量的情况,以便它可以继续生存。痛苦仅能以自己为食,而不能以欢乐为食。

痛苦有两种存在形式:休眠和活跃。在90%的时间内,痛苦会在你体内处于休眠状态。但是,对于一个极其难过的人而言,他的痛苦可能会100%处于活跃状态。有些人可能完全生活在痛苦的状态下,但有的人只会偶尔感受到,比如,过去的痛苦、失落、身体或情感上的伤害等。

所有事情皆可导致痛苦,尤其是当它与你过去的痛苦产生共鸣时。当痛苦即将从过去的休眠状态中被激活时,即使是一个想法或与你关系亲密的人的一句很随意的话,也能激活你的痛苦。

有些痛苦虽然令人不愉快,但相对而言,其副作用很小,像一个吵闹不休的孩子一样;而有些痛苦却相当可怕,仿佛是毁灭性的怪兽,或是像恶魔一般。有些痛苦会引起身体上的不适,更多的则是情感上的不安。有些会攻击你周围的人或你亲密的人,但有时也会使你自己受到攻击。然后,你有关生活的想法和感情会变得消极和具有自我毁灭性,疾病和意外常常就是如此产生的,有些痛苦甚至会驱使遭受它折磨的人自杀。

在遭遇逆境、极端痛苦之时,你可以提高自己的逆商,即提高自己对逆境的控制能力,以防自己被痛苦无情地控制,从而深陷其中不能自拔。西里格曼和他的同事们发现,如果人对逆境失去了控制,那自然就会感到痛苦甚至绝望。逆商的提高能帮助人们恢复控制感,进而防止自己受到痛苦的折磨。

痛苦已然存在,问题是怎样控制和利用它,即怎样驾驭痛苦。正如犹太教牧师古许讷所说:“我们必须摆脱那些以过去的痛苦为中心的问题,例如,‘怎么会降临到我的头上’之类,并将之改成提出展望将来的问题,例如,‘既然事情已经发生了,我要如何解决呢’?”

有人因为轮胎漏气或仅仅打翻了牛奶就神情沮丧,有人为了一点小事便觉得非常痛苦,这都是由于他们失去了对逆境的控制。事实上,他们完全不必因为不可控的事痛苦,而应该抱着一颗平常心去看待。确实应该痛苦的才去为之痛苦,这是心理层面上有效的预防和治疗,它使你不会感到无助和绝望。

一个美国旅行者在苏格兰北部过节日。他问一位坐在矮墙上的老人:“明天会是什么天气?”

老人不假思索地说:“是我喜欢的天气。”

旅行者又问:“是晴天?”

“我不知道。”他回答道。

“会不会下雨?”

“我也不知道。”

但是,旅行者不明就里。“好吧,”他说,“可如果是你喜欢的那种天气,那会是什么天气呢”?

老人看着美国人说:“很久以前,我就明白自己无法左右天气,所以,不管天气怎样,我都会喜欢。”

所以,别为你无法控制的事情痛苦,至少你可以掌控自己的心态。如果你不控制它们,它们就会控制你。

因此,别为牛奶洒了而沮丧,也别为一只瘪了的轮胎痛苦万分,已经发生的事实就是你必须承受的挫折,就是你当下所处的逆境。即使你痛苦万分也于事无补,你此时对待它的态度才是重要的。

4. 将痛苦转变成平安

很多心灵导师说,所有的痛苦其实都是虚幻的感觉,的确如此。但问题是:对你来说,这是真的吗?你单凭这样的信念并不会让痛苦远离。你愿意让你的生活充满痛苦,然后,你还坚持说它只是一个幻觉吗?那样你就可以远离痛苦了吗?我们所关注的是,如何让自己脱离痛苦。

就像你不能向黑暗宣战一样,你无法和痛苦拼杀。因为这样做会引发内心的冲突,并创造更深的痛苦。面对痛苦时,最好的方法是观察它,这就意味着要接纳当下痛苦的现实。

当你不再甘于承受痛苦,而开始让自己成为痛苦的观察者时,痛苦还会继续挣扎一段时间。因为它具有一定的动量,就像转动的轮子一样,即使你不再推它,它也会因为惯性而继续转动一会儿。

在这个阶段,它会在你身体的不同部位制造一些疼痛或不适,但是,这一切都是短暂的。请保持这种对痛苦的关注状态,以保护自己的心灵。

比如,如果痛苦一直左右着你的思维,你开始沉浸于那些往事,或你将要做一些事以减轻自己所遭受的痛苦,这时你就已经无意识地受其摆布了,痛苦又成为“你”。当你心情不好时,你便开始产生很多消极的思想,并不断地否认生活的美好,这时你的想法就会和痛苦结合,你就会无意识地被痛苦所控制,也不断地被痛苦所侵蚀。

持久而有意识的关注,可以切断痛苦本身和思维之间的桥梁,从而让你得到升华。也就是说,痛苦将成为你意识火焰的燃料,让你的意识得到充分燃烧。这就是古代炼金术的深奥意义:将金属变成金子,将痛苦转化成意识。内部被分裂的创伤得以治愈,你又成为圆满的了。从此,你将不会再创造更多的痛苦。

具体做法如下:将注意力集中在你内心的感受上,了解到这就是痛苦,并接受它的存在;别去想它,以免它渗透到你的思维中,也不要去判断或分析它,以在其中寻找你自己的身份认同。

在这个过程中,有两点值得注意:“一是接受当下的现实,承认现实不能改变——已经发生的事是铁板钉钉的事实,然后,再去做你必须做的事情。二是一旦你接受了现实,你就不会再有消极的心态,不会再有痛苦,不会再出现负面情绪。这样你就会生活在一种非抗拒的状态之中,一种自由、轻松、没有挣扎的状态之中。”

如果你不能接受外在的现实状况,那么就从心灵内部入手吧!这就是说:不要抗拒痛苦,而是允许它存在,包容一切形式的痛苦。然后,再去观察它,拥抱它,直到内心将深深的痛苦转化为深深的宁静。

一点通

人生苦难重重,痛苦不可避免。痛苦的价值非常大,所以,勇于承担责任,敢于面对困难,这样才能使心灵变得健康。接受苦难,而非逃避,你才能学会在痛苦中成长。

学会正确认识并克服恐惧

恐惧是低逆境商者最大的敌人。它不但会夺走你的幸福，削弱你的能力，使你变为懦夫，而且能摧残你的创造精神，扼杀你的个性，从而耗尽你的精神机能。

1. 人为什么会恐惧

早在几百万年前，只要人们离开熟悉的环境，身体就会发出恐惧和害怕的信号。恐惧是人类进化过程中遗留下来的原始情绪，是自主性的逆境反应，它驱使人们远离危险，从而达到趋利避达的目的。

恐惧能警告人们存在潜在的危险，刺激身体产生逃跑所需的肾上腺激素。尽管这个应激反应在老虎向我们张着血盆大口的时候挺管用，可现在人们遭遇的威胁并不是如此直接。

恐惧是天生的。早在一百年前，著名的生物学家达尔文就发现，哺乳动物的恐惧表情与人类非常相似，在恐惧的瞬间表现为眉梢上扬、瞳孔扩大、眼光发直、嘴巴张大、无意识地大声尖叫或呼吸短暂、憋气、脸色苍白、表情呆若木鸡。

更大的恐惧还会伴有肌肉紧张发硬、无意识地颤抖、毛发竖立、起鸡皮疙瘩、毛孔张开、冷汗直流等，有的甚至会出现短暂昏厥，其心理机制是对恐惧的一种快速逃避反应——意识消失后，恐惧也就不存在了。

心理学家认为，每个人的潜意识中都或多或少地潜藏着一些恐惧，比如，对衰老和死亡的恐惧、对危险的恐惧、对失控的恐惧、对暴露自我的恐惧、对失去或改变的恐惧等，各种各样的恐惧都在影响着我们。

既然恐惧是使我们情绪痛苦的一部分，那么，恐惧是如何产生的呢？它是如何起作用的呢？

一定程度的恐惧是不是生物体的一种自我保护机制呢？比方说，如果我不害怕火，那我可能会将我的手放入火中而被灼伤。

其实，你不将手放入火中并非源于对火的恐惧，而是因为你知道自己的手将会被灼伤。你不需要利用恐惧来避免没必要的危险——因为这只是一个最简单的常识。诸如此类，运用过去所获得的经验就可以了。但如果有人用火或暴力威胁你，你就会产生恐惧心理，这是一种趋利避害的本能，而不仅仅是心理上的恐惧。

心理上的恐惧脱离了任何具体的和眼前的危险，恐惧的表现形式有多种：不安、忧烦、焦虑、紧张、压力、畏缩、恐怖等。这种心理上的恐惧总是源于"潜在的危险"，而不是"现在发生的事件"。

人在当下，思维却想到了未来，这就创造了一种焦虑与恐惧的情绪，如果你被这种思维控制，那么恐惧的情绪就会与你相依相伴。心里有了恐惧，一面是焦虑和害怕，另一面是隐约的不安和威胁感。当下的突发事件是人们可以应付的，但是，人们不能马上着手应付未来的恐惧，因为它只存在于思维和幻想之中。

不可否认的是，许多幻想的恐惧经历却显得很真实，恐惧中的人经常拿这种看似真实的事件恐吓自己。在追求和体验中采取行动，我们往往会设想一些负面的结果，让自己心生忧虑。但是，情况不是很糟，因为我们制造了幻觉，所以，我们能够停止恐惧。由此可见，我们应该面对现实，进入一个清晰而平静的状态，不要囚身于自己创造的幻觉。

我们可以选择成为有理智、有判断力的人。为了更好地理解你生活中的那些没有根据的恐惧，请列一张清单，写出自己害怕做的事情。记住：不是你害怕的东西（比如说害怕蜘蛛什么的），而是你害怕做的事情（如我害怕捡起一只蜘蛛）。

比方说，你害怕：

——向老板要求加薪；

——约玛丽出去；

——去跳伞；

——离开我不喜欢的岗位；
——找朋友打听是不是有合适的职位。

然后，拿出另一张纸，把每一种恐惧情绪用下列格式改写一遍：

——我想让老板给我加薪，但我设想他会不同意，可能还会骂我，我把自己给吓住了；
——我想约玛丽出去，但我设想她会说不，从而面临难堪，我把自己给吓住了；
——我想去跳伞，但我设想我会出意外，我会摔死，我把自己给吓住了；
——我想离开这个无聊的岗位去追求梦想，但我设想我会破产，丢掉房子，我把自己给吓住了；
——我想找朋友打听是不是有适合我的职位，但我设想他们会以为我是想赚他们的钱，我把自己给吓住了。

这样一来，一切就都清楚了。你就是那个制造幻觉的人，你就是那个制造害怕和恐惧情绪的人。你没有去实施行动，怎么就知道情况一定那么糟糕？这就是你恐惧的根本原因。

2. 感受恐惧，坚持前行

那么，在人生的旅途上和人们的心路历程中，应该如何战胜恐惧的情绪呢？

弗洛姆是美国著名的心理学家。一天，他将几个学生带到了一个暗屋子里。在他的引导下，几个学生很快就穿过了这间漆黑的屋子。

接着，弗洛姆打开房间里的一盏灯。在昏黄如烛的灯光下，学生们看了一眼房间，这一看全都睁大了眼睛，出了一身冷汗，吓得魂飞魄散。

原来，刚才走过的桥下有一个很深很大的水池，池子里蠕动着各种毒蛇，包括一条大蟒蛇和三条眼镜蛇，它们正恶狠狠地昂着头看着他们，朝他们“滋滋”地吐着信子。

弗洛姆看着他们，问：“现在，你们还有人敢跟我走一趟吗？”

大家你看看我，我看看你，无人应答。

过了片刻，终于有3个学生犹犹豫豫地站了出来。但是，他们还没走就被吓回来了。

“啪”，弗洛姆把灯全都打开了，学生们揉揉眼睛再仔细一看，才发现小木桥的下方装着一道安全网。

弗洛姆大声地问：“现在呢？”

学生们没有作声。“为什么还不敢呀？”弗洛姆问道。

“你确定这张网很牢固吗？”学生心有余悸地反问。

很多时候，成功就像过这道桥，导致失败的原因不是智力低下，而是对周围环境的恐惧。

恐惧能摧残人的意志和生命。它会严重影响人的身体功能，伤害人的修养，减少人的生理与精神的活力，侵蚀人的身体健康。它能掐灭人的希望，使人的志气消退，从而使人的心智衰弱，在从事任何职业时，他们都将缺乏创造性和勇气。

低逆境商者简直对一切都怀着恐惧之心：他们怕风，怕受伤寒；他们吃饭怕噎着；经商时怕亏本；他们怕人言，怕舆论；他们怕困苦的生活，怕贫穷，怕失败，怕耕耘了没有收获……他们的生命中充满了“怕”……

中国同方联合控股集团有限公司董事长朱志平，和大多数浙商一样出身贫寒，参加工作时的学历为初中肄业——大学文凭还是之后进修获得的，但这并不妨碍他拥有发达的商业头脑和敏锐的市场触觉。

当人们还在守着铁饭碗时，他就已经下海经商了。在赚到第一桶金后，他又赶上股市刚刚起步，于是坐观股市风云。在股市到达顶峰的时候，他急流勇退，并迅速向房地产行业挺进。

当谈起自己的创业经验时，他说：“恐惧是人性的弱点，很多人因为对风险恐惧而坐失良机。”

被人称为股神的巴菲特也说：“我们也会有恐惧和贪婪，只不过在别人贪婪的时候我们恐惧，在别人恐惧的时候我们贪婪。”

轻度的恐惧是人的一种自我保护机制，它能让人审时度势，小心行事，在客观上给人带来一定的安全，从这个意义上说恐惧是好的。轻度的恐惧不仅是正常的，而且是必要的。另外，由于恐惧的存在，人的焦虑情绪能得到适度的缓解，所以，轻度的恐惧不必刻意掩饰和强行战胜，因为它根本无关大局。

但是，如果你对什么事情都心存恐惧，做事畏首畏尾，那就必须改变。因为恐惧会使你停滞不前，让你无法取得成功；它还会使你囿于现状，不敢冒险，安于平庸的生活。也许很多次只是由于恐惧，你与机会擦肩而过。如果继续这样，你就永远不能圆梦。

高台跳水的人都会记得第一次走到跳水板边从上往下看的情形。水池看起来比实际更深，想到跳板的高度，以及从板上向下看的恐惧感，你会觉得向下的距离简直深得无法征服。就在这一念一想之间，恐惧被扩大了。

不过，此刻你并没有退却，你虽然满怀恐惧，可不知从哪里鼓起了勇气，跳进了水池里。你完成了自己恐惧的事情。

等你浮出水面时，你也许会发疯一般游到泳池边上，然后哈哈大笑。肾上腺素从你体内的某处冲了出来，你感觉到了战栗，是劫后余生的兴奋和十几次跳水的激动。

过了一分钟，你也许会再来一次。接着，你会一次又一次地不断做下去，从中寻找真正的乐趣。很快，所有的恐惧都遁于无形，你甚至会来个深水炸弹式跳法，溅朋友们一身水花，说不定你还能学会反身跳法。

这个方法在生活中的很多方面都适用，也许你是第一次开车，或许是第一次约会，总之你能在生活里发生的所有事情上找出此类改变恐惧的方法。未知的挑战总会让人恐惧，它们就是这样。每一次你感到害怕和恐惧时，只要去做，就会对自己的能力建立起更强的信心。

恐惧是正常的，必须在行动中才能慢慢减退。不实际体验、付诸行动，坐待恐惧之心离你远去自然是徒劳无功的事。在不安和恐惧的心态下仍勇于作为，才是战胜恐惧的最佳途径。

全球著名潜能大师安东尼·罗宾斯说："如果你办不到，那就必须做；如果你必须做，那就得办到。"的确，那些我们最害怕做的事情，在完成后却可以给我们最大的成熟感，帮助我们成长。

若有件事情让你恐惧到无法动弹，你就得把它蕴含的风险等量缩小。从较小的挑战开始做起，这样就能把你的心情带动起来。

比如，初次推销，你可以去找你认为最有可能买你东西的顾客或买家。如果你在为自己的事业寻找投资，你就得从那些最有可能给你投资的人入手。如果你为工作上承担新责任的事忧心忡忡，那你就从你最拿手的方面入手。如果你在学习一种新运动，那就最好从较低水平开始练习。掌握那些你需要学习的技巧，克服你的恐惧感，再去接受更大的挑战。但有一点你必须记住：行动，才能真正地克服恐惧！

民间流传这样一个传说：

> 一个人死后来到地狱之门受审。
>
> 撒旦问他："你最害怕的是什么？"
>
> 他回答道："我什么也不怕。"
>
> "那么，"撒旦说，"你不该来这儿，我们只接受那些被恐惧所束缚的人"。
>
> 谢天谢地，地狱里不接受毫无畏惧的人！

获得成功的高逆商者，在他们前进的途中也可能产生恐惧，但他们绝不会因此放弃任何他们想做或者必须做的事。因为他们懂得，恐惧是人生旅程中必须了解和体验的感受，这是无法改变的事实。

就像作家苏珊·杰弗斯所说，我们必须感受恐惧，坚持前行。

一点通

很多时候，成功就如同通过一座小桥一样，失败的原因不在于智力，而是对周围环境的恐惧。

学会为自己排除忧虑

将人们击垮的，有时并不是那些看似灭顶之灾的挑战，而是一些琐碎的忧虑。我们在经历过生命中无数狂风暴雨和闪电的打击后，本应坚强无比，可我们的心却会被“忧虑”这个小甲虫咬噬——用两个手指就可以捏死的小甲虫。

1. 你所忧虑的事情99%都不会发生

在科罗拉多州长山的山坡上，躺着一棵大树的残躯。自然学家告诉我们，它曾在美洲大陆上矗立了四百年的光阴。它开始发芽的时候，哥伦布刚到美洲；第一批移民到美国来的时候，它才长了一半大。在它漫长的生命里，曾经被闪电击中过十四次；四百年来，无数的狂风暴雨侵袭过它，但它依然屹立不倒。

但是，在最后，一群甲虫攻击了这棵树，它倒下了。

那些甲虫从根部往里面咬，渐渐伤了树的元气。这样一个森林里的“巨人”，岁月不曾使它枯萎，闪电不曾将它击倒，狂风暴雨没能使它伤筋动骨，却被小小的甲虫毁了。

这与现实生活有着惊人的相似之处：将人们击垮的，往往并非那些看似灭顶之灾的挑战，而是一些微小的力量。我们不都像森林中的那棵身经百战的大树吗？

人们通常能勇敢地面对生活中的大危机，可是，却会被那些小事情搞得乱了阵脚，坏了心情。不过，高逆商者决不会如此。

罗斯福夫人刚结婚的时候，忧虑了好多天，因为她的新厨子厨艺不好。“可如果事情发生在现在，”罗斯福夫人说，“我就不会把它当回事儿。”

就连凯瑟琳女皇——这个最专制的女皇，在厨子手艺不佳时，也只是付诸一笑。

一条法律上的名言也告诉人们：“法律不会去管那些小事情。”所以，人不应为琐事烦恼，只有这样才能获得内心的平静。

狄士雷里说过：“生命太短促了，不能再忧虑下去。”这句话曾经帮安德烈·摩瑞斯度过了很多艰难的时期。

摩瑞斯说：“我们常常被一些小事情、一些无足轻重的琐事情弄得非常心烦……我们活在这个世上只有短短的几十年，但我们却浪费了很多时间为不值一提小事发愁。不要这样，不要再顾及那些小事。”

不要让还没有发生的忧虑困住自己，因为，多数情况只是杞人忧天。

1943年夏季，许多麻烦几乎同时降临到史密斯先生的头上。

40年来，他一帆风顺，只有一些身为大夫、为人之父及生意上的小烦扰，他总是能从容应付。

可是，突然间，接二连三的打击向他袭来，他因为下面的这些烦恼而整晚辗转反侧，不能入睡。

他办的商业学校，因为男孩都参军了，面临严重的财务危机。

他的长子也在军中服役，像其他儿子参军的父母一样，他非常牵挂和担忧。

俄克拉何马市正在征收土地建造机场，他的房子恰好在那块地上。可是，他能得到的赔偿金只有市价的十分之一。

最惨的是，他无家可归，由于市里房子不好找，他担心无法找到一个能容纳一家六口的房子。说不定他们得住在帐篷里，他甚至担心买不到帐篷。

他农场里的水井干枯了，因为他的房子附近正在挖一条运河。再花500美元重新挖个井，显然很浪费钱，因为这片土地已被征收。

他每天早上都得运水喂牲口,估计自己接下来两个月甚至后半辈子都得这么累。

他住在离商业学校十英里远的地方,限于战时的规定,他无法更换轮胎,所以,他总担心那辆老福特车会在前不着村后不着店的荒郊野外抛锚。

他大女儿提前一年高中毕业,下定决心要念大学,他却筹不出学费,大女儿会因此而失望。

一天下午,史密斯正坐在办公室里烦恼不已。忽然,他决定把这些烦恼全部写下来,因为这些困难好像已经超出了他的控制范围。看着这些问题,他觉得束手无策。

一年半以后的一天,史密斯在整理东西时,发现了这张纸片,上面记载着他之前的一系列烦恼。但有趣的是,他发现这些烦恼再没发生过:

担心学校无法办下去是没有意义的,因为政府开始拨款训练退役军人,他的学校很快就能招满学生。

担心从军的儿子也没有意义,他已经平安地退役归来了。

担心土地被征收建机场也是无意义的,因为附近发现了油田,机场因此易地而建。

担心没水喂牲口是无意义的,既然他的土地不会被征收,掘井就不算浪费钱。

担心车子在半路上抛锚是无意义的,因为他对车小心保养维护,并没有抛锚过。

担心长女的教育经费是无意义的,因为开学前几天,有人奇迹般地提供给他一份稽查的工作,可以用业余时间兼差,他很快筹到了钱。

99%的忧虑其实不会发生,直至看到自己的这张烦恼单,史密斯先生才豁然开朗。

难忘的经验让史密斯体会到,为了根本不会发生的事而饱受煎熬,是很可笑的!

今天正是你昨天忧虑的明天。所以,在忧虑时不妨问问自己:我忧虑的事情会发生吗?

2. 消除成虑,操之在我

在欧洲中古时期,残忍的将军折磨俘虏时,常常把他们的手绑起来,在他们旁边放一个不停往下滴水的袋子。

水滴着,滴着……时间一分一秒地流逝。

最后,这些不停滴落在心头的水,变得像是槌子在敲击的声音,让人崩溃。这种折磨人的方法,以前西方的宗教法庭和希特勒手下的纳粹集中营都曾用来折磨囚犯。

忧虑就像正在不停往下滴的水,而那不停往下滴的忧虑,通常会让人心神不宁、心情大乱。

曾经获得诺贝尔医学奖的亚历克西斯·卡锐尔博士说:"不知道抗拒忧虑的人容易早死。"

恐惧使你忧虑,忧虑使你紧张,从而影响到你胃部的神经,使胃里的胃液失常,因此容易产生胃溃疡。

在谈到忧虑对人的影响时,一位医生说:"有70%的人只要能够消除他们的恐惧和忧虑,那他们就什么病都不会有。"

约瑟夫·蒙塔格博士曾写过一本《神经性胃病》的书,他说:"胃溃疡的产生,不是因为你吃了什么,而更多是因为你忧愁得太甚。"

忧虑也容易导致神经和精神问题。著名的梅奥兄弟宣布,"在强力的显微镜下,以最现代的方法检查神经病人的神经时,发现他们与常人无异。他们'神经上的毛病',并非其神经本身出了问题,而是因为情绪上有悲观、烦躁、焦急、忧虑、恐惧、挫败、颓丧等情形造成的。"

医学已经消除了大量可怕的细菌性疾病,可是,医学界始终无法治疗精神和身体上那些非细菌性的,由于情绪上的忧虑、恐惧、憎恨、烦躁以及绝望所引起的病症。这种情绪性疾病所引起的灾难正日渐增加,日渐广泛,在现代人群中迅速扩散。

精神失常的原因何在?没有人可以细说。不过,在大多数情况下,这极可能是由恐惧和忧虑造成的。焦虑和烦躁不安的人,多半不能适应现实生活,所以,他们总是逃避现实世界,退缩到自己的梦想世界里,从而更加忧虑。

许多人都在想办法赶走自己的忧虑情绪,而且做到了。

"没有时间忧虑",这是丘吉尔在每天18小时忙于指挥作战时所说的。当别人问他是否为自己肩负的重任而忧虑时,丘吉尔说:"我太忙了,没时间。"

保持忙碌,就能够把忧虑赶出去。心理学上一条最基本的定律就是:一心不能二用。人们不可能既激动、热诚地想令人兴奋的事情,同时又忧虑一些其他的事情。

这种方法曾被医生用来治疗心理上的精神衰弱症。除了睡觉的时间之外,每一分钟都让这些病人在活动中度过,比如,钓鱼、打猎、打球、打高尔夫球、种花以及跳舞等等,根本不给他们时间忧虑。

"职业性的治疗"是近代心理医生使用的名词,即把工作当成治病的处方。其实这并非现代首创,古希腊的医生就曾娴熟应用过。

每一个心理治疗医生都会告诉你:工作——让你忙着——是最好的治疗方法。

如果你不能一直忙碌着,而是无聊地闲坐,你就会产生一大堆被达尔文称之为"胡思乱想"的东西,而这些"胡思乱想"的东西就像传说中的妖精,会掏空你的思想,摧毁你的心力。

有忧虑时不必去想它,找点事儿做,让自己忙起来,你的血液就会加快循环,你的思想就会变得敏锐。

马特先生就是这样做的。他在那段焦虑的时间里,完成了一次生命的航行。

1953年的一天晚上,马特先生胃出血了,便在芝加哥医学院的附属医院接受治疗。没几天,他的体重从175磅锐减到90磅,只能每小时吃一汤匙半流质的东西。每天早上和晚上,护士都把橡皮管插进他的胃里,帮他洗胃。医生坦率地告诉他已经无药可救了。

马特先生想了许多,他开始焦虑、发怒,从而使病情更重,甚至想到了自杀。就这样过了几个月,马特发现自己几乎只剩下了一张躯壳,这不是他原来的样子,他想换一种活法。

他对自己说:"马特,如果你除了等死以外别无选择,那还不如好好利用剩余的时间呢!你不是一直想环游世界吗?现在正是时候!"

当马特说出这个想法时,医生以为他疯了,并警告他说:"如果你环游世界,就只能葬身大海了。"

马特说:"不会的!我已经告诉了亲友,我要葬在尼布雷斯卡州老家的墓园里,我打算携带棺材去旅行。"

他真的买了一具棺材,并交代轮船公司,万一他死了,就把自己的尸体放进冷冻舱里。

马特从洛杉矶登上了"亚当斯总统号"船,开始向东方航行。他竟奇迹般地好转了!他渐渐地不再吃药和洗胃,不久之后,他就可以吃下所有东西,甚至可以抽长长的黑雪茄,喝几杯酒,他已经好多年没有享受到这一切了!

马特在船上和人们玩游戏、唱歌、交新朋友,晚上聊到半夜,他生活得很惬意。回到美国之后,他的体重增加了60磅,几乎完全忘记了自己是个濒死之人。他一生中从来没有这样开怀过。

回来后,马特先生对他的家人说:"如果上船之后我继续忧虑下去,那么,毫无疑问,我真的要躺在棺材里回来了。"

一点通

忧虑者仿佛一个随时驮着壳的蜗牛,而忧虑就是那无形的壳;忧虑者宛若置身于一个孤独的城堡中,自闭自封。

要学会将缺陷变成一种资本

有时候,残缺并不是一种遗憾,而是一种耐人寻味的美。缺陷并不可怕,关键是如何看待它。

1. 缺陷有时是一种美

人无完人,因此,人总会有这样、那样的缺陷,也许它不够可爱,但却是生命的一部分,我们要正视它的存在。正因为我们有缺陷，我们就必须去认识、去找寻、去完善，我们的人生才会更加完美。如果我们生下来就很完美，没有缺陷，那我们就失去了奋斗的意义，我们的一生反而会过于平淡无奇。

如果你能够认识到这个世界本身是不完美的，并不断地追求进步，不断地克服缺陷，不断地超越缺陷，那你就能更好地实现自己生命的价值。

2. 将缺陷变成你的资本

一位名叫阿费烈德的外科医生在解剖尸体时，经常会发现：那些患病器官并不如人们想象的那样糟，相反，为了抵御病变，它们的代偿性往往比正常器官的机能更强。

最早的发现源于一个肾病患者的遗体。当他从死者的体内取出那只患病的肾时，发现那只肾比正常的大。当他再去分析另外一只肾时，发现另外一只肾比寻常的更大。之后多年的医学解剖历程中，他不断地发现包括心脏、肺等几乎所有人体器官都存在类似的情况。

他为此撰写了一篇颇具影响的论文，对这一现象进行分析。他认为，“患病器官因为和病毒作斗争而使器官的功能不断增强。”假如有两只相同的器官，当其中一个器官失灵时，另一只器官就会努力承担起全部责任，该器官的功能也因此变得更强。

他在给美术学院的学生治病时又有所发现，这些搞艺术的学生的视力多数不如别人，有的甚至还是色盲。阿费烈德觉得这就是病理现象在社会现实中的重复，他认为这种现象应该有更深层面的意义。

在对艺术院校教授的调研过程中，他发现结果与预期相符。

一些颇有成就的教授之所以取得成功，大多数是因为受了生理缺陷的影响。缺陷非但没有阻止他们，反而促进他们走上了艺术道路。可见，一个人的缺陷往往是上帝作的标记。

阿费烈德将这种现象称为“跨栏定律”，即一个人成就的大小，往往取决于他所面对的困难的大小。

其实，按照阿费烈德的“跨栏定律”，很多生活现象都可以得到解释。譬如盲人的听觉、触觉、嗅觉要比一般人灵敏，失去双臂的人平衡感更强，双脚更灵巧。所有这一切好像都是上帝的旨意，如果你不缺少这些，你就无法得到它们。竖在你面前的栏越高，你的跨越能力就越强。

艾里克生来就有一种稀有的眼疾，13岁时就失明了。他听别人说他再也无法像常人一样了，因为他有缺陷。然而，艾里克不愿意接受这样的生活。在与眼疾作斗争的过程中，艾里克学会了面对逆境，并在逆境中生活。

首先，他参加了学校摔跤队，成了副队长，并在班级比赛上夺得冠军。接着，他尝试去攀岩。攀岩对视力完美无缺的人来说都是一项艰难的运动，对盲人来说更是难上加难。然而，艾里克却说：“失明并不能让我停下追求快乐的脚步。”他将自己的缺陷——眼睛看不见——转化成了力量，顽强地生活。

1995年，他登上了北美最高峰、海拔20330英尺的麦金利山。1996年，他成为第一位成功攀上约塞米蒂3000英尺高、名为艾尔船长的花岗岩巨石的盲人。

艾里克现在是凤凰私立中学的老师。他说：“失明只是不方便，对于攀登来说，你需要另辟蹊径。”

是的，缺陷和逆境并不意味着失败。如果你是一个低逆商者，就算道路平坦你也会摔跤。

斯普德·韦伯是亚特兰大鹰队的后卫，身高5英尺6英寸。NBA赛场上，可谓“高人”如林，然而在1986年的扣篮比赛中，他胜过了许多比他高8到14英寸的人，成了扣篮王。球篮高10英尺，扣篮意味着你的手必须够到球篮以上，韦伯弹跳的高度差不多要超过自己的身高。

一般说来，在篮球场上，5英尺6英寸的人基本上没法混，更何况是扣篮比赛！然而，韦伯改变了大家默许的这一规则。

韦伯通过强化腿部的肌肉练习，弥补了身高上的不足。他并没有特别的技巧，而是利用全速奔跑使自己在弹跳上不断进步。因为他身材小，所以，他在运球时更加自如和安全。当他越过对手的防线想上篮的时候，他的高个子对手不得不俯下身来，以一种不适应的角度防卫自己。斯普德·韦伯像许多高逆商的成功者一样，完成了由劣势到优势的转换。

有时候，成功来自于某种缺陷！因为缺陷迫使他们付出更多，最终得到更多的补偿。正如威廉·詹姆斯所说的："我们身体的缺陷有时反而对我们有利。"

不错，现实中这种例子比比皆是。密尔顿就是因为失明才写出了更好的诗篇；贝多芬则是因为失聪才作出了更好的曲子；海伦·凯勒之所以有光辉的成就，很大程度源于失明与失聪；正是由于悲剧性的婚姻，才让濒临自杀的柴可夫斯基有灵感写下了那首不朽的《悲怆交响曲》。

一点通

谁都不愿自己成为身体有缺陷的人，但有了缺陷未必就很糟，关键是你怎样看待它。认识到自己的缺陷后，高逆商的人往往敢于接受它，并以此作为自己努力的动力。这样一来，缺陷也能成为一项资本。

不要让贫困扼杀了斗志

贫困并不能阻止高逆商者前进的步伐，反而是他们取得成功的垫脚石。未经磨难，就无法得到任何有价值的东西。

贫穷无疑也是一种逆境。但是，对于某些人来说，贫穷会成为他们人生成长过程中的垫脚石。

伟人也好，凡人也罢，遭遇到贫穷的逆境恐怕都不足为怪。对于低逆境商者来说，贫穷就像一座监牢，它会绊住他们的脚步，成为他们人生前行途中的障碍。相反，对于高逆境商的人来说，因为他们不甘于一辈子都贫困，进而想方设法寻找出口，最终反倒能够获得突破，走向成功。

美国前副总统亨利·威尔逊自幼家境贫寒。当他嗷嗷待哺时，贫困就悄悄地威胁着他们一家人的生存。他幼年时最深刻的记忆是：有一次他想向母亲要一片面包，而家中一贫如洗，面对饥饿的孩子，母亲当时多么无奈。

10 岁时，威尔逊不得不离开了自己的家，到附近的小镇当了一名学徒工，这一干就是 11 年。这 11 年里，每年他都可以接受一个月的学校教育，这是他成功人生的开端。至于这 11 年艰辛工作的报酬，只不过一头牛和六只绵羊而已，仅仅能兑换成 84 美元的现金。

在这段岁月中，他从来没有在娱乐上花过一分钱，他精心算计着自己的每一分积蓄。因为对他来说，摆脱贫穷是最重要的。

当他刚满 21 周岁时，就跟着一支伐木队来到人迹罕至的大森林里，把大树砍倒，顺着河水将其运到远方的城镇。每天，当树梢出现第一抹曙光时，他就投入工作，然后，一直辛勤地工作到天黑。第一个月的辛勤付出，他挣了整整 6 美元，这相当于他做学徒工时一年半的收入。在他看来，这是多么丰厚的一笔薪水啊！

即使在这样贫困的环境中，威尔逊仍然牢牢地把握着人生的方向。他决心利用好每一分钟时间，更不放过任何提升自我的机会。当别人把业余时间放在酒瓶口喝掉，或者卷在雪茄里燃烧掉的时候，他却抓紧每一分钟努力学习。

在他 21 岁之前，也就是在他做学徒工的时候，他已经认真读过近千本好书——这些书得来不易，他自己并没有钱买书，所以，他不得不通过各种方法借阅。比如，他很乐意为别人清理草坪，以换取借阅图书的机会。

有了知识的积累，他加入了内蒂克的一个辩论俱乐部，并且很快就脱颖而出，成为其中的佼佼者。再接着，在马萨诸塞州议会上，他发表了一篇著名的反对奴隶制度的精彩演说，并且取得了巨大的成功。这奠定了他在马萨诸塞政界的显赫地位，并为他以后进入国会打下了坚实的基础。

是的，对于一个高逆商者来说，贫困不能成为其堕落的借口；但每一个低逆境商的人，总能找出千百个理由为自己开脱。事实上，很多成功的人士都来自贫困群体，他们都具有很高的逆境商，在逆境中他们更有上进心。

贫困是贫困者辉煌一生的最好磨炼。只有经历贫穷后，他们才能笑对人生中的一切坎坎坷坷。因为历经磨炼，他们才更加坚定走出贫困的信心。即使成功之后，他们仍然不会忘记贫困时的经历，因而克勤克俭，兢兢业业，从而取得巨大的成功。

戴尔·史密斯是一家航空公司的董事长，有亿万身家。他曾说："感谢上帝让我出身贫困，因为这让我懂得了如何去奋斗。"

佛兰克·榜德医生逝世时，除了巨额的债务和一个独生子之外，仅仅留给他的妻子卡丽杰考白·榜德4000元保险费的财产。

15年后，榜德夫人完成了一支新曲，叫做《一日终了》，一曲成名。此曲在短期间内便卖了600万份，她得到了25万元的报酬。

然而，榜德夫人刚开始练习作曲时，连五块钱一支的曲子都没有人要。那时候，她连房租都交不起。到了冬天，由于怕冷，往往终日不敢离床，因为她没钱买炭取暖。从此以后，她更穷困了，每天只能吃一餐饭，而债主们排队前来把她屋中的家具全部搬走。

她在艰苦环境中坚持奋斗，坚持作曲。期间，她完成了许多名曲，如《我真实地爱你》就是她在最困难时期的成功之作。当她穷得买不起稿纸时，就在包东西的纸上作曲；当她点不起油灯时，就在微弱的蜡烛光下写作。

有一次，她想在音乐杂志上刊登一则小广告，宣传自己的作品，可是，她没有那么多钱。她忽然异想天开，愿意替该杂志的女主笔缝衣服，以换取登广告的机会。

某个春暖花开的晴天，榜德夫人和几位朋友出去玩。经过南部加州的花海时，只见常春藤布满两旁，玫瑰花含苞待放，一阵阵清香扑入鼻孔，使她的内心充满了快乐。

黄昏时，她们站在山顶上看落日暮霞，画面十分优美。等到金黄色的太阳向神秘的太平洋落下去时，她不禁感慨地自语着："真是，这是一日的终了啊！"

这时，创作的灵感像狂潮般地在她心头涌起，她立刻口吟了两节动人的诗句，略加修饰之后，一曲新歌刹那间一挥而就。

她作这首新歌的背景就是如此简单。可是，这无疑已经成为了一支名歌，一支震惊世界的不朽名歌。它取得了巨大成功，打破了歌曲界有史以来的销售纪录。无论是老罗斯福总统时代，还是哈定总统时代，榜德夫人都曾数次受邀去白宫演唱她那首《一日终了》。

是的，贫困并不可怕，可怕的是被贫困扼杀了斗志。

一点通

许多成功者在生活中都曾挑战过贫穷。只有勇于面对贫困，挑战贫困，克服贫困的人，才能成为人生最后的赢家！

"绝望的处境"是相对的

第二次世界大战结束后，德国国内的一切都百废待兴。

美国社会学家波普诺带队访问德国，看望了许多住在地下室里的德国居民。

之后，波普诺就问随从人员一个问题："你看，德国会振兴起来吗？"

"难说啊！"一名随从人员答道。

"他们肯定能！"波普诺很肯定地说道。

"为什么呢？"随从人员奇怪地问道。

波普诺看了看他们，又问："你们每到一户人家，看到他们的桌上都放了什么呀？"

众人齐声地说："一瓶鲜花。"

“那就对了！如果哪个民族处在这样困苦的境地，仍然没有忘记那些美好的事物，那就一定能在废墟上重建家园！”

世上没有绝望的处境，只有对处境绝望的人。在绝望中仍能追寻希望之花的人，怎么可能轻易倒下？

马绍尔是美国雅丽服饰有限公司的总裁，他在家里浴室的镜子上贴了一张纸，纸上写着这样一句话：我痛苦，我没有鞋。但是，在街上我遇到了一个人，他没有脚！

马绍尔为什么要写这么一句话？

原来，马绍尔原本是一家服装厂的裁缝师，厂子因为效益太差倒闭了，马绍尔也因此失业。妻子和他离婚了，由于没有工作，法官把他唯一的孩子判给了妻子。

那段日子里，马绍尔的心情变得异常灰暗。在他看来，处境已经糟糕得不能再糟糕了，开始以酗酒、抽烟来解愁。

那天，马绍尔去领取政府发放的救济金，走着走着，他突然看见一个失去双脚的人。那人坐在一个木制的小轮车上，两只手撑着一根木棒，沿街推进。他的脸上带着微笑，嘴里哼着小调，十分开心。

“早，先生。天气很好，不是吗？”那人对他说道。

“是的……天气不错。”马绍尔说。

“对不起，先生，我挡住了你的路。不，我到了。这是我的酒吧，有时间来坐坐，我保证我的酒吧会令你满意。”

那人指了指街道旁边的一所房子。马绍尔惊诧不已，在他的注视下，那人撑起手中的木棒，朝房子走去。

看着那人的背影，马绍尔惊呆了：他失去了双脚，却还能拥有自己的事业，而且很快乐；而我四肢健全，身体健康，却没有振作起来去奋斗！

想到这些，马绍尔突然觉得自己的心胸是那么狭隘，所有的痛苦都显得太矫情。羞愧包围了他，他转过身昂首向前走去，决定不再靠救济生活。

5年后，马绍尔有了自己的雅丽服饰公司，并且组建了新的家庭，还在华盛顿买了一所大房子。乔迁之日，马绍尔就在一张纸上写下了这样的话：“我痛苦，我没有鞋。但是，在街上我遇到了一个人，他没有脚！”

马绍尔把这张纸贴在了浴室的镜子上，每次照镜子时，他总要读一遍以提醒和鼓励自己：无论处境多么艰难，我也不能消沉！

是的，处境再艰难，哪怕真的身陷绝境，也要用顽强不屈的精神奏响生命的希望之歌！

弗洛伊德·柯林斯这个名字也带给我们很多启示，《美国普利策新闻奖名篇》中向世界讲述了这个人的故事。

当时是1925年1月，一位名叫弗洛伊德·柯林斯的洞穴探险者在探险时遭遇了不幸，这位美国阿肯色州山地青年的遭遇传遍了全国。

1月29日，当他在父亲的农场为寻找一个能够吸引游客的洞穴时，不小心跌入洞中。不幸的是，柯林斯被一块巨石卡住了左腿，动弹不得。人们想办法施以援手，却无法将其救出。

在人们难以想象的疼痛和折磨中，柯林斯整整坚持了十九天。他的勇敢和顽强，在同情者的心里烙下了深深的印记。

十九天的时间，一分一秒对柯林斯来说都是煎熬。在黑暗的洞穴里，柯林斯被压在巨石下，仅可容身的小穴如同绳索捆绑着他，他能动弹的只有自己的思维，而孤独、绝望、疼痛及无助，可以轻易让人崩溃。

当人们想方设法营救这位不幸的落难者时，一位名叫米勒的记者五次深入洞穴，并以细腻的笔触写出了自己亲眼目睹的一切，为人们记录下了这位落难者在绝境面前的表现及其内心痛苦与顽强的挣扎。

地面上的每一寸地方都是水，进入洞穴必须缓慢爬行。当米勒试图挤进柯林斯受困的小洞时，“疼——太疼了！”柯林斯恳求米勒放弃这样的努力。柯林斯躺着，向左侧斜着，左脸颊靠在地面上，两只胳膊牢牢地卡在他身边石头的缝隙里，像一位钉在十字架上的受难者。这样的姿势，他保持了十九天！

他的脸上盖着一块油布，米勒想动手拿开。“放回去，”他说，“放回去——水！”

米勒这才注意到，水正一滴滴地从顶部的岩面上滴下来，拍打着柯林斯的脸。最初的几个小时，柯林斯并不介意，可是，随后持续不断的水滴让他难忍受。

后来，他的弟弟给他带来一块油布。此情此景，与滴水的刑罚多么相似，再坚强的人也会不寒而栗，而柯林斯坚持了十九天！

营救均以失败告终。终于有一次，柯林斯面对着米勒——这位身高只有1.57米、体重仅54公斤的好心记者，真诚并非调侃地开起了玩笑：“喂，伙计！你最好出去暖和暖和，不要回来了。你这么瘦小，我觉得你没法把我救出去。”

此刻，陷入绝境的人依然乐观，一如既往地关心他人，关心眼前这位来帮助他的瘦小记者。

柯林斯只是要求在他的头顶放置一盏灯。灯光如豆，可是，微弱的光在这位地下探险者的心里，却成为永存希望的火种，成为挑战黑暗环境和冷酷陷阱的象征。即使受困，勇敢的心也不会向灾难屈服。

十九天后，柯林斯离去了，这盏灯仍然亮着……

柯林斯离去了，美国一位叫詹金斯的传教士为他写歌纪念——《弗洛伊德·柯林斯之死》。歌词这样唱道：

我们都知道的一个家伙，
脸庞英俊白皙，
心肠热忱而真诚。
他的身躯正在沉睡，
在沙洞中沉睡。

绝境中，柯林斯用自己的生命谱写了一首壮美的希望之歌！在一个人的精神和尊严面前，险境算得了什么！柯林斯面对绝境时所表现出的顽强意志以及对生命的留恋与渴望，每时每刻激励着在逆境中奋斗的人们！听到这首歌的人们，都会鼓起战斗的勇气：是的，这世界没有绝望的处境，只要对处境绝望的人！

值得庆幸的是，绝境并不常有，不是每个人都像柯林斯一样如此不幸。但是，几乎每个人都免不了遭遇逆境的折磨。当我们面对人生的逆境和磨难想放弃时，柯林斯不屈的灵魂就会出现，在生命的琴弦上弹奏他那坚韧的希望赞歌，安慰那些悲观哭泣的人们。

一点通

置身绝地是对一个人精神强度与韧性最好的考验，在绝境面前如何保持自己的尊严和希望？这个问题需要你自己来回答。

12 语言沟通篇

第一章　一半的奇迹由口才创造

从对方的角度思考问题

主动调整自己的态度和行为方式，是达到目的的最有效的方法之一，我们可以称这种方法为将心比心。

下面举两个例子来阐述这个观点：

农村下乡的知识青年小璐和农民小李相识并结婚，还生了个女儿。后来，小璐与昔日的恋人重逢，欲重修旧好，又举棋不定，于是，她向奶奶寻求帮助。

“你的事，奶奶全知道，现在你打算怎么办?”

“我不知道，我……没主意……”

奶奶说：“奶奶知道你委屈。人这一生，谁能没有委屈。我24岁那年，你爷爷就牺牲了，本家本村的都劝我再找个主儿。你曾爷爷跟我说：‘女儿，日子还长着呢，往前看看吧。’我不愿给孩子找后爹，就咬紧牙挺过来了。儿子一个个长大，参了军，又一个个地牺牲，可我没在人前掉过一滴眼泪。人活着，就是为了别人去受苦、去受难，天底下哪有那么多幸福？还是先委屈一下自己吧！”

“可以后的路我该怎么走下去啊?”

“做人哪，一半时间想想自己，另一半时间想想别人。你和那个小伙子倒是挺般配的，可就算你俩成了，日子过得挺舒心，你就能保证不想小李和女儿吗？那时，你虽吃着蜜糖，但却忘不了别人家在喝苦水。你甜在嘴上，苦在心里，甜的苦的掺在一起是一辈子的心结。我今年80岁了，什么苦都尝遍了，可从没做过一件亏心事。俗话说，‘人’字好写，一撇一捺，真正做起来就难了！”奶奶说的话句句动人心。

“奶奶，我懂了，”小璐擦了擦眼泪说，“我今天就回家安安心心地和小李父女过日子”。

奶奶的劝说语重心长，而且用通俗的语言，站在小璐的角度，设身处地地为她分析情况，从而使孙女做出了正确的选择。

用语言做假设，可达到将心比心的目的；用实际行动设身处地地体验别人的心理，从而调整自己的言行，同样可达到将心比心的目的。

某商店有位营业员很会做生意，营业额总是高出一般营业员的平均水平。有人问他："是不是因为能说会道，所以生意兴隆？"他回答说："不是，我的秘诀是把顾客当成自己。"他总是站在买者的立场上替顾客精打细算，现身说法，消除了顾客的戒备和防范心理，而且使顾客产生了与其一致的认同感，故而说服了顾客，做成了生意。

将心比心术是指替对方思考和谋划，理解对方的心理、需求和困难。因此，这种说服方法容易使对方接受，并能与之达成共识。

永远站在别人的立场上思考问题，并从对方的观点去看事物的趋向，如果懂得这一道理，就会成为你一生事业成功的一个关键。

要说服对方赞同你的观点，就必须站在说服对象的角度上。两者的关系越融洽，说服越容易取得成功，这是基于人类的共同天性，即喜欢听"自己人"说的话。美国纽约市立大学的心理学家哈斯也说过："一个酿酒专家能给你解释为什么某一种牌子的啤酒比另一种牌子的好。但如果你的朋友——也许他并不懂啤酒——教你选购某种啤酒，你也很可能听取他的意见。"

此外，在具体行动上甚至某些细微的方面，例如，在感情上表现出对你的听众的亲近感与认同感，往往会使你与听众产生情感上的共鸣。一旦建立了这种感情共鸣，就不需要任何苦口婆心的劝诫与说服了。

一点通

说服的最佳效果是双方达成共同认识。通过主动调整自己的态度和行为方式，启发对方进行换位思考，即将心比心。

"巧舌如簧"的用途

有人说："人若有一颗灵巧的心，胜过任何灵丹妙药，它可以治疗心理上的许多病。"而拥有灵巧的心的前提就是机智和幽默。

纪晓岚中进士后，当了侍读学士，陪伴乾隆皇帝读书。

一天，纪晓岗很早就从长安门进宫，等了很久，仍然不见皇上到来。百无聊赖中，纪晓岚对同来侍读的人开玩笑说：

"老头儿怎么还不来？"

话音刚落，只见乾隆已到了跟前。由于他没有随从人员，又穿着便服，所以没有引起大家的注意。皇上听见了纪晓岚的话，自然生气："'老头儿'三字作何解释？"

旁边的人被吓出一身冷汗，纪晓岚却从容不迫地跪在地上说："万寿无疆叫做'老'，顶天立地叫做'头'，父天母地叫做'儿'。"

这个恭维的解释，使乾隆转怒为喜，不再追究经晓岚的过失了。

在不协调或欠协调的交际中，善于运用自己的智慧和口才，随机应变，可以化解矛盾，使交际者走出困境。纪晓岚机智地运用了自己的口才将其曲意直解，把对乾隆有不恭意味的"老头儿"三字巧释为"万寿无疆""顶天立地""父天母地"，不但化险为夷，而且变辱为恭。

共和国的元勋周恩来总理也是一个口才很好的外交家。

抗美援朝时期，周总理接受一位美国记者的采访。周总理刚批阅完文件，顺手把钢笔放在桌上，记者发现是由美国制造的"派克"钢笔，便不怀好意地问："请问总理阁下，你们堂堂中国人，为什么要用美国生产的钢笔呢？"

周总理朗声笑答："提起这支笔，说来话长。这支钢笔不寻常，它是中国士兵抗美援朝的战利品，是一位朝鲜朋友送给我的礼物。我觉得很有意义，就收下了。"

记者听完后,不发一言。记者本来是想讽刺中国的落后,却反被周总理嘲弄了一番。面对这种外交场合的敌意攻击,疾言厉色的驳斥自然也是一种方式,但体现不出泱泱大国的风度。周总理的过人之处就在于在朗声畅笑中巧妙地反击,既以朗声畅笑体现了中国人民的自信与自豪,又以"战利品""意义"等特别的字眼暗示了中国的强大和美帝侵略者的失败,从而使不友好的记者在他营造的温和而不失礼节的氛围中感受到了其睿智风趣的品质。

过去,人们认为口才只是雕虫小技,不值得一提。但在现代社会里,口才却发挥了它的强大作用,成为衡量人才能的一项标准。

一位旅馆经理为测试其员工的工作能力,出了一道题。他的题目是:如果你不经意推开房门,看见一丝不挂的女客正在沐浴,而她也看见你了,这时候你该怎么办?第一位答:"说声'对不起',然后关门退出。"第二位答:"说声'对不起,小姐',然后,关上门出来。"而第三位的回答是:"说声'对不起,先生',然后关门退出。"

前两位员工的回答是我们通常能够想到的,而第三位员工却巧妙地运用了幽默的表达方式。它妙就妙在假装没看清客人的身体,故作痴呆,既保全了客人的面子,又避免了自己尴尬。

一点通

在与人交往时,利用你的机智幽默可以引起别人的兴致。一句笑话就像乌云密布的天空中的一缕阳光,一切怀疑、郁闷、惧怕都会在一句妙趣横生的笑话中烟消云散。

借对方之题,言自己之意

借题发挥,要借得合理、巧妙,构成顺水推舟之势,不能牵强附会。要想做到不牵强、无痕迹地借题发挥,就要顺其自然,以达到顺理成章的效果。尤其是当一个人处于某种场合时,更要善于敏感地、准确地捕捉住眼前的事物,借此发挥出意想不到的效果。

下面有几个小故事,阐述了借题发挥的妙处。

第二次世界大战期间,英国首相丘吉尔访问美国,请求罗斯福总统给予一批军火援助,罗斯福举棋不定,没有明确答复他。丘吉尔回到宾馆时郁闷至极,他刚迈进浴盆,罗斯福突然不宣而入,当时丘吉尔正好赤身裸体。丘吉尔不愧为幽默大家,正当两位国家元首难堪之时,他一耸肩膀说:"瞧,我这个大英帝国的首相对您可是没有丝毫隐瞒啊!"罗斯福听了之后不禁大笑起来。

丘吉尔妙语惊人,不仅掩饰了自己赤身裸体的窘态,而且含蓄地表示了他在政治立场上也是开诚布公,毫无隐瞒的。他借题发挥,不仅恰当地打破了僵局,缓和了氛围,而且获得了罗斯福极大的同情和好感。

在交际活动中,窘境或被动局面不可避免。碰到这种情况时,如能借助对方提供的话题或某种情况,顺势发挥,往往可以取得出其不意的效果。

1960 年 4 月,周恩来总理在尼泊尔首都加德满都召开了记者招待会。当谈到中尼两国对珠穆朗玛峰的看法不一致时,美国的一名记者问:"您是否针对珠峰问题做出了决定?您刚才讲的意思是中尼平分珠峰吗?"

周总理回答说:"无所谓平分,我们的友好协商仍在继续。这个山峰已经把我们两国联结在一起了,不是像你所想的要分开我们两国。"

寥寥数语,一"分"一"联",周总理借题发挥,在纠正记者错误之时,重申了我国的友好睦邻政策。

经验丰富的辩论家总是善于利用有利时机传达自己的意思,并注意扩大其影响。有时,这机会就是发现对方不合理的论证。趁机接过这一论题加以发挥,不仅可以变被动为主动,而且能收到意想不到的效果。

阿凡提害眼病，看不清东西。国王偏偏叫他来辨认东西，还取笑他说：

"你不论看什么，都认为一件东西是两件吗？你本来穷得只有一条毛驴，现在却有两条了，阔起来了，哈哈！"

"真是这样，陛下，"阿凡提说，"就如同现在把你的两条腿看成了四条，和我的毛驴一模一样呢。"

阿凡提对国王的回答，用的也是巧借话题法。他巧妙地利用国王的话题，借题发挥，狠狠地讽刺了国王一番，让其自作自受，自讨没趣。

借题发挥的重点突出一个"借"字，因为所论之题是论敌提供的。能否将论敌的话题借为己用，反映出辩者运用这一对策的论战经验和思辨能力。借题发挥的限制条件是辩论时的特定情境和论战双方的对立关系。

借题发挥通常的做法是以其人之道，还治其人之身。以敌方的论证或方式还击敌方，能产生有力的反驳和揭露的作用。

某次国际会议期间，一个西方外交人士对我国代表狡猾地说："阁下这次在西方逗留了这么长一段时间，是否刚刚才对西方有一点初步认识？"言外之意是讽刺我国代表过去没有接触过西方，对西方的一切知之甚少。

我国代表淡然一笑："40年代我在巴黎受过高等教育，对西方的认识并不比你少。遗憾的倒是您对东方的了解真是太浅薄了。"

一点通

以上事例中，中国代表使用借题发挥法，"借"得非常自然，不仅表达了思想，还很合情合理。我们在借题发挥时除了要会借题、表达思想外，所作的引申发挥要中肯而恰如其分，不能生搬硬套。

先退后进，转折服人

人都有自尊，都爱面子。生活中有一些人明知自己错了，却仍然强词夺理，坚持不让步。还有一些人，自高自大，或戒备心理很强，别人的话通通听不进去。要想说服这些人，最好采取先退后进的策略。

战国时期，齐国有个人得罪了齐景公，齐景公大怒，命人将他绑住，召集左右武士肢解他，谁要劝谏，一律斩首。晏子左手摸着这人的头，右手磨着刀，仰面向齐景公问道："古代贤明的君主要肢解人，你知道是从哪里下刀的？"齐景公听后离开坐席说："放了他，过错在寡人。"

晏婴为了说服齐景公不要肢解得罪他的人，首先，他顺从他，附和他，让齐景公信任他，赢得发言权，进而申明大义，道其"贤明"，使齐景公茅塞顿开，不再坚持杀人。这个例子告诉我们如果某人比较傲气，不愿听你的话，你可以尝试说"我有几句话想说，不知对不对，如果说错了，请你纠正我"之类的话。这样一来，你的谦逊姿态将会奇妙地诱使他听你讲话。

再如，某人坚信自己能力强，但因仕途不顺，颇为气恼。这时候你可以劝他："如果我是你，也会生气的，但是仔细想想，生气不能解决问题……"这样他会认为你是知己，进而相信你所说的话。

在与人交谈中，把对方的话题和看法先承接下来，予以赞同，能够缓解对方的对立情绪，使他听你讲话。然后，再话锋一转，改变原来对对方的某些看法，使对方比较乐意接受。

许多人在劝说别人时，总是试图证明自己是完全对的，对方的所有观点都是错误的。

其实，精明的劝说者总是就某些事情做些让步，并找出与对方一致的观点，逐步劝解，从而使对方改变主观意见和态度。

对方提出某种观点，不能毫无道理。因此，要想说服对方，不妨先承认其观点的正确性；然后，再转折："是的，你在那件事情上当然是正确的，但是……""是的，我明白你的意思，但是……"

采取这种"是的……但是"的转折技巧，温和而准确地陈述你的情况和理由，使他易于接受你的话，心悦诚服地赞同你的观点。

这样的说话技巧使对方由于自己的话题被认同，从而认为自己被肯定和接纳，最初对立的情绪就会逐渐减弱，直到被人说服。

一点通 只说自己的道理，不考虑对方观点的部分合理性，双方就很容易争执得"脸红脖子粗"，或者私下结怨，这对双方都没有好处。所以，不妨先听取他人意见的合理部分或者先迎合他人的意见，然后，慢慢陈述你的意见，让他最后接受你的劝说。

自我解嘲可化解尴尬

拿自己开玩笑，既能使人觉得亲近，也可化解尴尬，使自己显得风趣机智、平易近人，这是一种能够征服人心的变通方法。

一次，里根总统在白宫钢琴演奏会上讲话时，夫人南希不慎跌落在台下地毯上，观众发出惊叫，但是南希却灵活地爬起来，在200多名宾客的热烈掌声中回到台上。正在讲话的里根看到夫人没有受伤，便打趣道："亲爱的，我告诉过你，只有在我没有获得掌声的时候，你才应该这样表演。"

无独有偶，二战时的著名将军艾森豪威尔也善于自嘲。

1944年秋，艾森豪威尔亲临前线给官兵训话。当时，他站在一个泥泞的小山坡上讲话，讲完后转身时不慎滑倒。原本肃静严整的队伍轰然暴响，士兵们不禁捧腹大笑。面对突发情况，部队指挥官们十分尴尬，以为这下将军肯定要发火了。岂料，艾森豪威尔毫不介意地爬起来，幽默地说："从大家的笑声可以判断，在我与士兵的多次接触中，这次是最成功的。"

自嘲可以巧妙地把陷自己于不利的因素，用一种荒诞的逻辑歪曲成有利因素，从而使自己成功地解脱。

著名主持人杨澜在主持一台文艺晚会时，突然在台阶上摔倒，观众顿时哗然。只见杨澜不慌不忙地站起身，微笑着对大家说："怎么样，我这个狮子滚绣球的节目还不错吧？不过还不熟练，台下节目不太好，但台上的节目更精彩……"

就这样，杨澜把自己的摔倒顺水推舟地解释为台下的节目"狮子滚绣球"，同时让大家注意台上的节目，随机应变，妙语解围，赢得观众热烈的掌声。

当我们置身于难堪境地时，过于掩饰窘况反而会欲盖弥彰，弄巧成拙，使自己更加尴尬。若以漫不经心、自我解嘲的口吻说几句取悦于人的话，既可以活跃气氛，消除尴尬，也显得自己心胸豁达。

某作家写作太累，在开会时睡着了，不久便呼声震天，逗得与会者哈哈大笑。他醒来时发觉众人在笑自己，一位同事碰了一下他的胳膊，并用话逗他："你这呼噜真不简单。"

作家顺着此话往下说："这可是我祖传功夫，还没发挥到最好呢"！

结果，他在众人的一片哄笑声中给自己解了围。

一点通 自嘲可以使人们在笑的同时，暂时忘记你的窘态。自嘲的巧用，既能使自己在众人中平添风采，又能使自己的语言在令人愉悦的情况下达到皆大欢喜的目的。

生活处处需要“和事佬”

人间需要“和事佬”，充当这个角色的机会很难得。人与人之间难免会产生摩擦或交往上的障碍，有时候双方陷入僵局，顾及颜面，谁也不愿作出低姿态，给对方一个台阶。这时“和事佬”便大放异彩了，他们最高超的功夫就是“打圆场”。

所谓“打圆场”，是指交际双方发生争吵或处于尴尬境地时，由第三者进行调解的行动。打圆场近似于捧场，同是圆滑乖巧之为，却不肉麻，而且在了结现实矛盾、平息事端的功效上比捧场更高一筹。“打圆场”运用得好，可以融洽气氛，联络感情，同时还有利于应付尴尬的局面，打破僵局，解决问题。

凡事都有诀窍，打圆场也不例外。

当双方为某件小事争论不休，互不相让时，无论“和事佬”对哪一方进行褒贬过分的表态都会火上浇油。因此，“和事佬”必须比较客观地将事情的真相说清楚而不加任何评论，让双方从事实中进行自我反省，消除误会，并引导他们各自多做自我批评，使矛盾最终得到解决，使矛盾双方最终和解。

如果属非原则性的争论，根本没有必要争论下去，但是，双方却各执己见，那么作为“和事佬”应该如何“打圆场”呢？如果力陈己见，往往不会有什么效果，不妨岔开话题，转移争论双方的注意力。

假如双方对争论的问题有较大的异义而且都有失偏颇，明知观点相近，但由于自尊心都不肯服输，那么“和事佬”应该考虑双方的面子，将双方的见解取精华去糟粕，做出公正的评论，让双方都可以接受，这样就把争论引导到理论的探讨、观点的统一上来了。但绝对不能“各打五十大板”，不分青红皂白地批评，因为批评是不能解决这些问题的。

一点通

假如你想让两个过去互相抱有成见的人冰释前嫌，假如你的亲人突然遇到从前讨厌的人而你又在场，假如你作为随从人员参加的某个谈判暂处僵局……作为局外人，你首先应该联络双方的感情，努力寻找双方心理上的共同点或共同感兴趣的话题，一幅好字，一个故事，一则笑话，一句谚语，甚至一杯酒、一支烟都可能成为融洽气氛、打破僵局的契机。

沉默，语言不能抗衡的力量

法国有句谚语，“雄辩如银，沉默是金”。日常生活中，有些时候确实是沉默胜于雄辩。与得体的语言一样，恰到好处的沉默同样是艺术。如果能恰当地运用沉默，就会收到“此时无声胜有声”的效果。

在一座寺庙里，有一位德高望重的长老，手下有个小和尚很不听话，他总是深更半夜越墙而出，早上天未亮再越墙而入。长老一直想批评这个小和尚，却没有证据。

一天深夜，长老在寺庙里巡夜，在寺院的高墙边发现一把椅子。他知道这是小和尚越墙到寺外的证据，于是，长老拿走了椅子，自己站在原地守候小和尚。午夜，外出的小和尚回来了，他爬上墙，再跳到“椅子”上。突然，他感觉“椅子”不似先前硬，好像软软的。落地后的小和尚才知道椅子已换成了长老，吓得他惊慌离去。

此后，小和尚觉得度日如年，每天都诚惶诚恐地等候着长老对他的惩罚，但长老依旧和从前一样，对这件事只字未提。

终于有一天小和尚受不了了，他不想每天都在煎熬中度过，于是鼓起勇气找到长老，诚恳地认了错，哪知长老宽容地笑了笑说：“不用担心，这件事只有你我知道，你怕什么呢？”

小和尚从此备受鼓舞，他收住心，不再翻墙出门。通过刻苦的修炼，小和尚成了寺院里众僧中的佼佼者。若干年后老和尚圆寂，小和尚成了长老。

通过这个故事我们知道，有些时候缄默比论理更有说服力。

沉默不语有时能够出奇制胜，口若悬河反而未必说得清道理，下面还有一个例子可以说明。

林肯是一位勤勉好学的人，通过自学成了律师。他在法庭诉讼中的能言善辩、机智灵活，赢得了人们普遍的赞誉。有一次，他一语不发地击败了对方律师，在诉讼中获胜。

在法庭上，原告律师滔滔不绝，把一两个简单的论据不厌其烦地说了很多遍，法官和听众都显得十分不耐烦，台下一片议论声，有的人甚至无聊得打瞌睡。最后，原告律师终于说完了，林肯作为被告律师登上讲台，但他却一言不发。台下出奇地安静，大家都摸不着头脑。

过了一会，林肯把外衣脱下，放在桌上，接着拿起水杯往嘴边一放，抿了一口，再把水放下，重新穿上外衣，然后，又脱外衣，紧接着又喝水，这样的动作他重复了五六次。法官和听众被林肯的哑剧逗得哈哈大笑，而林肯始终未发一言。伴随着笑声，林肯下了讲台，他的对手最终被"笑"输了。

一点通

人们要学习如何表达自己的观点，最主要的是学习怎样及何时保持沉默。就像阿拉伯俗语所说，"你要说话时，你的话必须比沉默更有益"。这就是沉默所带来的有效回馈。

知错就改有利于化解矛盾

法国著名作家拉罗什富科曾说过："不能容忍别人错误的人往往比其他人更经常地犯错误。"确实，在我们生活中经常会发现身边的人在犯各种各样的错误。于是，如何做到及时纠正别人的错误但又不伤害他人，成了人际交往中的一门重要学问。

也许你会说，"批评还不容易，直接跟他说'你错了'或'你不应该这么做'，很简单嘛。"然而我们都知道，人是有情感、顾脸面的，很少有人不主动维护自己的意见和看法。因此，几乎没有谁在听见"你错了"三个字时仍能内心平静。大家常常会因为听到别人的批评而心情不悦，冲动的人甚至可能当即暴跳如雷、反唇相讥。

千万不要小看"你错了"这直截了当的三个字，在人际交往中，这三个字总是起到破坏作用，几乎从未带来任何好的效果。这三个字通常只会带来一场不快、一场争吵，甚至会使朋友变成敌人，使情人变成怨偶。当我们理直气壮地用它指出别人的错误时，几乎意识不到这样做会在别人的心中留下疤痕。

从人性角度来说，犯错的人只会把错推给别人，而不会责怪自己——我们都是如此。这不是度量的问题，而是关于人性。只有少部分人能够正视人性的弱点，以一颗大度的心接受别人的批评。

那么，想批评别人的时候，我们应该采取怎样的方法呢？被誉为20世纪最伟大的心灵师长的戴尔·卡耐基曾指出，要想达到批评别人的意图，不妨先承认"我错了"，这对疏通关系和解决问题很有好处。

曾经有一位著名作家以主动承认错误的方式，赢得了读者的认可和尊敬。在长达20年的社会纪实小说写作之后，他尝试着变换风格，推出了一部侦破类新作，这种风格让很多读者难以接受。一名愤怒的读者甚至写信给他，言辞激烈地批评他的突然转型。信中很多语句有失偏颇，看得出这位读者对小说艺术的理解并不深入。然而这位作家并没有因此生气，而是非常认真地写了一封回信。在信中，他只字不提这位读者偏激鲁莽的言辞和肤浅的认识，相反，他很诚恳地承认自己并不适合写悬疑推理题材的小说。他很感谢这位读者的意见，并希望以后能够常和他交流意见和观点。

这个故事让我们深刻体味到"你错了"会为自己增加新的敌人，"我错了"却能帮你赢得新的朋友。可以想象，那名激动的读者看到回信后，一定会为自己的冲动偏激心生惭愧，为作家的谦逊大度深深折服。在一个胸襟宽广、能够认识自己的错误并敢于向他人承认错误的人面前，任何问题都将迎刃而解，任何矛盾都将烟消云散。

现实往往就是如此，当我们直接指出对方的错误时，他的反应常让我们头疼；反之，如果我们承认自己也许错了，则不但能避免所有的争执，而且能使对方变得跟你一样宽宏大度，承认他可能弄错了。

通常在指出对方错误时，他或许并不知道你真正的意思，究竟是为了贬低他、抬高自己，还是为了他好？因此，你应该尽量让他明白你对他的批评出于好意。说话时语气尽量真诚委婉，用语不能激烈，否则对方就会以为你在教训他；也不必过于委婉，否则他会认为你没有诚意，只是做做样子而已。

此外，纠正别人的错误还要选对地点和时间。原则上讲，要在对方情绪比较稳定时指出他的不足之处。人在情绪不正常时，可能什么也不愿意听。还有最重要的一点，即最好避开第三者，以一对一的方式进行，以免让他产生当众出丑的感觉。在公共场合直接说出别人的错误，除了会为自己多树立一个敌人外别无益处。

一点通

常说“你错了”，只会引起对方的不满与反抗；而一句“我错了”则胜似仙丹妙药，可以让对方舒服地接受你的批评。

第二章　幽默是沟通必备的开心果

说话风趣，能化解险境

有一次，乾隆皇帝和文武百官在御花园里饮酒，开始的时候，大家很热烈地畅所欲言，后来渐渐没有话了，气氛冷了下来。乾隆知道纪晓岚是个幽默之人，想让他调节一下气氛，于是问道：

“纪爱卿，你说你是忠臣，还是奸臣？”

“当然是忠臣了！”纪晓岚果断地回答道。那些大臣不知乾隆的葫芦里卖的是什么药，注意力立刻被吸引过来了。

“忠臣讲究什么呢？”乾隆接着问。

“君让臣死臣就死。”纪晓岚依然毫不犹豫地回答。

“既然君让臣死臣必须得死，那你就到荷花池投水自尽吧！”乾隆这话虽然说得轻巧，但大臣们都吓坏了。这还了得，皇帝的话就是金口玉言呀！话一说出口就不能收回，说别的还不要紧，让纪晓岚投水自尽，这可是人命关天的大事呀！大臣们都吓傻了，纪晓岚却显得很淡定，他不慌不忙地答道：“好吧！”

说完，纪晓岚就迈着四方步向荷花池走去，那帮大臣们吓得目瞪口呆。转眼间，纪晓岚已经站在了池边，大臣们越发紧张。

就在他头朝下，身子刚要往下扎时，却停在那里一动不动了。只见他嘴唇一张一合，好像在跟水里的什么东西说话，还时不时地点点头，众人都很纳闷。就这样，纪晓岚神叨叨地在池边待了一会儿又回来了，他跪在乾隆面前说道：

“万岁，不行啊！有人不让我死！”

“这人是谁？”乾隆和大臣们都有点搞不懂了。

“屈原呀，屈原他不让我死。”这时，乾隆与大臣们更加不解了：屈原都死了，怎么会跟纪晓岚说话呢？纪晓岚接着说："当我准备往水里扎时，屈原突然从水里冒出来，我对他说：'屈夫子，我真羡慕你呀，当年你投的是滚滚的汨罗江，可我却只能在这小小的荷池里自尽。不过为了表示我的忠诚，就算投荷池我也愿意！'屈原却对我说：'纪昀，你不能自尽呀！我那时跳汨罗江自尽，是因为皇帝昏庸无道、残害忠良，我是无路可走了才这么做的，我听说乾隆帝是明君，如果你跳水自尽的事传出去，那乾隆帝的脸不就被你抹黑了吗？'我听了这话，仔细一想，他说得也对，我死事小，可给圣上抹黑事大呀！所以，我没跳。"

大臣们听了这话，才轻轻地舒了一口气。乾隆听罢哈哈大笑，指着纪晓岚道："纪爱卿，真有你的！"

人有的时候，人们会遇到麻烦或棘手的问题，若以幽默诙谐的方式应对它，往往会化险为夷，改变窘态，使难堪局面消失在谈笑之中。

那么，什么是幽默？幽默是智慧的表现，也是一种成熟的、高尚的心理自卫机制，是个人素养比较成熟的表现。

幽默的人通常是智慧的，能够以幽默的方式对待别人的小错误。没有"喝"过墨水的人是无法学会幽默的，但即使喝的墨水多，没有灵气也不行，所以，但凡幽默的人总是兼具才气与灵气。

幽默的人又是自信的，因为幽默有时就是一种自嘲。一名姿色平庸的女子若能将自己的外表当做玩笑，那么，可以肯定她并不真的以此为卑，而且，她的身上肯定还有更多让自己引以为傲的地方。

幽默的人是乐观的，因为幽默机智的反应并非仅仅能言善道，它也是一种快乐、成熟的乐观态度。当身处险境之时，幽默者不会沉沦丧志，而是开朗豁达、从容不迫地笑对人生，从中领略到人生的别样风景。

一点通

身处窘境的人就好比站在悬岸边上，前面是深渊，后面是追兵。这时，幽默语言引发的笑声就像突然长出的翅膀，能带人飞出这个进退两难的地方。

委婉的批评更有助于解决问题

20世纪50年代，台湾著名书法家于右任在商界赫赫有名，各大商家纷纷在自己的公司、店铺、饭店门口挂起了于右任签名的招牌，以示招徕。但其中很少有于右任亲笔提的字，半真半假的居多，完全假的也有。

一天，于右任的一位学生急急忙忙地来见他，说："老师，我今天中午去一家平时常去的羊肉泡馍馆吃饭，想不到他们竟然也挂起了以您的名义题写的招牌。青天白日，他们居然如此大胆地欺骗顾客，您说可气不可气！"意想不到的是，正在练书法的于右任只是轻轻地"哦"了一声，放下毛笔后缓缓地问："他们招牌上的字写得好不好？"

"好啥啊！"学生叫苦道，"也不知他们是找谁冒充的，字写得歪歪斜斜，难看死了。下面还签着老师您的大名，连我看了都觉得丢脸"！

"这可不行！"于右任沉思道。

"我这就去把字幅摘下来！"学生说完，转身要走，但被于右任喊住了。

"慢着，你等等。"

于右任顺手从书案旁拿过一张宣纸，并且立即提起毛笔就在纸上写了点什么，然后，他交给恭候在一旁的学生，说："你去把这幅字交给店老板。"

学生拿过宣纸一看立刻呆住了。只见纸上写着笔墨流畅、龙飞凤舞的几个大字：羊肉泡馍馆。落款处则是"于右任题"几个小字，还盖了一方私章。整个书法简直完美之至。

"老师，您这……"学生大惑不解。

"哈哈，"于右任抚着长髯笑道，"你刚才不是说那块招牌的字写得很难看吗？我不能砸了自己的招牌，毁了自己的名誉啊！所以，帮忙帮到底，还是麻烦你跑一趟，把那块假的给换下来，如何？"

"啊，我明白了，学生遵命。"恍然大悟的学生拿着宣纸匆匆离去。就这样，这家羊肉泡馍馆的店主竟以一块假招牌换来了大书法家于右任的真墨宝，高兴之余，他露出了惭愧的表情。

大家都曾受到过批评，都知道被批评的滋味很难受，尤其是一点情面都不留的批评。既然如此，己所不欲，勿施于人，批评别人时要给别人一个台阶下，也给自己留点余地。

作家冯骥才在美国访问时，一位美国朋友带着儿子到公寓去看他。在他们谈话期间，那个肥胖的孩子爬上冯骥才的床，站在上面拼命蹦跳。如果直接叫他下来，势必会使其父产生歉意，也显得自己不够热情，于是，冯骥才幽默地说道："请你的儿子回到地球上来吧！"那位朋友说："好，我和他商量商量。"

这样的建议，既达到了自己的目的，也无伤风雅。说话讨人喜欢的人往往能够巧妙地运用幽默语言作为"台阶"，助人"下台"。

以反面的形式来表明正面的含义，在语气上是嬉笑的，但实际上却给出了批评。因为表达形式比较委婉，不会伤及他人的面子，所以，容易使对方听进去。一旦对方意识到自己的失误，就容易接受劝告，从而改变行为。但是这种责备的程度要适可而止，不能太露骨，不能刺激对方，因为对方若觉得自己受到过分的刺激，就会反感或气愤，这样一来，批评建议就达不到预期的效果了。

一点通

大度诙谐更多时候比横眉冷对更有助于问题的解决，以诙谐的方法对待他人的小过，实际上是一种温和处世的态度。

说话无厘头也是一种能力

因为喜欢周星驰的电影，更喜欢周星驰的幽默风格，所以说话都带着周星驰的无厘头。不懂幽默的人是不会让任何人动心的，如果他自认为能给别人提供幽默的笑点，则只会弄巧成拙。

"二战"时期，希特勒手下有一位将军叫罗德里斯。他常常乱开别人的玩笑，但是自己全然不知，自认为很会搞幽默。

德军占领法国以后，罗德里斯将军的部队也进驻法国。在一次高级军官及其家属参加的鸡尾酒舞会上，正当大家陶醉于美妙的音乐和芳香的葡萄酒中时，宴会大厅的灯忽然间全熄灭了。

这时，从门外传来几声震耳欲聋的爆炸声，紧接着就听到罗德里斯惊慌的喊声："盟军的轰炸机来了！盟军的轰炸机已经到达我们头顶了……"大厅里顿时一片混乱，那些胆小的太太小姐们更是吓破了胆，急忙寻找地方躲起来。可是，突然之间，大厅里的灯又亮了。只见罗德里斯站在楼梯上哈哈大笑说："女士们、先生们，请不要慌张，刚才只是一个玩笑而已。盟军胆小如鼠，怎么有胆量到这儿来呢？"众人听后哭笑不得，原来是虚惊一场。因为他军衔高，所以没有人敢拿他怎么样。但是，这种低劣的玩笑，跟恶作剧有什么区别呢？

罗德里斯常常以这种"玩笑"捉弄大家，得罪了不少人。后来，有人联名向上级反映，认为罗德里斯为人粗鲁，缺乏修养，应该撤换。众怒难犯，上级不得不将罗德里斯调到东部前线去。结果，罗德里斯死在了苏联东线战场上。

闻名国内外的幽默大师林语堂说："豁达的人生观，率直无伪的态度，加上炉火纯青的技巧，再以轻松愉快的方式表达出来，这便是幽默。"所以，幽默并不等于滑稽和尖酸刻薄，它包含了智慧、亲切、诚恳，并带有丰富的人情味。

现实生活中，只有那些深入地思考人生，并且对人与人之间的复杂关系有着清醒认识的人所运用的幽默，才能让大家高兴得心服口服。生活中有些人大大咧咧，把幽默的能力简单地理解为讲笑话的能力，不讲究场合和时机，更不会运用技巧来表达，随心所欲地滥用这种方式，结果弄巧成拙，不但达不到预期的目的，反而让别人更加难堪。

一点通

人人都爱听好消息，喜欢生活在愉快的氛围中，谁也不愿意与一个“苦瓜脸”朋友对望。因此，如果你能适时体现谈话的艺术，说出让人受益匪浅的话，就能广结善缘。

人的魅力因幽默而大增

在人际交往中，越是机智幽默的人越能交到很多的朋友，谁都不喜欢与那些斤斤计较、郁郁寡欢、言谈乏味的人交往。幽默就像润滑剂，它使烦恼变为欢畅，使痛苦变成愉快，将尴尬转为融洽，让你牢牢地吸引住对方。

拥有幽默感的人一般都很乐观，为人处世比较灵活，容易与周围的人建立良好的关系。枯燥的会议因他而活跃；朋友聚会因为他而变得热闹起来；面对严肃的上司，他出语诙谐，松弛了上司拉长的面孔；面对拘谨的下属，他妙语连珠，缓和其紧张的心情；参加紧张的谈判，在激烈的商业洽谈中他来点幽默，交易马上顺利达成。这种到处都发挥着幽默感的人，大家会很喜欢。适当以开个小玩笑，给生活增添一道幽默和谐的色彩，你的人际关系将会更加融洽。

幽默可以把尴尬化为轻松、把被动化为主动、将不利因素扭转为有利因素。它能够使气氛更加融洽、和谐，能自然地消除陌生人之间的心理障碍，拉近双方的心灵距离。谁都愿意和有幽默感的人轻松相处，而不愿和一个整天板着面孔毫无趣味的人来往。这也证明了幽默一种是生活情趣，它能反映一个人的修养和情调。

毛泽东在人际交往中就常以幽默开头给人惊喜、活跃气氛、沟通思想。

毛泽东很重视三峡工程建设。1953 年 2 月 9 日，毛泽东视察长江时，向长江流域规划委员会的办公室主任、水利专家林一山询问了有关气象、水文和洪水成因等问题后说：“你能否找一个人来做国家主席，我给你当助手，协助你修建三峡大坝，好吗？”毛泽东的这一幽默提问，使人感到他对三峡截流的重视与渴望，他心系三峡建设，做梦都想着有一天能实现“高峡出平湖”的愿望。他的话不仅是心愿的表白，而且是一种号召、一种激励，这种激励性质的幽默让人意识到三峡建设的重要性和紧迫性。

幽默是上等的润滑剂，在全世界有着相同的润滑作用，国外也有许多关于幽默的典型例子。

一个将军与一个士兵碰杯的时候，士兵由于紧张，举杯时用力过猛，不小心把酒洒在了将军头上。士兵吓坏了，可老将军却用手擦了擦头顶的酒笑着说：“小伙子，你以为酒能治好我的秃顶吗？我可没听说过这个药方啊！”说完后，大家全都情不自禁地笑了起来。

遇见如此尴尬的事只要幽默一把，就能使气氛立刻变得轻松起来，人们摆脱了凝固的空气，体会到的却是幽默豁达的深刻意味。

马克·吐温就是深懂幽默之人。

有一次，他要去一个小城，临走前别人告诉他那里的蚊子特别厉害。到达目的地之后，马克·吐温正在旅馆登记房间的时候，一只蚊子在马克·吐温眼前盘旋，这使职员尴尬万分。马克·吐温却满不在乎地说：“你们这儿的蚊子比传说中的要聪明很多倍，它竟会预先看好我的房间号，以便夜晚光顾，饱餐一顿。”这句话把服务员给逗乐了。结果，这一夜马克·吐温睡得特别香，原来，当晚旅馆的所有职员都一起驱赶蚊子，以免这位受人欢迎的大作家遭受蚊虫叮咬。

幽默给马克·吐温带来了很多真诚的朋友，也得到了陌生人的“特别关照”。

对于男性来说，幽默既是增加自身魅力的重要手段，也是与女性缩短心理距离的好方法。有句话是这么说的：“如果你能连续三次把一个女人逗笑，那么她对你的防范之心就会减少很多。”这句话的确很有道理,女人面露微笑时,无形中将自己内心的紧张情绪释放掉了,也就缓和了由于陌生而产生的心理压力。

男人要想和与自己年龄差距大的女人融洽相处,就一定要有幽默感,特别是含蓄的两性幽默,在特定场合的作用更大。男女之间如果不太熟悉,是不可以乱开玩笑的,但幽默没有性别界限。

对演讲者来说,若板着面孔显出一副居高临下的样子,就难以与听众进行感情沟通。反之,一开始便对等地、谈话式地来个幽默全场,就能缩短与听众之间的距离。

新学期开始,某大学生物系举办迎新晚会。该系的系主任是著名的植物分类学教授,作为发言人他上台就说:"生物学,过去大家认为就是采标本、捕蝴蝶,不理解的就把它当做高级休闲课程了。"两句话,惹得大家哈哈大笑,气氛一下子活跃起来。

或许现在你已有所了解,当演讲气氛紧张或演讲者与听众尚未完全互动起来时,适当地幽默一番可以消除紧张感;在交际场所与不熟悉的人闲聊时,适当地幽默会让交谈变得轻松愉快。那么该怎样培养幽默感呢?

幽默与每个人的性格特点及知识水平有关,要想让自己能够在需要时幽默起来,平时就要多观察生活中的细枝末节,多看笑话、喜剧片和相声小品,或多看有名的幽默故事并记住符合自己的一些经典语句。下面,让我们具体了解幽默的技巧。

豁达自信,以自嘲的方式看待问题是一门艺术。在日常生活中,谁都有失误的时候,陷入尴尬的处境,一般人往往喜欢遮遮掩掩或极力辩解。其实,与其越描越黑,还不如自我解嘲一番,这样反而会让心理更平衡。

之所以要解嘲,是因为我们认为自己的某些脸面丢失了。自我解嘲有为别人代劳的作用,既然自己已经自觉地把脸丢了,别人也就不会再刻意让你丢脸了。通过自我解嘲,人们忽视了你原来犯的错误,转移了注意力,从而部分地挽回你已经丢失的颜面。

据说,新中国成立前上海有位大学教授叫姚明晖,他身体瘦小但总是穿一件宽大的袍子。到了冬天天气变冷,他头上再戴上个大帽子,从远处看去只露出一副眼镜、一个尖尖的鼻子、一撮翘翘的山羊胡须,样子十分滑稽。

一天上课,姚教授一如既往地穿着宽大的衣服走进教室。只见黑板上不知被哪个调皮的学生用漫画笔法赫然画了一只人面猫头鹰,而人面模样就像这位饱经诗书的老教授的脸一样。姚教授站在黑板前看了一会儿,脸上毫无愠色。他拿起一支粉笔,神态自若地在漫画旁写上"此乃姚明晖教授之容也",写完之后,大家都笑了,姚教授也笑了。那位画漫画的"作者"长长地舒了一口气,对教授产生了高山仰止的敬意。

在与人交谈中,当你处于尴尬的境地时,借助自嘲能使你体面地脱身。自嘲要求你具备豁达、乐观、超脱的心态和胸怀,同时,还要充满自信。只有足够自信的人才能够拿自身的失误、不足甚至心理缺陷来"开涮",不刻意遮掩自己的缺点和不足,反而将它放大、夸张,最后,巧妙地引申发挥、自圆其说,博得众人一笑。

适度地调侃可以活跃气氛。真正有能力的人往往会充分利用自己的聪明才智,及时而巧妙地化解不愉快的局面,使那些原本不利的情况变得别有趣味。

不如意事十常八九,若只是唉声叹气,生活就会变得黯然失色。生活态度太严肃,难免活得沉重;如果换一种心态,调侃一下生活,整个人就会变得快乐而充满希望。善于变换心态、调侃生活的人大智若愚,浑身散发着人格魅力,在现实生活中能够结交很多朋友,因此,他们成功的几率往往比别人大。

凡事适可而止,调侃也需要有度。调侃自己可以肆无忌惮,但调侃别人时尤其需要讲究一个度。也就是说,无论我们开什么玩笑,如果对方不能接受,那就是不合时宜的。入乡随俗、因人而异是诙谐、调侃的重要原则。我们调侃是为了活跃气氛,而不是为了与人闹僵。

先顺后逆,巧妙反驳,这也是幽默艺术的一种。所谓先顺后逆是指先顺承对方的意思,对对方所说的话加以肯定,然后,急转直下,说出不一致或相反的观点。从兵法上来讲,这种说法的特点是借敌力为我力,引诱对方走向荒谬,然后,趁其不注意突然逆转,集中力量杀回马枪,使对方晕头转向，无以应对。这样做取得的成功不取决于力量的强弱，而在于对时机的把握，时机把握准了，即可达到“四两拨千斤”的效果。

隐含判断，亦可韵味无穷，它妙就妙在不是一览无余，而是给别人留出一定的思考空间，在这个空间里趣味无穷，机锋无限。说话时由于要考虑到技巧和所选内容等因素，人们有时故意不直接表达要表述的观点，而是隐蔽地把自己的观点蕴含在另一个似乎无关的观点中，让对方经过思考，自己理解你想表达的意思。

例如，有一对夫妻正在凶狠地吵架，吵到后来丈夫觉得后悔，就把妻子带到窗前，让她看一副不常见的景象——两匹马正拖着一车干草往山上爬。

丈夫问：“为什么我们不能像两匹马那样一起拉车？”太太回答说：“因为我们两个中有一个是驴子。”

出人意料，妙语成趣，亦是一种幽默表达的艺术。人们在听别人讲话的时候，都有一种心理预测，你说上一句，他心里已经在想你下一句会说什么了。如果你所讲的话“不出他人所料”，人们就会感到平淡无奇，索然无味；如果“出乎意料”，幽默感便应“话”而生。

一点通

自我解嘲有两个好处：一为化解尴尬，另一为反戈一击。总之，自我解嘲是充满幽默感的一种表现，在生活中能起到积极的作用。

幽默者的智慧

美国前总统里根在任初期，有一次被枪击中，子弹穿入胸部，里根受了很重的伤，情况十分危急。

在面临生死存亡的时刻，里根对赶来探视的太太所说的第一句话竟是：“亲爱的，我忘记躲开了。”

美国民众得知总统在身受重伤时仍能保持幽默本色，都相信他很快就会康复。同时，他的幽默也稳定了因他受伤而可能产生的动荡局势。

发生的事情是好是坏不重要，重要的是我们从哪个角度切入。

有一次，英国首相威尔逊的演讲刚刚进行到一半时，台下突然有个捣蛋分子高声打断了他：“狗屎！垃圾！”

威尔逊的情绪虽然受到了一点影响，但他情急生智，不慌不忙地说：“这位先生，请少安勿躁，我马上就会讲到你所提出的关于环保的问题。”

全场掌声雷动。

同样身为英国首相。一次，丘吉尔在公开场合发表演讲，突然从台下递上来一张纸条，上面只写了两个字“笨蛋”。

丘吉尔知道台下有反对他的人等着看他出丑，于是，他从容淡定地对大家说：“刚才我收到一封信，可惜写信人只记得署名，忘了写内容。”

丘吉尔不但没有受到不快情绪的影响，反而以幽默的方式回击了对方，实在是高明！

下面还有一个名人的例子。

有一次，萧伯纳正在街上走着，被一个骑车的冒失鬼撞倒在地，幸好没有大碍。肇事者急忙扶起他，连声道歉，萧伯纳一边拍屁股一边幽默地说：“你的运气真不好，先生，如果你把我撞死了就可以名扬四海了。”

掌握自己的情绪，才能掌握自己的未来。尤其是当我们的生命受到威胁时，控制自己的情绪很重要。

天才幽默大师卓别林曾被歹徒用枪指着头打劫钱财。卓别林知道情况对自己不利,所以,他没做无谓的抵抗,乖乖地奉上钱包。

但是,他对劫匪说:“这些钱不是我的,是我老板的,现在这些钱都被你拿走了,老板一定会认为我私吞公款。兄弟,咱俩商量一下,拜托你在我帽子上开两枪,证明我被打劫了。”

歹徒心想,有了这笔钱,这个小小的要求当然可以满足,于是,他真的朝卓别林的帽子开了两枪。

卓别林再次恳求:“兄弟,可否在我的衣服和裤子上再各补两枪,好让我的老板没有怀疑的可能。”

头脑简单、被钱冲昏了头的劫匪统统照做,直到把6发子弹都打光了。这时,卓别林看准时机,一拳挥去打昏了劫匪,然后,取回钱包喜笑颜开地离开了。

一点通

有幽默感的人遇到事情时会积极健康地思考对策,保持正面态度。因此,在遇到危险时,他们总是能够轻易地化险为夷。

第三章　祸从口出——管好自己的嘴

别让手机成为“泄密”工具

当你在手机的这一头大曝自己的隐私时,不要以为只有手机的另一方能听到。特别是在办公室和其他公共场合,小心通过你的手机把自己的私生活公开化了。

业务员小张正在接待室门口等一位重要客户,这时手机突然响了。他拿出来一看,是自己最好的朋友小马。正好客户还没来,小张就与小马聊了起来,从公司业绩到自己的家长里短,两人聊得酣畅淋漓,期间还讲了一会儿荤段子。收线之后,小张发现客户一直没出现,就悻悻地回到公司。

原来,那个客户在附近听完他的这番神侃,对他非常反感,认为与这种人做生意靠不住,就去另一家公司了。

像小张这样不分场合地随便聊电话的人很多。当你聚精会神地大讲特讲时,别忘了自己所处的环境和场合。你要明白自己讲出的每一句话都会飘进别人的耳朵里,我们根本不知道有谁在身边听。手机仅仅是个通讯工具,别让手机成为公开你私生活的高音喇叭。

2003年年底,冯小刚导演的贺岁片黑色喜剧《手机》形象地揭露了人们对手机的焦虑体验,展现了由手机引发的现代人的道德缺失。美国《洛杉矶时报》认为:“该影片或许是90年代探索互联网给人际关系带来冲击的《电子情书》的翻版。”

在当今职场中,关于手机的使用,我们必须注意以下几点:

身处人多的公共场合时,不要让手机铃响个不停,可以改为静音模式,包括开会时、在餐馆里、在火车上等等,因为手机铃声会打扰到别人;

在一个拥挤的环境中接电话时,最好离开这个拥挤的空间,广播你们的谈话永远都是不礼貌的行为;

永远不要用手机讨论敏感或保密性的信息。当今窃听技术很先进,你永远都不知道什么样的人可能正站在你身边,把你的话传扬出去;

开车时使用手机一定要小心,不要拨号,有耳机或扬声器的情况除外,否则就等停车后再拨。

一边开车一边拿手机讲话是很危险的，把车停在路边或停车场再说比较明智。

给客户打电话或有重要的事需要打电话时，最好别用手机而改用固定电话。用手机给人打电话有可能让对方听到你这边呼呼而过的汽车声音，并且也可能因为信号不好而时不时地出现通讯中断，这些都会给别人留下不好的印象。

一点通

技术进步并不能许诺给我们一个美丽的新世界，关键看我们如何使用这些技术。

不要把时间浪费在无谓的争斗上

很多时候，我们没有必要和别人计较那些小小的得失，生活中该睁一只眼闭一只眼时，就不必较真。

阿强大学刚毕业时，去参加一位朋友的婚礼。席间，有一位年轻人在介绍新郎与新娘的关系时，用了“青梅竹马”这个成语。年轻人为了突显自己博学多才，还念出了这首诗：“郎骑竹马来，绕床弄青梅。”但是这个年轻人却把此诗的作者搞错了，他所念的这两句出自唐代诗人李白所写的《长干行》，而他却误以为是从宋代女词人李清照所写的诗中摘取而来的。阿强当时年轻气盛，又觉得自己很擅长中国文学，因此，阿强毫不客气地当着众人的面纠正那名年轻人的错误。可是不说还好，这样一说，那人反而更加固执己见了。

就在阿强与那位年轻人僵持不下时，恰巧看见自己的大学老师坐在邻桌，阿强的这位老师是专攻唐代文学的博士，他教的课程也与诗词有关。于是，阿强叫那个年轻人去找自己的老师评一评，那个年轻人听过阿强老师的大名，所以，他也同意找老师评一评理。阿强和年轻人都把各自的论点说完，老师没有发言只是安静地听着，然后，在盖着桌布的桌下用脚轻踢了阿强一下，态度庄重地对阿强说：“你错了，那位先生说得才对。”

回家的路上阿强越想越不明白，他不相信老师这么有学问的人竟会忘记这首诗。他一到家就从书架上找出《唐诗三百首》，第二天连班都没上，就拿着书去找老师理论，他要还自己一个公道。

阿强在教授研究室里遇到了老师，还没等他把书拿出来与老师争辩，老师就先开口了：“你昨天说的那首诗是李白的《长干行》，一点也没错。”这时，阿强更不理解老师的用意了，一脸的困惑，老师看了看阿强温和地说：“你说的一切都对，但我们都是客人，何必在那种场合给人难堪？他不一定会同意你的观点，再说他也只是发表自己的看法，不管是对还是错都与你没关系，你与他争辩有何益处呢？在社会上工作别忘记这点，即永远不和人作无谓的争辩。”“永远不和人作无谓的争辩”，阿强从此把这句话当作了自己的座右铭。

“永远不和人作无谓的争辩”，反复默念这句话能让你压住心中的怒火，减少不必要的争论。仔细想想，即使我们真的辩赢了对方，那么又能得到什么呢？其实这都是好胜心惹的祸。在处理人际关系的时候要与人为善，善待别人，就是善待自己，与其与人争论，不如反过来反省自己。

杨格是一名博士。有一天，他和几位贵妇人乘坐游艇，泛舟泰晤士河上。他吹着长笛，尽量逗那些贵妇开心。这时，游艇后不太远的地方，驶来一艘载有很多军官的船。那艘船靠近之后杨格就不再吹笛子了，军官们问他为何不吹了。

“很简单，将长笛放回口袋里和我把它从口袋里拿出来有同样的理由——都是为了使自己高兴。”杨格博士回答说。

其中一位军官发怒了，并威胁他说，要是他不立刻把他的长笛掏出来继续吹，就要把他扔进河里。博士怕吓着那些贵妇人，只能忍下这口气接着吹起来。只要对方的船还在河上，他就不能停止吹笛。

傍晚时分，他看到那个曾经对他粗暴无礼的军官正独自一人行走在一处偏僻的地方，便朝那个军官走去，冷静地对他说：

“今天我是为了避免引起我的同伴和你的同伴烦恼，才服从你的命令继续吹笛。现在为了使你相信我与你一样有勇气，明天一早，就在此地，我们两个单独决斗一场，希望你能来。”

第二天早晨，两位决斗者在昨天约好的时间和指定的地方碰面了。军官正准备走向决斗的位置，就在这个时候，博士却举起枪瞄准了他。

“干什么，”军官说，“你想杀掉我吗”？

“当然不是，”杨格说，“不过，你得为我跳一支舞，否则我就干掉你”。

博士看起来如此暴怒，如此坚决，军官只好屈服了。

当他跳完舞的时候，杨格说：

“昨天，你让我违背我的意愿，逼着我吹长笛。今天，我也一样违背你的意愿，强迫你跳舞。现在，我们两人的事儿都以娱乐的方式了结了。”说完他头也不回地走了。

卡耐基曾经说：“你赢不了争论。要是输了，你当然就输了；如果赢了，也依然是输的。”在争论中，没有胜者，所有人都只能充当失败者，不管他（她）愿不愿意接受。因为十之八九的争论结果都只会使双方比以前更相信自己绝对正确；或者，即使你已经知道自己的错误，也绝不会在对手跟前俯首认输。这时候，心服与口服很难达成一致，人的固执将双方越拉越远，一直到争论结束，双方不再有开始时的并列立场，一场毫无必要的争论造成了双方可怕的对立。所以，世上只有一种方式能使你在争论中获胜，即避免争论。

争强好斗往往会导致两败俱伤，不如采取一种灵活而又使对方心服口服的方式解决问题。

不要将公司同事作为倾诉者

公司不是吐苦水的地方，小心你说过的话会被每一个人知道。到时候，你唯一的出路只有卷铺盖走人。

一位刚进公司不久的新职员，因为受了点窝囊气，就找到上司的秘书大诉其苦。没想到当初频频附和他的秘书，一回头就向上司打小报告去了，导致他与上司之间的关系更加恶化。原定于三个月后的加薪计划取消了，看着和他一起进公司的其他职员工作都渐有起色，升职加薪忙得很高兴，他气不打一处来。后来，他决定直接找公司老板报告，但消息却被大老板秘书转述给了他的顶头上司，他不但没有见着大老板，而且再也无法在公司工作下去，只好辞职。

由此可见，我们在还不了解一个公司内部的各种潜在关系之前，不要随便对同事说心事；事实上，你根本就不该跟与工作有关的人吐苦水，其中包括与你处同一境遇的同事。

每个人在职场中的角色都随时在变动。今天是难兄难弟，明天可能就是你的竞争者，当初你推心置腹的一番话很可能成为被人利用的把柄。想吐苦水，最好找信得过的朋友，以免因为同事间的利害冲突，导致说过的话被添油加醋地传出去。

不过，在职场上并不是什么都不能说，该发表意见时就要大胆地说出自己的看法，重要的是你要适时地发表想法，否则会被误解为居心叵测。有些时候，聊聊自己生活上的琐事，让人觉得你个性随和，平易近人，更容易与别人友好相处。嘴巴是决定职场上人际关系好坏的关键，要谨言慎行。说什么、对谁说、怎么说，这些技巧都需要认真学习，成功人士就是你学习的好榜样，所以，经常看看他们是怎么做的。

同事之间有几类不能说的事情，你一定要记在心里。

有关个人隐私，比如夫妻问题、私生活等，这些事情很敏感，很容易在与别人发生矛盾时，被对方拿来归罪于个人品质。

尽量少提关于公司的事，例如，公司机密、薪资问题，这些重要问题被多数公司明文规定不能外泄。如果你泄露了这些消息，不但会被赶出公司，而且很有可能在整个行业都待不下去。

另外，个人与高层主管之间的恩怨也要避免提及。有恩容易遭嫉，怨恨可能会被别人利用，总之都会伤害到自己，应该尽少提及这些，即使实在难以避免提起也要婉转隐蔽些。

如果不小心说错了话，当时以及事后要积极补救。以那位新人为例，当初他就应该直接跟顶头上司沟通，把自己的疑问看法直接说给上司听，不要让老板听到那些经过包装的言论；同时，他应该暗示那位秘书，自己已经和上司谈过该事了，从而避免打小报告的情况再发生。

尽管吐苦水可能带来多种负面影响，但却是一种缓解不良情绪，提升工作绩效的好方法。在相互倾诉中有利于自己恢复良好的精神状态，从而更加有效地工作。很多人在和朋友互相吐完苦水的过程中能够找出几种也许有效解决方法，等到真正施行时，再和对方一起商量是否可行。

如果没有这样的朋友，就一定要十分细致地挑选可与之倾诉心中不满情绪的对象，至少要找价值观与想法和自己相似的人。不过，说任何话前，最好提前设想一下结果，也要想清楚什么话当说，什么话无论如何也不能说，什么话只说一半，什么话可以完完整整地说完，因为每个人都要为自己说过的话负责。还记得《花样年华》中梁朝伟对着树讲自己心中的话吗？假如真的找不到倾诉对象，那就也找一个像树一样不会把你的秘密泄露出去的对象。

一点通

适时、适当地吐苦水，选择合适的倾诉对象，才是倾诉的最佳方法。

开玩笑也要处处留心

大学毕业没多久的可尼，听从父母的命令，到一家银行应聘做出纳员，可尼的顶头上司是可尼大学里的“师哥”，按说可尼应该得到“师哥”的关照。

的确，开始时“师哥”很客气地对她，一点架子也没有。虽然那时候的可尼已在刊物上发表了很多文章，稿费常比工资还要高，但她根本没有想过改变自己的命运，走自己喜欢的路。可尼想，自己有一份稳定的工作，就已足够了，可命运却常常不让人如愿以偿。

那是个星期天，“师哥”临时通知可尼和几个同事加班。一家单位的大笔存款被他们收了，大家忙得中午饭只吃了个半饱，而那位“师哥”领导直到下班才出现。这时可尼和几个同事都快累趴下了，看到“师哥”笑眯眯的样子，明显心情很好，于是，可尼开玩笑地说：“上司啊，瞧我们都累成这样了，加班费可不要忘了。”

第二天，行长室传叫可尼，一听上司召见，可尼的心里就特别紧张。她战战兢兢来到行长室，行长和“师哥”都铁着一张脸，冷冷地望着可尼。

行长虽是中年女人，但相当精明，她一开口就带着官腔：“听说你索要加班费？加班就了不起啊！什么工作态度！”一句话顿时把可尼打入了冰窟窿，她万万没有想到一句玩笑话竟然给自己惹来了大祸。她瞅了一眼师兄，他看她的眼神很冷漠，好像可尼是个“偷窃犯”一样。

接下来，行长狠狠地训斥了可尼一顿，可尼被说成是个太贪婪的人。而且可尼的“师哥”也添了一句，说可尼经常给报社写稿子，这是不专心工作的表现。行长最后警告可尼说：“别忘了，今天工作不努力，明天努力找工作。”

同情可尼的同事后来偷偷告诉她，可尼的“师哥”早就担心可尼抢他的位置，因为可尼不仅有学历，而且比他多了一项写作能力。可尼后悔地说：“他是只‘笑面虎’，我之前怎么就没意识到呢。”

天真的可尼就这样“栽”在了“师哥”的手里。

不管同事是新还是老，如果他心术不正，就会成为我们工作中的障碍。要想排除障碍，必须事先准备好沟通和交流的应对方法。那么,我们用什么方法应对呢?

刚到一个单位工作,人际关系不可能一下子就很好,尤其是面对上司,就更难了。因为工作很忙,更无法同上级沟通交流。如何在新的环境中与上级和同事很好地交流和沟通,是我们来到一个新环境中应该解决的首要问题。

1. 主动接触

在新的环境中,接触的基本上都是陌生人,主动与这些人打招呼既是出于礼貌,也是为开始交流打开新局面。如果早晨上班时问候一声"大家早上好""吃过早点没有"等一些寒暄之语,对以后与同事间更进一步的沟通和交流很有帮助。但这与"巴结"不是一回事。

2. 态度端正

不论是对上级还是下级或同事,必须端正说话态度,礼貌地对待每一个人,既要谦逊,又不能"低三下四",绝大部分领导不喜欢一味地阿谀奉承、随声附和的人,也不会对这样的人委以重任。

3. 了解同事的个性

一边与他人进行交流沟通,一边了解他们,适应他们的生活、工作以及谈话的习惯。有爱说的、有沉默寡言的,对不同个性的人用不同的语言与他们沟通,有助于提高你的交际水平。

为了活跃气氛,你可以讲一些笑话或幽默故事调动大家的情绪,但是在你未全面地了解他们之前,最好不要跟他们开玩笑,即使开玩笑也不能太过分,比如"经理,都超过半个月了,是不是钱被太太搜走啦"这类的玩笑经理肯定不爱听,他会认为你伤害了他的自尊心。

在工作中,不要耍"小聪明"来引起上司注意,这样才不致被部分同事误解为你是在耍手段,从而引起他们对你的反感。要用超群不凡的才华征服他们,让他们自愿说某某人很能干,这才是你的最终目的。

小人之言很难被明智的上司听取,但也不能完全排除有存在的可能性。有的上司耳朵软,经不起风吹草动,听信了小人的谗言。但是,对于造谣和传播流言蜚语之人,不要害怕,用铁的事实对他"上殿面君,当堂对证",不要让小人得逞。

在工作、学习、生活中,每个人都会碰到各种各样的障碍物,你不妨运用以上几种方法克服在交际中遇到的困难,这样对你有很大的帮助。

一点通

说笑时无心,但谁能保证听者有何居心呢?

别拿自己的恩德当令箭使

帮了别人的忙,就觉得有恩于人,心怀一种优越感,高高在上,这样做事很容易引起反面效果。一位先生讲了有关他祖父的故事,对我们在理解人情世故的微妙方面具有很好的启发作用:

当年,我祖父很穷。在一个大雪天,他去找村里最有钱的人借钱。恰好那天首富兴致很高,便爽快地答应借两块大洋给祖父,末了还大方地说:"拿去开销吧,不用还了!"祖父接过钱,小心翼翼地包好,就急匆匆地往回赶。首富看见平日十分坚强的祖父向他借钱很得意,于是就追出房门,冲着他的背影又喊了一遍:"不用还了!"

第二天大清早,首富打开院门,发现自家院内的积雪已被人扫过,就连屋瓦也被清扫干净了。他让人在村里打听后,才知道是祖父做的。这使首富明白了:自己的喊声,让对方很难堪,因为村里很多人都听见了喊声。他也明白了:轻易给别人一份施舍意味着把别人当成乞丐看待。于是,他让祖父写了一份借契,祖父因而流出了感激的泪水。

祖父为了维护自己的尊严才去扫雪,而首富向他讨债则极大地成全了他的尊严。在首富眼里,世上无乞丐;在祖父心里,自己怎么会是乞丐呢?

把“施恩”变成了“施舍”，一字之差，效果却有很大的不同。

像那位村中首富一样，生活中也常常会出现这样的人，帮了别人的忙就觉得有恩于人，四处散播，唯恐天下人不知，并且因此而心怀一种优越感，高高在上，不可一世。这种态度是很不好的，它常常会引发反面的后果，即虽然帮了别人的忙，却没有增加自己人情账户的收入。就是因为这种骄傲的态度，把这笔账抵消了。

古代有一位叫做郭解的大侠。有一次，洛阳某人因与他人结怨而深感心烦，多次央求地方上有名望的人士出来调停，可对方就是不给面子。后来，他找到郭解门下，请他帮忙化解恩怨。

郭解答应了他的请求，亲自上门拜访委托人的对手，好不容易使这人同意了和解。照常理，郭解此时不负人托，完成这一化解恩怨的任务后，就可以走人了。可郭解有更妙的一步棋，有更巧妙的处理方法。

将一切讲清楚后，郭解对那人说：“这个事，听说以前本地有名望的人也调解过，但因无法得到双方的一致同意而没达成最终协议。这次我很幸运，你也很给我面子，了结了这件事。我在感谢你的同时，也为自己担心，我毕竟是个外乡人，如果我来解决这个事情，未免使本地那些有名望的人感到丢了面子，”他进一步说，“这件事这么办，请你再帮我一次，你表面上假装仍不同意和解，让人误以为我出面也解决不了问题。等我明天离开这里的时候，本地几位绅士、说客还会上门，你把面子给他们，算是他们完成此美举吧，拜托了。”

人都爱面子，你给他面子就是给他一份厚礼。哪天你求他办事时，他自然会“给回面子”。人们总是竭尽全力来保护颜面，为了面子可以做出常理之外的事。有句歌词非常流行，“若是某些记忆使你痛苦，何不轻易地遗忘它。”遗忘谈何容易！你必须时时刻刻提醒自己不要做出任何有损他人颜面的事。只要你有心，只要你处处留意给足别人面子，你就会获得天大的面子。

我们帮助别人时不要让对方觉得那是一种负担，要做得自然，也就是说当时对方或许无法强烈地感受到你的真诚，但时间越长就越能感悟出你的关心，能够做到这一步是最理想的。帮忙时要高高兴兴，不可以心不甘、情不愿的。如果你帮助别人时觉得很勉强，意识里存在着“这是为对方而做”的观念，再加上如果对方并不在意你的帮助，你一定大为生气，认为“我这样辛苦地帮你忙，你却不知感激，太不识好歹了”，这样的想法和态度是不可取的，还不如不帮别人的忙呢。

若对方也是一个能为别人考虑的人，那么，你帮助他所损失的利益绝不会像打出去的子弹似的一去不回，他定会以别的方式回报你。对于这种知恩图报的人，应该经常给他些帮助。

总之，人际往来，帮忙是互相的，但不能像做生意一样只图利益关系，一口一个“有事吗”“你帮了我的忙，下次我一定帮你”。没有了情感上的交流，相处起来会让人兴味索然，彼此的交情也维持不了多长时间。

一点通

给别人恩德时，要用正确的方法，不要把它当做令箭指使对方，而要顾及他人的脸面。

学会给别人留面子

日常生活中，你常常听到别人对你说“你错了”吗？每当听到这种话时，你的感觉如何呢？我想大多数人听到类似的语言心里都会不好过吧。短短几个字，虽无恶意，却很容易伤害人们的自尊心。

约翰是纽约一家木材公司的推销员，他与那些冷酷无情的木材审查员打交道已经好几年了，常常发生口角。为此，他改变策略，不再与别人发生口角。结果呢？以下是他陈述的一段经历：

“一天早上，我办公室的电话铃响了，一个人焦急地在电话里告诉我，我给他的工厂运去的一车木材都不合格,要求我立即把货从他们的货场运回来。原来木材被卸到 1/4 时,他们的木材审查员报告说这批木材低于合格标准 50%,鉴于这种情况,他们不愿意要这些木材了。我立刻动身向那家工厂赶去,一路上一直在想该怎样有效地解决这个问题。根据自己做了多年木材审查员的经验与常识,我应该力图使对方相信这些木材达到了标准,告诉他们错的是那个木材审查员。但这次我决定换一种方法,打算用新近学会的'说话'方式处理问题。

"我赶到场地,看见对方的采购员和审查员一副揶揄的神态,好像已经做好了吵架的准备。我陪他们一起走到卸了一部分木材的货车旁,问他们是否愿意接着卸货,这样我可以看一下情况到底怎样。我还让审查员像刚才那样把要退的木材堆在一边,把好的木材堆到另一边。

"不一会儿我就发现了问题,这审查员审查得过分严格,判错了标准。这种木材是白松木,而这位审查员对硬木很内行,却不懂白松木。我恰好很懂,不过一点也没有表示反对他的木材分类方式。我一边观察,一边问了几个问题,我提问时很友好和善,并告诉对方审查员说他们完全有权把不合格的木材剔出来。这样一来,审查员改变了之前冷酷的态度,他们之间的紧张感开始消除。渐渐地他的整个态度变了,并最终承认自己对白松并不了解,于是开始对每一块木料重新审查并虚心征求我的看法。

"最后,他们买下了全部木材,我也拿到了全价的支票。"

约翰这样做,不仅让自己赢到了支票,而且还处理好了与别人的关系。由此可见,两全其美的秘密在于不轻易责备别人。

虽然知道对方错了,但是要选择恰当的方式让对方接受自己的意见,这样才有利于办好事情。同时,因你尊重的态度,在你的人际网中又多了一个朋友。

人人都有自我保护的意识,都忌讳别人直接指出自己的错误。既然如此,我们在劝说别人的时候,就得多加注意,不要随便指责别人说"你错了",尤其是千万不要强迫人家当面承认错误。我们应该采取一些温和委婉的方式,巧妙地提醒他哪里错了。比如,在刚开始交谈时可以对对方说:"我有一个不太成熟的想法,请你帮我分析分析,看看可行不可行?"这样,对方会对你的话题产生兴趣,不知不觉地同你讨论起来。在讨论的过程中,你就可以趁机发表自己的观点了。当然,为了不引起对方的戒心,谈话才刚刚开始时,你还需要扯一些与主题无关的"家常话",这是一个必要的"预热"过程。"扯家常"可不是"弄景",而是为了表示对对方的尊重。"景"是"假"的,但"假"戏一定要真做,这样才容易让对方接受你的劝告。

在试图转变对方态度的同时,你还要注意维护对方的脸面,保护他的尊严。过分直率地指出对方的错误,等于剥夺了对方的尊严,撕破了对方的脸面,也等于宣布了自己是不被对方欢迎的人。这样的状况下,不管你的意见有多好,都难以让它发挥出"效益"来。

如果对方犯的是无关紧要、无伤大局的小错误,那就没有。得过且过不仅是为了让自己避免不必要的烦恼和人事纠纷,也是为了顾及别人的名誉必要纠正他。不给别人增加烦恼。

一点通

人活脸,树活皮,当你不给别人留面子时,想想自己被如此对待的心情吧!

要学会适时"糊涂"

该明白的时候,水能见底;该含糊的时候,大象无形。

什么事该说,什么事不该说,这里面大有学问。在人际交往中,愚蠢之人嘴里什么都留不住,还什么都说不清;聪明的人懂得该说的时候才说,不该说则不说。因此,说话艺术能体现一个人为人处世的智慧。善说者不是把心里的话都抖搂出来,而是把该说的都说到嘴上,不该说的以另外一种方式表达出来。

含糊法是运用不确定或不精确的语言进行交际的妙法。在公关语言中适时地含糊一下,是一种必不可少的交际手段。交际需要运用一定的模糊的词语，这听起来似乎很奇怪。但是，假如我们通过约定俗成的方法完全消除了词语的模糊性，那么，语言会因为确实性而变得贫乏，显得生涩，它的交际和表达的作用也会受到严重的限制，而其结果就是摧毁了语言的目的，人们很难进行交际，因为我们用以交流的工具——语言，遭到了损害。

现代文学大师钱钟书先生，是一个甘于寂寞的人。他居家耕读，闭门谢客，最怕被人宣传，尤其不愿在报刊、电视中扬名露面。他的《围城》再版以后，又拍成了电视剧，在国内外都很受欢迎。不少新闻机构的记者，都想约见采访他，被钱先生一一拒绝。一天，一位英国女士看了钱钟书的小说后，非常想见钱老，终于打通了他家的电话，并恳请让她登门拜访。钱老一再婉言谢绝却毫无效果，因此他妙语惊人地对英国女士说："假如你看了《围城》，像吃了一只鸡蛋，觉得口感不错，又何必非得认识下蛋的母鸡呢？"洋女士终于被说服了。

钱先生的第一句话意思很明确，后续两句："吃了一只鸡蛋觉得口感不错"和"何必非得认识下蛋的母鸡"虽是借喻，但从语句意思所起的效果上看，却是达到了"一石三鸟"的奇效：其一，这两句话属于语义宽泛、富有弹性的模糊语言，让人听完后有思考的空间与时间；其二，与外宾交际中，不宜明拒，采用宽泛含蓄的语言，尤显得有礼有节；其三，更突出了钱先生超脱盛名之累、自比"母鸡"的这种谦逊淳朴的人格之美。钱先生一言既出，不仅无懈可击，而且让人自己去领悟话语的含意，不伤人颜面，钱老的大家风范令人敬仰。

在众多的交际场合里，成功的狡辩所产生的幽默效果也非常好。适当的含糊，可以使你在表面上显得又痴又傻，可实际的机智又非常人能比，分明是大智若愚，发生冲突后能够很快地解决矛盾，即使冲撞了人，别人一般也不会再和你计较。

身在职场的你一定要做到心里明白，外表糊涂。同事间的纷争大多都源于面子问题，有时为了鸡毛蒜皮的小事人们也会争得面红耳赤。其他很多同事只是看看热闹而已，也有人想在相争之中坐收渔利。作为同事，你大可不必为鸡毛蒜皮的小事而劳心费神，不妨装装糊涂，一笑置之，这体现了你的气质。

一点通

大智若愚，机智幽默，做人有时要学会装糊涂。

不要在办公室随意谈论隐私

隐私是一个人的底线，别人不清楚你的底线在哪，也就无从伤害你。如果你过多地暴露自己的私事，最后，想不走人都难了。

办公室里，同事之间通常只隔着一扇小小的"屏风"，再加上枯燥无味的工作，聊天是一件极其自然的事情。但是有些人弄不清场合与时间，说到兴起之时，口不择言，不管什么都像竹筒倒豆子似的一点不剩地倒出来，常常话出口后才意识到闯了祸或漏了嘴。然而，说出来的话就像泼出去的水，是无法收回的，说得无情些，职场是个竞争激烈的地方，每个人都可能成为你的对手，就算是合作无间的拍档也可能突然翻脸攻击你。如果你的私事过多地被别人知道，别人就很容易击中你。还有一点要切记的是，不管是热恋、失恋，还是别的什么事，不要把个人情绪带到工作中，更不要把自己的故事带回办公室。

小仪是个文静的女孩子，她刚刚失恋就告诉同事，男朋友背叛了她，和别的女孩子相好了。不幸的是，这件事情被老板知道了，老板在会上说："有的人连男朋友都摆不平，公司的事怎么可能放心交给她处理呢？把自己的事情都到处宣扬，又怎能放心将公司的秘密交给她呢？"不久，老板就从公司内部将小仪调职，当然，工资就像"木瓜打狗"，不见了一大截。

看了这个例子我们明白了，说话要分场合。"公私分明"是一条在任何时候都适用的规则。在公司里不能随便说话，要说也只能说公事，私事免谈。如果别人没兴趣听反而扫了自己的兴；别人有兴趣可能会对自己更糟。有的人会抱着这样的心理：我只是了解别人的事，而对自己的事守口如瓶；再则，如果我不主动开口问别人的私事，自己的秘密就容易保住。不要以为议论别人无关紧要，只要谈上几个回合火苗就会烧到自己头上！

女性朋友如果想在办公室做一个洁身自爱的OL(办公室女士)，那么就请不要做办公室里的BMW(BigMouthWoman)。适时地闭上你的嘴巴，尽管微笑，这会让你变得更可爱。不要罔顾别人的想法而肆意倾倒你的垃圾信息，更不要轻易和一个你不熟的人卖弄你的小道消息和倾吐私人问题。

要警惕那些只听不说的人，或许他们是因为害羞，或许他们早已隐藏了杀机。在询问式和操纵式的倾听中，要分清同情与阴险的耳朵。

总之，最好别在办公室谈论自己的私事，或向其他同事说别人的八卦消息，这两种行为都会不自觉地把自己推入危险的境地。但你一定要竖起耳朵，封紧嘴巴，“有耳无嘴”不只是大人教训小孩子的话，也是办公室丛林的生存法则之一。

大家都觉得八卦是同事间维系感情的手段，尤其是在茶水间、洗手间这两间“谈话室”里，常常是流言散布最广泛的地方，也是大家说老板坏话的“秘密花园”。然而，无论你在办公室受了多大冤屈，苦水满腹，都没必要向同事诉苦。原因有二：“其一，牢骚如同狐臭，人人避之唯恐不及，没有人喜欢听，谁也没有义务做你情绪的垃圾桶；其二，办公室不是你找心理医师的地方，有些人以为互相交换心事是两人结盟的保证，但假如有一天两人不再是朋友了呢！过去的秘密可就成了对方手上的把柄。”

八卦可以多听，但不要多讲，最好只进不出。所谓“祸从口出”，口水就是名副其实的“祸水”。不管是泄露自己的私事，还是转述听来的是非，自己都有可能陷入言多必失的危险中。更要不得的是以成为八卦中心为荣，以为自己神通广大，到处打探小道消息，变成被利用的对象还不自知，等到被别人出卖，后悔就为时已晚了。

在工作之余，即使与同事一起唱卡拉OK、下酒馆、郊游，也要坚持不聊隐私的原则。至于同事中的个别深交者，能否向其倾诉心事，无所不谈，让他给自己的私生活出点子，那就只能靠自己拿捏了。

一点通

“静坐常思己过，闲谈莫论人非。”古人这句训言，我们应该好好听从。

揭人伤疤的事做不得

人家有点错误，别揪住不放；如果总是用语言在别人的伤口上撒盐，最后吃不了兜着走的可能是自己。

忌讳就像不会结巴的伤痕一样，轻轻一碰，也会痛在深处。与人交往时，赞美本应是一件好事，但若口无遮拦，犯了忌讳，好事也可能会变成坏事，正所谓“有人一句话把人说笑，有人一句话把人说跳”。纵然赞美者与被赞者拥有很好的关系，但也要注意不能因为一时兴起就不管“三七二十一”了。

黄经理与沙经理两人关系很好，志趣相投，嬉笑怒骂无所不说。在私下里的交往中，他们毫无保留，甚至对方的忌讳也是酒后茶余的谈资。

在一次宴会上，黄经理酒喝得多了点，为了表达对沙经理曲折经历和坚韧毅力的敬佩，他举起酒杯说：“我提议大家共同为沙经理的成功干杯！总结了沙经理曲折的人生经历，我得出一个结论：凡是成大事的人，必须具备三证！”

紧接着，黄经理提高了嗓门说道：“第一是大学毕业证；第二是监狱释放证；第三是老婆离婚证！”

话音刚落，众人哗然，沙经理硬着头皮，铁青着脸喝下了那杯酒。这“三证”中的后两证无疑是沙经理的忌讳，他不想将这些事告诉更多的人，也不想让人们议论，虽然黄经理与他很要好，但也太没有分寸了。

这个故事告诉我们，在称赞与自己关系很好的人时，如果当着其他人的面，千万不要冒犯他的忌讳，即使你是出于好心，因为我们都不愿过多地提及那些伤心事。

然而，有些人伶牙俐齿，在交际场上口若悬河、滔滔不绝。假若口无遮拦，说错了话，说漏了嘴，是很难补救的。因此，我们说话应讲究“忌口”，否则，若因说错了话而使别人难堪，或把事情搞砸，是不礼貌，也是不明智的。

在与人交谈时必须注意以下几点：

1. 不要当众说出别人的软肋私事

谁都不愿把自己的痛处或隐私“曝光”在公众面前，一旦被人曝光，我们就会恼羞成怒，甚至迁怒于人。因此，在交往中，如果不是因为特殊情况，一般应尽量避免接触这些敏感区，免得让对方当众丢脸。必要时可采用委婉的语言暗示你已知道他的错处，让他在压力下自我改正。知趣的、懂得权衡的人只需“点到为止”，他们一般是会顾全自己的脸面而悄悄收场的；当面揭短，对方也许会非常生气，或者干脆耍赖，造成难堪的局面。至于一些纯属隐私、非原则性的错处，最好的办法是把自己当做局外人，权当不知道，也别寻根问底。

2. 不要刻意提出别人的失误

在交际场上，人们难免会碰到这类情况：讲了一句外行话，念错了一个字，搞错了一个人的名字，因此被别人冷嘲热讽了几句。对方本已十分尴尬，生怕更多的人知道，作为知情者，一般说来只要这样做对你没有好处，你就不必大加张扬，故意搞得人尽皆知。更不要抱着幸灾乐祸的态度，以为“这下可抓住别人的笑柄啦”，来个小题大做，把人家的失误当成笑料，显示你的聪明。因为这样做不仅对你无益，而且会伤害对方的自尊心，也许你将结下怨敌。同时，抓人把柄不放也有损于你的社交形象，人们会认为你刻薄饶舌，对你产生反感和不信任，因而敬而远之。所以，故意强调别人的失误，实在是一件损人而又不利己的事。

3. 要给人留余地

在社交中，有时需要我们参加一些带有竞争性的文体活动，比如，下棋、乒乓球赛等。尽管只是一些娱乐性活动，但出于竞争意识，人们还是希望自己胜利，一些“棋迷”“球迷”更是如此。有经验的社交者，即使在自己稳操胜券的情况下，也不能让对方输得太惨，而是适当地给对方留点儿面子，让他也胜个一两局。尤其对手是长辈时，你若图一时之快，穷追不舍，令人狼狈不堪，有时甚至会产生意料之外的后果，让你无法收拾局面。

其实，只要不是正式比赛，一个以交流感情、增进友谊为目的的文体活动，又何必弄出不愉快的局面呢？其他事情也是如此，集体活动中，你固然多才多艺，但也要给别人一点儿表现自己的机会。“一言堂”“独风流”是不利于社交活动的进行的，这样只会让自己与别人处于隔绝的状态，失去很多朋友。

一点通

不要揭开别人的伤疤，还撒把盐。

不要将自己的事告诉同事

一言可以兴邦，一言可以亡国。可以不开口的，就尽量做到不说话。

嘴边没有把门，可能给人带来很多害处。比如，某人有不可告人的秘密，你说话时偏偏在无意中说到他的隐私，言者无心，听者有意，他会认为你是有意跟他过不去，从此以后对你非常痛恨；他做的事若真的别有用心，必然极力掩饰不让别人知道，如果被你知道了，自然对你非常不利。如果你与对方非常熟悉，绝对不能向他表明你不会泄密，那这样反而会自找麻烦。唯一可行的办法，就是装聋作哑。他有阴谋诡计，你却参与其中，这会成为公司所有人都知道的事，至少会让同事多多少少对你产生一点“疑问”，造成对你形象的伤害。

还有，你的秘密一旦被别有用心的人知道，他也许不会在公司里乱说，但在关键时刻，会把你的秘密当做把柄回击你，使你在竞争中失败。因为一般说来，个人的秘密大多是一些不甚体面、不甚光彩甚至是有很大污点的经历。这个把柄如果被别人抓住，就会大大削弱你的竞争力。

许军在某公司做业务员，他因工作认真、勤于思考、业绩良好被公司确定为中层后备干部的候选人。然而，只因他无意间透露了一个属于自己的秘密而被竞争对手击败，最终因受到排挤而没被重用。

许军与其同事王广材私下关系很好，常在一起喝酒聊天。一个周末，他备了一些酒菜约了王广林在宿舍里共饮。两人酒喝多了，话也多了起来，微醉的许军向王广林说了一件他对任何人都没有提起过的事。

“我高中毕业后没考上大学，有一段时间没有事干，心情特别不好。有一次和几个哥们喝了些酒，回家的路上看见有一辆摩托车停在路边，四周无人，一个朋友撬开锁，让我把车开走了。后来，那个朋友再次偷窃时被抓住送到了派出所，他供出了我，结果我被判了刑。刑满出狱后我四处找工作，处处没人要。没办法，我是在朋友介绍下才来到厦门的。不管咋说，现在咱得珍惜，得给公司好好干。”

许军在厦门工作满三年后，公司根据他平时优良的表现和业绩，把他和王广林确定为业务部副经理候选人。总经理找他谈话时，他表示自己一定会更加努力，不辜负领导的厚望。

谁知道没过两天，公司人事部突然宣布业务部副经理是王广林，许军调出业务部另行安排工作岗位。

事后，许军才从人事部内部得知是王广林从中捣的鬼。原来，在候选人名单确定后，王广林便来到总经理办公室，向总经理谈了许军曾被判刑坐牢的事。不难想象，一个曾经犯过罪的人，老板怎么会重用呢？即使你现在表现很优秀，可历史上那个污点是无论如何也擦洗不干净的。

知道真相后，许军非常气愤却又无可奈何，只得接受调遣，去了一个不怎么重要的部门上班。

你有得意的事，就该与得意的人谈；你有失意的事，就向同样失意的人诉说。但是有些事，如自己不光彩的过去，打死也不能说。如果实在很想倾诉，说话时一定要掌握好时机和火候，不然，一定会碰一鼻子灰，不但达不到目的，而且会遭冷遇、受申斥。古话曾说“祸从口出”，与人交往一定要把好口风，什么话能说，什么话不该说，什么话不可信，都要在脑子里多绕几个弯子，心里打个小九九。害人之心不可有，防人之心不可无。一旦中了小人的圈套，被小人利用，后悔就来不及了！

每个人都有隐私和一些压在心底不愿为人所知的事情。同事之间，哪怕感情真的很不错，也不要把个人隐秘的事情告诉别人，特别是自己的不光彩。要知道你说出的任何一句话都会被别人抓住，反过来伤害你，这是一个值得重视的问题。

既然秘密是自己的，不管怎样也不要和别人说。你不讲出来，保住属于自己的隐私，没有什么坏处；如果你告诉了别人，情况就不一样了，也许到时候这些都会成为别人攻击你的把柄，使你有口难言，有苦说不出。

一点通

天下没有不透风的墙，任何秘密都出自己口，不要随意与同事说自己的事。

13 人际关系篇

第一章 从小处着手,网聚人心

心急吃不了热豆腐

与人相处要遵循“一回生,二回半生,三回熟”的规则。拢络人心时不要太心急,这样才能为你自己办事做好铺垫。

> 有一次,张军参加一个社交聚会活动,交换了一大堆名片,握了无数次手,都搞不清楚谁是谁了。
>
> 几天过后,他接到一个陌生电话,原来是几天前见过面也交换过名片的“朋友”,因为那位“朋友”觉得张的名片设计特殊,留下深刻印象,所以记住了。
>
> 这位“朋友”没有别的什么念想,只是和他东聊西聊,好像两人已经很熟了。
>
> 张军不太高兴,因为他与那个人没有业务关系,而且仅仅见了一面而已。那人就这样直接打电话来聊天,张军有被侵犯的感觉,更重要的是他与那个人根本没什么好聊的!

现在社会中,这种情形常会出现,以张军“朋友”的角度,他可能对张军产生了良好的印象,有心交个朋友,所以主动出击。另外,也有可能是为了业务利益而先行铺路。但不管动机是什么,他的方法冒犯了人际交往的禁忌——操之过急。

拓展人际关系是必要的,但在社会上仍然要注意一些法则,这样才不致把事情搞砸。

这个法则就是“一回生,二回半生,三回熟”。

人都有戒心,这是人本身的一种自然反应,一回生,二回就要“熟”,对方对你采取的绝对是关上大门的自卫姿态,甚至认为你不怀好意,因而拒绝你的接近。名人、富人或有权势之人更是如此。因此,聪明者自会不动声色地留点“心计”。

每个人都有“自我”,你若一回生,二回就要熟,并且采用积极主动的措施,以求尽快地接近对方,那么对方也许会很快感受到你的热情,以热情的态度回应你,但是这毕竟太少了,大部分人都会有自我受到压迫的感觉,因为他还没有准备好和你“熟”,只是被动地应付你罢了。通常,大多数人很可能第三次才愿与你见面。

一点通

在人际交往中，处理好人际关系才能在社会中如鱼得水。保持与他人间平静的、持续的接触，这样建立起来的人际关系才是可靠的。

给对方当主角的机会

美国出名的人际关系学大师、西方现代人际关系教育的奠基人卡耐基认为，人与人交往时，只有尊敬对方的交际活动才能顺利进行。因此，人际交往中应尽量让对方觉得自己是主角。

交谈中要时刻注意对方的反应，尽力使对方心情舒畅。要让对方扮演主角就得准备多个“剧本”，因为你不知交际会在哪一环节遇到麻烦，所以，必须把能观测到的对方的谈话内容写进“剧本”，然后，自己根据“剧本”演好配角。要想达到让对方觉得自己是主角的目的，就要注重调查和收集与对方相关的信息。如：“对方有什么爱好？对方最喜欢什么？憎恶什么？对方讲话的风格是什么？对方有什么个人习惯？对方的弱点有哪些？”在了解这些信息的基础上，拟写一份能使对方成为主角并能打动对方的“剧本”。

如果能够做到这些，对方就会感到与你交往时心情舒畅，也会因此对你产生好感。

在交际过程中，最初你想用“中等水平”的方式来与某人交流，但当你发觉这种方式实在无法进行下去时，就需要用另外一种“剧本”并需要你提前预演一下。预演就是事先应该假设出交际过程中有可能会出现的各种各样的问题，并针对这些问题想出应对的办法。

另外，卡耐基还建议我们必须考虑：对方也会有与你交际的备用“剧本”，如果对方提出自己预料之外的问题，那自己就有可能成为交谈失败的一方。所以，你必须反复斟酌剧本，不断改善，这样才能使对方成为主角。

在生活中我们都只有两个角色可演，要么演主角，要么演配角。每个人都想成为主角，但事实上，一个人不可能永远是主角，那样会活得很累。适当扮演一下配角，看别人的表演，自己往往会领悟到很多东西。更值得一提的是，主角会因为你完美的衬托而喜欢上你。

一点通

交流过程中，如果你总是压制对方、强迫对方服从自己，对方很快就会对你产生不友好甚及敌对的情绪，从而失去对你的信赖。

要学会用情义收买人心

情义情绪是大家共有的，做事者如果能悟透其中的奥妙，不失时机地投入自己的感情，感动他人，就会达到很好的效果。

吴起是战国时期著名的军事家，他在担任魏军统帅时，与士卒同甘共苦，受到下层士兵的拥戴。

有一次，一个士兵身上长了一个脓疮，吴起竟然亲自用嘴为士兵吸吮脓血，全军上下无不为之感动，而这个士兵的母亲得知这个消息时却哭了。

有人奇怪地问道：“你儿子只是一个小小的士兵而已，将军亲自为他吸脓血，你为什么反倒哭呢？这可是你家的福分哪！”

母亲哭诉道：“这根本就不是爱我儿子，分明是让我儿子为他卖命。想当初吴将军也曾为孩子的父亲吸脓血，结果打仗时，他父亲格外卖力，冲锋在前，终于战死沙场。现在他又用同样的方式对待我儿子，看来这孩子也活不长了！”

吴起其实不是一个讲情义之人，他曾经为了谋取功名，背井离乡，母亲去世时，他也不还乡安葬；他本来娶了齐国的女子为妻，为了能当上鲁国统帅，竟把自己的妻子杀了，以消除鲁国国君对他的怀疑。可就是这么一个人，却对士兵呵护备至，他这么做的唯一目的就是要让这些士兵在战场上为他效命。

善于成事的人，总是以这种收买人心的方式来调动别人的积极性，从而促使他们尽心尽力地为自己工作。

日本著名的企业家松下幸之助就是一个很注重感情的人，他曾说过："最失败的领导，就是那种员工一看见你就像鱼一样没命地逃开的领导。"每当他看到员工在辛勤地工作，都要亲自上前为其沏上一杯茶，并充满感激地说："太感谢了，你辛苦了，请喝杯茶吧！"就是因为在这些不起眼的琐碎之事上，松下幸之助从不忘记表达自己对下级的爱和关怀，所以，员工们都很拥护他，也都心甘情愿地为他效力。

一点通

适当地表现出自己对他人的关怀与友善，同样也会收获他人对自己的感激。对于下属而言，这是激励他们的强大力量。

为对手喝彩就是为自己谋利

很多时候，排斥对手对自己是没有好处的，最糟糕的是还会导致两败俱伤；相反，如果你抱着欣赏对手的心态，放下仇视的目光，则可能赢得人心。人与人之间如果愿意真心交流，就会增进了解，消除隔阂，化敌为友。把对手当成动力，不是更有利于你的成功吗？

当取得成功的时候，我们总是兴奋不已，希望得到别人的掌声祝福。可是当身边人，包括你的"假想敌"、你的死对头获得成功时，你该怎样面对呢？是嫉妒还是欣赏？是大声叫好还是不屑一顾？尤其是那些你平日与他关系紧张、相处得很不愉快的人成功了，这时候，你若为他鼓掌，就会化解对方对你的不满和成见，改变他以前对你的态度，打开你们之间关系的死结。

清末黎元洪在湖北时，地位一直处在张彪之下。张彪是张之洞的心腹，娶了张之洞一个心爱的婢女，人称"姑爷"。但张彪嫉贤妒能，对黎元洪很不满意，加之当时各大报纸亦赞扬黎元洪而贬低张彪，张彪心怀不满，常在张之洞面前说黎元洪的不好，诋毁黎元洪。

张彪在诋毁黎元洪的同时，还以上级的身份百般羞辱黎元洪，想让黎元洪因为不能忍受耻辱而离开军队。张彪的手法非常恶劣，他曾经在军中命黎元洪罚跪，并当着士卒的面，把黎元洪的帽子直接扔到地上。黎元洪忍受着百般屈辱，不动声色，脸上毫无怒容，张彪对他已没有法子了。然而，黎元洪亦非甘为人下者，他明知张彪在侮辱自己，却不与之争锋，而是"平敛锋芒，海涵自负，绝不自显头角，以防异己者攻己之隙"。

张之洞命张彪做镇统制官时，军事编制和部署训练需要黎元洪协助张彪。张彪不懂军事，黎元洪呕心沥血，为之训练。成军之日，张之洞前往检查，见军队被训练得颇有条理，就当面夸奖黎元洪，黎元洪却称谢说："凡此皆张统制之部署，某不过执鞭随其后耳，何功之有？"张彪听完黎元洪的话之后，心中惭愧，而且十分感激，两人关系逐渐融洽。

1907 年 9 月，张之洞任军机大臣，东三省将军赵尔巽补授湖广总督。赵尔巽不把张彪看在眼里，要以黎元洪取代张彪，黎元洪坚持不肯。

同时，黎元洪又面见张彪，告之此事，建议他赶快通知张之洞，让张之洞设法为其渡过难关。张彪一听，心中大惊，立即让其夫人进京活动，不久张之洞来函保全了他的职位。张彪因此很感谢黎元洪，张之洞亦认为黎元洪颇有诚心。

张之洞很赞赏黎元洪的"笃厚"，叹谓："黎元洪恭慎，可任大事。"实际上黎元洪心里清楚，虽然张之洞已离开了湖北，在北京任军机大臣，但他对湖广总督的态度仍然会产生影响。如果黎元洪在张之洞离鄂之后，即取其宠将职位以自代，不但会背上忘恩负义的罪名，甚至还会影响自己更长远的前途。

更为重要的是，黎元洪通过“忍”以及帮助曾经百般刁难自己的张彪，使张彪对自己的态度发生了改变，这样，等于在湖北又添了一个助手，不仅能增加自己的力量，不能在关键时刻帮自己的忙。

1911年10月上旬，瑞平出任湖广总督，对黎元洪并不信任，但此时黎元洪与张彪的关系早已改善，因此，瑞平的偏见并未影响到黎元洪的官职。

一点通

多为他人鼓掌，这种付出不会让你有什么损失，反而会给你带来好处。处世要得意，就要懂得为对手叫好，这样对手才会愿意被你利用。

学学刘备，以哭制胜

哭似乎是女人的专利，但男人若肯抛弃脸面，大流眼泪，其效果不比女人差。搜寻古今历史，会哭的男人确实有几个，他们证明了哭得巧妙甚至可以得天下。

政治家是最善用眼泪的，刘备就是其中之一。

刘备不仅知道“哭”的作用很大，而且很会哭。老百姓常调侃，刘备的江山是“哭”出来的。哭着得到江山，肯定哭得很有水平。

赤壁大战后，刘备遵照诸葛亮的办法，用诡计夺取了军事重镇荆州。周瑜气得金疮迸裂，决心起兵与刘备决一雌雄，在鲁肃劝说之下才停止了行动。但周瑜认为刘备占据荆州是东吴称霸的心腹大患，便命鲁肃向刘备讨回荆州。最初，刘备以辅助侄儿刘琦为由不肯归还荆州。刘琦死后，鲁肃又去讨荆州，诸葛亮以“天下者天下人之天下，非一人之天下”来辩解，并立下文书，等拿下西川后就归还荆州。鲁肃无奈，只好空手而回。后来，刘备娶孙权之妹为妻，做了东吴的乘龙快婿，孙权又让鲁肃讨还荆州，“厚脸皮”的刘备已经黔驴技穷了，就向诸葛亮询问妙计。

诸葛亮说道：“主公只要大声嚎哭，待哭到悲切处，我自出来劝解，荆州无大碍也。”

鲁肃来到堂上，双方互相谦让。

刘备说：“子敬不用顾虑太多，有话直说。”

鲁肃说：“小人是奉吴候的命令专为荆州一事而来的，虽然是一家人了，希望皇叔今日还是交还荆州为好。”

鲁肃说完后，静候刘备答复。谁知刘备却一言不发，双手蒙脸大哭不已，哭得天昏地暗。鲁肃见刘备哀声嘶哭，泪如雨下，不禁惊慌失措，急忙问道：“皇叔为何如此？是不是小人得罪皇叔了？”

刘备还是哭个不停，哭得泪湿满襟，俨然成了个泪人儿，鲁肃被刘备哭得胆战心寒。这时，诸葛亮摇着扇子从屏风后走出来说道：“我在屏风后听了很久了，子敬知道我的主公为什么会哭吗？”

鲁肃说：“只见皇叔悲伤不已，不知其原因，还希望得到诸葛先生指点！”

诸葛亮说：“这不难理解。当初我家主公借荆州时，曾立一书说取得西川后便归还荆州。可是仔细想想，管理西川军政大事之人刘璋乃我家主公的兄弟，大家都是汉朝的骨肉。若兴兵攻打西川，怕被万人唾骂；若不取西川，归还荆州，却又无处安身；若不还，东吴主公孙权又是舅舅。我主处于这三难困境，子敬又多次来讨还，因此，泪出痛肠，不由得放声恸哭。”

孔明说罢，又朝刘备使眼色，刘备耸肩摇膀，捶胸顿足，再次大放悲声。

鲁肃原是厚道之人，见刘备泪如雨下，放声痛哭，就起了恻隐之心，以为刘备真的是因无立足之地而伤心落泪，因此起身劝道：“皇叔且休烦恼，等我与主公商量商量再说。”

刘备这一哭，虽然是无赖之举，却保住了自己的地盘。明明是要霸占荆州为己有，却伪装出一副可怜相。可见刘备善于哭，而且哭得十分有技巧。

刘备定西川不久，关羽因刚愎自用丢了荆州，刘备不得不亲自带军讨伐吴国。诸葛亮等人极力劝阻，认为如果率百万大军讨伐东吴为兄弟报仇，是存小节而失大义。刘备当然知道这个道理，但是“桃园结义”的情结始终丢不下，加上百官劝谏，不让他出兵，他只能整天以泪洗面。

刘备道：“孤与关、张二人在桃园结义的时候，誓同生死。今日云长已亡，孤岂能独享富贵乎？若不雪恨，乃负昔日之盟也！”说完，又哭绝于地，被众官救醒后，又大哭不已。一天因为哭泣而昏过去三次，三天不进水食，终日泪如泉涌，直哭得泪湿衣襟，血泪斑斑。一天不发兵为关羽报仇，刘备就一天不停止哭泣，如此夜以继日的号哭，就连足智多谋的诸葛亮都没有办法了。

刘备是哭关羽还是哭自己，只有他本人知道。不过，他这一哭，却哭出了重“义”的形象。刘备的“哭功”的确炉火纯青，使得这位因哭而出名的皇帝死后，智慧超群的诸葛亮仍然不得不继续为刘家卖命。

一点通

作为一方霸主，尚能放下面子，以情动人，我们这些凡夫俗子就更不用说了。只要用情，哭的办法就会收到好的效果，这也算得上极为灵活、非常规的办事策略了。

严格办事，晓之以理，动之以情

每个人都有可能犯错，遇到这种情况时，要善于处理，做到对事公道、对人有义。对事公道，意思是说坚持原则；而对人有义则反映了善于处理人际关系，有谋事的手段和头脑。

三洋电器公司副社长后藤清一在松下做员工时，有一次，他在没有请示上级的情况下私自变更了承包定额的单价，这是公司不允许的，后来这事被松下知道了。

松下一边责骂后藤，一边用捅炉子的铁条使劲敲打火炉，直到铁条被敲断了，他才大声命令说：“你把它扫完了再回去。”

后藤有贫血的毛病，在这番猛烈的斥责下，悔恨交加，当场昏倒。

松下赶紧叫人把后藤送回家，并请后藤的夫人多多照顾他。第二天一上班，松下就给后藤打电话问候：“你现在没事了吧！”后藤感动了，他紧紧地握住话筒，被松下斥责的懊恼心情立刻消失了。

松下指责员工的错误只是手段，而不是目的。

事情是人做的，对事无情，很有可能对对方的心灵造成伤害，因此，处世还要做到对人有情。对人有情，既能说服对方，又能使对方心存感激，因此，不会因为你做事不留情面而记恨你。你只有采取只针对事不针对人的方法，才能赢得人心，永保朋友之间的真情义。

梅考克手下有一位工作20多年的员工，一次酗酒闹事，梅考克知道后当即提笔做出“立即开除”的批示。

这位员工找到梅考克，指责梅考克不讲情面，梅考克沉稳地说：“公司的制度你不是不知道，我只是按章办事，不能有一点例外。”

梅考克又问了一遍老员工生事的原因，原来最近这位老员工的妻子去世了，留下两个孩子，一个孩子跌断了一条腿，住进了医院，另一个孩子因为没有奶水吃，饿得直哭。老员工是在极度痛苦中借酒消愁，结果闹出了事情。

知道事情的真相后，梅考克马上掏出一沓钞票塞到老员工的手里。

老员工感动得泪流满面，梅考克嘱咐他：“回家安心照顾家人吧，不必担心自己的工作。”听了老板的话，老员工转悲为喜说：“你是要取消开除我的命令吗？”

“你希望我这样做吗？”梅考克亲切地问。

"不！我不希望公司因为我而破坏了规矩。"

"对，这才像我的好朋友，你放心地回去吧，我会适当安排的。"

事后，梅考克把这位老员工安排到自己的一个牧场当管家，令那位老员工感激不尽。

一点通

对事不对人，办事讲原则，对人讲情面。善于调和按原则办事与按情分待人之间的关系，这才是一个人的高明之处。如果对事无情，对人无义，则很容易遭到别人的不满，难以达到解决问题的目的。

附和倾听的艺术

多听别人说，才会更多地了解对方的信息。然而，不是每个听力正常的人都懂得倾听和附和，尤其是想讨对方欢心的时候，单靠倾听是不够的，更重要的是要会适时地附和对方。不信，看看下面的例子就知道了。

有人曾做过这样的一个对比实验，以此证明听者的态度对说者有着极大的影响。

实验者先让学生表现出一副心不在焉的样子，结果教授上课只是照着课本念，根本不看学生，没有声调，没有手势；接着，他让学生积极地投入倾听，并加上一些肢体语言，比如，适当的身体动作和眼睛的接触。结果，教授的声调开始出现变化，同时也加上了一些可用的手势，课堂气氛马上活跃起来。

当学生的态度不配合的时候，教授因得不到必要的反应也变得满不在乎起来；当学生改变态度，用心倾听教授上课时，其实是在间接暗示教授：你的课讲得好，我们愿意听。这就是无声的赞美，起到了很好的效果。

从上面的例子也可以看出，倾听的同时加入适当的肢体语言是非常有必要的。

行动胜于语言，身体的每一个部位都能表达出激情和赞美之意，可以通过增强、减弱来表达接受、拒绝信息的传递。精于倾听的人，是不会做一部没有生气的录音机的，他会积极地投入其中，向说话者传递"你的话我很喜欢听"的信息。

录音机是没有眼睛的，俗语说"眼睛是心灵的窗口"，适当的眼神交流可以给倾听的水平加分。这种眼神应该是专注的，而不是漂泊不定的；应该是真诚的，而不是虚伪的。发自灵魂深处的眼神是动人心魄的。

录音机做不了"小动作"，而倾听者则必须做一些"小动作"。身体所表示出的稍微变动，能表达你对说者的尊敬，比如正向对方而坐，表明"我们是平等的"，这会让职位低的人感到亲切，使职位高者感到轻松；自然坐立，手脚不要交叉，否则会让人觉得你目中无人；倾听时和说话人保持一定的距离，恰当的距离给人以安全感，使说话者觉得自然。我们所做的动作跟进要合适，过多或过少的动作都会影响到说话者，可能使他对你产生厌烦；动作应该与说话者同步。只要掌握这些，说话者就一定会把你当做"知心爱人"。

当你对他的话表示赞同时，你可以说：

"你说得太好了！"

"非常正确！"

"这确实让人生气！"

这些简洁的附和使说话者想要释放的情感找到了载体，它们表明你理解并认同说者的感受。

不仅如此，一边倾听一边附和还是一种付出的方式。它能使我们更好地理解别人，有助于克服彼此判断上的偏向性，有利于改善交往关系。当你很认真地倾听别人说话时，你已经把自己的心呈现给对方，让对方感受到了你的真诚。当我们倾听别人时，也就是我们设身处地理解他们的幸福、痛苦与欢乐的时候，我们因此而更加了解对方的坚强与脆弱。而这些感受通过我们有效的附和传达给了对方，才算是完成了一次完美的交流。

入神地倾听并在适当时间加以附和，也有利于对方将自己的思想与情感更好地表达出来。在对方明白我们的倾听是对他的尊重以后,对方会认真地倾听我们的诉说,这样一来,大家彼此的交流才能产生良好的效果。

对于领导来说,在倾听职员讲话时适时地附和,有助于充分了解基层状况,也说明了你对下属的体贴和关心。这种没有架子的平民领导不管在哪儿都很受员工欢迎。在朋友之间,这种附和式地倾听则能促进情感,增加彼此间的理解,引发精神上的共鸣。

所以,在与他人交谈的时候,若你想让对方感到开心,想把交流愉快地延续下去,那么,请不要只是傻傻地倾听,还要学会适时地附和。

一点通

倾听并不意味着沉默不语,除了做一些必要的"小动作"外,还要适时地表达自己的观点以附和对方。恰当的附和不但表示了你对说者观点的赞赏,而且其间还夹杂着你对对方的鼓励之意。

不要吝啬赞美之辞

讨厌别人拍自己马屁的人少之又少。即使有,其内心也未必是那样想的。拿破仑就非常讨厌别人拍他的马屁。有一次,一位随从问他:"将军! 您是不是很讨厌别人拍您的马屁!"拿破仑笑着回答:"是的,一点也不错!"

事实上,那位随从不正给拿破仑拍了一记响亮的马屁吗?

赞美别人,恭维别人,或者是拍别人的马屁,其实都是人际关系中行之有效的"润滑剂"。

赞美是一种博取好感和维系感情的有效方法,也是让别人持续努力工作的最强烈的兴奋剂,这是由人性的本能所决定的。

曾经有人这样形容卡耐基:"他是一位会握着你的手,鼓励你、赞美你的人,在我的生活经验中还没有碰到过任何能赶得上他的人。"有许多人,虽然拥有职权,但却不懂得嘉许别人,只会讥讽别人,这样怎么能有利于自己的事业呢?

在企业家中,赞美别人已经成为一种常见的方法。

> 一位企业家担任造船厂厂长的时候,员工们的热情都被他调动起来了,他的做法是这样的:
>
> "从经理到工人,他都大方地对他们进行嘉赏,称赞工作人员的工作技巧,使受到赞赏的人觉得它比金钱奖赏更为可贵。
>
> "一次,这家造船厂承造的军舰在 27 天内完工,打破了所有造船厂的记录。老板召集造船的全体工作人员,并发布了一篇庆功的演说词,让每个人都觉得自己很了不起。"

把赞扬送给别人,就好像给乞丐食物一样。许多时候,它就像富含维生素的食物,是最有营养的。

当一个人受到别的赞美时,心中总是非常高兴,他们的脸上堆满笑容,口里连说,"哪里,我没那么好""你真的很会讲话",即使事后冷静地回想,明知对方是在讲奉承话,却还是抹不去心中的那份喜悦。

由此可见,懂得赞美是求人办事所必须掌握的技巧。语言得体,会使你更加迷人!

一点通

赞美别人是一种博取好感和维系感情的有效方法,它能激励别人持续努力地工作,这都是由人性的本能所决定的。

第二章　投资人情，受益无穷

不谄媚，不轻蔑

一个乌云密布的午后，突然大雨倾盆，行人们纷纷跑到就近的店铺里躲雨，一位老妇也蹒跚地走进费城百货商店。面对她略显狼狈的姿态与简朴的装束，所有的售货员都不理睬她。

这时，一个叫菲利的小伙子热情地走上前去与她打招呼，还替她拿来一把椅子让她坐着休息。

两个小时后，雨过天晴，老妇人谢过菲利后，向他要了一张名片，就颤巍巍地走出了商店。

几个月后，费城百货公司总经理詹姆斯收到了一封意想不到的来信，信中要求将职员菲利派往苏格兰收取装潢一整座城堡的订单，并让他承包自己家庭所属的几个大公司下一季度的所有办公用品的采购订单。詹姆斯惊喜不已，他拆开信一看，发现信是一位老妇人写的，而这位老妇人正是美国亿万富翁“钢铁大王”卡内基的母亲。

詹姆斯立即向公司董事会推荐菲利。毫无疑问，当菲利打理行装飞往苏格兰时，他已经成为这家百货公司的合伙人了。那年，菲利22岁。

随后几年的工作生涯中，菲利一直坚持着他的忠实与诚恳，并且被“钢铁大王”卡内基视为自己的左膀右臂，事业扶摇直上、飞黄腾达。最终，他成了美国钢铁行业中仅次于卡内基的重量级人物。

一点通　看着像“高”人，却未必真的是“高”人；看似“低”人，也说不定是“大隐隐于市”。与人交往时要做到不媚高，不贱低，这样别人才会认为你是真诚的。

放人一马，换取回报

一只老鼠从狮子的脸上踏过，狮子从睡梦中惊醒了。它愤怒地捉住这只老鼠，想杀死它。老鼠哀求说：“只要你饶了我的性命，将来我必定报答你的恩德。”狮子看着老鼠觉得可怜，便放了它。后来，狮子落在几个猎人的手里，他们用坚韧的绳子把狮子捆绑后拴在地上。狮子着急地吼着，老鼠听见了恩人的吼声，便上前咬断绳索，救出了狮子，并说：“你曾经嘲笑我不能帮助你，不指望我报答你的恩德，现在你知道了，虽然我只是一只小老鼠，但是也能够为狮子效力。”

这虽然只是一则寓言，但在现实生活中，类似的事情却常常发生。

一天，房东太太在后院看见三个人正在东张西望，鬼鬼祟祟的，腋下还夹着鼓鼓囊囊的东西，于是，她毫不犹豫地拨了报警电话。就在小偷被押上警车的一瞬间，房东太太看清楚他们还都是孩子，最小的年仅14岁！房东太太动了恻隐之心，后来，她向法官求情：“法官大人，我请求您，让他们为我做半年的劳动惩罚他们吧！”

经过房东太太的再三请求，法官最终答应了她。房东太太把这些孩子带回自己的家里，像对待自己的孩子一样热情地对待他们，和他们一起劳动，一起生活，还给他们讲做人的道理。

半年后，三个孩子不仅学会了各种技能，而且个个身强体壮，但他们不愿意离开房东太太。房东太太说："你们应该有更大的作为，而不是待在这儿。记住，孩子们，不管什么时候都要靠自己的本事吃饭。"

许多年后，这三个孩子中一个成了工厂的厂长，一个成了一家大公司的主管，一个则成了大学教授。每年的春天，他们都会回到房东太太那里与她相聚。

一点通

有时，放人一马，他日定会有所回报。把事情做到"绝"处才肯善罢甘休，既伤人又害己。

背后夸人更高明

从前，有个县令很喜欢听别人恭维自己，他每发布一条政令，就要让属下称赞一番才高兴。有个差役想博得县令的欢喜，故意在一旁悄悄地对人说："凡是身居高位的人，大多数都爱听奉承话，只有我们老爷不是这样，他一向不在乎别人的称赞。"县令从旁听到这话，非常高兴，马上唤来那个差役，对他称赞不已，说道："好啊，只有你真正懂得我心里所想！"从此，县令对这个差役大加亲近和重用。

还有一则小故事。

小王人很好，就是疑心重。一次李芳对她说："小王，你人真好，能和你在一个办公室真高兴。"小王嘴上说："谢谢！"心中却想：哼，当面这么说，不知背后是怎么议论我的呢。一次，刘畅和别人聊起小王时说："她是个好姑娘，心地特别善良。"后来，小王听到这话，十分开心，觉得刘畅为人亲切，从此对刘畅尤其好，什么事都想着她。

一点通

当面夸赞，对方或许会觉得不好意思，也让自己下不了台。背后夸赞，让人惊喜，也显出自己一贯的真诚。

要学会利用他人成功

一个小男孩在沙滩上玩耍，他的旁边有一些玩具——小汽车、货车、塑料水桶和一把亮闪闪的塑料铲子。他在松软的沙滩上修筑公路和隧道时，被一块大岩石挡住了去路。

小男孩试图将其移出泥沙，而岩石却相当巨大。他手脚并用，花尽了力气，岩石仍然纹丝不动。小男孩一次又一次地向岩石发起攻击，可是，每当他把岩石挪动一点，岩石就又随着他松手而返回原地。小男孩气得直叫，使尽力量来猛推岩石，但是，他得到的唯一回报便是砸伤了他的手指。最后，他筋疲力尽，急得坐在沙滩上哭了起来。

这整个过程，小男孩的父亲在不远处都看见了。当泪珠滚过孩子的脸庞时，父亲来到了他的跟前。父亲的话温和而坚定："儿子，你怎么不使出全身力气呢？"男孩抽泣道："爸爸，我已经用尽了我所有的力量！""不对，"父亲亲切地纠正道，"你并没有用尽你所有的力量，你没有请求我的帮助"。说完，父亲弯下腰抱起岩石，将它往远处扔去。

不要害羞，向比你强的人求助，有时对自己来说是天大的事，强者只需要动动手指头。而且在另外一些时候，即使是敌人也可为己所用。

在亚热带，有一条由三种动物组成的有趣的生物链：毒蛇、青蛙和蜈蚣。毒蛇的主要食物是青蛙，有毒的蜈蚣是青蛙的食物，在青蛙面前是弱者的蜈蚣却能够使比自己体型大得多的毒蛇毙命，一般的毒蛇都对付不了它，三者间两两都是水火不相容。有趣的却是冬季里，捕蛇者在同一洞穴中发现了三大冤家，他们居然平安地同处一室，和平地生活。

它们在世代的自然选择之后，不仅形成了弱肉强食的生物链，而且学会了利用自己的克星保护自己的本领：如果毒蛇吃掉青蛙，蜈蚣就会毒死毒蛇；而如果蜈蚣杀死毒蛇，蜈蚣就会被青蛙吃掉；如果青蛙吃掉蜈蚣，青蛙就会变成毒蛇的美食。这样一来，为了生存，青蛙不吃蜈蚣，以此让蜈蚣抵制青蛙；毒蛇不吃青蛙，以便让青蛙帮助自己抵御蜈蚣；蜈蚣不杀死毒蛇，以便让毒蛇帮助自己抵御青蛙。三者相克相生，这是一种多么美好的局面。

一点通

一个人的力量是很弱小的，成功路上逞不得匹夫之勇。取他人之长来补自己之短，力量自会大增，赢取胜利时也会轻松很多。

学会多边"外交"

哈里森来到丹佛市，住在第2大道的一套小公寓里，他想在这里开始创业。

初来乍到，人们对哈里森并不了解。因此，他必须计划好为自己的房地产事业铺平道路的每一个步骤。他需要做的第一件事就是尽快加入该市的"快乐俱乐部"，以便结识那些出入该俱乐部的社会名流和百万富翁。像哈里森这样的无名小辈，要想进入这样的高档俱乐部的确很不容易，但他还是决定去大胆尝试一番。

哈里森第一次打电话给"快乐俱乐部"，刚说完自己的姓名，听见对方一声斥责之后电话就被挂掉了。哈里森不死心，又打了两次，但是结果仍然一样。

"这样坚持下去，将会毫无结果。"哈里森看着电话机自言自语。突然，他心生一计，再次拿起了电话。这次，他声称有东西要转交给俱乐部董事长。对方以为他有点来头，连忙将董事长的电话号码和姓名告诉了他。

哈里森立即打电话给"快乐俱乐部"的董事长，跟他说了自己想加入俱乐部的事。董事长没说同意还是不同意，只说让哈里森陪他喝酒聊天。

通过喝酒聊天，哈里森慢慢地和这位董事长建立了良好的关系。几个月后，在董事长的特殊关照下，他如愿以偿地成为"快乐俱乐部"中的一员。在俱乐部中，哈里森认识了很多富豪，并且建立了良好的关系网。

1972年，丹佛市的房地产处于萧条状态时，大量的坏消息使这座城市的房地产开发商们严重受挫，丹佛人都很担心这座城市的命运。然而，在哈里森看来，丹佛市的困境对他来说无疑是天赐良机，从前那些对他来说可望而不可即的好地皮，现在却可以用低价收购了。

就在这时，哈里森的朋友告诉他一条消息：丹佛市中央铁路公司委托维克多·米尔莉出售西岸河滨40号、50号的废弃铁路站场。

哈里森凭着自己敏锐的眼光和多年的经验判断出：房地产萧条只是一时的事情，赚大钱的好机会终于降临了。为此，他将自己的几个小公司合并起来，改称为"哈里森集团"，以使自己更具实力。

第二天一早，哈里森便打电话给米尔莉，说同意买下那些铁路站场。

于是，双方很快就有了协议："哈里森集团"以200万美元的价格购买了西岸河滨的那两块地皮。不久，房地产升温，哈里森手中的两块地皮涨到了700万美元。等到价格合适时，他顺利地把地皮脱手了。

在很多人的帮助下，再加上自己的努力，哈里森终于挖到了人生的第一桶金——500万美元。此后，他开始了在美国辉煌的经商生涯。

一点通

要想有更大的发展就必须摆脱单一的交际圈，与不同类型的人交往，这样才能获得更广泛的信息与帮助。

经常来往能促进感情

俗话说，是亲三分向。亲戚间要么是血缘关系，要么是亲缘关系，这种特定的关系决定了彼此之间关系的亲密性，既是提供精神、物质帮助的源头，又是一种永久与持续的客观存在。因此，每个人都有与亲属保持联系的义务。平时保持好与亲戚间的密切往来，在困难时期，求助亲戚才最省力气。

亲戚"不走不新""常走常新"，这是中国人持有的观点。只有经常礼尚往来，才能有沟通联系，才能深化感情，密切亲戚关系。有人说："我不缺吃不少穿，亲戚间何必要常常联系呢?"此言差矣。纯洁挚密的亲戚关系是一种人情味较浓的人际关系，不能让它蒙上庸俗的面纱。只有建立在亲近、挚密、常联系的基础上，亲戚间才能形成真诚的关系，如果彼此少了经常性的走动，那就可能会出现"远亲不如近邻"的局面了。

"常来常往"，第一个表现出来的就是"往"字。这个词的意思是说要发挥自身的主观能动性，经常去亲戚家走走、看看，与之聊聊家常，联络联络感情，这样做无疑是非常有好处的。

> 刘某是一家公司的老板，经过几年的辛苦经营，现虽说身家没有千万，但至少也有几百万了。到底是什么原因使他在短短几年内就能拥有如此多的资产呢?
>
> 曾经有一个记者采访他时，他说了这样一段话："……自身的努力与勤奋固然是我成功的关键因素，但还有一点也是非常重要的。我的亲戚很多，在我还没发迹时就经常拜访他们，以至于彼此间关系都特别好。后来，在公司有了一定规模之后，我仍经常性地与他们保持联系，正是因为这种密切来往，亲戚们对我都很好。刚创业的时候，公司资金有一半是由他们筹措的；当公司遇到困难时，他们第一时间送来帮助与鼓励；就是他们中的一些人，现在，在我的公司里帮忙，是我得力的助手……总之，在各种人际关系中，亲戚关系是我最看重的，所以我经常和他们走动，也正是因为他们，我才有了今天的成就……"

在刘某的谈话中，我们很明显看得出常"往"在亲戚关系中的重要性。但有一点，就是千万不要有贫富贵贱的偏见，也不要因为自己的地位较高而不常"往"亲戚家。这样下去，亲戚就会对你冷眼相待，如果再想搞好亲戚关系，就会难上加难了。

与亲戚来往，除了一个"往"字，还要一个"来"字。意思就是说除了常常往亲戚家走动外，也要经常性地将亲戚请到自家做客，利用自己熟悉的空间与亲戚联络感情，做一回主人，热情款待他们，让他们感受到你的真诚。时间一久，亲戚之间的关系自然会异常融洽。

也许，就是如此普通的"常来常往"，才会在以后的关键时刻，使你得到亲戚的全力帮助。所以，不要以为"常来常往"是无用的、不必要的，于情、于理我们都要掌握并运用这个技巧。

俗话说："一辈同学三辈亲，三辈同学辈辈亲。"也有人说："十年寒窗半生缘。"可见，同窗之间如果处得好，某种程度上比手足还要亲。能为同窗，在这个世界上也算是一种缘分。这种缘分因为纯洁、朴实，以后还可能会发展成为一种牢固而长久的友谊。

现代社会里，人际交往更注重同学关系，同学彼此间互相帮助，互相提拔的事情随处可见。在一个单位里，同一学校毕业的同学或校友往往形成"××大学帮"，假使其中有一人晋升到主要的领导岗位，那么不出几年，他周围的这些同学或校友便都能得到提升晋职，这就是同学关系的好处。

同学关系有时的确能在关键的时刻帮自己一个大忙。但是千万要注意的是，平时一定要有意识地和同学培养、联络感情，只有保持平时不间断的联络，同学之情才不至于疏远，你有难时，同学才会心甘情愿地帮助你。如果你与同学分开后从来没有相互联络过，有一天你突然托他办事，除非是一些比较重要的关乎他利益的事情，否则他绝不会帮你。

一点通

人际关系网不是靠一朝一夕建立的，而是要通过日积月累，没事常联系、多走动。人际关系靠的是常来常往，常聚常新。

处处留情，办事顺利

钱钟书先生困居上海写《围城》的时候，曾经窘迫过一阵子。最困难时只好把保姆辞退了，由夫人杨绛操持家务。所谓"卷袖围裙为口忙"，那时钱钟书写的东西没人买，于是，他写小说的动机里就多少掺进了挣钱养家的成分。一天500字的精工细作，而且不是商业性的写作速度，使他和妻子几乎穷困潦倒。恰巧这时黄佐临导演排演了杨绛的四幕喜剧《称心如意》和五幕喜剧《弄假成真》，同时也支付了酬金，这才使钱家渡过了难关。时隔多年，黄佐临的女儿黄蜀芹之所以能够得到钱钟书的允许，开拍电视连续剧《围城》，实因她有一封父亲的亲笔信。钱钟书是个别人为他做了事他一辈子都记着的人，黄佐临40多年前的义助，钱钟书多年后得以还报。

战国时有个小国叫中山。有一次，中山的国君设宴款待国内的名士。当时正巧羊肉羹不够了，不能满足全场人的需要。有一个没有喝到羊肉羹的人叫司马子期，此人对中山国君怀恨在心，到楚国劝楚王攻打中山国。楚国是个强国，要攻打中山国简直是小菜一碟。中山国被攻破后，国王逃到国外。他在逃走的途中发现有两个人跟着他，并且拿着武器，便问："你们来干什么？"两个人回答："有一个人曾因获得您赐予的一壶食物而免于饿死，我们就是他的儿子。父亲临死前嘱咐过，如果中山国以后遇到变故，我们必须竭尽全力，就算死也要报答国王。"中山国国君听后，感叹地说："怨不期深浅，其于伤心。吾以一杯羊羹而失国矣。"即结怨不在乎深浅，而在于有没有伤到别人的心。中山国君因为一杯羊羹而亡国，却由于一壶食物而得到两位勇士。

一点通

必要之时帮助别人一把，日后遇到事情时别人定会鼎力相助。千万不可事到临头了才想起和人建立联系，那样别人很难施以援手，甚至还会看不起你。

第三章 先做朋友，后做生意

人才是发展之根本

现代社会，企业与企业之间的竞争越来越激烈。出主意也好，策划也罢，全方位的管理需要全方位的人才，谁拥有了人才就意味着谁拥有更多的科技力量、不断创新的产品、可靠的质量保证和纵深发展的潜力，就意味着谁能增加产品利润，赚到更多的钱。

在经营管理中，百万富豪如何做到"以人为本"？

首先，他们能重用人才，做到求贤若渴。

对于真正的人才，很多百万富豪都有"萧何月下追韩信"乃至"三顾茅庐"的精神。

"台塑大王"王永庆求才若渴，他曾重演了一遍现代版的"三顾茅庐"的典故，被企业界传为美谈。1996 年，在台湾的化学纤维公司成立之初，王永庆有意把山林废弃的树梢残材经化学处理后变成高价值的纤维。但当时他的资金已全部投入到台塑与南亚，没有能力再投资设立台湾化学纤维公司。

中小企业银行董事长陈逢源独具慧眼，认为化学纤维很有前途，果断地把在金融圈里很有地位的丁瑞央介绍给王永庆。当时，丁瑞央是大同公司的董事，碍于大同的合作关系，他婉言谢绝了王永庆的邀请。王永庆不灰心，不气馁，先后五次盛邀丁瑞央，最终打动了他同意到台塑任职。丁瑞央到台塑后策划与奔走，台塑企业开创了民营企业直接向国家银行进行长期贷款的先河。

其次，这些大老板还能做到知人善任，人尽其才，各尽所能。

企业能否发展，知人善任是关键。

古人的知人善任，有很多我们可借鉴的成功经验。诸葛亮认为知人要做到以下几点："问人以是非，而观其志；穷之以辞辩，而观其变；资之以计谋，而观其识；告之以祸难，而观其勇；醉之以酒，而观其性；临之以利，而观其廉；期之以事，而观其言。"

下面举一个善于用人的例子。

马世民是英国人。1966 年，马世民来到作为英国殖民地的香港，进入最负盛名的怡和洋行工作，合同一签就是 14 年，很得怡和器重。

在一次会面中，李嘉诚对马世民的才华留下了深刻印象。

1980 年，40 岁的马世民决定不再帮别人打工，自立门户创立 Davenham 工程顾问公司，承接新加坡地铁工程项目。

1982 年后，李嘉诚与和黄行政总裁李察言在"立足香港"的问题上存在很大分歧，后来，他们分歧加深。李察言去意已定，李嘉诚积极物色接任人选，极力推荐马世民加入。

1984 年，李嘉诚通过和黄收购了马世民的 Davenham 公司，委任他为和黄第二把手——董事行政总裁。

马世民一上任，便为和黄赚起了大钱，还协助李嘉诚成功地收购了港灯集团，是当时华资进军英企四大战役（李嘉诚收购和黄、港灯两个集团，包玉刚收购九龙仓、会德丰）中的一役。

李嘉诚为了得到马世民，居然把他的公司也买下了！我们不禁为李嘉诚的思贤若渴、爱才如命击掌叫好。

由此可见，我们一定要多多培养人才，做好人才的储备工作。

明智的商人不但着眼于身边的人才，而且注重人才后备力量的培养。所谓后备力量，也叫人才梯队。

松下公司按部门及人员阶层的不同，规划了不同的教育时间，训练内容有"单体机器人""机器人系统"等。在训练中，他们将理论与实践结合起来，边学理论边实践，在实践中特别看重提高培训人员的理论分析能力和解决实际问题的能力。

成就人才，即栽培子弟，我们所说的创立家业之人就是能教子弟者。

再从回报率来看，只要是人才就有赚钱的能力，但并不意味着有能力的人会心甘情愿地为你赚钱。

如果人才是由经营者自己培养的，这方面的自觉性就会相对稳定一些。不停地对人才进行培训，并把这些人才派上用场，至于配套的投资事宜全由人才的合理定位而定，这样就减免了盲目投资的风险。即使有风险，当风还没起时，人才就已经给了你足够的信息反馈了，省下的这笔钱用什么可以替代啊！

一点通

人才是创业之根本。对于一个企业来说，任何环节都需要人去参与、去管理，离开了人才，一切就都无从谈起。有了人才，企业才能兴旺，事业才能有成。这些道理可以提炼成一句话，即：要有钱，必先有人。

做“人情生意”，打如意算盘

李先生是杭州一家笔庄的老板。1989年，当他刚开始在杭州创业时，生活十分窘迫，那个时候是他人生中的最低点。尽管这样，他仍然没有放弃，而是经常出没于杭州的各个画廊、美术院校，只要有机会就给别人看他的笔。

一天，李先生在一个画廊里遇见了一家画院的院长。李先生一见院长气度非凡，就拿出一支上好的鸡毛笔送给院长，院长见后惊叹不已。这次巧遇使院长对他的笔产生了浓厚的兴趣，时常以笔会友，两个人在研究笔的过程中结下了深厚的友谊。为了让他的笔得到更多人的了解，院长决定帮他开一个笔会，并免费提供场地。通过笔会，李先生在画界认识了更多的朋友，有些人还帮助他解决了拖欠多年的债务问题。时间一长，李先生的笔庄在杭州逐渐有了名气。

不久，李先生把笔庄开到一个冷清的文化用品市场二楼的拐角里。气氛虽然冷清，但李先生却有他的目的：喜欢毛笔的都是一些文人雅士，不太喜欢热闹的场地，书法家、画家来这一看，就会觉得环境高雅，地方也比较宽敞。如今，李先生手上已经有了两个笔庄和一家工厂，每年制作销售毛笔四、五万支，成功地走上了创业之路。

其实，做生意投资人情，靠的是一个“缘”字。双方能够一拍即合，并保持长期的相互信任、互相关照并不容易，成功人士仍然需要不断进行“感情投资”。彼此间仇怨最深的对手，往往原先是最亲密的伙伴。反目为仇的原因，恐怕谁也说不清，留给对方的都只剩指责与怨恨。之所以走到这一步，就是因为一些人忽略了投资“人情生意”，甚至根本不记得这一点。

一点通

投资“人情生意”应该是经常性的，在商务交际中不可或缺，在其他任何时候、任何地点也都不能没有。人情如同人际关系中的“盐”，缺之，一切都会寡然无味。一个有头脑的人应该懂得把人情生意做得恰到好处，这样才能在必要的时候把人情变为成功的捷径。

让利得情意

有一个农村妇女来到深圳，她没什么文化，刚到深圳时只能给人当保姆，攒了点钱后就在街边摆摊卖胶卷，一个胶卷赚一角。她认死理：一个胶卷就只能赚一角钱。现在她开了一家摄影器材店，生意越做越大，但一个胶卷仍然只赚一角钱。市场上一个柯达胶卷卖23元，她只卖16元1角，批发量大得惊人，深圳搞摄影的没有人不知道她。她做的事听起来像傻子，可赚的钱不得了，在深圳，再厉害的摄影器材商，也得乖乖地去她那儿拿货。

别人尝到甜头，就会接着与你合作。只是一心想谋利，不让别人得到任何好处，人家怎么还会和你来往？没有了来往，没有了合作对象，就谈不上赚钱了。

有这么一个故事，深刻地说明了这个道理。

在一个小镇上，有两个富翁相继去世了。一个富翁下葬时，大家都心情沉重地去送行；而另外一个富翁的葬礼却冷冷清清。

一个外地人恰好从这路过，目睹了两个人的葬礼后，感慨地说：“一个人生前的好坏，死后也能看出来。”

小镇上的一位老先生听罢笑了，他问：“先生，那你认为哪个是好人，哪个是坏人呢？”外地人说：“这还用问，自然是大家都去送行的那个是好人了。”老先生说：“那要看你好坏的标准是怎么定的了。大家都去送的那个富翁花天酒地，吃喝嫖赌样样都干，可是他照顾过很多人的生意，大家都从他的手中得到过好处，赚到了钱，我也从他手上拿到过很多小费；而另一个富翁虽然富有，可却从来不乱花钱，自己很节俭，吃饭、穿衣都小气得很，就连擦鞋的小贩都无法赚到他的钱，谁能说他好呢？谁还会去送他呢？”

一点通

生意场上独木不成林，合作是必然的。别只顾着捞自己的，让别人赚到钱，也是方便了自己。

要会吃明亏，会得暗利

商场变幻莫测，大家的目的自然都是赢利，但有时为了赢利，偶尔吃点小亏是不可避免的。

美国得克萨斯州有一家年代久远的汽车厂，经济效益一直不好，已经到了快倒闭的地步。该厂总裁决定从推销入手，扭转危机。

应该采用怎样的推销方式呢？总裁认真地反思了该厂的情况，针对目前存在的问题，对竞争对手以及其他商品的推销术进行了深入地分析，最后，博采众长，大胆设计了“买一送一”的推销方法。该厂积压着一批轿车未能及时脱手，资金无法回笼，租仓的利息却一直在增加。所以，厂长在广告中特别声明：谁买一辆驰利牌轿车，就可得到一辆卡尔牌轿车。

“买一送一”的方式已经出现很久了，在市场上使用面也很广，但商家的一般做法只是免费赠送一些小额商品，如：买电视机，送一个小玩具；买录像机，送一盒录像带等。这类给客人一点好处的推销方式，最初的确能起到很大的促销作用，但时间一久，消费者就逐渐地失去了兴趣。

那种只要给顾客送礼就拿回扣的做法，也是一个推销的老办法。但是，所送礼品的价值或回扣数目同样都较小，不能起到引起消费者轰动的效果。

但这家汽车厂却独树一帜地推出买一辆轿车便送一辆轿车的“出格”办法，果然一鸣惊人。许多人闻讯后，不管离得多远也要来探个明白。该厂的经销部一下子门庭若市，过去无人问津的积压轿车被人们纷纷买走了，该厂也实现了广告中所做的承诺：免费赠送一辆崭新的卡尔牌轿车。

这样的销售方式相当于一辆车少卖了很多钱，是不是亏了血本？其实不然，这家汽车厂不仅没有亏本，反而因此得到了很多好处：因为这些车都是积压的库存车，仅以积压一年计算，每辆车损失的利息、仓租以及保养费等就已接近了这个数目。而现在，该厂不仅把积压的车全卖了，而且资金迅速回笼，可以进行扩大再生产了。另外，随着驰利牌轿车使用者的增多，该品牌在市场上的占有率也随之迅速提高，在其名声大噪的同时，另一新品牌卡尔牌也被带上了市场——这一低档轿车以“赠品”问世，最后，开始独立行销。

从此，这家老汽车厂生意兴隆。

一点通

为了整体利益和长远利益，一定要学会在别人看得见的地方吃亏，以此让别人对自己产生信任感。而自己由吃明亏得到的暗利益，一定比明着斗争来的更多。

要找个好靠山

胡雪岩从一个提夜壶的无名小卒，一跃成为清朝红极一时的“红顶商人”，这其中自有他的升官发财之道。胡雪岩能够如此走运，多亏了一个官场靠山——王有龄。

王有龄在当时是一个候补盐吏，正打算北上“投供”加捐做官。可是他穷困潦倒，举目无亲，根本无钱“投供”，只好整天在茶馆里打发时光。当时胡雪岩正在信和钱庄做伙计，他整天为自己日后的出路而犯愁。胡雪岩了解到王有龄的情况后，心里便有了底，他很有眼光，看出眼前的王有龄绝非等闲之辈，如果能帮助他进京“投供”，王有龄日后定有出头之日，必能成为帮助自己事业腾飞的靠山。那个时候胡雪岩还只是一个小伙计，要帮王有龄只能先从掌柜那里“拿”钱。当他将一张五百两的银票递到王有龄手中的时候，王有龄非常惊喜，感动得泪流满面，将胡雪岩奉为自己的大恩人。有了这笔钱，王有龄第二天就进京去了。

走红运后的王有龄自然没有忘记帮助过他的胡雪岩。因为胡雪岩为帮王有龄捐官私自动用了掌柜的钱，掌柜一怒之下把他给辞了，所以，王有龄干脆帮胡雪岩开了家贩运粮食的商号，并且用自己手中的权力为胡雪岩大行方便。

依仗着官势浩大，胡雪岩在商界的生意越做越大，于是，他产生了开钱庄的想法。可是众所周知，没有雄厚的资本，开钱庄谈何容易？胡雪岩当时的经济实力并不是很强大，在外人看来，开钱庄简直就是异想天开。但是胡雪岩借助王有龄的职务之便，代理海运公款规划，为自己筹得了一笔款项，同时也赢得了声誉信用，为自己创立了无形资产，可谓是一举两得。不仅如此，他还借助王有龄在官场的力量，代理公库，用公家的银子开自己的钱庄。不到两年功夫，他的钱庄就顺利地开张了。有了这个钱庄，胡雪岩有了更大的财势，相当于有了更多的资本以供扩张和发展自己的生意；再加上王有龄这个官声好、升迁快的大后台，胡雪岩觉得自己的前途一片光明。

有了王有龄的护航，粮食的购办与转运、地方团练与军火费用、地方厘捐丝业以及各方面的钱都流进了胡雪岩所办的钱庄里。他深知官场势力对自己有很大帮助，因此，他继续帮助那些有希望、有前途的官员，以此巩固自己的地位。另外，他也懂得迁就时局，不断寻找新的保护人，以求自身的更大发展，以至于后来他把目标放在了左宗棠身上，乐此不疲地帮助左宗棠筹款购物，不仅是为了赚更多的钱，更是为了想在朝廷有一棵安身立命的大树，从而减少风险，增加安全感。有了左宗棠做自己的后盾，也就有了朝廷赏戴的红顶帽，赏穿的黄马褂，天下人莫不把胡雪岩视为天下第一等的商人，莫不把胡雪岩的阜康招牌视为天下第一等的金字招牌。正因如此，胡雪岩才能放心地一次性吸存上百万的巨款，并牛气十足地与洋人抗衡。

一点通

经商者有了政治势力的撑腰，经商过程会一帆风顺，这是亘古不变的经营之理。

朋友间不谈生意

四年前的一天，王军的一个熟人跑到他这儿，要从他手里订一批办公用品，还说他的公司成立不久，贷款没下来，手头实在没钱，故而先把货拉走，等公司正式开张后就将货款送过来。末了还补上一句：“信不信得过我这个朋友？”话说到这份上，王军不得不答应。

时间一晃过了四年，熟人的公司早就开张了。自行车变成了摩托车，摩托车又变成了面包车，可他再也没有上门，更别说还款之事。其间，王军也打过电话甚至直接上门找了他，可一提欠款，他不是推说贷款没下来，就是大诉苦经，总之就是不还钱。王军没办法，也没到非要对簿公堂的地步，大家是“朋友”，不管你在法庭上有没有获胜，在舆论上恐怕都会成为众矢之的。

一点通

朋友重情，生意重利，两者有明显的冲突。和朋友做生意，无论舍“情”还是舍“利”，对自己都是损失。

分一点利益给他人

21 世纪是全球一体化的共赢时代,合作已是人类生存必不可少的手段。随着科学知识向纵深方向发展,社会分工越来越细,人不可能再成为百科全书式的人物,每个人都要借助他人的智慧完成自己人生的超越。因此,这个世界既充满了竞争与挑战,也充满了合作和快乐。有些人认为只要有利可图就是“赢”,为了能“赢”可以不手段,甚至千方百计地损害他人利益。其实这种耗尽人力物力、顾此失彼的“赢”不叫“赢”,而叫“输”。共赢观念显然已经改变了传统思想中那种你死我活的竞争意识,如今有些人已经懂得了要通过良好的合作、共同获利作为互补共赢的生存主题。

著名学者史蒂芬·柯维曾说:“两个人之间,彼此妥协相当于 1+1=1.5,各自为政是 1+1=0.5,集思广益则相当于 1+1=3。”他这句话的意思是说建立在共赢精神上的合作可以出现个人以前无法创造的效益,甚至比个人效益的总和还要大。

我们平时总会听到这样一句话:“世界上没有完美的个人,只有完美的团队。”

打个比方,如果你一个人走在独木桥上,没走多远就会因为失去平衡而跌落下来;但是,如果此时有一个同伴站在独木桥的另一边,两个人手搭着手维持彼此的平衡,你和同伴就可以平衡地前进。

曾经有一个商人在一团漆黑的路上小心翼翼地走着,心里懊悔出门时为什么不带上照明的工具。忽然前面出现了一点光亮,并渐渐地向他靠近。灯光把路照得很清楚,商人走起路来也顺畅了许多。等他走到灯光处时,才发现那个提着灯笼走路的人竟然是一位盲人。

商人十分奇怪地问那位盲人:“你双目失明,根本不需要灯笼,为什么还要打灯笼呢?难道你不怕浪费灯油吗?”

盲人听完,慢条斯理地回答道:“我打灯笼并不是为了照路,而是因为在黑暗中行走,别人往往看不见我,容易把我撞倒。而我提着灯笼走路,灯光虽不能帮我看清前面的路,但别人却能瞧见我,我就不会被别人撞倒了。”

这位盲人用灯笼为他人照亮了本是漆黑的路,虽然是出自私心,但却给他人提供了便利,同时也保护了自己。正如印度谚语所说:“帮助你的兄弟划船过河吧!瞧,你很成功地过河了呀!”

成功者都坚信一个真理:共赢则两利,分裂则两败。这就像一棵树,无论它怎样粗壮和挺拔,也长不成一片茂密的森林;一块石头,无论它怎样巨大,也成不了一面墙。任何人要想有所作为,就必须把自己融入团队之中,与大家齐心协力,这样才有发展前途。

在数学中,1+1=2 在算式上是正确的,但它并不适用于生活。有时 1+1 能大于 2,大凡在事业上取得成功的人都懂得:两个拳头和一个拳头的作用是不同的,倘若想取得事业的成功,就得建立起一支有效的队伍做后盾。

共赢是人与人或人与自然之间更好的相处方式。它不是逃避现实,也不是拒绝竞争,而是理智地谋求双方利益的最大化。

中国有句老话:“一个巴掌拍不响。”意思是说靠自己的力量,很难成就大事。诚然,经营自己的事业需要自力更生,这是为业之道。但是个体的力量微乎其微,如果有选择地借助外界的力量与自身力量形成合力,这样自己就有了更大的竞争力,抵抗经营风险的能力也会倍增,进而达成双赢的局面。

共赢,是着眼于未来的和谐发展。它不仅利人利己,而且能促进良性发展,让自己与分享者得到更多的利益。

我们在生活、工作中,是否也存在单赢的片面思想,不愿意共享成功?

当代社会节奏加快,人类所面临的机遇与挑战越来越多,越来越复杂。在这种情况下,摈弃单纯的敌对是最好的生存方式,这种理念就是共赢。唯有共赢,人与大自然才能和谐共处,共同发展;唯有共赢,人与人才会互惠互利,利益互享。但是很久以前,人们所尊崇的游戏规则往往是己赢,从来不顾忌他人的利益。如此影响下，竞争双方为了争取“赢”，投入了大量的人力物力用以对付对方，这样导致的结果常常是两败俱伤，谁也没有得利。让传统的观念尽快消失吧，树立全新的“共赢”观念已成为现代社会生存与发展的当务之急。

一点通

“共赢”追求的是长远的发展，既利人，又利己；既合作，又竞争；既相互激励，又相互打压。一般情况下，共赢的效果比单打独斗好得多。

第四章 经营好人脉存折

构建人际关系网的八大诀窍

所谓“朋友多了路好走”，言下之意即朋友乃一大人脉资源，这句话也可以说成“人脉宽了路好走”。中国有句古话：“下者用己之力，中者用人之力，上者用人之智，”意思说在打拼的过程中要善于借助别人的力量发展自己。不过，人际关系网不是一朝一夕就能建立起来的，人际关系需要培养，在培养中还要领会其中的奥妙。

要想建立人脉关系网我们就要做到如下几点：建立自己的价值；向他人传递自己的价值；向他人传递他人的价值；建立起自己在人际关系网中的地位。只有做到这事，才能充分发挥自己的能力并且充分享受人脉关系带来的益处。

以对方的兴趣为聊天内容，是创建人际关系的第一招。面对一个刚认识的人，重点是你想让他为你提供什么样的信息。怎样让对方肯说爱说？聊对方熟悉的话题是很有效的。对他所熟悉的话题，他才有表达的欲望，才有兴趣去聊。人们通常想说自己的事情，所以，最好不要设限或持有先入为主的态度，要让对方感觉到你的坦率和真诚。

例如，营销人员碰到银行业人士时，与其大谈经济热点，还不如以“你数学一定很好吧”之类的话题接近对方。若能由此熟悉起来，对方就会从业务关系角度进入你的人脉圈。

通过相互介绍建立新关系是拓宽人际网的第二招。无论是经由朋友、以前的同事或者同学，或者偶然间谈及的伙伴，还是通过新建立关系的人介绍的熟人，都能累积相当可观的人脉资源。

营销经验丰富的工作人员，每次签完合同后的第一件事情通常是请对方或其领导介绍最铁的关系给自己。从反馈和统计结果来看，由熟人介绍的合作签约率最起码翻一番！不过，倘若只是一味地接受，而不将自己的人脉介绍给别人，时间一长，别人就不乐意再给你介绍了。毕竟回馈既是礼节，也意味着互惠，要学会与新老客户分享人脉。

“广撒网，多捕鱼”是创建人际关系的第三招。虽然营销员工作时争分夺秒，但如果你的能力不足以判断客户，那么你就无权挑选客户。如果一个人具备无时无刻不在推广的精神，那么成功的几率一定会很高。

学习填写通讯录是创建人际关系的第四招，即把人际关系网包含的人收集在专门的通讯录里。认识的人多了，有的人可能联系不上，所以，不但要及时地把自己最新的联系方式告知人脉圈内的人，而且要经常整理他们的通信方式和相应的信息，以方便联系。

把朋友的朋友也当做朋友，是创建人际关系的第五招。当一个潜在的大客户成为你的现实客户之后，意味着你又多了很多条好走的路。通过他，你的客户群扩大了，而其中有一些，会成为你潜在的大客户。这招可以用前面的方法作补充。培养潜在客户，是为了将潜在的大客户变为现实的大客户。“培养”至关重要，如果成功了，就多了一个朋友，多了一条路；如果失败了，就少了一个大客户，甚至少了更多客户。

经常走动是创建人际关系的第六招。农村有一句俗话：亲戚之间要经常来往。如果相互之间没有来往，时间一长，亲戚就和其他人没什么区别了。这句话用在人脉圈上也一样适用。所以，对自己人脉圈内的人，有空就可以多一起玩，如果不能经常见面，则一定要保持联系。比如逢年过节，给他发一条祝福短信或打个电话，无论哪一种都有利于你们保持良好的关系，增进友情。

新东方的创建者俞敏洪老师说过："如果你想知道自己有多重要，就找出身边最要好的三个朋友，他们收入的平均值就是你应得的收入。"

遵循互惠、互赖、分享的原则是建立人际关系的第七招。人与人之间是互动的，所谓"赠人玫瑰，手留余香"就说明了互惠的道理。如果我们只想拥有而不想给予，肯定交不到朋友。主动地帮助对方，也要适当地接受帮助，人与人之间的关系是越帮忙越近，越不联系越远。互信互赖，互帮互助，才能有温暖。"人"字本身就是由一撇和一捺依靠、扶持所构成的。分享是最好的建立人脉网的方式，你分享的越多，得到的就越多。

世界上有两种东西是越分享越丰富的，即智慧和力量。你拥有的东西对别人有帮助，别人会认为你很有用，并从心里感谢你，在适当的时候也会回报你；你愿意与别人分享利益，愿意付出，别人会觉得你是一个正直、诚恳的人，也就皆与你交心。

提升自身价值是建立人际关系的第八招。在盘点自己的人际关系之前，应先问清楚自己：我对别人有用吗？倘若你总是接受帮助，就说明你不具有交往的价值；你越是能为别人提供帮助，你的人际关系网就越好建立。

虽然处处为别人着想的人很好，但却没有实际价值，别人不会愿意将大量时间浪费在与他的交往上；而一个人如果总不愿为别人奉献自己价值，那么也不会有人愿意与他交朋友。在与人交往时，要善于向别人传递你的"可利用价值"，促成交往，由此使彼此更深入地了解和信任对方。日常社交中，最好不要有这两种心态：一是自我封闭、言行傲慢；二是愤青心态，以超脱自居。自我封闭让你与外界失去联系，不能得到更多、更广泛的信息，因而目光短浅有如井底之蛙，只活在自己荒唐的世界里，让人嗤之以鼻；愤怒不平只会让别人觉得你轻浮、狂妄、不成熟，对世界没有正确而全面的认识，因此，别人根本不敢让你做重要的工作。

如果你很有价值，你的朋友也很有价值，那么，把他们联系起来，在这些人之间将会产生更多的价值；倘若你只是一味地接受信息，那么你所拥有的人际关系产生的价值将非常有限；如果你成为信息和价值交换的一个枢纽，那么人们会喜欢与你结交，同时你也能给自己创造更多的机会，从而巩固和扩大自己的人际关系。

所以，在与人交往中寻找并且建立自己的价值，然后，将其传递给其他人，以此促成更多信息和价值的交流，有效地建立人际关系网。

建立并经营你的人际关系是一次有意义的投资。在人际关系网上多花一些时间会让你的事业更加顺利。在遇到王子之前，要学会去亲吻许多青蛙。有时候，你开始做一件事情是出于偶然，这需要你花些时间适应周围的环境，但必须记住的一点是：你从哪里起步，就会从哪里飞跃。这个学习过程很重要，如果坚持下去，最终会遇到一些志同道合的同伴。

当然，在人际关系网的建立方面无需花费精力。如果因为建立人际关系而把自己搞得筋疲力尽，就会严重挫伤你的积极性，这显然是得不偿失的。倘若你已知晓你的力不从心，每个月只做一件或两件有意义的事情用来建立人脉，循序渐进，不久就会初见成效。建立一张高效的人际关系网络需要花很长的时间，与其建立多个只能维系短时间的关系网不如努力保持少量但长期的关系。

做一些出色漂亮的事情有利于增加自己的交际魅力。和人交流要明白一点：内向的人特别不喜欢谈论自己，而喜欢聊思想，我们与这类人谈论的重点应该放在做过的事情上，不要总是自顾自地吹牛皮、说大话，而要确保谈论的内容与谈话主题有关；外向的人喜欢聊业绩，跟他们交谈要表明能力，这样会使自己在某些领域具有可信度。虽然每个人都对自己感兴趣的话题感冒，但事实上外界衡量一个人价值的标准是他做了些什么。倘若他业绩很好，就会获得更多的信任与褒扬，在人群中也会更加光彩夺目。

一点通

经营你的人际关系是一次有意义的投资，灵活运用构建人际关系网的八大诀窍将有助于我们事业的成功。

收集人脉资源的方法

成功学大师陈安之说："成功等于知识与人脉的总和，其中知识占30%，人脉占70%。"美国前总统罗斯福也曾说："成功的第一要素是拥有良好的人际关系。"通过历史上杰出人物的亲身经验我们可以发现：他们之所以成功，都是因为拥有一本厚重的"人脉存折"。

比尔·盖茨从一名中途退学的大学生成为出色的程序员，进而成为全球首富，这一过程不仅仅因为他掌握了世界的大趋势并倚仗了他在电脑上的智慧与执著，他所拥有的人脉资源也很关键。比尔·盖茨刚刚创立微软公司时并没有什么名气，但是他在20岁的时候签到了一份大单，自此凭借长年累积的人脉发展了起来。

假如把营销比喻成砍柴，是砍掉一整棵树比较好，还是只砍一些树枝好呢？答案当然是砍倒一整棵大树（这里不考虑环境因素）。因为一整棵树可以使用很长时间，无需每天劳碌，还能腾出空间种上小树，使木材源源不断。

比尔·盖茨怎样利用人际关系法则，从一开始就砍倒了电脑软件领域的一棵大树呢？首先，他善于利用自己的亲人资源。20岁时，他签到了人生中的第一个合同，这份合约是跟当时排名世界第一的电脑公司IBM所签。

当时比尔·盖茨还在读大学，没有太多的人脉资源。他如何钓到了这么大的"鱼"，可能很多人都不知道具体原因。这次交易之所以成功，不仅因为他的个人技术令人叹服，而且得益于家人的帮助。他之所以签了合约，此间有一个中介人——比尔·盖茨的母亲。比尔·盖茨的母亲是IBM的董事会成员，董事妈妈介绍儿子认识董事长是很自然的事情。假如当初比尔·盖茨没有签到IBM这个单，他就不会有今天的成就。

除了亲人，比尔·盖茨也善于利用合作伙伴的关系网。俗话说：一个篱笆三个桩，一个好汉三个帮。比尔·盖茨也不例外。他让家人帮他鼓动起各自的朋友，如大家所熟悉的比尔·盖茨最重要的合伙人保罗·艾伦及史蒂芬，他们就曾为微软出谋划策，而贡献了自己的人脉资源。

比尔·盖茨不仅着眼于国内市场，而且和国外的友人打交道。他拜托他们调查国外的行情，开拓国外市场，这样微软就有了更广阔的发展空间，所占的市场份额越来越大，终于一举成为世界IT老大。比尔·盖茨有一个非常好的日本朋友叫彦西，他帮盖茨研究了日本市场，为他找到了第一个日本个人电脑项目，从此为比尔·盖茨的公司打开了亚洲地区的大门。

俗话说：众人拾柴火焰高。倘若拾柴的人之间关系很好，那么篝火的火焰就会更高。盖茨很会任用人，他利用人脉雇用那些天资聪颖、能独立工作、有无限潜力的人一起扩展事业，收到了良好的效果。

比尔·盖茨说："我不得不说，在我的事业中，最应该把好决策关的是选人才。拥有一个自己完全信任的人，一个什么工作你都可以放以交付的人，一个为你分担忧愁的人。"他正是因为拥有可靠的人脉资源，才使自己的事业如虎添翼。

无独有偶，博恩·崔西也很会储蓄人才。博恩·崔西是世界一流的潜能大师，一流的效率提升大师，一流的销售教练。他的著作被译成很多种语言在世界各地出版，他的培训帮助千千万万的人提升了业绩。

博恩·崔西十分重视积累客户资源，并且舍得花时间经营。他始终坚信这样的原则：花更多的时间与顾客在一起，跟顾客讨论交流，为顾客着想，与顾客建立商业上的友谊。他愿意花足够的时间帮助顾客做出正确的购买决定，而且相当有耐心。

他真诚地关怀客户，感情强烈，价格、质量、交货效率、公司规模都在他的关怀之下。一旦客户认定你是真正关怀他的，不管其他细节怎样，他都会从你这里购买。

他懂得尊敬每一个他所遇到的人。无论一个人有没有能力，都希望他所重视的人能够尊敬他。一个人的尊严和自我认知，大部分来自于受别人尊敬的程度。你对别人越尊重，别人对你的尊敬就越会影响你的行为。每当我们感受到别人的尊重时，就会对那个人特别重视；如果一个人对我们有敬意，我们就会认为这个人比较优秀、有判断、有内涵，个性也比较好。博恩·崔西绝不批评、抱怨或指责顾客，他认为不应只为自己考虑而责备别人；他还坚持做到对自己的竞争者绝不恶言相向或批评，每当听到别人提起竞争者的名字时，我们只需微笑着说："他们公司挺好。"然后，继续做自己的产品介绍。假如有人告诉博恩·崔西对手是如何责备他的，他只会一笑了之。

得到别人的尊敬和接受是所有人的需求。你只需要用微笑和温和友善，就可以证明你愿意接受他人。一般人都喜欢和那些能够接受自己本性的人在一起，而不愿意被人批评。你越能接受别人，别人也会更多地接受你。

假如你称赞他人所做的某些事，对方会非常开心，为此更有精神，也会觉得自己很棒。如果你坚持在每个场合都竭力找机会对他人的良好表现加以赞扬，就会大受欢迎。

同样，自己的所作所为得到别人的肯定时，你也要心怀感激。感谢别人所做的事会令双方都很满意。你的感谢会让他觉得自己更加重要，更有价值。为此，要学会时常感恩，尤其要向那些让你好事连连的人表达感谢之意。

日常交流中如何尊敬对方？集中注意力倾听对方在说什么，并择机筛选适当信息与之进行交流；当自己说话时，要时刻照顾别人的感受，这样就表达出了你对他的敬意。要想事业有所成就，前提条件就是经营人际关系，成为人际关系专家。事业成功的秘诀其实就是在行业中努力使自己成为最有人缘的人。

与曾经打过交道的人保持联络，使他们转化为你的优质人脉，有利于储蓄人脉进行工作。与朋友保持长期联络有三种方法：给他们寄衣物、致电及抽空看望。

几乎每个大公司都会定期印制宣传产品的小册子让销售员传递给客户阅览，大部分顶尖销售人员至少十天寄一次邮件。例如，很多顶尖的汽车销售员每年给他的客户邮寄四到八份介绍产品的小册子。

寄邮件一定会有效果，但是它不能取代电话拜访或登门拜访。邮寄只是联系感情的工具，用以维持你在他们心中的新鲜度。要想得到最有效的回馈，还要利用电话拜访和亲自拜访第一时间知晓客户想要的。争取时间是提升业绩的生命血脉。

一点通

汤姆·霍普金斯说："赚更多钱的技巧就是去接触更多的人，并储蓄好人脉。"储蓄人脉在一个人事业发展的过程中有着非常重要的作用，人脉盛衰可以预示一个人的发展前景。

经营人脉的艺术手法

"送人情"是经营人际关系的巧妙手段。如果送人情的手段和时间合适，就会收获丰厚的人脉；如果把握不好分寸，就会给双方带来无尽的尴尬。所以，送人情并不容易做好，它需要我们时时处处留心。一个能够把人情成功地送出去并收到良好效果的人，必然有着丰富的交往经验，这样的人通常很精通经营人脉的艺术。

说到送就会涉及送什么、送多少、何时送、怎么送的问题。送得合适才叫送人情，送得不合时机就是给人难堪。送人情不在于所送情分的轻重，重要的是对方的体会。所谓"千里送鹅毛，礼轻情意重"，说的就是这个道理。世人最重视的人情是雪中送炭、口渴喂水，即患难之时见真情。一些微小的举动往往因为真诚和及时，而有"滴水"之恩当"涌泉相报"的成果。

若在一个人非常渴的时候送上一杯救命水，比在他酒足饭饱后送上一桶水的效果更加好。道理就是，救命水价值更高。

除了把握好时机之外，我们还要明白：有相同爱好的人相遇则兴奋不已，会将彼此当做一生朋友结交。两个人志趣相投就能交上朋友，倘若意见不一致就心有芥蒂，因此，要想通过送人情经营人脉就应该懂得其中的道理。

历史上有个故事说明了这个道理。

> 三国争霸之前，周瑜没有证明自己的机会。他曾在军阀袁术手下为官，被任命为居巢长，其地位等同于县令。就在这个时候，地方上发生了饥荒兵乱，粮食非常紧张。居巢的百姓没有粮食吃，就吃树皮、草根，饿死了不少人，军队也因没有粮食充饥战斗力大大下降，周瑜很着急。正当他不知如何是好的时候，有人向他献计说："有个有爱心的地主叫鲁肃，他家素来富裕，想必有不少粮食，不如向他借粮，以解决燃眉之急。"
>
> 周瑜立即带上人马登门拜访鲁肃，见面寒暄一番后，周瑜直说道："不瞒老兄，小弟此次造访，是想借点粮食。"鲁肃看到周瑜神情俊朗，是个才子，将来肯定会大有出息。他不在乎周瑜现在只是个小小的居巢长，便哈哈大笑说："此乃区区小事，我答应就是。"
>
> 鲁肃亲自带周瑜去粮仓查看，里面存放着满满两仓的粮食，约三千斛。鲁肃痛快地说："也别提什么借不借的，我把一仓的粮食送你吧。"周瑜及其随从见鲁肃如此慷慨，都愣住了。要知道，在兵荒马乱的饥馑之年，粮食就是生命啊！周瑜被鲁肃的言行深深感动了，两人很快结交成为好友。
>
> 后来，周瑜时来运转当了将军，他记着鲁肃的恩情，就将鲁肃推荐给孙权，鲁肃终于得到了大展宏图的机会。

人们对雪中送炭之人总是怀有特殊的好感，深受观众喜爱的演员王刚对此感触很深，他曾多次对周围的人说："我有一位朋友，每当我有难时，他一定会出现。例如，有人在车站等着我去接，我只要给他打声招呼，他就驾车前往；我抑郁时想出去散心，他总是乐意奉陪；我想去国外采风，却为护照发愁的时候，他及时联系到了他这方面的朋友并顺利地达成了我的心愿。他对我特别讲义气，可以说有求必应，但事情一过去，我们就又各忙各的了。逢年过节的时候，我总要寄一张卡片或发短信问候他。"

对身处困境的人仅有同情之心是不够的，还应适当地提供一些帮助，使其渡过难关。雪中送炭、分忧解难的行为最容易令对方产生感激之情，从而建立友谊。曾经有一个生意人经商赔了本，他四处筹钱却遭到拒绝。后来，他向一位平时交往不多的乡民求援，向对方表明意思后，对方毫不犹豫地借钱给他，帮他渡过难关，他对农民自此心怀感激。后来，他发达了，不忘这一借钱的恩情，常给村民以特别的关照。

送人情要讲究艺术，以下几点可以供我们学习：

首先，不可过分给予。因为饮足井水者往往离井而去，所以，要做到适度给予，让他总是有点渴，并依赖上你。一旦对方对你失去依赖，或许就不再对你毕恭毕敬了。身为领导，你的员工总想得点好处，你应该怎样做呢？经验证明，要经常赐予他们一点好处，但不可一次性全部满足他们的欲望，否则他们对你倾囊施予的恩惠便不放在心上了。

其次，不要给别人过重的恩情，这会使对方感到自卑乃至排斥你，因为他一方面感到自己无法偿还这份人情，另一方面又觉得自己无能。我们可以对别人施以小恩小惠，但不要让对方以为你在故意讨好他，否则你施予的"人情"就不值钱了。

最后，还要注意，对方不需要给时不要"自作多情"，因为这时你送的人情会让对方感到多余，可能不会领你的情。另外，你遇事抱佛脚才施予的人情也是不值钱的，对方知道你有比较麻烦的事情要托付他帮助，至多能把你所托之事办下来，下次有事情要托对方，又得重新送人情。就如同做买卖，主要围绕一个"利"字，有支出有反馈。倘若对方办不了你所求之事，或者你送的人情太小气，抵不了对方所要付出的代价，对方就会不在乎这个人情，甚至干脆回绝你的"情谊"，让你讨个没趣。

一点通

人们在社交过程中都有一些内心需求，有的急，有的缓，有的轻，有的重。如果我们在急需帮助的时候遇到别人的救济，内心就会感激不尽，甚至终生不忘。

借人肩膀向上爬

换位思考，及时拉人一把，对对方来说可能是一大帮助，以至于终生不忘，有了机会定会加倍回报。也许在不久的将来，对方也会为你提供一架帮你登高的梯子。

《红楼梦》中的薛宝钗填过一首《柳絮词》，其中有一句是“好风凭借力，送我上青云”。她一反大贬柳絮飘浮无根、无所附依的写法，用肯定态度对其进行了赞美，这也反映出她为人的精明之处。从这句话中我们可以得到一个启示：一个人在事业上要想获得成功，除了付出努力之外，有时还需要借助他人的力量，才会走得更顺更快。我们把“好风凭借力”这句话中所蕴涵的人生哲理用在求职就业中，正是所谓的“借梯登高”。

对于准备求职就业的人来说，“梯”就是别人的力量，如名人、亲戚、朋友、同学等的地位、名望、财富或权力等；而“高”则是指求职就业者心目中较为理想的职业。他人有时是你走向成功的桥梁与阶梯，特别是那些有权势有地位的人，他们的力量能帮你尽早达成建立事业的心愿。古往今来，很多人都是依名人之力而取得成功的，汉高祖刘邦立子就是其中之一。

汉高祖刘邦共有八个皇子，这些皇子生母不一，为了抢太子的位置，子与子、母与母之间展开了明争暗斗。刘邦有意立戚夫人之子如意为太子，可吕后却想将皇位争抢给儿子，她便找张良帮忙。张良献上一计：“皇上一直想招四个在野的贤人出山，但他们始终不肯，太子若能让他们来做客，常请此四人赴宴，皇上肯定想知道其中的缘由。”果然不出张良所料，高祖看见刘盈能请来不肯为自己出山的四贤人，认为刘盈为人恭敬仁孝，连四大贤子都肯出手帮助，终于立刘盈为太子。刘盈之所以能当上太子不但仰仗于四大贤人的盛名，同时也得益于他母亲吕后和谋臣张良的妙计。

中国人历来看重宗族亲情，今天“走后门”之所以盛行也不足为怪。这种“后门”其实就是一种看不见的裙带关系网，类似于我们所说的“梯”。走后门谋不当之利当然是不足取的，但如果你能充分发挥自己的才智，有所成就，适当地借“梯”就是可以的。尤其是刚走出校门、缺乏社会经验的学生，倘若想找份好工作，得到社会的认可，就必须靠熟人或名人的引荐。

一般人除了对权威和名望有崇拜感和信任感之外，也比较信赖自己熟悉的人，因而领导们常常会从推荐者身上来估量被推荐者的能力和人格。这有利于被推荐者的求职，继而步步高升。

在各种复杂的社会关系构成的屏障面前，人们都在互相利用，这是人类共同拥有的心理倾向，即“借梯登高”之计的实质所在。若不想或不会用他人之力，只想凭自己的力量打拼，在现代社会里是很难大有作为的。

“借梯登高”需要按照一定的步骤，其中有很多技巧需要掌握。

第一步：找“梯”，也就是找有权势有地位的人。一般人在求职中，应该随时留心周围人的品格、能力及其影响力，用真心结交朋友。为了赢得他人的真诚相助，你应先提供真心或物质。人心都是肉长的，你天长日久的付出总会有所回报。所以，在平时与人交往的过程中，看准谁能帮你，然后，多发展与他的关系。当然，与任何人相处都要以友善、真诚为基本。

第二步：借“梯”，即求得朋友的帮助。朋友能否帮你的忙，要看你们之间的关系到底如何。这就要求你与人交往时，目光要放远些，不因利小而不为，也不要为利不择手段。如果你与对你求职就业有所帮助的朋友发生了分歧，应首先谅解他。“小不忍则乱大谋”，古人早已为我们做好了榜样，韩信能受胯下之辱，张良能为老者拾鞋。只要平日里相处得不错，量变积累终会发生质变，也就会“得来全不费工夫”。你待人好，人家对你自然用真心，有难之时，他也会向你伸出援助之手。这样看来，借“梯”的功夫完全是在平时的为人处世之中修炼出来的。

很多人并非不会施行此计，而是不好意思求人，总觉得这样做有失体面，好像贬低了自己的能力。其实并非如此，什么时候都别忘了，即使是拿破仑也需要别人帮他架起成功的桥梁，更不用说常人了。

一点通

一般来说，无论引荐者的名望大或小、地位高或低，只要对你大有帮助，他就是助你登高的好梯子，他的权威将对你大有利处。

要学会忍耐

古人言："小不忍则乱大谋。"忍，是一种充满韧性的战斗，可以让人不用武器就能战胜困难。真的英雄，何必气短；善始善终，方为不败。忍能保身，忍能成事，忍是大智大勇，更是大福！为此我们要学会不该出手时不出手。谁笑到最后，谁就是胜者。

忍之道是中国文化中的精髓，它传承了儒家思想的精华。中国历史上的许多名人都是靠忍成就大业的，即使现在世界上许多事业成功的犹太籍、日籍的企业家和金融巨头也将忍字奉为修身立命的真经，他们在家中、办公室里悬挂着巨大的"忍"字条幅。实际上，忍的哲学是世界上成功的企业家、政治家、军事家、外交家以及科学家的必修课。

提倡"忍"的功夫是根据某些事物的具体情况来决定的。有的时候，所处的环境不顺，无论你怎么努力，成效似乎都不大。所谓的"一分耕耘，一分收获"并没有奏效，就好比手中只拿着一万块钱却想通过自己的精心测算和分析来撼动股市一样，你应该做的最好策略就是不要凭着自己的"蛮劲"，仅按自己的想法，就义无顾地投入到某些前途凶险的股票中；相反，若你退一步静观股市变化，先求其次，买一些绩优股，等到有机会时，再投入冷门中，这样才有可能获得成功。

在工作中只有谨记"忍"的原则，将来才有可能成大器。越王勾践卧薪尝胆，甚至以一国之君的身份为人做马夫，最后，他终于打败吴王夫差，成就了自己的大事业；汉朝时的韩信，若不能忍"胯下之辱"，怎么会成为一代英雄呢？

能忍助人在官场上步步高升，这是当今官场的绝对真理。倘若在上司面前都忍不了，遇事就像对路人那样粗暴顶撞，官路就不会走得顺利。

忍能助你发大财，这也是很多成功商人的体会。商场如战场，难免有折戟沉沙的时候。有事要求人时，一定会付出代价，即不得不忍耐一些自己不愿意承受的事情。要想从银行贷款，就必须忍受工作人员的挑剔；与老板谈生意，就要忍得住对方的咄咄逼人、犀利言辞和苛刻条件。倘若你真的有求于这个毛病一大堆的人，那就忍一忍吧！只要不是原则冲突，忍过了之后，事情就会如你所愿。

当然，我们讲忍，并不是指的懦弱，真正的忍是一种以退为进的手段。那些一味退让，而不为自己的目标冲锋在前、不思进取的人总是因为忍得太多而束缚了自己的发展。

艾森豪威尔说："能控制自己情绪的人，事业将会有大发展。"清人傅山也说过："愤怒达到极点时，很难克制住，只有那些克制力极强的人才能做到。"

站在你面前与你交谈的人大动肝火，倘若这时你也发火，这种爆发会产生什么后果？倘若这一切都发生了，你就应该约束和控制自己，无论这种自制如何吃力，你都要尝试着说服自己平静下来。

汉初名臣张良外出求学，一天，他在下邳桥上遇到一个老人，穿着粗布衣服，在那里坐着。他见张良过来，故意将鞋子扔到桥下，然后，冲着张良说："小子，下去给我把鞋捡上来！"张良听了先是一愣，然后，怒气涌上来，但他马上让自己息怒，因为看到眼前坐着的是个老年人，于是，他强忍着到桥下把鞋子捡了上来。老人又说："给我把鞋穿上。"张良想，既然已经捡了鞋，好事做到底吧，就给老人穿好鞋。老人笑着离去了，过了一会儿那位老人又返回来对张良说："你是可以施教的。"因此，老人约张良以后再见面。后来，这个老人传授了张良《太公兵法》，帮助张良成长为著名的良臣。

老人借捡鞋穿鞋一事考察张良，就是看他有没有遇辱能忍、自我克制的修养。确实，只有胸襟宽广的人才能担当大任，在处理各种复杂的人际关系和承担艰巨的任务时，才会冷静清醒，不意气用事。我们应该在生活的一点一滴中锻炼这种素养，学习克制、忍耐，妥当处理各种事件。

唐代宰相娄师德的弟弟要去代州都督府就任，临行前，娄师德对弟弟说："我没多少才能却位居宰相，如今你又得州官，得的多了，难免让人嫉妒。遇到有人寻衅，你该如何处理呢？"弟弟回答说："即使有人朝我吐唾沫，我也不说什么，自己擦了就是。"娄师德说："这正是我担心的。那人啐你，是因为愤怒，你把它擦掉了，那个人怒火仍未消。唾沫不擦自己也会干的，还不如不擦呢。"

娄师德兄弟的这番谈论，虽然有点半开玩笑的成分，但不擦意思就是指为人要忍耐、懂得退让，不要和对方"针尖对麦芒"，不然，会使矛盾尖锐化，导致严重后果。

还有一则故事可以说明这个道理。

阿兰·马尔蒂是法国西南小城塔布的一名警察。这天晚上，他身着便装来到市中心的一间烟草店门前，想买包烟抽。这时，店门外一个叫埃里克的流浪汉向他讨烟抽，马尔蒂说他正想买，埃里克便认为马尔蒂买了烟后会给他一支。

当马尔蒂出来时，喝了不少酒的流浪汉缠着他索要香烟，马尔蒂不给，两人就掐架了。慢慢地两人越吵越厉害，矛盾也逐渐升级。马尔蒂掏出了警官证和手铐，对埃里克说，"如果你不放老实点，我就给你颜色看。"埃里克反唇相讥："混蛋警察，你敢把我如何？"在言语的刺激下，二人扭打成一团。路人忙拉开二人，劝他们不要为一支香烟发那么大火。

被劝服后的流浪汉骂骂咧咧地向附近一条小路走去，他边走边朝马尔蒂喊："臭警察，有能耐就把我抓牢里去呀！"怒火中烧的马尔蒂迅速拔出枪，朝埃里克连开四枪，埃里克中弹后当场死亡。

最终，马尔蒂被判犯"故意杀人罪"，他将服刑30年。

一个人死了，另一个人用余生的时间来坐牢，仅仅为了一支烟。由此可见，冲动给人带来的危害是多么巨大。

生活中我们常见到矛盾双方因不能克制自己，进而引发争吵、打架，甚至会发生流血事件。有时仅仅是因为"你踩了我的脚"，或是说话不对味。在地铁上争抢座位，在公交车上挨了挤，都可能成为引爆口舌大战或拳脚演练的导火索。在很多案件里，相当一部分都是由于当事人不能冷静地处理事情而造成的。

如果你忍不了别人的刺激，情绪像火山爆发般，就试试曾是美国总统的杰弗逊所推荐的方法："生气的时候，开口前先数到十，如果非常愤怒，就数到一百。"

最不会忍耐的就是脾气暴躁的人，他们常常因小失大。有较高修养的人往往有较强的忍耐力，在遇到棘手问题时总能快速分析出事情的轻重缓急，体会到对方的难处，能够在千钧一发的时刻扑灭情绪的导火索，使事态不再恶化，从而避免了严重损失。

要成为一个办事高效、人脉丰富的人，就要懂得遇事让自己先闭口冷静，不该说话时就不要说，不该动手时也不要动。

一点通

忍一时，风平浪静；退一步，海阔天空。不要盲目地去碰钉子，而应该首先分析局势，做出某些以退为进的决策。

帮助别人的同时也是给自己的成功添砖加瓦

你对着镜子微笑，镜子里的人也会对你微笑；你对着镜子一脸怒相，镜子里的人也会对你气势汹汹，这是个很好的例子。把这个例子具体到人情世故中就是：你帮助别人，别人也会帮你，你对别人的困难视而不见，别人自然就对你不闻不问。

人际交往中，帮助别人，就是在自己的人情信用卡上储蓄资金。尤其是在别人遭遇困难时挺身而出，救落难英雄于困顿，更是一笔巨大的收益。真心助人，其回报不言而喻。助人发财，自己沾光，帮人发达，自己受益。

英国之所以能成为世界强国，强大的海运能力是一大推动力，而沿岸的酒店、咖啡店等地方则成了这些闯荡大海之人的必到之地。1960年，劳埃德在英国泰晤士河边开了一家咖啡馆，很快这家咖啡馆就成了船老板、商人、水手们聚会的地方，大量的信息都在这里交流，这里成为信息的聚集地。

这些人在这里畅谈海外的经历见闻和海上趣闻。这里有喜怒哀乐，也有悲欢离合。高兴的人欣喜自己的平安；悲伤的人哀叹自己海上遇险、血本无归。

一天，咖啡馆老板劳埃德听到一个海员说："有一个人在做海运保险生意，"这句话在劳埃德的心中掀起了波澜。他想：我是不是应该与这些老顾客们联手搞海运保险呢？这样就可以为外出的人们提供一份保障，帮助那些遇险的人。

他把自己的想法告诉大家，并不断地咨询那些从事海上贸易的老板，老板们对此也很有兴致。接着，很多船长、船员、货主和商贩等表示，倘若有人要做海运保险，他们就都参加。这些人观点明确：谁都想碰碰运气，有了保险，即使失败了也不会血本无归。

有了这些人的支持，劳埃德做起了海运保险。刚开始做保险业时不需要很多的资金，只要物色好机构办事人员，就可以开张了。不久，"劳埃德保险公司"就在泰晤士河畔成立了。

很快，他的保险公司就火了起来，便不再经营咖啡店，摇身一变成了保险业的领军人物。由于劳埃德保险公司的成功，劳埃德很快成为令英国人引以为豪的、世界上最大的保险业巨头。

劳埃德的做法我们不难理解，洛克菲勒的做法却有些让人震惊。

第二次世界大战结束不久，战胜国决定成立一个处理世界事务的联合机构，也就是后来的联合国。但联合国办公的地点应该定在哪里，一时间成了一个难以抉择的问题。按理说，联合国总部最好在大城市里，可是，在任何一座繁华城市建立联合国总部都必须提供大量的土地来建造楼房，这势必要花费很多钱，但刚刚起步的联合国无力支付这笔巨款。

正当大家都陷入苦恼时，美国的洛克菲勒家族出资870万美元在世界级的大城市纽约买下了一块土地，并无偿捐给了联合国。除了这块土地之外，洛克菲勒家族还一并买下周边的很多土地。

联合国大厦建起来之后，周边地价大涨，洛克菲勒家族从这些土地中赚到了巨额利润。

洛克菲勒家族之所以能够收获丰厚的回报，是因为他们的过人眼力，以帮助别人、义务投资为前提，同时使家庭经营的事业壮大起来。

洛克菲勒家族的成功告诉我们：帮助别人就是帮助自己，要想有所成就要先付出，看准了就要大胆地做。

生活中也有这样的事例。一个傍晚，小王下班回家，看见自己所住的小区附近有很多人围着。他好奇地走过去，才得知有一个孩子掉进了下水道的井里，那里又脏又臭，周围的人打过110后，都没有帮忙只是看热闹，谁也不肯跳下去救孩子。小王二话没说就跳进井里。一段时间的营救后，他把满身污泥的孩子托出井口，直到听说孩子被姗姗来迟的警察送进医院，他才松了一口气。等小王回到家后，发现妻子正急着要去医院。经妻子一番说明，他才知道那个被救的孩子就是自己的儿子，原来孩子是帮妈妈打酱油的时候不小心掉进了没盖盖儿的井里。还好，儿子的生命没有危险，这件事情令小王后怕起来：如果自己当时迟疑了，等到110赶来的时候会出现什么后果呢？他深深地明白了"帮助别人就是帮助自己"的道理。

一天，一个妈妈带着一个孩子给乞讨的老人和残疾人捐钱。有人觉得好奇，就问他们在做什么。孩子的母亲说："我带孩子捐献爱心有两个原因，其一是尽力帮助一下这些处于困难中的人们；其二是让孩子更有爱心。"

在现代社会特别是商业领域，很多企业都为新产品找明星代言。通过明星代言可以促进销量，扩大产品的知名度，企业也能够发展得更快。表面上是明星帮了商家，可仔细想想明星也受益匪浅，明星代言可以使明星获得可观的收益，同时也让明星的名气大涨。

总之,帮人等于帮己,用一句老话说:赠人玫瑰,手有余香。

一点通

帮助别人就是帮助自己,赠人玫瑰,手有余香。

第五章　利用人际关系做事

身边同事是近在咫尺的资源

身边的同事是很重要的人脉资源。现实生活中,由工作关系转变为朋友的情况十分常见。通过职业交往结识到的朋友具有很强的专业性,他们在行业内积累了丰富的人脉,每当你结识一个人就能了解整个行业,并通过这个人结识更多的行内人士。如果我们能善于利用这样的资源,就等于扩大了自己的人脉关系网。

充分利用工作中积累的人脉资源,不仅能充实自己的人脉网络,而且是很多成功人士的成功秘诀。

只有对自己的本行非常了解,才能轻松地洞察竞争对手的行动。如果你能通过人脉网络了解到某公司为什么有这么多资深员工跳槽,或者在此行业中一些有用的小道消息,就能更容易地获得成功。

同事与自己在同一公司朝夕相处,大家有缘聚在一起,应把握住这个缘分。工作上的合作,生活上的照顾,人情世故的往来,能让大家彼此温暖起来。

因此,一定要处理好同事之间的关系,争取让同事成为朋友,促使自己的人脉资源更丰富。

在同事中有个好人缘,困难的事情办起来会顺利很多。例如,张芳因为有事这周请假,正好在这周有个评优申请活动,申请人需要上交个人资料。由于平时与同事处得很不错,大家都想帮她,一个人替她写了申请书,另一个忙着搜集她的个人信息,为她整理个人资料,还有一个同事为她写证明材料。大家你一点我一点地帮忙,张芳顺利地评上了优秀员工。她回到公司的那天,领导让她去领获奖证书和奖金,她一头雾水,这才知道同事帮了很多忙。感动的泪水模糊了她的眼睛,她激动地向大家道谢,但大家都觉得这是她应得的荣誉。可见,拥有好人缘是件多么有意义的事情。

人们在利用关系网办事时,总认为同事之间只存在猜疑和忌妒,其实此言差矣。在现代社会中,一个人在单位与同事相处的时间同和在家与家人相处的时间相差无几,所以,不应忽视同事之间的友谊。

其实,同事之间的关系是最方便利用的。人人都想在同事面前表现,求同事办事就等于为他提供了表现的机会,即使有困难他也只能硬着头皮干下去,即使担心领导不满也得坚持,这都是为了在同事中维护自己急公好义的形象。实际上,同事拜托的事情就如同单位交予的任务,每个人都会感觉自己担当着一份责任和义务。因此,找同事做事要理直气壮,该开口时就开口。同时,也应该讲究方法,注意一些细节问题。

与人交往要有诚意,与同事也一样。由于彼此之间了解得比较多也更深,如果找同事办事藏藏掖掖,不把事情说明白,就容易使同事产生不被信任的感觉。找同事办事要先说明要办的是什么事和自己办不了的原因,解释清楚不找别人而找他的原因。只有把这一切都弄得清清楚楚的,他才会尽力帮助你。

如果同事不是无话不谈的朋友,交情不到那么深,那么,找人帮忙说话要客气,而且要以征询的口气与同事探讨，请他帮忙想办法。受到如此尊重，倘若同事认为事情不难办，就会自告奋勇地去为你奔走。几句客气话，省却了许多麻烦。办完事后，最好别用钱感谢，客气几句就可以了。如果拿钱来表示谢意，别人会觉得心里不舒服，因为同事之间帮忙办点事就接受物质感谢会给大家留下坏印象。

从现在开始，确定好未来的发展目标，建立并维护好一个有助于你成功的办公室人际网吧。你确定得越具体，你的关系网就会越紧密，例如，将媒体频频宣传的经济人物树立为自己的职业偶像。把职业愿望具体为文字，然后，确立你可以分步达到的中间目标。

另外，积极参加各种活动，每个活动都会为你提供扩大社交圈的机会。你可以事先思考一下，参加这项活动要认识什么人，然后，收集一些可以用来与这个人交谈的信息。

不管你是在找一份新工作还是想买一台便宜的手提电脑，你都无法不确定谁能提供帮助，这时"撒网"就会派上用场。把你的想法告知很多人，口头广告肯定能让你受益匪浅。

积极利用同事间的各种集会，这不仅限于正式活动。活动前、讲座休息中、午餐时或是在飞机候机室里，你一定要充分利用这些空闲时间。你可以结交你不熟悉的同事、领导以及坐在你对面的人。事业的成功完全可以在下班时间取得。

积极并仔细地倾听对方的话，通过提问，使谈话内容偏向你想知道的。为了你的现在和将来，为了你也为了你的朋友，应该多收集一些他人的联系方式和值得了解的信息。

填写同事记录卡是积累人脉的好方法。在一些卡片上详细记录下见到某人的场景，不仅要写下对方的名字，还要写下你对他们的工作最感兴趣的方面，以便后期查阅。

保持真诚的交友态度是维系人际关系的妙招。建立人际关系网非常重要，可是缺乏妥善的管理会让你过去的努力付诸东流。因此，不要因为某个同事长时间不出现，就将她从你的联系人名单中划去；一定要保持和她的联系，哪怕目前你们没有任何交集。只有在事业顺利的时候就维护好你的人际关系，到遇到困难时才能得到及时的帮助。

介绍过去的同事加入你现在的人脉网也是可以考虑的。你的人际关系网是安全的，因此，你大可放心地把以前的同事放进来。这样做的价值在于，你是这个关系网中的一分子，而且你的介绍人的名声将就此传开。

办法之一是不忘祝福。给同事送生日礼物，在行业报告中读到老同事获得成功的文字时发一封祝贺的电子邮件给他，慢慢地你也会收到各种祝福，也会有人开始想着你。

分享一个固定的联络方式是必要的。在工作聚会上见面，这种内部聚会总是能够收获很多免费的内部消息、工作方法的建议和成功的战略手段，所有这些都对你的成长有利。

在整理同事资源的时候不要忘记上司也是你的同事，也有可能成为你的好友。

想成就大事业的人单单依靠自己的力量是不够的，还需要伯乐看到自己的才华。为了使自己有一个广阔的舞台以充分施展才能，可以拉拢关系、寻找捷径，只要不违背社会常理，不要觉得难为情。毛遂自荐比墨守成规要好很多。

有"头脑"的人在社交生活中会有意识地与自己的上司处理好关系，他们清楚上司可以帮助自己的发展。

怎样才能让上司认可你的工作能力，觉得你很重要呢？怎样才能打开突破口，与上司建立良好的人际关系呢？

首先，我们应该正确看待领导。对上司，一般人有这样几种看法：一是认为他们是可以掌控自己命运的人，是通向成功的阶梯，所以，故意逢迎他们；二是把他们看成是做官的，与自己毫不相干，除了公事以外，彼此不闻不问，对他们敬而远之；三是瞧不起他们，对他们不屑一顾，不放在眼里。这些都是不对的。

正确看待领导的方法是，明确他们是关系你前途的人，是你的直接领导，应该尊重他，但不是谄媚，使他对你产生好感。不论是上司的公事还是私事，你都应该多加留意，努力协助，这样才能与上司搞好关系，借此实现自己的愿望。

有些人在领导面前战战兢兢，连话都不敢说，这种不自信的表现领导不会喜欢，更不会将重要的事情放心地交到你的手上，与你的关系当然也不可能更进一步。我们和领导在人格上是平等的，只要把自己分内的事情做好就可以坦然地面对顶头上司。

领导最看重的当然还是员工的工作业绩，只有业绩好的人，才能在竞争激烈的社会中赚到钱，公司才能不断盈利不断壮大，领导才有成就感。任何靠业绩壮大的公司都很看重实力，所以，只要懂得基本的为人处世，并能最大限度地发挥自己的作用，推动公司的发展，领导总会看在眼里，并及时提携你。

精明的领导，很反感员工在他面前嚼舌头。大家都知道“来说是非者，便是是非人”，你必须学会多赞扬别人，少说别人的坏话。因为一旦走漏了风声，领导对你的印象就会大打折扣，被你说的人就将成为你的死敌。在这样的遭遇下，一不留神你就会被人骂个半死。

上司对你的信任很难得，所以，你不要擅自专行，否则就会侵犯上司的权威或抢了上司的风头。尽量别让对你抱有殷切希望的上司失望，不然你将很难再得到这份信任。

一点通 在办公室资源中，你最需要与行业里的专家、学者、资深人员和管理人员等进行深层的交往，通过他们，你会获得更多的人脉资源，这对你的工作能起到帮助作用。

利用好同学旧情

踏出校门才算真正进入社会，不管学历怎样，我们都会在上学期间结识一些志同道合的朋友，他们如同被刻在你的脑海里一样始终亲切熟悉。同样的道理，他们对你也是一样。所以，在为事业打拼的日子里，千万不要忘记那些在特殊的岁月里积累下来的人脉资源，适当的时候要利用这些人脉，让自己成为这个人脉链条中的一环，然后尽力帮助别人，也让别人帮助你。

老同学之间的感情相较而言是很单纯的，有可能发展为长久、牢固的友谊。在学生时代，人们年轻单纯、热情奔放，对未来满怀着希望和理想，而这种理想往往是同学们共同的追求目标。加之同学之间朝夕相处，彼此的性格、脾气和兴趣爱好等都非常了解，因此，找情投意合的同学做朋友坦率自然，得到朋友的帮助也更容易。

在同学中寻找和建立朋友关系的做法也有讲究，毕竟大家几年内都未见面，彼此间的工作领域也有了很大的差距，和学生时代比起来，已经发生了很大的变化。不过，你在与老同学的交谈过程中可以将焦点对准目前的现状。原则上，只要拥有进取心且正在奋斗中的人即可成为你的好友。如果对方在学生时期与你交往平淡，你就要表现得更主动些；如果你很幸运地找到了学生时期就能凡事热心帮忙的对象，你们之间的关系就更好建立了。

当然，还有另外一种情况，你在学生时期不太引人注目，认识的人也很少。不过，现在的你没有必要让思想停留在过去，每个人踏入社会后所经历的事较之从前都有很大的差异，绝大多数人会受到洗礼，而变得相当注意人脉资源。因此，即使与完全陌生的人来往，也能相处得很好，再加上曾经拥有的同学关系，你的人脉关系网会大大扩大，不用担心找不到朋友。

无论你从事哪一行，应与最易联络的同学（初中、高中、大学等）建立关系，再从这里扩大交往范围。不妨多利用同学的人脉资源，使之服务于自己的事业发展。

校友间互帮互助的作用很大，就拿法律界著名的“西政现象”来证明。西南政法大学的毕业生遍布中国司法实务界和学术界，据说，最高法院中的一半人都是从西南政法大学走出来的。这与校友间的互相推荐是分不开的，同学之间的联系使得许多人走上了成功的道路。

现在，人们已经充分地认识到同学的重要性，不仅在上学时多多联络，工作后也纷纷回校参与各种培训，有的学校甚至在招生简章中明确指出，经过培训学生将会得到更广阔的人脉网络，以此吸引更多的学生报名。

同学资源是最值得珍惜的人脉资源，倘若你能好好利用，那么每个有所作为的同学都可能成为你的贵人，使你的事业走得顺达。

在现实生活中，有一些人同学关系处理得不妥当，聚会时互不搭理，分开以后也老死不相往来，

"你走你的阳关道,我过我的独木桥",只是有难时才想起求助同学,实在为时已晚。

随着人类社会的不断进步,人们的想法越来越开放,加深了对各种人际关系的认识。很多人在和同学分开后经常保持联络,而且成立了同学会,一年一小聚,十年一大聚。这充分说明身处异地的同学们关系也可以越来越好,不受时间、空间的限制。只要有"聚",那份关系和那份感情就会永不枯竭。

同学之间要保持联系,只有常联系、多交流,人与人之间的关系才有进展,关系进展的速度和与人接触的频率成正比。想保持良好的同学友谊,你就应该多和同学们接触。利用空闲与同学通电话,询问一下对方的工作、学习情况,然后,介绍自己的情况,这很有必要的。遇到同学的人生大事要尽量参加,实在脱不开身就写信或托人带点什么以表心意,否则,同学友谊就成了提议。

如果不幸听说同学家出事了,要立刻前去看望。平常因为工作忙、学习负担重,互动不多情有可原,可是朋友有了困难一定要给予帮助和安慰,这个时候最能显出你们之间的情谊来。所谓"患难见真情",关键时刻拉同学一把,自是令他感动不已。

与同学保持联系,也因为他们会给你一些有用的建议。例如,你在工作中遇到烦心事,可以跟同学倾诉,排解一下心中的积怨。

同学交际的重要原则就是通过多次接触加深关系。要想和同学交往,只要有见面的机会,就要积极接触。如果工作、学习忙,写信也可以。

交往时,我们不要让对方觉得有负担。如果赠送的礼物不符合对方的身份,很有可能让同学觉得你别有用心;送的时机不合适也会让同学起疑心。

不论是周末还是节假日,趁同学的家人不在家的时候去拜访同学,也可以获得与同学深入接触的机会。因为这样不必在朋友的家里待得很久,也不必应付很多礼节。

同学情谊保住了,接下来让同学们在事业上助自己一臂之力就成了水到渠成的事情。

一点通 同学是人与人之间除亲人外最亲近的一种关系,在人脉资源中所占比例很高。因为同学之间往往接触比较密切,也比较容易了解,而且最重要的是,同学之间很少存在利益冲突,所以,这种友谊比起一般朋友更纯洁、更可靠。

最容易利用的人缘关系:亲人

俗话说:"亲戚是父母为自己找来的朋友,朋友是自己找的亲戚。"血浓于水的亲情是人生中坚不可摧的后盾,亲戚是人脉资源中最亲近的一脉。遇到困难时,只要打声招呼,亲人就会挺身而出地帮忙。

不可忽视的是,亲戚之间的关系很复杂,这主要表现在亲戚之间存在着多种差异,比如,经济的、地位的、地域的、性格的等。这些差异会促成人们之间的来往,也可能因此成为产生矛盾的原因。

幸运的是,亲戚关系和其他关系一样,也有一些规律可循。只要懂得正确处理亲戚关系,遵循这些规律办事,就能使彼此间的关系越来越亲密;而一旦违背了这些规律,亲戚之间就会反目成仇。

亲戚之间在相互交往时应注意分寸,俗话说:亲兄弟明算账。经济往来要分划清楚,不能弄成一笔糊涂账,以免发生各种不必要的麻烦。

在向亲戚求助的过程中,因为经济利益而得罪人的例子很常见。比如,亲戚之间借钱、借物的财物往来是常有的事,有时是为了救急,有时是为了帮助,有时就是赠送,虽然情况不同,但都体现了亲戚之间的特殊关系。人们视财物往来为亲戚之间交往的手段之一。

在道义上,作为受益的一方,对亲戚的慷慨行为给以由衷的感谢是必要的。如果把这种支持和帮助看成理所应当,不做一点表示,对方会很不高兴,从而影响你们之间关系。

另一方面,对需要归还的钱物,要及时归还,若有所拖延一定要说明一下。这是因为亲戚之间也有各自的利益,最好把财物与感情分开,不能混为一谈。只要不是对方明言赠送的,所借钱物就要按时归还。有的人不把这个当回事,以为亲戚的钱物用了就用了,对方是不会计较的。倘若让亲戚自己说出来,面子上就不好看了。

总之一句话,亲戚之间的钱物来往,既可加深感情,也可造成矛盾,关键在于双方的处理方式。

亲戚之间虽有辈分的不同,但仍要相互尊重,平等相待,特别是在彼此的地位、职务存在差异的情况下更应该如此。

常言说:"穷在闹市无人识,富在深山有远亲。"位高的人对不及他们的自家亲戚是很有吸引力的,条件不好的人总想从条件优越的亲戚那里得点好处,但在提出自己的请求时,条件不好的人自尊心又很强。

在这种情况下,如果地位高的一方对来求助的亲戚表现出不欢迎的态度,就会伤害对方的自尊。地位低的人对别人的态度很在意,只要对方露出哪怕一丁点冷淡的语气他们都会将之视为侮辱,都会计较、表示不满,造成不欢而散的结局。

还有一种情况,即有一些人求亲戚办不太讲原则的事,人家没办成就心怀不满,说人家不讲情谊,这也很伤人。

在地位不同的亲戚间,最常见的矛盾往往发生在求与被求者之间,原因就是一方不能满足另一方的要求。倘若有相似情况发生,一方应注意尽量满足另一方的需求,求人方应多考虑被求方的难处,不要让对方太为难。即使被求者因客观原因不能满足自己的需求,也应给予谅解,不可过多计较。

亲戚有远近之分,因此,在相处中要掌握分寸,不要得寸进尺。

"亲戚越走越亲"是一般原则,还要看你如何走法,这里面有技巧可循。

时代不同,亲戚交往的方式也有所差异。过去,大家不分彼此,生活大同小异,有事没事在亲戚家住个十天半月甚至一年半载都是正常的事情;但是现在,这种方式已经过时,大家都有自己的工作,生活习惯也早已形成,在亲戚家住的时间过长,会影响人家的生活,产生一些家庭矛盾。

为此,我们要自觉地避免在亲戚家久住,如果因特殊事情非住不可,则一定要注意尽量不影响人家的正常生活。

到亲戚家应该客随主便,不要随性而为。见到亲戚家的人早早起床,即使自己再爱睡懒觉,也要克服困意跟着早起。

综上所述,在与亲戚的交往中要不断优化自己的行为,如果行为不当,同样会得罪人。把亲戚资源放在重要地位,让这些资源成为你人脉中的永久动力,促进自己事业的发展。

一点通

对来自亲戚的帮助一定要给以回报,这不但可以使友谊更深厚,而且是报答对方所提供帮助的必要表示。倘若不加言谢,就会让人横生怨气。

老乡见老乡,有忙就能帮

人们出门在外很喜欢找老乡,特别是漂泊他乡的人对此更是深有体会,文学上称之为草根情结。有学者对这一情结进行了深入的研究,并产生了深刻的认识。因为有着相同的乡土情结,所以,人们看见老乡总是倍感亲切,老乡间互帮互助也很正常。人生四大喜事之一就是他乡遇故知,故知就是指老乡。老乡之所以让身在异乡的人们感到安慰,主要是因为有共同的地域背景,生活方式和经历也极其相似,这些使得老乡之间有着不同一般的感情积淀。

随着社会经济的发展,人口流动的加快,许多人离开家乡到异地谋生。身处陌生环境,同乡人是很好的人脉资源。如果只身在外感到拓展人际关系有一定的难度,那就应该开动脑筋,从同乡入手,逐步建立起人脉关系网。

中国人有着强烈的乡土观念,所以,无论走到何处对老乡都很热情,尤其是到外地上学或谋生时,人们所表达出来的同乡情是发自内心的。

我们在大学里经常可以见到来自同一地方的学生所组织的“老乡会”，大家聚在一起玩耍、学习，有人觉得这些人落后狭隘，后来却发现老师居然也在其中，让人难以理解。但事实证明，他们那种“抱成团”的宗旨的确给大多数同乡带来了“实惠”。老乡有难时大家都会伸出援助之手，好多青年男女在老乡会中相识相爱。

现在，这种老乡会在大学里随处可见，并且逐渐风行于网络。通过QQ群、同学录还有各种同学群等现代化的联系方式组织起来的老乡会让老乡之间的联系更加密切了。

乡土观念的凝聚力很强，它使老乡群体对内互相提携，互相帮助，对外则团结一致，抵御外来的威胁。

不过，如果一个人的乡土观念过重，就会有一定的局限性。

阎锡山是山西五台人，那里盛行一句话：“会说五台话，就把洋刀挂”。韩德勤是江苏洋河人，他曾当过江苏省省长，那里的百姓则说：“会说洋河话，就把洋刀挂。”

阎锡山重用五台同乡，山西的很多要职都由五台人担任；陈炯明是广东海丰人，他做了广东都督后，大用海丰人，致使一段时间内很多官员都能说海丰话；孔祥熙是山西人，他在自己的金融系统重用山西人，理由是“山西人会理财”。这些都是同乡情谊重的例证。

古语说：“一人得道，鸡犬升天。”在一个地区出了一个显赫人物，会有很多人跟着沾光。到了近代，这种现象丝毫未减。大批的同乡做了官，形成一定的势力圈之后，这个地方自然要被说成“人杰地灵”。

中国社会的文明制度，制约着官场用人制度，影响着用人之风。若仍沿用“人治”的方式，任用人才就只能依靠少数人的举荐。为了提高工作效率，保证意见的集中和权力的至高无上，任用同乡就成为非常现实的事。但人们没想到这个做法会产生一个不好的后果，那就是给时代打下了“乡党政治”的落后烙印。

我们避开不谈有关乡党政治的问题，从上面的例子里可以看到：既然同乡观念在人们头脑中根深蒂固，势必会影响一个人的发展，那么，我们在日常生活中就要重视它的存在。

同乡人脉资源在清朝得到了淋漓尽致的发挥，曾国藩就一直任用湖南人，成立的军队也称为“湘军”；李鸿章训练的部队因大量士兵选自他的家乡而称为淮军；张作霖号称自己是东北王，所有心腹、手下都用东北老乡。这样的例子不胜枚举。

人对同乡的关爱是发自内心的，因为同乡之间大都怀有人文情感和地域情感的双重情感。一个村子里的人，走出村来到镇就是老乡；一个县里的人到了省里就成了同乡；一个省里的人到了京城也就成了同乡。

老乡间的关系很细腻，如果能好好把握这种不同一般的人脉资源，定能在奋斗的道路上更进一步。

一点通

人们常说：“老乡见老乡，两眼泪汪汪。”足可见老乡之间的深厚情谊。远离家乡，漂泊在外，求求老乡往往有助于自己事业的发展。

远水难救近火，远亲不如近邻

在现有的人脉资源中最容易被忽视的可能就是邻居资源了。邻居是空间上距离我们最近的人脉资源，有事情招呼一声，邻居马上就能赶来。俗话说“远亲不如近邻，近邻不如对门”，说的就是邻里关系。

在过去的乡村里，大家整天在一起，忙时一起劳动，闲时一起聊天，吃饭的工夫也要端着饭碗去邻居家坐会儿。哪家有好东西了都会送给邻里，大家关系融洽，不分彼此。因此，邻里之间总有很多可说的话题，即便当代住在城市四合院里的人们同样也是如此，他们和睦相处，胜似亲人。

但是如今社会物质文明有了很大进步，越来越多的高楼大厦替代了四合院，也使得原本亲密的邻居逐渐疏远。

事实上，只要用心经营，就很容易将邻居纳入你的人脉网络。只要从心中认可这些邻居，并愿意同他们成为好朋友，他们就会好好待你，你的人际关系也会得到改观。用心和你的邻居相处，你们一定会有很多话题可聊。

要想拥有优质的邻居资源，首先，你应该挑选一些优秀的人当邻居。因此，我们在购买新房时千万不能马虎，一定要先探清邻居的底细。另外，不要忘记时常拜访一下自己的老邻居，告诉他们自己搬迁到了何处，以便日后联系。

倘若你对邻居不闻不问，那么就等于损失了重要的人脉资源，你应该从现在开始尝试着关心你的邻居，为发展你的人脉关系网打下基础。下面这个例子说明了邻居资源正如近水楼台，如果利用好了就可以先得月。

任先生有个7岁的儿子，打算告别幼儿园进入小学一年级。小区附近有一所不错的小学，是师大的附属小学，主要针对师范大学家属的孩子招生，其他孩子想进入相当困难。任先生夫妇前思后想也不知该怎样帮孩子尽早入学，眼看就要开学了，孩子入学的事情仍没有眉目，夫妻俩很着急。一天吃过晚饭，一家人在小区广场上乘凉，聊着聊着就获悉自家隔壁住着的邻居就是师大附小的校长。夫妻俩顿时感觉有了希望，回去商量一番，便开始行动。他们把从老家带来的特产包装好给邻居送过去，又宴请了邻居一家，一来二去大家就熟悉了。任先生找准时机向邻居说了孩子入学难的事情，邻居答应了帮忙安排。几天过去，任先生接到入学通知，孩子如愿以偿地进了师范附属学校。

后来有一天，任先生下班时看到隔壁门缝里有浓烟冒出，隔着窗户一看才知道校长家失火了，但家里的老人却浑然不觉。他三步并作两步走过去将门撞开，冒着生命危险将老人背出房间，然后，报了火警。把老人送到社区服务站之后，他赶紧返回去救火。等大火被扑灭的时候，隔壁的校长夫妇才从外面回来，他们对任先生的帮忙深表感谢。从此，两家的关系更加亲近了。

一点通

俗话说帮人就是帮己，多关心你的邻居，就会得到对方更多的关怀。今天你帮了邻居，说不定哪天邻居也能帮到你。

吃饭也能吃出来“后门儿”

现代社会是一个注重人情关系的社会，人情表现在哪里呢？主要是在饭桌上。没事的时候请朋友吃饭是增进彼此关系的有效办法，领导开完会再吃饭也是个不错的方式，商业谈判时大摆宴席也是加深双方了解的好机会。所以说，饭局是人脉扩张的捷径，我们要不失时机地抓住这些机会，以加固自己的人脉网络。

据权威机构统计，世界上所有的谈判中，有80%是直接或间接地在饭桌上完成的。饮食在衣食住行中占有重要的位置，民以食为天。因此，饭局成了人与人之间相互联系的平台，人们在这个平台上成功地扩展着人脉。那么，应该怎样抓住饭局这个机会呢？要想打造成功的生意饭局，不论是早餐、午餐还是晚餐，都不要把令人沮丧的事情搬出来。在和谐的环境中进餐是大家共同的心愿，这样谈判才有可能开展。在饭前饭后以及用餐时间，根据大家的兴趣谈论不同的话题，可以使彼此更熟悉，感情更融洽。

那么，饭局上聊什么比较合适呢？喝饮料时，人们通常聊些高尔夫球、天气之类的话题。等到上主菜时，则主要围绕着美食，适当地谈一些时事。

靠一次宴请说服犹豫不决的立法人员投自己一票是美国白宫政治人员惯用的手法。这一顿饭可以是考究的早餐，可以是室外的午餐，也可以是盛大的晚宴。但不管是哪一种，每当有重要的提案需要成员投票时，毫无例外地都要用银质餐具。即使是政治捐款，也总是与吃东西联系在一起。

国外有个成功的商人做每周工作计划前总是先确定他要与哪些人碰面，然后，他每个礼拜安排四个早餐、四个午餐和两个晚餐和与他个人或业务目标有关的人士聚餐。他们可能是客户，也可能是朋友，总之都是有影响的人。

他经常会在街上遇见他想与其一起吃饭的人。他一周的饭局最少有四次正式的早餐、午餐和两次晚餐，这样，他即使再忙也仍然有10次访谈机会。在愉悦的时间里加深客户对他的印象，是他的成功秘诀。

一同进餐是极简单却有效的方式，因为自己也要吃饭。吃饭时，人的情绪大都很好，感情也容易建立。专程拜访10位客户需要花费许多时间，可是运用饭局却能使他在还没有展开正式拜访工作之前就已经深入了解了10位客户。通过吃饭，不但可以进一步加强与客户现有的关系，也很可能会有额外的收获。

有这样一个例子充分说明了饭局人脉加油站的作用。

北方农村有个习俗，每年过节大家都聚在一起吃饭、喝酒。适量饮酒对身体不会有伤害，反而有益身心，另外它还带来一个益处，那就是能在这个时候结识一大帮铁杆朋友。喝酒扎堆，促进交际，以后遇见难办的事情，大家帮帮忙就好了。

刘涛就是这样认识张洋的，因为各自的朋友都来酒桌上碰杯，他们就碰面了，经朋友的介绍相互认识之后，张洋很客气地为刘涛敬酒，刘涛也回敬了他。一来二去两人的话都多了起来，经过聊天得知，他们都在酒水销售行业就职，因此互留了电话。酒席结束几天后，张洋请刘涛单独会面，偶然谈起了商业上的合作。张洋的经销很有名气，而刘涛经营了八家酒水店铺，生意兴隆，两人便达成了协议，在共赢互惠的基础上进行一次大合作。几个月下来，张洋的销售业绩急剧上升，而刘涛在张洋的协助下也淘金不少，两人感慨这一切多亏了那次的饭局，不然哪能有这么好的合作机会呢？

倘若你每年都找机会和一些能够帮助你的人一起吃饭，你的生活和事业两方面，都将有所成长。

如果你还没有开始这样做，最好考虑一下是不是应该开始行动。不过在饭局上，不可太急功近利。你的谈话一定要有弹性，不要硬性推销。你做什么没那么重要，重要的是人们对你的这种方式是否接受。最好的方式是吃饭时不要谈工作，吃饭就是吃饭。有句俗语说得好："吃人家的嘴软，拿人家的手短。"只要他们答应和你吃饭，你就可以利用吃饭的时间消除彼此之间的陌生，让彼此熟悉起来。下次你找他合作或帮忙时，他一定会极力帮助你，即使一时帮不上忙也会在适当的时候偿还你的宴请。

在席间要适当地谈谈你自己的情况，说说你的优势在哪，可以为对方提供什么样的优质服务。既让别人对你有所了解，同时还要清楚地表示在对方需要帮助的时候你会挺身而出。

通过上面的阐述我们了解到：在生活中，饭局也可以增进彼此的感情。同学聚会、偶然见面都会有饭局，在饭局中祝酒聊天是交流沟通和增加感情的有效方法。通过吃饭，我们往往能更加了解对方，获取重要的信息，达成共识与协议。

如此仔细盘算，饭局居然能给人带来这么多的好处。所以，在饭局中不断扩充自己的人脉资源，尽量发挥自己人脉资源的作用是非常有必要的。

在认识到饭局的作用后，我们都应该积极参加同事或朋友组织的饭局，把自己的品牌打出去，组织好人脉关系网。

一点通

有的人觉得吃饭很浪费时间，这是错误的观点。大多数人们在饭局上花的时间肯定不会毫无收效。

14 抓住机遇篇

第一章　机遇是打开成功大门的钥匙

提高发现机遇的敏感度

我们常说,要会抓住机遇。只有抓住了机遇,才能发展。一些事实表明,抓住了某个机遇相当于赢得了时间,赢得了商机,发展起来会更顺、更快。

很多人说:“我明白机遇有多重要,可是哪有那么多的机遇可供把握,一个普通人又要到哪里去找机遇呢?”

这当然值得思考。

一个人若是责任心不强,没有紧迫感,即使机遇摆在眼前,估计一时半会儿也看不到。反之,有了责任感和紧迫感,一个人就会善于发现机遇,及时把握机遇。不信,有下面的故事证明:

> 北京有一位即将退休的老厂长仍为厂房的事情劳累。他总想使厂里的生产更红火,产品的订单更多,天天都在琢磨着怎样才能实现。
>
> 一日,他正在读报,看到报载北方某市的市委书记和市长亲自率众干部扫大街清洁城市。他心里想:这市委、市政府真是重视城市的环境啊!转念又一想,觉得这位领导可能只是作秀,虚张声势而已。即使真建成一座清洁的城市,也要靠机器。于是他想,这对于自己这个机械厂来说,岂不正是个好机遇吗?
>
> 看准了就不能等,他马上给该市的市委书记写了一封信,首先表明自己看到新闻后对书记、市长带头扫街的敬意,接着,又给市里领导提了几个建议:要想解决大城市的清洁问题,光靠人力是有限的,必须依靠机械把这一目标实现利益最大化。最后,他把工厂里的优势详细说明,比如,制造过清扫机械,并且有新的图纸,表示十分愿意为该市提供最优惠的服务。
>
> 老厂长抱着试试看的态度将信寄了出去,结果很快就收到市里的回信,信里欢迎他带着图纸去面谈。老厂长欣然前往,终于谈成了一笔生意,接下了一批订单,工厂的利润因此而增长了不少。

表面上看这事发生得偶然,其实并非如此。报上的消息,谁都看得见,有很多厂长都看到了,但没有任何人认为这是一种机遇,没有人主动联系市里领导。即使是专门生产清洁机械的工厂,也想不到。这里就有一个敏感度的问题,而这正是来自于老厂长强烈的责任心。因此,机遇是存在的,关键在于我们能否发现它,能不能及时抓住。

一点通

能否发现机遇,这里有一个对机遇的敏感度问题,并非先天就具备,而是来自于强烈的责任心与高度的使命感。

先到先得

有的人一谈起别人,总是羡慕人家的机遇好,抱怨自己的运气差,可是很少去琢磨自己为什么没有赶上好机遇。其实,有时候面临的是与别人同样的机遇但却让它溜走了。

某学校的初中班级举行知识抢答竞赛,分成男女两组对决。女生组中有一个学生非常聪明,知识面广,作文又好,对老师的提问总能正确地回答,所以,她理所当然地被选为女队中的台柱子。有了她,女生组充满信心,老师也觉得她们必赢。

一番准备之后,比赛开始了。男生一方的抢答器不停地响,女生组这边却很安静。男生组虽然一些题答得不对,正确率不算高,但却抢到了很多回答的机会。女生组回答的正确率虽然很高,但抢到的答题机会却很少。比赛叫停时,男生组赢了。

主持竞赛的老师很纳闷,心想:"论实力,女生要强很多,而且女生组还有那位公认的秀才,怎么竟输给了那些冒失的男孩子呢?难不成男孩子真的反应快?"

事后,老师问女生组:"你们动作怎么那么慢,不会抢啊?"那位聪明的女生懊丧地说:"我们没想好答案,怎么抢呀!"

老师又问男生:"你们抢得真快呀!比赛结果太出乎我意料了。"

一个男孩得意地说:"我们早就发现这次题目并不太难,所以,先抢到机会再仔细想,有些答案是在抢到机会后才想到的。我们如果慢了,机会就被女生抢去了,我们也就失去了赢的可能性。"

男孩子说的是对的,机会都没有,答案再正确也无法得分。正因为机会被男生抢到了,才使他们最大限度地接近胜利。

事实上,很多事都是如此,职场上、商场上不也是这样么?只要是竞争,就有一个抢先的问题,谁抢在先,谁就获得了机会,甚至是人生发展的大机遇。同一个职位有很多应聘者,人一多就有竞争,你慢慢腾腾,总觉得自己能力有限,正当你犹豫不决之时,机会就被别人抢走了,而那个贸然抢先的人说不定根本没有你强!

当然,没有准备或准备不充分的人即使抢到了机遇也不一定能够成功,但有准备而没有抓到机遇的人却注定要失败。因此,机遇是不能等的,面对机遇不能犹豫,而要不失时机地果断去抢。抢到手了,就先成功了一半,你的才华才有施展的机会!

一点通

谁抢到了机遇,谁就更有可能取得成功。

莫要错过机遇

生活中我们总能看到这样的人:求职不遂,升迁不顺,总哀叹命运不给自己机会,有更想不开的则说自己生不逢时等。他们或怪罪别人,或抱怨环境,总之从来不从自己身上找原因。其实,即使机遇就在眼前,也不是人人都能抓住的。

战国时期著名的纵横家代表人物张仪和苏秦都很有成就,有成功也有陷入低谷的时候。在狼狈而窘迫的时期,在机遇到来之前,他们并没有自怨自艾,而是默默地进行整备,最终赢得了很好的机遇。

魏国人张仪,曾经穷困潦倒。他去游说楚王,楚王却不理睬他,他只好经常去游说令尹(相当于后来的宰相)。有一次,令尹家里丢失了一块名贵的宝玉,就猜小偷是张仪,于是不由分说地逮捕并狠狠地教训了他一顿,将其逐出相府。

张仪灰溜溜地回到家,妻子埋怨他说:"你这是何苦呢! 要是不去游说,哪会落到这么惨的境地呢?"

不想张仪竟张开大嘴反问妻子说:"你好好看看,我的舌头还在不?"

妻子被他逗笑了,回答说:"当然在!"

张仪满足地笑着说:"那就够了!"

张仪自信只要留得舌头在,自己的游说就会成功,他的事业也会有成功的一天。于是,他重新分析了当今形势,总结经验教训,从头开始,以一口利牙和"连横"的主张说服了秦王,因而被授予了重要的官职。

与张仪一同向鬼谷子学习的苏秦,开始游说时也遭到冷遇,家人因而看不起他。父母不与他说话,妻子也不理他。即使这样,他仍坚持自己的追求。在找到了一本《太公阴符》后,他发奋苦读。困倦疲乏之时,他就用一把锥子狠狠地刺自己,用疼痛使自己警醒。就这样,他总结出了"合纵"的策略,之后,他来到各国游说,开创了一番事业。

张仪和苏秦可以说是遭遇困境但仍坚持追求的例证。他们在失败的时候,不是发牢骚,不是埋怨,更没有沮丧,而是反躬自省:"我失误在什么地方,我还有优势吗? 我和别人有不同之处吗?"反省之后,他们振作精神,充实自己,弥补不足,重新行动,终于摆脱了困境,获得了成功。

现代人也不例外,在"文化大革命"的恐怖时期,很多读书人受到不公平待遇,被关进了监狱,但他们仍不放弃读书,努力学习外语,研究经济。结果形势变化,他们得到了平反,出狱以后,正是国家"四化"建设用人之际,他们的才能得到了发挥,命运也发生了巨大的变化。如果当初他们只是一味地抱怨,或者自暴自弃,甚至抑郁至死,肯定不会有后来的成就,更不用说幸福的生活了。

可见,抱怨是没有用的,在机遇到来之前,唯有认真学习,默默无闻,不断地充实自己,不断地积累学问,努力去奋斗,才是理智的选择。你若真的努力付出了,真正有才能的人在任何时代,都会有展现才华的机遇!

一点通

抱怨是没有用的,在机遇到来之前,唯有认真学习,默默无闻,不断地充实自己,不断地积累学问,努力去奋斗,才是理智的选择。

机会来时要果断出手

众所周知,带兵打仗,时间极为宝贵,你只要先于敌人出手,哪怕只有几分钟,就能占据主动,占有优势,否则只有挨打的份。这是无数战争实例所证明了的真理,是用鲜血和生命换得的经验和教训。

战场是这样,商场也是这样,你若出手比别人早,就能及时抓住商机,同时成为创业的胜利者。

小张从卫校毕业后,一开始并没有找到工作,虽然有些苦闷,但更多的是一股不服输的劲头。他想:即使找不到工作,自己也不能吃干饭,于是就琢磨起了小本生意。

2003年,"非典"突然发生,一时间引起了人们的恐慌,一些药店的体温计脱销。小张认为这个机会难得，因此立即寻找体温计的进货渠道，转遍了市内所有的医药器械批发商店，都没有找到货源。

从网上查查如何？他想尝试一下，结果查到了江苏某县仪器厂有体温计现货出售。他赶忙与厂家进行联系，讨价还价之后，问父母要了点钱，再加上自己的存款，很快就购得了16000支水银体温计和1000支电子体温计。

当时，全市体温计虽然脱销，但小张没有乱加价。他根据进货的成本，每个体温计适当地加了点价，因为售价很合理，体温计很快就销售一空了，小张只忙了一次就赚了2万元钱。

半个月以后，许多人盯上了这个赚钱项目，也买了很多体温计，但这时非典疫情已经减轻，再加上市场饱和，结果导致体温计大批积压。

卖完体温计后，小张仍然注意分析市场形势。他看到“非典”之后，人们比以前更加注重健康，导致健康类书籍畅销，于是，他用刚创业得来的2万元钱作为活动资金，建立了一个售书网站，经营健康类书籍，很快也有了赢利。

小张这两次经商的成功要诀，主要是在分析了市场之后，以最快速度下手占领份额，每次他都很快地抢到了商机。这也再次证明，在商场上，时间尤其重要。正因为小张的动作“比别人快5分钟”，他才从体温计上赚到了钱。

可见，发现了机遇，就一定要果断抓住，不能有半点犹豫。如果你犹豫不决，彷徨观望，再好的机会也会被断送。

一点通

威名远扬的拿破仑有一句名言说得好：“我之所以经常打胜仗，就是因为总比敌人早到5分钟。”

自己动手，丰衣足食

看到别人成功时，有人在羡慕之余，总不免沮丧与慨叹，自己并不比别人差，可就是没有机会。他们抱怨自己在单位得不到领导的重视，没有竞争的机会，好的位置只得让别人捷足先登。

真是这样吗？机会真的没有吗？若仔细回顾一下成功者的历程，我们就会发现每一个成功者都是历经坎坷，历尽磨难才取得成功的。

美国总统林肯家里一点都不富裕，他住的是十分简陋的茅草屋，没有地板，甚至没有窗户，可谓家徒四壁。小时候学校离家很远，林肯要上学就得走二三十里路。就是这样，林肯每天都跑很远的路去上学。由于家境贫困，林肯只受了一年的学校教育就辍学了。机会会青睐这样的人吗？然而林肯却一直在努力着，没有懈怠过，通过自己的长期奋斗，他接替了布坎南的职位，成了美国总统。应该说，是他的奋斗改变了自己现有的状况，是努力造就了他后来的成功人生。

日本松下集团的创立者松下幸之助，幼年父母早逝，只上了四年半的学，他是旧式学徒出身，还身患肺病，连自己的身体健康都不能保证，其客观条件真是再差不过了。他凭借75元钱创业，开始时决策失误，负债累累，简直活不下去。但是松下经得起失败与挫折，不停地与命运抗争，不断地创造出机会，终于成功地创立了有名的“松下帝国”。可见，我们先天的条件是可以改变的，机会也是可以创造的。如果我们只是一味地埋怨没有机会，或者只是被动地等待着机会，机会又从何而来呢？行动起来，埋头苦干，即使目前没有机会，以后我们也会创造出来。凡是事业成功者，哪一个不是通过自己的努力创造出机会的呢？

据说，有一次亚历山大打赢一场战役后休整军队，这时有人问他：“将军，您是否在等待着下一个机会的来临，以攻克下一个城市？”

亚历山大顿时气急败坏地斥责道：“机会？什么机会？机会不是等来的，而是要靠我们自己创造的!”亚历山大正是通过不停地为自己创造机会,才不断地获得了战场上的胜利,建立了那令人敬仰的丰功伟绩。

一点通

不要再抱怨时不济,赶紧行动起来,用踏踏实实的行动创造机会,赢得机会。

相信自己,主动出击

做过教师的人大概都知道,课堂教学中,学生回答教师提问的踊跃程度,与学生的年龄成反比的关系。越是低年级的学生越爱回答教师的问题,举手的同学很多;到了初中,举手的人就会少一些;到了高中,就又少了一些,几乎没有人再主动举手回答问题了。原因是人的年龄大了,考虑的就多些,自然产生各种各样的顾虑,可能想到要是答不正确多没面子呀,学生自然就不爱举手。

然而,无论是教学还是演讲,人都讲究互动。如果只有老师一人在台上讲个不停,而学生一点也不参与,只有问,没有答;只有呼,没有应,那么气氛就活跃不起来。所以,无论是教师还是演讲者,都要常提问题以便得到听讲者的配合。

成年人更加缺乏在大庭广众的注视下回答问题的习惯,因为他们思想负担重,生怕自己答得不好被人耻笑。因此,很多培训班或讲座中一般都是讲者声情并茂,听者沉默寡言。

有一回,在一个经济学的讲座上,主讲人提出一个问题:“在座的各位,有特别喜欢经济学的吗?”场上没有一个人举手,他们都怕被专家问到。有些人只是互相望了望,笑着低下头。看到没人响应,专家只好自己解围,他说:“怎么都不敢举手呀,那一定是不喜欢了呗!”接着,又说:“那我就讲一个故事吧!”

他留学美国时,也常去听讲座。发现每当开讲之前,与他一起听讲座的人都会取出一张纸,用彩色笔在上面写下自己的名字并立在桌上。这是干什么呢?他一打听才知道,这么做是为了让演讲者关注自己,以便向自己提问。

他开始不理解,后来才明白:因为演讲者都是很有地位很有声誉的人,所以,能听他们的演讲本身就是一次很好的机会。若能答上他的问题,尤其是有惊人的回答时,他们对你就会有深刻的印象,这也许会给你的未来创造机会。

事实证明的确如此。他周围有几名同学也曾因在讲座上发表了自己很好的见解,而被一些知名的公司聘用,担任了重要的职务。

说到这里,演讲的专家鼓励大家放下顾虑,让自己的想法参与争鸣,这样你就会学得更深,理解得更好,就会有表现的机会。

很多事情都是这样,你有才华就应该表现出来,让别人有机会认识你。

我有个朋友受邀参加一场当地规格较高的座谈会,他犹豫不决。当他向熟人请教时,熟人告诉他,这样的座谈正是一个表现自己的机会,应该高度重视。不仅要发言,而且要做精彩的发言。如果你的发言确实有水平,别人就会记住你甚至对你刮目相看。这样有什么不好呢?那人的一席话使朋友茅塞顿开,便认真做了准备,在会上仅仅十几分钟的时间里赢得了满堂喝彩。从此,当地的领导才真正地了解他,说他是个人才,这极大地推动了他的事业发展。后来,这个朋友对每次座谈,不论规格高低都十分重视,因此,获得了很多锻炼的机会。有一次,他到市里参加一次会议,会上安排他发言。由于他讲得不错,效果也很好,事后有的市领导对他更加重视了。

今天在市场经济的条件下,竞争变得异常激烈,如果机会来时不马上抓住,谁能单单注到你一个人呢!所以,只有积极主动,敢于亮出自己,让人认识你的才华,发现你的长处,有意吸引对方的注意，机会才会跟过来。如果在竞争的年代，你仍然那样含蓄而不愿表露，把自己深藏起来，渴望别人有一天发现你，怎么会有人对你留下印象呢。这样一来，你的才华只能“养在深闺无人识”了！

一点通

相信自己的实力，主动进击，不放过每一次机会！

机遇是人生的转折点

1955 年，比尔·盖茨出生在美国大城市西雅图。1 岁时，盖茨进入西雅图最著名的一所私立中学学习。那时计算机刚刚兴起，学校花巨资购置了一台计算机供学生们了解和学习，盖茨对计算机的兴趣就是从那时显露出来的。

1973 年，盖茨被哈佛大学录取。哈佛是世界著名大学，有很多优秀的学生在这里学习文化知识，跨出成功人生的第一步。

1974 年，第一台个人电脑问世的消息激发了盖茨的全部激情，他做出退学的决定，投身到这一场计算机浪潮之中。

1975 年，盖茨和他的好朋友保罗成立了自己的公司，并将其命名为微软公司。尽管当时还没有什么名气，但是盖茨以及他的朋友在计算机界已经初步崭露头面了。

1981 年，IBM 公司设计出了个人计算机，这个消息轰动一时。而更引人注目的是，为 IBM 公司提供计算机语言程序的正是年轻的盖茨领导下的微软公司。经过不懈的努力，微软取得了最终的胜利，等个人计算机开发出半年后，微软正式成为个人电脑软件方面的领导者，年仅 26 岁的盖茨因此而一举成名。

如今，功成名就的盖茨已经成了新一代美国青年心目中的偶像。

观今鉴古，每个成功人士都蒙受过机遇的青睐。机遇在一个人的成功上占有很大的重要性。正所谓：时势造英雄，战国时期的越王勾践之所以能雪耻灭吴，重振越国声威，就在于计然、范蠡善于抓住时机；明朝末年，奸臣当道，昏君执政，努尔哈赤抓住这个机会，拥兵入侵中原，从而建立了后金，这才有了后辈的“康乾盛世”。试想一下，如果孔明对刘备的“三顾”视若无睹，继续过着隐居避世的桃源生活，又怎会青史留名、被后人传颂？倘若牛顿没有抓住机遇，当苹果落地时，就不会诞生著名的万有引力定律。

表面看来，机遇属于一种偶然现象，实际上却有很多规律在里面，在偶然性的背后总是隐藏着必然的机遇。只有正确认识必然性和偶然性与人生的关系，我们才能真正抓住机遇，让好运永远伴随自己。

16 岁的麦克斯韦初到剑桥，对一切都感觉新鲜。这段时间，他正专攻数学，阅读了这方面的很多书籍。不过，他读书的系统性有所欠缺，有时候为了钻研一个问题，他可以接连几个星期什么事都不干；有时候，他碰上什么就看什么，毫无目的地对一切都感兴趣。

他其实好学又聪明，只是需要名师点拨才能放出异彩。幸运的是，一次偶然的机会，麦克斯韦遇到了一位好老师，他就是霍普金斯。霍普金斯是剑桥著名的教授，一天，教授到图书馆借书，他要的一本数学专著不巧已被一位学生先借走了。这本书里内容晦涩难懂，教授有些奇怪竟有学生愿意读这样的书。他就向管理员询问了借阅人的相关信息，得知借走书的学生叫麦克斯韦。教授找到麦克斯韦，看见他正埋头摘抄，在笔记本上涂得五颜六色，毫无头绪，房间里更是被各种物品堆放得杂乱无章。霍普金斯不禁对这个年轻人产生了兴趣，诙谐地说：“小伙子，如果没有秩序，你不会成功的。”从这一天开始，霍普金斯成了麦克斯韦的指导教授。

霍普金斯很有学问，培养出了不少人才。麦克斯韦拜师于霍普金斯后，首先克服了杂乱无章的学习方法。霍普金斯对他的每一个选题以及具体的运算都严格要求。这位导师还把麦克斯韦推荐到剑桥大学的尖子班学习。经这位优秀数学家的指点，麦克斯韦在学业上有了很大的进步，最终成为一代科学大师。

机遇对任何人都是平等、公正的，关键是谁能抓住它并加以利用。一言以蔽之，机遇就是好境遇，是支持事业发展的特定有利环境，只有好好把握才能让我们成功。

1869 年，俄国作曲家柴可夫斯基暂住在基辅附近的妹妹家。有一天，他听到一位粉刷墙壁的工人哼着一支动人的曲调，一下子就被迷住了，他连做梦都能回忆起这个曲子。第二天，他找到那位工人，根据他的哼唱把曲子记录下来。后来，这支曲子的曲调被用作《第一弦乐四重奏》的第二乐章《如歌的行板》的主题，成为柴可夫斯基不朽的名作。

卡耐基指出："在商业活动中，能否抓住时机关系到事业的成功，抓住每一个致富的机会，即使成功率很低，只要你抓住了，就意味着事业已经成功了一半。"

善于把握机遇的人，方能到处碰到机遇；不善于把握机遇的人，再好的机遇摆在面前也无济于事。机遇是在你人生原野上驰骋的烈马，你驾驭得了它，未来就会很美好；你没把握住它，就只能对着远去的机遇独自品尝错过的苦涩。这也能说明机遇是引火的火种，借助它可以点燃人生道路上的熊熊大火；而有时它是一堆无用的东西，只能随风飘散。

英国著名科学家法拉第是世界上伟大的物理学家和化学家。他出身贫苦，12 岁时上街卖报，13 岁就已在外面打拼当起学徒。虽然他秉性酷爱读书，认真钻研了有关电学的论述，还尽可能利用条件做点小实验，但若不是碰巧遇上英国著名学者戴维到他那里做学术讲演，法拉第想方设法地进场听演，他就不可能认识戴维并得到戴维的赏识。正是由于这种特殊的机遇，在戴维的推荐下，法拉第才在皇家学会实验室当上了助手，开始了自己的研究之路。

成功学大师卡耐基曾不无感慨地说："在某种意义上，时机就如同一块宝藏。"英国人托·富勒也说："抓住机遇，才能成功。"石油大王洛克菲勒就曾回忆过自己的成功史，也说了这样一句话："时机的力量很强大。"

每个人都是自己命运的设计师，每个人都在亲手营造着自己的人生。可以说，人的一生是由一连串的机遇联结而成的，人生能否灿烂辉煌的关键在于能否抓住这些机遇。小机遇往往是大事业的开始。苏格拉底说："最有希望的成功者，并不是才华横溢的人，而是那些最善于利用每一时机去发掘开拓的人。"成功来自无处不在的机遇，抓住机遇，让机遇成就大事业，将为你带来人生的好运。

一点通

一次好的机遇可以改变人的一生，机遇创造财富，机遇改变人生。机遇是获得成功的不可或缺的条件。

第二章　机遇的发现和捕获

广泛获取与针对携手

人的一生中会遇到很多机缘，它存在于各类信息中。从国家的制度变革、大政方针、政治经济动向这些新生事物的展露，进一步具体至人们求学、求职、晋升、创业、寻偶、立家等方面的动态，所有这些都暗藏着很多的机缘。

充分利用现代媒体，如报刊、杂志、电视、广播、互联网等，大量搜索信息，使发现与捕获机缘的概率有一个较大的提升。不管目标是哪个机缘,都需逐步地建立自我"信息库"。库存容量多了,有用的机缘也就多了。

日常工作与生活中总有抓住机会的例子,表现为广交朋友、广结人缘,善抓机遇的人往往从上下级、同事、朋友、老乡、合作伙伴及专业中介机构中得到新的信息来源。

需要注意的是,要想获得这方面的信息,不能只是被动地等待人家"输送",而是要主动地出击,使他人能主动地为你发现机缘信息。

如有人需寻求新的职业岗位,已在甲城市找了很久,仍无所收获,而他有朋友在乙城市,就托其关注求职信息,这样极可能有意或无意地发现较大的机会。在向委托人说清楚要求和方向后,受委托人的特别关注促成了该人的求职成功。美国人力资源管理协会与《华尔街日报》的一项调查发现,95%的人力资源主管和求职者是通过委托他人而找到合格人才和职业的,这种方法既高效又实惠。

还有的人想开办公司,决定寻求合作者以解决资金等方面的问题。自己所在的地方已搜寻无获,他就通过委托同行在其他地方寻找,结果找到合作者,又经同行"搭桥"后促成了合作的建立。人际关系是连接机缘与个人需求的桥梁,借助人际关系我们可以找到机缘。

注意对可行机缘信息多加总结,无论你是寻求考级、晋升、择业机遇,还是经商、营销、投资乃至寻偶等,都应有固定的方向。应当根据你的需求,分领域、分类别、分层次地搜索有用的信息并加以选择利用,使可能有利于你学习、生活、创业及爱情、家庭的机缘信息,更加全面、高效地出现。

特别是在人们投资、经营、发财的种种活动中,若你以为有个信息能让你发财,能帮你增加销售量或抓住暴发的机遇时,它虽然有真实的可能性但也可能是虚假的。商场中常常有这种情况,在获取某条信息后大加投资,却因信息的虚假性而损兵折将甚至全盘皆输,这不得不使人们加以警惕。

1. 要有敏锐、创新的思维

机缘的存在方式,往往不起眼、不显露,或"犹抱琵琶半遮面",并不轻易让人发现。渴盼机缘的人们,不要妄想等到机缘露面再发现它,而必须思维敏锐、眼光犀利、嗅觉灵敏,从众多的信息中闻出机缘的气味。这种能力成为人与人之间的重要区别。

近几年,陈天桥作为中国财富的代表,颇为引人注意。陈天桥是上海复旦大学经济系的高材生,毕业后顺利进入最有前途的上海大型企业"陆家嘴"集团,就业不到一年就升职担任公司副总。正当陈天桥在奔向国企高职的路上飞速奔跑时,他选择了辞职"下海",26岁时,他借了50万元开始独立创业。陈天桥这个举措另辟蹊径,因为他以十分敏锐的眼光看到了互联网与游戏结合后的巨大历史性商机,他对这个领域的未来充满了信心。于是,陈天桥在自己创办的卡网网站初有发展的基础上,毅然购买了韩国网络游戏《传奇》的中国代理权,并通过电话、网吧等方式向玩家兜售,结果大获成功,并取得当年收入过4亿元的好成绩。此后,陈天桥又引入国际战略投资者,成立了著名的盛大网络公司,于2004年5月在美国纳斯达克股票市场上市。年仅31岁的陈天桥,以40亿元身价一举登上2004年胡润IT富豪榜首……当敏锐性强的人们都挖掘到网络这个前景无法估量的宝石,并有力撞击它时,与IT速度吻合的财富增长速度也就显现了。

在中国步入商品经济快车道及融入经济全球化的过程中,不仅限于IT界的大大小小的商界成功人士、成功企业家都有着敏锐的观察力,他们广泛地搜寻,在不同的领域发现、捕获了商品交易、房地产开发、股票投资、科技创新、国际经贸等方面的新苗头和新机遇,从而掘金成库。

在人们寻求机缘或期待与机缘有个不期而遇时,还需要具备创新、灵活、多向的思维,去发掘和"引出"机缘。今天世界各地的人们吃着用蛋卷盛装的冰淇淋,已很普遍,但却很少有人知道它的出现也是因为机缘巧合。

在美国举行的一次世界博览会上,盛夏的酷热使参观者们狂购用小碟子盛装的冰淇淋,以致冰淇淋大量囤积,而碟子却所剩无几,出现了断货情况。这时,一个叫哈姆威的卖蛋卷的小商贩,看到自己生意不好做,而别人的冰淇淋却供不应求,猛然灵机一动,富有创新地把他卖的薄饼卷成一个圆锥形，然后用它来盛冰淇淋。哈姆威的举动既新奇又化解了小碟子不够用的危机，结果因巧掘"机缘"而导致"锥形"冰淇淋走俏的哈姆威很快成了富翁。

创新催生灵感，灵感导出机遇，机遇造就成功。在众多历史名人中，灵感的诞生为他们引出了机遇。笛卡尔因病躺在床上，看到楼板上的蜘蛛在织网，从中体验到新的数学灵感，由此创立了解析几何；伽利略无意识地观看被微风吹动而摇摆的吊灯，于是发现了钟摆定律，钟表由此诞生；牛顿在草坪上看书，碰巧苹果落到了他的头上，撞出了万有引力定律的火花；穷困潦倒的动画家沃尔特·迪斯尼，发呆时望着办公室里经常出现的那些老鼠突发奇想，迸发出"米老鼠"的形象，迪斯尼由此诞生……

海尔老总张瑞敏带领海尔集团在中国及世界电器市场上纵横捭阖、连创佳绩。其间，给世人印象最深的是海尔产品的"新"与"快"，几乎在每一类家电中，海尔都能标新立异，捷足先登新的产品市场，如高档变频冰箱、流媒体彩电、无洗衣粉的洗衣机等。究其原因，还是多亏了与张瑞敏的高度敏锐性密切相关的思维方式，靠的是他自己悟出的"眼睛论"。张瑞敏认为：一类企业只有一只眼睛，发展往往很被动，眼睛只盯着政府；一类企业有两只眼睛，一只眼睛盯着用户，另一只眼睛盯着员工，让双方都满意；而"海尔"则拥有"第三只眼睛"，也就是看到机遇便能抓住机遇。"第三只眼睛"成为张瑞敏带领海尔在激烈竞争中商机不断且领先一步的"奥秘"。

开辟一条思维创新之路，会让你找到更多的机缘。

2. 要有及时、果断的行动力

人的一生中，无论处于何种阶段、从事何种职业，都受各种机缘的眷顾。人的一生中不可能没有机缘出现，更进一步地看，常常呈现在人们命运历程中的一种状态却是机缘开始出现了，并完全展露在人们的面前；人们看到了"它"的姿态，感受到了其"魅力"，但没有停下脚步或没有立即出手，好像不敢接触机缘，靠近机缘。有些人是顾虑过多，害怕自己没有能力利用好机缘；另一些人在捕捉与利用机缘的过程里，因要付出成本，有所得失，甚至产生风险等，也没有主动地与机缘见面，结果在彷徨中眼睁睁地看着带来人生命运转折的"她"飘然而去。

人们可以想象，自己在各种人生活动中有过与机缘擦肩而过的经历吗？这些与机缘失之交臂的状况，是否表明你对机缘有"叶公好龙"的倾向，那么又是出于什么考虑使机缘白白流失呢？机缘不来盼机缘，机缘来了又抓不住，结果只能让自己抱憾终生。

要实现对机缘的有效获取与利用，避免让自己与机缘擦肩而过，就需有果断、敢为的气度和灵敏及时的反应力。一旦看准了对命运有所帮助的机会，就要全力以赴，创造条件，紧抓不放，力克过多顾虑、畏首畏尾、患得患失。

无论在何时何地，人们所面临的一些机缘初现时，往往只是一种信号或模糊的态势。敢于与机缘相会的人往往依靠大致的分析和奋斗的激情，而无法精确地测算抓住机缘并取得成功的概率有多少。在敌我战斗中，将军们一旦发现了敌方的弱点，战机就会偏向于我方，此时果断调兵遣将，在进攻中扩大战机，寻得主动从而获胜；当市场上出现了新的产品变化、新的商品需求以及新的投资机会时，一些企业人士在形势还不明朗时就果断介入，获得有利商机并在经营活动中进一步发掘与扩大机缘；而当某一行业、某一职位出现招聘机遇后，即使对应聘毫无把握也要毫不犹豫地先报名应试、应招，新职业眷顾心里没底的几率将比你待在原地不动大数百倍。挑选公务员等干部时，因为对招聘的种种条件与要求，导致一开始就认为自己肯定能成功的人少之又少，而敢抓这种机遇，不畏嘲笑、嫉妒或失败的人的人生则会首先有个大转机。

机缘，就是开始显现的人生命运的希望星火，而只有跃身其中，与机缘亲密接触，人生才会发展成燎原之势，并有新的开篇。

一点通

面对机缘，抓与不抓，对一个人的人生轨迹有着很大影响；抓而不获，不妨视其为一种人生的历练。懂得这个道理，人们都应积极主动起来。

机遇插翅，转瞬即逝

有位老教授退休后，巡回拜访偏远山区的学校，并把他的传授经验教给山区的老师们。由于老教授富有爱心，待人和蔼可亲，所有人都很喜欢他。

有一次，当他结束在某山区学校的拜访行程，欲赶赴他处时，学生们都很舍不得，跟着他走了很远的路。老教授不免为之所动，当下答应学生，下次他再来时，谁把课桌弄得干净整齐，他就送谁一件神秘的礼物。

老教授离去后的每个星期三早上，学生都按要求打扫自己的桌子，因为星期三是教授前来拜访的日子，但具体日期并不确定。

其中有一个学生的想法和其他人不一样，他对教授的礼物充满好奇心，生怕教授会在星期三以外的日子突然带着神秘礼物来访，所以，他每天都打扫桌子。

但往往上午收拾妥当的桌面，下午又乱成一糟，这个学生又担心教授会在下午来到，就决定下午也要收拾一番，后来，他想想又觉不安，如果教授在一个小时后出现在教室里，仍会看到他凌乱不堪的桌面，他便每隔一个小时就整理一次课桌。

到最后，这个学生终于想清楚了，他开始随时保持自己桌面的整洁，并静候教授的到来。

等教授再次来到学校时，给这个学生送来一套自己的衣服。教授的衣物并没有多么神秘，但这个小学生已经得到了另一份奇特的礼物。

机遇是一个美丽而古怪的天使，她喜欢突然袭击，如果稍有不慎，她就将翩然而去。不管你怎样扼腕叹息，她也不会再出现。事实上，机遇无所不在，关键在于当它出现时，你有没有做好准备。

我们耗费了大量过往的时光，却没有等到机遇。从今天起，在等候的同时也要做好迎接它的准备，让自己保持最佳状态，以便机遇出现时，自己能牢牢握住不让它溜走。

就像这个山区学生一样，起初只是在每周三做准备以迎接机会的来临。接着是每天、每个下午，到最后，他让自己每时每刻都做好准备，等待着机会的到来。与此同时，你也将发现，由于你不断地作准备，收获越来越大。其实此刻的你已然脱胎换骨，早已不再是昔日那个愿意终其一生等候的人了。

一点通

机遇来去匆匆，瞬息而过。有句话说得好："机会来临时会先把头发给你，如果你连头发都没有抓住，再抓就只能抓它的秃头了。"倘若想成就一番事业，那么准确地把握机遇至关重要。

不让机遇轻易走掉

英国皇家学会要为大名鼎鼎的琼斯教授选拔科研助手，闻讯后法拉第很是兴奋，他在第一时间报了名。但就在选拔考试的前一天，法拉第却被告知自己被取消了考试资格，因为他的工人身份。

法拉第气愤地赶到选拔委员会理论，但委员们只是讽刺地说道：

"没有办法，一个普通的装订工人想到皇家学院来，除非琼斯教授亲口答应！"法拉第很踌躇，如果不能见到琼斯教授，自己这辈子就一点机会都没有了。但一个普通的书籍装订工人要想拜见大名鼎鼎的皇家学院教授，这简直是做梦。

法拉第虽顾虑重重，但坚持梦想的他还是鼓足勇气站到了琼斯教授家的大门口。教授家的门紧闭着，法拉第站在那里犹豫了很长时间。

终于，他敲响了教授家的门。

院里没有声响，当法拉第准备第二次叩门的时候，门突然开了。一位面色红润、须发皆白但却精神矍铄的老者正注视着法拉第。“门没有锁，请你进来。”老者和蔼地说。

“您不锁门吗？”法拉第疑惑地问。

“干吗要上锁呢，”老者笑着说，“当你把别人关在门外的时候，自己不也被关在屋里了吗？我才不当这样的傻瓜呢”。这位老者就是琼斯教授。他带法拉第进到家里，聆听了这个年轻人的叙说，遂写了一张便条递给法拉第：“年轻人，你带着这张纸条去告诉委员会的那帮人说我已经同意了。”

经过一系列严格的选拔，书籍装订工法拉第出人意料地成了琼斯教授的科研助手，走进了英国皇家学院那高贵而华美的大门。

机遇是个不速之客，它不会系着白领带、穿着燕尾服、头顶高帽来登门拜访你。它对任何人都是公平的，总是悄无声息地来到他们身边。有的人眼疾手快，将机遇迎进门做客；有的人却麻木呆滞，任之一走了之。要迎接机遇这位不速之客，需要下一番工夫，需要你开动智慧的头脑，为自己争取它的青睐。

伟大的成就和业绩，永远属于那些肯奋斗、有上进心的人，绝不会属于那些一味等待机会的人们。

一点通

当一个人进行了周密计划和慎重考虑，在多种有利因素的配合下向成功进发时，机遇却很不给面子，突然消失。这种情况下，一个智者总能创造出契机与机会结缘，并借助它的力量搏击于事业的长空。

要靠自己抓住机会

培根说的一句话很有道理：机会先把前额的头发送给你，这时候如果你不快，那就只能给你个秃头了。同样的道理先把瓶子的把儿给你拿，如果你不拿，就只好把瓶子滚圆的身子给你，这时若想抓走它就难上加难了。在一开始就懂得善用时机，往往需要大智慧。

一些人常常感叹“造化弄人”，其实大部分原因是一开始没有抓住时机，等机会一溜走，再去苦苦追寻，自然就只能“碰到机会的秃头”。所以，及时行动，一定要率先抓住机会的头发。

机不可失，失不再来。机会的出现必然充满偶然性，稍纵即逝但又不是无规律可循的。

正在成长中的企业或许能带给下级许多机会，问题是，下级处于机会的中心并不能确保万无一失，因而还应该看准时机，该出手时就出手，主动地抓住那些提供给自己的机会。

作为下级，如果能掌握机会的可循规律，该出击时决不手软，那么他就会比别人更容易发现机会，也更容易取得成功。

所以，一旦发现机会就要迅速出击，不要落后于人！有一句话说得好：“幸运之神常来叩门，不聪明的人总是将其拒之门外。”没有认识和把握住自己的机遇，最终错失良机，让别人捷足先登，这种事每天都在发生。事后就算有所悔悟，又能怎么样呢？幸运之神早已眷顾他人。

1. 工作无小事，机会最难得

在日常工作中，老板的一言一语，一事一行，都给下级以足够的表现机会。作为下级，一份报告，一席谈话，甚至一次随从外出，都是表现自己的大好时机。切莫小看这些平凡的事务，因为老板往往就是从这些琐碎的事务当中发现人才的。

下级应该留意身边发生的一切，哪怕是很平凡的一件小事。要懂得充分利用一切可能，及时把机会找出来，抓在手里。

2. 敢于冒险才有机会，有机会才能成功

机会有时带有不确定的危险性，它一般与压力相伴，一同向你走来。将二者关系处理好，它就会为你带来幸运；处理不好，它就会成为你的巨大压力，造成你的精神紧张。

这个时候，就看下级有没有勇气与自信去承受压力，敢与机会战斗一番并获得它，控制它。

“过了这个村，没有这个店。”大多数事业成功的人，对机会来临的时刻很敏感。他们不会让机会从身边悄悄溜走，因为稍有不慎，你所问话的优势就可能被削弱，从而自顺境陷入困境。

如果没有一点冒险精神，哪怕机会已经在眼前也只能眼睁睁地看着它溜走。如果遇到困难就绕着走，就无法收获困难背后的甘果，只能自己咽下一肚子苦水。

“不入虎穴，焉得虎子”“舍不得孩子套不住狼”，有冒险精神的人虽然有可能失败，但不冒险是肯定无法成功的，很多人都是因为敢于冒险，才取得了事业的成功。

一点通

美国成功学家卡耐基说：“等待机会，是极不聪明的举动。”不要以为机遇会自己来到门前，敲响你的门，而要转变观念，主动出击，寻找属于自己的机会。

教你识别机遇

一般来说，机会可分为两大类：

第一，开拓自己的事业而创造的机会。

一个公司的下属准备自己办一个公司，倘若公司开始运营，那这个下属就为自己创造了一个位置——老板；如果公司办不起来，那他就失去了这个位置，甚至只能从原公司辞职走人。

是不是能够为自己创造这种位置，还要看下级的多方面能力，有一些其他因素包括各种机遇也在其中起到了不小的作用。

第二，老板委托下级办事而带来的机会。

公司要在另一个地方建立办事处，老板就向下级交代，倘若办事处能建起来，以后就由下级负责。老板的意思很明显，如果办事处建成了，下级就能升官；如果建不成，连其他机会也没有了。

老板把这个任务交给下级完成，是提供给下级一个机会，但下级有没有升迁的可能性还要看他是不是能把这个办事处建立起来。

有人经常叹息：“工作那么久怎么也不提拔我？”他们成天坐等机会的降临，守株待兔，喜欢作不切实际的空想，但是机会怎么可能自动送上门呢？他们根本不知道其实经常光顾他们，只是他们终日不打开门让机会进来。如此这般，只能做无用的抱怨。

老板要看下级能不能运用技巧，脚踏实地地干活，通过提供机会为下属打开一扇门，由他们自己迎接机会的到来。

每一个想抓住机会的人，都应该学会当“机会主义者”，也就是主动采取行动，熟悉身边的环境，一旦发现机会就迅速出击而获得成功的人。“机会主义者”与“投机取巧者”有着本质的不同，前者的宗旨是通过努力主动争取机会；而后者则只是盲目地碰运气。

1. 少说多干，会干事才是硬道理

聪明的下级做事情从不多说废话，而是踏实工作，努力表现出稳重、能干的一面，而心里丝毫没有松懈，从不大意。

不管工作的性质如何，聪明的下级都会想方设法地尽力完成，而且从不发牢骚，也从不在完成之后拼命地炫耀。

如果牢骚满腹，消极怠工，老板会认为此人能力尚浅或者根本不知道怎么办事；而干完一件工作——尤其是老板交代的重要任务后动辄到处张扬，会让老板觉得此人为人轻浮、不稳重、不谦虚。

老板喜欢踏实肯干的人，只会夸夸其谈，干不出实事的人，老板永远不会给予信任。耍小聪明，自以为是，只能给人留下肤浅的印象。

老板喜欢留意并提拔那些不嫌工作量多，工作起来勤奋又谦虚的人。所以，下级应该多做工作，认真完成老板留下的任务。只有多干实事，少说废话，才能抓住机会、迅速得到老板的赏识。

2. 别让老板等你

作为下级，应守本分：无论做什么事情，都别让老板等你。

老板的时间通常比下级的时间宝贵得多，所以，接受了老板交给你一项大任务后，应该全身心地投入，认认真真地工作，不拖沓耽误超出老板的预想，把工作提前做好。这样你就有充足的时间来完善工作，一旦老板要你把工作呈报上去，你也有了一个缓冲时间而不是等老板要求检查工作时，你再临时赶工，找出各种借口拖延时间，让老板等你，那么你失去的不仅是信任。

当老板和下级说话的时候，如果身为下属的你仍然忙着做别的事，让老板等候，哪怕时间很短，也是对老板的不尊重。

如果这时你的一个客户恰好打电话进来，不好拒绝，你可以通过手势或眼神向老板示意，老板自会体谅你。因为这个小小的细节而表示出自己对老板的尊重，会使老板对你产生好印象。

能够助老板一臂之力，聪明的下级应具备这一能力。老板考虑发展大计的时候，正是一个聪明下级展示才华的大好机会。

为老板工作，为老板解决问题，向老板及时提供建议，这些都是下级工作责任的一部分。若老板有难处，尤其是在遇到有关发展大计等重大问题时，下级如果能花时间替老板出谋划策，提出可行性建议或一个具有可行性和实用性的方案，为老板的决策提供参考，即使不能解决问题，老板也会对你有新的认识。事情结束以后，下级被重用之是预料中的。

3. 处乱不惊，做事情要留后路

遇事冷静，能沉着处理的下级，具备处乱不惊的素质，他们能抓住问题的关键，把问题处理好。在巨大压力下还能保持镇静，在纷纷扰扰、纠缠不清的事件中，还能于第一时间找出问题的核心，这绝不是一般人所能做到的。因此，处乱不惊是一种难得的能力，这样的下级，老板会给予他们相当大的信任，把最复杂、最重要也是最困难的事情交给他们去办。

保持积极稳定的心态，有意识地做好各种准备，当出现突发状况时，你就不会惊慌失措、六神无主。相信自己的能力，积极解决问题，这样你被提拔的机会自然大增。

如果下级做事常常手忙脚乱，遇到问题退缩不前，甚至头脑发热、毫无头绪，只会令老板失望，更不会得以重任。

身为下级的我们应该注重培养积极稳重的心态，学着冷静面对问题，不断提高自己的应变能力。

处事不惊的能力，必须经过锻炼才能形成，只要通过多次的临阵考验，通过不断的学习和用心的思考和总结，就能最终获得。首先，敢于迎接挑战，并利用各种机会锻炼自己，尝试处理各种突发性的难题。你处理的问题多了，眼界自然随之变宽，渐渐地就能做到处乱不惊，面对再大的难题也能沉着应对。

工作中难免有风雨，哪里会事事如意，下级既要抱着积极的心态面对工作中的问题，充满信心和热情，同时也要做好应对最糟糕的局面的准备。这需要你为自己留好后路，准备一个备用的方案，即使原方案不被通过，还有另一个办法作为补救。不要把事情做得太满，丝毫不给自己留余地，那样的话，当突发状况发生时，你肯定会不知所措，最终前功尽弃。

老板有时需要下级随同出差，这时你一定要细心再细心，行李打包前，想想是否有遗漏的物件或材料，同时设想一路上会用到什么东西。未雨绸缪，提前把细节做好，一旦有事情发生就能从容不迫，这样的下级一定会获得老板的赞赏和信任。

4. 拓宽自己的视野，学会给老板补漏洞

一个人只有经历了风雨，见识过世面，才会拥有广博的学识和开阔的视野，对问题的认识才会全面起来，处理问题时才会更加客观冷静，做起事情来才会，又快又好。

一个人如果懂的东西多了，境界高了，工作起来的心态就会顺畅得多，仿佛手到擒来做事得心应手、左右逢源。一个人懂的东西越多，就能越早识别信息的气味，在别人还忙于研究、在黑暗中摸索时采取行动，占据有利形势。

只有孜孜不倦地学习，扩大知识面，丰富自己的人生体验，并多注意信息量的积累，才能在机会来临的时候做好充分准备，给老板以最好的建议，帮助老板处理好各种事务和难题。由此以来，下级自会受到老板青睐，得到老板的重用。

做事情不出错是不可能的，但是重点在于及时发现自己所犯的错误，并且弥补损失。

比如，老板收到下级上交的重要报告，发现里面有重大的错误。遇到这种情况，下级应第一时间了解并查明问题所在，设法补救。千万不要抱着侥幸心理，认为老板不会发现。如果不采取积极主动的态度，承认自己所犯的错误，努力弥补漏洞，那么最后只能让自己狼狈不堪，并很难再让老板相信你。

事实上，弥补漏洞这项工作，不但会使损失大大减少，有时候还能使改进后的成果比原来的更为完善。所以，只要敢于承认错误，善于弥补漏洞，老板不但不会恼怒于你的过失，反而认为你诚实，考虑问题严谨周全，而且敢于承担责任。他一定会欣赏你善于在细节上发现问题，并能及时改进，从而增加对你的信任。

一定要开阔自己的视野，善于弥补漏洞，这样机会才会属于你。

一点通

做一个“机会主义者”并不是让你不择手段地搞投机，而是要求你主动找机会锻炼自己，巧妙地发挥积极性、主动性，把握住各种有价值的机会。

第三章　机遇的创造和把握

学会融入社会，展示自我

身处现代社会，要利用各种场合与机缘见面。注意有意识地扩大社交圈，根据个人职业、兴趣爱好等具体情况，参加各种业务培训班、EMBA 班与同学会、老乡会、运动俱乐部、旅游俱乐部等，在学习、交谈和活动中广结人缘，给自己多争取机缘。如，现在清华、北大等高校里，有一批来自企业、单位的董事长、总经理群体，他们支付昂贵的学费，挤出宝贵的时间去高等学府进修。除了想学知识外，在很大程度上他们也是为了寻求新的朋友，获得有助于事业发展的有用信息，从而寻找到发展中的机缘。

寻得“情缘”也是如此，若某人的交际面很广，又有很多朋友关心着，那么，终有一天他们能与“情缘”相逢。或者，也可以经“红娘”们的牵线扩大“缘”的扫描面，这样获得“情缘”的几率亦会增加。

要有勇气参与竞争。寻找机会可以积极参与各类人才选拔、智能比拼、行业技能的竞赛，譬如，学科奥林匹克竞赛、国际大专辩论会以及各种题材的演讲比赛和各类综艺竞赛等，它们为有不同才能及特长的人，提供了表现自我的机会，让你有机会全面展现自我吸引眼球，获得“贵人”的青睐，得到机遇的拥抱。

2005 年，发生在中国社会生活中的一件牵动数百万人的心的文艺竞赛——由湖南电视台主办的全国“超女”选拔赛，令全国上下的热爱唱歌的年轻女孩为之兴奋，有机会借助电视媒体充分地展示自我使她们个个跃跃欲试。尽管竞赛本身确实存在问题，但一批名不见经传的学生，如，李宇春、张靓颖、何洁、纪敏佳等，正是依靠积极的才能展现而脱颖而出，一夜之间家喻户晓，其人生命运的转折力度相当大。而借全国青年歌手大奖赛、中央电视台春节联欢晚会等机缘崭露头角的歌手谭晶、许丽丽、王宏伟、屠洪刚等,也因此有了更多机会展现自己。

必要时我们可采取毛遂自荐的方法,催生机缘。人们常说,是金子总会发光,这话虽然没错,但是在短暂的人生中,被沙堆埋得太久的"金子",恐怕早就青春已逝、年华不再了。"金子"的价值就在于发光,人们要善于根据个人的目标与选择,有意识地寻求可能给自己带来机缘的人和事,大胆、执著、创新地进行自我推荐,主动出击,使机缘出现得更频繁。

我国著名美声歌唱家、奥地利皇家歌剧院首席歌唱演员黑海涛,原是来自陕北、在中央音乐学院深造的学生。尽管他非常勤奋,但要想跨入世界级歌唱大师的门槛并非易事。这时潜在的机遇来了,世界歌王帕瓦罗蒂到北京访问时,也去了北京音乐学院参观学习,很多有背景的学生都借机向帕瓦罗蒂展示自己,但黑海涛没有任何背景,没法"安排"自己与大师见面。黑海涛决心创造条件自我展示,于是,他在展示教室的窗外引吭高歌,唱起世界名曲《今夜无人入睡》,高音质的歌声飞进帕瓦罗蒂的耳朵,他立即反应道:"这个人的声音和我很像,他叫什么名字?我要见他!并收他做我的学生!"黑海涛的自荐为他赢得了难得的机会。从此,师从世界歌王的黑海涛获得了多种新的机遇,他在1998年意大利世界声乐大赛中,获第二名,后被世界音乐之都维也纳的奥地利皇家歌剧院邀请,成为剧院的顶梁柱,因而享誉全球。

黑海涛的命运奇迹,源于"千里马"的自我奋斗,一旦伯乐出现便能扬蹄飞奔,势不可挡。

一点通

英国的马·阿诺德说过:"谁不坐等机遇的馈赠,谁便征服了命运。"不要干等机缘的到来,重要的是把自我融入火热的建设事业之中,这是你寻得机缘的平台与渠道。

要会因势利导

人们创造机缘的过程中,不但要充分利用各种条件,而且要采取一种善于因势而变的策略,将不利转为有利。具体表现在:从面临的困难中逼出机缘;从逆境中发掘机缘;从反向思考中悟出机缘;在两相矛盾的情况中找出机缘。

中国科学院院士、中国科技大学校长朱清时,毕业那年正好是1968年,他家庭出身不够好,毕业后被分到青海当工人,可谓"学不逢时",初始命运即不佳。但因青海离斗争中心远,"文革"中的不良行为及带来的冲击相对比较小,所以,科研工作并未全部被取消。由于中科院所承担的青海盐湖激光分离同位素项目需找人才承担,朱清时这时"冒"了出来,以其优异的科研素质进入了科研项目组,并很快负责起了整个项目,从此他在困难与逆境中开启了新的人生道路。多年来,他作出的科研贡献以及打下的英语扎实功底,使他成为1978年全国公派出国的第一批留学生,以后他则节节取胜,荣登中国著名科学家榜单。

朱清时毕业30多年后,有一次参加同学聚会回忆过往时,深感岁月蹉跎,命运难测,当时条件好的同学分配至大企业、大单位,令人羡慕,但是在那里有才华的年轻人很难承担大的科研项目,有些人则提前退休,让子女顶替工作,把事情搁置一边。而当时时运不济、远赴青海的他,却在困境中逼出了机缘,与其他人的人生际遇有了很大差异。

在商界,企业经营顺利、盈利递增,是每个老板都愿意看到的,而商场风云变化,有时偏偏阴云遍布,身陷困境,甚至"破财"失败。面对如此窘境,该怎么找出机遇呢?

一个叫阿平的青年学生大学毕业后,凭着一股闯劲,借债办了个专营电脑的商店,仅一次就购进低价电脑30台。而当销售量还未突破1/3时,购买电脑的人都因电脑质量问题纷纷上门退货,他追及原购人的电脑公司,才发现对方早已逃之夭夭,只得自认倒霉,向顾客作退货处理。加之还未卖出的库存电脑,阿平只有债务没有其他,一时间他真想跳楼。阿平无奈之下,打算卖掉电脑。此时,阿平突然看到了学校的多媒体教室有好多学生在排队等待上网。阿平在压力中突发灵感,心想电脑贱卖的话只会损失,干脆利用这批电脑自办一家网吧,可能还会翻身。结果新开的网吧天天爆满,阿平又续开五家分店,收入一下子窜到了上百万。

天有不测风云,正当阿平网吧开得火红之时,又传来了一个噩耗。起因是北京一家网吧发生火灾后,全国大规模整顿网吧安全,阿平的四家网吧面临停业整顿,来光顾的人少之又少,已经积累的财富与新的投资点眼看就要被消耗殆尽。困难显英雄,逆境出新"机"。阿平仔细研究了市场情况后,嗅到了因电脑普及而产生的应用技术培训跟不上的市场商机,他决定不再做网吧生意,将全部电脑作计算机技术培训之用,并聘请大学老师上课,办起以实用技术培训为主的"电脑技术学校"。没想到这条路很合市场胃口,学校规模不断扩大,阿平也越来越有钱,成了"千万富翁"。

阿平面临两次"破财",经历坎坷又走出来,再次彰显坏事可以变成好事,以变应变,另辟蹊径,会有新机会出现的深刻道理。如此,人生的机缘不是可以摆脱"命中注定"的桎梏吗?

两相矛盾的事物中也有"机缘",我们要善于从对立中"碰"出机缘。"不打不成交",是人们摆脱原先的对抗状态,寻得新机缘的一句通俗表白。从古至今,在很多领域里,原来相互竞争、对立甚至对抗的个人与组织,或因双方面临的形势、格局有了新的变化,或是两方因某些共同关注的事物昭示必须全力以赴地联合,使双方有了更好的发展机会,如,政治上的"合纵连横"、商业上的联合兼并、艺术上的流派互促等,促使相关行业的人们在不同领域中联手实现新的突破与发展。

其实,在经营爱情时,也有一些男女因工作上的争论、无意的"相撞",甚至事业的竞争等,在激烈交锋中发现了对方的优点与魅力,进而产生了爱情火花。

一点通

人们在创造机缘的过程中,除了要充分利用各种条件,还要采取一种善于因势而变的策略,把不利转为有利。

要会以大握小

机遇往往存在于很多地方,如,体现在学习、创业、科研、商务、政务等方面的一件事或一个方面里。机缘又有历史和时代背景,往往是大的历史机缘、时代机缘、改革机缘、社会进步机缘、生活方式变革机缘,进而为个人创造了各种发展机缘。

人们首先要关注时事,并善于发现和利用大的机缘。譬如,自1979年改革开放以来,中国大地上发生了许多重大变化,如,建立深圳等经济特区、大力引进外资、国有经济战略性调整、国有企业改革、兴办证券交易市场、开发浦东新区、西部大开发、振兴东北老工业基地、举办北京奥运会、上海世博会等,由此出现若干涉及政治、经济、文化、体育等领域的大机缘,造成对人们思想观念、行为方式、职业生涯、价值实现等方面的巨大影响与触动。而且,国家也大肆报道这些大的机缘,以一种人们非常熟悉的方式宣扬机遇的到来。人们在苦寻渴求的人缘、事缘、财缘乃至情缘时,千万不要忽视了瞄准各类与之相关的大机缘,不要在众多机缘中丧失自我。

做政治和社会方面工作的人们,应该看到国家在政治稳定、经济发展的大背景下,进行一系列经济、文化、政治改革时迫切需要大批符合时代要求的干部的大机缘,看到一系列干部人事制度改革中产生的各种竞争上岗、公开招考、公开选拔、民主推荐的具体机遇,然后,利用各种小机会争取到大好职位,或在各类竞争性选拔中表现自己,在新的机遇中展现个人的抱负与才智。

做经济工作的人应在投身各种重大经济变革与参与经济发展时,有意识地关注国民经济结构优化、新产业显现、新的市场需求、区域性经济板块崛起及经济全球化等带来的机缘,结合个人所在的领域、行业及从事的岗位,投资创业、参与竞争、自主创新、联合开发、引进外资、改制上市、择业流动等,在利用机遇的过程中,实现多方面的胜利。

从事文化艺术等工作的人，应预测到国家文化体制改革与精神文明建设的时代趋势，关注人民的多方面需求，根据个人的职业、特长、兴趣及相关条件，捕捉在文学创作、艺术创新、体育竞技等方面的机遇，使自己创造出更加丰富多彩的事业，通过事业成功，个人幸福感也得到提升。

从事教育、科研等工作的人应关注并参与到教育体制、科技体制改革的潮流之中，调悉社会经济发展与变革后对教育、科研领域的种种新需求，然后，结合个人特征及所长，选择某一领域、某些方面的岗位，做好富有挑战性的工作，把个人的创造性劳动融入有利的机遇之中，促进自身事业的发展，突出人生作为，促使仕途跃升。

以此类推，无论从事的是什么职业，如果你渴望在学习、工作与事业发展中捕获新的机缘，就得善于从大机缘中搜寻与发现与你密切相关的具体机缘。倘若你眼中只想抓住机缘，因而忽略历史时代背景，就极可能事倍功半，难求好机缘的出现。

其次，我们还要善于从小机缘的利用中发掘更大的机缘。大小本身就是既矛盾又统一的关系，“大”的机缘中隐藏着“小”的机缘，而在日常接触中，出现的小机遇往往又成为获得更大的、连续的机缘的“引子”。譬如，在商业领域，你看到一个产品畅销市场供不应求的机会，即投资兴办相关企业，实现了发展与赢利，这会促使你深入了解有关行业的整体态势，获得更多这方面信息，带来一连串的新的甚至是更大的商机，达到企业和个人的双丰收。近些年，在旅游业、会展业、通讯业、IT 业、地产业及国际贸易等方面，有大批得益于“机缘链”的相关投资人、管理者、技术人员、营销人员好运连连，快速发展。

在个人的学习深造方面，从小机缘找起，连续发掘和把握住更多、更大的机缘从而“功成名就”的人也很多。

中国著名女歌唱家彭丽媛出生于山东郓城县一个普通家庭，从小就喜爱唱歌，但地处偏僻的小县城，很难与大舞台扯上关系。执著的彭丽媛 14 岁时抓住了人生的第一次机遇。她独自一人到山东济南报考正在那里招收声乐班的山东省艺术学校，因为路远而迟到，在几乎轮不上她唱歌马上就可能错失应招机遇的情况下，她扯起嗓子对着墙唱了起来“太阳最红，毛主席最亲…”，清亮的歌声果然使老师留意到了她，倔强的彭丽媛终于考上了山东省艺术学校。在学校时，彭丽媛 1981 年参加了广州羊城花会演出，又巧遇了中国音乐学院院长李陵。彭丽媛又一次抓住了这个机会，在李院长帮助下，她成了中国音乐学院的进修生，又考取声乐系本科。后来，她还考取硕士研究生，极具竞争力的“歌星”雏形已经显露，领导已注意到了这颗新星。

于是，1985 年 6 月，中国歌剧舞剧院向彭丽媛送来了登上国家级歌唱家舞台的机会，她被邀请参加歌剧《白毛女》的演出，并扮演主角喜儿。她扎实的唱功演出获得了极大的成功，文化部长贺敬之更是一再表示很欣赏《白毛女》，作曲家陈紫还将她与王昆、郭兰英相提并论……

一点通

“一花引来万花开”，小机缘虽然小，但若是抓得好，就能垫就新的、更大的机缘的诞生，成功人士就是在这个过程中步步走向辉煌的。

凡事主动些，机会多一些

作为下级，要想成功，不能守株待兔，让机会过来找你。别以为顺应自然，机会自然就会来临，若是以为天上真能掉下馅饼来，恐怕只有饿死的命。机会不可能从天而降，也不会像路标一样静静地等在前方。有机会要牢牢抓住，没有机会也要懂得创造机会。由此可见，个人的积极性是很重要的。

机会具有隐蔽性、潜在性和选择性三个特点：要对付隐蔽的机会，下级就应锻炼敏锐性；机会的潜在性要求下级要懂得开发；选择性则要求人们会挑能选，非此即彼，因而使得机会只能属于那些垂青它、并以积极心态努力追求它的人。

机会不像班车,可以等着它准时到访,能不能得到机会要看下级以何种状态、何种心态对待它的出现。碰上机会,抓住或错失,或者根本没有机会,都不是最重要的问题。最根本的问题是下级是不是时刻做好了充分的准备,迎接机会的到来。

有一句话说得好:"愚者错过机会,弱者等待机会,智者把握机会,强者创造机会。"

能稳操胜券的人,是早已做好功课为自己争取机会的人。

"毛遂自荐"之所以传为千古佳话,不仅因为其中的大勇,主要还在于毛遂充分利用了时机,凭着自己的智慧和胆量,让自己有机会表现。

下级要想获得发展的机会,切不可一味做等待伯乐的千里马,而要主动展示才华,尽可能地为自己创造受赏识的机会。

此外,机会的创造需要选择,要有看准机会的眼光,取得成功的先机即要选择一个合适的单位、合适的部门、合适的老板,合适的途径。

1. 开创自己的事业,做自己的主人

俗话说,"天下没有免费的午餐""没有耕耘,就没有收获",机会也不例外。

有些人把学业上没有建树、工作上没有绩效、仕途不能通达的原因,都归结为缺少机会,觉得自己被命运冷落而发出"萋蒿隐没灵芝草,淤泥藏陷紫金盆"的感叹。他们期待奇迹的发生,期待好运能改变现状。

这种想法有点可笑,因为任何人的成功都是其个人主观努力争取的结果。所以,世上没有救世主,只能靠自己,也只有自己才是最可信赖的人。只有付出心血发奋图强,勇于拼搏,最后,才能柳暗花明,绝处逢春。

因此,只要条件允许,下级都应该通过自己的努力去创造有利于自己发展的各种机会。

在找寻机会的途中,另寻出路闯天下也不失为一种方法。另寻出路的意思是下级在某种可能的情况下,另起炉灶成立新单位或新部门,并在这个组织或部门中担任重要的职务。

尽管存在一定风险,但是最爽不过当老板,自己能够做自己的主人,也更能够充分发挥自己的能力。

如果身为下级的你认为自己是个有实力的人,可以试着创业,就算一时不能成为老板,自行创建一个部门当个小老板也是不错的。

2. 利用梯子效应,把老板往上推

所谓站得越高看得越远,如果你能比别人多爬一阶梯子,站得就比别人高,看得也更远。问题在于:梯子总有到头的时候,如何才能让自己有梯子可爬,继续攀登?

帮助自己的上司发挥长处,做出成绩,倘若你的领导晋升了,那么他一定不会忘记你的功劳,你也会有所获利。

这是下级能够不断在梯子上攀升的重要诀窍。

每个人都在为自己谋求发展,这就好比大家都在爬梯子,但梯子有到头的时候,别人爬到了头就不能再继续了,但你却并不放弃,而是继续建筑梯子,为自己再接着上一段钉上一截,让梯子继续加长。也就是说,下级要为老板的工作服务,成为为老板谋求发展的筑梯匠;而老板又是下级要爬的梯子,老板这把梯子如果到头了,那么,爬这架梯子的人也就只能停留在梯子的末端,没路可进。这就是所谓的"梯子效应"。

"老板有成效,下级才有成效",鼓励帮助自己的老板前进,帮助他取得成功,获得更好的发展,这说明下级的能力很强。

每个人都有自己独特的成长历程,因而兴趣爱好、素质、层次,乃至各人所擅长的东西也都不一样。学会了解自己的老板有什么长处,知道老板可以展现的优势在哪,让他得以表现,取得成功与发展,这是一个下级为老板加筑阶梯的关键。

要善于问自己:"老板极擅长做什么?他过去曾经成功完成的事情有哪些?主要是哪些方面的事情?要让他发挥长处,得以表现,我需要为他提供什么帮助?"

当下级清楚地得到了以上问题的答案后，就要多献计策，为他寻求一切可以发挥专长、得以表现进而得到晋升的条件。

如果老板善于政治外交，那就给他提供各种政治形势的资料；若老板慧眼识英才，下级就要尽量为他搜寻有用的人才，以及相关人员的资料……

为老板收集各种信息，可以帮助老板获取多种资源，这样他在决策时，就会充分利用它考察问题，在工作中做出优异的成绩。老板有机会被提拔，作为下级的你也就能顺着老板这个梯子爬得更高。

3. 蓄势待发，为迎接机会做好准备

倘若机会重大，就会对当事人有很大帮助，这是毋庸置疑的。每个人在一生当中都能遇见很多机会，但是机会只偏爱那些有准备的人。每一次机会都很珍贵，能否把握它，关键在于你是否能在机会来临前做好充分的准备，等着机会一出现就马上抓住，不让它溜走。

为什么当机会来临时，有的人只是任之白白流走呢？那是因为他没有为机会提前做好充分的准备。所以，有些人一辈子都碌碌无成，因而抱怨自己，抱怨别人，但是有准备的人却能一步攀上成功的顶峰。

可是，我们应该准备些什么呢？所谓准备主要是指为取得成功而长期进行的坚韧扎实的知识储备和辛勤努力的劳动，以及与机会奋战的决心。

成功人士并非运气好，并非机遇好，他们大多是在经历了奋力拼搏、曲折辛酸之后才得到机遇女神的青睐的。因此，“等待机会”这句话，其实是指为了迎接机会而做好准备的过程，只有经过充分的“蓄势”，才有机会出击。

作为下级，我们应该小心谨慎地播下机会的种子，做好抓住机会的准备。一旦时机成熟，成功就唾手可得。当然，在这个等待的过程中，下级还应掌握以下技巧：

“第一，准备工作不是盲目地尝试，而要提前限定好范围。这种有目的、有计划的尝试，才是在为以后的工作打基础。

“第二，准备工作应针对自己的兴趣、能力及各项优势条件，准确测量自己对工作的适应程度。

“第三，准备工作的目的是为了获得成功与失败两方面的体验，为以后的事业发展积累经验。无论成功与否，它都是值得的。”

4. 以退为进，选择最佳时机

日本的三岛由纪夫说：“行动通常具有一定的目的性，机遇总是与我们的奔跑方向交叉着出现。我们总希望能尽量减少命运作祟的因素，所以，在前进的时候，抓住眼前疾驰的机遇而加以利用是很重要的。”

这其实就像猎豹捕捉猎物，刚开始时并不着急捕获，而是远远地藏在草丛里，静静观察，凭着狡黠敏锐的眼光搜寻机会，一旦有机可乘，就果断出击。

但是，做到静观并不容易，必须能耐得住性子，沉得住气。如果浮躁冒进，就会坏了大事。这也告诫我们，要把目光放长远，学会预测事情的发展方向，不可因小失大，为蝇头小利而失去获得巨大发展的良好时机。

一时放弃并不等同于罢休，以退为进，不断积累实力，反而能够获得更好的机会。这正是“厚积薄发”的内涵。

暂时的放弃是为了做好更充分的准备，以退为进是为了等待最佳的时机。

一点通

是被动消极地等待机会的来临，还是主动出击？答案不言而喻。

让别人知道你，你才可能影响到别人

使自己被成功提拔的一条捷径就是让众人都知道你，让同事和老板了解自己的能力，信任自己的人品，支持自己办事。

有的员工尽管很有才华，能力超群，成绩卓著，年富力强，也能做好某个职位的工作，但由于不懂得表现自己，因此，老板不了解，同事不熟悉，他也因此而难以被提拔。

提高自己的知名度，爱将之才自会踏破门槛，与之交往，从而拓宽交际面，获得更多的朋友，拥有更多的人力资源。其他人办不成的事情，很可能因为知名人士的一句话就办妥了。

所以，身为下级一定要注意打造自己的知名度，让自己名声大噪，这样就能够更快地得到老板的注意和赏识，做事时再圆滑一些，人生将顺风顺水，事事顺利。

1. 学会自我表扬

如果下级想为自己寻找一个更好的位置，可以适当造成一种舆论，用这种方式来抬高身价，让自己有更多的机会。

比方说你可以假装不是很严肃地对同事说："我接到某某公司某先生的电话，你认识他吗?"

一般来说，对方会继续追问你。这时，你就可以装成不经意的样子提起某某公司看中了自己。

"瘦田没人耕，耕开有人争""没有人会踢一条死狗"。因此，倘若竞争对手看中了你，说明你很有价值，一定会更值钱，这就是人们经常说的"借人抬己"的方法。

倘若没有别的公司向你伸橄榄枝，那么你就要尽量增加与其他单位的朋友或工作伙伴的约会。在与这些人约会的时候，要好好地装扮自己，哪怕只是吃顿便饭也别忘记悉心打扮，并稍微伪装自己的言谈举止，这样便很容易成为"猎头"跟踪的对象了。

在自我宣传中，可以多加利用的话还有"我认识很多权威人士""我多才多艺的"等。当然，这种自我表扬的言论，说的时候应该讲究方法，否则你将收不到想要的效果。

2. 增加信息渠道，证明自己的存在

一个人的知名度高，知识面就会慢慢扩大。

正所谓：学而无友，孤陋寡闻；学而多友，信息日新。每个人的身边都有很多信息，如果一个下级经常收集信息，就能如同具备"千里眼""顺风耳"一般形成大的信息汇集地。这就是"秀才不出门，能知天下事"的道理。多一个朋友和熟人，也就多了一条通往成功的路；多一个伙伴和帮手，自己的事业就会顺风顺水。而那些默默无闻，只会埋头工作的人，因为不懂得交际，不懂宣传自己，所以很难交上朋友，成功的速度也慢了很多。因此，下级应该尽可能地利用现有渠道，让自己的名声传播得更广，以扩大影响力。

有很多途径可以为自己打开知名度，下面介绍几种：

(1)借助新闻媒介宣传

在信息化的今天，大众传媒已是信息传播的重要手段。这样的媒介所接触的公众常常数以万计，对社会的政治、经济、思想、文化等方面有着巨大的影响力。特别是在中国，新闻媒体往往引导着社会舆论的主体，其发挥的作用和所占的地位相当重要。

有很多宣传手段可以借助媒体来实现，比如，发布广告、撰写文章、出钱资助等，这些途径可以让你借助大众传播媒介的力量提高自己的知名度，扩大自身的影响。

(2)借助各种社会性活动

社会活动包括学术报告会、纪念会、文艺活动、体育运动、庆祝典礼等。

一般而言，无论在哪个单位，体育"健将"、文艺"明星"的知名度都很高；喜欢参加社会活动的人，出场频率高，知名度也比较高；在会议上发言踊跃的人，往往也能给人留下深刻的印象。

由此可见，提高知名度最好的办法就是不要放过任何一个出头露面的机会，应参加各类社会活动，多做公益善事。下级应该形成这种观念：只要有人在，就要证明自己的存在，就能证明自己的存在。

(3)开展全方位、多侧面的外交

所谓全方位、多侧面外交，就是说要通过交际或游说，让彼此熟悉起来。经过多方面的联系，从多种渠道获得各种资源，让自己的朋友多起来。

(4)努力干活，做出成绩

下级要想让众人知晓他，没有什么比努力干活、做出成绩这种实干的方法更有效。

很多事实证明，成绩是提高知名度最有效的武器。哪怕你从前并不出名，但如果你创造了劳动成果，干出了实绩，那么知名度就会提高很多。

要想让自己的知名度不断提高，最好的办法就是拼命干活，“干活”是王道。很多人“十年寒窗无人问”，而“一举成名天下知”，不只是因为有千年一遇的好机会。

3. 争取成为焦点

尽量让自己在获得提拔的过程中取得成功，最好的办法是有业绩。但是在今天的社会，工作表现好，办事能力强，出色完成任务的大有人在。因此，业绩不再与晋升相等同，而只表示他会因为出色的工作表现获得加薪或某种精神奖励，除此以外，别无其他。

在一个人被重用的概率构成中，一个人的工作表现只占10%，给人的印象占30%，而在公司里的曝光几率则占了70%。

基于这个数据，专家表达了自己的观点。柯尔曼认为：“在当今时代，工作表现好的人太多，时间长了可能会被给予涨工资的奖励，但并不意味着能够获得提拔的机会。提拔的关键在于有多少人知道他的存在和他的工作内容，以及这些知道他的人在公司中的影响力有多大。”

无独有偶，辛辛那提的管理顾问克利尔·杰美森也给出了与柯尔曼相似的意见：“不少人觉得自己只要勤奋干活，老板有机会定会予以重任，给自己出头的机会。这些人自以为真才实学就是一切，所以对提高个人知名度很不关心。但若他们真想取得成功，我建议还是应该学学如何吸引众人的目光。”由此可以看出，曝光几率，即在别人眼中出现的几率大小，与提拔息息相关。

倘若下级想被重用，最好的办法就是让自己成为引人注目的焦点，尤其是让老板知道你的存在，让公司要人看见你的付出。

4. 构建人脉网络

人生在世，我们每一个人都可能遇到问题。遇到问题的时候，倘若只想自己解决而拒绝别人的帮助，那就太天真、太幼稚了，必然会困难重重。

聪明的成功人士都懂得如何充分利用人力资源，通过多种朋友获得信息，把困难的事情变得容易。

当眼前问题不能解决时，人就容易陷入一种焦虑的状态。这时就需要一个有能力、有经验的人来指点迷津，以解决难题。

事物总是瞬息万变，人心也是这样。倘若朋友关系方面有欠缺，那么最初的朋友也会变成陌生人。一般来说，和他人合作的过程中会结交一定的朋友，有的人一旦完成工作，之后再也不与之联系。但是，聪明的人懂得如何让友情继续下去，他们会与朋友一直联络感情。

风水轮流转，你又怎么知道不会在哪一天再次需要和他们合作，求他们伸出援助之手呢？何况从人情上来讲，友谊得来不易，我们应该好好珍惜。

随着对社会的深入参与，对你有着利害关系的人逐渐增加。我们要一边联络旧朋友，一边想方设法地发展起自己的人际网络，扩大交友范围。

俗话说：朋友多了好办事。朋友越多，做事越容易顺风顺水，从多方面获得帮助。每个人都是一个信息源，以每个人为中心，可以辐射到他周围的一圈人，构成形似蜘蛛网的人际关系网。因此，朋友越多，关系网就一个套一个。多一个朋友机会不仅是多了一个，而是多了很多个机会。也许某一天，这种人脉圈上的任意一点能够帮助到你的事业发展。

既然交际网作用很大，你又怎能将自己禁锢在象牙塔里，自我封闭呢？你应该积极参加各种社会活动，用各种途径扩大交际圈。

那么，具体做点什么呢？

1. 通过业务活动扩充人脉

据调查，人脉理得最好的是从事推销工作或从事与推销相关工作的这一部分群体。

由于工作性质的原因，推销员必须与广大群众接触，人际关系网要大并不断地进行拓展。因此，他们必须多接触人，注重与人保持联系，并懂得如何运用交际手腕获取更多的销售机会。

一方面，客户渴望多接触他们，以判定是否值得信赖，是否应该购买他们推销的产品；另一方面，他们自己也要好好表现获取信任。因此，一名推销员只要懂得如何运用交际手段，就能拥有成千上万的交友机会，营销的机会也就多了起来。

那些不从事营销工作的人，也许不像推销员那样极其需要人际网络以支持自己的工作。因而，他们交朋识友的机会与范围相对小一些。但若有可能在工作中把自己所能接触的人都纳入到自己的人际网中，就可以通过他们为自己建立起多条人脉支线，继续发展下去。这样，你的人际关系网就会越来越大，你也能找到更多可以发展自己的机会。

这些工作范围内的人脉支线包括你的老板、同事、下属和顾客。以此为基点，再去结识你老板的老板，同事的同事，顾客的顾客……从而拓展原先的人际网络。

另外，积极参与业务报告会、同业会议、专业研讨会，或发表研究文章等活动，也可以为你提供更多认识人的机会。

2. 通过社会活动扩充网络

如果下级有交朋识友、扩大交际的热忱，那么可以多参加社会上的活动，这也是发展人际网络的重要方法。

比如说：可以加入某些俱乐部或社区组织，还有同学会等。此外，参加业余的乐团、剧团、合唱团，也是认识别人的好途径。尽管这种方式简单可取，但效果很理想。

因为处于不同阶层的人都有可能因为共同的兴趣爱好走进同一个社会团体，如果能有机会从中认识一些社会名人，那么你的机会就又多了很多。

一点通

提高自己的知名度，爱将之才自会踏破门槛，与之交往，从而拓宽交际面，获得更多的朋友，拥有更多的人力资源。

15 调整心态篇

第一章 心态对人生的影响

培养乐观心态,走向人生辉煌

1. 执著热爱的心态

在巴西里约热内卢的一个贫民窟里,有一个从小爱踢足球的黑人小男孩。但他家里很穷,负担不起买足球的钱,于是,他就踢塑料盒,踢罐头盒,踢汽水瓶,有时踢猪水泡(猪膀胱),踢得非常认真。

有一天,他和其他小朋友踢猪水泡,一个足球教练看到了这一幕。他看出这个小男孩虽然没有经过正规训练,但踢得很认真,像模像样。足球教练就问小男孩为什么踢这个东西而不踢足球,小男孩说因为家里穷,买不起足球。于是,教练送给小男孩一个足球,小男孩感激地接过足球,从此更加用心地踢球。由于他坚持天天练习,因此练就了一身特殊的功夫。他在很远的地方放一个大铁桶,然后从距其几十米远的地方往铁桶里踢球,经过不断的艰苦练习,他终于能准确地把球踢进铁桶里了。

后来,那位足球教练看到他的进步,就把他带回足球队系统地训练他。三年后,在小男孩17岁时,他为巴西捧回了世界杯的冠军奖杯,这个小男孩就是球王贝利。

获得成功必须做到"四正":人正——人不正,无以为信;心正——心不正,无以成事;品正——品不正,无以服众;业正——业不正,无以为生。

2. 聚焦专一的心态

巴甫洛夫是俄国著名的生物学家。他认为,一个人要想在科学领域有所建树,必须牺牲一切生活享受,专一、痴迷地进行研究。

那时他没钱买狗做实验,就上街寻找流浪狗,常常很晚才回家。

巴甫洛夫的妻子叫西玛,在他们谈恋爱期间,巴甫洛夫经常心不在焉。有一次两人约会,一见面巴甫洛夫就抓过西玛的手,西玛以为他要吻她的手,因此把手放在他的唇边。谁知巴甫洛夫按住脉搏,停了一会儿说:"你的心跳很正常。"说完之后急匆匆地跑回实验室。原来,巴甫洛夫正在搞一个关于狗的心跳的实验。西玛看着巴甫洛夫的背影,伤心地哭了。最让西玛难过的是,巴甫洛夫跟她结婚那天把时间忘记了,最后,人们在实验室里才找到了他。

1904年,由于巴甫洛夫在消化生物学方面作出了卓越的贡献,因此获得了诺贝尔生物学和医学奖。巴甫洛夫承认,“我把自己的一生都献给了实验室”。

人生成功的基本原则在于聚焦、聚焦、再聚焦,这和打井是一个道理:你打十口井但都没打出水,而我只打一口深井,不仅打出了水,而且是甜的。做学问也是一样,贵在专一。不怕事难,就怕心不专。一个人要想干一番事业,没有聚焦专一的心态是绝对不行的。

3. 肯付出的心态

1965年,美国一个小学四年级的老师找到图书馆管理员特娜说:“我有个学生,每次都能提前把功课做完,他需要一份有点挑战性的工作,叫他来这儿帮忙,好吗?”于是,那个小孩被叫来图书馆做核对图书的工作,即借书收回后他要负责把书放回原位,并检查放错位置的书。这个工作做起来像侦探。第一天下午,男孩就找出3本放错位置的书,直到下班关门了,小孩还仍然没有想走的意思。第二天下午,他又找出2本。

一个月时间他找出20多本错放的图书,4个月的时间共找出50多本。

特娜对这个孩子的热情和专注精神十分赞赏,做“义务劳动”都这么认真,“不达目标,绝不罢休”,一般小孩根本做不到这些。一天,这个小学生突然告诉特娜今后他不会来了,因为他家要搬到别的城市去。特娜就到这个孩子家,向他父母致谢并说:“这个孩子将来肯定有出息,肯定能做成一番事业。”

不出特娜所料,这个孩子后来不但干出一番事业,而且成为世界首富,他就是美国微软公司的总裁比尔·盖茨。

成功绝非出于偶然,它一定有潜在规律,有它存在的内因,比尔·盖茨对“义务劳动”都这么认真,更别提做大事情了。

4. 精益求精的心态

北京人艺表演艺术家于是之,是一个敬业爱业、热爱学习的人。他狂烈地热爱着他的表演事业,扮演每个角色时都精益求精,因而创造了许多感人的舞台形象,如《骆驼祥子》里的老马,《龙须沟》里的程疯子,《青春之歌》里的余永泽,《茶馆》里的王掌柜等,他的扮演给观众留下了深刻的印象。

有一次,他为了把关汉卿的角色表演好,专门利用业余时间认真钻研了元代的戏曲,甚至于他写的小诗都有元代诗词的味道。还有一次,他为了把鲁迅这一角色扮演好,又认真地钻研了鲁迅的多部作品及大量的传记资料,成为人民艺术剧院的“鲁迅专家”。

他有一段“一句台词”的佳话,即在演《长征》时,于是之扮演的毛泽东只有一句台词,就是:“同志们,祝你们成功!”凭着他的功底,讲好这句话对他来说轻而易举,但他为了体会领袖人物的精神,阅读了毛主席的大量著作,还学了一手“仿毛书法”。这种敬业精神、学习干劲,使他有了深厚的艺术功底,并由此成为人艺的一个典型代表。

人生有四种学习境界:一、阅读聆听;二、认同接纳;三、付诸行动;四、升华境界。只有升华境界,才有可能创造出幸福快乐的人生。法国大作家罗曼·罗兰曾说:“自古能成功成名者无不靠理想和抱负,没有哪个庸才能靠人事关系而千古垂名。”

5. 点滴积累的心态

两个大学毕业生被分配到了同一企业上班,三年后,两人间的差距大大拉开。

一个是工作,挣钱,按时上下班,领导有什么指示都积极去做。

另一个人则认为工作只是为了生存,但比生计更重要的是充分挖掘自己的潜能,发挥自己的才干。他的做法是:

早上早到一点,提前做好一天工作的准备事项;

下班晚点走,别人都走了,他看见销售经理没走,就留下来看看能不能帮上什么忙,有时帮忙找一份文件，有时帮助打印材料；

工作时多想一点，这样谈起工作才头头是道；

平时多学一点，多买些好书充实自己。

这就是两个人拉开差距的原因。日本著名企业家盛田昭夫说："如果你每天落后别人半步，那么一年就落后别人183步，10年之后就遥不可及了。"因此，成长过程里要树立"点滴意识"，滴水穿石、铁杵成针，成功都是靠日积月累的努力获得的。

世界上大多数人都在为薪水工作，如果你能不仅为薪水更为成长和锻炼能力工作，就是迈出了走向成功的关键一步。

6. 永不放弃的心态

1948年，英国牛津大学举办成功秘诀演讲，主办方邀请到了英国首相丘吉尔，由于媒体炒作，那天的会场上人山人海。

丘吉尔走上讲台说："女士们、先生们，我之所以能取得成功主要有三条秘诀：第一是绝不放弃；第二是绝不、绝不放弃；第三是绝不、绝不、绝不放弃。这就是我今天的全部演讲，谢谢大家。"

会场上顿时爆发出雷鸣般的持久的掌声，丘吉尔创造了成功学演讲中最简短而又最深刻的演讲纪录。

人生成才的秘诀并不复杂，关键在于要认准一个目标，不放弃、不认输，通过长期坚持，不断积累能力和资源，从而形成自己的局部优势，有朝一日实现临界突破。人生成功的秘诀用一句话来概括就是设定并坚定目标，绝不放弃。

一点通

天才之路是用汗水铺就的。一个人要想成功，首先，必须有目标、有毅力，有一种执著热爱、顽强奋斗的精神。如果半途而废，最终将一事无成。

好心态能够延年益寿

来自日本的著名心理学博士春山茂雄说："心灵所思考的内容总要物质化，作用于身体"。人类大脑的机制是"身心合一"，当我们心态积极时，体内会产生有益的物质，即有益大脑的激素，如，副肾皮质荷尔蒙、β－内吗啡等。它们能促进内分泌，提高人体免疫力，从而有助于身体健康。据日本《东洋经济》报道，大量的科学实验表明人们在因快乐而大笑之后，血液中淋巴的细胞被激活了，也就是说大笑能使免疫细胞活力增强。

1. 集中营里战胜死亡

犹太精神病学家维克多·弗兰克二战时被关在奥斯维辛集中营。他看到狱中伙伴一个个被残酷折磨而死，难免心生恐惧。但他是研究精神病理的，懂得悲观会给人带来什么样的结局，于是心想，"我不能这样死去，我要战胜恐惧，我要看到希特勒的灭亡。"因此，他有意识地控制自己的思想，努力想高兴的事，不让自己被恐惧击溃。他看到，虽然狱中囚徒们处于完全相同的恶劣环境，有些人撑不下去倒下了，但有的人却越活越坚强。他心中便有了信念，顿时充满了力量，鼓励自己要坚强地活下来。

希特勒灭亡后，他根据在狱中的经历出版了《夜与雾》一书，详细描述了他在狱中的感受和所受的磨难。

在某种意义上，人不是活在物质里，而是活在自己的精神世界里。如果精神垮了，谁也救不了你。

环境影响人，同样人也能控制环境。在相同的环境下，由于人们对环境所采取的态度不同，必然会产生不同的结果。正如美国成功学家安东尼·罗宾所说："除非我的意识同意，否则什么事情都影响不到我。"

2. 用理性战胜"非典"

2003 年的春天，中国由于"非典"平静的来袭而变得非同寻常。据医务人员讲，因"非典"死亡的大致有两种人：一部分是身体素质本来就很差的老年人，他们得了"非典"后出现综合病征；二是得了"非典"后因为过度恐惧被自己吓死的人。

北京某军队医院一位护士被确诊得了"非典"后非常恐惧，放声大哭，丧失了生存信心。值班医生看到后，不像对待普通患者那样温和，而是严厉地对她说："你是最好的护士，也应该成为最好的患者，别的同志病情比你重都挺过来了，你也一定能渡过难关。"在值班医生的鼓励下，她重新树立起生的信心，拿出勇气排除一切杂念，想象着自己马上就会康复。她想象自己躺在平静的大海边，享受着空气和阳光，想着自己曾是一个优秀的护士……同时她积极配合医生治疗，随时向医生汇报病情，经常想一些过去开心的事。她支撑自己的信念是："像是在大海里求生，游不过去就会淹死，所以，我一定要游过去。"

最后，她终于渡过难关，康复出院。

人的精神防线一旦崩溃，再坚固的堡垒也会顷刻瓦解。大量的事实证明，进行正面自我暗示，确实能带给人力量。正面自我暗示的三大规律是：重复、模拟、体验。

一点通

不管前行的路有多艰难，一个良好的乐观心态能帮助你挺过一次又一次的难关。

消极心态不利于成功

1. 褊狭的心态

日本松下公司曾发生过一起耐人寻味的戏剧性事件。一次，公司要招收十名基层管理人员，有几百人前来报名。经过层层筛选，最后，公司用计算机评出十名优胜者，给他们下发了录取通知书。

公司总裁松下幸之助审阅名单时，发现有一位令他印象深刻的小伙子没有被录取，即令复查，结果发现是计算机出了差错，那人本应排在第二位。公司随即派人给这位年轻人送去录取通知书。

第二天，下属向松下幸之助报告了一个令人震惊的消息，那位年轻人竟因为自己落选而跳楼自杀了，松下幸之助闻讯沉默不语。一位助手叹息道："真是太可惜了，这么一位有才干的青年居然自杀了。"松下幸之助沉重地摇摇头说："不，幸亏公司没有录取他，意志如此脆弱的人是不会有大成就的。"

2. 骄横的心态

天津大邱庄的禹作敏，当年在全中国都非常有影响力，曾为农村经济的发展作出了重要贡献。村上有四十多家企业独立运作和营利，全村绝大部分农户都过上了富裕的生活。

然而，他却被胜利冲昏了头脑，不知天外有天人外有人。他在中央电视台大讲大邱庄是"世界上最好的地方"，还自恃有功，产生心理膨胀，在当地形成土皇帝作风，听不进任何人的意见。最后，竟发展到称王称霸，草菅人命，结果被捕入狱，被判处无期徒刑。后来，他在狱中生病，被保外就医，于 1999 年 10 月自杀身亡。

人生的失败常与心理膨胀紧密联系在一起，而失败的路线常是：膨胀→盲点→心态失衡→行为失衡→失败。禹作敏原来是一个受人尊敬的人物，但他在显赫的成绩面前产生了不正常的心理膨胀，越发自满骄横，最终走进了死胡同。克服有形障碍往往比较容易，而克服心理上的无形障碍却要困难得多。要牢记:得利时,最可怕的是自我膨胀、得意忘形;受挫时,最可悲的是一蹶不振。失败后,亡羊补牢是可取的;成功后,奋进不止是可敬的。纵观古今中外,得意不猖狂,失意不忘形,得意不忘失意时,这是成功者共同的心灵境界。

3. 恐惧的心态

刘邦与项羽争夺天下,项羽兵多将广,士气比刘邦强盛得多。但张良为刘邦策划了一系列心理战术,最终把项羽击垮。

张良把大批投降的楚国人召集到项羽驻军营地周围,趁着夜深人静从四面八方唱起楚歌,项羽的士兵们听到楚歌之后产生了强烈的思乡情绪,不少将领都潸然泪下。

项羽原想趁天未亮突围,却被江边的景象吓傻了,地上的蚂蚁居然排出几个大字:霸王死于乌江口。项羽长叹:“天亡我也!”其实这是张良搞的诡计,他提前预测项羽将突围到乌江,就用糖水在地上写了这几个大字,蚂蚁是闻到甜味才排成那几个字的。

恐惧是失败布下的陷阱。在恐惧的重压下,任何强大的力量都不能持久。一个人若想获得成功,首先,要在心理上战胜自己,战胜恐惧,然后,才能谈成功。

4. 忧虑的心态

一位在北京某外企工作的研究生自称从未体验过快乐,据他说,他从中学时就开心不起来了。他是从北京四中毕业的,北京四中在北京学校中排名第一,但他毕业时在全校近200名毕业生中排名120多位,所以,他不快乐。在大学里他也不快乐,原来在他填写报考志愿时,原本想学生物专业,结果却进了计算机系。没有实现自己的理想,所以,他不快乐。工作后他还是不快乐,因为研究生毕业后,他虽然进了外企,每月工资5000多元,但看到有的同学开着宝马车,所以,感到不快乐。他谈恋爱时也不快乐,因为找的女朋友是一个舞蹈演员,比他小五六岁,他时刻担心女朋友把自己甩了,为此提心吊胆,天天都不快乐。

美国心理学家休·当斯说:“所谓快乐的人,不是处在某种特定情况下的人,而是持有某种特定态度的人。”人生的幸福快乐是一种内心的感觉。当一个人觉得自己幸福快乐时,他才幸福快乐;相反,自己觉得不幸福不快乐,谁也不能让他幸福快乐。知足,是获得幸福快乐的最节俭的办法。

快乐是一种视角,是一种心态,是一种心灵境界。一个时刻感到快乐的人,并不是因为他有多富有,而是因为他计较的少。

5. 傲慢的心态

曾国藩曾到一个寺庙参观,前后去了三次,但每次都受到不同的待遇。

曾国藩第一次去时,穿着简单。寺僧道:“坐,茶。”

第二次去,曾国藩穿着华丽。寺僧道:“请坐,泡茶。”

第三次去,人们已知他是两江总督,所以,曾国藩穿着官服,而且带了随从。寺僧恭恭敬敬地迎上前说:“请上座,泡好茶。”

之后,寺僧请求曾国藩给寺庙题字,曾国藩提笔写下:“坐,请坐,请上座;茶,泡茶,泡好茶。”寺僧看后感到无地自容。

古希腊哲学家亚里士多德曾经说过:“对上级谦恭是本分,对平辈谦恭是和善,对下级谦恭是高尚,对所有人谦恭是修养。”

一个人的修养是一面照出他真面目的镜子。生活中,我们最应该注重的就是修养,它甚至比学识和智慧还重要得多。

人有贫富之分,但每个人的人格都是平等的。对每个人都尊重礼让,是一个人的基本修养,也是一种很高的境界。

一点通

百折不挠的意志、坚忍不拔的毅力和宠辱不惊的品质,对一个人能否获得成功至关重要。人生中若没有经受过困难和挫折,就不会锻炼出强大的承受力,也就不会有所成就!

消极的心态会损害人的健康

正如春山茂雄所说,心灵所思考的内容物质化后,会作用于身体。心态消极,总想不开心的事,自寻烦恼、情绪压抑等,体内都将产生有害物质,抑制内分泌,从而降低人的免疫力。据西班牙心理医生的研究,每3名去医院就诊的病人中就有1名患有"想象病",他们虽然表现出生理上的不正常,但问题的实质在于其病态的心理。每天在前往医院就诊的大约100万人中,有33万人被告知,精神紧张是他们的致病原因。

大量的事实表明,人们所得的大部分疾病都与自己的情绪有关,恶劣的情绪对健康的损害甚至比病毒更加厉害。据相关资料显示,原发性高血压、冠心病、胃溃疡、支气管哮喘、溃疡性结肠炎等,心理问题是重要的致病因素。

我们一般人对"病从口入"比较注意,但常常忽略"病由心生"的道理。这个"心"主要指情绪、心理,其实,致癌的一个重要病因就是长期郁结在内心深处的怨恨、焦虑得不到化解。因此,要想预防癌症,关键是要学会化解、宽容。化解矛盾,宽容别人,实际上也是关心和爱护自己。

1. 科学家的呵气试验

美国斯坦福大学学者搞了一个呵气试验,方法是在三个试管里分别装上水,分别找"发怒者""心情悲观者"和"心平气和者"三种类型的受试者,让他们各自对着试管呵气,5分钟后把试管封闭,然后,提炼试管里的物质。这些学者发现:发怒者的呵气浓缩液是紫色的,心情悲观者的呵气缩液是白色的,心平气和者的呵气浓缩液是无色的。将紫色液体注入试验用的小白鼠体内,几分钟之后小白鼠就死亡了。这个试验获得了诺贝尔奖。

一个人的心理状态会对其生理状况产生直接影响。《三国演义》中诸葛亮三气周瑜,为什么把周瑜气死了?就是因为人生气时体内会产生一种有毒的物质,即有害的脑内吗啡,这种物质能抑制内分泌,破坏人的免疫力。因此,如果遇到让我们生气的人和事,要学会转移、释放情绪,升华境界控制脾气。

2. 企业老总被免职后突然病逝

有一位国有企业老总,他兼任董事长和总经理两个职务。

2001年5月,在当地召开的一个经理人研讨会上,他作了重要讲话,可就在当年6月下旬,由于多方面原因,他被免职了。由于完全没有思想准备,他怎么也走不出这个圈。想想这么多年为企业付出了那么多心血,说免就给免了,他在心理极其不平衡。被免职后不到一个月时间他就病倒了,当地治不了他的病,送到北京只住了20多天院就去世了。从免职到去世,前后不到两个月的时间。

人生要"拿得起,放得下,想得开",首先,要"想得开"。当人遇到意想不到的打击和挫折时,一定要站得高一些,看得远一些,学会自己释放自己;否则,就会像上面的所说老总一样,酿成人生的悲剧。人在大的挫折或大的灾害面前能做到不乱阵脚,平静地驾驶风浪,这是一种肚量,更是一种境界。

一点通

得意不猖狂,失意不忘形,得意不忘失意时,这是古今中外大有成就的人共同总结出来的经验。要记住:立企先立人,立人先立德,立德先立心,立心先正心。成功要从正心开始。

与其懊悔过去,不如着眼未来

1. 懊悔过去的适度与过度

在几十年的人生经历中,处于任何阶段回首过去,都会发现走过来的路充满遗憾,对人生的认识存在着多方面的欠缺与不足。或因对形势认识不足，错过了改善生活与拓展事业的最佳时机；或因选择了不适宜自己特长与兴趣的学习专业，未能发挥自我的优势；或因当时的判断与决策不够全面、精确，导致了错误的选择与行动，造成了一定的失误；或因当时对某人的事业与前景缺乏清楚的认识，未能及时与之形成合作关系，孤军深入而遭受挫折；或对爱情、家庭的理喻存在局限，太过追求完美，所以，为未能选择到理想的伴侣而抱憾不已；或因某方面信息闭塞及在有人挑拨离间的背景下，误解了朋友，形成友谊的裂痕……

在人的一生中，我们常常因为过去的种种不尽如人意而懊悔不已，这实在是一种正常的心理状态。

> 美国前国务卿、著名的政治家、外交家基辛格博士，机敏过人，才智出众，曾处理过许多极为复杂的国际事务。但是当世界第一女记者奥里亚娜·法拉奇对他进行采访时，法拉奇在“引诱”基辛格对尼克松总统进行评价时说道：“基辛格博士，人们说您根本不在乎尼克松总统，说您关心的是您干的这一行，同任何一位总统都可以合作。”基辛格未加思索地点头同意此说法，并放言：“我一点也不怕失去群众，我能使自己做到想说什么就说什么。”结果，基辛格激怒了总统与民众，使自己陷入难堪。后来，他为此深深懊悔，认为这是自己“一生中做过的最愚蠢的一件事。”

智商与情商均很高的基辛格尚且如此，更何况我们普通的百姓呢？

著名大作家金庸在谈及自身经历时，提到自己也曾因性格冲动，处理不好家庭与婚姻。特别是与第二任妻子朱玫的离婚，导致他们的第一个儿子在美国自杀，对此他深感内疚、懊悔和自责。

人的懊悔，不在乎有无，而在于是否适可而止。如果某些人因过度懊悔过去而持续地悲伤、失望、恐惧、自责及身心疲惫，甚至在不断的反复自责和懊悔中遭受心灵的折磨，忍受精神的痛苦乃至身体的损害，进而消极无为、精神不振、意志衰退，那么就会成为一种非正常的心理弊病。

2. 非正常懊悔的病根

人们对生活与命运的非正常懊悔，可能自己有所察觉，可能心知肚明而难以自拔。只有对其原因进行探析，方可得以“根治”。

源头之一是过度的自责，对个人的判断和行为要求过高。人们希望对学习、工作、爱情、家庭的态势有一定的预见性。事实上，由于人们知识积累的逐渐性、年龄的阶段性，信息获取的不对称性及经验与能力的有限性，常常导致人们作出错误的判断和决策。如对宏观经济运行趋势、经济周期及行业特性的认识，对市场变化的察知，对人们消费观念与倾向的把握等，往往判断不准确甚至出现失误，导致企业或个人经济运作的失败，这常体现在人们日常的房地产买卖、实业投资、股票与债券操作等方面。

再如，当兴起一些新兴职业、一些新的发展行业时，一些人可能“慧眼早识”而跻身其中，颇为得益；另一些人则可能因为各种原因未能识得机遇而十分懊悔……

你必须清楚的是：客观事物的发展变化往往是急速的、突然的，当你还没“回过神”时，机遇的列车已飞驶而过。这种现象很正常。正如法国大作家罗曼·罗兰所言：“人生不出售来回票，一旦动身，我就没有回头路。”。

源头之二是人们对把握与抓住大千世界的机缘与发展，期望太高。当人们发现了利于自己的机会和机遇，便决心全力去抓，结果抓而不获，导致后悔遗憾而影响心态。

我们应该认识到，客观事物是不断变化且十分复杂的，而我们的个人能力有限。你制定了计划与目标，并不一定就能如愿以偿，你发现了机遇，并不一定能抓获。或因你选择的目标过高及奋斗的路径不对，或因你自身的技能、素养和知识欠缺而力不从心，或因“强中更有强中者”产生激烈的竞争而导致你败下阵来等，这些都是造成机遇流失的可能性，在人生的战场上随处可见。

3. 对懊悔的医治

过度懊悔的灵丹妙药，自然是在冷静分析、认知根原的基础上调整心态，寻求自我解脱、自我开导、自我放松。反正天涯何处无芳草，顺其自然道更宽。

在回忆过去的过程中，留下几番感叹或遗憾，即静下心来. 对失败的经验教训进行总结和思考，找出是什么原因导致懊悔的发生，并把它纳入“向前走”的新的人生战略中，努力以“向前走”中的收获，弥补“向后看”时找出的缺陷与不足。

化懊悔为新的奋斗，是人生的一种心理较量。胜利者可以把懊悔的负效应降至最低，并反作用于再战人生的正效应。同时，我们还要增强素质与才能，加强思想的修养，尽力提升自己把握人生的能力，避免不必要的多次懊悔，少走弯路。这样一来，我们就能开启人生命运的新篇章。

一点通

伟大导师马克思指出：“后悔过去，不如为将来奋斗。”要善于化消极的懊悔为积极的奋进，把适度的懊悔过去，当成心理上的自我反省来对待。

正确面对奋斗的“有功”与“无功”

1. 奋斗的“有果”与“无果”

人们为创造美好的生活而辛苦奋斗，为实现心中的理想而承受寂寞、委屈、煎熬、痛苦甚至牺牲。从人生的一般规律来说，奋斗能够开辟人生、创造人生，结出与别人不一样的果实。世界上没有不经历奋斗就能获得成功的人，即使“天下掉馅饼”，也需要你主动地接纳并“吃”下它。

人类的命运史表明，不奋斗永远无法获得成功，但奋斗未必获得成功。政治家们为实现竞选胜出，或登上重要政坛并创造惊天业绩，不遗余力地奔波，忍受周围人的讽刺和围攻，甚至面临生命威胁。有些人几经风浪后成功了，有些人却在奋争的漩涡中永远消失了；企业家们为创造利润而攻克一个又一个“堡垒”，辛劳异常，内外受压，奔忙不息，殚精竭虑，有的人逐渐获得成功，也有相当一部分人沉没于商品经济的大海中；军事家有过战斗的积累与战史的辉煌，在从军生涯中虽不畏牺牲，坚韧勇猛，但是因为客观形势的突然变化，或个人主观判断与决策的失误，也可能发生“智者千虑，必有一失”的危机，在重大战役中，一招不慎，全盘皆输；学生们为考上中意的中学、大学及更高层次的学位，埋头苦读多年、加倍“透支”体力与脑力，成为名副其实的“劳动模范”，但只有一部分人如愿以偿，另一部分人则可能名落孙山，或几经跃起而未能如愿；体育英雄们常常经受魔鬼般的体力、技巧的训练，忍受无数的伤痛与心理锤打，渴望有朝一日登上一定层级的冠军、亚军领奖台，但是毕竟只有少数的奖杯，相当多的健儿们随着年龄增加而退役，就像那世界杯足球大战上，多支强队的激烈交锋与争斗，哪一位球员，哪一支队伍没有经受“血与火”的磨砺，但献给胜出者的奖杯只有一个……

不奋斗不行，即使奋斗也未必成功，很多饱经沧桑的人们，不得不面临“劳而无功”的窘境，因而给人们的心理上留下了太大的阴影。当时“羽扇纶巾”血气方刚的周郎，在极尽个人之能与心灵折磨后，只得发出“既生瑜，何生亮”的悲叹而暴卒。现代社会中的人们因奋斗中承受不了失败的痛苦，导致忧郁成病，体衰智减，甚至走上绝路者，都不在少数。

2. 劳而无功的对待与突破

面对人生劳而无“果”、劳而无功的状况与现实，人们只有依靠自我、增强心智，“风物长宜放眼量”，对“劳而必有功”辩证地看待与修正，并时刻保持一种积极心态，适度、积极、可靠地实现“劳而有功”。

必须清醒地认识到人生的博弈神秘而神圣。人只是社会大海中的微小一粟，人们想在自己奋斗的对象、领域、事业上有所作为，按照自我希望的轨迹发展，必然要经历与各种客观事物的“碰撞”，经受非自主性因素之间与自主性因素矛盾与斗争的“挤压”。要么是人们的努力与作为具备了“天时、地利、人和”的有利条件，而逐渐走向成功；要么是人们付出的劳动与心血，战胜不了“对手”的抗衡，在各种较量中败下阵来。当发生劳而无功、奋斗无“果”的状况时，你应该以宽阔的胸襟、稳定的心态接受它。

哲学上说事物是螺旋式上升、波浪式发展的，人生也一样。在人们的各种命运博弈中，个人的奋斗总是在作成功的积累，只不过要经历“波浪”与“螺旋”的过程，不可能一下子产生由“量”到

"质"的飞跃。即便奋斗终生而未能达到理想的境地,你也应该具有这样的心态与认识:"个人的目标是否定得太高?奋斗的相关条件是否太差?人生战略目标的制高点虽未登上,我是否已实现了阶段性的目标?冠军与亚军的荣誉与地位不同,学业的水准优劣有异,职位的台阶高低不一,财富的积聚有多有少,但是否都要以最高的标准为尺度对人生价值进行衡量和评价呢?"

站在香港维多利亚港畔的太平山顶,俯瞰高低不一、层层叠叠的特色楼宇,想到如此繁华的"东方之珠",有人坐拥亿万财富并身居摩天大楼操控庞大的企业帝国,也必然有无数不起眼的捕捞工、搬运工、清洁工,他们通过平凡的辛勤劳动组成这斑斓的世界……

尔后,静心自我剖析,检讨奋斗过程中的战术战略是否可行,进行必要的调整与优化,积聚新的能量,以"时间换空间",以日积月累、积少成多的韧性抗争,实现持续进步与阶段性跃升的有机衔接。在短期的、局部的"劳而无功"中孕育长期的、整体的"劳而有功",这样下去你就会不断采摘胜利果实并品受到它的香甜。

一点通 当人们的奋斗遭遇"劳而无功"的时候,正视自我的价值,将自己的要求适当降低,享受退一步海阔天空的心境,休息一下疲惫的身心,把自己的心态调整到最佳状态。

第二章　心态决定方向

心态是人生的导航仪,主宰你人生的精彩

现实生活中,由于我们有着不同的成长经历,对同一个问题总是有不同的心态,不同的看法。如大家很渴的时候,突然发现了半杯水,消极的人会认为"只剩下半杯水",而积极心态者则认为,"真好,还有半杯水",这就是人们的心态造成的。

所谓心态,词典解释是指心理状态。心理学上是这样定义心态的:心理态度主要是指能动心素与复合心素所包含的诸种品质的修养和能力,即一个人在某一时期采取的看待世界万物的态度。一个人的世界中事物很多,他对不同事物各有一套不同看法,所有这些不同看法集合起来,便是这个人对世界的总的看法,也就是他的心态。换句话说,心态就是人的动机、观念、意识、兴趣、气质、情感等的心理状态,这种心理状态既是他内心活动的反映,也是他思维的习惯状态(潜意识)。

从大的方面讲,人的心态可以分为两种:一种是积极心态,如感激心、爱心、欢喜心、报恩心、坚持心、尊敬心、宽恕心、自信心、悲悯心、信仰心等,它和自信、快乐相伴随,总能适应现实,"向内"索取,具有求胜性格,它是心灵的火种和良药,将吸引成功、快乐、财富和健康,如果一个人有好的心态,世界上的一切对他来说都会变得很美好;另一种是消极心态,如报怨心、憎恨心、不满心、报复心、私欲心、傲慢心、褊狭心、忧虑心、恐怖心、悲伤心等,它常常伴随着自卑和烦恼,表现出的是抱怨环境,"向外"索取,具有求败性格,它是心灵的疾病和垃圾,将排斥财富、快乐、成功和健康,甚至夺去人生命中的一切。

心态具有两个基本特点:一是导向性,即心态对人的言谈、选择、思维和行业等具有导向和支配作用;二是主宰性。即心态主宰、控制人的一切思想和行为。心态分为两部分:一是心理状态,二是行为状态。一个人有什么样的心理状态,就必然有什么样的行为。当我们将心灵的力量集中于成功,你便会"感受到"和"看到"成功;将心灵的力量集中于失败,你便会"感受到"和"看到"失败。心态不同,产生不同的思想,导致人们不同的习惯、品格和行为,从而造成人们命运的不同。一个人的心理状况具有相对稳定性,不会因时间的流逝或环境的一般性改变而发生彻底的变化。

一点通

佛家认为，“物随心转，境由心生”。意思是说，一个人有怎样的心理和精神状态，就有怎样的生活现实。

成功学大师教我们保持积极心态

美国的成功学的代表人物有戴尔·卡耐基、拿破仑·希尔和安东尼·罗宾等。戴尔·卡耐基是在全球都具有很大影响的美国成功学家和教育家。他认为，一个人事业成功、生活幸福，只有15%得益于他的专业知识和技能，而85%都取决于他的人际关系和处世技巧。他根据这一理论设计了卡耐基教育课程，主要教授推销术、演讲术、处世为人术、智力开发术等。他的著作包括《伟大的人物》《快乐的人生》《人性的优点》《人性的弱点》《语言的突破》等，一时间受到人们的热捧。卡耐基在他的著作中强调了心态的作用，并告诫人们：“只要你想成功，你就一定能成功。”这是卡耐基的名言，它影响了千千万万渴望成功的普通人，改变了他们的人生观，并因此涌现出千千万万的百万富翁和成功人士。

拿破仑·希尔是美国成功学的集大成者，他把成功学的理论规范化、系统化。拿破仑·希尔原是一个杂志社的记者，他受戴尔·卡耐基的委托，专门对成功人士进行研究，先后用20年时间访问了美国1000多位世界一流的成功人士，包括洛克菲勒、罗斯福、福特、爱迪生、贝尔等，并进行了深入研究，总结出他们成功的“十七条法则”，即：

(1)明确的目标；
(2)积极的心态；
(3)多走些路；
(4)高度的自制力；
(5)正确的思考方法；
(6)培养领导才能；
(7)建立起自信心；
(8)迷人的个性；
(9)创新制胜；
(10)专心致志；
(11)充满热情；
(12)富有合作精神；
(13)正确看待失败；
(14)永葆进取心；
(15)对金钱和时间进行合理安排；
(16)养成良好的习惯；
(17)保持身心健康。

在这十七条法则中，拿破仑·希尔特别推崇“积极的心态”这一条，他说“心态就是一切”，这是拿破仑·希尔的核心理念。他的主要著作《人人都能成功》《思考致富》《积极心态乃成功之道》等深受读者喜爱，同时他也被人们誉为“百万富翁的制造者”。

美国新一代成功学大师安东尼·罗宾，不但是一位白手起家的百万富翁，而且成为美国最成功的心理励志专家、全球顶尖的潜能成功学权威。安东尼·罗宾在26岁时，仍然是一个身无分文的穷小子，时常在生活中迷失自己。但他不服输，立志从事成功学方面的研究。经过几年时间，他潜心研究了全世界最成功人士开发潜能获得成功的方法，从而大大改变了自己的生活境遇。他的潜能成功学畅销书《激发心灵潜能》，从开发潜能的角度对成功学进行研究，教人树立克服恐惧、超越自我的新理念。他在世界各地作报告时像大明星一样受到狂热的欢迎。安东尼·罗宾说:“历史上最激励人的成功事迹,多半是由身体有缺陷或境遇困难,但仍勇往直前的人谱写的。”据称,成千上万的受训者听课后,对自己有了脱胎换骨的新认识,从而毫不犹豫地走向成功。

还有美国的金克拉、奥里森·马登以及日本的夏目志郎、英国的塞缪尔·斯迈尔斯、埃米尔·赖希等人,他们都为成功学的发展做出了卓越的贡献,并因此成为世界伟大的成功学家。

以上这些成功学大师有一个共性,就是把积极的心态作为成功学的精髓、核心理念加以阐述。他们认为,积极的心态是人们获得成功的最关键因素,起到决定性作用。人生要获得成功,首先要具备成功的观念和思想,我们所持的观念和思想会对我们的行为表现起决定作用,而我们的行为表现又将决定我们办事的不同效果。积极心态,就是愿望、希望和信念在一起的总和,然后转化为信心,而信心是通往智慧的大门。这种成功智慧只能为保持积极心态的那些人所占有和运用,这就是保持积极心态使人获得成功的深刻哲理。

一点通

一个人事业成功、生活幸福,只有15%得益于他的专业知识和技能,而85%都取决于他的人际关系和处世技巧。

态度决定高度

在现实生活中,为什么有的人容易成功?他们拥有良好的人际关系和比较好的工作,获得更多的财富,拥有健康的身体,每天都生活得幸福快乐;而有些人则常常失败,人际关系恶劣,找不到工作,生活贫困,整天生活在痛苦和烦恼之中。为什么人与人之间的差距会这么大呢?从根本上来说,这是由于人们不同的心态造成的。那么,人的心态又是怎么来的呢?它通常是由人的思维决定的。

专家研究认为,成功者的大脑与一般人的大脑没什么差别,但思维不一样。

成功者拥有正向思维,即积极开放的建设性思维方式。他们充分相信自己,不断开发自己的潜能,从而形成了积极心态——找内因,找方法。开发自己,相信自己,设定崇高的人生目标,并且坚韧不拔地朝目标努力。这种人具有“求胜性格”,表现出来的是一种生命力、一种自信。这种心态是心灵的火种,能使人的大脑处于兴奋状态,不断迸发出创造力的思想火花,它能吸引幸福、财富、成功、快乐和健康的到来。

相反,失败者拥有负向思维,即封闭、消极、破坏性的思维方式,从而心态非常被动——找借口,找外因。不相信自己的能力,缺乏信心,怨天尤人,没有开发自己的意识和行动,过分谨慎,不敢尝试。这种人具有“求败性格”,表现出恐惧、麻木、悲观、脆弱的状态。这种心态是心灵的疾病和垃圾,使人的大脑处于休眠、消沉状态,从不发出调动开发的指令,当然不会挖掘出潜能,它不仅排斥成功、快乐、幸福、财富和健康,甚至会导致一个人失去生命中的所有东西。

因此,我们说,人的思维态度决定人生的高度。

一点通

我们说,人的思维态度决定人生的高度。

培养积极心态的六大方法

美国成功学大师安东尼.罗宾说:“一个人只有有效地建立起积极的信念,拒绝消极心态的来源,才能达到理想的人生。”那么,我们如何培养积极的心态呢?

1. 正面暗示方法

暗示,分为自我暗示和他人暗示。暗示是传导信息的一种方式。积极的自我暗示,可以把人带上天堂;消极的自我暗示,可以把人带下地狱。信心是一种心理素质,我们可以通过自我暗示激励和他人暗示激励的方法把它"诱导"出来。积极的自我暗示,就是在意识和潜意识之间架起一座沟通的桥梁,是建立信心最直接、最绝佳的方法。

2. 光明思维方法

积极心态是光明思维的结果,光明思维就是亮点思维。这需要我们不论在什么情况下都能看到亮点,看到事物的光明面,不要让暂时的困难挡住双眼。人生面向阳光就看不到阴影,光明思维者,从失败中看到机会;黑暗思维者,从机会中看到失败。

3. 自我形象方法

就是重塑自我意念、自我形象,将失败者的自我形象改变为成功者的自我形象。自我形象,即觉得自己"好"或觉得自己"不好",自我认知对人生有很大影响。积极的自我形象,将引导你走向成功;消极的自我形象,会拖着你落败。

4. 榜样激励方法

"榜样,不仅是影响人的主要因素,而且是唯一因素。"模仿是最佳的学习方法,要想成功,就要学习和模仿成功人士,慢慢地,成功人士的思维和行为就会在你身上扎根。

5. 自我交谈方法

就是自己做自己的思想工作,找一个清静的地方,通过自问自答,化解消极情绪,树立积极正确的思想。

6. 放松入静方法

儒家、佛家、道家都认为,"静能正道""静能开悟""静能生慧"。因为静而定——定而思——思而得。找一个安静的地方,冷静思考自己目前所面临的困难和矛盾,找出主要矛盾或矛盾的主要方面,进而采取针对性的措施,排除消极情绪,培养起自信。

树立信心和培养积极心态需要五个过程,即:信心产生阶段、信心播种阶段、信心耕耘阶段、信心考验阶段和信心收获阶段。当你在心理上拥有正面情绪,并一直坚持下去时,就会逐步培养起积极的心态。

一点通

美国成功学大师安东尼·罗宾说:"一个人只有有效地建立起积极的信念,拒绝消极心态的来源,才能达到理想的人生。"

提升自信心,滋养心田

自信是建立良好心态的第一要素。在走向成功的路上,我们可以没有任何东西,但就是不能缺少自信。自信是一切行动的原动力,失去了最初的原动力,我们将寸步难行。

自信不是空话,也不是阿Q式的精神胜利法,我们每个人都有自信的资本。它是一个渴望成功的人必须具备的素质,所以,我们一定要让它在灵魂深处扎根,跟随自己的心脏和血液一起跳动和流淌。

与出身、势力、金钱和亲友相比,自信是更有力量也更持久的东西,是人们从事任何事业最可靠的资本。自信能克服种种困难、排除种种障碍,能使事业获得完美的成功。自信者往往都承认自己的魅力和相信自己的勇气,总是能够沉着、大胆地处理各种棘手的问题,从外表看,他们都比较活泼、开朗。美国作家爱默生说:"自信是成功的第一要诀。"自信是成功的重要精神支柱,如果缺乏自信,排除不能成功不谈,从某种角度说,还是对生命的亵渎。

下面有一个真实的事例。

六名矿工在矿井下面采煤。突然，矿井坍塌，出口被堵住，矿工们顿时与外界隔绝。

被困在井中的六个人你看看我，我看看你，大家一声不吭，谁都能看出自己所处的状况。凭借经验，他们明白自己面临的最大困境是没有充足的氧气，如果应对得当，井下的空气还能维持三个多小时，最多不会超过三个半小时。

发生如此严重的坍塌事故，意味着井上的人必须重新打眼钻井才能找到他们。用完氧气之前他们能逃得出去吗？这些有经验的矿工决定尽一切努力节省氧气。他们说好尽量减少体力消耗，全都关掉随身携带的照明灯，并都平躺在地上。

在井里一片漆黑的情况下，很难估算时间，而且他们当中只有一个人有手表。所有人每隔一段时间就问这个人："现在几点了？过了多长时间了？还有多长时间？"

在这种特殊的环境中，时间被拉长了，在他们看来，过一分钟就像过一个小时，每听到一次回答，他们就绝望一次。

这时，矿工中的负责人发现，如果继续这样焦虑下去，他们的呼吸会更急促，这就相当于在加快死亡的步伐。所以，他要求由戴表的人掌握时间，每半小时通报一次，其他人在别的时间一律不许再问。

大家照做了。当第一个半小时过去的时候，这人说："过了半小时了。"大家喃喃低语着，空气中弥漫着一股愁云惨雾。

通报时间的人发现，随着时间的慢慢流逝，通知大家最后期限的临近越来越艰难。于是，他擅自决定不让大家死得那么痛苦，在他告诉大家第二个半小时到来的时候，实际上已经过去了45分钟，可谁也没有注意到有什么问题，因为大家都相信他。在第一次说谎成功后，他把第三次通报时间延长到了一个小时以后。他说："半小时又过去了。"另外五个人各自在心里计算着自己还有多少时间可以活。

时间一分一秒过去，每过一小时大家都收到一次时间通报。外面的人加快了营救工作，他们知道被困矿工所处的位置，四个小时之内救出他们是很难的。

四个半小时到了，营救人员悲观地想，很有可能挖出的是六名矿工的尸体。但他们惊讶地发现其中五人还活着，只有一个人窒息而死，就是那个播报时间的人。

这个故事在震撼我们的同时也告诉我们，坚强的自信往往能使平凡人做出惊人的事业。胆怯和意志不坚定的人即使有高尚的品格、优良的天赋、出众的才干，也终难成就伟大的事业。据说，只要拿破仑亲率军队作战，部队的战斗力就会倍增。原来，军队的战斗力在很大程度上基于士兵对统帅的敬仰和信心。如果统帅的态度充满怀疑、犹豫，全军就会混乱。自信是相信自己能够成功，并坦然面对一切艰难险阻的心理状态，是一种积极、健康的个人品质。

一个纽约的商人看到一个衣衫褴褛的尺子推销员，顿生一股怜悯之情。他丢给卖尺人一美元，准备走开，但他想了一下，又停下来，从盒子里取了一把尺子，并对卖尺人说："你和我都是商人，只是卖的东西不同而已。"

几个月后，在一个社交场合，一位穿着整齐的推销员迎上这位纽约商人，并自我介绍说："虽然只有一面之缘，但我永远忘不了你，是你重新给了我自信和自尊。我一直觉得自己和乞丐是一样的，直到那天你买了我的尺子，并对我说我是一个商人为止。"

推销员一直把自己当做乞丐，不就是缺乏自信的表现吗？正是从纽约商人的一句话中，推销员重新找到了自信，并且从此脱胎换骨。从中，我们不难看出自信心的威力。

充分的自信和坚忍不拔的意志是学业、事业取得成功的一个重要条件。古往今来，不知有多少伟大人物凭着一股超人的自信心，创造了丰功伟绩。

萧伯纳曾用九年的时间写了五部文学作品，都被出版商退回了，这期间，他得到的稿酬总共只有六英镑。但他毫不气馁，更加勤奋写作，最终成为出色的文学家。当门捷列夫发现元素周期律的时候，许多人反对他，他甚至遭到导师的嘲笑，但仍坚信自己是正确的，后来，他的成果终于被科学界承认，并引起了广泛的重视。还有爱迪生、诺贝尔、居里夫人……如果不是他们以顽强的自信心攻克了一个个难关，也许我们现在还不知道灯泡、炸药、镭为何物！更不用说“元素周期律”了。

相反，具有自卑心理的人，总是过于注重消极悲观的一面，看不到积极光明的一面。如果你有自信，它会在无形之中释放能量，推动你走向成功；如果你恐惧或自卑，它也会在无形之中释放出能量，带你走向失败。无论是自信还是自卑，都可以形成循环作用。

尼克松是我们极为熟悉的一位美国总统，但就是这样的一个大人物，却因为犯了一个缺乏自信的低级错误而毁掉了自己的政治前程。

> 1972年，尼克松竞选总统连任。因为他在任期间政绩突出，所以，大多数政治评论家都预测尼克松毫将无悬念地获胜。
>
> 然而，尼克松本人却很不自信，他走不出过去几次失败的心理阴影，极度担心再次出现失误。在这种潜意识的驱使下，他鬼使神差地干出了令自己终生遗憾的错事。他指派手下的人潜入竞选对手下榻的水门饭店，在对手的办公室里安装了窃听器。事情被揭发之后，他连连推卸责任，阻止调查，在选举胜利后不久就被迫辞职了。本来稳操胜券的尼克松，因缺乏自信而惨遭失败。

立志是事业的大门，自信是事业的立脚点，没有坚定的信心是绝对干不出大事的。“天生我才必有用”，每个人都有自己的长处和特点，每个人都有尚未发掘出来的潜力和特质，如果能用尊重自己的态度努力发现和发挥这些潜能，每个人都可以在自信中品味成功带来的快乐。

美国最著名的人文主义心理学家马斯洛认为：人最高层次的需要是自我实现。正如你需要阳光、需要空气一样，你也需要发挥自己的潜能，而自信正是挖掘内在潜力的最佳法宝。

现代心理学、生物学、逻辑学、人类学均证明人的潜力是巨大的。早期学者认为，一个正常人只运用了自身潜藏能力的一半；后来的研究又发现，一个正常人只运用了10%的自身潜藏能力；而近代比较权威的看法是：正常人只运用了2%～5%的潜力。也就是说，最成功的人也只运用了5%的潜力；最失败的人，只要正常，也运用了自身潜力的2%，他们之间的差距不会超过3%。总之，随着科学研究的深入，所发现的人的潜力越来越巨大，我们所运用的部分因此而越来越少。前苏联学者对此做了一个形象的比喻：一个正常人如果发挥了50%的自身潜藏能力，那么他将掌握40多种外语，学完几十门大学的课程，可以将叠起来几人厚的全苏百科全书背得滚瓜烂熟。既然我们每个人都有如此巨大的潜力，为什么不相信自己必将有所作为呢？

许多人在事业和学业上屡屡受挫，于是认为是自身的潜质不足，能力差。其实我们每个人的身上都蕴藏着巨大的、远远超出常人想象的潜能，只不过是自己没有意识到而已，因此，情绪总是很低落。

相反，看看我们身边那些特别自信、乐观的人，他们总能找到自己前进的动力，总能超水平发挥自己身体里的潜能，这和他们平时表现出来的能力相比，如同“放大镜”下的一幕。

我们一定要想办法让自己自信起来，自信就能快乐，快乐就能把潜能高效发挥出来，如此形成一个良性循环，就很容易获得成功。

一点通

自信对每个人都非常重要，无论面临的是工作的挑战，还是身处逆境，自信都可以产生神奇的放大效应。

做不抱怨的人

生活中充满了抱怨出身劣境的人，他们常抱怨家世的低微，以为千里良马总落在贫寒之家，使超世之才掉入深渊不见天日，因而埋怨命运对自己不公；身处富豪家者又抱怨父母无一官半职，自己得不到一顶政治帽，青云直上只能成为泡影；处于仕途之上者又埋怨上司没有识人慧眼，不提拔自己，或怨自己不是当权者的女婿，否则不愁平步青云；文人骚客则怨无明君圣主，自己无挥毫之地，正如“千里马”无广漠原野放蹄一样，少了“伯乐”来挖掘这匹千里马；一般的人抱怨世风之差，社会风气太坏,有太多的庸人和坏人当道;走了一段弯路后的人抱怨世路太坎坷,叫人寸步难行,或怨气候太坏、天时不利、人情险恶;第一次旅行的人抱怨路程遥远,日子太平淡太单调太无诗意!总之,放耳听去皆是抱怨。

抱怨是一种宣泄,抱怨是一种解脱,抱怨是一种心态。但抱怨的方式不可取,因为你的抱怨等于往自己的鞋子里灌水,使你走起来更加艰难。生活对于我们每个人来说都是一种挑战,这些挑战的突然来临给我们的身心带来了防不胜防的伤害,作为遭受一击的我们,不要抱怨。因为抱怨对解决问题并无帮助,反而徒增烦恼,使生活受到影响。

在这个世界上没有绝对公平的东西。孔子的学生司马牛有一天忧伤地说:“别人都有兄弟,怎么只有我没有!”他的同学子夏就劝导他说:“商闻之矣:死生有命,富贵在天。君子敬而无失,与人恭而有礼,四海之内,皆兄弟也。君子何患乎无兄弟也?”意思就是说:“既然死生、富贵这些事情都是天命所归,人力无法左右,个人也无法决定,那么就要学会承认并且顺应。这样一来,我们的心会一直诚敬,使自己的言行减少过失,对待他人谦恭有礼、充分尊重,就能做到四海之内皆兄弟!”抱怨只能使自己过得更加疲惫,抱怨的人总认为自己是强者,认为自己怀才不遇,社会对自己太不公平。抱怨不同于坦然承认失败。敢于承认失败的人,别人会尊重他,人们如同看到一个伤痕累累的、神色平静的勇士或者英雄。人们的天性就是同情弱者,由于抱怨的人气急败坏,反倒无法得到他人的同情。人们之所以倾心于心态积极的人,是因为倾心于他们所表现出的超然。生活需要的勇气、信心和信仰,乐观的人都具备,他们在自己获益的同时,也感染着别人。乐观心态包括坚韧和豁达,这两种精神让人觉得困难从来不是生活的障碍,而是勇气的陪衬,和乐观的人在一起,自己也会变得乐观起来。

春秋战国时期的苏秦,满怀炽烈的梦想和一腔热血,初次游说天下,渴望实现自己的雄心壮志,虽历经数年,却以失败而告终。当他回到家中,不但没有得到安慰,反而遭到兄嫂、弟妹甚至妻子的嘲讽。然而,对于这一切他并没有抱怨,而是继续进行锥刺股的日夜苦读,心中终有所悟。再次游说天下,苏秦出合纵之策以抗强秦,终挂六国相印,位尊王侯,富甲天下。

许多人都抱怨过处境的艰难,发现抱怨无济于事之后便沉默甚至停滞不前。抱怨不仅使人丧失勇气,失去友谊。谁都惧怕牢骚满腹的人,担心自己也受到传染。失去勇气和朋友,人生会变得更难。成功学家拿破仑·希尔说:“任何逆境中都孕育着成功的种子。”就连苏秦在历经苦难之后也不无感慨地说:“假如当初我在洛阳城边守着二顷良田,舒舒服服地过日子,哪里还会有此挂六国相印的人生辉煌呢!”当你有一颗不甘与草木同朽、充满追求和渴望的心,当你怀抱从目前平庸的环境走出去的雄心时,逆境就成了你人格的实验地。

现在,我们来看看一个人的经历:

1809 年,在寂静荒野上的一座孤独小木屋出生;
1816 年,7 岁,全家都被赶出来。经过长途跋涉,穿过茫茫荒野,找到一个窝棚;
1818 年,9 岁,年仅 34 岁的母亲永远离他而去;
1826 年,17 岁,可以干任何农活,经常帮人打零工;
1827 年,18 岁,自己制作了一艘摆渡船;
1831 年,22 岁,经商失败;
1832 年,23 岁,竞选州议员,但落选了,想进法学院学法律,但希望落空;
1833 年,24 岁,向朋友借钱经商,年底破产,接下来花了 16 年还完了这笔债;
1834 年,25 岁,再次竞选州议员,出奇制胜;
1835 年,26 岁,订婚后即将结婚时,未婚妻死了,因此,心也碎了;
1836 年,27 岁,精神完全崩溃,半年卧床不起;
1838 年,29 岁,努力争取成为州议员的发言人,以失败告终;
1840 年,31 岁,争取成为被选举人,落选了;
1843 年,34 岁,参加国会大选,再次落选;

1846 年,37 岁,再次参加国会大选,这次当选了;

1848 年,39 岁,争取国会议员连任,失败了;

1849 年,40 岁,想在自己的州内担任土地局长,被回绝了;

1854 年,45 岁,竞选参议员,落选了;

1856 年,47 岁,在共和党的全国代表大会上争取副总统的提名,得到的投票不到 100 张;

1858 年,49 岁,再度参选参议员,再度落选;

1860 年,51 岁,当选美国总统;

这个人就是林肯,美国第 16 任总统,一个令全世界都为之叹服的伟人。

我们可以从中领悟到,生命只为那些有冒险精神、突破力和创新力的人着色。只要你不断地努力和探索,就会有丰富多彩的人生。如果现在的你还在抱怨人生,这时应该站起来走出那片虚无的空间,坦然面对眼前的现实,把生命之舟驶出寂寞的小港,去寻找属于自己的波澜壮阔的海洋和彼岸。要知道,生命不会为抱怨喝彩,成功不会为等待和沮丧而驻足!

一点通

如果你自甘沉沦、逆来顺受,到头来只能抱憾终生,空有冲天抱负;如果你时时都在磨牙砺爪,不断地超越自我,不断地进取,你就能从那成功的种子中收获颇丰。

要相信云雾之后总有阳光

比尔·盖茨曾说过:“没有豁达就没有宽容。无论你爬过多高的山,无论你取得多大的成功,无论你有多少闲暇,无论你有多少美好的目标,没有宽容心,内心是非常痛苦的。世界上最宽广的是海洋,比海洋更宽广的是天空,比天空更宽广的是人的胸怀。”

豁达是一种脱俗精神,是自我精神的解放,也是一种宽容。胸无芥蒂,宽宏大度,肚大能容,吐纳百川。飞短流长怎么样,黑云压城又如何?只要自己心中始终阳光明媚,以风清月明的态度从容地对待一切事情,待到云开雾散之时,必定阳光灿烂。

对于生活中遇到的不幸,许多人都有能力忍受或者战胜它,但仍旧有人被打倒在地,甚至被永远打倒,再也站不起来。这究竟是为什么呢?其实,能否挺过难关主要取决于人的心态。做人只要豁达,就没有战胜不了的困难。

小说家达克顿曾认为除双目失明外,他可以忍受生活上的所有困难和挫折。但当他 60 多岁双目失明之后,却说:“原来失明也可忍受。人能忍受一切不幸,即使所有感官都丧失知觉,我也能在心灵中继续活着。”

在任何时候,我们都不主张逆来顺受。也就是说,只要还有一线希望,就应奋斗不止。但对无可挽回的事,则要想开点,不要强求不可能达到的结果。

话剧演员波尔赫德,风靡四大洲达 50 多年。当她 71 岁在巴黎时,突然发现自己竟然破产了。更不幸的是,她在乘船横渡大西洋时,不小心在甲板上摔了一跤,腿部伤势严重,必须切除。

手术那天,她在轮椅上高声朗诵戏里的一段台词。有人问她是在安慰自己吗,她回答:“不,我是在安慰医生和护士。他们太辛苦了。”后来,波尔赫德继续在世界各地演出,在舞台上又工作了七年。

人们总是希望所有的不幸都远离自己,总是希望那些不如意之事不发生在自己身上。但是世间万物皆变幻无常,我们的经历也总是事与愿违,有许多人就因为想不开而结束自己年轻的生命;相反,豁达的人不但不会想不开,反而觉得这是上天在考验自己。只有这样的人,才会对这个社会有所贡献。

每个人都会有喜怒哀乐,而人生正是因为有了这些不同的情绪才变得丰富多彩。因此,处于悲伤时期的人们一定要让自己那颗宽容的心发挥作用,不去钻牛角尖。凡事都有两面性,什么时候都想开一些,豁达一点,用积极的心态想想事情好的一面,就能感受到生活中的美好。

在现实生活中,一个豁达的人往往对还没有发生的事情尽人事而听天命;对于已成的事实,则不会一味地钻牛角尖。即使自己原本的认知有误,他们也不会怨天尤人,从此一蹶不振,只会说:"是你的终究是你的,不是你的,你无论如何也抓不住。"

暗自伤神,很容易得忧郁症。内心放不开,嘴里说不出来,久而久之成内伤。胡乱找人理论一番的是"钻牛角尖的行动派",总是做损人不利己的事情,把人生力气都浪费在无法改变的事情上,到最后还是自己吃亏。

当生活冷淡了你,你就要开动豁达的空调,慢慢地调整自己的心态,换一种思考的角度。生活在冷淡中,你不妨静下来打扫心灵的垃圾,把过去因忙碌而被荒芜的那块土地拾掇干净,重新播种。这时你将发现,其实生活对人很热情,只不过以另一种方式表现出来罢了,你会发现世界上什么最宝贵,是自由。逆境使你的生活又展开了一片新天地,那也许是你最珍贵的东西。

豁达的人,能使沉闷的生活变得轻快,把繁琐的生活变得简单,把无聊的生活变得丰富多彩。当世界上每个人都拥有了豁达心情的时候,那些总觉得这个世界欠他的人就会永远笑口常开;那些总是懊丧的人,心情也会像中了大奖一样高兴。总之,豁达的人像刚刚出生的婴儿一样,对他来说,每天都是快乐、美好的。

因为豁达,你相信群众的眼睛是雪亮的,即使这次所受的待遇有偏差和不公,还有下次,下下次呢!来日方长,只要是金子,只要努力地使自己这块金子发光,那么总会有人看到自己的光亮。纵使永远这么偏差,你不也少了诸多争斗的劳苦,留下一颗宁静淡泊的心境吗?那种感觉,自然是旁人可望而不可即的!

因为豁达,你真诚地赞美身边每一个比自己强的人,因为豁达,你从不爱慕虚荣;因为豁达,你有很多的朋友,他们也许无权无钱,却在你遇到困难的时候真诚地帮助你;因为豁达,你会为朋友的冤屈作出证言,哪怕置自己于被误解的境地;因为豁达,你每天都过得有意义,总觉得人生是那么的充实和美好。

因此,做一个豁达的人,就等于获得了一个快乐而充实的人生。

一点通

人的一生,十有八九都会发生不如意的事,正是这些不如意的事才会催人成长。就像一首歌里所唱的:在绝望中坚强,在坚强中成长。

平平淡淡才是真

"平常心"一词经常为人们在日常生活中所运用,每当人们面对贫富、成败、名利或生死时,往往会说:"要有一颗平常心……"

那么,到底什么是"平常心"?佛教云:"四大皆空!"这是不是真的平常?其实,所谓平常心,不过是我们在日常生活中经常产生的对于周围所发生事情的一种心态。当然,不能说所有的心态都属于"平常心",或者说并不是每个人都可具备平常心。平常心应该是一种"常态",是具备一定修养才能经常持有的,因为它属于一种维系终身的"处世哲学"。说到底,平常心综合了无争无为、不贪知足。作为一种处世态度,进一步解释,可认为是:忍辱之心、淡泊之心或仁爱之心等。

平常心是一种心态,是一种极高的境界。

平常心的载体是人,人是有感性与理性的,鉴于此,面对大千世界,面对人生,要保持一颗平常心,遇事淡然处之,对难题一笑而过,其实很难。古时的一句话对今天很有借鉴意义,那就是"宠辱不惊,闲看庭前花开花落;去留无意,任随天外云卷云舒",这句话就是在说,对于一切光荣和屈辱都无动于衷,永远用安静的心情欣赏庭院中的花开花落;对于官职的得失和升迁都漠不关心,永远冷眼观看天上浮云的随风聚散。

保持一颗平常心,说起来容易做起来难。

在我们周围,常常存在许多诱惑,如果被外界的财色等诸多诱惑所束缚,你就会过得不自在。在诱惑面前,你如能自甘平淡,保持一种宁静超然的心境,做起事来就会不躁不乱、不慌不忙、井然有序;面对外界的变化,自然也会不温不火、不惊不惧;在物质利诱面前才会心不动、手不痒。没有功名利禄带来的拖累和烦恼,心灵常处于一种平衡、稳定、有规律的状态中,人也会过得少欲知足,轻松自在。

一个具备聪明才智的人,应该比别人更容易在事业上取得成功,可是才智出众的人,往往思想比较复杂,心里的欲望和野心也比一般人更加强烈,因此,他们比普通人更难保持一颗"平常心"。他们常常因为过于强烈的野心和欲望以及过于复杂的思想而迷失了自我,忘却了做事的根本,这个时候,聪明才智就会变成一种障碍,一种毒药。

所以,我们常常说"聪明反被聪明误",那些败得很惨的人,往往都是具备杰出才能的人。被水淹死的,大多数都是会水的。

保持一颗"平常心",坚持做事的根本,有时甚至要像傻瓜一样单纯、持续地专注于这件事本身,不被其他因素所影响,不被其他目的和欲望所干扰,然后,才能有所成就。

一般会下棋的人都明白这样一个道理,棋艺的最高境界,是有一颗"定力"极强的平常心,乃至于"无招胜有招"。做人同此道理,只有保持平常心,才能目明耳聪,冰清玉洁,立于不败之地。

在热带雨林中,做一棵高耸入云的大树固然美好,但如果做不到,成为内蒙古草原上一根嫩绿的酥油草也很浪漫;能做世界之巅珠穆朗玛峰真是美极了,但如果不能,做博大幽静的唐古拉山也很壮丽。实际上,造物主是吝惜的,他不会把所有美好都给一个人,正如一句时尚的流行语所说:"每个人都是被上帝咬掉一口的苹果。"只要能清楚地领悟这一点,我们的心就会变得平静,就会变得平常,就会懂得生命其实是一种心境。

生活中,人们经常会碰到挫折和困难,经常会有这样或那样的苦恼,也经常会为一些琐碎小事莫名其妙地生气,也有许多人无法抗拒地位、权利、金钱的诱惑,沉迷其中无法自拔。其实,如果当我们静下心来想一想,就会发现生活中的许多事情并不是我们没有能力达到,而是因为我们的愿望不切实际。伟大的作家托尔斯泰说过:"欲望越小,人生就越幸福。"古人也说过:"达亦不足贵,穷亦不足悲。"

现实社会中,"名利"二字最难参透,也最易误人。每一个人都不能"跳出三界外,不在五行中",都必须在竞争激烈的社会中演好自己的角色。时下,有人因长袖善舞而腰缠万贯,有人因善于钻营而官运亨通,宵小之辈寻欢于声色犬马,轻薄之徒潇洒于纸醉金迷,还有诸如"社会精英的品位""成功人士的享受"之类的商业口号鼓噪不已。面对这些,人们很容易产生这样的心态:"某某明明做人卑鄙猥琐,凭什么骤然暴富趾高气扬?某人明明才能不如自己,凭什么一路顺风平步青云?还有某人明明行事粗俗丑陋,凭什么香车美人风光无限?"如果不能以平常心正确调整这种心态,就很容易发生心灵扭曲,由鄙视忌恨变为垂涎羡慕,进而追随效仿、步入歧途,使自己走向失败的不归路。

大家都要明白,对生活在世界上的每个人,上帝都是公平相待的,他不会给某一个人太多,亦不会给他太少。自古以来,真正的修行者都会意识到平常心的可贵,不以物喜,不以己悲,当然,这并不是说我们需要不食肉,只食素。保持一颗平常心的含义在于,社会物欲横流,我们不为所动,默默地做自己该做的事,同时运用自己的智慧头脑等资质,开发新的生存途径。在这个过程中,你必将有得亦有失,在面对得与失的时候,一定要保持一颗平常心,因为它可以让你在不经意间收获更多。如果你在努力工作的时候,头脑里只有物质和金钱,并且被这个想法左右自己的思想,那么你的工作成绩、你的智慧就会黯然失色,有能量而发不出来。因此,保持一颗平常心是一种战胜自我的豁达和大度,是一种生存智慧,是一种拒绝庸俗的超脱和清醒,更是通向成功的"幸运宝典"。

如果一个人丧失了平常心,就会被物欲所困,被俗务所累,从而陷入个人欲望的泥坑不能自拔。人一旦受到功利心和攀比心的强烈驱使,就会做出人们深恶痛绝的弄虚作假、急功近利、欺上瞒下、劳民伤财等行径,社会产生天理难容的暗室欺心、卑鄙无耻、横行霸道、腐化堕落等现象。因此,保持平常心,必须要有视名利淡如水、视事业重如山、在巨大的物质利诱面前岿然不动的良好心态。

由此即显示出一个人具备平常心态的意义了:对待任何事始终保持一颗平常心,对于利害得失不过于计较,不论事态如何演变,都能平心静气地面对,从而躲过“名利之剑”的伤害。

只要让平常心伴随你我,在开发幸福生活的路上作你的力量支柱,作你的精神食粮,就会收获意外的惊喜。

古人有言,“君子安贫,达人知命”。如果去掉此话消极遁世的成分,就是教导人们保持一颗平常心的生存格言。保持一颗平常心,说到底就是正确认识自己,正确认识人生。退后一步,海阔天空,挣脱名缰利锁的羁绊,自然就会发现生活是多么丰富多彩。世上事,岂能尽如人意,但求无愧我心。只要尽心尽力地为人间增添一份亮色,就是一块发光的金子,就是一个大写的“人”。

一点通

人生在世,平平淡淡才是真。有的人很快乐,有人却始终感到苦恼。快乐的人挂在嘴边的一句话就是:“以平常心去面对任何事!”

第三章　积极心态铸就积极人生

乐观向上地看待生活

每个人的性格都不相同,因此,对同一事物往往会有不同的看法。有人提出办一件事,身边人可能有的赞成,有的反对。有积极支持的,也有成为阻力的,这往往是思路不同导致的。其实,有时候大家的看法并没本质上的不同,只是因为立足点的差异,从积极的角度去思考,就能看到优势,反之,看到的尽是不如意的一面,也就会带来完全不同的结果。

有个故事说明了这个道理。

> 有一位老太太有两个女儿。大女儿嫁给了一个鞋匠,小女儿嫁给了制伞的匠人,两个女婿都很勤奋。自从两个女儿出嫁后,老太太再也开心不起来了,无论是晴天还是雨天,总是愁眉苦脸。邻居很纳闷,有一次问她道:“老人家,您为什么总是愁眉苦脸的啊?”老太太叹了口气回答说:“你想想,我开心得起来吗!大晴天,小女儿家的伞好卖吗?肯定卖不出去啊!下雨天,我大女儿家的鞋好卖吗?也会卖不出去哟!我天天为她们发愁啊!”
>
> 邻居一听,忍不住笑了起来,他说:“老人家,您的为想法什么这么消极?您该这么想呀:大晴天,您大女婿的鞋多好卖呀!而下雨天,不正是您二女婿卖伞的好时机吗!”
>
> 老太太一听,觉得邻居说的有道理,不禁责怪自己怎么没想到这一点。从此,她快乐起来了,不再整天闷闷不乐。

还有一则例子。

> 有一位女模特,在年终之时,对着镜子瞧了又瞧,忍不住慨叹了起来:“唉,一年又过去了,更老了!”她的朋友一听,觉得她的想法太消极,便笑着说:“你怎么这么说呢!你应该这么想:你今年就比明年年轻呀,比后年不是更年轻吗?关键是把握好今天。”
>
> 她一听也笑了,说:“你这样想还真挺好,心里平和多了,踏实多了。”

很多事情都是这样,由不同的人从不同的角度去看往往产生不同的看法。即使眼前的是同一个景象,不同的人也会有不同的心情。同样是面对夕阳,有的人发出长叹:“夕阳无限好,只是近黄昏!”而有的人却从另一个角度去看,认为“但得夕阳无限好,何须惆怅近黄昏!”真是同一景色,从不同角度看,心态就大不相同。

所有的事情都有两面性,如果你从积极的方面去看,就会使你信心大增;相反,你若只从消极的方面去琢磨,即使是好事也会被你看得很糟糕。

换一种心态,换一条思路,就会取得完全不同的效果。

一点通

对待事业,对待人生,我们就应该积极地面对,积极地思考,这样才能乐观向上,充满朝气,我们的生活才会更充实,更快乐,始终充满阳光。

敢于做别人不敢做的事

用积极的态度思考和面对人生,就有一个勇于开拓的问题,即敢于做别人不敢做的事,敢于在表面上看来不可能的事情上开辟新的道路,这就是积极的态度。只有这样,才能不断地开创出新的局面来。

说到这里,我想起了一个朋友。

他在一所中学任教并担任班主任。新年之际,学校组织文艺汇演。他班的学生原本是住校生,大多数学生都来自郊区或农村,没有什么文艺特长。从整体上看,学生也不活跃,与平行的几个班级相比,在文艺演出上处于劣势。可是,我的这位朋友为了活跃班级的气氛,大胆决定排练大型的舞蹈,决心要通过这次汇演,把班级的形象作个彻底改变。这一决定不仅使班干部感到犯难,而且使一些同年级的教师觉得他过于想当然。有的同事好心地劝他搞点小型的节目就算了,因为班级的确没有那个条件,但我朋友说什么也不肯改变自己的想法。

他在做出这个决定之后,就从班级的实际出发进行设计,不搞那种动作柔美的舞蹈,而是搞人数多的队列式行进舞蹈。经过一番认真刻苦的排练,这个节目竟然收获了意外的效果。

由于演员们个个步伐整齐,动作刚劲,演出节奏明快,体现出了一种团结向上的精神风貌,因而赢得了满堂的喝彩。这个平日比较沉闷的班级,竟然在汇演中一举夺得了年级第一、全校第二的好成绩。

同样是面对困难,不管是排练节目的教师,还是那位成功的推销员,他们都采取了积极的态度。他们不回避,而是认真地分析;他们不放弃,而是沿着正确的方向努力。在看似极为困难甚至不可能的情况下,往往能开辟出一条新路,可见态度决定一切。你以积极的态度、开拓的精神对待工作,就能克服困难,工作也会有起色,你付出的努力自然会得到回报。

具有开拓的精神是十分宝贵的,它能使你在荆棘丛生的地方开辟出道路来。

一点通

用积极的态度思考和面对人生,就要勇于开拓,也就是敢做别人不敢做的事,敢在表面上看来不可能的事情上开辟新的道路,这就是积极的态度。

选择本身不重要,选择的态度才重要

谁都愿意做自己喜欢的工作,但是现实生活中往往事与愿违。事实上,很多人都在从事着自己并不感兴趣的工作。怎么应对这种情况呢?如果有条件改变,譬如跳槽,那自然是一种办法,但实际上并不是每个人都能得到这样的机会。在无法改变的情况下,最好的办法就是以积极的心态,心甘情愿地去做一件事。虽然我们有时不能选择工作,但却完全可以选择对待工作的态度。

美国西雅图的一家公司有位部门负责人叫玛丽,工作做得特别出色,赢得了"难不倒"的美名。她所领导的部门是公司里知名的团队。

公司里有一个运输部门，职工不少，业绩却很差。为了彻底改变这种状况，公司派玛丽担任这个部门的经理。

玛丽接到这份工作后很不开心。她心里很烦闷，于是去拜访一位与自己要好的朋友。

朋友安慰她说："在生活中，我们有时不得不去做一些自己并不喜欢的工作，而且这种情况经常发生。其实，我们可以带着活力与热情去做任何事情。有时，我们无法选择工作本身，但却可以选择自己对工作的态度！"

玛丽不理解地问："为什么没办法选择工作本身？"

朋友解释说："不是不能选择，你可以辞职呀！从这个意义上讲，你选择了你所从事的工作，但是如果从责任心和其他的因素考虑，频繁地变换工作不一定是明智的，这就是无法选择工作本身。"

沉思了半晌，玛丽点了点头说："我明白了。你可以选择对待工作的态度，这种选择往往决定了你的工作方式。既然要在这里工作，为什么不努力作出成绩，而选择甘于平庸呢？"

玛丽的这次拜访收获颇丰，她选择了树立信念和信心，因此走马上任。

上任后，她马上召开了职工会，提出了"选择工作态度"这一观点。一位叫史蒂夫的员工举手说："如果我正在驾驶一辆汽车，有个司机却硬要在我前面加塞儿，我会被气得乱鸣喇叭，做手势。我有什么可选择的呢？我并没有错呀！"

玛丽微笑着问道："如果这事发生在治安很差的地区，你还会那么做吗？"

史蒂夫笑着说："当然不会。那样，说不定会挨揍呀！"

"看，你不还是选择了吗？你知道在暴力多发地区应该作何反应，难道在治安好的地区就没法选择吗？"史蒂夫听完竟点了点头，没再说话。

接下来，职工们进行了热烈的讨论，他们对这一话题感到新奇，认为谈论这个话题是件有意义的事情。

几天过去后，玛丽发现电梯里贴着一幅海报，上面写着"选择你的态度"几个字，下面是两幅画：一副是面带微笑的脸，一副是眉头紧皱的脸。玛丽一看就会心地笑了，她明白，职工们已经领会了她的用意。

由于玛丽和大家的努力，很快，这个部门的业绩突飞猛进。

还有一个人的故事，大家都知道。

雷锋这个名字如今已经家喻户晓了，他在短暂的人生中干过很多的工作：当过乡政府的通讯员，当过县政府的公务员，后来，在团山湖农场开过拖拉机，在鞍钢和弓长岭焦化厂当过推土机手，最后参军，在运输连当了汽车兵。可无论做什么他都认真仔细、兢兢业业地对待工作。在县政府，他被评为机关模范工作者，在工地上被评为"工地模范"，在鞍山和焦化厂工作期间，三次被评为先进工作者，五次被评为标兵，十八次被评为红旗手，荣获"青年社会主义建设积极分子"的称号。他的确做到了干一行，爱一行；干一行，专一行。他服从组织分配的工作，没有提出自己的任何条件，而是用积极的态度面对分配给自己的每项工作，以积极的态度面对一切。正因为这样，他生活得很有意义，不仅做出了自己的成绩与贡献，也得到了组织与群众的认可。

由此可见，态度对人的一生是多么重要。当我们无法选择自己的工作时，确实应该选择好自己的态度。是用积极的态度，快乐地、创新地去从事工作呢，还是愁眉苦脸、满腹牢骚地去应付工作？都是干工作，为什么不积极而愉快地干呢？

一点通

只要以积极的态度对待工作，即使是在自己不熟悉、不感兴趣的工作上，也会慢慢地有所成就。同时，你还会从工作中分享到喜悦与快乐。

学会自己给自己跑腿

我常听到这样一种说法："唉，没意思呀，也就是在给别人跑腿！"说这话的人往往心里有一种郁积，因为他总是在别人的手下干活。

也经常听到一些青年讨论此话题：说某某如何如何，自己当了老板；或者某某升职很快，年纪不大，就已经成了领导。感到自己很屈才，只是在替人家打工而已。

愿意自己有所作为，独当一面，这些都是正常的心理。然而，为别人打工并不是屈才，也根本不必抱怨。凡事都有发展的过程，工作的经验也需要积累，不可能什么事都一步到位，一蹴而就。问题不在于你是否替别人打工，而在于你对待眼前这份工作采取什么态度。如果积极地工作，情况自然会改变，一些活生生的例子就能说明这一点。一些著名的老板年轻的时候，有谁不是在替别人打工呢！

著名的齐瓦勃就是这样。

> 齐瓦勃生长在美国的农村，家境贫困，只接受过一点学校教育。少年时他就给人当马夫，18 岁时，只好去一家建筑工地打工。虽然他只是工地上的一名普通工人，但他却抱定一个宗旨，要做最优秀的工人。因此，当其他工人们埋怨工作苦、条件差、薪金低而消极怠工的时候，他却快乐地工作着。他主动地积累经验，并且抽出时间学习建筑学知识。工人们劳动之余都在打牌、聊天，而他却在角落里捧着本书看。一些工人嘲笑他，他也不在意。他回答他们说："我不只是为老板打工，我也是为自己的前途打工，为自己的梦想打工。"有些人听了只是发笑，觉得他很傻。
>
> 一天夜里，齐瓦勃仍在一个角落里独自看书，刚好一位经理路过看到了。他见别人都在说笑，而他一人在看书，便很好奇。经理翻了翻他的书和笔记本，便问道："这么辛苦，你为什么要学这些？"齐瓦勃说："我想，我们公司真的不缺打工的人，而缺乏那种既有经验又有知识的技师和管理者，对吗？"经理听了后，微笑着点了点头。
>
> 没过多久，齐瓦勃就被提拔担任了技师。这时，一些以前对他不以为然的工人才开始羡慕他。
>
> 齐瓦勃当上技师后，工作仍然勤奋刻苦，因此业绩很好。后来他又升任总工程师，25 岁时竟然就当上了这家建筑公司的总经理。

一个打工者，经过努力成为了一个创业者、管理者，这种情况在很多行业中都很常见。不少成功的企业家，大都有这种经历。可见，是否为别人打工其实无关紧要，也不会妨碍自己以后的发展与成功之路，相反，这是一个在实践中锻炼学习的机会，是积累经验的机会。总之，无论做什么，关键在于如何认识，采取什么态度。如果只是认为自己是个打工仔，只是为别人工作，就会消极应付，得过且过，那么无论你为别人打了多久的工，也不会有多大的发展；假使你认为替老板打工也是为自己打工，为日后的创业打工，是未来发展的前奏，是为今后的成功作准备，从而苦心钻研，勤奋工作，效果自然就会大不一样，你终究会有一番自己的事业，不会为别人打一辈子工。

一点通 一些很有成就的管理者，并非天生就是领导者，他们中的不少人也是从打工开始，逐渐得到磨炼，才走上管理岗位的。

试一试，别害怕

对一些还未经历过的事，正确的态度是要学习，要了解，要敢于尝试，可有的人却总是毫无根据地害怕。没有尝试过，怎么知道该不该害怕呢？正是因为有的人过于胆怯，本来可以做成的事却没有做成，可以得到的机会却屡屡错过，所以，胆怯的心理是要不得的。这样的例子很多。

新兵场上的一位新兵，面对着前面的低板墙，心里很紧张，满脸是汗，不敢起跳。连长见他这样，便走过去问道："你怎么啦，是害怕吗？"

新兵十分胆怯地说："我怕跳不过去，会栽倒的。"

"你以前跳过吗？"连长又问道。

"没有，我从来没跳过。"

"没跳过，你怎么知道你一定会栽倒？"

连长没再责问，只是带他来到跳高场地，让他跳一次试试，结果他跳到了 1.5 米。连长笑着告诉他说："1.5 米都跳过了，还会畏惧 1.4 米的低板墙吗？"

在连长的鼓励下，新兵咬着牙跳过了低板墙，从此，他再也不怕低墙板了。

还有一个找工作的例子。

还有一个失业在家的青年，平日里他酷爱写作，常常在报刊上发表文章。一天，父亲拿着一张报纸兴冲冲地告诉他，有一家报社在招聘编辑，让他去面试。

没想到儿子却摇了摇头："我未必行啊！"儿子一副灰心丧气的样子。

父亲问他怎么不行，儿子说自己没有学历，最多也只算自学成才。

父亲鼓励他带上那些已经发表过的作品去报社试一试。他对儿子说："最坏的结果也就是应聘不上，大胆地试试吧！"

儿子带着一些发表过的文章去应聘了，结果报社破格录取了他。

与他人交往也是如此。

我认识一位在一家著名的外企工作的姑娘，有一次她去参加一个会议，因为有外国老板参加，所以要求与会者都得用英语发言。她的英语本来很好，只是不太敢讲，所以惴惴不安，为此，她打电话向一个朋友请教。朋友问她那位老板来自哪个国家，她说是瑞士，那朋友就笑了，鼓励她说，怕什么呀，他和你一样，英语都是第二外语，你们的水平不相上下！就算是英国人也不必害怕，因为英语是他的母语，并不是你的母语！大胆地说吧，没什么可怕的。听朋友这么一说，她踏实多了，第二天在会上发言时竟然超常发挥，听得老外连连点头。从此，遇到这种场合，她再也不发憷了。

生活中这种自己否定自己的事例很常见。不敢尝试是现象，缺乏自信是本质。没有自信，能干成什么事呢！当然，自信不是盲目的，必须有一定的根据。不过，如果你根本就不去接触，不去尝试，你有什么根据害怕，又害怕什么呢？

一点通

摒弃胆怯的心理，敢于大胆地尝试，增强你的自信心，这就是成功的途径之一。

学会往第一排坐

现实中经常出现这种场景：在开会或者集会时，有些人往往不在前排就座，而选择坐在会场的后边。原因是坐在第一排，总觉得特别引人注目，容易被主席台上的人所注意，因而觉得不自在。

在英国的一个小镇上有这么一个家庭，父亲总是教育女儿从小就要勇于坐在第一排，即使是在公交车上，只要第一排有空座，也要坐第一排。父亲告诉女儿：胆子要大一些，要敢于尝试，敢于争第一，不要怕这怕那的。

这种鼓励式的教育使小姑娘养成了一种很好的心态，遇到事情总是很有信心，总是竭尽全力去做。后来，小姑娘长大了，在工作、学习和生活中也总是牢记父亲的教导，用一种必胜的信念做每一件事，总是争取在“第一排”就座。

上大学期间，凭着顽强意志，本来要求五年学完的拉丁文课程，他竟在一年内就修完了，而且考试成绩非常优秀。不仅对待学习如此，在演讲、体育、音乐和参加社会活动等方面，她也表现突出。难怪她当年的校长回忆起她时说：“她无疑是我们学校建校以来最优秀的学生。她总是雄心勃勃，每件事都做得很出色。”

小姑娘毕业以后经常参加政治活动，经过努力，登上了英国首相的宝座，成为了英国第一位女首相。她是英国乃至世界政坛上的一颗闪烁的明星，她不是别人就是雄踞政坛11年、被人们称为“铁娘子”的玛格丽特·撒切尔夫人。

撒切尔夫人获得了非常成功的家庭教育。她的父亲从小就教育孩子树立一种积极的人生态度，不要畏首畏尾，要敢于走在人前；要有永远坐在第一排的勇气，做事要有争一流的决心。一位哲学家曾经说过，“你的态度就决定着你的高度”。确实是这样，你都不敢争一流，怎么可能做出一流的事。

其实，每个人都有巨大的潜能，但你这也不敢，那也害怕，不积极进取，无论你多么有能力都开发不出来，自然就影响着你的成功。所以，只有有了敢于争一流的精神，才能创造出一流的业绩。

一点通

每个人都有一个美丽的梦想，但有的人只是把它藏在心中，没有决心，也没有行动。因此，愿望再好，也只能是梦想。

要谦逊，更要自信

人固然要谦虚，但也不能不自信。如果自己都不相信自己，看不到自己的优势和长处，那么不管办什么事都会缺乏勇气。没有做事的勇气，就难下很大的决心，因此很难实现愿望。

世界名著《基督山伯爵》的作者，19世纪的法国作家大仲马，在他成名之前，生活一度穷困潦倒。有一次，他为了谋生只身来到巴黎，去找父亲的一位老朋友帮忙。

他请这位长辈帮他找份工作，这位长辈看了看他后，问道：“年轻人，你能做些什么呢？”

听人家这么一问，他的脸一下子就红了，便坦诚地回答说：“我没什么本领，真不知道自己能做什么。”

长辈又问道：“你精通数学吗？”大仲马摇了摇头说：“不，我不太懂。”

“那么，历史学、物理学和会计学呢？”长辈又问道。

“什么都知道得不多。”大仲马羞涩地说。

这时的他满脸通红，他知道自己差得太远了，真恨不得钻地缝里去。

沉寂了一会儿，大仲马开口了：“老伯，我真惭愧！我一定从现在起努力弥补缺陷，我一定交给你一份满意的答卷。”

长者看他开始自责，就赶忙用温和的语言劝慰他说：“年轻人，你现在要生活呀！你不要着急，在这张纸上写下你的名字和地址，我好随时与你联系！”说完，长者递给他一张白纸。

大仲马写完名字与地址后，就起身准备告辞。然而长辈却把他叫住了，然后指着那张白纸夸赞他说：“年轻人，你也有长处的，你看，你的字写得漂亮呀！”

大仲马愣住了，心想：我有什么长处呢？刚才那些问话，让自己多难堪呀！这名字写得好能算什么呢！

于是，长者鼓励大仲马说，字写得好就是长处，人们看到这么漂亮流利的字一定会产生好感的！他的一番分析给初进大城市的大仲马以信心，把他的希望点燃了，大仲马开始振作起来。经过一番刻苦努力之后，大仲马终于事业有成，成了著名的作家。

名字写得好，真不是一个多大的优点，但毕竟算得上是个优点。父亲的朋友看到大仲马极其自卑的时候，就抓住这看来微不足道的优点开导他，鼓励他，使大仲马对自己产生了信心。字写得好，再加以努力，文章就会写得好。这样，他终于自信地开始了自己的写作之路。

每个人的能力有大有小，但决不会一无是处。虽然人要有自知之明，不能狂妄，但也不要妄自菲薄，消极悲观。要善于发现自己的长处和优点，哪怕很小很不显眼。在这个基础上，树立信心，努力去发展，去发掘，去发现自己更大的优势，不断发挥自己的潜力，最后成就自己。

一点通

要善于发现自己的长处和优点，哪怕很小很不显眼。在这个基础上，树立信心，努力去发展，去发掘，去提高自己更大的优势，不断发挥自己的潜力，最后成就自己。

要抓住现在，把握当下

有的人很喜欢畅想，一谈起未来，通常有诸多设计与想法，这些想法听起来虽然是积极的，可惜的是这些好的想法只停留在畅想的阶段。然而当他们慢慢老去之后，又往往后悔自己曾失去了很多机遇，没有能像预想的那样有所成就。其实这里存在一个误区，我们固然要畅想未来，但在当下更要努力。因为现在的付出将为创造未来铺平道路。即使是年岁已老，错过了不少机遇，也不必过多地悔恨和慨叹。假如你主动应对，把握好现在，仍然会有所作为。这种事例在生活中屡见不鲜。

人们对肯德基快餐店并不陌生，那位白胡子老头山德士上校是该店的创始人。他那一身西装，满头白发及山羊胡子的形象，已成为肯德基这一全球知名品牌的标志。山德士的成功起始于他40岁在肯塔基州经营Corbin加油站工作时。他见一些来加油的司机常常饥肠辘辘，就产生了一个念头，为什么我不顺便做点方便食品，满足这些人的需要呢？他想到就做，于是每天做些日常饭菜，在加油站招揽顾客。

之后他做的炸鸡受到追捧，山德士就在加油站的对面开了家餐厅，而且生意火爆。

没料到在二战之后，他面临着停业危机。他的SandersCafe餐厅所在地要修高速公路，因而山德士不得不停止在此处营业。这时，他已66岁高龄，却并没有放弃这项事业。他到印第安州、俄亥俄州及肯塔基州各地，将炸鸡的配方及烹制方法卖给了愿意经营的餐厅。1952年在盐湖城，首家被授权经营的肯德基餐厅建立。令人惊讶的是短短五年间，这种炸鸡餐厅发展得很快，一时间竟开设了400多家连锁店，这便是世界上餐饮加盟特许经营的开始。很快，连锁店开到世界各国，美国炸鸡颇受欢迎，山德士竟成了一位快餐业的巨子。

山德士的创业经验是显而易见的，即要想到什么做什么，即使是在年老时遇到危机也不退缩，转身开辟新路。令人钦佩的是，他的巨大成功居然是花甲之年取得的。

中国有位叫王春华的老人也是这样，60岁退休时，由于失去了习以为常的工作，他感到很难过。再加上妻子去世，平日更是觉得孤独。他感觉生活没有了目标，不知该怎么活下去。

不过，这种消沉情绪很快就过去了，他想来日方长，必须振作起来，好好把握住现在，开创一番事业。他想到了，就马上行动起来。他从自己这种退休后的心态考虑，有许多老人一定也同样面临这种困惑，他觉得必须研究老年人的现状，尤其是要改变老年人感到无所适从的心理，于是提出了“要开创人生第二个春天”的理论（简称为“二春论”）。王春华去各地讲演，去各处考察写文章，去与老年人谈心，很快他的生活就充实起来了。在这之后的20年中，他真是成就卓著，出书20余本，发表文章近百万字，演讲多场，更重要的是他提出了“二春论”，将许多老年人的心态扭转过来，造福了千千万万的老年人，使他们在晚年拥有了有趣而充实的人生。王春华也因此而实现了自我价值，为老龄事业做出了贡献，成为了著名的老年学专家。

一位80岁的老人在把握了今天，改变了现在的状态之后，还能取得这样的成果，那么比他年轻得多的中年人、青年人就没有借口不把握现在了。能不能更加努力，使自己发展得更好一些呢？

本杰明·富兰克林说得好："有人下决心改变未来，却没下决心改变当下。"关键在于改变现在。毕竟现在是可以掌控的，而未来的很多因素却是无法预知的。如果对现在，你都没有决心和毅力去改变，未来则更加扑朔迷离，很可能是水中月，镜中花，所谓的"改变"难免成为空想。

一点通

赶紧行动起来，不要犹豫，把握好现在，努力改变现在！

要充分利用每一天

"明日复明日，明日何其多；我生待明日，万事成蹉跎。"这是古诗《明日歌》中的名句。它概括了生活中我们经常见到的一种现象。

有的人有美好的愿望，有很好的打算，然而却总推到明天才肯去实现。还有些人知道自己做得不好，总是下决心：明天我一定要改！结果是过了明天，又是明天，一天天地过去，没有任何行动。为何一定要拖到明日啊？归根到底是因为没有紧迫感，总觉得来日方长，明日很多，因此办事拖沓。在这种状态下，这些人的日子慢慢地过着，事业没有发展，工作也没有多大的起色。

据说，外国有家机构曾对60岁以上的老人做过一个有趣的调查，问题是：你最后悔的是什么？并且列出了若干易让人后悔的事供被调查者选择。最后的结果是，有72%的人最后悔的是年轻时没有努力，致使事业没有成功。

这一调查正好证明了《明日歌》所说的情况，由于青年时并无这种先知，而且觉得所剩时日很多，因此没有珍惜这实际上很有限的时间。

说到这里，一个故事跃进我的脑海。它告诉我们，在不同的精神状态下人究竟有多大的潜力。

一个40多岁的中年人到医院检查身体，被医生告知患了不治之症，生命只剩3年时间了。这个中年人是一位十分乐观且坚强的人，坏消息并没有击倒他。他想：好在还有3年！我一定要过好这最后的3年，让这最后的时间过得比以前更充实、更有意义。之后他将自己3年的生活做了安排，他要在3年中出一本书，创办一家公司，搞一项发明，游览30处名山，到50个城市去走走等，计划共要完成10项工作。这位中年人明白留给自己的时间不多了，所以说干就干，按照倒计时的办法督促自己。过了2年零8个月，他的10个愿望全部实现了。这时，他再次到医院进行了体检，却有了一个戏剧性的结果，原来当年医生是错了病案，他并没有患什么绝症。

可以设想，假如他当时没有被误诊，没有生命只有3年的这段时间，他就不可能这样抓紧工作，也不会实现如此多的目标。因为他肯定会觉得自己刚刚40多岁，来日方长，不需要这么急迫。可见，一个人有没有紧迫感，对他工作的完成、将来的进步起到不可估量的作用。

每个人的生命都是有限的，即使你现在很年轻，将来的时光也总是短暂的。所以，如何在这有限的生命中，不碌碌无为，不虚度年华，生活得有滋有味，做出更多的成就，确实是每个人应当思考的。

一点通

确立明确的目标，用积极的态度去努力，不等待、不彷徨，牢牢地把握每一分每一秒，你就会每天都有收获，每天都在前进，就会成就实际而丰富的人生。

关于寻找奶酪的四个人物

前几年，美国作家斯宾塞·约翰逊写的《谁动了我的奶酪》非常畅销，上市后人们纷纷抢阅。一时间，这本书销量巨大，而且连书名也被人们当做经典话语，常常引用。其实，这只是一本小册子，文字不多，讲的是一个饱含寓意的故事。但它的寓意深刻，读者可以从不同的角度得到启示，因而很受欢迎。

故事杜撰了四个不存在的主人公：两个小老鼠嗅嗅和匆匆、两个小矮人哼哼和唧唧，他们代表着不同的方面。嗅嗅感觉敏锐，可以立刻辨别出各种气味；匆匆能够迅速地开始行动；哼哼比较保守，害怕变化；唧唧能调整自身去适应变化的情况。故事讲的就是这四个主人公在一个迷宫中寻找奶酪以及适应变化的情况。

从前，在一个遥远的地方住着四个小家伙，他们每天在一座结构复杂的迷宫中忙忙碌碌，寻找着"奶酪"。嗅嗅和匆匆运用简单的反复尝试的方式在C处发现了奶酪，而哼哼与唧唧运用思考的复杂方法也即刻到了C处发现了奶酪。C站让他们都惊呆了：各式各样的奶酪堆积如山！于是，他们天天都来到这里，享受来之不易的鲜美食品。他们感到拥有了奶酪，就是拥有了幸福。

嗅嗅和匆匆每天来得很早，他们总是到处走一走，闻一闻；一些日子后，他们发现奶酪好像在不断地减少。而哼哼与唧唧却每天都沉浸在坐享许多奶酪的兴奋中，他们没有察觉到正在发生的变化。

一天，嗅嗅和匆匆又来到了C站，他们发现奶酪不见了。嗅嗅闻了闻后，朝匆匆点了点头，然后他们就毫不犹豫地到别的地方寻找新的奶酪了。

哼哼和唧唧照例哼着小曲，慢吞吞地来到C站，他们意外地发觉奶酪不见了。因为毫无准备，于是两人大喊大叫起来："怎么？竟然没有了奶酪！"接着他们气愤地骂道："谁将我的奶酪拿走了？"

对这样的现实他们无法接受，他们认为拥有奶酪是自己的权利，没有人事先警告过、提醒过他们奶酪就要不见了，这太不公平了！他们幻想着奶酪还会再出现，因而天天到这个地方，哼哼唧唧，犹豫不决。就在他们不停地抱怨时，嗅嗅和匆匆早已找到了新的奶酪。

哼哼仍在天天发牢骚，每天愤愤不平；唧唧觉得这样不是办法，毫无作用，他如果再不改变就会被淘汰。他竭力劝说哼哼去别处寻找，但毫无结果。于是，唧唧走出了C站，开始寻找新的奶酪，为了照顾哼哼，他还一路在墙上留下了标记。

一番努力后，唧唧终于找到了N站，那里更多的奶酪让他惊讶不已。当他进到里面时，才发现被他们认为智力低下的嗅嗅和匆匆已然在那儿享受新的奶酪了。

事实上，这个故事寓意很深，用"奶酪"比喻我们现实生活中所追求的一种目标。它可以是一种工作，一种人际关系，也可以是金钱等物质财富，甚至还可以看做一种精神上的追求。对故事中的寓意当然是仁者见仁，智者见智，可以从多个方面进行阐释和理解。就总体而言，这则故事是想向我们说明变化总是在不断地发生，总会有人在不断地拿走你的奶酪。正确的方式是提早发现问题，随时做好奶酪被拿走的准备，快速适应新变化，随着情况而改变自己的决策。只有尝试着冒险，敢于放弃旧的奶酪，你才能尽早享用到新的奶酪。相反，不适应变化，只是抱怨，只是守候，这些对现状起不到任何作用。

世界是变化的，社会是发展的，因而我们不能永远守候落后事物，而应该主动地适应这种变化，不停地进步，不断地创新，不断地前进。谁有这种主动创新的积极态度，谁就能不断地排除困难，不断地找到奶酪，获得成功。

一点通

假如一个人态度积极，就不会只停留在已有的条件或成绩上，而是不停地开拓，不停地创造。

问问自己，你真的尽力了吗？

许多人遭受挫折时，只是叹气，问他的情况，他也总是满面愁容地说："真没办法，我已经竭尽全力了！"这样看来，真是被逼到绝路，不可挽回了。

其实，很多事情并非如此。你要问问自己：果真任何办法都用过了？真是一点解决的希望也没有了？自己真的倾尽全力付出了？有时只要换一个人，会就想出办法，从而出现“柳暗花明又一村”的情况。

就拿贷款来说，这是做生意的人经常要遇到的事，而且通常不那么容易成功，需要多下工夫。有的人按照公司老板的指派，负责办理贷款的工作。他只会跟着程序走，先提出申请，然后办理相关的手续。回来后，打一两次电话催问一下。当申请未取得成功时，他就抱怨自己没有银行的熟人，没有关系，称自己已经尽力了等等。

同样是贷款，当年士光敏夫的做法就大不相同。

二战后，他接手日本的东芝公司，这时公司极缺资金，他只好向银行申请贷款。日本战后经济不振、资金紧缺，所以银行负责贷款的部长对他十分冷淡。

士光敏夫知道要想筹到贷款绝非易事，他做好了打持久战的准备。他找到那位负责贷款的部长，详尽地叙述了当下的处境，讲了贷款后会产生的效果，而且软磨硬泡。他时而如演讲一般，时而又似辩论，即使部长不再理他，他也安静地待在那儿老实守候。就这样，一直磨到了下午的下班时间。当他看到部长整理好文件准备下班时，赶忙从带来的提包中取出两盒盒饭，对部长说：“我知道您很忙，很辛苦，所以特备了盒饭，请您再花点时间与我谈谈，委屈您啦！在您的帮助下使我们公司好转后，将来一定对您感激不尽。”一席话，使得部长哭笑不得。看到他这样执著而坚毅，部长同意给他一些贷款。

这么一比较，就可以看出谁真正竭尽了全力。

另外一件事的道理也与上述故事相通。

稻胜和夫是日本京都陶瓷公司的创始人，通过努力，他得到了松下公司的一笔大订单。但是松下公司的条件非常苛刻，不但对产品质量要求高，而且还要求降低价格。京都陶瓷公司的很多人，对松下方面很失望。他们感觉已然无计可施，成本无法再降低了。如果真按松下的价格出货，根本赚不到钱，不如干脆放弃。

这时，稻胜和夫却不这么看。他想对方虽然苛刻，但我方尚在挖潜上，并没有用上全部精力，一定要想出办法降低成本。于是，他创立了一种“变形虫经营”的新管理模式，把全公司分成了若干个“变形虫”小组，把降低成本的责任落实到每一个底层员工的头上。就这样，人人都为降低成本献计出力，终于再度降低了成本，完成了生产任务，并且创造了很多的利润。

可见，在大家都认为再无办法的情况下，有的人仍然能想出办法，挖掘潜力。

工作和生活中，困难肯定是有的，我们不要随便地提到无计可施，已经竭尽了全力。还可能是陷于原有的思维定势之中，没有能解放出来的缘故。谁知道呢，总之问问自己，就知你尽力了没有。

一点通

我们应该是生活的乐观者，应该想想可不可以再从别的方面挖掘出潜能。问题再多，方法也总比问题多。并非用光了所有力量，而很可能是我们在某些方面还没有用力。

16 自我激励篇

第一章　激励自我积极进取

积极心态需从小培养

培养积极之心，在生命中十分关键。所谓积极之心，包括所有“正面”的特质，例如自信、充满希望、慷慨、乐观、豁达、机敏及丰富的常识。对人生态度积极的人，必有远大的目标并会为此而不懈努力。

有些人虽然有积极的心，但是一碰到困难就不知所措，就像“约翰·格列尔”，它是一匹经过良好训练，血统纯正，唯一能够与跑道上的常胜军“战士”匹敌的赛马。

> 两匹马上场较劲。起初它们在速度上不分上下，距离终点愈来愈近，约翰·格列尔铆足全力，慢慢超前。“战士”的骑师当机立断，扬起马鞭，重重地鞭打在“战士”的屁股上，“战士”像屁股着了火一般，奋力向前冲去，迎头赶上，约翰·格列尔因而被赶超，第二个到达终点。
>
> 原本斗志昂扬、胜券在握的约翰·格列尔遭到挫败。这次失败对它的打击很大，以致难以再恢复信心，它在其后的比赛中，表现每况愈下，无法再创佳绩。

很多美国人的情形和这个故事类似。1920年，经济蓬勃发展，很多人一夜暴富，却都在1993年经济大萧条时遭到挫败而一蹶不振。他们的心态由乐观转向悲观，从此不再尝试，就像约翰·格列尔一样，只敢想当年……

有些人一直拥有一颗积极之心；而绝大多数的人则虎头蛇尾，不会运用这股巨大的力量。

一点通

积极的心能够通过学习获得吗？根据我们多年的经验，答案是绝对肯定的。

积极之心必然能引导事业成功

本来，人的意识（尤其是潜在意识）并非很快就能实现转变。虽然有人告诉你“相信比较好，这样就可以得救”，可是一般人是不会马上就轻易相信的；又有人说：“进入这个宗教的门，就可以得救。”但也有不少人说“可是事实上许多人并不能得救吧”或“至少像我这样就不可以”等。如果有人敢大声地说“立刻可以得救”，我认为那只会遭到驳斥！

所谓能够打消这种不安或疑问的东西，到底是什么呢？能够消除一种程度信仰控制的人他那种“也许……”或“还是……”的心情，又是什么东西呢？

那就是内心讲给自己的话，也就是自我暗示，即每当自己感到恐惧不安时，都可以自己给自己打气，那时只要你能够说“一定可以做到”或是“自己因为与万能的力量有连带关系所以……”心中的不安就会消失。当心中产生疑问时，只要每天多去设法改变几次就可以了。

万一你有机会可以安静地待上一会儿，就把心情稳定下来，自己说给自己听吧！说：“自己是和无限的供给连在一起了。”

如果是基督徒，你可以说“神是万能的，一切皆有可能”或“神会给我指示的”。反正每天按照需要，多重复几次自我暗示，像这样把自己和潜意识连在一起是很有效果的。

也有别的方法，就是把自己追捧的、鼓舞人心的话抄下来，放在透明夹中，或者写在备忘录上，有空多看一看，这样就可以赶走“恶魔的私语”。

还有“你真不行”或是“有本事做给我瞧瞧”这些压抑的话，更有“我当然无法做到”或“我的疾病这样严重……”这种由内心产生的不安或疑问，这些都比外部压力的消极作用更大。因此，白天没有其他意念时，每当消极念头闪过，若能不断地说“不，我一定可以做到”或“我和无限的供给连在一起”，就能通过思考获得改变。

正确的思考或信仰的本质用一句话来概括是“积极的心”，所以对相信它的人来说，所需要的能力是会从内部一直涌出来的，绝不会向任何东西屈服。例如现在的一切看起来都很黑暗，可是光明总会来临，肯定有好转的机会，只是时机不成熟罢了。我们必须好好了解这种经过，并继续拥有正确的态度，不要担心黑暗，应看到光明的一侧，以及看见光明的将来，再次确认自己和万能大生命的源泉连在一起。每天一次或者每天重复几次，静静地想念，集中精神地想念，如果认为小声说话可以让自己听到的想念法比较好，也可以悄悄地持续念下去，反正这样做下去，事态早晚会好转的；事态未好转之前，应该坚持每天都念下去！不，即使事情好转时，也应该不要偷懒，继续地想念下去。

一点通

每当消极念头闪过，若能不断地说“不，我一定可以做到”或“我和无限的供给连在一起”，定能通过思考获得改变。

强者偏爱逆境给自己的眷顾

“你如果是贫穷的，你是幸福的；毕竟神陪伴着你们。”（路加福音）

“为自己的错悲伤的人有福了，他们由此必获得安慰。”（马太福音）

这是《圣经》里的话。只有贫穷的人，才知道神眷顾着他们；只有经过悲伤的人，才会成长。

十九世纪，英国诗人奥斯卡·怀路在监狱服刑期间写过：

“有悲伤的地方，才有圣地，相信社会中的每一个人迟早都会明白这一点的，还未了解这一点之前，可以说是他还不了解人生吧！”

也就是说，突破眼前的悲伤或痛苦之后，才可以摆脱当前的苦难。

著有《睡着成功》这本书的美国牧师马非先生也曾说过:“一切的灾祸中,一定包含着幸运的种子。”下面就是他写的一段文字:

“坐在幸福的椅垫上,人会睡着;在被奴隶、被压迫而身心痛苦时,人才会得到学习一些事物、道理的机会。”换句话说,先得到幸福的,之后往往会遭遇不测。中国伟大的哲学家老子也曾说过“祸兮!福之所倚;福兮!祸之所伏”的至理名言。

简单地说,已经得到第一名的人,不会遇到比获得第一名更幸运的事,对他而言,顶多只能继续保持第一名而已,而且随时都有可能降到第二名或第三名;相对的,获得倒数第一的人,对他来说最坏的结果也只是最后一名而已,但却有进步为倒数第二、第三名的可能,困难反而会激励他们向前,而且可以激励他们一直成长与进步。所以一开始,我们就引用“圣经”上的话:“一切穷苦的人,你们是幸福的。”在这段文字之后,圣经上也写着:“那些幸福的人迟早会遭难,因为他们已经享受不了安慰。”

这里所指的贫穷或富裕自然不是针对经济物质,而是失败和成功、堕落和成长,即一般人常说的“顺境与逆境”。这些话,都是需要我们认真琢磨与领悟的。的确,如果一粒麦子不落地死亡,就不可能再长出更多麦子。越是经历了越激烈的痛苦,在精神、人格上,就越会早成熟、早进步。

因此,当我们身处逆境时的,不要畏惧退缩,心中只要牢牢记住一件事:不要拘泥于堕落,不要被逆境所吞噬。纵使你所面临的是前所未有的激烈痛苦,也不能因此消沉堕落。要知道如果沉溺在自怜自哀之中,将会更快地因为这一次的堕落而失去一切,永不得翻身。我们应当高兴,困难的到来正是我们考验自己的最佳良机;相信走出困难的深渊,一条坦荡的康庄大道将展现在你的面前。牛顿说过:“能够成功的人,只不过比别人多坚持了五分钟。”我们对此应深信不疑。

一点通

当我们身处逆境时,不要畏惧退缩,心中只要牢牢记住一件事:不要拘泥于堕落,不要被逆境所吞噬,纵使你所面临的是前所未有的激烈的痛苦。

消极的信念是厄运的始作俑者

信念就是力量,所以,我们应该加倍留意使用的方式。

有句话说“因果报应”,可见人一般都会跟着想法走,产生所想的结果。在田里播下好种子,能够获得丰收;可是坏的种子只能收获一点点。心也是如此,抱着不好的信念时,当然就不会有好的作为。常有人这么想:“我没钱,因而不能成功。”这虽有一半是事实,但是如果经常抱着这种想法,结果就会真的按照这种贫穷的处境过完一生,而且一辈子都得不到成功的眷恋。

不只如此,从许多事实来看,如果一整天不停地反复想念时,这些想念无论是什么都会唤起很大的作用。如果是好的想念,就会产生好的结果;如果是坏的想念,就会发生更坏更出乎意料的后果。

这就是一直被认为“贫穷无法成功”的道理,这样想永远不会摆脱贫穷,反而会助其堕落,同时厄运会陆续地到来,最后导致一个人一蹶不振。相反地,如果处在贫穷的环境中能经常在自己心中说:“我必然要变富给你们看看。”如此把自己的心向着光明的一面,虽然不能立刻成为富翁,可是运势会越来越好转,最终实现心愿,变成自己渴望的模样。如果能够维持明朗的心境,自己的运势就可以由自己随意操纵。

不只用说话,在潜意识里如果反复思考也会产生效果。例如,有肠胃病的人,在潜意识中因为自己的胃肠不好而感到苦恼。即使平常自己不这样想,可是潜意识里是知道自己不好的地方,所以经常处于害怕之中,自然而然地,胃就变成他所害怕的那样了。喝牛奶会拉痢疾的人,同样也是由于自己有这种潜在意识的缘故，这些人并非一开始胃肠机能就不好，只因为自己曾喝过牛奶而导致拉肚子才会害怕，因而变得如此。

人生由于贫穷而内心变得苦楚，认为自己无法成功，都是因为曾经被贫穷打倒过，为这种经历感到害怕，而使得这种情况在意识层面产生了影响，进而造成自己的贫穷。

一点通

想要脱离不好的潜在意识是很困难的，但一旦知道问题所在就能脱离了。

让信念支撑自己的努力

当我们想要使某件事变成你想的那样时，常会想通过许愿来实现愿望，也会为了强化想念的力量而采取冥想的手段。但是有些人却认为祈祷和许愿根本起不到什么作用，所以，我们就会义无反顾地琢磨祈祷和冥想真的没有效果吗？

的确，冥想实行不当就无效，有时还会造成截然相反的局面。因为没有相当修行的人实行冥想时，在无意识中常会允许这样的想法闪过脑海：“我很软弱，而现实是残酷的。看样子我是无法建立自己的家，不管什么事都做不成了。”诸如此类的疑心或不安感，在冥想中是一定会出现的。这样的话，反而会在潜意识里播下不好的种子，冥想也会因此失败。

祈祷和冥想应该稍有不同，既然要祈祷就应该在一定程度上坚信祈祷可以成功；祈祷时专心地祈求某件事，就不会有疑神疑鬼的念头。假如祈祷没有应验，效果就会等于零，绝不会有负效果产生。

对祈祷和冥想起到支撑作用的是信念。没有信念时，祈祷和冥想都不会有效果。如果能拥有信念，祈祷的效果就会是十倍、二十倍，甚至百倍、千倍地增长。因而，信念达不到的人千万不要轻易冥想，等到信念的能量积聚到一定程度时，再开始想念。

即使是信念不够或信念薄弱的人，也能够“想”。这种人不必使用许愿或冥想的方法，只要在一天之中对自己所希望的事反复思考几次就足够了。

例如，“我多么想变成一个富翁。”这样反复地想，就和积少成多的道理一样，会慢慢地产生效果来。当然，为了能够实现，必须尽自己最大的努力。

一点通

当我们想要使某件事变成那样时，常会想通过许愿来实现愿望，也会为了强化想念的力量而采取冥想的手段。

要跳出失意的泥潭

有的人容易暴露在孤独之下，简言之，这是容易变得孤僻的一种案例。

顽固者、刚愎自用者、反抗者、乱发脾气者以及对现实不满的，喜欢斤斤计较的、过于精打细算的、搬弄是非的、太柔弱的人，都是容易遭受孤独危害的人群。

离开集团，或加入一个新的集团，自己想法太悲观、太容易羡慕别人、失去自信或被人抛弃的时候，也容易被孤独盯上。

此外，孤独的生活还会透露出人们心里深藏的呼唤。正是因为我们有不能离开群体独自生活的弱点，所以我们才称赞那些能忍耐孤独的人，并且将他们当做英雄。

数年前理查·巴哈的《天地一沙鸥》这本书热销一时，人们争相阅读。

这本小说的主角海鸥约纳珊是群体之中的异端者。它想飞得更远更高,没有同伴,他要到没有其他海鸥飞到过的地方去“探险”。我们看这本书时,也和约纳珊变成一体,向孤寂的天空独自飞去。

以上这些人说不定在家庭生活、工作情境以及在群体活动或者和爱人的谈话之中,充满了凄苦的、不想体验到的孤独。其实,我们也需要享受孤独。“让我一个人静静”“希望有自己的时间”或是“想要浸在孤独之中”这些内心感受都是渴望孤独的表现。这种场合的孤独,毋宁说是希望得到的孤独。

这是所谓“孤独”不能忽略的十分有价值的一面。想完成某件事情的人一定要有“孤独”的做伴。世界上有很多必须耐得住“寂寞”才能有所成就的事业。

最极端的例子就是“艺术”。很多艺术家都是在孤独中创作出伟大的艺术作品的,无怪乎歌德说:“文学是孤独的儿子。”为了完成伟大的艺术创作,孤独的时间,孤独的环境十分重要,幸运女神将给予那些能忍耐孤独的人以重奖。

一点通

利用好孤独还能帮助我们成就事业。

学会保持乐观

在人们的一生当中,尽管有各种困难纠缠着我们,但是只要拥有一颗乐观向上的心,就可以更加坚强的成长。很多现实中的事例充分证明了乐观给人们带来了很多益处。事实上,精神上的动力和能量是生存不息的根本和关键,精神状态能够影响整个体系的协调和运作。通常情况下,愉悦的精神心态不但可以使人摆脱痛苦,而且能够增强生命力,它是人类自强不息、世代繁衍的动力所在。

泰雷·兰德说:“我发现保持微笑可以延长生命。”有一个词语叫“心宽体胖”,说的也是这个道理。如果每个人都知道微笑能够保持年轻并且延长生命的道理,那么所有悲伤和无奈的消极神情都将从所有人的面庞消失,永远觅不到踪影,这样,成千上万的人就不会再面临失业的危险了。在这个日益发展和竞争激烈的社会中,微笑产生的力量是其他任何事物都不能替代的。微笑的本质就是使我们身体中各个器官都协调和健康运作,同时让我们拥有快乐和开心的感受,与我们做很多自己喜爱的事情时的内心感受相同,不仅令人难忘,而且令人神往。微笑能够使我们拥有明亮的双眸、进取的精神、宽容的心胸、顺畅的生活,甚至是强壮的体魄。总之就像上面所说的,它能够使身体各部分协调而高效地运作起来,使整个人变得精神抖擞。其实,身体各部分达到的平衡和协调状态是很容易被破坏掉的,听到坏消息后失眠或者悲伤、着急都会让身体感到不舒服。只有时刻保持微笑,促进心灵健康才能使失去平衡的身体逐渐恢复过来。其实,保持愉悦的心态比任何药物、机械治疗都管用百倍。

今天产生的烦恼就在今天忘记,万不可将它留到第二天、下星期或者明年去。将所有的不愉快尽快忘掉,不要总是愁眉苦脸。有的人总是与一些生活小事纠缠不清,一味地抱怨命运的不公,任何烦恼都能够令他们喋喋不休。为什么他们不学着开心乐观一点呢?当我们乐观地看待身边的人和事时,就能够发现诸多美妙的事物。通常情况下,从消极和悲观的角度转变成积极和乐观的角度看问题时,能获得意想不到的收获。一位现代作家说:“人们不要总是埋怨当下,应该快乐地生活下去。发掘生命中的幸福与快乐是上帝赋予我们的人生使命,那些快乐是人们不断渴望和追求的东西。只要耐心寻找,快乐可以在任何事情中被发现;只要有了快乐,所有烦恼皆除,被抛到九霄云外。懂得快乐的价值和意义的人总是能够面带微笑地等待下一次曙光乍现的时刻。遇到任何事情,都不要忘记时刻保持微笑。假如你可以真正做到这些,即使生活再忙碌,也能够自得其乐;即使命运再坎坷,也能够勇往直前。"

一点通 保持乐观和愉悦的心态能够使病入膏肓的人获得活下去的动力,也能够使身体虚弱的人获得更大更长久生存的可能性。

第二章 激励自己实现自我超越

弗洛伊德的需求理论

自我超越在成功心理上被研究过很多次,无论是弗洛伊德的"本我、自我、超我"理论,还是马斯洛的人的需求层次理论,都对自我超越进行了与众不同的阐释,都可被看做是自我超越的理论基础。

奥地利著名心理学家弗洛伊德是人类精神分析的奠基人,他的一生对人类精神的探究作出了很大的贡献。他认为,人存在三种精神面貌,即:"本我""自我"和"超我"。"本我",是指人的一种本能的冲动,它不问时间、不看条件、不顾一切地满足自我需要。"本我"同本能相似,它是本能需求在人的心理上的表现,构成了人类心理活动的基础。人的诸多行为与活动,都是从本我出发的。显然,本我是非理性的、盲目的,它作为一种本能的冲动,完全不受理性的控制。"本我"一味追求自我满足,在与外界的交换中一定会遭遇各种磨难,最后导致失败。人们不能停留在"本我"的状态,必须运用理性,以适应外在环境并与人交往,弗洛伊德将这称之为"自我"。"自我"体现理性与常识,它具有时间观念、价值判断,可以帮助人们区别善恶、是非。弗洛伊德把本我与自我的关系比作马与骑手的关系,马是负重的、提供行动的力量,而骑手则掌握着马前进的速度及方向。我们知道,人是有精神追求的,既有道德的追求也有真善美的追求,人类总在不断追求高尚行为,所以弗洛伊德称之为"超我"。正如德国著名哲学家尼采所说:"知道'为何'活着的人,一定可以对所有'如何'包容。"人类的追求从"本我"到"自我",再从"自我"到"超我",就是不断超越自我的过程。

美国著名心理学家马斯洛认为,人的需求可划分为5个层次。1970年,马斯洛去世后,他的学生根据他的观点,又增加了"天人合一""求知""求美"等,从而形成人的八个需求层次(如下图)。

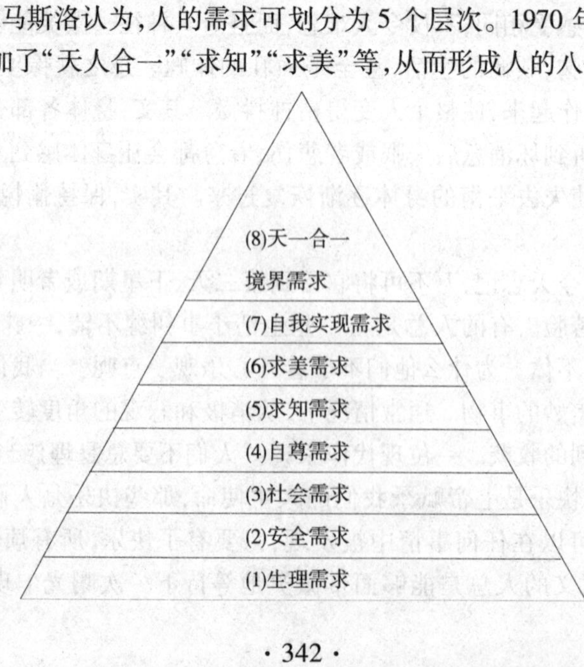

人的八个需求层次是：

1. 生理需求

这是人体的基本需求，如吃饭、休息、性生活等，当所有的需求都未得到满足时，生理上的需求重于一切，也压倒一切。马斯洛说过，一个缺少食物、安全、爱情和尊重的人，他需要食物以解决饥饿远比其他任何需求更重要。

2. 安全需求

当生理上的需求得到满足之后，安全就成了重要的需求。它包括防止肉体受到伤害、躲避灾难、摆脱疾病和避免意外等。

3. 社会需求

包含亲情、爱情、友情等许多方面的需求。如希望与伙伴保持良好的关系，得到友谊，进行社会交往，能够快速融入一个社会集体，获得某一个集体的承认，使自己有归属感等。这一层次的需求与人的社会本质紧密相关，是脱离前两个物质层次需求和向高一层次需求发展的起点，不满足这一层次的需求，可能影响人的精神上的健康。

4. 自尊需求

这种需求分为两种：一种是自我尊重，即自尊心的需求——希望在所处的情境中获得成功，能胜任工作和有信心完成工作；另一种是获得别人实际尊重的需求，即受到他人的关爱、重视、欣赏及积极评价，这种需求得到满足后将会带来自信和声誉。这些需求一旦受挫，就会让人失去自信，变得颓废。

5. 求知需求

人有学习的需求，有一种求知精神，这是人类的一种崇高需求，是人类社会进步的“推进器”。

6. 求美需求

无论大人或小孩都有一种追求美的心态，都渴望美。

7. 自我实现需求

这是一种高级需求，马斯洛把这一需求解释为一种愿望，即要求自己越来越成为自己所要做的人，成为可以不断完善自我的优秀人才。

8. 天人合一境界需求

天人合一，自觉遵守自然的规律和变化。人生活在大地上，一切事物都有其变化规律；人作为宇宙的精华，应把大自然当做自己的朋友，不做违背大自然规律的事。

弗洛伊德的“本我”“自我”和“超我”理论和马斯洛的需求层次理论，可以说是超越自我理论的基石。自我超越，就是以人的精神成长为发展方向，把个人能力的提高当做基石，不断学习，不断挑战自己，从而提高人的生命价值和生命质量，让明天的我比今天的我做得更好。

一点通

老子在《道德经》一书中说：“胜人者有力，自胜者强。”大意是，能够打败他人是力量的体现，能够战胜自己超越自我的人才更强大。

从“结构性冲突”的模式中学会自我超越

“超越”一词本身具有超出、超过、领先的意思。在这里，自我超越就是突破自我，不断挑战成长的障碍，甚至突破个人成长的极限，以完成实现自我的目的。敢于向自己挑战，就可以最终拥抱成功；害怕挑战，就会进入失败状态。自我超越，就是唤醒人们内心深处敢于创造的勇气和决心。人生的各个方面都需要自我挑战、自我超越，无论是自我成长、专业技能的提升还是生活质量方面的提升。

美国学者彼得·圣吉在《第五项修炼》一书中指出：自我超越的行为可用四个部分来概括其结构，即：愿景、你目前的现况、情绪力量以及创造力。它们相互之间的关系，是影响自我超越行为的关键。这是一个许多方面互相冲突的模式，这种系统称为“结构性冲突”（如下图）。

图中表示有两种力制约人的行动：F_2 创造性张力（称为前拉力），受愿景的驱动，产生一种内心的热情和前进的冲动。F_1 情绪张力（称为后拉力），产生无力感，认为自己不合格，无法实现潜意识中的目标。人要想自我超越，必须 F_2 创造性张力 $>F_1$ 情绪张力，也就是要利用结构性冲突来“操纵”自己，战胜无力感，去追求想要的东西。例如，一个人现在身体状况不好，为了提高自己的身体素质（愿景），下决心每天早晨起来跑步锻炼（创造性张力）。可是，第二天早晨起床要去跑步时，又想明天再去吧（情绪张力）。只有使用现实与梦想之间的距离来产生创造性能量，强化创造性张力，我们才能战胜情绪张力，去进行体育锻炼最终超越自我。创造性张力，是实现自我超越的关键要素。

高度具备自我超越的人共同的特征是：第一，他们把实现愿望当做一种责任与使命。人生一旦有了使命感和责任感，就会有一种顽强向上的拼搏精神，去追求自己想要的东西；第二，他们下定决心对目前的状况进行改变。他们对自己目前的状况看得特别清楚，对自己的现状非常不满，下决心要改变它；第三，他们永远处于一种学习状态。因为自我超越并非是人所皆有的一种能力，它是一个不断创造的过程，是一次终身学习的修炼。自我超越在于突破价值追求，放大生命的能量，它是人生成长的动力源。一个有理想有追求的人，一定是一个不断自我超越的人。

一点通 自我超越，就是不断战胜自己。有较高层次自我需求的人，对自己行为的结构性冲突看得特别清楚。他们不断强化愿景，对内心想要的东西无比渴望，自然地战胜情绪张力。

有理想者一定是不断自我超越者

古今中外，成功的人各有特色，成功者的类型也多种多样。笔者认为，如果要对成功者进行分类，大致可以分为以下六类：

1. 综合素质型

他们综合素质比较高，是“通才”“复合型人才”，因而取得了骄人的成果。例如，我国航天员杨利伟成功地飞上太空；著名导演张艺谋成功地对奥运会开闭幕式进行导演与整体策划；我国女排教练袁伟民不仅锻造了女排顽强坚韧的品质，而且在担任国家体委主任期间做出了突出的成绩等等。

2. 立志创业型

他们没有任何凭借，完全是在了解社会需求的基础上进行创业，并使企业由小变大。例如，美国比尔·盖茨创立制造电脑的微软公司；美国苹果组建硬软件兼营的公司；日本松下幸之助创立制造电器的松下公司；日本本田一郎创立制造摩托车的本田公司；香港李嘉诚从生产塑料到投资房地产；香港包玉刚创立航运公司；台湾王永庆创立台塑集团等等。

3. 研究创新型

他们主要靠研究发明一种技术或一种产品为社会做出贡献。例如，美国领导曼哈顿工程（制造原子弹）的科学家奥本·海默，第一次成功研制出了原子弹；我国著名科学家钱学森、钱三强领导我国制造“两弹一星”；大发明家爱迪生发明了电灯、电影摄影机、留声机等两万多种物品；美国科学家富兰克林在认真对电进行研究与应用后，发明了避雷针、新式火炉等；美国发明家莱特兄弟发明了飞机，是第一架飞上蓝天的飞机的研发者；英国发明家瓦特发明双动式蒸汽机、测距器和透射制图机等；意大利物理学家、天文学家伽利略发明望远镜，并用它观察太空，首次找到许多不为人知的星球以及太阳黑子；英国科学家法拉第通过对电磁的研究和运用，发明了发电机和电动机；法国物理学家居里夫人研究发现了放射性现象，先后发现了钋和镭两种天然放射元素等等。

4. 专家学者型

他们学有专长，凭借一项发明或研究而成功。例如，美籍华人科学家杨振宁、李政道，因在物理学上的研究而获得诺贝尔奖；我国地质力学创始人李四光，为我国今后勘探石油奠定了基石；我国人口学家马寅初，在研究我国人口结构方面成绩斐然；我国著名数学家华罗庚、陈景润，在数学研究上取得了突出成就等等。

5. 杰出特长型

他们靠某项特长而成为某行业的佼佼者。例如，美国篮坛飞人乔丹；巴西球王贝利；我国球星姚明；电影演员成龙、李连杰；我国著名画家齐白石、徐悲鸿；我国有名的作家鲁迅、郭沫若等。

6. 专一持久型

他们为了一个目标，付出所有，通过几年、十几年的不懈奋斗，最终成功。无论是文学上的鸿篇巨制，还是科学上的巨大发现，无一不是作者与发明者的血汗和毅力的结晶。例如，曹雪芹写《红楼梦》花了10年；王祯写《农书》花了15年；司马迁写《史记》花了18年；司马光写《资治通鉴》花了19年；哈维写《心血运动论》花了26年；李时珍写《本草纲目》花了27年；达尔文写《物种起源》花了20年；哥白尼写《天体运行论》花费了将近30年时间；马克思写《资本论》花了40年；歌德写《浮士德》花了60年等。

上述这六类成功者（如细分，还可以分出更多的类型，且有的成功人士并不属于任何类型，而是几种类型的综合），不管属于哪种类型，他们最本质的特征都是完全相同的，那就是：树立一个目标，不断地学习、积累，不断地探索，最终迈进成功的殿堂，取得成功。这是人生不断自我超越的结果。人要想成功，就应该地保持一种乐观向上的心态，心中燃烧着一团火，时刻充满一种强烈的愿望。成功者的背后，一定有一种精神，有一股强大的力量。人类最大的敌人并非他人，而是自我。而要战胜自我的首要条件就是超越自我，只有唤醒沉睡于自我灵魂深处的巨人，才能让我们顺利抵达成功的彼岸。

一点通

哪里有超乎寻常的追求，哪里就有丰硕的成果。只要能不断地自我超越，就一定会成为领跑者。

要学会突破前进的“瓶颈”

人生的自我超越是多方面的，包括学习方面、生活方面、工作方面以及心理方面、性格方面等，但超越核心在于对瓶颈的突破。所谓瓶颈，就是影响你发展的主要环节的障碍，是你迈向一个新台阶的突破口。不突破这个瓶颈，你也许会束缚于这个障碍，停滞不前，人生难以有大的发展。

人在成长中遇到的障碍一般有两种：一种是外显的，即外在障碍，如家庭的贫困、疾病的折磨、生意场上的挫折等；另一种是内隐的，也就是自我规定的心理障碍，如“我不行”“我没有能力”“我没有本事”等。应该说，突破这两种障碍绝非易事，但相对来说，突破第二种障碍显得更加困难。因为第二种障碍是心理上的，看不见、摸不着，个人很难觉察；同时，每个人都思维惯性，一旦形成一种固定的思维模式，要想改变就很难。人的心理障碍，如自我堕落、自我批评、墨守成规、害怕困难、恐惧失败等，这些都是想自我超越的人所必须克服的。一个人如果没有精神的苏醒，心理转变是不可能的。一个人在改变自己的观念、思维模式之前，首先必须反省自己，改变对自己的看法。正如美国学者詹姆斯·法迪曼博士所说：“当我们在实现人生目标的路上碰到困难时，往往不是因为我们需要学习一门新的技术，而是由于我们被心理障碍所束缚。除非我们突破这种障碍，否则世界上所有的好意见、好办法，都不能让我们摆脱困境，实现自己的目标。”

人生成长最关键的时候，要从突破心理障碍开始。因此，我们要时时刻刻反省自己：“当前，我前进中的主要障碍是什么？”“我内心深处的致命敌人是谁？”“今后，我应该怎么办？”“目前我面临的最大困难是什么？是物质上的，能力上的，还是精神上的？我有什么方法可以克服它？我要采取什么具体措施？”这些问题想明白了、想清楚了，前进的方向就明确了。找到了成功的感觉，也就激起了渴望成功的动力和欲望，消除了前进中的无力感。要想战胜心理障碍，就要运用内心的力量。人的内心有重要作用，有巨大的神奇力量，如思考的力量、信仰的力量、选择的力量、专注的力量、想象的力量、爱的力量、给予的力量、学习的力量等。人的一生中有形的东西是有限的，而无形的东西却都无限。我们只要使用能量巨大的心灵力量就可以创造出巨大的物质能量。

一点通

成功者找方法，失败者找借口。人的一生就是不断思考的一生。人生要想成长和发展，就必须发自内心地想克服障碍。人生真正的改变，是心灵的改变；真正的成长，是内心的成长；真正的强大，是内心的强大。

如何实现自我超越

1. 树立愿景——用愿景拉动人生

有两种动力推动人生发展：一是靠愿景拉动；二是靠压力推动。靠愿景拉动，就是操之在我、发自内心，这种动力是强烈的、持久的，是充满激情的。

人生愿景是个人向往的一幅将未来视觉化的图画，是发自肺腑的最终目的与追求，是个人需求、信念和价值观的结晶。现实与理想间的巨大差异，让人产生一种创造性的能量。这种能量一旦被激发和使用，就会让你怀揣理想不断奋进。人的愿景是多方面的，可能是能力方面的，如知识与技能的提高；或是精神方面的，如心灵境界的修炼；或是物质方面的，如物质财富的积累与获得；或是社会方面的，如献身慈善事业等。

自我超越就是跳出环境的限制，看清自己想要什么，对愿望不断强化，从而实现个人真正想要达到的目标。例如，有些人因为害怕疾病而决心戒烟，但是又常常挡不住烟瘾的诱惑，半途而废；但若他的愿望是寻找生命的本真与价值，那就不仅可以戒烟，甚至能改掉其他一些影响健康的不良习惯，从而积极地进行自我保健。人生要想成功，关键在于要有成功的信念，要有雄心壮志，使想成功的热切期望投入到人的无意识状态中，有最佳的精神状态，才会有最佳的成就。自我超越就是使用愿景与现状之间的差距来产生创造性能量，故而不断打破个人限制，冲破种种障碍，使自己变成一个全新的人。

2. 观念超越——打破思维定势

观念决定命运，改变观念，就会改变人生路线。观念是成功与否的根茎，你有什么样的观念，你的生活与人生就会什么样。所谓观念,是人们头脑中形成的能左右行为的一种巨大力量,是客观世界在头脑中的反映,与意识、精神、思想等相同。观念,是人的一种内在思维模式,一个人总是通过观念来解读一切事物。观念间接掌握着人的意念、感情和行为。

据资料介绍,明代的著名政治家海瑞是有名的清官,他五岁的女儿从男仆手里拿过一些吃的,他便认为违背了“男女授受不亲”,对此大怒,硬逼着五岁的女儿绝食而死。莫非海瑞很讨厌自己的女儿?当然不是。难道是海瑞素质不高?海瑞知识渊博,聪明智慧,并且道德素质也非常之高。那么,海瑞为什么干出这么残忍的蠢事?皆因旧观念使然。

知识不如能力,能力不如素质,素质不如观念。因此,假如一个人的观念不正确,不管他有多少知识、多大能力,都将失去意义。观念是人生的成功之本,成功的根茎在于观念。

我国改革开放前,百姓自己家里即使饲养鸡都会被认为是“走资本主义”,都要“割资本主义尾巴”;如今,经过改革开放30年的观念洗礼,你就算养几万只鸡、几十万只鸡,都不会有人说你“走资本主义”,这种变化为什么会产生呢?因为人的观念变了。同样是下岗,对有些人而言可能意味着一次致命的创伤;但对另一些人而言,却获得了一次生命提升的机会。问题的意义关键在于你如何看问题,即你所持的是怎样的一种观念。

美国著名经济学家凯恩斯教授说:“人开发新的观念并不困难,从旧观念摆脱出来却很难。”人与人之间最大的差别在于观念,不同的观念导致了不同的命运。改变观念,你的工作态度就改变了;改变观念,就改变了人际关系;改变观念,我们甚至可以改变一切。任何事物的差别都在一念之间,观念在事物发展中扮演着重要角色,一个人有什么样的观念就会有什么样的人生命运。美国著名未来学家约翰·奈斯比特说:“当下时代最具影响的巨大突破,将不是来自技术的进步,而是人们观念的不断扩展与更新。”21世纪的改革开放,实际上对每个人来讲是一场头脑革命,判断一个人是否开放、能否跟得上时代的步伐,取决于你有怎样的思维模式,能否从旧观念的各种捆绑中解脱出来。

3. 意志超越——意志胜智慧

俄国著名文学批评家、哲学家别林斯基说过:“意志力是天才具备的最重要的素质,是衡量天才的标准。”美国著名物理学家爱因斯坦说:“钢铁般的意志,远比知识和技能更关键。”意志有三大要素,即:决心、信心和恒心。意志有六大功能:①定向功能——为活动指明目标及方向;②动力功能——提供行为的内在动力;③引导功能——为各种行为和活动引路;④维持功能——克服障碍,知难而进,坚持不懈;⑤调节功能——调节内心活动和外在行为;⑥强化功能——强化活动中的身心能量。一个人意志大小,将影响取得成就的大小;无志者,平平庸庸,得过且过;小志者,浅近目标,易于满足;只有大志者,才有远大的追求,才会不断进取。动力、意志、成功三者有机统一,互为因果。我们缺的不是知识和水平,而是勇于获得成功的意志。

过去人们一直认为聪明与否是决定人能否成功的决定要素,而没有认识到意志的重要性,凡有大成就者都不是胜在智力因素,起决定作用的是意志因素。人生会遭遇无数困难与阻碍,而在逆境中创造出杰出成果就是意志在发挥作用。翻一翻历史,我们就会发现:自古雄才多磨难,从来纨绔少伟男。限制、苦难、欺压常常变成人才成长的重要磨难。例如:周文王在狱中写出《周易》;孔子被困陈蔡(今河南省)写出《春秋》;孙膑被割去膝盖骨写出《孙子兵法》;吕不韦被贬四川写出《吕氏春秋》;左丘双目失明写出《左传》;屈原被放逐而写《离骚》;受了宫刑的司马迁写作了《史记》;吴敬梓写《儒林外史》时窘迫到半夜被冻醒;曹雪芹写《红楼梦》时生活贫困不堪;意大利诗人但丁被流放创作不朽诗作《神曲》,还有意大利空想社会主义者康帕内拉政治名著《太阳城》和俄国作家车尔尼雪夫斯基的短篇小说《怎么办?》都是在狱中写成的。

坚强的意志绝不是天生的,而是在实践中逐渐磨炼出来的。意志的产生、发展、培养、形成,都离不开实践活动,正如在战争中学习战争,在游泳中学习游泳一样,锻炼意志需要我们不断付诸实践。培养意志最好的方法就是用行动来激励自身去实现不可能的事情。只要我们抓住各种机会,有意识地进行自我锻炼,我们的意志力就可以不断增强。

古今中外的大量事实说明，意志在人的成长中非常关键。

4. 细节超越——细节显示差异，差异决定成败

老子在《道德经》中说："天下难事必作于易，天下大事必作于细。"意思是在碰到困难时要从简易处入手，实现伟大理想要从点滴做起。这也告诉我们，要想自我超越，必须注重细节，细节是决定成败的关键因素。

细节为什么那么重要呢？因为人与人之间的竞争是细节的竞争，现代社会的竞争也是细节的竞争。当现代社会的产品和知识在全世界范围内共享时，只有细节不可以简单模仿和直接使用，细节是商业秘密。不管是从人生存的角度考虑，还是从做事的角度来说，细节决定差异，差异决定成败。世界上一些著名的企业，如麦当劳、肯德基、沃尔玛、松下公司、丰田公司等，它们成功的原因可以被归纳出许多许多，但最基本的一条就是实行精细管理，把细节做到位。全世界销量第一的是日本汽车，原因是它比同类汽车省油 1%、噪音小 1%、密封系数高 1%，这三个 1% 成了日本车与别的品牌不同的地方，如何达到这 1%，靠的就是细节。正如麦当劳总裁弗雷德·特纳所说："从我们的成功来看，与我们竞争的人对下属的管理未能坚持下去，他们对细节并不是那么关注。"一些企业最后失败不是败在战略决策，也不是败在各类管理制度，而是败在不重视细节。

俗话说，"千里之堤，溃于蚁穴。"一些不起眼的问题，乍一看无关紧要，结果正是这些细节导致最后酿成大祸。法国历史上有一个著名的典故：失去了一颗铁钉，没有了一个好马蹄铁；丢失了一个马蹄铁，折了一匹战马；折了一匹战马，损失了一位将军；牺牲了一位将军，输了一场战争；输了一场战争，亡了一个帝国。一个帝国的灭亡，居然是由于一只马蹄铁上的小小铁钉松掉了。正是这点小小的变化，最后造成了帝国的灭亡。

要对细节的一切非常了解，一切都由细节结合，每个细节都比竞争对手做得好，你才能成为卓越者。细节是什么？细节是一种态度，是一种准备，也是一种精神。细致严谨的态度能处理好细节的全部，只有心中重视细节，才能发现细节。细节又是一种实力，一种准备。长期的经验积累、沉淀，才能形成一种实力，把细节转变为实际行动，成为一种习惯、一种预期。细节又是一种精神，细节追求完美，细节成就完美。

细节就是力量，就是一种竞争力，这种力量影响着我们的成功。

5. 多付出一点——卓越与平凡的分水岭

美国学者费拉尔·凯普说："出类拔萃者与一般人有什么区别？回答是多付出一点儿。多加一盎司，工作学习成果就会完全不同。如果在自己的学习和工作中多加一盎司，你就可能成为一个优秀的人。"

人在不断成长，也在不断积累，我们的今天是在昨天的基础上成长的，明天的成长又建立在今天的基础上，今年是在去年的基础上成长的，明年的成长又奠定在今年的基础上。如何快速积累呢？就是坚持"多一盎司"，每天多付出一点儿。美国著名现代品质管理学家戴明博士，他的核心管理理念是：每天进步一点点，每次改进一点点，每天创新一点点。假如一个人每天都可以进步，哪怕只有 1% 的进步，一个月下来，一年下来，那最终就会发生彻头彻尾的改变。我们在实现目标时，要不断地把自己和自己比较：我今天多思考了一些，多了一点准备，多了一点自信，多了一点勤奋，多了一点关注，多了一点细心，多了一点创造，多流了一点汗水等。对这"一点点"千万不可轻视，只要你能够持续地比别人多付出一点，长期下来，你和别人的差距就会显现出来了。有时候做事并不难，难的是正确地做事，做正确的事就更难了。所谓正确地做事，就是办事符合规章制度，按规定的标准做事。所谓做正确的事，就是做事要主动，以协调双赢为目的做事，做有助于达成公司目标或个人目标的事。要知道，卓越与平凡之间并不像大多数人所想象的那样有一条无法跨越的鸿沟，其实二者之间仅仅差一点点，只要你持之以恒地付出，就可以走向卓越。凡是大成功者，都清楚这一成功秘诀，所以，也就能够成为卓越者。

取得人生成功是一种选择、一种决定、一种承诺，是一个不断努力的过程。多付出一点，不但能够显示你勤奋的品德，还可以提升你的工作能力，使你具有超强的生存力和竞争力。在追求成功的道路上有三种人：第一种是不求上进的撞钟和尚，得过且过；第二种是努力的人，认真完成本职工作；第三种是最努力的人，他不仅认真完成本职工作，而且考虑问题十分全面，着眼于全局、着眼于发展。只有最努力的人，才能成为卓越的人才，取得杰出的成就。

一点通 请记住：旧观念像监狱一样束缚着你，你最大的敌人不是别人，而是自己的旧观念。只有彻底改变旧观念，才可以走上成功的康庄大道。人生成功的规律是：观念变——行为变——结果变。

四种发展能力的阶段

人生能力的发展主要有两个转化：从无意识到有意识的转化；从能力低向能力高的转化。无论做什么事情，当我们从无意识无能力转变为有意识有能力，从而在潜意识中蕴藏能力时，我们就有了质的飞跃，就实现了自我超越。（如下图）

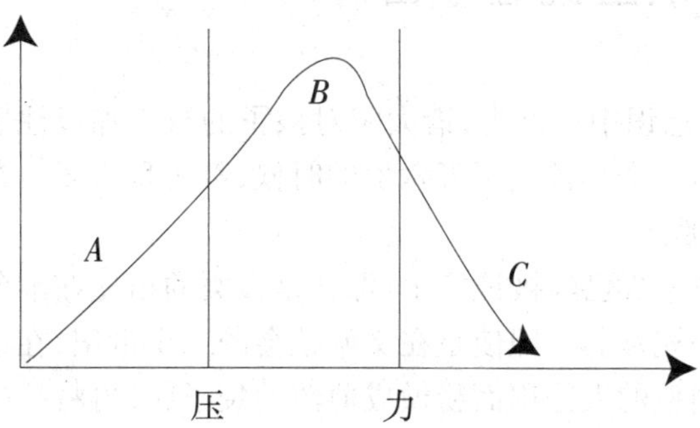

A: 压力不足，无聊，缺乏进取

B: 压力适当，创造最佳绩效

C: 压力过度，使人精力耗尽

1. 无意识无能力——脑海中一片空白，谈不到做不到

在这个阶段，哪些方面你不懂，你缺少哪些能力，你都一无所知。

2. 有意识无能力——想到了，但害怕自己无法实现

在这个阶段，你痛苦地认识到你需要某种知识和能力，但这对于你来讲十分困难。

3. 有意识有能力——想到了，也不退缩，可以实现

在这个阶段，你已经可以做成一些事情，但在实际操作过程中仍然很难，对有意识的思考依赖很大，有时需要有坚忍不拔的意志力才能完成。

4. 无意识有能力——已经很熟练，潜意识状态下就将事情办成

进入到这个阶段，原先你觉得有难度的事，现在已能够自动完成，再也不需要有意识地思考。

我们以学游泳为例：

(1)无意识无能力阶段：你没有想到学游泳，你没有学，必然就不会游泳。

(2)有意识无能力阶段：你脑海中想学游泳，但没有行动，所以不会游泳。

(3)有意识有能力阶段：你想学游泳而且已经在学，在专业人士教导下认真练习，需要付出很大努力才能学会

(4)无意识有能力阶段：你经过一个阶段的学习已经很熟练，对于动作要领不用再思考就可以自由自在地游起来，已经达到精通的地步。

这四个层次，对任何人的任何学习都是最合理、最准确的描述。不管是小孩学走路，成年人学习一门新的知识或技术，还是老年人重新学习一些新知识、新技能，都是如此。你沿着这四个阶段攀登的速度越快，学的东西就越多，实现的自我超越就越大。

自我超越，是一种奋斗不止的生命状态。人生只有奋斗，才会有出路；只有奋斗，才会有快乐。

人与人之间的区别在于精神、在于德性、在于内心、在于人品。健康的心理拯救灵魂；坚强的性格鼓励精神；高尚的境界提升人格；不屈的意志历练德性。人生就是在这种自我提升与不断完善中进步，提高自己、超越自己的。

一点通

能用武力征服别人的人是凡人，而能战胜内心的人才是圣人，不断战胜自己，不断超越自己，就是最大的胜利者。

第三章　其实你有强大的潜能

潜意识里经验丰富

历代祖先的经验都在我们每个人的潜意识中。首先，请大家对孩子的行为加以注意。在没有受到任何人鼓励或指导的情况下，几乎任何一个小孩到了五六岁的时候，都想玩虫子。在相关的书籍中写着："这是一种本能。"这是什么道理呢？

事实上，人类产生这种行为的原因在科学界已经被证实了，那就是人类的祖先在准备开始农耕劳作之前，都会抓些小动物甚至小昆虫来补充营养。即使是在文明社会的二十世纪，在墨西哥某一地方的人，仍然保留着吃小昆虫的习俗。当地的人是用面粉做成薄薄的袋子状，再将捉来的活的小虫放进去，之后就毫不犹豫地咽下去。在口中咬破袋子后，里面的小虫子常常会爬出来，弄得满脸满手都是，直令人作呕。

其实不止是墨西哥人如此，在日本这样发达的国度，有一个叫秋田县的地方，那儿的人也吃蝗虫。这些说起来并没有什么可以奇怪的，因为以吃闻名全世界的中国人，早已无所不吃了，和墨西哥人、日本人不同的是，中国人是熟食主义者，早已摆脱了野蛮血腥的原始生活方式。当然世界上的其他地方，也说不定有许多类似这样的习惯，这些习性自我们的祖先遗传给我们，又在我们的潜意识中潜伏着，遇到适当的时机，自然就会表现出来，于是孩子们在这种潜意识经验的指引下，无意识地去捉昆虫了。

大家来想一想圣经中有关蛇的故事吧！不管是在西方文化还是东方文化中，都把蛇当做恶魔或者以蛇象征魔力，甚至还认为蛇是不祥之物；就连传说中诱骗人类的祖先——夏娃做坏事的也是蛇；蛇几乎成了罪恶的代名词。但是，对蛇从来没有认知和印象的孩子们，从来没有人告诉过他们蛇是有毒的，当他们看到蛇时，也会觉得它的样子让人生畏无法靠近，这岂不是一种很奇妙的感觉吗？如果想不到这是来自祖先的共同体验，那么就无法用理论加以阐释了。

明白了以上所举的这些例子，相信各位就会稍微了解一些有关本能经验的学习方法了。除此之外，人的潜在意识可以使人在无意识的情况下，将自己的欲望直接地表达出来。于是，一种不为我们肉眼所见的真理，其形态也就向我们展现开来了。

前面所举出来的两个例子，大家都应该明白了。这些有关遗传因子的事，应该可以从近代科学上肯定才对。但是，留在共同潜在意识中的并非只有祖先遗传的习性，就连特殊的个人经验也绝不会消失。

约瑟夫·马非在他的著作中这样写着："有一位女士告诉我，她的父亲去世时没有透露所留下的珍贵遗产藏在哪里？很意外地，我在不久之后做了一个梦。我梦见那位女士的父亲告诉我说'我的遗产都存在一个抽屉里。'我第二天醒来就把梦见的事写在信上，寄给了那位女士。结果，她真的从梦中所指示的抽屉中找到遗书,并且把十分贵重的遗产取出来了。”

特殊的经验,也存在于潜意识中,不管是什么特殊的愿望,只要持之以恒地付出,就会如愿以偿。

一点通

在我们的本能和潜在意识中,以前的习性都被隐藏起来了,所以,本能才会忠诚而又不很理性地为我们判断一些事物。

要善于发现被埋藏的能力

卡耐基曾经说过:“抱着微小的希望,只会收获很小的成果,这就是人生。”人是有着无限力量的生物,所以要彰显出自己的个性来。

杜拉因也曾说过:“这种变化虽然不能自觉,可是有时可以超越想象。之后,他就可以收到讯息,而对自己发出庞大的力量感到惊讶,他就会发现自己身上蕴藏着无限的可能。因此,他会为自己前途上所安排好的命运而惊讶,确信有超越自己理念的巨大潜力存在。”

我们的能力都深深地埋在地下,若能把它发掘出来,发展下去,人生的成就就会让人吃惊,不可能的事就会接二连三地实现,但这要看这个人是否能选择自己应该走的路。

马克·吐温曾说过:“人的思想是了不起的,假如可以专心致志做某事,那就一定会做出使自己感到吃惊的成绩来。”当我们有了某种决心而且坚信自己可以成功时,各方面的因素就都会活跃起来,把自己的决心往上推到实现目标的方向。最终,你一定会获得成功。

不管你现在处在何种恶劣的环境中,都不要被环境打垮,而是要为既定目的拼搏,向着更大的目标发起挑战。

一点通

任何人都能爬升到自己理想的天国,同时,当他决定向上攀登时,世界的力量就会帮助他,一直把他推上去。

要相信,世上没有不能解决的事

碰到困难时,我们都会想“这件事我无法完成,我该怎么办”,因而感到烦恼、苦闷。然而,与其这样苦闷,不如先把这些烦恼放一放,思考一下如何付出。也就是,不要让自己的心被苦恼霸占去,而要竭尽全力地战胜困难。

另外,最重要的是不管遭受怎样的困难,都万不可担心或害怕。因为这种害怕或担心只会使困难更加困难,而给人永远无法突破的印象。但是,如果能把心朝着明朗的方向转变一下,就会知道原来挡住前途的墙壁并不怎么大,因而拥有打破坚冰的信心。遭受困难时,应该停止烦恼,勇于尝试改变,并不断努力。只有自己本身的变化,才能克服困难,走向成功。

一点通

对于强者来说,许多事情都不太难做。只要拥有信念的力量,就不仅可以医病,而且可以治好有关人生的一切伤痛。

潜意识是成功萌芽的土壤

如果根据科学的方法来想念，就会在无意识层面种下善的种子，但是必须贯彻始终地坚持下去才行。强烈的想念虽然可以留下痕迹，然而不久就会销声匿迹。如果能持续想念下去，就会连续不断地将想念的东西深深地刻印在头脑里，而且十分轻松地接纳它的影响。

弗洛伊德说："潜意识像一块肥沃的土地，只要连续不断地播种，种子就会在潜意识的土壤中生根、发芽、成长。"这是用土地来比喻潜意识的功效及作用。

好种子生命力旺盛，同样杂草也容易丛生。如果有不良的想念，跟撒下坏的种子没什么区别，潜意识里就会杂草丛生了。

那些不仅仅只是一撮杂草，有时候他们可能会成长为一大片丛林，阻碍我们在成功路上迈进的步伐。也就是说，坏种子使一个人的运气愈来愈坏，直到无可挽回。

一点通

潜意识就像肥沃的土壤，我们必须努力撒下好种子。

灵感能带来奇迹

爱因斯坦一生致力于研究宇宙之间的自然法则，然而他用的工具却非常原始：纸和铅笔，用它们随时写下问题、答案和灵感。

学习创意的思考。亚力斯·奥斯卡所著的《你的创造力》及《运用想象力》两本书，旨在帮助人们培养创新的思考能力，建立积极创新的思维习惯。

奥斯卡使用的工具和爱因斯坦一样，只有简单的纸和笔。灵感出现时，他立刻记下来。他说："每个人都有相同的创造力，然而多数人却不知怎么用。"奥斯卡在《运用想象力》中提到的脑力激荡，被普遍运用在大学课堂、工厂、企业办公室、教堂、俱乐部及家庭之中。头脑风暴方式很容易：有两三个人坐在一起相互批评或反驳，等到会后再一一对其进行可行性评估。

艾默·盖兹博士是美国伟大的教育家、科学家、心理学家、哲学家及发明家，他一生中所发明的产品逾百种。他有一间隔音效果很好的房间，里面只有一张桌子和一把椅子。桌上放着一堆纸、几支铅笔和一台电灯。

盖兹博士解释，当碰到暂时不能解决的难题时，他会走进房间，把门关上，坐下来，把灯熄掉，开始沉思。他应用全神贯注的成功法则，把问题交给潜意识处理：有时灵感乍现、喷薄而出；有时毫无收获，等待的时间可能长达两个钟头。灵感出现时，他再打开灯，慢慢写下灵感。

由盖兹博士创新及改良的专利产品超过两百种，这当中有些是他人已经研究过，却功亏一篑的东西；他会仔细分析产品的用途及功能，找出缺点；把产品和资料、图纸带进房间，专注地思考处理的方法，补上不足的部分。

有人问盖兹博士，他所期望的灵感来自于何处？他说，所有的灵感都来自：

(1)教育、观察及通过自身的经验所得的认识，它们都隐藏在潜意识中。

(2)别人所得的知识，以感应的形式不断积淀。

(3)大脑的潜意识串连宇宙中无尽的知识。

哥伦布在巴非亚大学读过地理学、天文学、环境科学，期间也拜读了马可波罗著的《马可波罗旅游记》，对欧洲地区以外的艺术及雕刻非常向往。

地球是圆的，马可波罗向东航行，可以到达亚洲；哥伦布坚信，从西班牙起航不断往西，也一样能够抵达。他急于求证自己的想法，便积极寻求资金、船只和船员，准备带他们一起探索未知。

经过十年的时间，许多答应资助他的人，都在最后关头拒绝了。一次又一次的挫折并未使他放弃努力，功夫不负苦心人，1492 年，他终于获得了资助；这一年 8 月，他开始乘船往西航行，目的地是印度、中国及日本，方向和航线都没有一点错误。

他登上加勒比群岛，带着黄金、棉花、鹦鹉、奇珍异宝、珍禽异兽和几名土著回到西班牙。

你也能和哥伦布一样，有意栽花花不发，无心插柳柳成荫，鼓舞并引导追随你的人，向正确的方向前进，找到心目中的宝藏；你也能像哥伦布一样，具有能力思考，也有时间进行思考。只要用积极的心奋斗不懈，就能达成目标。

一点通

如果你一直无法达成目标，再努力一点！只要你用心研读、思考、规划、寻求，就会找到！

渴望与奋斗并行，成功才会向你敞开怀抱

潜意识不敢相信的东西，如果非得作为目标，有时就会发生意外。可是，人人都有愈压抑愈渴望的倾向，譬如有的人会千方百计地“试试看”“买来看看”，这种无法压抑的愿望，就叫做渴望。人在渴望时，热情正在燃烧，所以，根据那种渴望树立目标是很好的事。当然，只有渴望而没有斗志是不行的。既然渴望热情地去做某件事，就应该有挑战的决心才行。

因为人在被迫时产生的力量会让人想从压迫中脱离而拼命地挣扎，不肯认输的热情会涌现出来。这种斗志有时会产生在别人眼中是奇迹的现象。从眼睛看不见的真理来说，这不是奇迹，而是必然。过去被认为一事无成之人，突然做出了某种了不起的事，原因就在于此。不管什么难关，只要有热情和欲望，都是可突破的。

被迫热情可分为自己被周围环境所逼而挣扎奋斗和自己设定超过实力以上的目标被动地去追求两种情况。例如，一个工资不高的职员想勉强建立一个豪华的家，就是属于后者。照他目前的收入，不要说全部，就连每个月分期付款都缴纳不起，可是他仍然勉强借钱维持。这种事从开始就太勉强，所以立刻就受到逼迫，因此他必须花费比别人更多的努力去拼命赚钱，结果竟意外地付得起分期付款了。这也印证了开始认为绝不可能做到的事，最终可以获得成功。

人生就像这样，有许多机会可以让自己飞黄腾达，同时，身处逆境的时候也很多。如果勉强把自己逼到逆境，人生有时的确能产生十分耀眼的光芒。

想要如此，最好激烈地燃烧斗志和热情。斗志和热情的燃烧会产生力量，从而产生意想不到的结果。一旦经过这种事，人生就会开阔起来，自信也会随之产生。而对下次更高的目标，挑战的勇气也会涌出，因此会更加渴望向目标挑战。

一点通

渴望而且有斗志时，也就是欲望极旺的时候，即使信念缺乏也没关系。所以，和自己实力不相称的事也可以拿来当做目标。

需正确运用冥想的创造力

冥想是东方医学的中心思想。若能巧妙地把握冥想的方法,脑内吗啡,a 波、肌肉、血管等一切都将不在话下。冥想具有如此让人意想不到的力量。

那么,什么是冥想呢?一般人认为,坐禅、瑜伽那样的冥想才属于真正的冥想。但是东方医学所说的冥想并没有固定的模式,更没有脑子"必须入静"那样困难。

脑子无拘无束地想象,感觉"心绪飞扬",这也是冥想。例如,老年人想孙子、年轻人想自己最喜欢的人,都属于冥想。

令人感动的事情、美丽的景色、兴趣爱好、音乐绘画等艺术、小溪的潺潺流水、鸟儿婉转动听的叫声、大海的涛声和风声等,都可以使人心旷神怡。有的人即使听机场、海港的噪声也有心绪飞扬的感觉。

能够导致 a 波产生的事物都属于引起冥想的材料。根据傅立叶的 α 波法则,波状的中心线位于"f 分之一"线上时,心灵感觉宁静,意味着冥想在发生作用。

以音乐为例,在此说明一下"f 分之一的波动"。这是 1920 年在电气工学领域十分热门的所谓"f 分之一杂音"的真空管热杂音的一种杂音形态。热杂音的产生伴随着某种倾向的"波动",通过研究杂音发现的一个原理最近被认为关系到宇宙的诞生,就是说,"f 分之一的波动"与原子、分子的运动以及生命的诞生都有联系。

声音的频率与功率呈负相关,坡度呈 45 度角。音乐的节奏、旋律所形成的波状中心如果处于显示这种特性的直线上方,则让人感觉到宁静舒适,有助于稳定自律神经。实验证明,"f 分之一的波动"和宇宙诞生、大自然循环中所具有的波动类似,通过人的五种感觉器官对情绪给予巨大的平静和安定作用。

但是,每个人对此都有不同的感觉,并非所有人都能出现同样的反应。目前,有的科学家收集到产生 α 波的 400 种模式。

每个人都有只要想起某件事情就心情愉快的经历,脑子里经常想这些事也是冥想。听一大堆听不懂的道理,即使理解了,却产生 β 波,仍然无济于事。

冥想是为了产生 α 脑波。α 波大量产生,就会分泌脑内吗啡,逐渐养成习惯以后,冥想的时候,仿佛自己真的完成了一切愿望,感觉浑身酣畅,充满幸福。一旦尝过这个滋味,就会乐此不疲,欲罢不能。

东方医学朴素的治疗原理就是发挥人体本身的所有能力。当自身无能为力的时候,就运用指压、冥想、呼吸法这些技术。西方医学与东方医学完全不同,西方医学细致入微地检查、观察、研究所发生的情况,如果认为异常,要么切割掉了要么修补好。他们对药物的认识也用这个方式。

药物的可怕之处在于大多数只作用于肩部病痛的药品,却对整个身体不利。比如降低血糖的胰岛素,胰岛素不足引起糖尿病,所以作为应急措施,只好注射。虽然缓解了糖尿病患者的病情,但对其整个身体产生十分大的不良影响。体内胰岛素不足是因为胰脏不能制造这种荷尔蒙,如果靠体外的注射来补充,胰脏就越来越不能制造,因此脏器会迅速萎缩老化。

因此,有人提出建议:是否能下决心不注射?当然选择停止注射的时机十分困难,但从大量病例来看并不是不能做到。运动、饮食、冥想的治疗效果在相当程度上可以代替胰岛素的注射,而且不仅限于糖尿病,对消化性溃疡、高血压、痛风、高血脂、脂肪肝和癌症的防治效果也十分明显。

科学家估计人体到 25 岁完成发育,此后开始走向衰老。于是,人体内平均每天死亡 10 万个脑细胞,肌肉逐渐衰弱,走上社会以后,每天工作繁忙,甚至连锻炼身体的时间都没有。

在日常生活中能不能保住脑细胞和肌肉的量呢?在这里介绍一个最容易操作的方法:每天至少走 5000 步。步行有助于大脑分泌吗啡,只要坚持不懈,基本可以达到保住脑细胞和肌肉的量的目的。

人平时都要走路，但现代社会的交通方式已替代了步行，人们总是步行得不够多，时间不够长，因此，必须有意识地弥补不足的部分。

一边步行一边冥想是最佳方式。冥想并不要求一定得躺着全身放松或者保持盘腿坐禅的姿势，一边步行一边冥想的效果是平时冥想的四五倍。

一边步行一边思考自己的理想、希望和规划：怎样管理医院？要建成一所理想的医院，该从哪里入手？一旦思考起来，便会其乐无穷，忘乎所以，把其他的都抛于脑后。

能产生这种心情，与右脑工作有关，因为右脑占优势时才能产生 a 波。要让右脑工作，必须停止左脑工作，而步行能有效地停止左脑工作。左脑一停止工作，智慧就从右脑流出来。有的人习惯于一动不动地坐着冥想，而一动不动的冥想想不出高招妙策，反而易受杂念干扰。

只有边运动边冥想才能产生真正具备创造性的英明睿智。康德每天散步的故事广为人知，他的绝大部分思想大概就是散步时得来的。

人的意识不仅仅是自我能够意识到的世界，还有一些领域是无意识的、不可感的。而在能够简单意识到的世界里，思考出的东西是十分有限的。

只是坐在桌子前面一味地讲理论，终究一事无成。应该活动身体，停止左脑工作，倾听记忆宝库中那无意识的信息。如果自己经历过的所有记忆和铭刻在 DNA 里的祖先的智慧混杂在一起，就会产生惊天动地的构想。

最新的医学研究成果证实，人进入冥想境界时，脑中会产生 a 脑波，而且脑内不断有吗啡产生，使人心情舒畅。

一点通

人的身体构造精密完善，生存所需的一切东西一应俱全。需要药物的时候，人体“制药厂”就会生产适量的药物。只要使用恰当，人体是不会轻易损坏的。

要学会调和内外

据最新的科学研究报告表明，几乎所有的人都只发挥了其能力的 15%。

这份报告还指出，人们不能发挥其余百分之八十五的力量是因为恐惧、不安、自卑、意志薄弱及罪恶感。综合所有原因，可以说是“与外界的不调和”，也就是不能包容外界，等于是替自己的能力踩了刹车。

与外界的调和能使自己的能力得到充分发挥，相信读者很容易便能了解这一个法则。因为所谓创造的行为是发挥于外界的，所以一旦能和外界调和时，自然就会产生优良的结果。以网球比赛为例，如果上场前还在考虑胜败，对敌我力量进行估计，心中已经存在了对立感情的疙瘩，就不能发挥潜力。一定要抛开那些估计，和外界合为一体时才能发挥出潜在能力。

有一个非常有趣的法则：凡是在下棋时对自己的对手抱有对立感情，赢了就有快感的人，他们的进步都很有限；相反，能和对手配合，不在乎胜败，只求走出正确的棋步并在其中寻求创造之喜悦的人，他们的潜能就能被充分调动出来，进步神速。这里不把象棋的胜负当做一种争斗，而把它当成“问答”。如果有两个人天生素质高低相等，但他们采取不同的弈棋态度，不久之后，这两人的棋技一定会天各一方。

这难道不是一个有趣的法则吗？连象棋这种具有严格规则的游戏导致的结果都是这样，更何况是在人生这种繁杂的每时每刻都在变化的场所中。

弈棋中的这两种态度，能充分体现“取”与“造”的两种生存态度。为了取得目的而拼命的人，他们自以为是在踩油门，事实上踩了相反的东西——刹车。说到这里，读者必然已充分了解为什么所有的成功者都自始至终贯彻“造”的态度，这个道理非常简单。一种能力被踩了刹车后，当然不可能有出众的创造行为。当你放弃将能力看作私有物时，你就能充分地发挥能力。

如果你希望自己的人生富有创造性，别的暂且不提，首先你必须做个“不怕失败的人”。乍看之下，这似乎和“无所不能”的命题不一致，但是仔细想一想却并不对立，因为失败和“不能做”不同。此外，失败和成功并非完全对立，它可以到达成功的终点站。精神的强者，越是失败，越能在失败中得到教训，并且越能将创造的热情调动起来。所以，问题不在于是否会失败，而在于是否遇到一两次失败就一蹶不振。一个人若能包容外界，连失败也包容在内，这种人最后必然有所成就。

一点通

一个人若能包容外界，包括失败，那么这种人最后必然有所成就。

17 职场生存篇

第一章　实用求职技巧

教你厚黑学中的“厚”

微软人力资源部有位员工曾总结出三个影响求职人员面试的因素，即胆大、心细、脸皮厚。

胆大：勇敢面对每一个公司的面试，落落大方；心细：捕捉面试官的每一个肢体语言和面部表情，并且得到正确的信息；脸皮厚：抛开羞涩，勇于表现，甘于受辱。

不少优秀的求职者，就因为面试时心里太慌张导致言语含混，最终被拒绝，为什么呢？用人单位认为，一个职员若心理软弱就不会是一个好职员。

有一位大学毕业生，当一家大型机构的总裁去学校给他们做报告时，他主动和总裁联系，要求去这家机构工作，但是被拒绝了。

一年后，他再次向这家大型机构提出同样的要求，这位总裁同意了。

总裁让他负责业务方面的工作，因为从未接触过此类业务，加上又是“文人”背景出身，他进了公司两个月，还没有谈成一笔业务。到了发工资的那天，他做出的举动让总裁大出所料：坚决不要工资！

他说：“我没有做成一笔业务，对公司有愧疚感，因此，我不要工资。但是，我相信我肯定能行。”

工资当然还是给了他，但总裁对他的话感触很深。

果然，经过他的努力，在进入公司第120天时，他做成了一笔大业务。慢慢地，他越来越自信，业绩也越来越好。

第四个月，他成为公司的主任；第八个月，他坐上了总经理助理的位子。

一点通

既是“求”职，就要勇敢、大方，不能缩手缩脚。不勇敢地展现自己，别人怎么能知道你是人才呢？

要提前了解你要应聘的公司

弄不清公司的底细就贸然前往面试，既不能提前针对这家公司的风格做好面试准备，做到“知己知彼”，又让人觉得不尊敬公司。

曾在宝洁公司担任经理的威尔逊·谢利本(WilsonShelbon)曾这样谈论宝洁公司对应聘人员的要求：

我曾在宝洁公司担任经理，承担领导一些训练有素的精英团队的任务，长时间地分析产品价格，并和下属们一同设计方案使我们在市场上能提高效率。在招聘新人时，我们挑选那些我们认为能够出色工作、能在宝洁公司和我们合作愉快之人。当我面试那些毕业于顶级高校的学生时，有很多因素会影响我是否让他们成功的通过面试，还有一些因素能帮我判断这些求职者的个人能力——面试者是否具有和顶级MBA一样的能力——将来是否会成为优秀的雇员。如此说来，我要给那些准备非正式及正式面试的求职者什么样的建议呢？首先是一些禁忌。无论参加何种会谈或面试，都不要让人感觉出自己毫无准备、一点不懂基础知识。你应该对准备从事的工作有所了解，也应该阅读关于这家公司的基本资料。不要紧张，紧张会让面试官对你印象不佳，他们会怀疑能否让你和自己的团队共同工作、接待客户。不要谈吐不清，如果真是如此，面试官会以为你交流能力不强，置疑你在团队中的作用，不放心你面对客户时的言行举止。

一位IBM的负责人谈论了类似的事情：在一次面谈中，IBM技术学校招生负责人向一名毕业生提出的第一个问题是：“什么是IBM的立足之本？”这名毕业生不知道，面谈马上结束。

一点通

熟悉一家公司是进入这家公司工作的前提，没有哪家公司愿意要一个对本公司一无所知的人，因为没有哪家公司会相信一个对它感兴趣的人居然不想了解它。

找工作就像找恋人

当你去面试时，一定要记住这个原理：那位有权决定是否雇用你的人也一样会心中不安。为什么呢？因为通过面谈来选择雇员的方法并非很牢靠。英国一家权威调查机构通过对12个英国高级雇佣者做的一次调查发现：雇主要发现一个好雇员，通过面谈所占的几率仅比通过名字判断高出30%。更具讽刺意味的是，调查结果显示如果求职面谈是由将与你共同工作之人主持，成功率将比看名字定人选下降2%；如果是由所谓的人事专家来主持，那么将会下降10%。

所以，像对待一场约会一样对待面试吧，你只需要注意以下几点。

如果你是男孩，你最好：

(1)刚洗过澡，刮过胡子，理过发，刚修剪了指甲。

(2)穿上刚整理过的西装和擦得锃亮的皮鞋。

(3)保证呼吸没有异味，如蒜味、葱味、烈酒味，已刷过牙并喷过口气清新剂。

(4)当你进入房间的时候香水味不是特别浓烈。

如果你是女孩，你最好：

(1)刚洗过澡，不要化浓妆，刚梳理过头发，清洁好指甲且指甲长度适中。

(2)你的呼吸没有异味，没有蒜味、葱味、烈酒味，已刷过牙。

(3)喷洒的香水不宜过多。

如果出现以下状况，你就会遭到拒绝：

(1)握手时心不在焉、在椅子上左摇右摆、不敢与雇主对视、玩手指或玩头发等显示出内心紧张的现象。

（2）不停地自我批评、不敢承认自己的能力、说话声音太小令对方无法听清楚、不时打断面试官和回答问题不干脆不自信的现象。

（3）对对方公司的前台等“小人物”缺乏尊敬、说以前所在单位及所属老板的坏话和离开时不说谢谢等态度不好的现象。

一点通

选择工作如同选择配偶，必须双方都中意，面试才能成功。至于求职的一方，如果能做到让面试官喜欢自己，那么剩下的事情就容易多了。

要留意面试官的提问

某中学校长到某大学选毕业生，想选拔一些学生任校刊编辑。一位新闻系的学生前来应聘。一见面，这位中学校长便说：“编辑是你们所学的专业，但我们校刊是一份小报，对你们来说，多少有些大材小用。我想，你可能想到我们那儿积累经验，然后跳槽到大报社去吧？”

这名学生见校长笑容和蔼，就没听出校长的言外之意，也没对这话做出反应，只是笑了笑。这个学生本没有跳槽之意，但校长以为他猜对了此人的想法，因此马上把这名学生否定了。

面试时务必要细心倾听，琢磨一下问题的“弦外之音”。

一家大公司要招一个财务总监，有许多人前来应聘。经过初试、复试，最后只剩下五个人了。在最后一次分开的面试中，面试官问了所有人这样一个问题：“你怎样才能帮公司逃掉300万元的税？”

大家都千方百计地想办法，第一个应聘者说可以这样做些手脚，第二个应聘者说可以那样改一下账，绝对不会被发现……

听了这些答案后，面试官一言不发，只是让他们回家等通知。

这时，还剩下最后一个应聘者，等他进来后，面试官问他的问题跟前面的一模一样：“你怎样才能帮公司逃掉300万元的税？”

这个应聘者听完一愣，略微思考后说道：“如果真的必须这样做，那么对不起，我退出，我想我不适合贵公司的这个职位。”说完，他起身准备告辞。

出人意料，面试官站起来冲他笑了笑：“请留步，你是我所见过的最有原则的面试者，你通过了最后的考试。我相信你会把这份工作完成得十分了出色，欢迎你加入我们公司！”

一点通

在面试这段有限的时间里，面试官不会有闲情逸致谈论与主题无关的事情，小心面试官的话外音，他的目的只有一个：全面了解你的思想。

面试的内容不仅在于一问一答

中青在线的总经理曾经谈起面试过程中的细节，每次有人去面试的时候，她都会先给对方倒一杯茶。面对这杯茶，面试者往往有不同的反应：

第一种人，当看到有人给他倒茶时，一动不动，稳坐在椅子上安心地等着；第二种人，将茶杯拿起来放到边上，连声称谢；第三种人，马上抢着倒，说：“我来、我来……”

总经理认为，通过这一杯茶就能看到不同的人拥有的素养不一样。

第一种人自不必说，甚至不懂得最起码的礼貌；第二种人虽有礼貌，但不够主动；第三种人，是最有眼色的人，会主动做事。

曾宪梓曾经为挑选公司的总务想出了一个办法测试应试者：一天早晨，他在自己写字楼里的地上故意放了一堆报纸，扔了一把扫帚。许多前来面试的人经过楼道的时候，连看都不看，直接进曾宪梓的办公室。曾宪梓毫不犹豫地对他讲："行了，你可以回去了。"

只有一个应聘者，经过楼道时捡起扔在地上的扫帚放在一边；看到地上的报纸，就把它们捡起来整理好。曾宪梓把这一切都看在眼中。

这位应试者进入办公室后，曾宪梓对他说："你被录取了。"

应聘者丈二和尚摸不着头脑，曾宪梓笑着告诉他："刚才的一切都是在考你。"

一点通

别等面试官说"开始"，从走进面试官办公室的那一瞬间，面试就已经开始了。这时，应试者要对每个细节都加以留意，说不准你最不在意的部分就是面试的核心。

从言辞看"团队精神"

在现代管理科学中，团队合作十分重要。

一家公司招聘员工，最终要从三位应聘人员中选出两个。面试官出了这样的题目：

假如你们三个人一起去沙漠探险，车子抛锚于返程途中。这时，你们只能选择四样东西随身携带，你会选什么？这些东西分别是：刀、镜子、水、帐篷、绳子、火柴、指南针。其中，帐篷只能住两个人，水也只有一瓶。

甲男选的是：刀、帐篷、水、火柴。

面试经理问他，为何刀是你的首选？

甲男说："害人之心不可有，防人之心不可无。帐篷仅容纳两个人，水只有一瓶，万一有人为了争夺生存机会而伤害我呢？所以，我把刀拿到手，也就等于把主动权抓到了手中。"

乙女和丙男选了同样的四件物品：水、帐篷、火柴、绳子。

乙女解释说："水是必需品，虽然只够两个人喝，但可以省着点，相信即使有三个人也可以坚持到底；帐篷的空间虽然仅够两个人睡，但是可以三个人轮换着休息；火柴也是路上必不可少的；而绳子可以用来把三个人绑在一起，这样在风沙很大、看不见路时，人员不会迷失。"丙男给出的解释与乙女相同。

最后，甲男被淘汰出局。

有位心理专家曾经做过一项有趣的实验。他让同一个人分别扮演三种类型的领导者——专制型、放任型与民主型，而后调查其他人如何看待这三类领导者。

结果发现，采用民主方式的领导者拥有最为强烈的团结意识。同时，研究结果也显示，这些人当中使用"我们"这个词的频率也最高。

事实上，我们在听演讲时，对方说"我认为……"带给我们的感受将远远比不上采用"我们"的说法，因为采用"我们"这种说法，人们更容易产生团结意识。

小孩在做游戏时，常会说"我的""我要"这类语句，体现了强烈的自我意识，在小孩子的世界里或许无关紧要，但若长大成人以后仍然如此，就会给人留下不好的印象——此人自我意识太强，连同人际关系也会因此受到影响。

人的心理感受是很微妙的，讲述同样的事往往会因为说话的态度不同，而让人感觉完全不一样。因此，善用"我们"来制造彼此间的共同意识，大大有益于促进我们的人际关系。

"我没有做什么，同事们和我一样战斗在工作第一线，尤其领导更起到了标杆表率作用，为我们做出了榜样。所以，今天大家给我的荣誉，我认为不能归功于一人，功劳是大家的。”在一些表彰会上，我们经常可以听到这样的获奖感言。其实，这些话大部分不是发自内心的，因为工作明明就是一个人干的嘛。但是，把“我”说成“我们”，一来显得自己谦虚，二来让领导和同事们听着心情舒畅：这小子，还有点儿眼力见儿。

中国是一个传统文化深厚的国家，中国人的个性一般都内敛。这种内敛个性成为了我们基本价值判断的一部分。如果一个人过分强调自己，什么事都抢着去干，或者什么事都爱出风头，什么过错都推给别人，那这个人很可能就要倒霉了，当然团队中的头号人物除外。所谓“枪打出头鸟”说的就是这个道理。所以，即使自己干了很多，苦劳都是自己的，也要让大家共享功劳。

由于让心中不平之人聊可自慰的就是你做了事情但是将功劳分给了大家，于是，你在别人心中的地位会逐渐提高，群众的眼睛是雪亮的。领导同样喜欢如此谦虚不骄、不居功自傲的下属。

一点通

“我”跟“我们”的差别，其实就在于让听者听起来心中是憋屈还是舒畅。说“我们”，听者心里高兴，对自己有好处；说“我”，听者心里不高兴，对自己没什么好处。既然这样，若读者朋友够聪明，就会多说“我们”少说“我”。

第二章　学会与上司相处

要牢记自己的地位

在不该说话的时候说话，不该做主的时候做主，是初入职场人的通病。你必须知道，无论你帮老板管了多少事，也无论你的老板多么不聪明，甚至可能依赖你到了你不在他连电话都不会拨的程度，可他毕竟还是你的老板，毕竟最后由他决定所有事情。出了错，他承担；有面子，也该由他来买。

下面有一则值得人好好思考的关于自作主张的故事：

> 有个杂志社给一个作家做了一期专访。等杂志出来以后，杂志社送了作家一本，他想多要几本送给朋友，便给打电话这家杂志社的主编。
>
> 主编不在，电话是杂志社里的一个小姐接的。“麻烦你转告一下主编，我希望多要几本这期的杂志。”“这个啊，没问题！您直接让人来取就可以了。”小姐爽快地说。
>
> 作家正要开车去取时，却接到主编的电话：“对不起！刚才我不在，杂志收到了吧？我刚才已派人给您送去了。”停了一下，主编又说：“可是，对不起，我想知道是哪位小姐说您可以立刻过来拿的。”
>
> 作家很奇怪，于是问道：“有问题吗？”
>
> “当然没问题，您要十本都可以，我只是想知道，是谁越俎代庖。”
>
> 事情的结果大家可想而知，那位自作主张的小姐免不了受到上司的一番责备，上司一定会认为她目中无人，她在主编心目中的印象也一定会迅速下降。

既然你的上司才是别人要找的人，作为下属就该原话转告，而不是替他做主。虽然只是一句话而已，但本来可以由上司卖出的人情，却被你无意间送出了。想想看，对这位小姐的行为，上司能不反感吗？

老板就是老板，下属就是下属，自以为可以越俎代庖，真正的好下属要懂得说与做的时机。

不自作主张，这是你在处理公司事务时最基本的原则。要想在这一方面做得更好，你还需要遇事时多和上司商量，多让上司拿主意。

你有没有常常就工作上的事向上司询问，或者有没有跟他一起商量自己的问题？如果没有，从今天起，你就应该改变策略，尽量详细地发问。部下向上司请教，并不可耻，而是理所当然。有心的上司，都十分希望下属询问自己。部下来询问，一则表示他的眼里有上司，尊重上司，也尊重上司的决定。另一方面也表示他在工作上有迷惑的地方，而只有上司给予回答才能减少错误，上司也才能够放心。

若员工装作事事皆明了，一切事都不想问，上司就会觉得"这个人恐怕不是真懂"，因而对他的工作感到担心，也会怀疑你是否会在重大问题上向自己征求意见。在工作上，作重大问题的决策时，你不妨问问上司，"关于某件事，某个地方我不可以自作主张，请您定夺一下"，或者"这件事依我看不这样做比较好，不知部长认为应该如何"等。这样一来，无论功过如何，都几乎与你无关。

客观来说，下属擅自定夺的事情，往往不会十分严重，也并非全都造成了不好的后果。可以想象，哪有那么多员工傻到不明白孰轻孰重，敢于擅自替上司做出关乎单位整体利益的主张？除非他真的是个自以为是之人。然而，这种自作主张对职场上的等级关系及人际关系常态的冲击，是十分明显的。

上司不喜欢下属的擅自做主，其实不在于他的擅自决定给工作带来的损失。通常说来，这种损失是微小的。上司心中真正在意的是下属越俎代庖，以及这种做事风格所反映的下属对上司的态度。

因此，多与上司沟通工作问题，让他为你出谋划策。假使你有迷惑不解或深感苦恼的事，诸如工作上的难题、家中的困扰、男女感情的苦恼等，也可以尽量询问上司，并与他商议。尽管你并不会真正听从上司的意见，但是这样做却会使上司产生"他什么事情都听我的"的良好自我感觉，让他感觉你在所有问题上都重视他的意见，在工作上也不会自作主张，这可以为你以后犯一点小错误打下信任的根基。

在职场上，有一条原则你务必牢记在心：上司永远是决策者和命令的下达者，无论我们对自己的判断力有多大的把握，无论你代替上司作决定的事情有多细微，都不能忽略上司的意见，这才是最重要的。如果不注意这一点，当上司意识到事情本应由自己决定，而被属下越俎代庖时，他所产生的心理上的排斥感和厌恶感，以及对下属不懂规矩的不满，足以毁掉你平时小心经营、凭借积极努力所换来的上司对你的信任。所谓"一招不慎，满盘皆输"，莫过于此。

一点通　千万不要在时机不对时说话，在不该做主的时候做主。

领导的权不能越

作为下级，要区分哪些事应该向领导请示，哪些事不需请示。任何不当的做法都会越了领导的权。

经过几个月的调查研究，王宇终于将市场调查报告做完了。正好快到周末了，他小心地检查了文件，确定准确无误后，分发到名单中列出的人员手中。

当他回到办公室桌前时，发现主管不但脸色不好看，而且对他怒目而视，一副要与他拼命的架势。"我意识到自己无意中冒犯了他，"王宇解释说，"他给了我要分发的人员名单，我以为自己做的完全符合要求。然而他却生气于未看到最终版的文件，他觉得我眼里没有他。"

主管要求王宇马上收回文件，然而一切都太晚了。“当我走进经理的办公室时，发现经理正在阅读我的那份报告。”王宇说。

王宇感到自从在那次分发文件的事情上自作主张后，主管就对他很不客气，一直在责难他的工作。无论什么事情都要挑剔、指责一番，最后王宇辞去了工作。

还有一则事例。

小宫在某单位的经营部工作。一天下午，领导去开会了，一位客人按照约定时间来与领导见面。小宫怕打搅领导开会，就没有与领导联系，擅自对那位客人说：“我们经理今天下午去开会了，不会回来了。”于是，客人心情郁闷地走了。半小时后，领导急匆匆赶来，开口就问是否有一位客人来。小宫将事情一说，当时领导脸色就不好看了，说：“你怎么知道我不会回来，那位客人是我约了好几次才来的！”事后，领导总挑剔小宫。

王宇和小宫的经历反映了工作场合中应注意的细小问题。一些小的、看起来无意的错误，有时会造成极大的职业障碍。所幸的是，若你明白错误容易出在何处，就能够避免很多麻烦。

如何避免发生此类擅自越权行事的行为呢？

首先要分清哪些事情是需要领导亲自决定的，哪些是自己可以放手去做的。下级和领导所认同的重要的事情并不完全相同，你要仔细观察平时的工作，多积累经验，了解不同领导的脾气。

若不知什么是重要的或者不重要的，你不妨试探性地向领导询问：“我已经按照您的意见改完了，您再看一看”，或者“我改完了就发下去，行吗”，此类话可以避免产生矛盾，即使领导指责也是责任分半。再怎么说，礼多人不怪。如果真的是上司有意挑剔你，你可以拿出具体的时间、地点为自己辩护。

其次，注意程序流程。任务分派给谁，谁就应当负责，上下级之间的工作程序应该严格执行。

再次，领导有明确回答时，当做主时就做主；没有交代的事情不要自作主张，宁可放着，也不要动。所有事情都不可能是十万火急的。所以，很多事情你要请示领导，特别是有些很难决定的事情。现在通讯设备比较发达，可以准备一个电话本，将领导的、同事的、相关人员的联系方式整理记录下来，关键时刻能够解脱你的责任的。

许多领导正是通过有意识地保持与下属的距离，让下属有权力存在感，感受到自己的支配权与权威。这种权威对于领导巩固自己的地位、推行自己的主张和政策是不可或缺的。如果领导过分和气，忽略对下属树立权威，下属可能就会轻视领导的权威而变得懒惰、拖延、散漫，甚至有意识地进行破坏。所以，领导通过“架子”使自己的权力得到体现，进而有效地行使权力是无可非议的，这对于领导很好地履行自己的职责是有一定帮助的。

距离感会让人觉得领导很威严，威严感会使领导形成一种威慑力，使下属感到“服从也许是最好的选择”，而“不服从则会不利于自己”。

但领导在有其作为领导的心理与特点的同时，也是有平常心的，起码有和普通人相同的友情、亲情、爱情……他是矛盾的。领导也需要正常人的情感关怀。其实，把握与领导的距离就如同炒菜，掌握好了火候，就不难了。

处理好与领导的关系，一定要相互了解。不论你多么有才华，多么志存高远，如果不能得到领导的任用，也是枉然。如果你对领导的习惯、嗜好等有所了解，那么你就会用更得体的语言跟领导讲话，工作起来就会让他更满意。这样一来，领导自然会觉得你好。

一点通

与领导的距离，就像炒菜，火太旺会烧焦，缺乏火候则炒得生。

千万不要当着众人的面顶撞上司

有一位大学生，能力很强，也很上进，工作十分努力，但一直干了好几年，仍然没有机会晋升职位。当时与他一起进公司的人有的已经做了主管，可他还是一个最底线的员工。其实，同事们都明白为什么，只是他总是想不清楚，私底下直抱怨这个公司埋没了他这个人才，此公司的前途不怎么样等。有一次，他的主管正和公司老板一起检查工作，当走到他的办公室时，他觉得机会到了，只要来个“越极上访”，说不定能收获惊人呢。于是，他突然站起来直对自己的主管说：“主管，我想提个意见，我发现咱们部门的管理不严谨，有时连一些客户的订单都找不到。”当时主管的脸便沉了下来，但什么都没说，就陪着老板走了。

也许他说的是事实，但大家都可料知后果。也许你会说，这个人也是为了公司的利益，想改进工作。是的，他的本意不错，但我们要了解人性的另一个方面，没有人愿意在大家面前出丑，即使有些人能不计较当初的事情，但要知道，那些忘不掉当众受辱的难堪的普通人更多！所以，这件事可能会产生一些潜在的后果。受到指责的人因为有损于自尊，终究心中放不开，终究不能释怀；指责他人者也总是担心受整，时时提防，为将来的争斗埋下了隐患。

一般说来，那种真君子、大度量的主管也随处可见，但大多数主管终究不想被人当众指责自己工作中的疏忽和漏洞，尤其是面对自己的老板时，这样会影响他的前程。即使你说得再对，如果他因此而失去了自己的职位，对你的提议他会表示感激吗？如果他对你不满，也许会做出一些对你不利之事，如冰冻你，不给你事做。即使你脸皮再厚，也不可能天天无所事事吧！或者鸡蛋里挑骨头，明明你工作干得不错，但他就是挑剔你，对你不满，给你做出不良的业绩考核。业绩不好，加薪、升官还有希望吗？或者在你和同事之间搞感情破坏，造成你的孤立。又或者会当众给你难堪，例如在开会的时候批评你。

总之，你的主管比你占有更多的优势，无论他使出上面的哪一招，都能让你这个当下属的招架不住，坐立难安。如果你想越级打小报告，除非你证据确凿，而且主管犯了严重的错误，否则不会有太大的效果。因为毕竟他是老板亲自提升的人。

如果你确有证据，足以让他下台，但这样一来又会让人觉得你很“好斗”，除非你手上有丰富的资源可以分配，不然所有人都会远离你，因为他们怕不小心也被你斗倒。更严重的是，如果你把现在的主管斗走了，就会被新换的主管疏远，因为他也怕被你斗倒！

主管在工作中出现失误时，千万不要事不关己或偷着乐，这会令他极为寒心。此时的你应该帮他总结教训，多加劝慰。若你只是指责、讽刺，则易把关系搞僵，使矛盾激化。己所不欲，勿施于人。当你犯错、失误的时候，也希望得到别人的帮助、劝慰而不是冷眼旁观或幸灾乐祸吧？你的主管也是如此。若你能设身处地为主管着想，并且在他需要的时候伸出援助之手，那么，你一定会得到上司的信任，并且被上司青睐有加。

话又说回来，如果真有意见，务必要找到适宜的方式和主管沟通。最好出之以利地处之，即使内心不服，也不能当众指责，如果你羞辱他人，只能说明你还很幼稚，缺乏理性。

万一你年轻气盛，不小心让主管当着大家难堪和出丑，而且你也不想离职，那么就赶快向主管道歉，此种弥补措施是唯一有用的。也许你的主管会因为看到你的低姿态，认为你当时并不是出于什么目的，而原谅你；如果不去道歉，后果会很糟糕——那只会让你举步维艰，结果只能“走人”！

一点通

“人非圣贤，孰能无过”，主管也是；上司犯错的时候切不可当众加以指责，而应该找个恰当的时机暗示或说明；如若不然，你就假装看不见。

不要聊上司的八卦

一个小国的国王为了自己的国家不被邻近的大国所侵犯，万不得已与邻国联姻，娶了大国国王的妹妹为妻。

由于这个国王的妹妹是个极其尖酸刁蛮的女人，因此婚后国王并不自由，处处受她控制。国王因为长期的压抑，无奈在外面又私下结识了一个女人。由于担心凶恶的王后知道此事，国王终日提心吊胆。

这时，有一个很会讨好国王的人主动为他想办法、出主意，为国王设计了许多与情人幽会的方式，国王也视他为亲信。只有此亲信对国王与情人的事了如指掌。

久而久之，皇后似乎对国王的不轨有所察觉，就准备找那个亲信询问。因为她知道，只有他最清楚国王的私事。

国王得此消息后，马上寻了一个借口下令把那个亲信处死，这样就永无后患了。

如果对上司的私生活了解太多，并使你脱离了与上司的正常关系，这对你没有丝毫好处。上下级之间的确可能建立友谊，但是友好过头，对上司的秘密了解得太多，却是不值得提倡的。

亲密的关系是一种平等的体现，这会扭曲上司与你之间正常的上下级关系。

上司让你知道的秘密一旦被泄露，他将受到伤害。最初你或许会因为与上司关系密切而与他无话不谈，并自鸣得意。可是，时间一长上司便会以此为隐患，从而使你们的密友关系变得越来越尴尬。哪怕上司让你知道的秘密仅仅是公司内部的事，仍会给你带来不必要的麻烦。因此，你介入得越深，你的行动就越不自由。

此外，频繁地和上司周旋而获得上司密友或上司宠儿的称号，还会让公司同事们讨厌你、不信任你，甚至会有人千方百计地与你作对，拆你的台，谁知道你成天黏在上司的身边，一副神秘兮兮的样子，是否有一些不能见光的小阴谋或小算盘呢？这是人们的本能反应。

即使你潜意识里成功的愿望非常强烈，但是为了自己的愿望在实现的过程中没有人为的障碍出现，你和上司之间一定要设一块禁区，并使自己处在安全线以内。

此外，还要留一点私人空间给上司，因为当上司的也需要一定的安全感。和上司相处，各人有各人的门道，送礼也好，拍马屁也罢，都不如在工作上留一点空间给他的效果好。

每个人工作的目的之一就是为了生活，当然也包括上司。你怕被冷落，怕得不到信任，上司其实与你完全相同，只不过他有一些与你不同的担忧而已。他担心你的能力不佳，做不好事情而让他承担后果；又害怕你有太强的能力，事事做得完美无瑕以致管不住你而动摇他的领导权威，甚至更怕你夺走了他现在的位置。所以，给你的上司留一点空间。

那么，怎么做才好呢？

首先，时时向上司请教。即使他没有你懂得多，也要尊重他，和他讨论某项计划，请他给你一些指点。当上司看到你这样做时，自然就放心多了。不过，请教完之后，千万不要一个建议都不采纳，否则会适得其反。因此，在你的计划里多少加入一些上司的意见，这一点他会很在乎。

其次，不要把事情做得太完美。别以为凡事完美就一定能够得到上司的赞美，最好在不明显处留有一丝瑕疵或一点缺陷，以便让你的上司给你一些建议，从而显示出他高于你的能力，以满足他的优越感。

同时，别忘了经常称赞你的上司，这与拍马屁有很大不同。员工需要上司称赞，上司其实也需要属下称赞，尤其是上司的上司也在时，你的称赞尤为重要。它一方面表现了你的服从，另一方面又间接地替你的上司做了公关。这样一来，他能不私下关注你吗？

所以，既能不对上司的私生活太了解，又能留下一点空间给你的上司立足，这就是与人的相处艺术，也是一些人不断被上司重用，从而缩短走向成功的路程的原因。

一点通

与上司的关系最好远近适中，既让他感到你很亲近，又不对他构成威胁。

为上司受过的学问

有时，从上面下来的是鲜花和掌声；但有时，却是板砖和黑锅。

现代职场风云变幻，真假难辨。有时候你被老板赞扬，千万不要得意忘形；有时候你被老板冤枉，也一定不要灰心丧气。古语曰："祸兮，福所倚；福兮，祸所伏。"但是，又怎知这其中有多少是祸，有多少是福呢？

勇和杰同时进入一家公司上班，主管的黑锅常常由他们来背，可是勇越背越受重用，而杰却越背越被主管和同事排斥。杰越来越沮丧，就问主管为什么，主管告诉他，因为他背黑锅后喜欢四处吐苦水，让同事受到负面影响，从而大大影响了工作。杰听后马上改正，后来，也渐渐地受到了主管的重用。

背黑锅要看自己的职位和层级在什么水平上，低层、资历浅的员工没有背黑锅的筹码。如果有必要，应尽量避免奋不顾身地承担责任。如果被迫背黑锅，就只有哑巴吃黄连了。如果你自认为不是低层，也并非资历浅，那么就要认真分析一下，自己的价值是否值得利用；如果不值得，那说明老板在找借口排斥你。

通常会有两种类型的人被指定背黑锅，分别显示你在职场中两极化的处境。一种是你有被利用的价值，被老板钦点背黑锅，即把你当心腹，放心让你承担责任。只要你背了黑锅，他就会很看重你。如果是这种情况，意味着你成功地取得了老板的信任，前途一定会很光明。

另一种情形恰恰相反，如果你被指派背黑锅，却没有感觉到被人相信，表示老板把你排斥在外，你离开公司是早晚的事。

如果是后一种情形，你应该多跟老板沟通，尽力化自己的被动为主动。而不应该这样想：反正得不到老板的信任，背了也白背，然后就毫不留意地走了。当然，如果通过沟通之后，老板仍然一而再、再而三地要求你背黑锅，可能你和老板之间已经有了太深的嫌隙，这时再换工作也不迟。

如果这种情况只是偶有发生，就应该尽量依照老板的想法，尽量做好老板的左膀右臂。不然，未来你非但不会被重用，而且没有机会晋升。

中层主管与消费者和员工关系比较近，被赋予目标和命令时，明明认为方向有错或者会受到反击，却无奈地勉为其难地去做，为高层主管或者老板背黑锅。

当中层主管执行任务时，若发现决策不适宜，一定要把真实的状况和意见向老板讲清。如果老板仍固执己见，最好服从团队精神，表达完自己的意愿后，依据老板的指示去做。因为每个人的层级不同，也就掌握不同的信任，老板考虑的是全盘利益，在一方面可能吃点小亏，但在另一方面可能大大获利。下面的人执行"笨蛋的指令"时，常常会感觉到背了黑锅，却忽略了总体上对公司的利益。

高层主管常得背黑锅，例如裁员，被淘汰者总会向下令裁员之人攻击和射箭。当董事会不愿出面时，背黑锅的就得是总经理、副总经理。

但是，高层主管应该减少让自己背黑锅的机会。高层主管是决定公司方向的掌舵者，领导着很多人，大权在握，如果高层主管经常为董事长背黑锅，那么在下属看来，就会觉得这位领导经常犯错，这样他的形象、魄力和领导力都会大大受损。

不论是中层主管还是高层主管，在万不得已要背黑锅时，都可以推脱责任让自己的下级承担，也就是让第三者做"替罪羊"。不过，最好找你的心腹，并且事后对他加以重用。

一点通

祸兮福所倚，福兮祸所伏。短期而言，背黑锅会阻碍你在职场上的发挥；但长期来讲，对你名誉上的影响不会太大，毕竟日久见人心。或许你背黑锅的胆识，反而会让人对你青睐有加，这样一来未尝不是件好事。

要学会给上司身边的“红人”让道

有些人认为，只要在公司里兢兢业业，取得业绩，赢得老板的赏识和欢心，加薪、提升就指日可待了。因此，对那些老板身边的心腹不放在心上，认为这些人没有太高的职位，权力也不怎么大，跟自己没什么直接关系，没有必要太看重他们，只要不得罪就行了。殊不知这样一来，让自己走了不少弯路。下面这则例子是关于一个聪明人的，仅供办公室人士学习、借鉴。

张健才刚满24岁就已经坐上了部门主管的位置，而且很有发展前途。一到各部门主管开会的时候，他总是先听，然后才将自己的意见说出来，既中要害，又显得谦虚，令人叹服。

公司的老板非常看重他，对他提出的意见和建议十分重视。可是他除了对老板十分恭敬之外，对老板的得力助手——分管人事的副总亲近得让人意外。逢年过节，他必然登门拜访，且总要拎一点家乡的土特产。

大家很奇怪，老板虽然是一个不容易遇到的有魄力、知人善任的人，但副总却是一个本事不大、心眼不少的人，他为何一味地讨好后者呢？于是，亲密的朋友问他，张健才说，副总虽然没有多少业务方面的本事，但他的心眼都用在了为人处世上，他所起的作用不一定好，但如果在背后给你起点消极作用，你就会吃不消。我讨好他的原因，就是希望他不要在背后给我做手脚，那就谢天谢地了。

分管人事的副总对张健才也不错，经常向这位小伙子通报一些情况，两个人相处得非常融洽。

一种心理定式已经印在了我们的脑中：有能力，有学问，有头脑，有良好的品德，我们往往跟他比较亲近；而如果一个人喜欢钩心斗角，一心钻营，我们就总是躲着他，疏远他，结果只能是自己为自己设置障碍，磕磕绊绊地走在艰难的谋职路上。

这个小伙子做得对，老板身边有许多“红人”，如他的副手、亲人等。虽然他们没有决策权，但却十分知情，在很大程度上会影响老板的决策。在工作中，我们固然要认真做好本职工作，同时也要给“红人”让道，别让自己糊里糊涂地倒下。

“红人”古今都有。三国时曹操的大儿子——曹丕和自己的弟弟曹植争夺太子的宝座。曹植自恃文才过人，父亲又重才胜过一切，便不拘小节，常常违背曹操的意愿。曹丕明白自己的文才比不过曹植，便极力拉拢曹操身边的红人为自己出谋划策。因此，这些谋臣经常在曹操面前称赞曹丕。

曹丕尊敬父亲身边的所有人，顺利地走上了从政之路。据史书记载，他一个很有政绩的帝王。

现在看来，是曹植将父亲的作用放大了。他以为父亲是说一不二的一国之主，只要父亲喜爱自己，就可以忽略其他人，因此失掉了一展抱负的机会。曹丕就比较聪明，他调动了父亲方方面面的“亲信”为自己美言，终于登上了皇位。

老板身边的“红人”因为其特殊的地位，比老板更需要尊重和理解。他们虽然不能说一句是一句，但有自己的圈子和能量，千万不要低估他们，更不能回避他们，否则容易产生一些不必要的误会。如果他本身值得尊敬的地方不多，就更要敬他三分，以免牵动他敏感的神经。

一点通

"红人"能红自然有他的道理,与他们处好关系,你的好处自然不会少。

如何消除上司对自己的误解

往往不经意间得罪了某个领导,而你自己却全然不觉,等到弄明白是某个领导误解了你的时候已经为时晚矣。

5年前,小韩还是基层车间的一名钳工。后来厂宣传部新调过来一个姓方的部长,他见小韩文笔不错,便顶着众人的压力将小韩调进了宣传部当宣传干事。从此,小韩将方部长对自己的知遇之恩铭记在心。两年后,小韩在厂办当了秘书,成了厂办王主任的部下,很快,精明的小韩就备受王主任的喜欢了。

没过多久,小韩感觉方部长逐渐疏远了自己。仔细一了解,才知自己现在的领导王主任和从前的领导方部长之间有私人恩怨。因而,方部长总是怀疑小韩与王主任站在同一站线上。

其实,让方部长对小韩产生误解的"导火索"很简单:在一个下雨天,小韩给王主任打伞,没给方部长打伞。这是很久以后方部长亲口对小韩说的,但其实那天小韩从王主任身后赶上为他打伞时,确实不知不远处的方部长也在淋雨,误解就此产生了。

一气之下,方部长在许多场合都说自己看错了人,还说小韩忘恩负义,谁是他的上级,他就跟谁关系好。其实,小韩根本不是这样的人,他对其间发生的一切浑然不知。一直到方部长在人前背后说小韩的那些话传到了小韩的耳里,小韩才觉察到问题有多么严重。

对此,小韩真的是哑巴吃黄连——有苦说不出,被上司误解,该怎么办呢?小韩自有他的处理原则:

1. 让时间来评判

正所谓"路遥知马力,日久见人心",方部长在一气之下说自己是忘恩负义之人,一定是自己在某一方面做得不好。现在向方部长解释说自己并非那种人,方部长肯定听不进去,自己到底是个什么样的人,还是用事实来证明吧。让时间来检验吧!

2. 遵循"解铃还须系铃人"的原则

方部长误解了自己,自己必须向方部长解释清楚。自己既是"系铃人",也是"解铃人",要化干戈为玉帛,只能依靠自己下工夫来化解。

掌握了这些解决问题的原则,为了消除部长的误解,小韩采用了如下六个方法:

(1)极力掩盖矛盾

每当有人提及方部长与自己关系不和时,小韩总是极力否认,因为他不想让更多的人知道方部长和自己有矛盾。小韩此举是为了避免事态扩大,刻意制造条件以利于缓和矛盾。

(2)公开场合注意尊重领导

方部长和小韩在工作中经常打交道,每次小韩都主动和方部长打招呼,不管方部长态度如何,爱理还是不理,小韩总是面带微笑。有时,因工作需要和方部长同在一桌招待客人,小韩不仅主动向方部长敬酒,还不忘告诉大家自己是方部长一手培养起来的,自己十分感激方部长。小韩此举的目的是为了说明自己一直对方部长的恩情感念于心,又怎会是忘恩负义之人?同时,他这么做也让方部长很有脸面。

(3)在私下场合对领导多加夸赞

小韩深知当面说别人好不如背地夸奖别人的效果好。于是,小韩经常对别人说起方部长对自己的知遇之恩,自己对方部长不胜感激。当然,这些真的是小韩的心里话。若有人在背后说方部长的坏话，小韩知道后则尽力为方部长辩护。小韩是想通过别人的嘴替自己表白真心，假如方部长知道小韩夸奖自己，肯定会高兴的，这样更有利于消除误会。

(4)紧急情况“救驾”

平时工作中，一旦小韩知道方部长遇到了紧急情况，就会挺身而出，及时前去“救驾”。如有一次遇到重大节日贴标语，方部长一时找不到人帮忙，小韩知道后，主动承担了贴标语的任务，类似事情，小韩总是主动去做。小韩此举的目的是想重新博得方部长的好感，让方部长觉得小韩没有忘记他，仍是他的部下，有利于平衡方部长的心理，消除误解。

(5)找准机会冰释前嫌

待方部长渐渐对自己产生了好感，小韩便利用与方部长一同赴外地开会的机会与方部长进行了真诚的交流。方部长最终被小韩的诚心打动，说出了对小韩的看法以及误解小韩的原因——“雨中打伞”的事。小韩一直澄清自己当时真的没看见方部长，希望方部长不要责怪他。因此，方部长表示不计较过去，要和小韩和好如初。小韩此举的目的是利用单独相处的机会弄清被误解的原因，同时选取特定的场合让方部长更容易接受自己的解释。

(6)经常加强感情交流

当方部长消除了对小韩的误解后，小韩不敢掉以轻心，赶紧趁热打铁，常找时机与方部长进行情感交流，或向方部长讨教写作经验，或到方部长家和他下棋打牌。久而久之，方部长不但没有怀疑他，反而对这个昔日部下喜爱有加。小韩此举的目的是通过经常性的感情交流，加深与老领导之间的友情。

功夫不负有心人，在小韩的不懈努力下，方部长对小韩彻底消除了误解，反倒觉得自己以前在人前说的话有点对不住小韩。从那以后，方部长一见人就夸赞小韩的种种优点，两个人的感情与日俱增。

一点通

及时消除你和上司、某个领导之间的误解是很有必要的。

第三章　职场中的有所为、有所不为

绕开分歧，克制自己的情绪

人类的本能就是愿意与自己喜欢、欣赏的人靠近，同时远远避开那些令自己压抑的人。然而，生活中我们并不能随性而为，因此，需要经常与自己不喜欢的人相处合作。学会避开矛盾，才能做到喜恶有常。

哈蒙曾被誉为全世界最伟大的矿产工程师，他从有名的耶鲁大学毕业之后，又去德国佛来堡攻读了3年硕士学位。毕业回国后，他去找美国西部矿业主哈斯托，不料哈斯托的脾气很固执，而且注重实践，他不太信任那些长相斯文的、只懂大理论的矿务工程技术人员。

因此，当哈蒙去哈斯托那里面试时，哈斯托说：“我不喜欢你的理由就是你在佛来堡做过研究，我想你的脑子里一定装满了一大堆傻子一样的理论。所以，我不想录取你。”

听完哈斯托的话后，哈蒙并没有放弃，他灵机一动，只见他假装起胆怯，对哈斯托说道：“你若保证不让我的父亲知道，我将告诉你一句实话。”哈斯托表示他可以守约，哈蒙便说道：“其实在佛来堡之前，我根本没有学到半点学问，我净顾着找地方工作，多挣点钱，多积累点实际经验了。”

听完哈蒙的话后，哈斯托立刻大笑起来，连忙说：“好！这很好！我就需要你这样的人，你明天就来上班吧！”

在有些情况下，别人所争论不休的论点对于我们来说反而不是很重要，比如，哈蒙从哈斯托口中听到的偏见。这时，我们不应斤斤计较，而应尊重他人意见避免争执。

敏锐的人在对付反对意见时常常尽量使自己做些“小让步”。每当争执发生时，他们总是在心里盘算着：关于这一点，是否可以适当妥协而维护大局利益呢？因此，无论在什么时候，应付别人反对的唯一的好方法就是在小的地方让步，以确保在大的方面成功。另外，在有些场合，应该将你的看法暂时保留起来。

当你在工作中非常需要另一个人的帮助，而这人曾与你有过节时，你该做些什么？很明显，这时候放弃并不明智，虽然不费吹灰之力便可做到，但会使你失去一个本可以得到的得力伙伴。你应该做的是与之化敌为友，使之成为你的朋友。可从如下几点入手解决：

1. 勇于承认自己的不当之处

不要总害怕承认自己的不对，认为如果这样别人便会瞧不起你。其实，真正有能力的人是勇于承认自己的不对之处的。

即使你的同事表达这种意思的方式没能让你高兴得跳起来，但对于他提出的正确建议，你也应该乐于承认；但这并不表示一旦有好斗心强的同事攻击你，你就要举手投降。对此，你首先应该考虑的是对方言语中包括的信息，而不是说话的人。此外，你应该力求客观地对待自己所得到的意见，即便不是以一种特别客观的方式表达出来。

2. 注意别人的兴趣

要想让对方对你有好感，并愿意与你结交为友，最好的办法就是对他的兴趣爱好表示关注，让对方和你的感觉相同。

3. 对于威胁性的问题不要理睬

有时，我们会听到威胁性的问题：“你以为你是谁？”“你难道没有听过什么是应急计划吗？”这些问题以及它们那些数不胜数的变形，根本不是在询问信息，而只是为了使你失去理智和平稳的心态。这时候，你可以索性假装它们根本不是你的同事说出来的话，你只管回到你的主题：你感受到了什么（而非它是什么），你计划做什么，以及你希望如何执行。这样，我就不会给你的同事对你破口大骂的机会，也许会让他更少地依赖于这一类威胁性的问题。

4. 让对方明白他不可或缺

每个人都渴望被别人所需要，这一点是很重要的，告诉对方这一点能在很大程度上调动起对方的积极性。当然，你是否真的需要是另外一回事。我们正是要利用这样一种需要尊重对方的想法，对方一高兴，就可阻止矛盾激化，尽可能地减少或消除将来的敌对怨恨。

一点通

在生活中，你难免与自己不喜欢的人打交道。这种时候要把私人的恩怨放在一边，互相抑制嫌弃的心理，以成事为个人追求的最终结果。这样一来，个人的无常与喜恶就会变得有常，最终达到办事的效果。

适度公事私办能收获奇效

公事私办并不是让人违反原则和纪律，而是在可行的条件下掌握分寸，灵活变通，把公事当成私事来办，让对方更加心甘情愿地帮助于你。

有的人不明白“公事私办”这一原则，结果吃了亏。一位刚从国外归来的博士到应聘单位办手续，他认为办公人员的工作效率太低，就以国外的情况对工作人员横加评论。对方很不高兴地说：“今天不办手续了，明天再来吧！”

这个博士不懂人情世故。他若能态度谦和地说上几句好话，类似“初来乍到，请多多关照”“麻烦你们了，这是我个人的材料，请多多留心”，兴许办公人员反而会迅速办好他所要求的事。

如果当时在办公室工作的人是你，以为这是公事，就拿着“谁耽误就是谁的责任”的原则牌子吓唬人，而不考虑无论如何行事都在与别人合作，势必会遇到不少麻烦。这种刻板的公事公办的方法忽略了人的感情因素，当然很容易走进死胡同。

如果是有“心计”的人，懂得公事私办的道理，结果就会呈现另一番面貌。

在某电器公司修理部工作的张师傅一下班就蹬上了自行车，赶往他好友王某的公司。王某的一台空调突然不制冷了，张师傅去瞧瞧什么毛病。“既然是好朋友，就肯定要去帮忙。”张师傅赶到王某公司，顾不上吃饭就忙活起来，一直干到很晚，终于修好了空调。

王某感激地对张师傅说：“太谢谢您了，要不是空调急用，也不会麻烦您下班后来帮忙，耽误了您这么长时间，实在过意不去！”张师傅笑着说：“嘿，咱们都是这么多年的老朋友了，还说什么两家话！”

尽管王某公司的空调是张师傅他们厂生产的，修理空调也是张师傅的本职工作，但张师傅把这件事当“私事”办了。但若王某不是张师傅的朋友，结果会怎样呢？可能张师傅觉悟高，也会这样做；不过当时是下班时间，即使张师傅推说到明天再修理，也是合乎情理的。

许多时候我们不免这样认为：公事私办比公事公办往往来得简单、快捷，甚至办得漂亮得多。

俗话说：“熟人好办事。”日常生活中经常有这样的事：当你为单位去办某事时，对合作单位的一位老熟人说：“哎，哥们儿，这事交给你了，你一定要像办自己的事一样来办这件事啊！”这句话的言外之意是此事虽是公事，但与本人的关系非常密切，所以嘱咐你留神、细心，迅速帮忙完成。这就是公事私办的关照语。若你是有“心计”之人，一定得懂得并能够见机行事，结果是不但事情办得圆满，而且因此建立了人缘。

一点通

公事私办的最大诀窍是善于利用你的人缘，你用与别人同样的功夫却得到了更多的回报。投之以桃，对方也会报之以李。当你有求于人时，你也得如此回报。

能力并非升迁的关键

小李是名牌大学外语系毕业的。他进公司已经两年了，大家共同见证了他的工作能力和业绩。他是部门公认的“业务尖子”，每次部门会议或者年终聚会，各级领导都对他交相“夸赞”，什么“小李年轻有为”，“有思想、有魄力”之类的表扬尽收耳旁，小李也颇为得意。

然而，在两次大的人事变动中，他眼睁睁地看着两个业务水平不如自己的同事得到了提拔，与他一起进入单位的一个大学生也有了重点培养的动静，只有自己仍然原地不动。尽管小李的薪水因为与业务挂钩而遥遥领先于其他同事，但他因职位上的平静而觉得在朋友圈中丢了颜面。

每次找到部门经理，经理总是对他连连夸赞，然后以一句“金子在哪里都会发光的，以后还有机会”来打发他。偶尔问得多了，经理就会以“不能光顾个人”的话搪塞过去，全然一副欲言又止的样子。

“为什么我得不到提升？”小李还在苦恼着。

让我们看一下业务尖子小李是如何输给了同事“热心肠”的：

一个叫“热心肠”的北方人是小李的同事，他为人热情开朗，特爱帮人忙，无论谁遇到什么问题，只要向他求助，他都热心地相助。他简直是小品《有事您说话》里的主人公。有时候，遇到同事业务中出现了问题，明明不属于他的工作范畴，他也会主动帮忙，甚至承担责任。

小李对“热心肠”乐于助人的性格不以为意，他的观点是“不在其位，不谋其政”，“自己的事情自己做”。他觉得工作就应该各司其职，像“热心肠”这样盲目热心，会影响公司的运作秩序。

毫无疑问，公司里业绩最好的肯定不是“热心肠”，他脑子直，主意少；但公司中最有人缘的肯定是他。这次人事变动，他被调到总经理办公室协助总经理协调公司各级员工之间的关系，一下子成了老总身边的红人，前途似锦。

在日常管理中，我们常会发现，公司未必完全按照组织的晋升规定来提拔员工。很多时候，一些从未在正式文本中出现的选拔条件常常发挥关键作用。

其实，小李的问题就出在这个方面：忽视了组织绩效考核中的一个重要隐形因素——“组织公民行为”。

无论是机关还是企业，在绩效考核的过程中，都会使用许多软性的评价指标。比如组织成员的人际关系处理能力，表现出来的对组织的劳动力及奉献精神等。这些软性指标就是“组织公民行为”，它并不存在于公司的正式薪酬关系中，却在员工实际的晋升、加薪等方面起到相当重要的作用。比如我们常见的机关民主评议，每位评选者的评选标准都非常繁琐，在刚性的规定之外总会掺入个人软性感情的因素；即便在竞争性的企业管理中，也不完全以“业绩”论英雄，团队合作已经是业界提拔人才的共识。

许多刚进入社会的大学生，尤其是像小李一样自以为读了很多现代管理理论书籍的，都坚信“能力取胜”是一切组织的用人准则。他们以为自己肯定是块能发光的金子，却不知事情根本没那么简单。

准确地说：“组织公民行为”是指员工自发进行的行为，尚未在组织正式的薪酬标准中得到明确或直接的承认。但就整体而言，是有益于组织运作功能和效率的行为总和。国内外有许多研究表明：员工的“组织公民行为”已成为管理者给予员工高评价、加薪及晋升的一项重要根据。这样看来，小李当然不如“热心肠”升迁得快。

如下组织“公民行为”可供我们参考：

自发帮助他人，处理或解决工作中出现的问题，保持人际和谐、调解同事关系、看重礼貌行为等。

自愿忍受不可避免的不便，从事额外工作时任劳任怨，可以为了组织的利益牺牲自己的某些利益。

忠诚于组织，保护组织和对组织的发展有良好的祝愿，拥护并维护组织的发展目标，有敬业精神，在组织发展受阻时，仍无限忠诚于组织。

个体不仅接受组织的规章制度和运行程序，并加以内化，且在日常行动中认真严格遵守，即使在无人的情况下也是如此。

自愿并创造性地从事与工作相关且超出了组织要求的行为，积极为组织的发展奉献计策，自觉为工作奉献等。

因此，像小李那样仅靠一人之力是行不通的。

一点通

很多人以为靠自身能力可以走遍天下，其实在当今人情社会的环境下，这是一个伪命题。有能力，没处世方法，依然寸步难行。

忠臣非愚忠，择主择明主

良禽择木而栖，并没有错。

遭小人暗算并且走投无路时，最好的办法就是弃暗投明，另择明主。做人千万不可吊死在一棵树上。

章邯是秦朝的大将，对朝廷忠心耿耿，屡建大功。

陈胜、吴广起义后，章邯受命讨伐。由于军力不足，章邯将刑徒和官奴聚集到一起。在他的调教下，这支拼凑起来的队伍的战斗力也相当强。

章邯性情直率，不喜谄媚。他不去逢迎当时掌控朝政的权臣赵高，惹得赵高十分恼怒。为了报复章邯，赵高根本不理会章邯的功绩，更无封赏之意。

项羽崛起后，章邯和他交手多有败绩，为此向朝廷频频告急。不料，赵高为了陷章邯于死地，不仅不派兵援助，并不将章邯的告急文书向秦二世禀报。

章邯连连失败的消息终于被秦二世得知了。秦二世身边的太监说："章将军勇冠三军，若他有失，秦国就危险了，陛下将如何处置他？"

秦二世怒不可遏道："章邯深负皇恩，罪该万死，还想活命吗？"

太监摇头说："章将军如今已是败军之将，必心多惶恐，斗志有失。既然陛下要靠他来杀敌卫国，就不能任性责罚他了，否则他惧祸投敌，陛下岂不更加危险？陛下如果能先压下怒火，略作抚恤，章邯不见陛下怪罪，定能定下心神，再为秦国建功。"

秦二世于是找来赵高商议此事。赵高故作惊讶地说："章邯为人自高自大，向来不把朝廷放在眼里，这样的人不加责罚，怎么能体现陛下的天威呢？"

秦二世又要下诏指责章邯，有的大臣上奏说："时值国家危难时刻，章邯实在是不可多得之良将，此时若不求全责备，对谁都有好处。一旦诏书降下，万一章邯投敌，陛下岂不得不偿失？"

赵高在旁阴声道："皇上赏功罚罪，理所应当，章邯若心怀异志，正好可将他除去。他若为忠，又怎会因皇上责罚了他就叛敌了？"

秦二世于是下诏，对章邯大加指责，言辞甚厉。章邯接诏，又气又怕，一时六神无主。长史司马欣前去咸阳替他探听消息。司马欣从别人口中知晓了其中的缘故，于是连忙赶回告诉章邯："赵高对将军有心排斥，如此看来不管你是否有功，都难免遭他陷害。"

章邯大吃一惊，情绪更加低落。

值此时刻，赵将陈余派人前来送书，劝他反叛秦国，信中说："白起、蒙恬都是秦国的大功臣，可他们的下场却是被赐死。将军为秦卖命奋战，最后却陷于赵高的谗言中。昏君猜忌，其命运也就可想而知了。天意亡秦，如将军认清形势，反戈一击，不但无有灾祸，还将获除暴济世之美名，何乐而不为呢？"

章邯见信落泪，久不作声。司马欣长叹道："皇上不识奸佞，反责忠臣，这是不得不反啊！"

于是，章邯向项羽投降了。

一点通

为人要辨清是非真伪，做忠臣可以，但不要做愚忠之臣。俗话说："水往低处流，人往高处走。"弃暗投明，适度的时候炒掉你的主人，你的成功人生才会就此开始。

不要故意遮掩自己的缺点

现实生活中,“死要面子”是许多人的通病,这是由虚荣心导致的,他们担心如果别人知道了自己的缺点,自己就会失去些什么。真正会办事的人懂得一点:适当地暴露缺点,别人会更相信你,事情会更顺利地进展下去。

一般人总是认为承认自己的错误很丢脸面,其实事情并非如此,认错也是一门学问。如果你知道别人要批评你,不妨在他说出之前,先主动说出自己的缺点和不足。这样一来,十有八九别人会采取宽容的态度,原谅你的过错。若要真正正视自己的缺点,就必须接受别人对自己提出的建议。诸如,当别人说“这样办这件事会更好一些”,而你为了面子往往不听别人的忠告,或许别人的忠告正是金玉良言,听之,你将改变一切。

经营房地产推销的戴维先生,有一次接手了一个非常艰巨的推销任务。

因为他要推销的那块土地紧邻一家木材加工厂,电锯锯木的噪声让常人无法忍受,即使这片土地与火车站距离很近,交通便利,也很难卖得出去。戴维先生想起有一位顾客想买块土地,其提出的价格标准和这块地大体相同,而且这位顾客以前也住在一家工厂附近,整天噪声不绝于耳。于是,戴维先生去拜访这位顾客。

“这块土地处于交通便利的地段,而且价格比附近的土地便宜很多。当然,它紧邻一家木材加工厂,噪声比较大。”戴维先生实事求是并认真地介绍了这块土地。

不久,这位顾客到现场进行实地考察,结果非常满意:“我去观察了一天,发现那里噪音的程度对我来说不算什么,所以,我很满意。你这么坦诚,反而使我放心。”

就这样,戴维先生如愿以偿地将这笔生意做成了。

由此可以看出,做生意并非必须具备好口才,说出你商品的缺点并不吃亏,它会使你及你的商品更具真实的魅力。

一点通 暴露你的缺点也许会让你的面子吃亏,但你的真诚会浸润他人的内心。一个人若真想把事情做好,就不应忽视这些无足轻重的东西。很多时候,适度暴露你的缺点会给你带来意想不到的机遇。

要尊重公司文化

每个公司经过日积月累,都会形成独特的气质和个性,即公司的文化。万不可企图挑战这一看不见、摸不着却根深蒂固的东西,不然人们都会对你厌烦。

张啸刚大学毕业,到一家公司工作。刚上班,张啸就觉得公司气氛太沉闷,同事们一个个不苟言笑,只知埋头工作;领导也一个个步履匆匆,脸上极少有笑容。张啸觉得特别憋闷,有心想活跃一下气氛。

第二天,他换了一身很“前卫”的装束,坐在自己的办公桌旁一边工作一边听音乐,身体还随着音乐的律动大幅度摇摆;休息时更是笑声震天,好几个同事看到他这样都不停地摇头。

几天过去了,张啸的上司终于忍无可忍地把他叫过去,第一句话便是:“你是不是对公司有意见?”张啸一下子愣住了。

我们若想长期在一家企业里工作,有一个好的前景,就不仅要清楚、准确地了解该企业文化中限制员工做什么,而且要清楚地认识该企业文化倡导什么样的行为,甚至我们还可以深层次理解公司形成该文化的原因。只有尊重企业文化，才会为我们在企业中寻求适合个人发展的行为模式打下基础。

一点通

挑战公司文化会使自己显得莽撞而不知轻重，况且那些文化绝不容你挑战——你只是在做无用功。

时刻注意自身形象

一位行为学家曾做过这样一个实验：实验者西装革履，一副绅士模样出现在人来人往的大马路上。他一会儿向行人问路，一会儿向别人询问时间，行人大多对他礼貌有加；第二次，他打扮成无业游民的样子，接近他的人大多为流浪汉或地痞之流，要么找他借烟，要么要求他入伙抢劫或者偷窃。

可见，一个人的仪表和外在形象在人际交往中的作用至关重要，有时甚至会决定一个人的类别。尽管衣着打扮纯属个人爱好，但却可谓是一种“无声的语言”，告诉别人你的品位、地位、性格、习惯、修养等个人信息。

明朝有位才子，满腹经纶却放荡不羁。他酷爱饮酒，时常喝得酩酊大醉，日常生活中，他对基本礼节全然不顾，经常被下人耻笑。正因为如此，他虽然才华横溢，但却屡屡不被赏识。

知县耳闻他有才华，特来看望，早早通知了他，好让他做准备。到他家门口，却不见有人前来迎接，也没有一个家丁伺候。进得园门，发现他蓬头跣足，靠在桌边打鼾，不仅无酒席相设，而且无仆人迎待，知县一气之下大怒而归。后来，知县想方设法地编造这位才子的过失，把他打入了牢狱。

一点通

同事对彼此间的了解常不太深，而这时，一个人的形象礼仪往往会被人看做是这个人内心的外在表现。

与同事相隔多远才合适

有一个刚参加工作的青年，对公司的什么事情都不太了解，正当他不知所措时，有位行政职员非常热心地照顾他，两人成了好朋友。日子一久，他发现这位职员越来越爱发牢骚，一开始，他只是倾听对方的牢骚，后来由于工作压力过大，他不免在情绪上产生了一些问题，因而也开始批评起公司和主管来。他心想：反正对方也批评公司，因此，比较放心地常常向这位职员倒苦水。

有一天，人事主管将他找了去，询问他对公司作出了哪些批评。他吓了一跳，只好死不承认。最终，他离开了这家公司。临走前，一位资深员工偷偷地指着那个行政职员对他说：“难道你不知道他是老板的一个远房亲戚吗？”

他这才恍然大悟，原来自己陷入了一个办公室的圈套！

有这样一句话：“不用尝试着与同事建立友谊，你与同事之间只能产生默契。”同事之间毕竟只是共同做事，彼此存在许多利益冲突，这是亘古不变的道理。无论何时何地，同事之间一直存在竞争，这就要求我们与同事交往时注意保持一定的距离。与同事交往若过于亲密，难免口无遮拦；若被有心的同事利用了，不但没有友谊，恐怕还会失业。同事之间毕竟是因工作而结成的关系，如果忘记了这一点，只谈友谊，就大错特错了。

Mary 选择那家 IT 公司的理由很简单："在那里，大家全都在集中精力搞技术，谁有工夫将人际关系复杂化啊！"

进入公司后，Mary 却发现，情况并不是她想象的那样。部门中只有 Mary 是新人，其他同事都已共事多年。一时间，她总是在同事圈外徘徊。办公室中，一位同事经常一有事情就叫 Mary 帮忙，碍于面子，Mary 从来不和她计较，但往往因此使自己的工作进度受到影响。一次例会上，上司表扬了 Mary 做的案子，夸她有新人的锐气，同时批评了另一位同事的方案。当时，Mary 就感觉那个同事有些不对劲。果然从那以后，那位同事开始对 Mary 心存戒备，甚至充满敌意，更要命的是，那位同事仗着自己是公司里的"老人儿"，与其他人联合起来冷落 Mary。突然之间，Mary 发现自己陷入了人际关系的怪圈中，为此很郁闷。

一点通

职场人际关系非常玄妙，既非亲密无间，但却熟悉无比。其中有一个最佳距离，只有保持这个距离，才能为自己创造一个融洽和谐的职场人际氛围。

不要让同事觉得你抢了他的风头

吉米在一家大公司担任高级职员，平时工作积极主动，表现很好，待人热情大方，跟同事关系也不错。但有一天，一个小小的动作却使他的形象在同事眼中一落千丈。这件事发生在公司会议室里，当时好多人都在等着开会，其中有一位同事觉得地板有些脏，便主动拖起地来。但吉米好像不以为意，站在窗台边不断向楼下望去。突然他走过来，坚持拿过同事的拖把替他拖地，本来地板差不多已拖干净了，根本不需要他再去拖，可吉米却执意要求，那位同事只好把拖把给他了。

刚接过拖把不一会儿，总经理推门而入，看到在勤勤恳恳拖地的人是吉米，很欣赏地夸奖了他一番。一切似乎无需多言。

从此以后，大家再看吉米时，都感觉他为人虚伪了很多。虽然那次之后，他向大家解释了好多次，但以前的良好形象被一个小小的动作涂抹得毫无踪影。

在工作中，常常有很多人把握不准热忱与刻意表现二者之间的界限。很多人总把一腔热忱的行为演绎得像是故意装出来的。也就是说，这些人其实是在向别人表现自己，而不是真正的热情。真正的热忱绝不会让同事以为你是在刻意地表现自己，同事也不会对你产生反感。

当同事需要关心时给予关心，在工作上该出力的时候全力以赴，这才是聪明的表现。而不失时机甚至利用一切时机刻意表现出自己"关心别人""是领导的好下属""雄心勃勃"，则会让人觉得虚假而不愿与之接近。

有人说："自我表现是人类天性中最主要的因素。"人类喜欢刻意表现自己犹如鸟类喜欢炫耀美丽羽毛一样正常。但一味地过于刻意表现自我则将热忱变得虚伪，将自然变得做作，最终的效果还不如不表现。

很多人在谈话中不论是否以自己为主题，都会刻意突出自己的表现。这种人虽说可能被人高估为"具有辩才"，但是也可能被认为是"口无遮拦"显得轻浮，或者"吸人眼球"等，暴露出其自我显示欲的否定面，往往会使别人对其产生排斥和不快情绪。

据说，丘吉尔平时虽然喜欢用夸张词汇来表现自己，但是在关键时刻，他却会用英语说："我们应该在沙滩上奋战，应该在田野、街巷里奋战，应该在山冈上、机场中奋战——我们绝不投降。"请注意，他说的是"我们"，而非"我"！

善于自我表现的人常常既"表现"了自己，又不露声色。他们在和同事交谈时，多用"我们"而很少用"我"，这是由于后者让人觉得与自己有距离，而前者则使人觉得较亲切。要知道"我们"这个字眼,代表着“你也参加的意味”,通常会让人产生一种“参与感”,还会在不知不觉中把意见相异的人划进同一立场,并因势利导地使自己的意图影响到他人。

善于自我表现的人说话从来不带“嗯”“哦”“啊”等带有停顿的语气词,人们听到这些语气词会感觉对开诚布公还有犹豫,同时也会觉得这是一种敷衍、傲慢的官僚习气,产生反感。

真正展示教养与才华的自我表现绝对无可厚非,刻意去表现自己才是最愚蠢的。卡耐基曾指出:如果我们只是要在别人面前表现自己,让别人对我们感兴趣,我们将永远不会有许多真实而诚挚的朋友。

在办公室里,同事之间本来就处在一种隐性的心照不宣的竞争关系之下,若只是一味地刻意展现自己,不仅无法让同事对你产生好感,反而会引起大家的排斥和敌意。

不恰当表现的另一个方面就是常在同事面前展示自己如何优越。日常工作中不难发现这样的同事,其人虽然思路敏捷,口若悬河,但张口就会使人觉得他很狂妄,使得别人很难接受他的任何观点和建议。这种人多数都是因为太爱表现自己,总想让大家看到自己多么有能力,处处想显示自己的优越感,从而获得他人的敬佩和认可,最后,却使同事不再信任自己。

法国哲学家罗西法古有句名言:“如果你要得到仇人,那么就表现出你优越于他的方面吧;如果你要得到朋友,就让朋友表现出他比你优越。”

在同事之间的交往上,彼此间是平等互惠的关系,正所谓“投之以桃,报之以李”。而那些妄自尊大、高看自己、小看别人的人,最终会在交往中走到孤立无援的地步,别人会远离或躲开他,甚至不相往来。

办公室里,每个人都想得到其他人的肯定性评价,都在不自觉地维护着自己的形象和尊严。如果某位同事的谈话过分地显示出高人一等的优越感,无形中就会对他人的自尊与自信造成一种挑战与轻视,因而引起其他人不自觉地产生排斥心理,甚至是敌意。

一点通

喜欢在同事面前表现自己,会让人以为你是个很“假”的人,不利于处好同事关系。

第四章　维护好职场人脉

团结同事,和谐相处

人的一生中三分之一的时间用来工作,工作就要与同事打交道。相处时间长了,大家不免会产生磕磕碰碰,这就需要彼此间进行耐心的交流与沟通。否则,小事会扩大成大事,最终达到激化。所以说,同事间彼此交流顺畅,相处融洽,将会带来双赢效益。

在工作场所,一个人是否受欢迎并不完全取决于他笑容可掬,而在于他如何对待工作,任务完成得如何,效率的高低,是否提出合理的建议和意见,是否经常为公司和周围的人着想等。只有努力做好本职工作,奋发努力,积极向上,你才能进一步获得同事的好感和尊重。

改善与同事之间的关系,不仅要在关心、理解对方等方面下工夫,在遇到原则问题,尤其当发现同事将可能会犯错时,一定要坦诚相告。有的人担心这样会撕破脸面,造成人际关系恶化。实际上,说出真心话是对同事的信任、爱护和关心,不仅能让公司避免重大损失,而且可以使同事避免犯错误。但切记口说无凭,不要因为自己的胡乱猜疑而破坏同事关系。

《偷斧子的人》这则寓言故事,大家也许都听过,但对其中蕴涵的道理,不见得每个人都有过认真的思考。故事内容说一个人丢了斧子,便怀疑是邻居偷的。当他看见邻居时,发现邻居走路像偷斧子的,说话像偷斧子的,一举一动都像偷斧子的。后来,他在山谷里找到了斧子,再看到邻居时,就觉得邻居的言行一点儿都不像偷斧子的人了。

这个故事也体现出同事间由于缺少交流沟通而引起的猜疑。职场上,同事之间以邻为壑,不能敞开心扉地相互交流,因而相互猜疑或者互挖墙脚,大家都过高地看重自己的价值,而忽视了其他人的价值。有的人遇到问题,尽力将责任推给别人,还有的人唯恐别人比自己强。

美国加利福尼亚大学副教授查尔斯卡费尔德对美国1500名有杰出成就的人物进行了调查与研究,发现这些人有一些共同点,他们更注意提高自己的能力,而不是想着怎样击败对手。事实上,对竞争者能力的担心常会让自己成为自己的敌人。多数成绩优异者关心的是按照自己的目标努力工作,如果他们的眼睛仅仅盯着竞争者,那么就无法获得出色的成绩。正如注视着别人的脚步,忘了自己的道路,别人功成名就,自己仍一塌糊涂。

既然是同事,就要一起做事,与人合作,就一定要知道对方的所需所想,能满足的尽量满足;如果不能满足,那么就作出相应的弥补行动。

如何才能知道对方的所需所想?当然是通过沟通,并对在沟通中获得的信息进行分析,这样就极易知道对方需要什么和想要什么。然而,沟通被普遍认为是现代职场人们最薄弱的技能。

刘刚的部门负责策划和组织一项大型活动,其中有很多琐碎事务需要某部门进行协助。然而,在事先沟通时双方遇到了障碍。那个部门的负责人既不说不给支持,也不说给予支持,而是不断地诉苦,说他们部门里的人手本来就不够用,现在工作事务也特别琐碎繁多。

刘刚对此很纳闷,他想,既然这位同事这么为难,那么为何他不直接说不行呢?后来通过来自第三方的信息,刘刚终于搞清楚了,原来那位负责人是想将自己也列入主办方名单。原因找到了,问题就会迎刃而解。

协作中,必然会出现各种各样的障碍,拨开这些障碍所散播的迷雾,我们就会发现:在很多情况下,我们不清楚合作方想要的是什么,如果我们无法满足对方的需求,那么极易将简单问题弄得复杂。

现代职场合作的最佳组合方式是共赢,要想达到双方的共赢,就一定要寻找出所谓的共赢点,找到这个点的关键在于首先应该知道对方想要的是什么,即将对方所需作为共赢点。

每一天甚至每一件事,我们都可能要与别人合作,和谐顺畅的合作关系当然是我们所期待的,但事情却不像我们所想的那样顺利发展,如果我们觉察到合作中出现了某些问题,就需要高度重视了,因为也许是我们没有满足合作方的要求。

在工作领域,同事们以项目组的形式共同完成某项任务是一种常见的协作模式。合作中,要求参与的各方目标一致、步骤协调,使项目顺利地推进执行,取得既定的效果。尤其是公司内部跨部门的合作,因为各自所属的领导不同,你不可能通过自己的上司来推动另一个部门的同事为你做事。所以,合作只能依靠对目标和利益的共识来完成。

合作中的个人关系固然应受重视,但在一般的情况下,最重要的还是找到足够吸引对方的利益点。

同事间需要经常交流,这样有利于团结。一个优秀的企业,强调的是团队精诚团结、密切合作,所以,同事间的沟通非常重要。同事之间要想沟通好,必须开诚布公、相互尊重。如果不能敞开心扉,藏着掖着,话到嘴边留半句,这样就无法收到沟通的效果。

然而,同事之间又最容易形成利益关系,若不能正确面对一些小事,就容易形成沟壑。日常交往中,我们不妨注意把握以下几个方面来融洽关系,建立良好的沟通前提。

首先是以大局为重,多补台不拆台,绝不能当面指出同事的缺点,或与外单位人员接触时,对同事品头论足、挑毛病,甚至恶意攻击,使同事的外在形象受到影响,这样长久下去对你自身的形象也不利。同事间由于工作关系而聚到一起,就要有集体意识,以大局为重,形成利益共同体。特别是在与外单位人员接触时，要秉持“团队形象”的观念，多捧场不拆台，勿因自己的小利使集体的大利受损，不管怎么样，“家丑不外扬”。

其次，对待同一件事情，每个人都会形成自己的想法和意见，意见产生分歧时，要本着求大同而存小异的原则解决。

同事之间由于经历、立场等方面的差异，面对同一问题时看法也常不同，很容易发生争论，不小心就容易伤和气。于是，当与同事的看法不一致时，首先，不要过分争论。人接受新观点需要一个过程，在这个过程中常伴有“争强好胜”“好面子”等心理，彼此谁也不服谁。此时如果过分争论，就容易激化矛盾而影响团结。但是也不要一味“妥协退让”，即使涉及原则性问题也不坚持自我意见，不争论，随波逐流，刻意掩盖矛盾。面对问题，尤其是在产生分歧时，一定要努力寻找共同点，争取求同存异。实在不能一致时，不妨对其冷处理，表态“我不能接受你的意见，请将我的意见保留”，让争论淡化，同时不失自己的立场。

接着，对待升迁、功利要保持平常心，不要忌妒。很多同事平日里和和气气，一旦遇到利益之争就当“利”不让，或在背后互相贬低，或出于忌妒而说风凉话，这样既不正大光明，又损人不利己，因此对待升迁、功利一定要心态平和。

同事间的交往频度对能否长久、和睦地相处有一定的影响，交往过密易引发不必要的纠纷与摩擦，交往过疏则容易产生隔阂。所以，在交往中与同事的距离应适当，温和适中，融洽相处。

在一个单位，如果几个人交往过于频繁，容易形成表面上的小圈子，其他同事会产生猜疑心，让人产生“难道他们又在议论别人”的想法。因此，在与上司、同事交往时，要保持适当的距离，避免形成令人质疑的小圈子。

同事间常会出现一些小纠纷，如果不及时处理，就会恶化成大矛盾。在与同事发生矛盾时，一定要积极找出自己的问题，换位为他人着想，避免矛盾激化；如果已经形成矛盾，自己又的确不对，就要放下面子道歉，以诚心感人。退一步海阔天空，忍一时风平浪静。只要有一方暂时冷静相对，就能避免一场狂风暴雨般的争执，而且你会发现相互间并没什么深仇大恨，当初何必斜视相对呢。

在公司里，比较空闲的时候可以谈论一些大家都比较感兴趣的话题，这样可以使工作更愉快。有些同事对公司说三道四，最好不予理睬，避免陷入是非之中。

最后，当遇到不满的事情时，最好不要一开口就把责任推到其他同事的头上，而应具体地将整件事情讲清楚，表明你的感受。有一点必须牢记，不能让其他同事掺和到事情中来，避免冲突范围的扩大。即使你与上司的意见有分歧，也要保持冷静，最好暂时缄默不语。在任何时候为争执而争执绝非好事，最好能够坚持沉默是金。

一台精彩的演出，是所有演员、剧务等通力协作的结果，绝不仅仅是主角一个人打造的精彩。也就是说，精彩的演出是由所有参与者的辛勤与智慧共同完成的，每个人在这个过程中都很重要。任何人的疏漏、松懈和不专业都可能给剧情带来缺憾。职场中，你一定要学会与同事多沟通，这样才能将纷争最小化，大家共同奋斗达到成功的彼岸。

一点通

当我们寻求同事的协助时，首先应该做的就是马上去了解对方想要什么，然后，想办法满足对方，一定要让对方明白他的帮助对于我们的重要性。

在交流中为领导把脉

常言道：“人心都是肉长的”，即使你的上司很严肃，只要你对他用语贴切，说话巧妙，同样能收到良好的效果。现实中，很多人面对上司时不知所措，总是怕说错话而给自己惹来麻烦，其实大可不必。面对上司时，只要说话掌握好技巧和分寸，就很容易赢得上司的重视和青睐。

首先，你要端正心态，态度不卑不亢。对上级当然要尊重，但不能低三下四。有见识的领导对一味奉承、随声附和的人是不会予以重视的。以坚持自己独立的人格为基础，你应该采取适中的态度。

对于谈话的内容，一定要注意反映的情况必须真实，这样有利于领导做出正确的决断。有许多部门上下级、同级之间之所以出现矛盾，就是因为在信息传递这环节出了差错。

说话要注意身份，作为一名员工，如果你总是对上司说"您辛苦了！""太晚了！""好啊！""可以啊！""您的做法真让我感动！""经理决策英明，我很感动！"之类的话，上司就会反感。因为这些话应该是由上级说给下级听的，你身为下属不宜说出。

"我想这事很难办！"这句话也不要随便说。一方面自己好像试图推卸责任，另一方面也显得上司没有远见，会让上司有些难堪。

如果是皆大欢喜的好消息，可以用相对随意的方式播报。但一些带有批评性的建议、强制性或约束性的规定，还有一些比较特殊的要求，直接说出来往往让人听了不舒服。很多时候，单刀直入和针锋相对地表达意见效果不好。要想准确而巧妙地表达自己的想法，同时又不得罪对方，就需要用心慢慢体会。先说"YES"后说"NO"，意见表达得委婉巧妙并且让对方同意，比直言相劝却碰了一鼻子灰的方式要好得多。

俗话说："对猫狗等小动物要顺毛抚摸"，职场上的言谈也是一样。特别是对位高权重的上司，若你总是直言相告触犯上司，就像是触了"逆鳞"，不但无效，而且会让人反感。这时候不妨试试"顺毛抚摸"的方法，先顺着上司说，表示赞同他的意见，让他能够听得进你的话，继而表达规劝建议，这样就容易被接受了。

> 春秋时期，楚庄王非常宠爱的一匹马死了，他非常伤心，下令以上等棺木装殓，行大夫礼节厚葬。武将上前阻拦都失败了，最后，楚庄王说："谁敢再劝阻，我就杀死他。"
>
> 优孟知道了，直入宫门，仰天大哭，楚庄王莫名其妙，很着急地问他为何而笑。优孟说："这匹死去的马是大王最喜欢的，楚国堂堂大国，却用大夫之礼节安葬一匹马，太寒酸了。"庄王听到优孟不像群臣那样劝谏，而是赞成他的做法，不觉喜上心头，很高兴地问："依卿来看，应该怎样办才好呢？"
>
> "依我来看，以君王之礼安葬它吧！"优孟清了清嗓子，继续说，"请以美玉雕成棺，派士兵挖掘墓穴，将老少都调遣来参加挑土修墓，齐王、赵王陪祭在前面，韩王、魏王护卫在后面，用牛羊猪隆重祭祀，给马建庙，封它万户城邑。"说到这里，优孟话锋一转，委婉地指出了楚庄王隆重葬马之害："让各国使节共同举哀，以最高礼仪祭祀它。各国诸侯得知后，都知道大王以人为贱，以马为贵啊。"
>
> 此语点到了楚庄王的要害，楚庄王恍然大悟，急忙向优孟请教弥补自己过失的方法。优孟说："请大王用葬六畜的办法来葬马，把它葬在人的肚肠里。"于是，楚庄王采纳了优孟的上谏，派人把马交给掌管厨房的人处理，并向大家强调，此事不要对外宣扬。

优孟在楚庄王身边随从多年，熟知其性情，知道此时无论是忠言直谏，还是强行硬谏都难奏效。以优孟地位之微，如果直言利弊、凛然大义，固然会使人心生敬意。但他正话反说，从称赞、礼颂楚庄王"贵马"的背后，对比分明地指出了楚庄王"贱人"的行为，于是，楚庄王明白了自己的错误。

其实，优孟的行为很有说服力，在别人都反对楚庄王的情况下，他先表示赞同，就很容易博得楚庄王的认同，认为优孟和自己处于同一战线上，不像其他人张嘴闭嘴都是些仁义的道理，明显是在拿标尺批评自己。在感情上获得支持后，优孟继而使用非常巧妙的夸张手法，貌似在给楚庄王提建议，教楚庄王怎样更好地葬这匹马，其实采用了反讽手法，让楚庄王意识到自己的决定是多么不合情理，从而醒悟过来，优孟自然就达到了劝解的目的。硬话要软说，观念要引导。开始劝说时先顺从对方的意见，稳住人心，然后，再逐渐深入。对方最能接受的道理被逐渐引出，这样他就能明白自己的错误，并接受建议。

有些话很难说出口，为了避免尴尬，可以从反面说起，将其稍微引申一下，就能走到正面了。反语是语言艺术中的迂回术，正话反说便是彻底的委婉，欲擒故纵，从合适的发话角度获得比直陈更有效的效果。

人与人之间若不交流沟通，情感便会疏离。所以，与上司的沟通是非常必要的。掌握一些原则和技巧，有利于消除我们与上司沟通的心理隔阂。在与领导谈话时，察言观色，以平常心对待，习惯成自然，就可以从容自如地处理此类情况了。

在工作中树立自己的品牌是让老板认可的最好办法。许多人若想在一个单位长期工作，就必须重视自己在别人眼中的印象，并花时间塑造自己的形象；如果即将离开公司就会放任自流甚至言行过激，引起更多的矛盾，就不会被看好。

上述问题可以用下面的故事来说明。

公司要裁员了，张柏与王松都不幸上了解雇名单，被通知一个月后离职。两个人都在公司将近十年，都是元老级人物。张柏回家后，一整夜没有睡着，第二天更是气愤，逢人就大吐冤情："我在公司工作了这么多年，没有功劳也有苦劳啊，为什么解雇我？"刚开始，同事们出于同情还会安慰他几句，但总是听他唠叨就对他产生了反感。尤其是他说话常常含沙射影，仿佛自己被陷害了似的，看谁都不顺眼，弄得大家对他避而远之。张柏还把闷气发在工作上，觉得自己终究要离开公司，干好干坏都一样，因此，他的工作被弄得乱七八糟。

王松得到自己被解雇的通知后，也难过了一个晚上。但他的态度与张柏截然不同，他想："既然只有一个月时间了，不如给大家留个好印象。"于是，他从不说自己被解雇很冤，即使别人偶尔提起时，他也说自己能力不足，应该淘汰。他还逢人就道别："再过些日子，我就要走了，无法和你们继续为公司效力了，请多保重。"大家认为他很重情义，更舍不得他离开了。

一个月转眼就到了，张柏如期离职，老板却让王松留了下来。老板说："像王松这样认真对待工作的员工，正是我们需要的，我们怎么舍得辞退他呢？"

员工若想受到领导的赏识，就要专心致志地做好自己的工作，不要与领导较劲，更不能拿领导的私事作为把柄或谈资。

老板也是普通人，偶尔也会情绪低落。如果老板下班后拉着你讲私事，是因为他有难解的心事。记着，他绝非特别欣赏你或信任你，先别沾沾自喜，这时，你应该做的就是步步为营。

若将老板的私事宣扬给同事，以抬高自己的身份，肯定后果堪忧。另外，因为知道了老板的私事就觉得与老板建立了牢固的友谊，一见老板就拍肩头、称兄道弟，也是非常愚蠢的举动。万一有一天他后悔让你知道太多私事，怕你向外宣扬，对你也许就特别顾忌，那你的前途就不好说了。

聪明人的态度恰恰相反，对自己所知道的事情缄默不言，即使对最要好的同事也不透漏一个字，假装若无其事。遇到老板，态度自若，保持与他一贯的距离，除非对方先提起旧事。如果他仍然兴高采烈一见如故，这时你才可放下心上的石头。

导致上司生气的原因有无数种，假如你能够了解到上司也有难言之隐，也会担心工作不能如期完成，由于一时的恐惧而失去了心理平衡，唯有胡乱向周围的员工"开火"，方可缓和心情，那么以后你在与上司打交道时，便会轻松自在。

你的上司若是一个暴君，你必须要让他知道你依从他的指示，而且很明白他的意思，甚至在他未来得及对你作出吩咐前，你已经告诉他你的工作进展得十分顺利。你要面对现实，与其视他为洪水猛兽，不如主动对上司说："对于这项工作的推行计划，我已经完全想好了，待我整理好，后天交给你。"

上司与下属是否有无形的隔膜呢？答案是未必。大多时候，隔膜是人为原因形成的。例如，很多人在同事聚会时总是只召集同等级的同事，大家嬉戏玩乐，无拘无束，玩乐时从不会叫上职位较高的同事，理由是怕不自然。

这种观念是错误的。每个人都具有好奇、幽默的本性，在这一方面你与上司有共通之处，何以会使你感到不自然呢？聚会是在工作之外进行的，你与上司之间全然没有职位高低之分，完全可以成为一起娱乐的朋友。这次活动若是由你发起的，下一次就该记得邀请自己的上司。

比较轻松的聚会，不必发请柬，你可以口头邀请上司："下个星期，我们将举办一个小型聚会，大家闲聊而已,欢迎你参加!”即使已发了请柬,你也要亲自再邀请上司一次:“下星期的聚会,将有部分公司同事参加,每个人都自行设计了节目,不知你有没有时间参加?”这种情况下,一定要注意的是,先让上司知道聚会的目的、内容和时间,同时使他有所选择。

从某种层面上来讲,要想与上司的关系相处得融洽,就要讲究技巧。首先,你一定要知道他的一些习惯与爱好,例如,分配工作和处理日常事务的态度、衣着品位等。

上司也是普通人,也许他与你一样有好奇心,有烦恼,在适当的时候,不妨和他谈些私事,例如,最近哪个超市因店庆搞促销活动,或者哪里开了一家新的火锅店比较不错,以后在他的私人事务上你也许就可以帮忙。

上司毕竟是自己的领导,你们没有本质矛盾,大家正因有缘才聚到了一起。齐心协力把工作做好,对双方都有好处,这就是同舟共济。你不能把领导置于自己的对立面,而应该让上司知道你和他是站在同一战线上的,只要端正态度,讲究方法,你们自然可以融洽相处。

一点通 要以上级的个性为根据选择对话方式。上级也是人,作为人,就有性格、爱好,有自己的语言习惯。有些人性格爽快,有些人沉默寡言,所以,事事要多加思考,这一点你一定要多加注意。

巧妙解决异议

世界上没有完全相同的两片树叶,同样,每个人都有自己的世界观、价值观及审美标准,对同一件事情,每个人都会形成自己的观点,在商议协调、达成一致观点的过程中难免会有争议。发生争议时,应该去探索巧妙解决争议的方法。

静下心来衡量一下:你是要赢得争论表面上的胜利,还是别人对你由衷地佩服和敬意?你在争论中可能有理,但在改变别人意见时却无能为力。美国威尔逊总统任命的财政部长威廉,将多年政治生涯获得的经验归结为一句话:依靠辩论不会让无知的人对你服气。

若想化敌为友,就一定要驾驭好自己的情绪,保持冷静。出现分歧不要跟人争论,争论的结果一定不是你想看到的。

若你是在向别人推销商品,那么请保证说话的气氛是轻松和谐的。一旦有了争论,一定要巧妙化解。即便客户提出的反对意见是荒谬的,让人难以容忍,你也千万不能与客户争辩,不能冒犯客户。争吵不能说服客户,而只会让客户气愤。对客户的无知,你应该施展说服艺术,尽己所能,却不让客户下不了台,否则,你们的交谈将会就此结束。

为了大局着想,业务员可以先把客户的过错统统归结于自己,平心静气地耐心地为客户讲解。若想将客户的错误想法纠正过来,不妨试着说:“对不起,我使您产生了误解。”

任何人在向客户推销的过程中都可能会遭到异议。从表面上看,一旦客户提出反对意见就会给洽谈蒙上阴影,倘若自己无力解决客户的异议,势必会失败。反过来想,客户提出反对意见并非是坏事。有些推销专家认为,推销开始于被拒绝之后。

俗话说:没有人去抨击一个白痴,没有人去挑剔一堆垃圾。既然有争议产生,那么说明它本身有意义。

在很多时候,客户提出异议是由于他们对产品产生了兴趣。若客户对你的产品毫无兴趣可言,就不会浪费时间提异议。

人们提出异议是因为他们想知道这件产品有哪些优点值得他们购买,而这正是他们在向你传达对你的产品有兴趣的信息,此时千万不要灰心,你需要做的是,对异议进行分析,并做出恰当的处理,拒绝客户的“拒绝”。

客户购买是因为需求,很多因素影响客户的需求。假如这许多因素中有一个得不到满足,客户就可能放弃购买。客户的反动意见涉及五个方面的因素:商品式样、颜色、型号、质量;商品设计布局与形象；价格适宜程度；何时购买；购买数量的多少。但是，经验表明：不管客户如何反对，实际上只是为了掩盖购买动机而使用的借口，你一定要清楚客户到底对哪些因素不满，探寻其拒绝购买的“隐藏动机”。

下面的策略将有助于你解决有关于异议的棘手问题。

“是的……不过……”是推销时常用的解说套路，可以根据有关事实和理由间接否定客户的意见。使用这种方法的诀窍是首先承认客户的看法有一定道理，即先向客户作出妥协，然后，再讲出自己的看法。在使用时尽量自然表达转折之意，不要一句一个“但是”，那样会引起对方的反感。只要灵活掌握了这种方法，就会与客户保持良好的洽谈气氛，让自己的言语有可回旋的余地。

比如客户说：“这个金额太大了，我无法立即支付。”

业务员可以说：“是的，我想大多数人都和您一样是不容易立刻支付的，但若是我们积极配合您的收入状况，发年终奖时您可以多支付一些，其余配合您每个月的收入，采用分期付款的方式，这样您支付起来就没有困难了。”

转化处理法也是一种较好的解决异议的方法。这种方法是利用客户的反对意见来处理异议。客户的反对意见具有双重属性，它是交易的障碍，但与此同时又创造了极好的交易时机。要是能利用其积极因素去化解消极因素，未尝收不到良好的效果。

这种方法是直接利用客户的反对意见，转化反对意见。这就需要你具有充分的随机应变的能力，能快速反应，但一定要注意讲究礼仪，一定要维护客户的感情。

以优补劣法即坦然面对自己的缺点，放大已有的亮点，让顾客心理平衡，并产生机不可失，时不再来的紧迫感。

如果客户的反对意见恰好切中了你的产品或服务的缺陷，你万万不可回避或直接提出反对意见，明智的方法是肯定有关缺点，接着将其淡化，利用产品的优点来补偿甚至抵消这些缺点。如此一来，可以使客户的心理达到一定的平衡，有助于让顾客决定购买产品。

比如推销的产品质量不够好，而客户恰恰说：“这东西质量不好。”你可以坦诚相告：“这种产品在质量上确实存在一些瑕疵，所以，削价处理，价格优惠很多，而且公司可以确保这种产品的质量不会影响到您的使用。”这样一来，不但打消了客户的疑虑，而且以价格优势激励了客户的购买。

无论在什么情况下，人都易于接受委婉而非强硬的态度。在没有考虑好如何答复客户的反对意见时，语气不妨先行委婉一些，把对方的反对意见重复一遍，或用自己的话重复一遍，这样可以削弱对方的气势。有时将说法变换一下，会使问题比较容易解决。注意，你只能减弱而不能改变客户的看法，否则客户会认为你歪曲他的意思而对你产生不满。复述后，你可以再次询问客户：“你说的是这个意思吗？”然后再说下文，以期得到客户的认可。

比如，客户抱怨：“今年的价格相比去年高了许多，怎么涨幅这么大？”你可以这样说：“是啊，价格比起前一年确实高了一些。”然后，你再做解释。

合并意见法是将客户的几种意见汇总成一个意见，或将客户的反对意见在一个时间集中讨论。总之，是要削弱反对意见对客户所产生的影响。注意，不要反复纠缠于同一个反对意见，因为人们的思维有连带性，通常一个意见会引发许多反对意见的连锁反应，要在回答了客户的反对意见后马上转移话题。

反驳处理法是较为严肃的解决方法，尽量避免使用。直接反驳对方易让气氛紧张起来，使客户产生敌对心理，不容易接受。

若是由于误解而让客户对产品产生了反对意见，你不妨直言不讳，但态度一定要友好而温和，最好引经据典，这样才有说服力；同时让客户感受到你的感染力，从而增强他对产品的信任。虽然某些时候能够收到出其不意的效果，但一定要仔细思量再决定是否使用。

忽视法是指对于客户那些不影响成交的反对意见，最好不要反驳，不予以理睬即可。如客户抱怨你的公司或你的同行，这类问题不会影响成交，你不要予以理睬，转而谈你想说的问题。

比如，客户说：“啊，原来你是那个公司的业务员啊，你们公司的周边环境真是差劲极了，交通也不方便。”即使事实并非如此，你也不要争辩。你可以说：“先生，请您看看产品，在目前市面上它不但领先技术潮流，而且性价比最高，与您是绝对完美的搭配。”专家认为，在实际推销中80%的反对意见都应该这样冷处理。

化解异议的办法很多，若能适时地准确运用，将会收到良好的效果。选择正确方法的前提是正确地分析客户反对意见的特点与出处，是客户自己的原因还是因为你的行为和推销方式造成的。然后，灵活巧妙地将客户的反对意见化解，在此过程中你不但要让顾客满意，而且应该让对方感觉良好，这样才能让顾客由怀疑转为信任。

一点通

人们总是想尽办法在争论中取胜——互相怒吼或攻击，却忽视了一条重要原则：从争论中获胜的唯一秘诀就是避免发生争议。

留点空间，方便撤退

老王任职于一家新闻单位，由于单位的其他人员手中都有着急完成的工作，只得把一个采访任务交给刚毕业来到公司不久的贾强。这件采访工作实施起来有一定的难度，老王想详细地给小贾介绍一下，但他却胸有成竹地打包票：“没问题，包您满意。”老王半信半疑，拭目以待。三天后，老王既没有见小贾来汇报工作，也没有听到任何动静，于是问他的采访进展得如何。这时，小贾才慢吞吞地对老王说：“比我想象中要复杂。”虽然老王也想到这个采访不会很轻松，但对小贾当时轻易拍胸脯表态有些反感，最终小贾一直强烈要求，老王才同意他继续做些努力完成采访任务。

许多事情的进展我们无法预料，有的人不了解事情的发生背景，就轻易地下结论，断言自己如何如何，让自己没有回旋的余地。

由于说话误会，小张与同事产生了小矛盾，闹得很不愉快。于是，小张对同事说：“从今天起，我们断绝所有关系，彼此毫无瓜葛”，而后就开始了冷战。上班时遇到这个同事小张不仅不打招呼，并且表现出气愤难耐的神情。有一次，他带着朋友来到公司办事，将办公室的人都介绍了一番，就是不介绍与他发生矛盾的那个同事，弄得对方很尴尬。这些事情过去还不到两个月，被他说成“与他毫无瓜葛”的那位同事竟成了他的上司。由于说过狠话，小张觉得很惭愧，对自己平时做事不留情面感到很不好意思，只好辞职，另谋他就。

因为把话讲得太满，而给自己造成窘迫局面的例子到处可见。把话说得太满，如同将水倒满了杯子，满得再也滴不进一滴水，否则就会溢出来；也犹如打满气的气球，再充就要爆炸。

凡事总会有意外，为了容纳“意外”就要留有余地。杯子留有空间，就不会因为加进其他的液体而溢出来；给气球充气，如果留有余地，继续充气才不会爆炸；一言一行留有余地就不会因为出现“意外”而无法收场，才可以从容转身。

有些人喜欢用模糊语言，如，可能、尽量、或许、估计……他们之所以运用这些字眼，就是为了给自己留有余地。一下把话说死了，结果事与愿违，那该多难堪啊！

那么，怎么做才能给自己留下余地？

在做事方面，要量力而为，不轻易许诺别人自己没有把握的事情。可以答应接受别人的求助，但不要“保证”，应该用“我试试看、我尽量去做”的字眼。上级交代的事固然要答应，但不要说“保证没问题”，而应代以“应该没问题，我全力以赴”等的字眼，这样可以为自己力不能及时留下后路，回答非但无损你的诚意，反而能体现你的谨慎。别人会因此更信赖你，即使事没有做好，也不会怪罪你。

为人处世要注意自我言行，避免与人交恶，更不要口出恶言，说出“势不两立”之类的话。即使仇恨不共戴天，不管谁对谁错，最好闭口不言，以便日后携手合作时还有面子。

不要过早对人下定论，如“这个人完蛋了”“这个人一辈子没出息”之类的话，尽量不说属于“盖棺定论”的话。人的一生很长，变化也很多，不要下“这个人前途无量”或“这个人能力高强”的断语。

民间有“前三十年望父敬子，后三十年望子敬父”的说法，此话不但体现了人们的趋炎附势，最主要的是指出了人们根据别人一时的窘迫就断言别人的孩子也一生潦倒这种不留余地的行为。生活中这种人比比皆是，看到人家的大人很能干就贸然断定人家的孩子肯定很聪明，看到别人家的父母很平凡就断言别人家的孩子一定成不了大器。

民国时期，在一家私塾里有两个小孩，一个叫张成才，他的父母是远近有名的书法家，过年过节，人们都会赶往他家请求帮助写对联，由于是书香门第，在当地备受尊敬。他们给自己的孩子取名叫“成才”就寄托了望子成龙的愿望。私塾先生也相信他们的孩子一定会有出息，因此就非常关心张成才。而张成才的同桌王友志平日少言寡语，父母都是地道的农民，顾不上他的学习，还常常让他帮着做些农活。私塾先生对这个孩子很不看好，认为这样的家庭不会出人才，所以，他并没把王友志放在眼里。

有一次，私塾先生在课堂上说：“成才啊，你一定要用心读书，日后定会有出息，”还说，“你别跟王友志学，他会认几个字就足够了，但你不一样，先生还指望你长脸呢”。王友志听到这些话非常不服气，他读书很用功，功课完成得很好。若干年后，王友志成了一方百姓的父母官，而张成才则守着父母的家产过着平庸的寄生生活。直到有一天，私塾先生到县城与人打官司时，才知道接管他案子的人正是曾受他奚落的王友志。私塾先生满面尴尬，无地自容；王友志却不计前嫌，仍以老师尊之，这位私塾先生感激涕零。

总之，办事、说话留有余地，使自己不致走到绝处，可以进退自如，以便日后能机动灵活地处理事务。同时，也要给别人留有余地，任何时候，不要把别人推向绝路，这样对双方都有好处。

一点通

俗话说：“不能自己把路堵死了。”我们做事情，不能只顾及眼前，目光要长远，给自己留出余地；言谈间也要留有余地，不能把话说得太满，要容纳一些意外状况，以免自己下不了台。

学会对人伸出援手

帮助他人是出于真诚的关心，不要只图报答，为利做事，那样就失去了帮助的意义，更不是当初帮人时的初衷。当有人需要你帮一把时，你的举手之劳就是社会的福分。

一个人虽然能力有限，但只要肯帮助别人，为人友善，就是善于经营人脉的人。

有一种说法，叫做生活不需要技巧，说的便是以诚相待，不要怀着某种个人目的。对别人的帮助，要落实到具体行动上，不是只靠口说。帮助有两种表现：一种是随便帮帮；一种是一帮到底，做足人情。第一种帮助不能说不是帮助，毕竟可以带来好处，但不是真正的帮助，关键时刻并不能凑效；第二种才是真正的帮助，它能帮人彻底解决实际困难。我们时常用“两肋插刀”表达知心朋友间的互相帮助。

有一则感人的故事。

露丝是一位单身女子，在华盛顿居住。有一次，露丝搬一只煤气罐回家，因为电梯坏了，只能徒步搬上楼。杰克是个平时没事就在大街上闲逛，偶尔还闯点祸的人，他见女孩劳累，便主动提供帮助。但是，露丝并不相信杰克，而以为他另有图谋。杰克十分困惑，表示自己是出于好心。露丝拒绝了杰克，她将煤气罐从一层搬到二层后，就再也没有力气了。露丝心里在想：要不要相信他？最终还是在杰克的帮助下，煤气罐被搬上了十二层。为了表示没有恶意，杰克只是将煤气罐搬到了露丝家的门口，并没有进去。后来，露丝和杰克交上了朋友，一年后，两人喜结良缘。

帮助别人，不要居功自傲。帮助时应该注意：帮助不能使对方感到压力，帮助要自然得体，当时或许无法让对方感受到，但是日子越久对方便越能体会你的关心，能够做到这一点是最理想的；帮忙时要高高兴兴，不情愿反而不如不帮。

总之，人不是难以合群的刺猬，彼此间是有温情的，且不可像自由市场做生意那样赤裸裸的，一口一个“有事吗？”“我会回报你的。”忽视了感情的交流，会让人兴味索然，朋友关系也只能建立在利益上。

一个篱笆三个桩，一个好汉三个帮。大家通过举手之劳帮助他人，捧出自己的爱心，融化别人的伤心，露出自己的笑容，暖干别人的泪水。此时，不是一个人在承担困难，而是大家共同解决难题，因此，困难将变得微不足道。共同面对，快乐被放大，成倍增长，别人分享你的快乐，你分享别人的快乐，这个世界就会变得越来越美好。

有的人可以敏感地觉察到自己的辛苦，却无法体察别人的需要。他们不会花工夫去了解别人的需要，有的甚至看出来了也视而不见，这是因为没有换位思考。

小王在某企业担任打字工作。一天中午，一位董事走进办公室，张口便问：“上午拜托你们打的那个文件在哪里？”当时正值吃饭时间，文件无人过问，因此，谁都没有理睬那位董事。这时，小王对他说：“我尽管也不知道，但是，张先生，这件事交给我办吧，我会尽早送到您的办公室的。”过后，小王果然将稿子送去，董事非常高兴。

几周之后，小王接到升迁的消息。显然，小王的热心和能干引起了董事的注意，董事在董事会上对她大力举荐。

即使是滴水之恩，别人也会牢记在心。投之以木瓜，报之以琼琚。

一点通

“患难之交是真朋友”，这话大家都很认可。有心机之人，懂得利用这个难得的机会，因为他们知道“雪中送炭”比“锦上添花”更能打动人心。

把人情当人民币来储蓄

做人情就像在银行里存款，存得长久，得利才多。你不妨未雨绸缪，往“人情银行”里多存些“情”，当你需要帮助的时候，人们纷纷伸手帮助，这样既对别人有好处，也对自己有利。

生活在社会中，一个人的力量太过薄弱，即使那些从零开始创业成功的人，也需要借助众多人的支持。问起他们成功的经验，他们都会为自己讲求信誉和以诚经营而自豪不已。诚信待人，就是在往人情账户上储蓄资本。一个人成就事业赚到大钱，总需广求帮助。在这个过程中，你就欠下了许多人情债，但你不必急着偿还，只需在朋友需要帮助时慷慨解囊。

要赚钱的人，应当秉持这样一个信念：身边每个人都在帮助自己，所以，你要对这个社会心存感激，这会使你储蓄人情的信念变得更强烈、更坚定，帮助你与人为善。这样，你就能渐渐地得到别人的尊重。当然，感激别人并不能得到其尊重，而是要通过实际行动让别人离不开你的回馈。

在你没有把握的情况下，不要答应别人过多的事情，以免失信于人，一旦有一件事情落空，就会令别人失望。如果这样的事情发生两次、三次，甚至会影响你的形象，让人觉得你没有信誉，从而疏远你。

自己能办到的事尽量自己做，不要麻烦别人；答应别人的事一定要完成，否则别人会觉得你能力不行、信誉不够。别人愿意帮你，你要表示感谢；你请求别人帮助，自己的态度要放端正。请求别人帮助时要注意：不能强迫别人，即使他们按照你的要求做了，心里也不舒服。假如你能做到上述两点，就会发现人与人的关系很简单，储蓄人脉是手到擒来的事情。

有人认为，不要随便接受他人的帮助，这样，你的心里才能坦荡，才会毫无牵绊。

当然，最好将你欠的人情债还给他人，要尽量做到这一点。不过，也许将来有一天你会因此而获利巨大。不是所有人都会积极地去偿还你的人情债，但仍然要相信别人。因此，懂得经营人脉的你一定要让别人背着你的人情债，因为这是储蓄人情账户的有效办法。

究竟怎样才能博得人情，并无定法。穷困殆尽之人，一枚铜板的帮助，可能会使他握着这枚铜板忍耐着极度的饥饿和困苦，继续干一番事业；流离失所之人，一次促膝交心的谈话，也许能激发起他为人的意志，或许能在悬崖勒马之后驰骋于希望的原野，成为一名勇士，对你的帮助他将铭记一生。在平常生活里，对一个正直的举动送去一个可信的眼神，可能就是正义强大的动力；真诚赞同某一提倡，可能就是对革新思想的巨大支持；对一位陌生人随意的一次帮助，可能会使那个陌生人体验到人间温情，很可能在他看到有人遇到难处时，也会很快伸之以援手。其实，在人生的征途中，人与人之间始终需要相互帮助。

也许没有什么比帮助别人更能体现自身的气度和胸襟 。不要小看对一个失意的人说的一句暖心话，轻声安慰失落之人，也就是对一个无望的人赋予真挚的信任。这样的举动没让自己失去什么，而对一个需要帮助的人来说，得到的是力量和信念。不肯帮助人，总是太看重自己丝丝缕缕的得失，此种人不但多疑胆小，而且心中会不时地泛起一些阴暗的沉渣。这样的人在一步步堵死自己前行的道路，自然得不到他人的帮助。

一点通 如果你是一个懂得经营人脉的人，就会懂得留下人情债，也就是学着储蓄人情，这样你的人情账户才能更加丰厚。当某一天你需要别人协助时，就可以轻松地将人情账户里积累的人情债取出。

要注重人脉保养

尽管社会上拜金主义盛行已久，但是传统的“礼尚往来”却在人们心中扎下了牢固的根基，人情的来往能保鲜人际关系。人是感情动物，终难逃脱一个“情”字。“感情投资”就是在交往之中多一层相知，在利益相助上多一分关心，“感情投资”使经过保养的人际关系更加牢靠。

注重保养人脉，可以让一个原本业绩平平的车险推销员迅速走向成功，超强的沟通能力也使得他建立起紧密的人际关系网。

布鲁斯是一位年轻的车险推销员，他每天努力工作，早出晚归，但总不见好的回报，业绩毫无起色。他生于一个不太富裕的工薪家庭，身边的朋友不多，保险卖得相当少。面对陌生的客户，布鲁斯思考起如何赢得其信任从而将车险推销出去。为了改变现状，他报名参加了拓展人际关系的培训，这才发现，原来自己最大的问题是不知如何与人沟通。于是，他暗暗地以全公司业绩最好的波尔为榜样，与其建立友好关系，并私下与他成为了很好的朋友，而且坚持保养修护俩人的关系。布鲁斯不但从波尔的身上学到了很多与人沟通的技巧，而且进入了波尔的人脉网，三个月下来，他成了与波尔平起平坐的车险销售高手。

由此可见，可利用的人脉广泛存在于社会中。俗话说得好：朋友多了路好走。那么，如何才能让他人成为自己的朋友为未来创造价值呢？这就需要交流与沟通。

在与人交往中，不仅要建立优质的人际关系，而且要及时保养修护自己的关系网，从而保障它的坚韧性和牢固性。在现代通讯和交通高度发达的社会中，这一点很容易做到。保持与人有效沟通，便是成功的第一步。

过年过节，祝福短信、祝福电话在人们的生活中必不可少，大家享受着别人祝福的同时又将这种喜悦带给朋友亲人。电子邮件不仅可以送去温暖的祝福，并且有贺卡的功能，给对方带来视觉上的新奇和感觉上的快乐。QQ 信息也是极普遍的交流形式。遇上假期，大家相互拜访，一同出游，互相融洽关系。如果朋友生病了,及时前去问候,假设自己没有时间就打个电话以表关心。有意识地记住好朋友的生日,赶在前一天送去祝福,这将非常有利于维护人际关系。

总之,适当地进行联系沟通可以增加自己的人脉,推销自己,积蓄自己的人脉存款,从而让自己的人生路途一帆风顺。

21世纪是一个信息高度膨胀的时代。只有通过良好的沟通,才能及时掌握信息,从而为工作和生活带来方便,有利于人脉的保养。

态度对沟通的效果有直接的影响。试想,一个居高临下的人,摆着死板的面孔,谁会愿意与他接触呢?更加不可能有感情交流;反之,如果是笑口常开、热情大方的人,别人自然愿意与之亲近,与人沟通畅快无阻,也就自然而然地达到了保养人脉的目的。

保养人脉的前提就是与人沟通,只有学会与人沟通,才能有进一步与人交往的机会,才能结识新朋友,并把一般朋友发展成为莫逆之交,把生意场上的对手变成伙伴。有了良好的沟通能力,才有能力保养人际关系。

有些人看上去朋友很多,但交情深厚的却寥寥无几。交际场上的活跃之人,看起来人脉资源丰富,但到最后愿意为其两肋插刀的却是并不相熟之人。因此,在你通过各种应酬为自己扩大人脉范围的同时,一定要分析哪些才是你的重点对象,要让他们成为核心人物。

当你与众多的人都有了联系之后,就要选择其中的优质人脉。在茫茫人海中,既然你能够与人相逢、相识,必定今生有缘。虽然相处的时间不长,但友情难得。当与对方分开后,仍然需要相互联系,否则别指望着在某次聚会中认识的朋友还能与你有深入交往的可能。

可是生活中偏偏有这样的人,他们生性贪婪,不知满足,总希望能够得到更多,而到最后却穷困不堪。

> 在一个破旧的屋子里,住着一个穷人,穷得只剩一口食物。
>
> 他躺在破烂的地板上,颓唐不堪,自言自语地说:“我穷得快要饿死了,可那些富人却连一口饭都不肯给我,我真的好想发财,如果我发了财,就会帮助更多穷人,绝对不做像富人那样的吝啬鬼。”
>
> 这时候神出现了,说道:“你的愿望我可以帮你实现,我现在就让你发财,你将得到一个神奇的钱袋。”
>
> 神又说:“这个钱袋里任何时候都有一块金币。但我有一点要求,就是当你觉得得到的金币足够多的时候,一定要把钱袋扔掉。”
>
> 神说完就消失了。这时在穷人的身边果真出现了一个钱袋,里面果然有一个金币。拿走一块,里面又有了一块。于是,穷人不断地往外拿金币,整整一个晚上,他得到的金币已经有一大堆了。穷人心想:“天啊,这些钱我一辈子都花不完。”
>
> 到了第二天,他感到很饿,想先买点吃的回来。但是,他不舍得将这个钱袋扔掉,于是只好继续拿钱。
>
> 日子一天天过去了,穷人现在完全有能力吃最好的东西、住最好的地方。但是,他自言自语地说:“钱再多点,再多点……”
>
> 他不停地拿,金币已经快堆满整个屋子了,他的身体越来越虚,头发全白了,面无血色,命不长矣。最后,他终于不行了,却仍然用微弱的声音说:“我不能扔掉钱袋,因为我舍不得金币!”
>
> 最终,穷人死去了。贪得无厌最终一无所获。

对人脉网也是如此,认识的人多了,形成了一定的人脉规模,但是你总是希望认识的人再多一点,就如同对钱袋里的金币一样,总想看看他们能不能源源不断地从口袋里出来。可是有什么用呢?金币丝毫没有发挥用处,这些宝贵的资源变得毫无意义。

以上的故事说明了经营人脉的理念,那就是“常用的钥匙最有光泽。”找到最有光泽的钥匙还要有两个条件。

平时注意和周围的人培养感情，感情不投资就会疏远，等到生疏时，你再去托他办事，恐怕很难成功。因此，不要忘记时常与朋友联系，你不想投资，是不可能获得回报的。

三国时的刘备在人脉投资上就做得很好。

刘备在读私塾的时候，聪明而大气，与同学们关系很好。后来，大家分开后，刘备还不忘时时与同学们联络。其中有一个叫石全的人，家中很穷，但是刘备不仅没有与之疏远，还经常请石全到自己家里做客，两人一同畅谈天下大势。

之后，刘备在一次战役中兵败，遭到敌人的追杀，此时石全奋不顾身地保护其逃命，刘备方免遭于此祸。

人与人的情感是需要维护的，不及时联络感情，再要好的朋友也会渐渐疏远。所以，我们一定要真诚地维护过去结下的友情，这样才能使友谊长青。

有些人认为：一旦与对方建立了很好的朋友关系，业务繁忙时就容易忽略双方关系中的一些细节问题。下面让我们看个实例：

张继科与刘建永是在一次宴会中认识的。张继科是某公司的负责人，由于业务繁忙很少有时间参加这样的宴会。席间，刘建永和他越谈越投机，二人甚为相悦，之后的日子里，两人的联系越来越频繁，成为无话不说的朋友。

但是有一段时间，张继科需要负责一项规划方案，这就使得两人见面的机会少了些。有一天，刘建永有事需要张继科帮忙，他径直去办公室找张继科，张的秘书示意他稍等片刻，但刘建永心想：我和张继科这么熟还需等候吗？于是，他不听劝告硬闯进张的办公室。

此时，恰逢张继科召集公司的管理人员研讨方案，刘建永突然然闯入，让张继科很没面子。

所有的人都把目光投向刘建永，张继科面色顿改，冷冷地说："我现在正忙，你出去等一会儿。"刘建永闻言甚为惭愧。

可想而知，两个好朋友必定因此产生隔阂，之后也会相交不多。因此，千万不要因为你与朋友的关系好，就忽略一些小问题。很多时候就是因为我们不注意小节，而导致朋友的流失。不要突然打搅他人，在可以解释的时候，也别认为对方能理解，还有就是不要口无遮拦地讲朋友的缺点，这些都有助于维护人际关系。

如果你的朋友在你生病时为你流泪，在你痛苦时给予倾心安慰，在你失意的时候给你鼓励，那么你的人脉便成功地培养了起来。还有一个简单而有效的感情投资方法，那就是在朋友健康平安的时候与他们交好，而在他落难艰苦时热情帮助。通常情况下，在危急时刻懂得保养人脉不但能够加固彼此间的感情，而且能够收获更多的人脉。

一点通 良好的沟通是保养的法宝。沟通才能建起人脉网，在人脉网络的扩展过程中你的沟通能力进一步提升，如此良性的循环使你在任何情况下都能够随环境的改变而适应各种场合，为自己的人脉网增加新的活力。

敌人也可做朋友

人与人之间的交往，很少有一帆风顺的，人们难免相互埋怨，相互不理解，不定期还会产生激烈的对抗。那么，当你面对令自己感到不愉快的甚至极为记恨的人时，你会怎样表现？或许痛快地发泄一番的确能让你激动的心情暂时得以平复，但这样做只能为自己多树立一个敌人。与其用愤怒的方式"以暴制暴"，倒不如从容相待，握手言欢。

大多数人在面对自己的"敌人"时，都心怀愤恨。即使是在环境不允许或者没有能力消灭对方的情况下，至少也会保持仇视的态度，忍不住羞辱对方，或暗地里耍些不利敌人的小手段。但是，你是否问过自己：这样做我得到了什么？

大家都知道“多一个朋友多条路，多一个敌人多道墙。”与敌人相拥的人取得的成就往往比不能正视敌人的人取得的成就更大。只要将敌人发展为自己的人脉，那么，你自然能得到他们带给你的回报。

当你因别人而气愤时，不妨这样劝劝自己：“他们是自私的、想占我便宜的人，我不去理会他们，更不会去报复。我知道，报复别人对自己的伤害要比对敌人的伤害更多。所以，我愿意与敌手和平相处，让他们成为我的朋友。”

在这里我们需要注意这样的人：与你作对的人不一定是坏人，当你与他人发生争论甚至争吵的时候，很可能因愤怒丧失理智。随便向人发脾气是不对的，此时你一定要抱着“退一步海阔天空”的心态不自寻苦恼，创造平和的氛围。

有一些争论的话题可能是与某些重要人物，当一些重要观点存在不一样的见解时，不妨大胆说出自己的想法，让对方了解你的真实想法。你和对方虽然处于争吵的状态，但这是基于共同沟通的基础上。所以，不要害怕争吵，而要适当地表达自己的意见。

对待苛刻的人应该注意细节。他们苟求别人，甚至可能因为某天你没有同他打招呼而心怀愤恨。虽然你们开始的时候不是敌人，但也要小心维系你们之间不冷不热的关系，你的一点小差错，就会成为他抓住的一条“小辫子”，并因此而与你对立起来。

对这样的“敌人”我们可以大胆地与他沟通，说明自己的本意，别怕因此得罪了他。“袒露心扉”的方法往往会赢得对方信任。

笑面人往往皮笑肉不笑，他们都有一个共同的表现，看似与任何人关系都好，对谁都没有意见，其实你要提防他心里打着小算盘。他们是比较危险的人物，常常会下阴手来报复对方。

但在这些人心中，并无真正的朋友，你要尽力走进他的内心，成为他的朋友，这样你的人脉就会更加广泛。

让你的敌人成为你的朋友，彼此不再对立，如果能做到这样，意味着你将很快成功。

宽恕是美德，也是化敌为友的关键，有智慧之人都会这样做，因为他们懂得什么东西对自己更有意义、更重要，报仇虽然有消除心头之恨的作用，但会让自己陷于仇恨而无法自拔。

一点通

与你的敌人化干戈为玉帛，听起来是件好事，但是具体操作起来并不容易。只有那些有远见、有修养的人才能与敌人在谈笑间泯恩仇。

18 婚恋密码篇

第一章　爱情需要巧劲儿

要会“乘虚”而入，捕获人心

刘梅受到很多人的喜爱。王亮一直很喜欢她，却没有勇气开口。

这些天刘梅没有来上班，王亮一打听才知道她生了重病，正在人民医院住院。

王亮立即赶去人民医院，看见刘梅的病床边堆满了鲜花和水果，显然已经有不少人来探望过她了。王亮丝毫没有考虑到这些，只是焦急地问大夫：“刘梅什么时候才能痊愈?”

刘梅做了手术后，王亮向单位请了假，在医院陪了她七天七夜。刘梅醒来后看到王亮憔悴的面容，感动得说不出话来。

孤苦伶仃、无依无靠的刘梅被王亮深深地打动了。康复后，刘梅自然成了王亮的女朋友。

一点通　一个人脆弱时感受到的关怀和温暖会比平时更能打动她，选择这个时候对她示好往往能够事半功倍。

在对方脆弱时下手

一厢情愿最让人痛苦，比如，喜欢你的人，你不喜欢；你喜欢的人，却不喜欢你。正所谓“强扭的瓜不甜”，恋爱是两个人的事，勉强获得的感情非但不会幸福，反而会使彼此受伤害。生活中有太多的不完美和无奈，每当我们情到深处，疯狂地爱上一个人的时候，上苍似乎总喜欢捉弄我们。

生活中，我们总是经历着这样的事情：“你被某个人深深地吸引，愿意看他疯狂地踢球，然后，悄悄装作球迷递上你的爱心饮料；你愿意看他忘我地打游戏，自己却静静地陪着他；你习惯在某时某刻等待他的出现；你希望有一天能跟他做朋友……但是不久后你却发现他已经有了心爱的人。”

“趁火打劫”的原意是：趁人家家里失火没有防备时去抢人家的东西，趁机捞一把。所以，趁火打劫的行为一直为人们所不齿,因为乘人之危不是君子所为。但是在爱情中,这个词是指在对方最无助的时候送上你的温暖,因为这时的温暖最容易打动对方的心。一个人最脆弱的时候,如果你陪他一起度过,他就会感到异常的温暖和欣慰,也会因此敞开自己的心扉,把你当成自己人倾诉起来,这是拉近彼此之间心理距离的绝好方法。

在爱情中要了解对方所需,雪中送炭,但一定要心存善意和真诚,否则将得不偿失。"打劫"还要把握住"打劫"的度,千万不要让这个联系感情的好时机变成对方厌烦你的时刻。

在《恋爱兵法》这部电视剧中,王文清和金正浩之间的"爱情战争"就运用了"趁火打劫"的办法。王文清要负责欧阳明明的行程宣传,而金正浩要负责公司的管理,他们各有各的责任,也有因为工作而焦头烂额的时候,所以,这时采用"趁火打劫"的一方很容易得到爱情的光临。

电影《乱世佳人》中,白瑞德先生为什么坐在牢房里就能等到斯嘉丽佳人的到来?他运筹帷幄,靠的就是这招"趁火打劫"。在亚特兰大,他几次架着马车、载着佳人冲出熊熊大火的包围,然后,在远处火光的映衬下向心上人索吻,这就是"趁火打劫"。他说:"亲爱的,我爱你,所以,为你挨骂、玩绑票、装阅读障碍,甚至差点牺牲了可怜的企鹅朋友,即使你第二天就忘得一干二净,我也依然焦头烂额地日复一日——我打劫了你的爱,你偷取了我的心。"此情此景,有谁不会为之倾倒呢?

一点通

人是有感情的动物。或许很多人习惯于冰封自己的心,看上去似乎难以接近,但其实他们一直都在等待一份能温暖自己内心的爱情。所以,我们要学会"趁火打劫",在正确的时间、正确的地点,"劫"得自己的"爱"。

用细节打动"芳心"

小王很平凡,可是她的老公——一个英俊富有、早早步入"成功"一族的男人刘冰,却总是说,"我这辈子最离不开的人就是小王。"

刘冰在电脑前熬夜工作时,总有一杯烫好的牛奶陪伴左右,温度正合适,仿佛时间被停止了一样。后来刘冰才发现,每隔段时间,小王就会重新把牛奶温一遍。因为刘冰工作太专心,也因为小王动作太轻,刘冰从未被小王打扰到。

每天早上,小王都会亲自下厨,把做好的"爱心便当"仔细地放进饭盒里,那些菜总是刘冰最爱吃的,而且因时而异。无怪乎刘冰说:"五星级饭店厨师做出的饭菜也没有我老婆做的香。"

正是这些小事情,让刘冰一次次地感动,因而更爱自己的妻子。

一点通

从点滴处着手,比做所谓的"大事"更能博取感动。用最细微的事情,尤其是那些对对方来说不可或缺但总是被她/他忽略的事情,最容易达到效果。

"坏"男人的魅力

常言道:"男人不坏,女人不爱。"要想被女人所青睐,你就得先了解什么样的男人才吸引女人。这里的"坏"当然不是指其人品,而是指有悖于好男人的思想观念和行为标准,比方说善于搞笑,在生活方面比较有情趣等。

为什么男人不坏,女人就不爱呢?难道女人非要爱上一个坏男人来折磨自己?当然不是。好男人往往像块木头,不喝酒、不吸烟,既不懂浪漫,也不懂幽默,更不会说甜言蜜语……女人和这样的男人在一起,生活没有激情、没有乐趣,嘴上不说,可是心里早已厌恶。一个不会迎合女人的男人怎么能赢得女人的芳心呢?

现代社会,“好”男人早就被划到了“笨”男人的行列。笨男人不讨喜欢,所以,一个男人要想受到女人的青睐,就要先学会使“坏”。“坏”男人要想坏出魅力,坏得够体贴、够温柔,坏得让女人心花怒放,不妨借鉴一下周星驰的泡妞绝招:

1. 公车站台

“小姐,你踩到我的脚了。”

“怎么可能,我离你很远。”

“我是说,如果。”

“神经病。”

“哇,你说得对,我确实有神经病史,看见漂亮的女孩就发作。”

“你们男人总是那样,以此来吸引女孩子,以为自己很帅。”

“小姐,你错了,我从不以为我自己帅,但这是事实。”

“真恶心,我要吐了。”

“在你吐之前,我想问个问题。”

“有屁快放。”

“你为什么不承认我很帅?”

“滚……”

2. 公车上

“怎么又是你?”

“怎么不是我。”

“你很讨厌,那么多位置不坐,偏要坐我旁边。”

“小姐,你搞清楚,我只是坐了个空位置,恰好你坐在旁边,如此而已。”

“你怎么不坐到前面的空位置上?”

“噢,明白了,原来你是想看我屁股,想让我用屁股看你?”

“快滚……”

3. 下了公车

“你为什么也下车?”

“这是我的自由!我喜欢闲逛。”

“我告你性骚扰,你单位是什么?”

“你是说斤,还是焦耳、牛顿?”

“我跟你很熟吗?老说这种无厘头的话,真讨厌!”

“是呀,不熟,我们好比一个枝头的两棵青草莓,酸酸的。”

“看了几次大话西游,学了几句唐僧话,你就觉得自己很幽默,是吗?”

“幽默是天生的,要怪,只能怪我爸妈……”

“神经。”

“×××神经。”

“×××神经。”

“你看你,明明是×××却要硬说成是我妈,你想干吗……”

“给我滚……”

“坏”男人看似不正经,像个“花心大萝卜”,但是“坏”男人却坏得执著。“坏男人”眼里没有困难,他们坚毅、勇敢、自信,有点狂妄,但是能屈能伸,能刚能柔,不但坚韧执著,而且有一张善于死缠烂打的厚脸皮。他们大多光明磊落,幽默风趣,懂得哄女孩子开心。这样的男人是非常有魅力的,深受女人的喜欢。

女人虽然嘴上常说“你好坏”“你不正经”,但大多口是心非,早已倾心于你,把你列入“好”男人的行列。

电影《秘岸》中，莫文蔚饰演的酒家女有这样一句台词："男人追女人的时候，最简单的方法就是告诉她你的想法"，后面的潜台词是包括你想和她有鱼水之欢。女孩子听了通常又害羞又高兴，毕竟男人不对女人产生这种想法其实是做女人的失败。酒家女还说，"女人都是装的"，女人嘴上说"讨厌""不喜欢"，其实早已暗许芳心。

一点通

要想博得女人的心，首先，你要学会"坏"。既要解风情，又要懂柔情，还要有男子汉的野性风度，也就是散发着永不言败的雄性荷尔蒙激素。这样的男人才能让女人对之"神魂颠倒"，才能得到女人的青睐。

甜言蜜语的技巧

没有人会拒绝被赞美。真诚的赞美，会让她对你心生好感。

常说"她是个很优秀的女人""她是个非常具备人格魅力的女性"等赞美之词，通过闲聊让她周围的朋友或同事知道你对她的感觉。

这种间接的传话隐含着某种客观性，并不需要对方公然接受。她在因为那些赞美的话而高的同时，也会对赞美自己的人保持着强烈的好感。

"你的手链和你的衣服很搭配！""听说你喜欢游泳？能够在海里自由自在地游泳是很棒的一件事。"用这样的话去赞美她，更容易让对方对你产生好感。人在听见自己的选择或者重视的事物被对方赞美时，比听见直接赞美他本人的话更加高兴。

Lily 谈起她的男友时，总是害羞地说："他这个人啊，就是嘴甜。"Lily 的男友 Allen 的确嘴甜如蜜。Lily 稍晚一会儿回家，他就会说："累了吧？我给你捶捶腿。"Lily 和朋友出去玩，Allen 会每天打一个电话，说如何想 Lily，让她注意安全之类的话。Lily 说："一看到 Allen 就很开心。"

一点通

有时候听见比看见更有效。面对爱人，千万别羞于说出甜言蜜语。

用行动说"我爱你"

精心呵护，关怀备至，却就是不开口表白，这样会让对方并不清楚自己的用意，无意中就把注意力放在自己身上了。

如果每天在固定的时间或地点发生同样的事情，人们就会形成一种习惯。好比你每天在固定的时间打电话给某人，久而久之，某人就习惯了你的电话，突然有一天你不打电话了，一定会使对方不知所措，反过来打电话问你为什么没有给他打电话。

坚持做到每天都对一个人好，可是不表明用意所在，对方会比自己更容易着急，这就是爱情中的攻心战。

汪平是个很沉默的人，他对秀秀有了好感，却不说出口，只靠行动来证明。天热了给她买冷饮，下雨了给她送伞，秀秀过生日时他送来一大捧鲜花——却不是玫瑰。

做这些事时，汪平很自然，也从不加言语说明。

时间久了，秀秀忐忑不安起来，她不知道汪平的用意何在，是喜欢自己吗？可又不太像。

于是，秀秀越来越注意汪平，建立关系唾手可得。汪平逐渐获得了秀秀的好感，秀秀越看越觉得他可爱。

一点通

用行动证明“我爱你”，但就是不直白地说出来。时间久了，对方对自己的依赖就成了习惯。

谁说不能女追男？

俗话说：“男追女隔重山，女追男隔层纱。”女人如果主动出击“猎取”爱情，往往很容易获得。如今虽然时代变了，但是仍然有很多女性囿于传统观念，不好意思去争取真爱，还有的女人认为一旦反过来追男人，就会很没面子。

其实，爱情不分主动与被动，男追女天经地义，女追男才会赢。爱情是等不来的，错过了时机，你将永远收不到“爱情的呼叫”。

湖南卫视著名主持人汪涵和他的女朋友杨乐乐在接受采访时回忆，汪涵主要做了三项工作：花言巧语“哄骗”，大小礼物“贿赂”，不分昼夜“接送”。回想当初，乐乐说：“其实是我追他的，因为他追我肯定追不到，我追他就容易多了。”这对幸福的“鸳鸯”直到现在都让人嫉妒。他们的结合源于双方的共同努力，但如果不是女方放下自己的矜持、羞怯和顾忌，主动展开攻势，他们是不会那么快就步入婚姻殿堂的。

所以，一旦自己欣赏的人出现在身边，要当机立断，主动出击，以智取胜。

电视剧《我们遥远的青春》里，戴妍就是一个主动展开爱情攻势的人。

戴妍是个很漂亮的女孩，一个偶然的机会，她认识了一个叫葛俊的民乐系学生，并对他产生了好感。于是，她便开始了自己的追求爱情之旅。

她对葛俊很关注，学校演出只要有葛俊出场，她一定会看。而且在他们演出结束后，她会一直跟在乐队的后面，几乎是“穷追不舍”，逼得对方无法拒绝。

人人都看得出她对葛俊的好感，一个女孩子整天围着一个男孩子转，这是何等疯狂的举动？可她不在乎，既然认定了自己的爱就要无畏地去追求，不用在意别人的眼光。

为了能天天见到葛俊，不懂音乐的戴妍硬要加入葛俊的乐队。尽管总被拒绝，但她从不放弃。有一天晚上她把葛俊堵住，带着命令的口气说：“听着，我给你两个选择，一是让我加入你们的乐队，二是让我做你的女朋友，两天以后给我答案。”

这哪里是选择？分明就是强迫。

戴妍的主动让葛俊无从回避。让一个不懂音乐的女孩加入乐队会影响乐队，无奈之下，葛俊选择了做戴妍的男友。

就这样，戴妍靠锲而不舍的主动追求赢得了爱情，最后，她又以自己的真性情赢得了葛俊的真爱。

女人追男人一定要投机取巧，只有采取正确的方式才能达到目的，否则结果常常会适得其反。女人应该尽量表现出女性的特殊魅力，要出得厅堂，下得厨房，要能烧一手好菜。有道是“想抓住你的男人，先抓住他的胃”，有女人味儿的女性才能激发男性的荷尔蒙分泌。女人也要适当地迎合男人，照顾他们的面子和自尊心。女人在外面跟人打交道时要给自己的男人争面子，让他知道关心和你对他的重视。

一点通

不要轻信他言而放弃自己争取真爱的机会，感情是可以慢慢培养的，但机会不是每次都有。女人在爱情上千万不要假装矜持，只有当机立断，才能收获幸福。

留点神秘感给对方

为了让自己有神秘感,我们有时不能直言爱意。

胡朋是一个老实人,他爱上了同事小玉,并觉得小玉对自己也有那种意思,但却拿不准,因而心神不宁。一天,他决心向小玉求爱,心想不管结果怎样,至少可以有个答案。刚巧他从办公室出去办事时,在走廊里碰见了小玉。胡朋一冲动,对她说:"小玉,我想和你谈谈。"小玉走过来问:"什么事?"胡朋张口就喊:"我爱你!你愿意跟我交朋友吗?"

小玉非常惊讶,啐道:"神经病!"说完匆匆而去。胡朋受此打击,此后不要说求爱,连小玉的面都不敢见了。

还有一个人反其道而行之,他只对一个女孩好,但从不向对方表明,搞得对方牵肠挂肚。最后,他朦朦胧胧地说出了自己的心思,女孩就成了他的女朋友。

爱情需要新鲜感,所以,不要让对方完全掌握你的一切。如果对方对你了如指掌,你就会迅速失去对他的影响力。求爱是一种特殊的爱的信息交流,要有一定的铺垫。如果不讲求爱技巧,贸然向人家求爱,就无法收到预期的效果。人对太轻易得到的东西往往不屑一顾,人性就是如此。欲擒故纵,进退有度,方能百战百胜。

一点通

在爱情中,切忌直来直去,如白开水般清淡,一望见底,而应该"汪汪如千顷波,澄之不清,淆之不浊"。

要正确看待爱情

从前有个英俊聪明的小伙子,一心想找一个完美无缺的妻子。他一找就找了40年,但始终未能找到,直到变成小老头,他还在不停地寻找。

有人问他:"老公公,这么多年了,你找到那个完美无缺的女人了吗?"

老头说:"找到过一个。"

"为什么不要呢?"

"唉,她要完美的男人。"老头痛惜地说。

这一男一女都想寻找完美无缺的配偶,可惜世界上根本不存在这样的人。多么愚蠢的一对傻瓜呀!

席慕蓉以诗人、画家的身份名扬两岸,她和丈夫刘海北过去都是从台湾去比利时的留学生。一个是学油画的,从小对数学不感兴趣;一个是学物理的,沉醉于抽象世界之中,可最后他们竟走到了一起。席慕蓉曾说过一个两人爱情的小插曲:"那时我们留学生中的中国同学在一起活动,回宿舍时要走一段夜路。有的男孩子会说,我只送我喜欢的女孩子回宿舍。可是我的先生,哦,那时候还不是我的先生,只是同学的同学,无论看到哪个女生落单了,出于对女孩子安全的考虑,他都会将她送回宿舍。"

席慕蓉由此对刘海北产生了爱意。她说:"我就觉得一个人能这么关心别人,心地一定非常善良。你想,他对普通朋友都这么照顾,更何况他的太太和小孩呢?这个人我非嫁不可。"

"傻姑娘"找到了一个好丈夫。席慕蓉与刘海北婚后相亲相爱,夫妻之间相敬如宾,生活幸福美满。

爱情能使傻瓜变得聪明,反之亦然。

被称为“俄罗斯文学之父”的普希金，在事业上非常成功，然而这位聪明绝顶的大诗人，却因为爱情变成了“傻瓜”。这位大诗人与“莫斯科第一美人”冈察罗娃一见钟情，美人爱诗人的名气和财富，诗人爱美人的美貌和风韵。婚后，诗人忙于创作，而他那艳丽风流的妻子却整天沉醉于上流社会的交际和宫廷舞会，从不理会诗人的创作。有时普希金写出一首好诗，很希望妻子同他一起共享创作的乐趣，但总是遭到拒绝。有时诗人万般无奈，不得不陪妻子参加社交活动，这一切使诗人深深地感到痛苦。上流社会活动对灵感的消磨使诗人无法集中精力从事创作，于是，天才诗人的才华渐渐被抹杀了。最后，他连生命都毁于因冈察罗娃的情人引起的野蛮决斗，“诗歌的太阳”就这样陨落了。

哲人说：“爱情是一位伟大的导师，能引导我们重新做人。”比如失恋，有的人失恋后精神萎靡；有的人迷失自我；还有的人互相伤害，不仅变成傻瓜，还变成罪犯。俗话说：“失恋莫失志。”失恋虽然会给人带来痛苦，但是理性能战胜消极。失恋者一旦摆脱了暂时的不幸，生活就会重现光明。

法国著名作家罗曼·罗兰爱上了聪颖、秀丽的意大利姑娘索菲亚，让他始料未及的是在求婚时遭到索菲亚的婉言回绝。罗兰极度痛苦，不暇他事。为了摆脱痛苦，他采取了创作转移法，把心思集中到学习和创作上来，经过不懈的努力，创造了文学史上的一个奇迹《约翰·克利斯朵夫》。还有伟大的思想家恩格斯和伟大的音乐家贝多芬，他们也有过类似的经历，但是最终都战胜了自己，经受住了道德情操的考验。

一点通

爱情让人兴奋，同时又让人麻木。有人在爱情里边走边唱，有人在爱情里迷失自我。不管爱情有多么美丽，我们都应该保持清醒的头脑。

第二章　用心经营你的婚姻

如何面对男人的沉默

在长期的婚姻生活中，女人常要面临这样的问题：男人动不动就沉默。解决这个问题对于女人们来说，既是增强亲密关系的良机，也是一项难度很大的挑战。

在女人滔滔不绝地吐露心扉的时候，男人一语不发，并且对交流表示反感，这在女人看来是很难理解的。她们甚至可能会怀疑他有听力障碍，因为他看起来表情茫然，完全没有交流的欲望。

在加工信息的方式上，男人和女人截然不同。女人善于表达自己的心声，因为她的内心世界是完全透明的。如果听她说话的人能够积极配合她的倾诉，她就会更加无所保留地表达自己。女人擅长这么做，同时也从中得到快乐。但是男人却截然相反，他们总是因为各种原因而沉默：需要休养时沉默，需要疗伤时沉默，需要专心思考时沉默……

而女人沉默时，可能仅仅是担心出语伤人，因此，一语不发；也可能因为不信任对方，不想与之交流。女人总会从自己的感受出发，胡思乱想：“他是不是讨厌和我说话？是不是我所说的东西不感兴趣？还是嫌我太啰唆了？”由于不了解男人沉默的原因，所以，当男人沉默时，女人总是穷追不舍地发问，想了解男人的想法，认为这样一来男人的感觉就会大为好转，但结果并不是这样的。男人往往因此更加沮丧和烦恼，甚至大发雷霆。女人以出自本能的方式支持男人，其动机无可挑剔，但徒劳无功，于是，她感到不解、难过和愤怒。在屡屡碰壁后，女人开始心灰意冷，放弃交谈，始终不得其解。

不管是男人还是女人,都不该想当然地行动。如前所述,男人喜欢沉默,原因多种多样,有时他的沉默是不可缺少的。要是男人沉默不语,女人千万不能盲目行事,或者担心是由于自己的原因而惊慌失措。沉默并不意味着男人绝情或者你们的感情出了问题,女人过多地干涉男人的感受,结果会适得其反。如果他渴望独处和沉默,不妨给他足够的空间和时间,以你的实际行动支持他、帮助他,这样效果会更好。

当然,在很多情况下,女人很难让男人主动开口。因此,如果女人的确感到自己需要引导男人开口,渴望倾吐想法和感受,就必须掌握主动权,而不是被动地等待。不过,实施这一计划要运用正确的方式,一旦她采取的方式不得体,比如以强迫性的态度,男人就会感受到压力,即使是原本有话要说,最后也会选择闭口不言。

在试图打破男人的沉默时,女人必须懂得:有时候,男人乐于交谈;而有时候,他却选择逃避。女人不要认为男人善于倾听,当有交谈的欲望时应该先暂停一下,接近他,看看谈话的时机是否合适。只需问几个简单的问题,就可以知道他的情绪是否适合交谈。女人可以问他:"今天工作如何?"如果他的回答是"很好"或"一般",就说明他希望沉默,女人最好也缄口不语。如果男人的确非常渴望沉默,明确表示现在还不想谈,女人最好不要逼迫。

男人一般认为:不管我说还是不说,你都应当接受!因为他需要认可和接纳。只有在女人认可和接纳他的情况下,他才愿意与女人交谈。如果女人强迫男人开口,或者因为他的沉默而产生怨恨,男人就会逃避交谈。在他看来,女人对他既不接纳也不信任。男人和女人不同,男人有一个非常明显的特征:他们说话需要明确的理由,而女人只要有人倾听就愿意说话。即使女人认可和接纳了他,一开始,男人仍然可能惜字如金,但是如果女人感谢他的倾听,他就会大受鼓舞,不自觉地吐露心声。如果没有感受到女人的鼓励和感激,男人就会觉得谈话和倾听都毫无意义,而对于一件毫无意义的事情,男人一般不会在意。

当女人和男人郑重地交谈时,女人千万不要提出大量怀疑性的问题来逼迫男人作答,更不要流露出命令的口吻,迫使男人说话。她可以暗示这个男人,只要他坐在那里聚精会神地倾听,即使沉默不语,她也会感激他。举个例子,女人对男人说:"亲爱的,我最近碰到了一些问题,我想把它说出来,那样感觉就会好很多。"男人因为自己的倾听能够帮助女人,自然会认真地倾听。几分钟后,女人突然中断倾诉,诚恳地对男人说:"谢谢你听我说这些。"这种感激会让男人振奋,他会以更大的兴趣倾听,甚至可能开始主动与你交谈,一切就水到渠成了。

一点通

当女人和男人郑重地交谈时,女人千万不要提出大量怀疑性的问题来逼迫男人作答,更不要流露出命令的口吻,迫使男人说话。

与男人交流应时机恰当

很多女人都会犯这样的错误:她们总是在不恰当的时机向男人倾诉,因此弄巧成拙。原本女人和男人做亲密交流是为了增进彼此感情,但是却变成了释放个人压力的途径,倾诉起来没完没了。为了找到倾吐个人感受的途径,女人往往不是针对某个问题大肆抱怨,就是无意识地点燃激烈的争执。

下面是一些女人因为交流时机不对而经常犯的错误:

(1)男人说到但没做到时,女人可能感到很生气,她会不露声色地等待时机。当男人愉快地从事某种放松性或娱乐性的活动时,比如,读书或看电视,女人就会借机指责他。

(2)女人不赞成男人的处事之道,比如,不赞成男人教育孩子的方法,她就会等待机会,当孩子不听话或表现不佳时,趁机把这件事情提出来。

(3)女人希望男人不要显得太强势,但男人却一直没有表现出来,等到男人表现出来的时候,她就会趁机抱怨,说自己力不从心。

(4)女人想要更多地跟男人在一起,直到某一天,很多朋友外出活动时,她就会趁机说出她的消极感受。

女人伺机而动,一有机会就会对男人进行排斥、批评、指责或惩罚。女人认为自己很少有机会倾诉自己的感受,因此,一旦机会来临,她就会说个不停。虽然这仅仅是女人希望和男人进行交流的一种方式而已,虽然她们只是想表达心声,但是男人却有可能认为女人的指责不怀好意。女人本来应该可以和男人进行交流,但是问题却出在她所选择的时机上。

如上所言,女人所选择的时机一般都是男人犯错误或者对女人"示好"的时候。实际上,在这时,男人更需要的是女人的支持。女人的指责会让男人的挫败感加深,不知所措,这样一来,他就很难再接受女人的意见。在这种时候,女人越是想要纠正男人的言行,或是打算给他教训,就越是达不到想要的结果。女人越是这样,最终越会使男人产生这样的感觉:她想要用她的想法或感受控制我的行为。这样一来,对于彼此的沟通,男人就会产生更加强烈的排斥心理。

由于大部分男人在白天奔波,因而很多女人都想在男人回家之后和其进行交流,但是男人经过一天的劳累之后很想好好休息,如果这时女人想和他进行交流往往很难奏效。如果男人一回家就感受到压力,无法释放自己的紧张感,就会变得极为焦躁不安,很难进行交流。即使有精力,他也更倾向于干一些不需要费力的事情,比如看电视或翻报纸。与此相类似的是,如果男人仍然处于情绪低谷,女人希望有效交流的愿望一般就无法得到满足,因为在这段时间里,男人希望放松自己,或者找到真实的自我,感受家庭生活的温暖。这时女人只需通过"暂停"和等待交谈的恰当时机,就能得偿所愿。

一点通

时机关乎日常交流的质量和人生幸福,女人选择的时机对亲密的交流至关重要,因为它会影响男人的倾听。

与男人沟通的注意事项

在和男人沟通的过程中,女人总是受到挫折。她们通常使用自以为男人们一定可以理解的语言和他们沟通,但事与愿违。女人经常会有这样的经历:当她对一个女性朋友诉说某件事情时,对方感同身受;然而,当她对一个男人,即使是她的丈夫或男朋友说起同一件事的时候,对方也不以为然。这时候她就可能会有这样的感叹:"男人可真是奇怪。"

男人真的很奇怪吗?并非如此。在很多时候,男人的确显得固执己见,而且多半拒不考虑女人的感情和需要。

1. 说出重点

女人的最大特点是善于表达,对问题、感受和心情全都能通过语言宣泄出来。男人却恰恰相反,总是不喜欢女人的谈话方式。对于女人来说,谈话本身往往比谈话的内容更加重要,她从来不给问题排序,怎么想就怎么说,随心所欲,顺其自然。如果女人愿意倾诉,就没完没了,毫无重点,让男人难以理解的是女人并不急于解决她的问题,只想通过表达,唤起男人的理解和共鸣,这样就能让她感到轻松和愉悦。与女人相反的是,男人逻辑严密、聚精会神,在谈话时,总是先深思熟虑,再以一种十分投入、合乎逻辑的方式表达出来,而且总是带有明确的目的性。这种谈话方式彰显了男性的本色,可以说,有效地解决问题是男人们谈话的目的。

男人是目标导向型的生物,只有掌握了主动权,他们才会比较自由。女人谈话的目的多半倾向于过程,两个女人漫无目的地交谈,照样可以享受沟通的乐趣,男人却多半会认为这种沟通缺乏结构,没有"营养"。女人对此不以为然。当她们想要和男人进行一次深入的交谈时,通常会用"让我们好好地谈一谈"或者"帮我想想我的工作该怎么办"诸如此类的开头,她们所犯的错误都过于笼统,看上去好像目标很明确,但实际上空洞无边。由于没有一个讨论的界限,让男人不知所措。对于这样的沟通,男人可能毫无兴趣,所以,不愿和她谈话,或者不把她的谈话当回事,这样势必会影响沟通的效果。

因此,当女人打算和男人就某一方面的问题沟通时,必须明确地告诉男人自己的目的,这样男人就会有思考的核心,从而产生谈话的自信和放松的感觉,积极地参与到谈话中来。向男人提问题也有助于谈话的进行。在男人看来,女人沟通时总是抓不住重心。他们无法忍受女人的旁敲侧击,觉得这样的谈话有一定的危险性。

男人和女人在对说话的意义的理解上有很大不同,这是不是注定男人和女人无法沟通?当然不是。女人最常抱怨的话就是说男人不知其所云,实际上,如果女人适当地做些改变,就能让男人明白女人的语言,并且爱听她的谈话。如果能够在进行谈话之前先让男人有所准备,那么,她可能很快就会让男人成为其一个忠实的倾听者。你只需很简单地告诉他:"我只是想谈谈自己的感觉,因为说出来我会觉得好受些。"通过这种简单、直接的方式,男人就不会觉得有压力,也能轻松起来,在女人谈感受时,男人就会认真倾听。由于除了倾听以外不需要再做什么,所以,男人可以给她更多的情感支持,而这也正是女人最需要的。

如果女人期望男人能够像她们一样在短短几分钟之内想出办法,并参与交谈,那就错了。当你因为男人没有像你一样表达感情而批评他的时候,他会觉得被误解,甚至会以某种过激的方式回应你。所以在和男人进行情感沟通时,不要一股脑地将困惑和抱怨全都说出来,这会让他毫无招架之力;也不要要求他立刻说出他的感受,尝试用肢体语言,比如,握着他的手,拥抱他一下,效果也会很好。

2. 注重沟通结果

大多数女人在沟通的过程中忽略了解决问题的重点,而只是希望通过沟通来减轻压力,于是总是在和男人沟通的时候,把自己的想法一股脑地说出来,好像事情一经她们嘴里说出来就已经完成了一半。她们会在谈话中把所有的问题罗列出来,并在一天之内解决,而男人在这个过程中却只想逃避。

在女人全身心地谈话时,男人也会表达自己的想法,结果女人会心烦地说:"你不懂。"男人听到这种抱怨后会非常沮丧,并且马上产生抗拒心理,这是因为在男性语言中,"你不懂"就意味着你能力不足,不能帮助她。女人随口而出,但这句话在男人听起来,是对他的否定,让他无所适从。男人试图用他的举动说明他完全理解女人的用意,而且还很自豪地要证明这一点,但越努力离女人的目标就越远,女人也就越生气。所以,尽管两个人都出于善意,但谈话却总是以争吵而告终。

如果男人正在试图提出解决方案,而女人却只需要一个倾听者,那么这时候女人必须运用正确的方法让他停止下来。随着对男人的理解越来越深刻,女人会发现,如果自己不提过多的要求,男人就会很乐于倾听。这就是女人可以选择的高级策略:女人对他说,"这其实不是什么大事,我只是想让别人知道我是怎么想的",这样一来,男人就会如释重负,将会比以前更专心地倾听;女人还可以说:"我是这么想的。不过,事实并不像我说得那么糟,我只是想谈一会儿话。"这些说法能够让男人安于倾听,使女人继续谈下去而不受男人解决办法的干扰。从某种程度上来说,女人越是尽早表达自己的用意,男人就越容易把心思从"决策"转到"倾听"上来。

男人从小接受的训练是寻找答案,并且常常将思考过程内化,直到找到答案为止,否则他们不会轻易开口。这就是为什么当女人问男人问题时,他会先说"让我想一想"的原因。如果女人在沟通的时候喋喋不休地谈论自己的感受和想法,男人就会不安,然后,试着督促她随便想个办法;如果她的确希望能够解决问题,就会停止夸夸其谈,然后,强迫男人立刻对她的提议作出回应。正确的做法应该是,先将自己的问题告诉他,让他进行充分的考虑,这样才能解决她所提出的问题。

3. 男人不容易进入自己的感情世界

现代男性不擅长处理感情问题,对于大多数男人而言,内在的感情世界是既神奇又陌生的去处,他们无暇顾及。对于从事感情上的运作,比如,表达感受、怀疑或忧虑,甚至向别人说出忧虑,这些都不是男人的强项。但是这并不意味着他们在抗拒感情,他们不是冷血动物。即使是那些博学多才的男人,在表达感情方面都有所欠缺。然而,还有一个事实就是,很多男人都急欲学习如何探索内心世界,变得又多情又温柔,只是做任何事情都没有捷径,都要不断地练习。

如果女人事先预感到男人不安于倾听,那么她可以采用几种新方法,使男人做好躲闪和避让的准备。有一种方法是感激他倾听女人的谈话。如果女人对他说:"非常感谢你没有在我说话时离开，我真的很感激。”这是增进夫妻关系新方法中的一个高招。

男人感到最头疼的就是女人指望他完全明白她的话。如果女人不知道用怎样的方法来表达，最有效的办法就是明白地告诉他。当女人承认让男人听她说话很困难时，男人反而会乐于倾听。如此一来，男人就会感激女人的体贴，并尽力帮助她。其优势在于，一旦表示出这种理解和支持，男人就会出自本能地、更大度地容忍女人可能说出的任何错话，也更能理解她的初衷。

女人如果感觉到男人不理解自己应该马上提出来。你可以说：“我绝没有要批评或责怪你的意思，希望你能理解。”通过这种方式，女人可以提前让男人知道，听她说话可能要受些委屈；也让他知道，你可能会说错话，但这不是你的初衷。女人的这种思维方式，不仅会使男人喜欢倾听，也能使女人自己能够以“女性”的方式表达感受，同时使男人认识到男人和女人的区别。

请女人们记住这一点，如果想和男人进行沟通，那么请照顾到他的“语言”习惯。如果我们与人沟通时，觉得身心自如，那是因为谈话者有共同的语言习惯。只有当所有的“语言”和“手势”显示出相互之间的“了解”后，两个人才能自如交谈，这样的沟通才是真正有效的。

一点通

其实，男人和女人并不是无法进行沟通，只是需要采取有效的沟通方式而已。假如女人用积极的方式帮他做好心理准备，他就会乐于沟通。

明白地向他求助

正确地请求对方的爱和帮助，对解决婚姻问题很关键。但是，男人和女人都觉得要求对方支持自己难以启齿，而结果却总是让他们大失所望。实际上，要想得到对方的爱和帮助，你必须学会主动出击，否则这将成为你们婚姻中的一个隐患。

比较而言，女人稍显弱势。向男人请求帮助，乍看是一件非常容易的事，但无数女人曾经因为这个问题而受伤、沮丧。她们以为，男人会将心比心，主动给予支持和帮助，如果男人爱她，即使自己不提出这样的要求，他也会提供帮助；在很多时候，她甚至有可能故意不要求，以考验他是否真的爱她。然而这不管用。男人如果有什么需要，就会直接提出要求，而且，他一般不轻易帮助别人，除非有人向他要求。

有很多女人不懂得如何请求帮助，她们通常以命令的语气向男人提出要求。殊不知，在大多数情况下，男人不喜欢这种方式。即使男人乐意给予帮助，女人的气愤或命令也会使他变得消极，从而大大减少她获得帮助的机会，这是男人天生的自尊心在作怪。但不管原因如何，女人都有必要学习新的求助方法，告诉他你需要帮助。

要想得到男人的帮助，首先要适当地要求你早已获得的帮助。如果注意观察，你就会发现其实男人已经为你做了许多事情了，尤其是一些小事儿，像提重物、修理东西等。开始要求男人做他早已在做的小事情，然后，你向他表示由衷的感激，这样可以让他习惯听你用非命令式的口吻要求他做事。男人如果知道你感激他，就会更加积极地回应你；然后，他会主动提供支持，但不要期望过高。此外，你必须确信他会听你的要求，并有所回应。

1. 适当的时机

不要要求男人做他早已计划要做的事，那会使他觉得没有自由。还有，如果他专注于某事，不要期待他会立刻回应你的要求。

2. 非命令的态度

谨记，要求并非命令。在请求帮助时，要避免命令的态度。如果口气是命令式的，他会因为觉得你不感激他原先所给予的而拒绝你的要求。

3. 简短

避免理由冗长。你解释得越多，他越会反抗，因为这会让他觉得你不相信他，或者觉得被你控制,因而不愿意提供支持。所以,提理由时,要尽可能简短。

4. 直接

女人通常在没有提出要求支持的情况下,自以为已经要求支持了。她需要帮忙时,可能只是提出问题,并不直接要求,而男人却常常忽视这其中的要求。因此,提出请求时最好直接表达出来。

按此原则奏效之后,你可以尝试进行下一步骤:要求更多。

在试图要求男人帮助更多之前,最好先确定他是否感受到了你的感激,再继续要求他支持,但先不要对他期望太高,因为他需要自己任何时候都被接受。只有当他习惯于听你不过分的要求时,他才会在坚持自己原则的情况下乐于帮助你。此时,你可以冒险适当多要求一点。

这个步骤最为关键的一点是,让男人知道,他不会因为拒绝了你的帮助而得不到你的尊重。如果他知道你能接受拒绝,就会毫无压力。一般情况下,男人一旦有足够的自由,就会比较愿意说是。

女人在要求帮助之前,总以为会得到男人的帮助,因此,有不少女人在遭到男人拒绝的时候,经常选择不要求。这就有失偏颇了。首先,你要知道,即使他拒绝了你的要求,也情有可原,不要让他的态度对你是否提出要求产生影响。即使你感到他在反抗或明明知道他会拒绝,也应该向他要求帮助;即使他拒绝了,你也要坦然接受,这样他会听得很顺耳,并且对你的信任和尊重表示感谢,下次就会比较愿意支持你了。

如果你已经能够非常自然地接受对方的拒绝,那么接下来你就可以向他提出确定的需求。这意味着对于你的要求,他总是有求必应。在这一阶段中,如果他仍反抗你的要求,你只能继续等待。

确定要求的秘诀是,要求后立即保持沉默。当拒绝你的要求后,他会找很多借口,并此因此开始叹息、皱眉、嘀咕、抱怨等。这时候,女人就会胡思乱想,认为这说明他不愿帮助自己,而恰恰相反:他拒绝后抱怨,可能表示他正在考虑你的请求,否则他会直接拒绝;他会因考虑你的要求最后转而答应你。假设他正要上床睡觉,你却想让他去商店买牛奶,他或许会抱怨,可能会说:"我累了,想睡觉。"你并不理解这种抱怨,可能会回答:"我下班回来之后,忙个不停,你却只躺在沙发上,现在要你帮一点忙,还说累!"就这样,争论开始了。

但如果你理解这种抱怨,知道他心里可能已经准备答应你,你就不会与他争吵了。因此,千万不要急着否定他的抱怨。女人可以说一些打破沉默的话,比如说"就当我没说好了""我非常失望"或者"给我个你不做的理由"如此等等。如果你企图说服他应该答应你的要求,不论结果如何,下次你再要求帮忙时,他会更加反抗。

问问题,然后,停顿,给他充分的时间考虑。让他抱怨,你只需要沉默。不要误以为他在以抱怨反对你,只要不发生争论,他就不会反对你。有时他可能不会立刻答应,或问你一些问题以免去做事。你停顿时,他可能会问一些习惯性的问题,你可以闭口不言,除非他真的要你回答。如果他累了,不要证明你比他更累,他帮你是理所当然的;若他真的很忙,不要试图说服你比他更忙,避免找理由认定他该做。必须牢记,你只是要求,而不是命令。

学习这种沟通艺术对你们的婚姻极为有益。只有如此,你才能获得更多的爱与支持,而他也会更高兴,因为男人是乐于帮助你的,而他最快乐的事莫过于满足你的请求。学习得当地要求支持,会使你和你的爱人更有被爱的幸福感,这种良性循环,会使你的家庭生活更加和谐。

一点通

适当要求男人支持的秘诀,分别是适当的时机、非命令的态度、简短、直接,否则就有可能被拒绝。

站在男人的角度,多替男人想想

一个成功的家庭,男人和女人发挥着不同的功用,尽职尽责,并且相互理解、相互支持,让对方能够发挥出最大的能量。

在家庭中,双方要相互体谅。作为女人,要能够体谅男人。男人一生都在不懈地奋斗,为自己所爱的人创造更好的生活。面对社会生活的林林总总，常常会有巨大的压力，在很多时候，也会感到心有余而力不足。对于感情，男人没有女人的细腻、敏感，因此，他不会像女人一样表达情感，感受对方的情绪。或许他心里爱如大海，但并不善于表露。对于男人来说，处理男女关系从来没有像结婚后这样困难过。

男人非常渴望能够得到女人的理解和支持，然而女人却常常不能理解他。比如，男人回到家里，最喜欢坐在他所喜爱的椅子上，要么翻看报纸，要么看电视。现代男人总是采取这种行为来放松自己，以这种本能的方式暂时忘掉工作中的烦恼，并最终为改善家庭生活而做准备。但是女人对此不能理解，甚至对他们的这一行为感到厌恶。她认为，作为爱人，她应该去关注他的苦恼。然而，当女人没完没了地问个不停时，男人会逐渐变得很生气，并用他自以为最明白不过的信息提醒女人，让他好好地静下来休息。但女人仍然不理解，于是，女人本来好意的关心，却因为不能理解男人的处境和需要而破坏了两个人的关系。

在很多时候，男人专心工作，并非有意忽视家庭，正好相反，他是为了家庭才这么做的。有时，他并不想忘记去学校接女儿，只是工作实在走不开。但是女人却总是误解。对女人来说，做出这种事一定是经过反复考虑后才决定的。如果这类事情——如很晚回家、忘了接送小孩总是发生，女人就会认为这是男人有意而为之。实际上，今天的男人常常会为工资太低、没有成就感、得不到赏识而沮丧，并直接联想到家庭生活的艰辛。如果这种想法在他心中成为一种压力，那么他就会自发地忙于工作。他对工作的关注，有时甚至会达到正如女人所埋怨的不顾家的程度。实际上，他承受了巨大的压力。因此，在这种时候，让他放弃思考问题回到夫妻关系中来，有些不太可能。他根本就没有意识到他的爱人被冷落。女人却无法看到这一点，因此，她怨恨很深，有时这种怨恨情绪会突然爆发。站在男人的立场，女人应该理解男人，在适当的时候加以善意的提醒，这样才能避免这类家庭矛盾的发生。

尤其当男人处于事业或生活的低谷时，更需要女人的理解和支持。因为处于这一时期的男人非常低调，而往往越是这样，女人就越不能理解男人的各种行为。我们已经说过，当男人遭遇压力时，就会陷入沉静，然后，集中精力解决问题。潜在的本能告诉男人，在关注别人之前要先处理好自己的事情，稳中求胜，因此，其他问题或责任往往会暂时变得无关紧要。他心里想着当下的问题，急于找到答案，因此无暇顾及他事。

此时，女人千万不要指望和他全身心地交流。如果不理解，女人就会觉得自己是受害者。她不知道他正在经受压力，也不知道躲在"洞穴"之中是男人摆脱压力的方法。她鼓励男人畅所欲言，但男人不理会，照样进入私人天地，自娱自乐。而不了解情况的女人则对此深恶痛绝，她不会将心比心，她无法忍受他的冷落和忽视，难以接受他无动于衷的态度，于是理所当然地产生怨恨。有时候，她会忍无可忍、措辞严厉地提醒男人关注她，甚至发出攻击。不过，常见的情形是，女人越是这么做，现实就越是背离初衷。实际上，男人并不是不爱她，男人的态度由热转冷，急转直下，都是压力所致。因此，女人在这种时候应该充分地体谅男人，不应该胡乱猜疑，只有这样才能恰当地配合男人，让他顺利地渡过难关。

一点通

俗话说，成功的男人背后一定有一个伟大的女性。我们可以认为，现代男人成功的可能性越来越受到外力的影响，而女人是关键。

举案齐眉，男女同尊

由于社会传统和生理变化的影响，显得男强女弱，因此，女人在男人面前多少会有一些自卑感。的确，从表面上看起来，男人占据优势，比如：总是由男人占据社会上大多数重要岗位，他们对待困难的表现往往比女人更加冷静、更加理性，在体力上也强于女人。在这些方面，女人没有男人拥有或者占有的明显优势，女人的自卑感由此而生。

尽管女权主义者为女性争得了社会利益，但是大多数女人在心理上仍然无法摆脱这种包袱。在婚姻和感情方面，有很多女人缺乏足够的独立性，甚至认为自己在婚姻中只有义务而无权利。但实际上，女人在男人面前根本无须自卑，在许多方面，女人有自己的优势。归根结底，男人和女人的不同并不是谁强于谁，而是各有所长、互相弥补。

男人的大脑高度专业化，它总是会运用某一脑半球的某个特定区域处理一项任务；女人的大脑则属于“发散型”，它能够同时使用两个脑半球完成不同的任务。因此，男人经常把注意力放在一件事情上，而且需要在相当长的一段时间里专注于此；而女人则天生具有一种“全脑加工”的能力，她们擅长把大脑的不同区域快速、有效地联系起来，多事并举。女人在倾听的同时也会思考、回忆、感受并作出判断。相对于男人来说，女人可以在更大的目标范围和活动背景下看待各种事物，由此完成一系列任务。当受到压力的时候，男人很容易忘记自己的伴侣，进入“洞穴”；而女人即使在面临巨大压力的情况下，也会顾及家庭和男人。

男人和女人的大脑之所以在进化的过程中产生差异，是为了确保生存。因此，男人和女人需要互相合作。正如我们在日常生活中已经注意到的，男人和女人的行为、思维、感受和反应方式均不相同，而这种不同体现了他们在社会上的不同任务。比较而言，男人更加独立，更富有进取心和控制欲，有着更突出的空间感和思维能力；女人比男人更加感性，更加容易获得情感方面的满足，并由此形成了社交方面的优势。在家庭中，男人和女人各有所长，比如，当讨论如何把储蓄作为投资之用时，男人通常喜欢冒更大的风险，而女人则显得比男人更加谨慎；男人是家庭的顶梁柱，女人则负责协助男人管理好家庭的日常事务。

一般而言，男人勇于满足展现能力的需求以及完成当前目标的需求。这是因为在很长一段时间里，男人始终充当猎手，需要在狩猎场上展现自我生存的能力，在此过程中，男人的大脑形成了敏锐的方向感和定位能力。并能独当一面；女性的祖先通常负责在自家周围搜集食物并照顾孩子，在感情上，女人依赖感很强。当女人为了生存而采摘干果、浆果时，她们必须了解并适应周围的环境，因此，女人的大脑更加擅长情感的分析，更容易把家庭看成是人生的核心，善于处理情感和家庭问题。今天的女人具备一种超强的能力：她们能及时发现家中的器具是否损坏、冰箱里的物品是否短缺，这对男人来说却很难。男人依靠体力与竞争者抗争；女人则借助语言这种武器和别人争论或说服别人，因此，比较而言，女性在语言和沟通技能上占有较大的优势。

至于审美方面的问题，也大相径庭。实际上，家庭建立在男女双方平等的基础上，是牢不可破的。女人需要正确认识到自己在家庭、社会中扮演的角色，为自己作好定位，努力做到最好，才是真正应该要做的事情。

一点通 科学证明，男人和女人的大脑都有着高度发达的智商，只是各有所长，平分秋色，所以，男女双方都应懂得男女同尊的道理。

感谢你的男人所做的一切

感谢男人能够增进和他的亲密关系。当男人的决定或行为被女人感谢时，他会颇感自豪，并且认为这是对他最动听、最高层次的评价。这将使他身心愉悦，并且非常乐意继续为女人效劳。

在今天，女人也撑起了半边天。在一天的工作结束之后，女人心里说：“我也很累呀，为什么我还要感谢他呢？”而男人，仍然期望着拥有女人的感谢，因为在某种程度上，他们也同样希望被肯定。

这足以说明：对于男人来说，女人的感谢总是异常重要。任何阶段，都是如此。如果女人对男人说“感谢你陪我度过了一个美妙的夜晚”或“你选择的这个餐厅实在太棒了”，甚至是“感谢你多年来对我的照顾”之类的话，男人听了后就会志得意满，觉得自己付出的一切都是有意义的。男人最怕自己的行为得不到肯定，这会让他有很深的挫败感，让他大为失望。

女人应感激男人尊重的态度；感谢男人重视她的想法，而不是置之不理；感谢他为家庭付出的一切;感谢他的宽容和体贴。当男人在女人生日或者结婚周年纪念日送花或其他礼物给女人的时候,女人应该对他感谢,如此等等。女人感谢男人,是对男人的重视和肯定。对于男人而言,感谢是一剂强心剂,它能使男人充满力量,产生更大的动力,也会因此更加尊重他的伴侣。

感谢男人也可以成为解决一些婚姻问题的方法。现代的女人们认为男人只顾工作,总是忽略自己的感受,没有家庭观念。当这种情况出现时,女人应该设法帮助男人,至少应该在某种程度上关心夫妻关系。这时,女人的感谢往往能吸引男人的专注力。从根本上来说,男人拼命工作的目的就是家庭生活得更加幸福,因此,如果男人总是能够在家里赢得女人充满爱意的感谢,他就会有巨大的成就感,进而转移注意力。

女人感谢男人的一种方法是感谢他所提供的东西:“很感谢你为我做了……”这是最直接的感谢方式,是任何男人都喜欢听的话。比如,你感谢他带你看电影、欣赏话剧、听音乐会、为你买礼物等。当你赞美这些东西的时候,也就是在感谢他。如果你们还没有达到心有灵犀,那么让你们增进关系的最有效的方式是承认他所提供的一切让你快乐,你非常感谢他的付出。他所听到的不仅仅是感谢而且是你对他的爱。正是你的感谢,使他感受到你的爱,并且也因此乐于奉献他的爱。

感谢男人无须大张旗鼓,它应该成为你日常生活中的必修课,变成一种自然而然的行为。比如,这样对男人主动表示感谢:晚餐后他主动收拾碗碟,你说“谢谢你,你也累了,但还是这么体谅我”;如果他带你去郊外度过了一个愉快的晚上,你可以说“谢谢你,我好幸福!”;情人节,他送花给你,你可以说“谢谢你一直记得我喜欢玫瑰花”。尽管这些都是日常生活中的小事,但如果你总是这样表示感谢,以后他会更加乐意去做,也会从中体会到妻子的温情。要知道,美好的婚姻源于点滴的积累。

一点通

对于男人来说,感谢所带来的支持的力量,会使他即使没有在工作中取得成功,也仍然有巨大的成就感。

抱着欣赏的态度看你的男人

有人说女人是“听觉型动物”,她们是用耳朵来感知世界,而那些赞美的言辞正是女人生命中的阳光。此话有理。实际上,尽管男人大多数时候是视觉型动物,但他们也和女人一样喜欢听到赞美的言辞。对于男人来说,恰到好处的赞美能够激发他的激情和自信。如果女人打算进入男人的内心,就要从赞美开始。作为妻子,如果你想与丈夫相处融洽,那么最好的选择就是赞美他。

在现实生活中,有很多女人不知道赞美,特别是来自最亲密的爱人的赞美——对男人的重要性。不少女人总是看到男人身上的缺点,然后,不停地指责、无休止地挑剔,拿他与成功人士相比,或者勉强他做不喜欢的事情,这些做法显然都不是一个聪明的妻子应该做的。这样做只会使你们的矛盾更加深化。作为妻子,你应该做的是不停地称赞他,通过激励的方法使他获得成功。

男人总是将女人的赞美和爱情连在一起。女人的欣赏和赞美,能够让男人产生爱意,满足他的自尊。无论是得意还是失意,他都需要一个陪伴者。对于男人来说,即便是一个自己并不喜欢的女人赞美他,心中也会激起一层兴奋的浪花。妻子的赞美更能使男人变成勇往直前的强者,他会对成功充满信心,更加积极进取。人类精神病学的研究成果甚至告诉我们,很多男人之所以会精神失常,是因为他们在现实生活中失落。由此可以看出赞美男人的必要性。

对于一个妻子来说,能否真诚地赞美男人,直接关系到她家庭生活的幸福美满。

如何赞美男人是一件值得探讨的事情。受到传统法律的影响,男人一般都非常在乎自己在别人心目中的形象,而且他的工作、事业都会影响他的自尊心,任何人对他这方面的评价都会让他十分敏感。从潜意识里来说,无论男人从事的是什么样的职业,他都希望有人对他事业上的成就加以肯定,因为事业是男人价值的体现。

正因为男人期待的是女人对他个人事业成就的关注和认可,那些没有内涵的溢美之词,很可能会让他感觉她只是虚情假意。所以,女人要想让男人感到自己的真诚,最好对他一些事业方面的有利特色,比如善于判断形势等进行赞美。当然,对男人成就的赞美不一定非要借助语言,有时候,做一个聚精会神的倾听者,或者用行动来表现你的赞赏,也会让他感到颇受重视。事业成功的男人,希望被妻子赞美;事业不顺的男人,希望得到妻子的鼓励。一个真正了解男人的女人,会自然而然地关注丈夫的事业。有一些女人,当丈夫眉飞色舞地向她炫耀时,她觉得很无聊;而聪明的妻子则不会这样,她会融入到这个话题中,和男人一起分享工作上的快乐,并给他适当的赞美;当丈夫垂头丧气时,贤惠的妻子会赞美并支持自己的丈夫,满足丈夫的自尊心,让丈夫重新振作起来。

任何人身上都难免会有这样或那样的缺点。作为女人,不要过于苛刻挑剔,更不要拿他的缺点和别的男人比较,应当支持他,为他打气加油,努力寻找他身上的闪光点。当然,女人也可以通过赞美间接地改变丈夫的不足,让他日臻完美。比如,当他把一件很平常的事情做得非常圆满,当他离梦想近了一步,或者有了不同以往的更好的表现时,你应该马上开始赞美他。这个时候,你的赞美既是肯定又是鼓励。

当然,你对他的欣赏一定要发自内心,而不是虚情假意。事实也是如此,只有当你被他的言行所吸引时,你才会爱上他。只要你有善于发现的眼睛,就一定能够发现他的优点,重要的是,当你的确觉得自己很欣赏他的时候,不要掩饰自己的感情,而要说给他听。甜言蜜语不需要刻意的修饰,发自内心的话语最让人感动。无论你赞美他什么,即便你的赞美有些言过其实,他仍然会很开心。女人不要吝啬自己的语言,把赞美送给男人吧,学会欣赏并赞美他,为自己开启幸福之门。

一点通

有人说女人是“听觉型动物”,她们用耳朵来感知世界,而那些赞美的言辞正是女人生命中的阳光。因此,不要吝啬用你的言辞来赞美他。

女人应学会适度包容

虽然每个人都希望自己的生活风平浪静,但那是不可能的,现实总比理想残酷得多。即便你和家人的关系再好,也会磕磕碰碰,这很正常,任何一种感情都需要经历这样的考验。你不需要因此抱怨或质疑,要做的就是理解与包容家人,不要为这小事斤斤计较。女人应该有一定的胸襟和度量,这是让自己幸福的重要因素。

可以说,共同生活是考验女人耐心和包容心的开端,因为两个人朝夕相处,个人的习惯和癖好都会展现在彼此面前,整个生活被家庭琐事充斥着。他可能每天早上都一边吹口哨一边打领带准备上班,也可能永远把用过的浴巾扔在地板上;他出去打酱油可能从不带回零钱;他看电视的时候也常常会锁住体育频道不转台。如何面对并解决这些问题?情商低的女人往往会因为一点小事而唠叨个没完没了,使得整个家庭危机四起,甚至最后两个人不欢而散,其实这么做完全没有必要。

会“撒娇”的高情商女人不会做这种傻事。她们知道所谓的小问题都无关紧要,计较这些小问题没有任何好处。况且,人的精力十分有限,如果在小问题上纠缠太多就会忽视那些真正值得关注的大问题。

张曼和老公结婚才刚刚一年,就对老公很不满意。老公喜欢一边开车一边跟着收音机的音乐在方向盘上打拍子,时间长了,她感觉他的动作实在让人难以忍受。她也不喜欢他洗完澡后弄得到处都是水,总是把各种功能的毛巾到处乱挂。他挤牙膏时总是乱挤,而从不从底部开始有规律地挤……张曼有苦难言,她的生活越来越痛苦。她总是想:“我怎么嫁了这么一个人?这样的日子还怎么过下去呢?”她曾就每个问题跟老公沟通过,但是他当时答应得好好的,一会儿就又会忘记,这让张曼更加痛苦。

即使在无可奈何的情况下,她也不想离婚,因此,张曼决定不计较这些。时间长了,她竟发现丈夫身上有许多她喜欢的优点。张曼直喊庆幸,差一点就被老公那些小毛病蒙蔽了自己的双眼!为了一点小事而大动干戈简直是得不偿失。想法一变,心情就变了,张曼的婚姻生活变得美满幸福了。

对于一些无伤大雅的小事情、小错误，明智的女人会选择得过且过的态度。因为事情不会重来，就算是错误，既然已经发生，再去探讨错误本身是毫无意义的。而且又不是什么原则上的问题，更何况这个人还是与你割舍不断的老公，只看到他的缺点会使他的尊严和信心受挫，也会影响到你们之间的感情，影响家庭的整体氛围。

人生在世，有时难免会遇到风沙天气。如果你的心像眼睛一样容不得半粒沙子，不但会使对方觉得很累，你自己也会很累。婚姻是两个人结伴过日子，无须计较太多。只有用宽容的心态对待对方，婚姻才会恒久幸福。

从某种意义上说，包容别人其实就是包容自己。如果宽恕了别人的错误，他以后就会用同样的态度对待你。你的包容其实是在给自己留后路。人难免都会犯错误，雨果曾说过："世界上最宽广的是海洋，比海洋宽广的是天空，比天空更宽广的是人的心胸。"我们的胸怀如此宽广，为什么还不能包容别人的过错呢？面对生活中的琐事，不要总是抓住不放。"忍一时风平浪静，退一步海阔天空。"对于非原则性的矛盾，要得过且过。

还需要注意的是，女人应有的包容应该仅限于一般的小事，如果一而再再而三的忍让，那么女人就永远都没有好日子过。家人应该平等相处，任何人都没有义务去包容其他人的一切。整日为小事斤斤计较虽不可取，但遇到任何事都忍气吞声更不可取，因为那样只会降低女人的身份，不被其他家庭成员尊重。女人有权利捍卫自己在家中的地位和尊严，在小事上包容是大度，事事包容就是自贱。

因此，包容要具体情况具体对待，该包容的一定要包容，不该包容的就绝对不能让步，这才是好命女人的做事准则。

一点通

所谓的小问题都无关紧要，计较这些小问题，没有任何好处。况且，人的精力十分有限，在小问题上纠缠太多就会忽视那些真正值得关注的大问题。

男人能给女人带来美好的感觉

男人指望女人"独挑大梁"，不但要做贤妻良母，而且要兼顾自己的职业或工作，显然是一厢情愿的。同样，期待男人为女人做任何事情，也是不现实的。男人和女人当然可以互帮互助，但前提是不要对彼此抱太高的期望，而应当考虑对方的能力。此外，他们还要具备符合各自身份和角色的责任感。

男人应该看到女人身上的压力，尤其是她们肩上那些额外的负担。男人有责任给予女人必要的帮助，比如，他们的父亲为他们的母亲所提供的那种帮助。可是，大多数男人不知如何帮助女人。良性的沟通有助于刺激催产素的分泌，但是女人更需要找到适当的方式自行增加催产素的含量。如果女人重视个人需求，并能投入精力满足自己，那么男人就能够为女人提供更有效的帮助，让女人感觉"极好"。女人若能调整自己的生活方式，抽出更多的时间做喜欢的事情，她的催产素就会增加。

前面已经说过，男人要是觉得自己有能力让女人感到快乐，就会力量倍增。进一步说，如果男人认为他能够让女人感觉"极好"，那么男人在结束白天的工作以后，仅仅是想到即将与女人见面、相处，也会力量倍增。如果女人的井水已近盈满，她的伴侣只要适当地给予协助，就可以让她的幸福感达到巅峰状态。

女人当然可以从男人那里获得更多的帮助，借此增加自己的催产素含量，但实际上，即使不依赖男人的帮助，女人也可以通过多种方式加速催产素的分泌。

一点通 只要女人为了减轻压力,勇于承担责任,那么她就会更加重视和感激男人的付出,并从男人的关爱和帮助中感到满足。

100种能使女人释放催产素的途径

下面这张清单列举了可使女人释放催产素的100种途径,通过这些途径,女人可以自行把她的"井"注满,可以从不同的活动中找到生活的乐趣,由此感受到满足、欣慰和幸福。同时,这些途径也有助于女人与他人(包括她的伴侣)的沟通。正如你在前面了解到的那样,催产素的释放与女人喜欢照顾他人并喜欢结成亲密关系的本能有着密切的联系。这100种途径分别如下:

(1)理发。
(2)做一次按摩。
(3)做一次美甲或足疗。
(4)与同性朋友周末晚间出去活动。
(5)给朋友打电话。
(6)与朋友一起进行与商业无关的晚餐。
(7)和朋友一起下厨洗碗。
(8)边走边想,边锻炼边做深呼吸。
(9)与亲人、朋友一起装饰房间。
(10)听音乐。
(11)边沐浴边大声唱歌。
(12)学习声乐。
(13)大家一起唱歌。
(14)洗一次"香薰浴"。
(15)拥有一次烛光晚餐的体验。
(16)和朋友外出购物。
(17)自己一个人或与朋友一起泡温泉。
(18)体验一次面部美容。
(19)跟私人教练学习健身。
(20)学习瑜伽。
(21)学习舞蹈。
(22)至少散步一个钟头。
(23)和朋友约好要定期散步和聊天。
(24)为刚刚生了宝宝的朋友做一顿美餐。
(25)为生病的朋友和家人下厨。
(26)种植花草。
(27)买一束鲜花回家。
(28)种植小菜园。
(29)逛逛菜市场和水果市场。
(30)从自己的菜园里采摘蔬菜和水果,或者选用当地的农产品,做一顿丰盛的美餐。
(31)郊游。
(32)露营。
(33)抱一个孩子。
(34)养一只宠物。
(35)与女性朋友出游。

(36)让某个人帮助你拿东西。
(37)向别人求助。
(38)转转书店。
(39)读一本好书。
(40)找找朋友最喜欢的食谱。
(41)学习烹饪。
(42)让家人帮你做家务。
(43)找一个好保姆。
(44)进行几次家庭活动。
(45)把最好的陶瓷餐具和亚麻台布拿出来,使晚餐显得更加特别。
(46)参加家长会。
(47)为灾区献爱心。
(48)听音乐会或看电影。
(49)和朋友、亲人出去野餐。
(50)邀请亲朋好友参加聚会。
(51)与他人合作,或自己创建一家“母亲俱乐部”。
(52)和孩子一起玩耍。
(53)提供食物给饥饿的流浪者。
(54)阅读时尚类、情感类杂志。
(55)定期参加聚会。
(56)和朋友保持联络,关心他们的生活。
(57)与朋友分享你最喜欢的电视节目,或者看 DVD。
(58)听励志类 CD。
(59)参加与心理学或治疗学有关的研讨会。
(60)了解一个民族的特色,品尝它们的典型菜肴。
(61)到海滩、河边或湖边散步。
(62)和朋友一起练习打球。
(63)和朋友一同品酒。
(64)关注时势新闻。
(65)给当地政府和组织写信,为家乡城市的环保工作出谋划策。
(66)找一个钟点工打理家务。
(67)乐于帮助朋友。
(68)学习营养学、烹饪、健康等课程。
(69)读诗、写诗,参加诗歌朗诵会。
(70)给鸟儿准备食物,欣赏鸟儿飞来进食的景象。
(71)参观一家艺术博物馆。
(72)看一部白天的电影。
(73)听某位作家的演讲。
(74)坚持写日记,记录下自己的感受。
(75)为你的孩子制作一本精美的相册。
(76)把你最近的照片分享给朋友,并把这些朋友的名字列成清单。
(77)让这些朋友以同样的方式给你回寄照片。
(78)把志同道合的朋友名单放在一起,定期和他们一起参加或者共同开展某项活动。
(79)与一个朋友一起学习绘画和雕塑。
(80)给爱人织条围巾。
(81)和朋友在咖啡馆或茶艺馆见面聊天。

(82)参加当地组织的献爱心活动。

(83)重新整理橱柜。

(84)换个新发型。

(85)买一件性感内衣。

(86)买一件新外套。

(87)和朋友一起看相册。

(88)参加健身馆。

(89)和朋友一起打牌。

(90)设计崭新的饮食计划,以便改善个人健康。

(91)把旧衣服捐献给慈善机构。

(92)送生日贺卡给朋友。

(93)定期给宠物洗澡。

(94)准备一些冷冻食品,在不想下厨时它们可以派上用场。

(95)学习插花。

(96)体验在医院或收容机构做名志愿者。

(97)为朋友举办一次惊喜派对。

(98)把读过的书捐赠出去。

(99)帮朋友照顾孩子,让他们可以外出游玩。

(100)在繁忙的工作日,要学会放松自己。

对女人来说,阅读上面的清单大有裨益。女人可以从这张清单中联想出种类更多、更适合自己的活动项目。当然,如果你正在经受某种压力,有时可能不想做更多的事情,不想从事某些过去极少尝试的活动,即便如此,我也希望你认真考虑这张清单的价值。你不妨这样想:假如我身为母亲,无论照顾孩子多么麻烦,我都不会忽视孩子的需要。同样,我也不应当忽视自己的愿望和需求。

我建议你从清单上选择一个活动项目,当下践行,它会使你感觉很新鲜、很舒适。随着催产素的增加,你将难以自拔。与此同时,在日常生活中,对你而言,更多地从事那些能够刺激催产素分泌的活动也会变得十分容易。请你记住,假如你总是感到有做不完的事情,让你觉得喘不过气,那么原因很简单:你过去从事的活动,仅仅有助于释放出睾丸素,却不能刺激催产素的分泌。

你的解决方案就是要实现二者的平衡,并且全都要依靠你自己来完成。你的伴侣的确能够帮助你,但是,90%的任务首先需要你、你的朋友和你所属的活动团体来完成。

如果你总是忙忙碌碌,一刻也不肯放缓脚步,那么很不幸,你将永远都不会放松。只有花时间学会怎样促进催产素的分泌,才能使你减轻压力,并且充分享受人生的快乐。如果你不能为自己做到这一点,那么就请为了你的家庭努力付出吧!请记住:"只要母亲高兴了,人人都会高兴。"

一点通

男人只能为女人"10%的满足感"发挥积极作用,而余下的90%全要靠女人自己完成。

从金星人那里赢得高分的方法

现在,我要告诉你,女人在内心深处是如何评价和衡量男人的付出及其贡献的。

如同体育运动需要计分,女人在情感关系中也有她们的计分方法。在潜意识中,女人喜欢在收益与付出上进行权衡。男人给予她某种帮助,她就会给对方加1分;她给予男人某种支持,就会给自己加1分。

男人也会这样做,但不像女人那样热衷于"计分",他们有自己的方法与标准。男人要是认为自己所做的事情很重要,比如他为家里挣回了一大笔钱,或者说,他哪一天带着女人外出度假而且花了不少钱,就会对自己很满意。要是做了一件大事,男人就会胸有成竹地认为他有理由好好休息一段时间。显然,男人与女人很不相同。

对女人而言,只要是爱的礼物,无论大小,就都是好的。即使男人做了一件大事,他也只能得1分。但是,假如男人做了许多小事,他就可以得到许多分。也可以这样说,仅就“刺激催产素”这一目的而言,它更取决于男人做了多少。在关心女人、照顾女人以及帮助女人方面,只要男人一点一滴地付诸实际行动,就能够赢得女人的欢心。

对女人而言,所有“爱的礼物”都是一样的,不管这些礼物是大还是小。

对已婚男人而言,上班得1分,回到家得1分,对女人忠诚得1分——这是三个“黄金分数”。没有它们,男人就不可能得到其他分数。这关键的3分是赢得女人芳心的金钥匙。不过,只有坚持不懈地多为女人做各种小事,才能真正打动女人的心。

男人对此很不解。即便他花了大力气为女人做了一件很特别的事情,对方仍不觉得满足,这自然会使他困惑、沮丧。举个例子:男人可能做了一件非常有意义的事情,例如和女友进行浪漫的约会。从刺激睾丸素的层面来说,他完全可以赢得100分,但对女人而言,再浪漫的约会都可能只有3分或者4分的价值。长此以往,假如女人仍然经常抱怨,说与他们相处的时间太少,男人就会认为伴侣的要求太过苛刻,做什么都无济于事。

大多数男人都会忽视为女人做小事情。殊不知,正是点点滴滴的积累,才使得男人从女人那里得到了更多的分数。

在金星上,一个想法或建议本身就具有重要的价值。主动提出帮助,能够使你在事先为自己赢得1分。在准备打开卧室的空调之前,我首先会询问我的妻子:“你好像有点儿冷,要不要我把空调打开?”这样,瞬间就能赢得3分:1分是因为为她考虑;1分是我在未经她请求的情况下就主动提出帮助她;还有1分,是因为我采取了实际行动——拿起遥控器打开了空调。懂得了这些,男人就很容易给伴侣带来快乐,同时也能够为自己减轻压力。

再举一个例子。如果我想提高自己的分数,或许会先提出这样的建议:点燃家里的壁炉,与伴侣共度一个浪漫的夜晚。这样,自己的分数会提高3分:1分是因为我在冷天里到外面取木头;1分是因为我把木头抱回家;还有1分,是因为我点燃了壁炉的火焰。在此过程中,就连加一块木头,都可以因为注意火候而得到1分,并以添加木头这一过程而得到另1分。

另外,男人也可以凭借倾听来增加自己的分值。每当女人讲述一个话题时,如果男人没有中途打断她的话,并且努力寻找解决方案,男人就可以得到1分。在10分钟的谈话时间里,他很容易就可以得到10分。这些看起来不起眼的小事,都能减轻女人的压力,使女人的感觉从“很好”发展为“极好”。与此同时,由于能够了解伴侣的需求,而且做到了恰到好处,男人会感到心满意足,因为他完成了一件重要的工作。

女人收到男人送的一打玫瑰花,但她充其量只会给男人2分:女人未提出要求之前,男人能够主动献上一打玫瑰,因此可以得到1分;当他亲手把玫瑰花交给他的伴侣时,又可以得到1分。要是想得到更多的分数,他就不应当12枝玫瑰一起送,而应当每次只送1枝玫瑰,坚持送12次。这样,他就可以得到24分,而不是只有2分。

男人只要坚持多做小事情,就可以提高自己的分数。只要明白了这个道理,男人就能够成为“大赢家”,不仅能够被女人感受,也会为两个人的关系带来有益的影响。如果女人开始抱怨自己压力太大,男人不必感到焦虑,也不必为她分担所有,他只需帮助伴侣多做几件小事情就能够使她感到欣慰和满足了。从这个意义上说,做几件小事情的价值甚至远远大于做一件大事情的价值。

男人作为一家之主的身份本身就可以为他赚得一定的分数,不过,经常拥抱伴侣却可以为他赢得更高的分数。认识到这种“计分原则”之后,我每天至少给妻子4次拥抱:第一次是在我们早晨起床以后,第二次是在我上班以前,第三次是下班到家时,最后一次是在就寝之前。倘若我主动拥抱她,我还将因此赢得1分的“附加分”。从整个意义上说,我每天给她4次拥抱,其实完全有可能得到8分。

妻子下班后,如果我对她嘘寒问暖,关心她白天的工作情况,接着,再询问她几个问题,我就能够轻松地赢得10分。假如我每次问的都是她关心的事情,我就可以得到1分。确切地说,如果男人提出的问题很符合女人的心意，他就可以赢得更多的分数。假如他没有问“你今天过得怎么样”，而是问“你们的营销会议开得如何”，这种询问方式更有意义，因为它更能让女人感受到男人的关心和体贴。

总而言之，只要主动关心并询问女人白天的工作情况，男人就可以得到一定的分数。但是假如他问的问题很细致，譬如，她是否去看过医生，情况怎样，还有她们公司的午餐聚会进行得怎样等，就能够为自己赚得更多的分数，因为这样会让女人真正地感受到男人特别关心她。男人要是在白天偶尔给女人打电话询问她的工作情况，甚至有机会得到更高的分数。

在和女人谈话时，如果男人的问题细致而有内涵，就能够赢得更多的分数。

正如我此前强调的那样，男人如果善于倾听，或者倾诉那张长长的“任务清单”，那么无须帮助她解决问题，就可以赚取更多的分数。女人每次讲述一件事情，男人安心倾听，他就可以得到 1 分。女人讲述的时间越长，男人积累的分数就越多。

还有男人带着女人外出度假，当然能够为自己赢得一定的分数。但是男人谋划一次度假，或者安排一次浪漫的长途旅行，在这个过程中，男人可以预先赢得很多分数。原因在于，女人将会为此而欢欣鼓舞，她可以抽出更多的时间进行准备；另外，她会设想，这次出行将是一件多么美妙的事情！甚至在正式出发之前，她还会让更多的朋友知道。每当她对一个朋友说起这次旅行时，都会自动加分。每当她为了外出旅行而提前购物时，男人又会得到 1 分。这样，尽管还没出发，男人积累的分数就可能增加到 30 分了！在旅行期间，他们可能会大量拍照，而且当旅行结束后，假如女人把照片与朋友们分享，就会情不自禁地与朋友分享旅行期间的经历和感受。在此过程中，男人能够赢得越来越多的分数。

诸如此类，比如男人表现出绅士风度，主动为女人开门这样的常规礼节，都能为男人赢得分数。这不是说女人打不开那扇门，而是男人的这一做法能够体现出他对女人的尊重、关心和体贴，也会为女人的生活带来更多的方便。

假如男人和女人并肩走在街道上，男人主动走在街道外侧，让女人远离车流，他的这种行为也会给女人以安全感，为他赢得 1 分。当女人面临困难时，男人主动给予帮助，就可以为自己赚取更多的分数。这当然不是说女人必须把她们的任务交给男人去完成，这只是意味着男人可以通过多种方式来提高自己的分数。

男人如果主动提出清理室内垃圾，挪动重物，携带行李，驾驶汽车，修理电脑、电灯或下水管道等小事，就能够刺激女人催产素的分泌。女人不会无动于衷，从男人为她们做的这些小事当中，女人会觉得很幸福，这有助于她们保持乐观情绪，更加从容地应对日常生活的压力。

不管在什么时候，只要男人主动提出帮助女人，那么女人就会给他加分。

举个例子：如果清理车库是男人的职责，而且他本人正在履行这一职责，可以肯定的是，女人会给他加 1 分。但是，当女人的“催产素容器”即将被注满时，完成类似清理车库以及其他属于男人职责范围内的任务则会很容易被女人所忽视。男人只有主动帮女人做家务事——尤其是那些不属于男人分内的事，才能够刺激女人释放出更多的催产素，而男人也会因此得到高分。

男人向女人示爱，是刺激女人催产素分泌的强大“武器”。假如男人能够注意到妻子的动人之处，而且适时地给予恭维，效果就会更好。有的男人可能觉得，一直以来他已经无数次地恭维过妻子了，所以，这是多此一举——这种想法是大错特错的，因为女人永远不会对男人的恭维感到厌倦。恭维，无可取代。

倘若男人辛苦地为女人付出，就会很在意自己的付出能否得到对方的重视和感激。同样，女人在意的是：男人是如何看待她的外表的。在穿着打扮上，她愿意花费大量精力使自己美丽动人。因此，对于女人的外表，男人能否诉诸关注之心并表达赞美之意，对男人和女人都很重要。对有些男人来说，也许他们并不在意伴侣的外表，但所有的女人都很在意自己的外表，也很在意男人的感受和反应。男人只要关心伴侣的外表，就会因此得到高分。

当女人诉说心里话时，男人要经常抚摸对方的手。这种简单而自然的举动，可以为男人赢得额外的 2 分。从男人那里得到爱抚对女人很重要，它是刺激其催产素分泌的主要动力之一。

一点通

男人不是超人，不可能为女人分担所有，但是他们都渴望女人幸福。如果女人压力过大，男人却不知道如何帮助女人，那么就没有幸福可言了。

一张帮女人释放催产素的清单

如下，我为男人提供了100种建议，它们可以帮助男人通过实际行动提高伴侣的催产素水平。男人只要做好其中的一两件事，就会立刻起作用。男人为女人做的小事情越多，他和伴侣所享受的乐趣也就越多，因此，他们的爱情将会升温，而男人可以通过进一步的努力，让这种激情达到巅峰状态。

(1)早晨为她煮咖啡，或者泡杯茶。

(2)把一张写着“我爱你”的纸条留给她。

(3)送花给她。

(4)赞美她的新外套。

(5)为她开门。

(6)策划一次令她惊喜的野餐。

(7)主动陪她散步。

(8)不管哪一天，当你们再次见面时，赞扬她的美丽！

(9)早晨起床后给她一个拥抱。

(10)上班之前给她一个拥抱。

(11)下班回家时给她一个拥抱。

(12)就寝之前给她一个拥抱。

(13)主动收拾厨房。

(14)当她从发廊回来时，赞美她的新发型。

(15)为她开车门。

(16)购买她喜欢的音乐会或演出门票。

(17)和她一起学跳舞。

(18)带着她和朋友们一起去跳舞。

(19)鼓励她与同性朋友一起看电影。

(20)聘请一个私人教练，一起学习健身。

(21)两个人一起撑伞漫步雨中。

(22)在门前小院里为她开辟一个小小的花园。

(23)在窗台上摆几盆她喜欢的鲜花。

(24)和她一起下厨。

(25)听她喜欢的歌曲。

(26)在她听音乐时给她做按摩。

(27)她下班回家后为她按摩。

(28)她感到疲劳时给她做足部按摩。

(29)订阅她喜欢的杂志，并作为礼物送给她。

(30)带她去看工艺品展览。

(31)送给她一个有你们合影的相框，让她放到办公桌上。

(32)给她拍几张照片，放到你的办公桌上。

(33)趁她不在家的时候，亲自为你们的周末早餐做准备。毫无疑问，她会感到又惊又喜。

(34)在家里或在饭店就餐时，为她拉开椅子，把靠近窗口的座位留给她。

(35)送给她一瓶上等的进口咖啡或茶叶。

(36)帮她清洗车子。

(37)饭后主动收拾餐具。

(38)送给她一张礼券。

(39)为她买一件性感内衣。

(40)陪她去一家跳蚤市场。

(41)购物后在回家的路上,主动帮她拿东西。

(42)主动提出帮她外出购物。

(43)帮助她放好她买回家的杂货。

(44)对她说"我爱你"。

(45)在夏天的晚上,带她到外面去吃冰激凌。

(46)帮她叠好洗完的衣服。

(47)送给她一本新出版的令她喜欢的小说。

(48)将一台小型电视机或收音机放在厨房里。

(49)送给她一瓶上等的"香气疗法"(一种用挥发性芳香油对面部等部位进行按摩的美容疗法——译者注)用品,她可以将其用来美容和自我放松。

(50)主动帮她把衣服送到干洗店,或取回干洗店里的衣服。

(51)带她一起骑自行车兜风。

(52)租回来几张浪漫的喜剧 DVD。

(53)做几顿早餐给她和孩子吃。

(54)如果是她做晚饭,就帮她把餐桌布置好。

(55)发一封邮件给她,说你很想她。

(56)带她一起去划船。

(57)将你脱下的待洗的袜子直接放到洗衣篮里。

(58)带她去参观博物馆。

(59)主动邀请她的父母一起外出吃晚饭。

(60)和她一起去郊外钓鱼。

(61)和她一起打网球。

(62)经常整理床铺。

(63)把度假时拍的照片镶到相框里,或者保存到电脑里,这些照片可以制作"网上影集"。

(64)为你们的孩子制作并编辑出一部"生日纪录片"。

(65)带她去滑雪。

(66)当她出差或外出参加某种特殊活动的时候,给她戴上一种护身符式手镯。

(67)带她去一次宠物狗展览会。

(68)给她买一盒令她静默并可以幻想的音乐 CD。

(69)询问她白天的工作情况,提出具体而不空泛的问题。

(70)赞赏她一流的欣赏品位。

(71)与她一起在外面吃午餐。

(72)在她提出请求前,主动更换烧坏的灯泡。

(73)客人来临之前,主动帮助她打扫房间。

(74)在她吃水果时,主动为她削皮或者将其洗干净。

(75)经常和她出去约会。

(76)载着她在乡下开车,自由地兜风。

(77)在看电影时偶尔握住她的手。

(78)平时经常说"谢谢"。

(79)和她及其他朋友在一起打牌。

(80)赞赏她的烹饪技术。

(81)记录下她在电话答录机上的重要的留言信息。

(82)带她去一场大型博览会参观。

(83)在晚饭前,无论你们喝什么饮料,都要为了她的健康和你们的爱情而干杯。

(84)送给她一种生命力很强的兰花类植物,她会对此感到十分惊喜。

(85)赞赏她处理事情的从容和利落。

(86)如果开私家车长途旅行,可以播放一本有声读物(尤其是小说)。

(87)定期清理堆放在你们床边的私人杂物。

(88)带着她一起参加“读书俱乐部”或“远程教育网络”。

(89)主动建议建立一笔“梦幻旅行基金”。

(90)将一种精美而昂贵的浴盐送于她(一种使浴水软化并带有香味的结晶体——译者注)。

(91)如果她某天很晚才下班,就调至她最喜欢的电视频道等着她。

(92)在特别的日子和特别的时刻,写一张祝愿卡片或“爱情短笺”送给她。

(93)如果她把家里收拾得漂亮而美观,那么就赞美她的能力和举动。

(94)每周下厨为她做一顿晚饭。

(95)和她外出到自然保护区郊游。

(96)当她走出浴室时,对她说:“你看上去美极了。”

(97)带她去一家艺术画廊参观。

(98)将一张免费做面部按摩的礼券送给她。

(99)在她怀孕期间,将你力所能及的零碎活儿统统包揽下来。

(100)当你们准备招待客人时,主动为来宾买饮料。

我相信,在审视过这张清单之后,你将有能力自行补充更多的项目。你只需遵守一个原则:它们必须“物有所值”,能够将实质性的帮助提供给你的伴侣。享受参与其中的莫大乐趣吧!记住,没有任何小事是“小”事。

一点通

男人往往不知道如何满足女人的情况需求。由于不了解刺激催产素分泌的重要性,男人就觉得自己爱莫能助。当我们知道了催产素分泌的秘密之后,完成上述任务显然就容易得多了。简而言之,只要为女人做一些小事情,就会让你收获惊喜。

谈话的重要性

经历了30年的咨询师生涯,我清楚地看到,如果女人可以没有顾忌,轻松、自如地谈论“任务清单”上所有的事项,并能使伴侣聆听得到,那么,“任务清单”带给她的压力很快就会消失。她的压力更多地来自内心的感觉,而不是罗列在“任务清单”上的诸多事项。

只要有机会讨论她的难题和她必须做的那些事情,女人就会出现转机。要想彻底摆脱内心深处那种必须马上完成的“清单”上的事项,就绝不能过多顾及个人需求的强烈冲动。你在 Part 2 已经了解到,相对于男人,女人大脑内部的语言中枢更多。她的话和感受若是被聆听者一味用以解决问题,而不是分享感受、产生共鸣,那么,她将不会获得对抗压力所必需的催产素。

与女人的大脑机能联系更多的字眼是“语言”或“交流”。关心、照顾他人,与他人结成密切关系,是让女人身心放松的最佳方式。只要彼此交流一下内心的感受,即便是各种问题均未解决,用不了几分钟,女人的情绪也将出现明显的变化。

随着催产素的增加,女人会感觉更加快乐、更为自在,尽管并没有解决她的问题,“任务”也没有从那张清单上消除。

一点通

只是与女人交谈,而非尝试着帮她解决问题,就能够“拨云见日”,对她的负面情绪产生有益的影响。

第三章 婚姻是一座完善自己的学校

女人唠叨的毛病是婚姻的绊脚石

拿破仑·彭纳派德是拿破仑三世的侄子,他与当时被称为美女的郁金妮·德伯女伯爵相爱并结婚。可他的顾问们认为,她仅是一位不重要的西班牙伯爵的女儿而已。但不知情的拿破仑却辩解说:"那又怎么样?"她的优雅、青春、诱惑、美貌,令他像神仙一样幸福。他说道:"我已经喜欢上了一位我所敬爱的女人,对于她,我不是不了解。"

拿破仑和他的新婚妻子拥有健康、财富、势力、名誉、美貌、爱情与信仰——这些都是幸福的条件。然而他们婚姻的圣火却未愈加旺盛,而是没过多久就熄灭了,直至化为灰烬。原来,拿破仑既可以使郁金妮成为皇后,也可以倾尽法国的所有,或将爱情的所有力量一并献出甚至皇位的势力,但他却无法使她停止喋喋不休地纠缠住每一件事情不松手。

出于嫉妒和多疑,郁金妮轻视他的命令,甚至占有他所有的私人空间。当他参与国政的时候,她会闯入他的办公室,阻挠他最重要的讨论。她拒绝他独处,担心他交往别的女人。她常常到姐姐家抱怨自己的丈夫。她抱怨、哭泣、喋喋不休甚至恫吓,并强行闯入他的书房,向他发作、谩骂。拿破仑,这个法国的皇帝,纵然拥有那么多富丽堂皇的宫殿,但却不能找到一个小空间定一下自己的心。

郁金妮的所作所为造成了什么后果呢?我们通过莱因哈德精心著作的《拿破仑与郁金妮:一个帝国悲喜剧》中的文字就可以看出:"以后,拿破仑常在夜里,从一侧门处悄悄地溜出去,戴一软帽将眼遮起,带一亲信随从,来到正等待他的美女那里;或像古人似的遨游于这个大城市中,去见那些见不到的东西,吸一些可吸的空气。"

而这一切都是心强气盛的郁金妮所造成的。她居于法国皇后之位,又是世界上最美丽的妇人,但处于喋喋不休的气氛中,皇位与美貌都无法维持爱情的存在。这是她自找的,一个可怜的妇人,由她的嫉妒及遇事必纠、没事找事所引起的,最终疼爱她的法国皇帝被她亲手推出怀抱。

在地狱的魔鬼毁灭爱情的计划里,最致命的是喋喋不休。它像毒蛇的毒汁一样,侵蚀着人们的生命。

托尔斯泰伯爵夫人也发现了这一点——可惜她知道时已经晚了。在她去世以前,她对她的女儿们承认:"你们父亲的死,是我的缘故。"她的女儿们都失声痛哭。她们知道母亲说的是实话,是她用不断的抱怨、永久的批评、不休的唠叨害死了父亲。

很多年里,她常常责怪叫骂,因为托尔斯泰坚持放弃书籍出版权,不收任何版税;而她想要那些书产生金钱。当他反对时,她就发疯似的在地上打滚,并拿一瓶鸦片放在嘴边,声称要自杀,还恫吓说要跳井。

最后,82岁的托尔斯泰对此忍无可忍,他在1910年10月的一个雪夜中,从妻子那里逃了出去,茫然地走在寒冷的黑夜中。11天后,他患肺病死在一个车站上,他临死的请求是不要让她来到他的面前。

托尔斯泰的人生是一个悲剧,而婚姻正是悲剧的根源所在。他的妻子喜欢奢侈,但他追求简朴;她渴求名誉与社会称赞,但这对他毫无意义;她爱慕金钱与财产,但他却放弃。最重要的是他妻子喋喋不休的指责和批评将他赶出家门之外,走上不归路。

海勃格在纽约家事法庭任职了11年，曾审阅过数以万宗的离婚案件。他说男人离家的一个主要原因就是他们的妻子总是纠缠于大小事件唠叨不止、不依不饶，或像《波士顿邮报》所说的："许多做妻子的，不断地一点一点地挖掘，挖出了夫妻感情的坟墓。"

一点通

如果爱他，请将鼓励而不是抱怨给他。

小事情会将婚姻压碎

芝加哥的约瑟夫法官在审判过四万多件不愉快的婚姻案件之后，说道："婚姻生活为何会不美满？最基本的原因往往在一些鸡毛蒜皮的小毛病上。"

罗斯福和他夫人刚结婚不久，他的夫人成天都在烦闷，因为她的新厨师烹饪技术很差劲。"假如事情发生在现在，"罗斯福夫人说，"我就会耸耸肩忘却了事。"好极了，这才是一个成年人的做法。甚至最专制的女兵凯瑟琳，在她的厨师不小心把肉烤焦的时候，通常也只是一笑置之。

伦琴曾到芝加哥一个朋友家里吃饭，配餐的时候，有些小事他没有处理好，大家当时谁都没有注意到，其实就算注意到，也不会在乎的。可是他太太看见了，立即在众人面前跳起来指责他，"伦琴，"她大声叫道，"瞧瞧你干的这些事！难道你永远也学不会如何配餐吗？"

然后，她面带委屈地告诉众人："他老是犯错，根本不专心。"伦琴事后说："可能我确实如此。"但是他的朋友仍然佩服他能够跟他太太相处二十年之久。其实，许多丈夫宁愿吃一两个涂了芥末的热狗，也不愿听妻子的唠叨。

婚姻中的压力除了来自现实生活的柴米油盐外，其中大部分来自于一些小细节和小毛病。

过度浪漫的期望它，会使我们有对婚姻生活的过高期望并对伴侣提出的过度要求。追求罗曼蒂克的爱情生活，对婚姻生活要求过高，期望新婚的甜蜜与和谐永远保持下去，爱情多姿多彩，热情持久不衰——这些不切合现实的期望，一旦无法在现实生活中实现，双方便会发生摩擦冲突，从而引发严重的婚姻问题。

过分依赖父母。在心智上尚未成熟，婚姻生活中出现任何问题，都会求助于父母，而不与伴侣商量。如果夫妇过分依赖父母，当婚姻生活出现问题时，不是与配偶商量如何应付承担，而是分别向自己的父母寻求支援或指示。已婚夫妇应该清楚，他们的将来是与配偶连接在一起的，要视对方为最信任、最亲密的人。否则，这种脆弱婚姻一般会因"寻求外力干预"而导致失败。

追求生活戏剧化。希望生活像戏剧一样丰富多彩，认为自己是戏剧中的角色，对喜怒哀乐都做出剧烈的反应，不但会令对方感到"咄咄逼人"的压力，而且通常在出现问题之后，由于反应过于强烈而失去回转机会，导致婚姻宣告失败。

过度迁就。过度迁就宠溺伴侣，事无大小都代劳，唯恐不周，长年累月之后，使对方认为是理所当然的。如果偶然"侍奉不周"，就会导致冲突摩擦一触即发。长此以往，若对方没有做出相应的回报，自己就会感到心理不平衡，感情很容易产生裂痕。

喋喋不休。无法让对方有相对安静的环境，时间久了让对方感到厌倦。

过分懒惰。对伴侣的依赖性太大，事情无论大小都由对方去做，自己则像老爷、太太一样心安理得地享受伴侣的侍候。久而久之，对方会将其视为累赘，不仅体味不到生活的温馨，还会认为婚姻没意思。

过分挑剔。对配偶过分挑剔，总在众人面前对配偶的言行举止和思想行为作出批评，自以为是爱对方，苛求一切事情务必十全十美，夫妇双方都强制要求配偶达到自己的最高标准。这样的婚姻会因双方要求过高而出现不必要的摩擦，天长日久，即使婚前关系再好也不易维持。

过分吝啬。不但自己甚俭，也不容许伴侣有超出常规的消费，生活上应有的娱乐或享受都被剥夺，生活毫无乐趣。即使目前家庭经济条件宽裕，也还是担心好景不长。不容许配偶在生活上有更多的娱乐或享受，甚至剥夺了自己和家人的一些基本生活乐趣，不重视配偶间的情感生活，却在心理上忧虑过多。

多愁善“病”。这类人以女性居多。她们不断为一些想象出来的“疾病”向丈夫诉苦、抱怨，自怨自艾，以期得到丈夫的关怀和注意，但往往弄巧成拙，使丈夫无法忍受。

忙于“事业”。永远不会静下来，总是忙个不停，他们没时间休息，总这样会令配偶感到被冷落。这种人若不控制自己，多抽出时间陪陪配偶，很容易因为专顾事业而导致婚姻关系破裂。

一点通

美好的婚姻，源于精心的经营和宽容的心态。

信任在婚姻中的重要性

列宁和他的妻子克鲁普斯卡娅有一条协定——“互不盘问”。高度信任是此协定建立的基础，也是维系和发展爱情的重要保证。

古往今来，爱人之间无端的猜疑曾经酿成了无数悲剧。《茶花女》中的阿尔芒和玛格丽特以及《看不见的创伤》中男女主人公的悲剧，不都笼罩在猜疑的阴影之下吗？

莎士比亚的名剧《奥赛罗》将猜疑的后果更加淋漓尽致地揭示出来：国王的女儿苔斯德蒙娜不顾父命，坚贞不渝地追求黑奴出身的将军奥赛罗，奥赛罗对这位美丽多情的女子也爱慕有加。但他却听信了尼亚古别有用心的谗言，一怒之下，竟然杀死了爱妻。后来真相大白，奥赛罗痛悔交加，自刎在妻子的尸体旁。一对有情人经历百般曲折才终成眷属，却双双惨死，多么令人惋惜啊！有人把猜疑比作鸩酒、砒霜，它确实能使爱情之苗枯萎、爱情之花凋谢，它是婚姻生活的致命伤。

当丈夫感到他与小伙子们或工友们相处更加有趣的时候；当丈夫感到与他的朋友们到室外、到大自然中游玩，比待在家中与妻子为伴更能让他感受到生活美好的时候，作为妻子，你应该如何对待和处理？

其实，这样的状况潜藏着危险。这时，身为妻子应十分沉稳地、理智地对待和处理丈夫所做的事情。如果你言中带怒、行中含怨、心中有猜疑，那就更会使年轻的丈夫觉得生活在外面自由、随意、无拘无束，甚至会觉得他的家庭伴侣成了他行动的绊脚石。那么，结果与期望会背道而驰，甚至最终使你失去自己的丈夫，至少，在感情上与他走向决裂。

怎样做才不会被猜疑误导方向呢？

1. 加深了解，充分信任

互相信任的基础是了解彼此。有一位观众熟悉的电影演员，据说追求他的女孩子很多，有的痴情姑娘还专门站在制片厂门外等他。单位中不免有人为他妻子感到忧虑，谁知她得知后一笑置之，不介意地说：“我了解他。”他的妻子为什么能如此坦然呢？就是因为她太了解自己的丈夫了，知道他的品性，深知他的为人，深信他并非轻薄之徒。所以，她自然就没有烦恼了。

2. 心胸开阔一些，宽容大度，不要轻信传闻，庸人自扰

一些猜疑其实是无中生有，有的是误会，有的纯粹是捕风捉影，有的是小事反而酿成大患。

正如鲁迅先生说的那样：“见一封信，疑心是情书了；闹一声笑，以为是怀春了；只要男人来访，就是情夫；为什么上公园呢，只该是赴密约。”要知道：在社会中，一个人的交际圈中除了恋人外，还有同事、同学等，并且要有自己的社交领地。对方在正常社交圈中活动时，怎能对其无端怀疑、责怪呢？这就难免有“庸人”之嫌了。

3. 要开诚布公

有话说在当面，有了嫌隙及时弥补。有的猜疑纯粹是由于误会造成的，一旦把话说开，把事情弄明白，误会就可消释。否则，把话闷在心底，隔阂会越来越大。

一点通

信任对方，给对方自由的同时，也给予你的婚姻呼吸的空间。

婚姻是欣赏出来的

婚姻中夫妻要相互欣赏彼此，会使夫妻间的爱越来越醇厚。

有一位画家以其作品富有生命气息而闻名，当时的画家无人能及。他运用色彩的技巧出神入化，人们看了他的画，都说他的画活灵活现、栩栩如生。

的确，他绘画技艺娴熟。他笔下的水果让人垂涎欲滴；他画布上开满春花的田野让你感觉身临其境，好像自己在田野中徜徉，清风拂面，花香扑鼻；他画笔下的人，简直就是一个个有血有肉、能呼吸、有生命的真人。

一天，这位技艺出众的画家遇见了一位美丽的女士，心中的爱慕之情油然而生。他细细打量她，和她攀谈，越来越有好感。他对她一片赞扬，并且给予她无微不至的关怀，女士终于同意与他结婚。

可是婚后不久，这位漂亮的女士就发现丈夫对她感兴趣其实源自艺术而非爱情。他沉浸在欣赏她身体的古典美的时候，好像不是站在他矢志终身的爱人面前，而是站在一件艺术品前。不久，他就表示极其渴望将她的稀世之美展现在画布上。

于是，画家年轻美丽的妻子耐心地坐在画室里，常常一坐就是几个小时，毫无怨言。日复一日，她顺从地坐着，脸上带着微笑，因为她爱他，希望她的笑容和顺从可以让他感受到她的爱。

有时，她好想大声告诉他："爱我这个人，要我这个女人吧，别再把我当成一件物品来爱了！"但是，她却没有这样说，仅仅说了一些他爱听的话，因为她知道他创作这幅绘画时是多么快乐。

画家是一位充满激情、既狂热又心无旁骛的人。当他全身心投入在绘画中时，便只能看见他想看见的东西。他丝毫未察觉，也不可能发现，尽管她微笑着，但她的身体却在衰弱下去，内心正在经受着折磨。他没有发现，画布上的她一天比一天鲜润美好，而他可爱的模特脸上的血色却在逐渐消退。

这幅画终于快完工了，画家的工作热情更为高涨，他的目光只是偶尔从画布移到仍然耐心地坐着的妻子身上。然而只要他多看她几眼，看得仔细些，就会发现妻子脸颊上的红晕已褪去，嘴角的笑容也消失了，这些全部被他精心地转移到画面上去了。

又过了几周，画家审视着自己的作品，打算再润色一下——嘴巴上还需用画笔轻轻地抹一下，眼睛还需仔细地加点色彩。

女士知道丈夫差不多已经完成了他的作品，精神抖擞了一阵子。当画家终于大功告成时，他倒退了几步，看着自己巧手匠心展示在画布上的一切。

他站在那儿凝视着自己创作的艺术珍品，不禁高声喊道："真正的生命就是这样的！"说完，他转向自己的爱人，才知道她已停止了呼吸。

画家的悲剧在于，他不懂得欣赏妻子的温情与美丽。婚姻不是工作，画家忘记了在婚姻中他是丈夫。他在用职业的眼光欣赏妻子，而那不是她需要的欣赏，对方的爱才是她的所需。

欣赏她（他）想让你欣赏的那部分，欣赏的诀窍正在于此。她对你展现出柔情妩媚、风情万种，你就欣赏并赞美她的柔情；她对你表现出关怀礼让，你就赞美和欣赏她的细心体贴；她对你宽容放纵，你就不失时机地夸奖她的大度……

生活中的小事，往往能让我们理解何为欣赏的真谛。

一个小孩子提着一袋糖递给父亲，调皮地说："爸爸，这么甜的糖你从来没有吃过。"父亲剥了一块放在嘴里,哇,好酸呐!父亲赶紧把糖吐了出来。小孩的母亲不相信,也来试试,丈夫和儿子都鼓励她。她坚持了20秒,也终于因为忍受不了而宣告失败。

儿子朝他们撇撇嘴。妻子和丈夫忍不住又偷着试了试,强忍着酸涩,50秒钟的忍耐之后,竟然品出了一种香香甜甜的味道。

其实这就像婚姻,在平庸与苦涩的外表下深藏着甜蜜与温情,只需要你在必要的时候坚持一下、耐心一点。想想夫妻之间的争吵,其实大多数情况下并没有本质的矛盾,仅是因为一些很小的事情而已。那糖袋上印着一段很有趣的文字——

你能从这里体会出人生的多少勇气和毅力?

10秒不要灰心哦!

20秒足够吗!继续挺下去!

30秒我们深知你的感觉。

40秒你会逐渐发现真妙之处。

50秒你就是成功者!

夫妻欣赏何尝不是这样。在无数琐事背后,多想想她对你的关心,婚姻往往也是苦尽甘来。

一点通

婚姻表面上是平凡、单调的,但假如你精心地去经营,就会丰富多彩。

不挑剔另一半

"孩子都是自己的好,妻子都是别人的好"。婚姻中的夫妇都带有这种奇怪的心理,即总是用自己孩子的长处去与别人孩子的短处比,而用自己妻子或丈夫的短处去与别人妻子或丈夫的长处比,并通常陷于痛苦不满之中而不能自拔。

其实这真是自寻烦恼,每一个人都不是完美的。如果你不把注意力专注在自己另一半的缺点上,而去赞赏她(他)的优点,你就会发现,生活会更美好。

一对老年夫妻住在约克郡一个贫穷的乡村里,家里一贫如洗。他们想用家里唯一值钱的一匹马换回一些更实际有用的东西。商量妥当以后,老头子牵着马去赶集。老头子在路上先跟人换了一头母牛,又用母牛换回了一只羊,再用羊换了一只鹅,又用鹅换了一只鸡,最后竟用鸡换回了一大袋烂苹果。

他扛着大袋子在酒吧里休息,这时候遇见了两个英国人。他们得知老头子赶集的经过后,都禁不住哈哈大笑起来,说他回到家,肯定会被老太婆狠斥一顿。

老头子却坚定地告诉他们:"肯定不会,我将得到的不是一顿痛打,而是一个吻。"

两个英国人说什么也不相信,他们嘲笑老头子的异想天开,最后还以一斗金币为赌注打赌,然后三个人一起回到老头子的家里。

老太婆见老头子回来了,高兴得忘记了客人。老头子老老实实地把赶集的经过告诉了她,老太婆听得很专注,脸上没有一丝不愉快,一直面带激动和喜悦。老头子每交换一次东西,她都加以肯定:"感谢老天爷,我们可以喝到牛奶了。""哦,我们不仅有羊奶、羊毛袜子,还可以有羊毛睡衣。""今年的马丁节终于可以吃到烤鹅肉了。""太好了,我们会拥有许多鸡。""吝啬的牧师妻子说她连烂苹果都没有,但现在我却可以借给她十个烂苹果。"她在老头子脸上印下了响亮的一吻。

两个英国人看到此景心服口服,极其爽快地付给老头子一斗金币。他们说,已经很久都没有看到这么懂得相互欣赏的恩爱夫妻了。

如果农夫的妻子用"你瞧别人的老公多聪明,你却……""你看人家的老公……"这样的心理去比较,则很容易产生不愉快继而可能爆发大战。可是她没有这样,而是一直用欣赏的眼光看待丈夫做的每一次交换。是的,在物质上他们的确损失了不少,但是对于真心相爱的夫妻来说,还有什么比保护爱,不让爱受到损失更重要呢?用心去爱,用心去欣赏,你就会发现还是自己的丈夫或妻子好。

传说,苏小妹是宋代大文豪苏东坡的妹妹,生得清雅秀丽、全无俗韵、聪明绝世,并嫁给当时同样是宋代大文人的秦观为妻。新婚之夜,秦观正要喜入洞房,小妹却将他挡在门外。小妹隔门连出了几道难题,要秦观应答,何时答对了,才准进入洞房。秦观虽才思敏捷,也直到敲了3更,才把小妹的难题全部答出,获准进入洞房。婚后,秦观夫妇相互对诗对词、夫唱妇和、相互欣赏、情深意长。最后,小妹先秦观而卒,秦观思念不已,终身不再复娶。这段佳话,后人将其视为警世之言,也就是有名的"苏小妹三难新郎"。

可见,古人早已深知夫妻恩爱之理。为夫为妻,或贫或富,都要相互欣赏。只有欣赏得深才会恩爱得深,而恩爱越深,相互欣赏的东西就会越来越多。未必去欣赏对方的才貌,因为才能有高有低,美貌也总会消逝。欣赏应着重于多个方面,或禀性温柔,或相知相悦,或勤劳朴实,或幽默风趣……总之,只要善于挖掘出对方的优点,夫妻就会学会欣赏彼此。当然,无论是夫还是妻,都需要注意自身的修养,使自己"有亮点"吸引对方。夫妻间应做到相互欣赏,如果只有一方欣赏,而另一方却无动于衷,夫妻恩爱又从何而来?即使没有发生婚变,那也只是一种本能的维系。

一点通

婚姻生活中不尽如人意的事很多,与其抱怨批评,不如欣赏赞美。只有这样,才能收获幸福的生活。

对第四类感情保持警惕

现代社会已开放而多元化,现代人可以有不同的生活方式和发展方向,婚姻大事似乎已经不像从前那么具有绝对性价值。双方感情的亲密发展,透过婚姻制度仍然有其个人与社会的意义;婚姻上的契约关系,使两人有机会在一份关系上经营得更持久,让彼此的人格更成熟,社会角色更丰富。

婚姻中的种种变化,有时会让人手足无措,甚至拒绝面对。人们总希望花常好月常圆,然而婚姻生活的本质并非如同婚纱般浪漫,它是由来自不同家庭文化的两个人结合而生活在一起。婚姻中,双方经常面临着多种诱惑。

一位白领丽人黄曼莉在一家著名的跨国集团工作,她有一个很好的异性朋友叫孟俊峰。那时候他们对彼此什么话都可以说,可是唯独没有谈到彼此对对方的感情。那时候,他们各自有自己的丈夫或妻子。他们觉得有个这样的异性知己真是三生有幸,为此还曾打趣地说:"以后我们再结婚的对象不会是对方吧。"

有天晚上,黄曼莉心情很不好,便一个人逛街,想发消息让她的老公来陪,可是他没空。黄曼莉愈加难过,平时因为工作的关系他们很少有机会见面。很自然地黄曼莉想起了孟俊峰,便发消息给他说:"我在淮海路,一个人很无聊,你在哪?有空吗?"

孟俊峰很快回复了消息说:"我在卢浦大桥上,一会儿见吧。"黄曼莉说:"好,天桥下见。"他说好,五分钟后到。

五分钟后,黄俊峰如约而至。像平时一样,双方互相嘲弄了一番。

孟俊峰说:"你通宵?"

黄曼莉说:"是的。"

孟俊峰说:"真的?"

黄曼莉说:"对。"

孟俊峰说:"我陪你。"

后来孟俊峰对黄曼莉说:“以为你和老公吵架,心里烦闷才会把我叫出来,所以想也没想就叫 TAXI 赶来了。”

黄曼莉也承认,她很喜欢和孟俊峰在一起的感觉。虽然这种感觉比不上爱情,但却肯定超过普通朋友的界限。

从 KTV 里出来的时候,天已经亮了,他们不约而同地叹了口气说,对自己的爱人很愧疚。

异性间存在真正的友情吗?黄曼莉和孟俊峰之间是爱情还是友情?

人生难得一知己。知己为她曰:“红颜”,为他曰:“蓝颜”。他们之间,因此而有了一种游走于亲情、爱情、友情之外的第四类情感。它比爱情少一点,比友情多一点,缺少一种人为的羁绊和功利,多了一份情感的释放和挂牵。介于情人和朋友之间的这种感情,有亲密的情感和肢体交流,但不发生性关系,前提是不打扰对方的正常生活和发展。第四类情感,比友情多的是深层的相知、信赖与默契。它将精神友情升华,又没有爱情中的卿卿我我与徒劳牵挂。第四类情感其实是一个陷阱,陷阱的名字就是“婚外恋”。

外遇关系常以恨告终。有些人以为外遇是为了寻求理想中的爱,为了爱可以不惜冒天下之大不韪,其实这种想法只是一厢情愿。外遇者在开始阶段固然有爱的欢愉与享受,但为期甚短,极少不以冲突和悔哀告终。外遇带给自己家庭的裂痕要很长时间才能消除,有些甚至永远消除不掉,导致婚姻解体。

我们能看到现实生活中,婚外恋获得圆满结局的实不多见。其中,尽管由于男子不守信诺最终结束恋情的较多,但仅归咎于他们伪善、薄情难免失之偏颇。男人除了对事业前程的关注点之外,还常因妻子无甚过错而不忍绝情离异。然而,有妇之夫既然要对妻子负得起道义责任,就不该在当初放纵自己另有他恋,还给满怀信心的情人带来毁灭性的打击。

一点通

外遇并不好玩。玩外遇并不潇洒,而是在玩火,不仅会烧伤爱人、烧伤婚姻、烧伤家庭,而且还会烧伤自己。

婚姻也有最佳距离

爱虽然是自私的,但爱人并不是你的私有财产。婚姻是用温柔、委婉、体贴、关心以及沟通理解来维系的,绝不是用一根绳将丈夫牢牢拴在腰带上就高枕无忧。

夫妻两人之间的关系,就像是冰天雪地里的两只豪猪。因为天气太冷,试着靠近对方的身体取暖,但当一方的刺扎到另一方的身体时,双方都会觉得疼痛难忍,只好分开。可是,天气越来越冷,为了取暖,两只豪猪不止一次地尝试靠近又分开,如此反复多次,最终找到了不会刺到对方,又能取暖的恰当距离。用两只豪猪的故事比喻家庭中夫妻之间的距离再恰当不过了,太贴近容易让对方受伤,太远了又感受不到对方的关怀,最好是有点距离而又不太远。

有的妻子担心丈夫离自己而去,想尽一切办法不让丈夫有自己的空间,期望把丈夫的一切都纳入自己的视野。

王静身材匀称,外貌漂亮,性格温柔可人,所有人都认为她是贤妻良母。她的丈夫王博也堪称仪表堂堂,并且对妻子的感情一如既往。随着时间的推移,王静心里不知什么时候增添了一个奇怪的想法:为什么王博总是对自己这么好,是不是做了什么对不起我的事情?于是,她开始观察丈夫的行踪,不让王博离开她的控制范围。王博是一家外资公司的业务人员,业务上常有应酬。因此,王静开始怀疑起来,难道他真的有那么多应酬?于是,她就开始“查岗”,跟踪过几次之后,看到王博与男男女女出人酒楼、保龄球馆、娱乐场所,便更加不放心。她想出了一个对策:每次王博说要去应酬,她都不动声色,但是只要王博一出门以后,她就会打电话。今天是自己突然患上了严重的病;明天是宝贝儿子放学没有回家,找遍了亲戚朋友和儿子的同学家也没有找到,儿子失踪了;后天是自己将钥匙忘在了家里,而自己只穿了一套睡衣站在楼梯间……更为离奇的是，她谎称父母出了车祸、家里遭了窃贼、自己被几个男人非礼……

王博爱妻心切，每次都上当回家，每次都无可奈何地苦笑，再以后是发火、愤怒、大吵。可是王静铁下心来，坚持自己的做法。王博屡次与客户爽约，或半途退场，接连几单生意都丢了，在又失去一笔大生意后，被老板炒了鱿鱼。最终，王博在无奈之下绝望地跳下了高高的铁桥。

悲痛欲绝的王静怎么也想不到，自己就是这场悲剧的总导演。她想把丈夫完完全全地据为己有，却不曾料想他永远地离开了世界。

王静的悲剧只是一个个例。另外，把男人拴在腰带上的女人也许从未想过，属于世界的男人变成了只属于一个女人的腰带时会变成什么？

有一位年轻聪明的女人，嫁给了一位能干并且体贴的如意郎君，她心中的幸福不言而喻。但是，那位如意郎君却极爱郊游，和朋友在一起时，他觉得能收获一种鼓舞、一种力量、一种鲜活的空气。可每每兴犹未尽时便记起身后的家，感觉到家像一只远远伸来的要拽他衣襟的手。

回到家中，虽然有修养的妻子一般不会十分责怪他因游玩而那么晚才回家，但那种不悦与忧伤却使丈夫的心中蒙上了一层阴影。丈夫疲惫地靠在沙发上，家还是那样明亮、清爽、舒适宜人，端来喷香可口饭菜的妻子却一脸伤心。在丈夫埋头吃饭时，她流泪说："你还记得家呀！"于是，丈夫赶紧一个劲儿地解释，照例诅咒友人如何蛮横地挽留，照例保证下不为例。

丈夫也曾找机会告诉妻子："林子里树与树之间离得开点才能长得粗、长得高。形影不离不应是夫妻的最佳境界，还是有点距离好。"妻子却不满地说："听不懂你的歪理。"天长日久之后，妻子渐渐明白了丈夫的喜好，于是鼓励他外出，但会很细心地叮咛丈夫注意安全。

因此，尽管每次都玩到很晚，但丈夫都会回到家里。

是甩掉束缚扬长而去，婚姻破裂，家庭解体，想把门关牢结果却连门都被踢得粉碎；是男人被制得服服帖帖，变成了石榴裙下的奴隶，被妻子随意地操纵着，成为妻子意志控制下的工具，成了傻子；抑或是理解、相互信任，给予彼此一方自由的天地，这些都值得思索。

一点通

距离产生美。与其拴在腰带上，不如放他出去。

要尽量减少伴侣间的消极看法

佩蒂正在园子里栽种最后一排萝卜，这时她的男朋友丘克走过来，看了几眼后发表评价说："佩蒂，你怎么把萝卜种到高作物下面了，这样阳光就不能照射进来了。"

佩蒂目不转睛地看着他，心想：他对我从来没有信任过。"我不需要你的忠告。"她说道，"请你马上离开！"

其实，佩蒂完全误解了丘克的好心，因为丘克并没有刻意地批评她的做法。

我们应该意识到我们的情绪正受这些消极思想的影响。大多数人认为，他们的各种感情直接来源于周围的环境。对将环境和感情联系起来的瞬间思想，人们往往毫不在意。

消极思想最大的特点就是过于简单、太一般化。例如，由于你的配偶发怒，你就断定他（她）不再爱你了。如果你的朋友没有理会你，你就认为他"从没有"关心过你。

你是否产生过这些消极思想？"她没希望了""他太自私""她从没关心过我""他从不履行诺言""她太懒惰""他无责任感"，这些绝对的结论在婚姻中会使相互间的亲密关系受到削弱。

苦恼的夫妇们如何避免遭受这种精神陷阱的折磨呢？

丘克打电话说，他很晚才能下班回家。他妻子佩蒂很生气，连晚餐也不做了。

当丘克发现佩蒂没有做饭时，他产生了一种消极的看法：她不关心我。因此，他也心烦意乱。

佩蒂和丘克两人仅仅是在猜疑对方,而这种猜疑毫无事实根据。

你的情绪反应是否建立在这种歪曲事实的基础上?那么请将你的思想检查一番,问问自己:是什么迹象使你产生了这种解释?是否有证据可以推翻你的解释?

从丘克和佩蒂的例子中,我们可以找到一些合理反应用来调整他们的消极看法。例如,丘克回来晚了,佩蒂会想到:“这太不公平了,我也工作,可我总是准时回家。”如果她再次考虑一下,她合乎情理的反应是:“他的工作不同,很多顾客很晚才会光临。”

她的另一种消极想法是:他的确不关心我。合理的抉择是:他考虑真周到,回来得晚就打电话通知一声,而且大多数时候,他对我的确表示出关心和爱护。

有时,本是双方间的吸引力却反而成为消极因素。“他很自信”成了“他自私武断”;“她无忧无虑”成了“她无责任感”,结果,由于这些不利因素,你会用有色镜来看待你的朋友。

沙伦爱上了保罗,因为他很随和、充满乐趣、受人欢迎。保罗是一位自由作家,他也深深地被沙伦吸引住了,因为她有自信心,是一位非常自信且很有才能的律师。她不允许同事或当事人对她发号施令。结婚几年后,他们对彼此的印象却改变了。沙伦认为保罗“懒惰、消极,而且没有责任感”;而保罗却觉得沙伦“爱管闲事,盛气凌人”。

他们消极的精神状态或许是因为当初彼此感觉太轻率了。

为了促进相互之间的和睦关系而改变彼此的个性,是根本没有必要的。重要的是对于一些消极的想法,要勇于承认并加以改正。

这样的变化并不是发生在一夜之间,但在一种友好和睦的气氛中是很容易发生的。一旦改变了对伴侣的消极看法,你就会有更多使双方关系更加亲密的积极看法。

一点通

对伴侣百般挑剔只会让你怀疑自己的生活,改变对伴侣的消极看法会让你体会到婚姻的美好。